상상아카데미

리셋 화학의 교육과정 연계표

I. 화학의 첫걸음	
1. 생활 속의 화학	화I I. 화학의 첫걸음 1. 화학이 인류에 끼친 영향은 무엇일까? 2. 탄소 화합물은 일상생활에 어떻게 활용될까?
2. 화학의 언어	화I I. 화학의 첫걸음 3. 화학에서 물질의 양은 어떻게 나타낼까? 4. 화학에서 물질의 변화는 어떻게 나타낼까?
II. 원자의 세계	
1. 원자의 구조	화I II. 원자의 세계 1. 원자는 무엇으로 이루어져 있을까?
2. 원자 모형과 전자 배치	화I II. 원자의 세계 2. 원자에서 전자는 어디에 있을까?
3. 원소의 주기율	화I II. 원자의 세계 3. 주기율표는 어떻게 만들어졌을까? 4. 주기율표에서 찾을 수 있는 원소의 주기성은 무엇일까?
III. 화학 결합과 분자의 세계	
1. 화학 결합	화I III. 화학 결합과 분자의 세계 1. 화학 결합은 어떻게 이루어질까? 2. 이온 결합은 어떤 특성이 있을까? 3. 공유 결합과 금속 결합은 어떤 특성이 있을까? 4. 전기 음성도와 결합의 극성은 어떤 관계가 있을까? 5. 분자에서 화학 결합을 어떻게 나타낼까?
2. 분자의 구조와 성질	화I III. 화학 결합과 분자의 세계 6. 분자의 구조를 어떻게 나타낼까? 7. 분자의 구조와 성질은 어떤 관계가 있을까?
IV. 기체, 액체, 고체와 용액	
1. 기체, 액체, 고체	화II I. 물질의 세 가지 상태와 용액 1. 기체는 어떤 법칙을 따를까? 2. 혼합 기체에는 어떤 특성이 있을까? 3. 분자 사이에는 어떤 상호 작용이 있을까? 4. 액체인 물에는 어떤 특성이 있을까? 5. 고체를 어떻게 분류할 수 있을까? 화II II. 반응엔탈피와 화학 평형 5. 상평형 그림에서 무엇을 알 수 있을까?
2. 용액	화I I. 화학의 첫걸음 5. 몰 농도란 무엇일까? 화II I. 물질의 세 가지 상태와 용액 6. 용액의 농도를 어떻게 표현할 수 있을까? 7. 묽은 용액은 어떤 성질을 나타낼까?

V. 역동적인 화학 반응	
1. 산화 환원 반응	화Ⅰ Ⅳ. **역동적인 화학 반응** 4. 산화 환원 반응식을 어떻게 완성할 수 있을까?
2. 화학 평형	화Ⅰ Ⅳ. **역동적인 화학 반응** 1. 반응은 한 방향으로만 일어날까? 화Ⅱ Ⅱ. **반응엔탈피와 화학 평형** 3. 화학 반응에서 평형을 어떻게 표현할까? 4. 화학 평형에 변화를 주면 어떻게 될까?
3. 산-염기 평형	화Ⅰ Ⅳ. **역동적인 화학 반응** 2. 순수한 물에도 이온이 존재할까? 3. 산과 염기의 중화 반응에서는 어떤 양적 관계가 있을까? 화Ⅱ Ⅱ. **반응엔탈피와 화학 평형** 6. 산과 염기의 세기를 어떻게 나타낼 수 있을까? 7. 우리 몸의 pH는 어떻게 유지될까?
Ⅵ. 열화학과 전기 화학	
1. 열화학	화Ⅰ Ⅳ. **역동적인 화학 반응** 5. 화학 반응에서 열의 출입을 어떻게 이용할 수 있을까? 화Ⅱ Ⅱ. **반응엔탈피와 화학 평형** 1. 화학 반응에서 열의 출입을 어떻게 표현할까? 2. 반응엔탈피는 결합 에너지와 어떤 관계가 있을까?
2. 전기 화학	화Ⅱ Ⅳ. **전기 화학과 이용** 1. 화학 전지는 어떤 원리로 작동할까? 2. 전기 분해는 어떤 원리로 일어날까? 3. 우리 생활에서 수소 연료 전지를 어떻게 활용할까?
Ⅶ. 반응 속도와 촉매	
1. 반응 속도	화Ⅱ Ⅲ. **반응 속도와 촉매** 1. 화학 반응 속도를 어떻게 나타낼까? 2. 반응 속도식을 어떻게 구할까? 3. 화학 반응이 일어나려면 무엇이 필요할까? 4. 반응 속도는 농도와 어떤 관계가 있을까? 5. 반응 속도는 온도와 어떤 관계가 있을까?
2. 촉매와 우리 생활	화Ⅱ Ⅲ. **반응 속도와 촉매** 6. 반응 속도는 촉매와 어떤 관계가 있을까? 7. 우리 생활에서 촉매를 어떻게 이용할까?

이 책의 구성과 특징

학습의 시작, 단원 도입

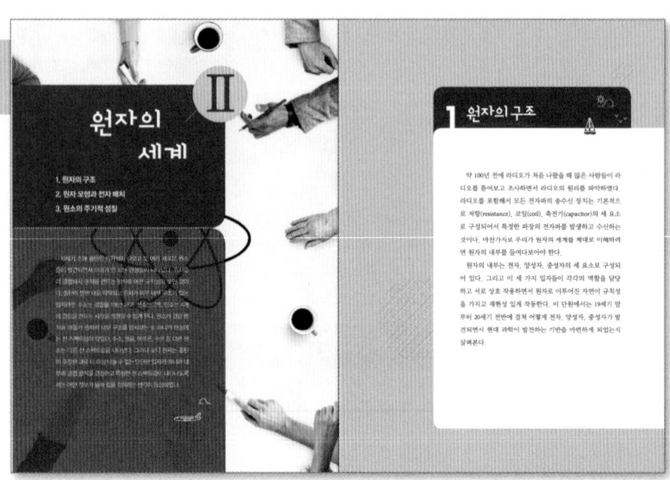

대단원 도입 / 중단원 도입

단원과 관련 있는 사진과 이야기를 통해 이 단원에서 배울 내용에 대한 호기심을 키울 수 있도록 하였습니다.

본문의 이해도를 높이는 코너

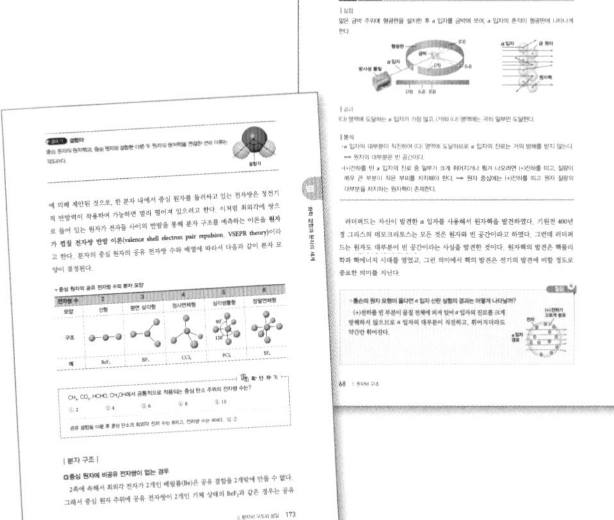

확인하기

소단원의 각 주제에서 학습한 내용을 곧바로 확인할 수 있도록 간단한 문제를 제시하였습니다.

자료 쏙 • 개념 쏙 • 용어 쏙 • 질문 쏙

학습에 도움이 되는 자료, 개념, 법칙, 과학자, 질문 등 다양한 내용을 제시하였습니다.

탐구 시그마

필수 탐구 실험이나 그림 등의 자료를 제시하고 분석하여 쉽게 이해할 수 있게 하였습니다.

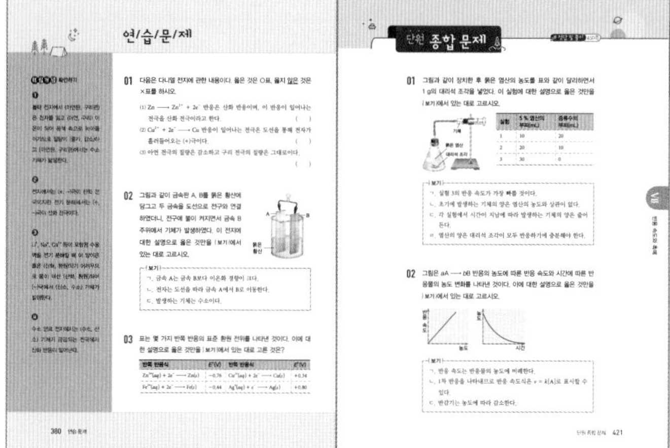

스스로 점검을 통한 단원 마무리

연습 문제

중단원마다 핵심 개념 확인하기를 통해 핵심 개념을 완벽하게 이해한 후 학습한 내용을 정리해 볼 수 있게 문제를 제시하였습니다.

단원 종합 문제

대단원 마지막에 개념 및 응용, 융합 등 다양한 문제를 제시하여 실력을 점검해 볼 수 있게 하였습니다.

쉽고 자세한 해설

스스로 학습이 가능하도록 쉽고 자세하게 풀이하였습니다.

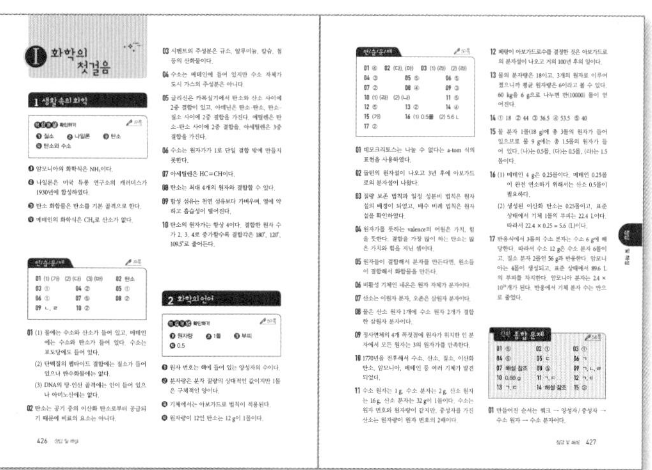

차례

contents

I 화학의 첫걸음

II 원자의 세계

III 화학 결합과 분자의 세계

IV 기체, 액체, 고체와 용액

V 역동적인 화학 반응

VI 열화학과 전기 화학

VII 반응 속도와 촉매

I

화학의 첫걸음

1. 생활 속의 화학
2. 화학의 언어

인류가 지구상에 등장하여 오늘날에 이르기까지 화학은 언제나 인류와 함께 있었다. 인간을 포함한 지구상에 존재하는 모든 생명체의 물질대사 과정이 바로 화학 반응이며, 인간은 화학을 삶에 이용할 수 있게 되면서 다른 생명체들과 구별되는 특징인 '문명'을 가지게 되었다.

화학은 원자 및 분자의 세계를 이해하고, 우리의 삶을 풍요롭게 하는 과학이다. 그래서 화학을 공부하려면 먼저 미시 세계와 거시 세계를 연결 지어 주는 언어를 익혀야 한다.

화학의 첫걸음을 떼는 이 단원에서는 화합물과 화학 반응이 식량, 의류 및 주거 문제 해결과 어떻게 관련되어 있는지, 또 탄소 화합물이 생활에 어떻게 쓰이는지를 살펴보고, 화학을 배우는 데 기본이 되는 몰, 화학 반응식 등을 알아본다.

1 생활 속의 화학

우리가 살아가는 데 필요한 물질 중에는 우리의 노력 없이 자연의 선물로 주어지는 것들도 있고, 우리의 노력이나 과학 기술을 통해서 만들어낸 것들도 있다. 물, 공기, 땅 등은 자연의 선물이다. 생명에 필수적인 물은 수소와 산소의 화합물이고, 대부분의 지구 표면 환경에서는 액체로 존재한다. 공기는 질소, 산소 등의 혼합물로 기체이다. 우리는 물을 마시고 공기를 호흡하는 한편, 고체인 땅을 디디고 살며, 또 땅에서 먹거리를 얻는다.

그런데 약 만 년 전부터 인간은 적극적으로 천연의 물질을 활용하고 개선해서 의식주와 에너지 면에서 커다란 발전을 가져왔다. 특히 물질의 변화에 초점을 맞추는 화학은 우리 삶의 질을 크게 향상시켰다. 이 단원에서는 우리 생활 속에 스며든 화학의 모습을 살펴본다.

1-1 우리 생활과 화학

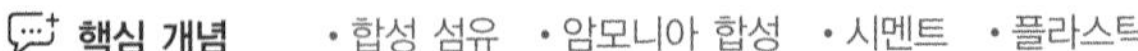

핵심 개념 • 합성 섬유 • 암모니아 합성 • 시멘트 • 플라스틱

옛날부터 우리가 살아가는 데 꼭 필요한 물질을 세 부류로 나누어서 의식주라고 불러왔다. 의식주는 우리가 살아가는 데 필수적인 물질적 요소들이다. 따라서 의식주가 어떻게 변해왔는지를 원소(element)의 입장에서 생각해 보자.

| 옷감 속 화학 |

오래된 문헌에 무화과 잎으로 몸을 가리는 이야기가 나오는 것으로 보아 가장 오래된 옷감은 식물성일 것이다. 한편 동물의 가죽도 오랫동안 옷감으로 사용되었다. 나뭇잎이든 동물의 가죽이든 공통적인 핵심 원소는 탄소(carbon, C)이다. 예를 들면, 목화로부터 얻는 면과 같은 식물 섬유는 포도당(glucose)이라는 비교적 작은 분자(molecule)가 여러 개 연결된 물질인데, 포도당은 탄소가 골격을 이루고 수소(hydrogen, H)와 산소(oxygen, O)가 결합한 탄수화물(carbohydrate)의 일종이다.

포도당은 그림과 같이 고리 모양이면서 여러 개의 −OH기를 가지고 있다. −OH기는 물 분자에서 수소 원자 1개를 떼어 낸 구조로, 탄소 화합물에서 많이 찾아 볼 수 있다. 이 부분은 물의 일부에 해당하기 때문에 포도당은 물에 잘 녹아 우리 몸속 세포에 영양분으로 쉽게 전달된다.

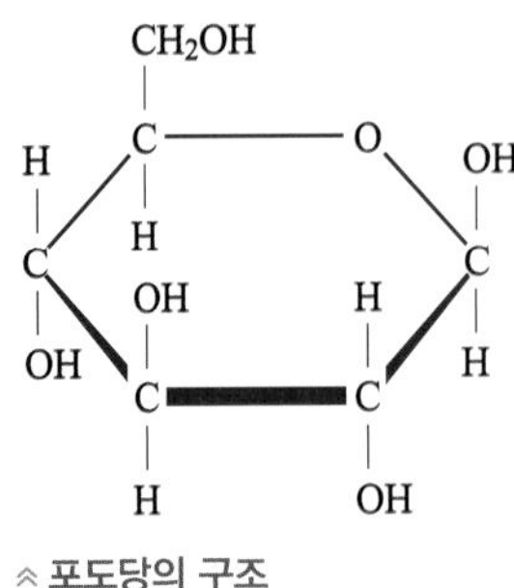

≈ **포도당의 구조**

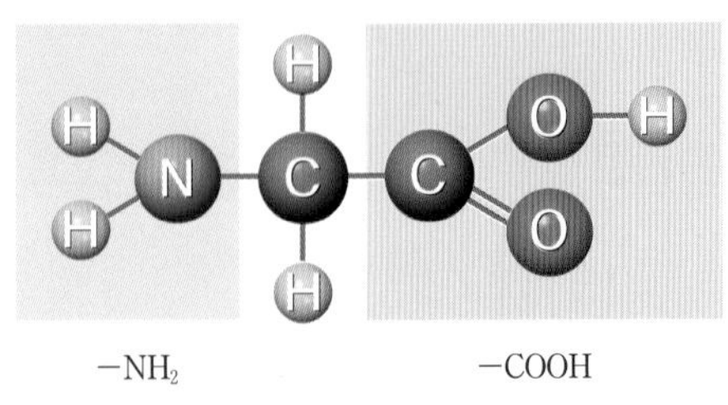

≈ **글리신의 구조** 글리신은 아미노산 중 구조가 가장 간단한 아미노산으로, 동물성 단백질에 많이 함유되어 있다.

동물 가죽이나 누에로부터 얻는 실크의 주성분은 단백질(protein)이므로 동물성 옷감에는 탄소, 수소, 산소에 추가로 질소(nitrogen, N)가 들어 있다. 단백질의 기본 단위인 아미노산(amino acid)에 질소가 들어 있기 때문이다. 그림의 글리신(glycine)은 20가지 아미노산 중에서 가장 간단한 아미노산이다.

◘ 천연 섬유

천연 섬유는 천연적으로 산출되는 것으로, 면, 마 등의 셀룰로스를 주성분으로 하는 식물 섬유와 양모, 견 등의 단백질을 주성분으로 하는 동물 섬유, 석면 같은 무기질로 된 광물 섬유가 있다.

천연 섬유는 환경오염이 적고, 사용 후 폐기할 때에도 분해하기 쉬워 환경을 오염시키지 않는다. 알레르기 등의 부작용이 없어 의류는 물론, 상처에 사용하는 거즈나 붕대로도 사용되며, 흡습성이 좋아 정전기가 발생하지 않는다. 하지만 날씨, 기후, 온도 등에 따라 생산량의 차이가 있으며, 같은 지역에서도 여러 요인에 의해 동일 품질의 천연 섬유를 생산하기 어렵다. 또한 강도가 약해 산업용으로 사용하기에는 제한이 많다.

◘ 합성 섬유

합성 화학(synthetic chemistry) 덕분에 요즘은 면이나 실크보다 보온성이 좋고 질긴 폴리에스터(polyester), 나일론(nylon) 등 합성 섬유(synthetic fiber)가 훨씬 많이 사용된다. 합성 섬유는 석유에서 얻는 물질을 원료로 한 저분자 화합물을 반응시켜 만든 고분자 화합물로서, 천연 섬유에 비해 가볍고 질기며, 구김이 잘 생기지 않는다. 하지만, 열에 약하고 흡습성이 좋지 않으며 정전기가 잘 생긴다.

합성 섬유에서는 최고의 천연 섬유인 실크를 흉내 내기 위해 실크의 단백질과 유사한 물질을 합성하고, 많은 경우에 질소 원소가 들어가게 된다. 합성 섬유는 구성 성분에 따라 크게 폴리아마이드, 폴리에스터 및 폴리아크릴로 나눌 수 있다.

최초의 합성 섬유는 미국의 캐러더스(Carothers, W. H., 1896~1937)가 발명한 나일론이다. 나일론은 헥사메틸렌다이아민 분자와 아디프산 분자가 교대로 결합하면서 아마이드 결합이 형성되며, 이 과정에서 물 분자가 빠져나온다. 따라서 나일론은 폴리아마이드 섬유라고 한다. 나일론은 천연 섬유보다 질기고 모양이 아름다워 스타킹, 옷 등의 재료로 사용되어 왔으나 땀을 흡수하지 못하고 열에 약한 단점이 있어서 요즈음에는 카펫, 그물, 밧줄 등에 주로 사용한다.

$$n\ \mathrm{H-\underset{|}{\overset{H}{N}}-(CH_2)_6-\underset{|}{\overset{H}{N}}-H} + n\ \mathrm{HO-\overset{O}{\overset{\|}{C}}-(CH_2)_4-\overset{O}{\overset{\|}{C}}-OH}$$

헥사메틸렌다이아민　　　　아디프산

$$\xrightarrow[-2n\ H_2O]{\text{축합 중합}} \left[\mathrm{\overset{H}{\overset{|}{N}}-(CH_2)_6-\overset{H}{\overset{|}{N}}-\overset{O}{\overset{\|}{C}}-(CH_2)_4-\overset{O}{\overset{\|}{C}}} \right]_n$$

아마이드 결합

6, 6-나일론

≈ **나일론의 합성 반응**

▼ **나일론의 장점과 단점**

장점	단점
• 가볍고 마찰 강도가 크고 방수성이 뛰어나다. • 구김이 잘 생기지 않는다. • 열가소성이 좋아 가열 처리한 부분은 착용 중에도 형태가 변하지 않는다.	• 열을 가하면 쉽게 타거나 변형이 일어난다. • 정전기가 잘 생긴다. • 착용감과 통기성이 천연 섬유보다 좋지 않다.

폴리에스터 섬유는 테레프탈산과 에틸렌글리콜의 축합 중합 반응에 의해 형성된다.

$$n\ \mathrm{HO-\overset{O}{\overset{\|}{C}}-C_6H_4-\overset{O}{\overset{\|}{C}}-OH} + n\ \mathrm{HO-CH_2-CH_2-OH}$$

테레프탈산　　　　에틸렌글리콜

$$\xrightarrow[-2n\ H_2O]{\text{축합 중합}} \left[\mathrm{\overset{O}{\overset{\|}{C}}-C_6H_4-\overset{O}{\overset{\|}{C}}-C-CH_2-CH_2-O} \right]_n$$

에스터 결합

폴리에스터

≈ **폴리에스터 합성 반응**

폴리에스터 섬유는 비교적 강하고 구김이 없으며 질기고 약품에 잘 견디는 성질이 있어 고급 양복천, 외투천에 많이 사용된다. 또한, 흡습성이 좋기 때문에 내의, 운동복 등에 사용되고 있다. 그리고 폴리아크릴 섬유는 열에 강하기 때문에 안전복 등에 사용되고 있다.

용어 쏙　축합 중합

고분자를 합성할 때 필요한 기본 분자들이 결합할 때 물(H_2O)과 같은 간단한 분자들이 빠져나가면서 고분자를 형성하는 반응을 축합 중합 반응이라고 한다.

▼ 천연 섬유와 합성 섬유 비교

시대	섬유	주요 원소	장점	단점
고대~19세기	면 등 식물 섬유	H, C, O	• 환경 오염이 적다. • 흡습성이 좋아 정전기를 발생하지 않는다.	• 생산 비용이 비싸다. • 내구성이 약하다.
	실크 등 동물 섬유	H, C, O, N		
20세기 이후	합성 섬유	H, C, O, N	• 가볍고 질기다. • 염색성이 좋다.	• 흡습성이 나쁘다.

확·인·하·기

다음은 어떤 섬유에 대한 설명인가?

- 최초의 합성 섬유이다.
- 폴리아마이드 섬유의 일종이다.
- 열에 약하고 흡습성이 좋지 않다.

답 나일론

| 식량 위기의 해결사, 화학 |

인류의 먹거리 자체는 고대 시대부터 크게 변하지 않았다. 수렵과 채취를 통해 먹거리를 얻었던 원시인은 야생밀이나 산딸기 등 과일을 통해 식물성 먹거리를 얻었고, 사냥하여 잡은 동물로부터 동물성 먹거리를 얻었을 것이다. 그러다가 약 만 년 전에 농경이 시작되면서 식물성 먹거리를 과거보다 쉽게 많이 얻게 되었고, 동시에 동물의 가축화가 이루어지면서 동물성 먹거리도 수렵에 의존할 때보다는 쉽게 얻게 되었다.

하지만 19세기에 유럽은 산업 혁명이 일어나면서 인구가 폭발적으로 증가하여 많은 식량이 필요하였다. 그러나 땅은 한정되어 있어 부족한 식량을 보충하기 위해서는 생산량 증가가 필수적이었다. 농업 생산량을 늘리기 위해서는 질소(N)와 인(P)을 비료의 형태로 공급해 주어야 한다. 인은 인산염을 포함한 암석을 산으로 처리해서 얻은 것을 비료로 사용할 수 있다. 그러나 질소 성분은 퇴비나 분뇨 등에서 얻을 수는 있지만, 근본적인 해결책이 될 수가 없었다. 또한 지금까지 비료를 생산하는 원료로 사용된 칠레 초석이 20~30년 후에 고갈될 것이라고 예측되어, 빨리 대기 중의 질소를 식물이 이용할 수 있는 암모늄 이온(NH_4^+) 형태로 바꾸어 주는 방법을 개발할 필요성이 대두되었다.

산업 혁명으로 공장 등이 생김

산업 인력이 필요하여 인구 증가 정책을 폄침

인구가 폭발적으로 증가하여 식량이 부족함

기초 농업 생산 방식으로는 식량 증산이 불가능함

식량 증산을 증가시킬 수 있는 방법을 연구함

≈ **비료 생산의 배경**

질소는 공기의 78 %를 차지하지만 공기 중의 질소는 매우 안정해서 식물이나 동물이 직접 사용할 수 없다. 공기 중에 있는 질소를 식물이 이용할 수 있는 질소 화합물 형태로 바꾸어 주는 과정을 **질소 고정**이라고 한다. 공기 중 질소의 일부는 번개 같은 에너지에 의해 생물이 사용할 수 있는 형태로 고정되기도 하고, 콩과식물의 뿌리혹박테리아에 의해 고정되기도 한다. 그러나 그런 양은 증가하는 세계 인구를 지탱하기에 충분하지 않다. 그래서 질소는 비료를 통해 공급되어야 한다. 질소는 인, 칼륨과 함께 비료의 3요소 중 하나인 것이다.

하버(Haber, F., 1868~1933)는 식량 문제를 해결하기 위해 질소 비료의 합성에 중요한 암모니아를 공업적으로 제조하는 방법을 발견하였다. 암모니아는 다음과 같은 화학 반응식으로 생성된다.

질문 쏙

» 공기 중의 질소는 왜 식물이 직접 이용할 수 없을까?

질소는 $N\equiv N$ 식으로 3중 결합을 이루어 매우 안정하기 때문에 식물이 직접 흡수할 수 없다. 질소가 포함된 전해질의 형태로 존재해야 식물이 쉽게 뿌리로부터 흡수할 수 있다.

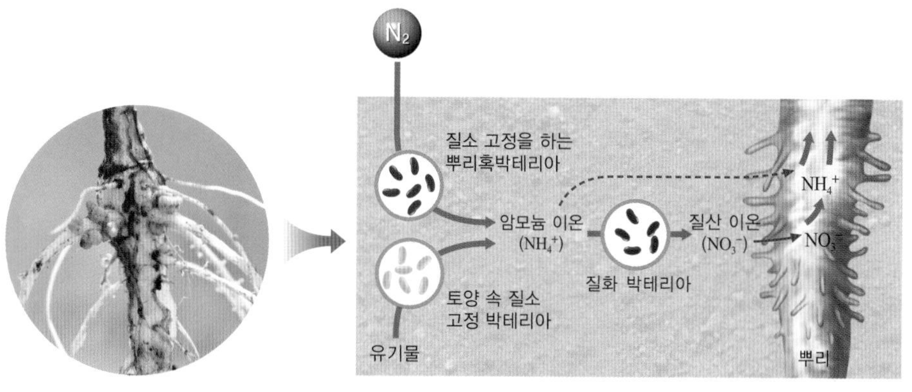

⌃ **질소 고정** 뿌리혹박테리아는 뿌리에 침입하여 뿌리의 조직을 크고 뚱뚱하게 만드는 박테리아이다.

$$3H_2(g) + N_2(g) \xrightarrow{\text{촉매}} 2NH_3(g)$$

약 200기압, 400~500 ℃에서 반응이 진행되어 암모니아를 만드는데, 오늘날 전 세계의 농경지에 뿌려지는 질소 비료의 약 40 %가 하버와 보슈(Bosch, K., 1874~1940)에 의해서 개발된 암모니아 합성법으로 공급되고 있다. 암모니아 합성은 인류의 식량 문제를 해결한 중요한 화학 반응인 것이다.

질소는 탄소, 수소, 산소와 함께 단백질과 핵산을 이루는 주요 성분 원소이다. 단백질은 근육, 효소, 호르몬 등을 이루는 성분이므로 생물의 생존과 성장에 필수적인 물질이다. 핵산은 유전에 관련된 중요한 물질이다. 원소 입장에서 보면 식물성 먹거리는 식물성 옷감과, 동물성 먹거리는 동물성 옷감과 별로 다르지 않다. 먹거리는 농지에서 대량 생산되는 쌀, 밀, 옥수수 등 식물성 먹거리와 사육장에서 대량으로 생산되는 소, 돼지, 닭 등 동물성 먹거리로 대체되었다.

▼ **먹거리와 주요 원소**

먹거리	주요 원소
식물성	H, C, O
동물성	H, C, O, N

확·인·하·기

다음 중 구성 원소 면에서 가장 다른 것은?

① 쌀 ② 밀 ③ 옥수수 ④ 닭고기 ⑤ 채소

동물성인 닭고기에는 질소가 상당히 들어 있고, 나머지 식물성 먹거리에는 질소가 거의 없다. 답 ④

| 주거 문제를 해결한 화학 |

의식주 중에서 지난 100년 사이에 가장 많이 바뀐 것은 주거라 할 수 있다. 과거에는 집을 지을 때 주로 수소, 탄소, 산소로 이루어진 나무나 규소(silicon, Si)와 산소로 이루어진 흙과 돌 등 자연 재료를 사용하였다. 산업 혁명과 함께 건축 재료는 크게 변하여 시멘트, 유리, 철 등 인공 재료를 대량 사용하기 시작하였다.

시멘트가 물과 반응하여 굳어지는 것을 이용하여 골재와 골재를 한 덩어리로 만든 것을 콘크리트라고 한다. 시멘트의 주성분은 이산화 규소(silicon dioxide, SiO_2), 산화 칼슘(calcium oxide, CaO), 산화 알루미늄(aluminum oxide, Al_2O_3), 그리고 산화 철(iron oxide, Fe_2O_3)이다. 세계적으로 무게로 따져서 가장 많이 생산되는 단일 품목은 시멘트라고 한다. 연간 생산량이 20억 톤에 달하는데 그 중 반 정도는 중국에서 생산된다.

◘ 철근 콘크리트

요즘 주위에서 볼 수 있는 아파트의 골격은 천연물인 흙이나 돌 대신 화학 공정을 거쳐 만들어진 철근과 시멘트로 대체되었다. 결국 화학은 산업 발달에 이은 인구의 폭발적인 증가와 도시화의 영향으로 심화된 주택 문제 해결에 기여한 것이다.

철근 콘크리트는 콘크리트 안에 철근을 넣어 보통 콘크리트의 단점을 보완한 자재이다. 철근과 콘크리트의 열팽창 계수가 거의 동일하기 때문에 함께 사용하여 장점은 살리고 단점은 보완하였다. 즉 콘크리트가 철근을 감싸는 형태로 시공되므로 철근에 공기가 접촉하는 것을 막아주고, 콘크리트는 수분을 잔뜩 머금고 있지만 알칼리성 물질이라 철근의 부식을 막아준다.

철근 콘크리트는 재료를 공급하기 쉽고 경제적이며, 부재의 모양과 크기를 자유자재로 제작할 수 있다. 또한 불에 강하고 내구성이 크고 철근과 콘크리트가 일체식으로 되어 있어 내진성이 크다. 목조나 철골조보다 유지와 관리가 쉽다.

단점으로는 콘크리트의 비중이 크므로 구조체의 하중이 커지고, 콘크리트의 경화 및 거푸집 존치 기간 때문에 공사 기간이 길어지며, 작업 방법, 기후, 기온 등이 강도에 큰 영향을 미치므로 구조물 전체의 균일한 시공이 어려우며 재료의 재사용도 어렵다. 또한 난방비가 많이 들고 목재에 비해 습도 조절 능력이 현저히 떨어지므로 여름 장마철에는 실내가 눅눅하고 통풍이 안 되는 부분에는 곰팡이가 피기 쉽다.

▼ 여러 건축 재료의 장단점

재료	장점	단점
목재	• 가공이 쉽고, 가볍다. • 보온 효과가 있고 절연성이 좋다. • 산, 약품 및 염분에 강하다.	• 화재의 우려가 있다. • 부식되기 쉽고 내구성이 약하다. • 충해나 풍화에 약하고 습기에 민감하다.
벽돌	• 내구성이 강하고 변색되지 않는다. • 실내 공기를 정화하고 습도를 조절하는 기능이 있다. • 보온, 방음, 방습의 효과를 갖는다.	• 습기가 차기 쉽다. • 습기 방지를 위해 공간 쌓기를 해야 한다. • 건물 자체 무게가 커진다.
철근 콘크리트	• 열재료의 공급이 쉽고 경제적이다. • 모양과 크기를 자유자재로 제작할 수 있다. • 내구성, 내진성이 크다. • 목조나 철골조보다 유지 및 관리가 쉽다.	• 구조체의 하중이 크다. • 공사 기간이 길다. • 구조물 전체의 균일한 시공이 어렵다. • 재료의 재사용이 어렵다.

오늘날 집은 견고하고 편리함뿐만 아니라 아름다움을 표현하기 위해 여러 가지 재료를 사용하여 짓고 있다. 금속, 유리, 플라스틱 등을 사용하여 더 세련되고 더 높고 안전한 집을 짓고 있다. 건물의 바닥, 벽지, 파이프 등에도 수소, 탄소, 산소로 이루어진 플라스틱(plastic)이 많이 사용된다.

또한 철과 다른 금속을 혼합한 새로운 합금들도 많이 개발되었는데, 순수한 철에 크로뮴을 넣어 합금으로 만든 스테인리스 스틸은 강도가 높으면서 부식이 되지 않아 유용하다. 최근에는 플라스틱을 활용한 고강도 소재들을 비롯하여 다양한 친환경 소재들이 개발되어 있다.

▼ 건축 재료와 주요 원소

시대	건축 재료	주요 원소
고대~19세기	나무	H, C, O
	흙, 돌	O, Si
20세기 이후	철근, 시멘트	Fe, Si, Ca, Al
	플라스틱	H, C, O

확·인·하·기

다음 중 시멘트의 주성분 원소가 아닌 것은?

① 규소(Si) ② 칼슘(Ca) ③ 알루미늄(Al) ④ 탄소(C) ⑤ 산소(O)

규소는 이산화 규소(SiO_2), 칼슘은 석회(CaO), 알루미늄은 알루미나(Al_2O_3)의 형태로 시멘트를 만드는 데 들어간다. 산소는 이산화 규소, 석회, 알루미나에 모두 들어 있다. 그러나 탄소는 시멘트의 주성분은 아니다.

답 ④

1-2 탄소와 탄소 화합물

핵심 개념 • 탄화수소 • 생명의 원소 • 탄소 화합물

| 연료의 주성분 |

의식주가 다 만족스럽다고 해도 난방을 하고 음식을 만드는 데 필요한 연료가 없다면 일상생활을 유지할 수 없다. 인류 역사에서 대부분의 기간 동안 인간은 마른 나무나 풀 같은 식물성 연료를 사용하였다. 그러다가 18세기에 증기기관이 발명되고 산업 혁명이 시작되면서 석탄의 사용이 급증하였다. 그리고 19세기 후반부터는 석유가 채굴되면서 특히 자동차 연료로 널리 사용되어 왔다. 20세기 이후에는 석탄, 석유와 아울러 천연가스가 많이 사용되고 있다.

고체(solid)인 석탄은 대부분이 탄소이고 약간의 탄화수소가 섞여 있다. 액체(liquid)인 석유에는 탄소 수가 다른 다양한 탄화수소가 들어 있다. 예컨대 휘발유의 주성분인 옥테인(octane, C_8H_{18})은 탄소 수가 8인 탄화수소이다. 가정에서 많이 사용되는 도시가스는 천연가스라고도 불리는데, 메테인(methane, CH_4)이 주성분이다. 기체(gas)인 천연가스는 파이프를 통해 이동이 쉽고 발열량이 높은 좋은 연료이다. 그래서 천연가스는 화력발전의 연료로도 중요하다. 석탄, 석유, 천연가스 모두 주성분 원소는 탄소와 수소이다. 이와 같이 탄소와 수소로 이루어진 화합물을 탄화수소(hydrocarbon)라고 한다.

메테인(CH_4)은 가장 간단한 탄화수소로, 탄소 원자 1개가 수소 원자 4개와 각각 전자를 1쌍씩 공유하여 결합하고 있다. 메테인은 정사면체 구조로 정사면체 중심에 탄소 원자가 위치하며, 각 수소 원자들은 정사면체의 꼭짓점에 배열되어 있다.

▼ 연료와 주요 원소

시대	연료	주요 원소
고대~19세기	나무	H, C, O
	석탄, 석유	H, C
20세기 이후	석탄, 석유, 천연가스	H, C

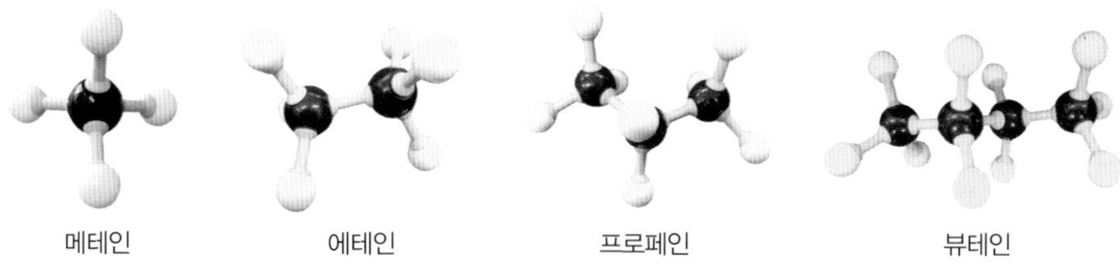

몇 가지 탄화수소

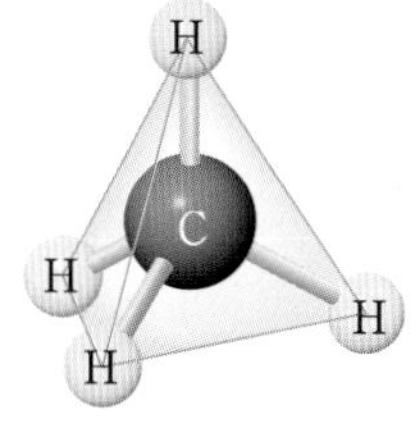

메테인의 구조

액화 천연 가스(LNG)

탄소 원자가 2개, 3개, 4개인 포화 탄화수소는 각각 C_2H_6, C_3H_8, C_4H_{10}인 화합물로 각각 에테인, 프로페인, 뷰테인이라고 한다. 이 탄화수소들은 메테인과 같이 각 탄소의 결합각이 대략 109°를 가지면서 입체 구조를 이룬다. 또한 탄소와 탄소 사이의 결합이 모두 단일 결합이고 분자 구조가 사슬 모양을 이루고 있는데, 이와 같은 탄화수소를 **알케인(alkane)**이라고 한다.

탄화수소를 공기 중에서 연소시키면 이산화 탄소와 물이 생성된다. 또한, 탄화수소는 탄소 수가 많을수록 분자 사이의 인력이 커서 끓는점이 높아진다.

우리가 살아가는 데 필수적인 물질 중에는 의식주와 연료처럼 대가를 지불해야 하는 것도 있지만, 공기나 물처럼 거의 공짜로 얻는 물질도 있다. 그 이외에도 우리의 삶을 편리하게 해주는 대부분 물질은 화학 원소로 이루어져 있다.

확·인·하·기

다음 중 모든 탄화수소 연료에 공통적으로 들어 있는 원소는?

① 탄소, 산소 ② 탄소, 수소 ③ 산소, 수소 ④ 산소 ⑤ 탄소, 질소

산소는 연소를 시키는 원소이지 연료는 아니다. 답 ②

| 생명의 중심 원소, 탄소 |

약 40억 년 전에 지구상에 생명이 태어난 후 오늘날까지 생명의 역사를 하나의 드라마로 본다면 이 드라마의 주역 원소는 무엇일까?

생명의 주역 원소는 먼저 우주에 풍부해야 한다. 우주 원소의 75 %는 수소라고 하는데 우주에서 가장 풍부한 원소 다섯 가지는 수소, 헬륨(helium), 산소, 탄소, 네온(neon), 질소 순서가 된다. 이 중 수소와 헬륨은 주기율표(periodic table)에서 1주기 원소이다. 그리고 산소, 탄소, 네온, 질소는 2주기 원소이다. 그런데 헬륨과 네온은 화학 결합(chemical bond)을 만들지 않는 비활성 기체(inert gas, noble gas)라서 주역이 될 수 없다. 그렇다면 주역 원소의 후보로 수소, 산소, 탄소, 질소가 남는다.

수소는 우주에서 첫 번째로 만들어진 원소이다. 뿐만 아니라 수소는 나머지 모든 원소를 만드는 기본 재료로 사용된다. 수소의 핵(nucleus)인 양성자(proton)가 2개 융합(fusion)하면 헬륨이, 6개 융합하면 탄소가, 8개 융합하면 산소가 되는 것이다. 1919년에 양성자가 발견되기 약 100년 전, 1815년에 영국의 프라우트(Prout, W., 1785~1850)는 여러 기체 원소들의 밀도가 수소 밀도의 정수배라는 사실로부터 수소가 모든 원소의 기본일지도 모른다는 가설을 제안하여 수소의 핵심 역할을 예견한 바 있었다.

생명에 물이 필수적이고, 수소는 물을 만드는 원소라는 의미에서도 수소가 자연의 핵심 원소인 것은 틀림없다. 그런데 수소는 단 하나 밖에 결합을 못한다. 어떤 원소가 만들 수 있는 결합의 수를 그 원소의 원자가(valence)라고 하는데, 수소의 원자가는 1이다. 그래서 수소는 생명에 필요한 다양한 물질들을 만드는 데 중추적 역할을 감당할 수 없다. 그래도 수소는 물뿐 아니라 탄수화물, 아미노산과 단백질, 핵산(nucleic acid), 지질(lipid) 등 각종 생체 물질을 만드는 데 필수적이다.

산화 반응의 주역인 산소 역시 물과 거의 모든 생체 물질에 들어 있다. 특히 산소는 아미노산, 핵산, 지방산 등 각종 산(acid)을 만드는 역할을 한다. 또 광합성(photosynthesis)의 반응물인 이산화 탄소(carbon dioxide, CO_2)와, 대지의 주성분인 이산화 규소(SiO_2)도 각각 탄소와 규소의 산화물이다. 그리고 대부분의 생물은 산소를 통한 호흡 작용으로 에너지를 얻는다. 그런데 원자가가 2인 산소는 양쪽으로 결합을 이루고 나면 더 이상 결합을 하지 못한다. 그래서 산소는 쉽게 물을 만들지만 다양한 구조의 생체 물질을 만드는 데는 역부족이다.

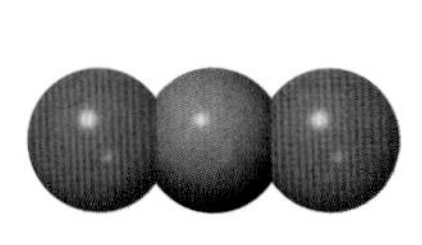

이산화 탄소

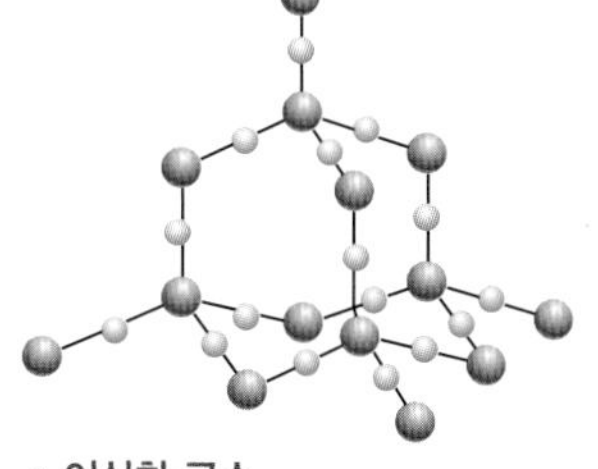

이산화 규소

주기율표에서 2족 원소는 리튬(lithium, Li), 베릴륨(beryllium, Be), 붕소(boron, B), 탄소, 질소, 산소, 플루오린(fluorine, F), 네온 순서이다. 그런데 비활성 기체인 네온을 빼면 탄소는 나머지 일곱 가지 원소 중에서 중심에 있다. 리튬과 플루오린의 원자가는 1, 베릴륨과 산소의 원자가는 2, 붕소와 질소의 원자가는 3인 반면, 탄소의 원자가는 4이다. 우주에 풍부한 원소 중에서 4개의 결합을 만들 수 있는 원소는 단연 탄소인 것이다. 2주기에서 중심의 위치에 있는 탄소가 원자가 면에서는 최강의 위치를 차지해서 생명의 핵심 원소가 되는 것은 참으로 흥미로운 일이다.

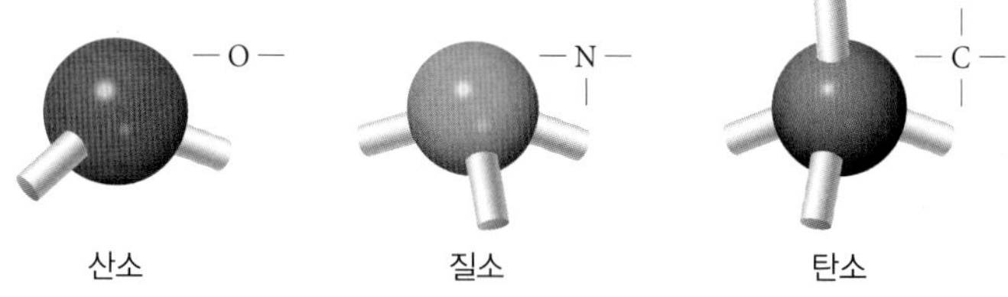

산소, 질소, 탄소의 원자가

탄소는 4의 원자가를 다양한 방식으로 활용한다. 앞에서 본대로 메테인에서 탄소는 4개의 수소와 결합한다. 에테인(ethane, C_2H_6)에서 각각의 탄소는 3개의 수소와, 그리고 다른 탄소와 단일 결합을 만들어서 4의 원자가를 만족시킨다.

에틸렌(ethylene, C_2H_4)에서 각각의 탄소 원자는 2개의 C−H 단일 결합(single bond), 그리고 1개의 C=C 2중 결합(double bond)을 만든다.

```
  H  H        H       H
  |  |         \     /
H-C--C-H        C = C         H-C≡C-H
  |  |         /     \
  H  H        H       H
```

에테인　　에틸렌　　아세틸렌

에테인, 에틸렌, 아세틸렌의 구조

아세틸렌(acetylene, C_2H_2)에서 각각의 탄소 원자는 1개의 C−H 단일 결합, 그리고 C≡C 3중 결합(triple bond)을 만든다. 뿐만 아니라 결합하는 탄소 원자의 수가 증가함에 따라 사슬 모양, 고리 모양 등의 다양한 모양을 만들 수 있다. 한편 이산화 탄소에서 탄소 원자는 양쪽으로 원자가가 2인 산소와 O=C=O 식으로 2중 결합을 이룬다.

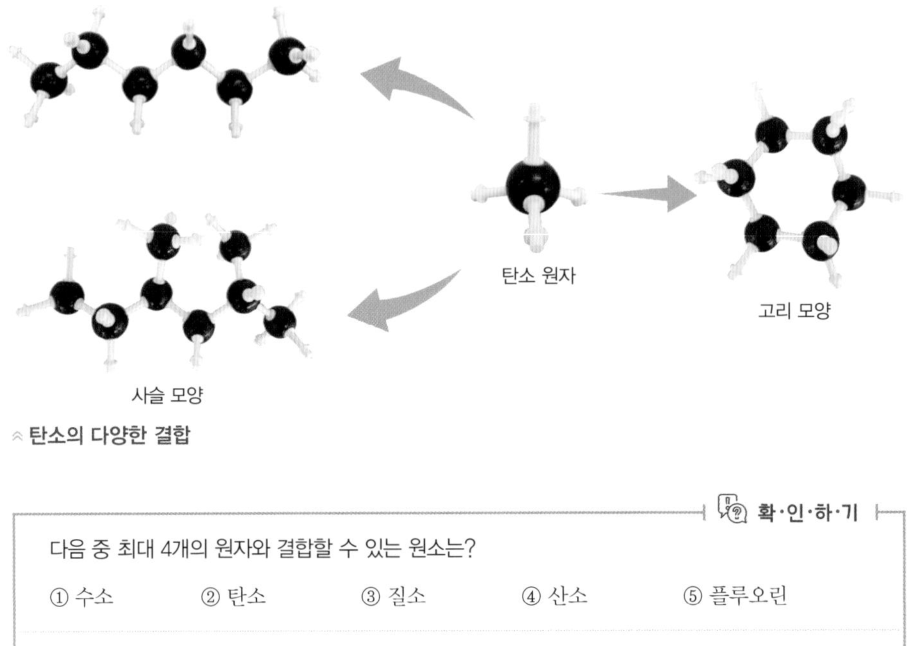

탄소의 다양한 결합

확·인·하·기

다음 중 최대 4개의 원자와 결합할 수 있는 원소는?

① 수소 ② 탄소 ③ 질소 ④ 산소 ⑤ 플루오린

탄소는 원자가가 4이다. 답 ②

| 탄소 화합물 |

우리 주위에는 아스피린부터 아스팔트까지 매우 다양한 탄소 화합물들이 존재한다. 탄소 화합물이란 탄소를 기본 골격으로 하고, 수소, 산소, 질소, 할로젠 등이 결합한 물질이다. 사실 주변에 보이는 사물들 중에서 탄소 화합물이 아닌 것을 찾는 것이 더 어려울 정도이다. 우리 몸에서부터 의복, 수많은 종류의 식품들, 질병 치료에 쓰이는 신약들, 이런 것들이 모두 탄소 화합물이다.

탄수화물인 포도당, 아미노산뿐만 아니라 DNA의 4가지 염기인 아데닌(adenine, A), 타이민(thymine, T), 구아닌(guanine, G), 사이토신(cytosine, C) 등에서 탄소는 4의 원자가를 최대한 활용해서 다양한 유기 물질(organic substance)의 골격을 만든다.

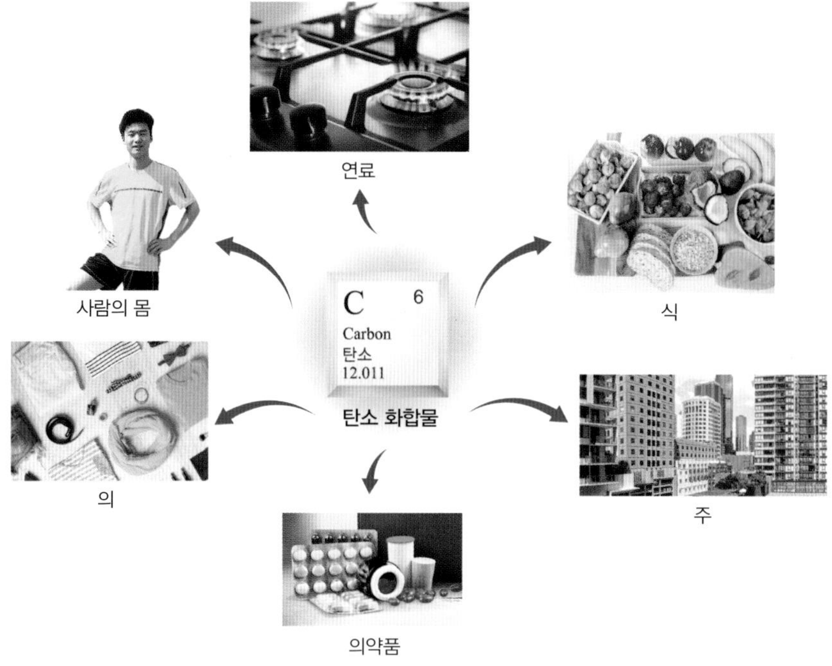

≈ **탄소의 중요성** 우리 몸뿐만 아니라 의식주, 연료, 의약품 등 필수품은 모두 탄소를 기반으로 이루어졌다.

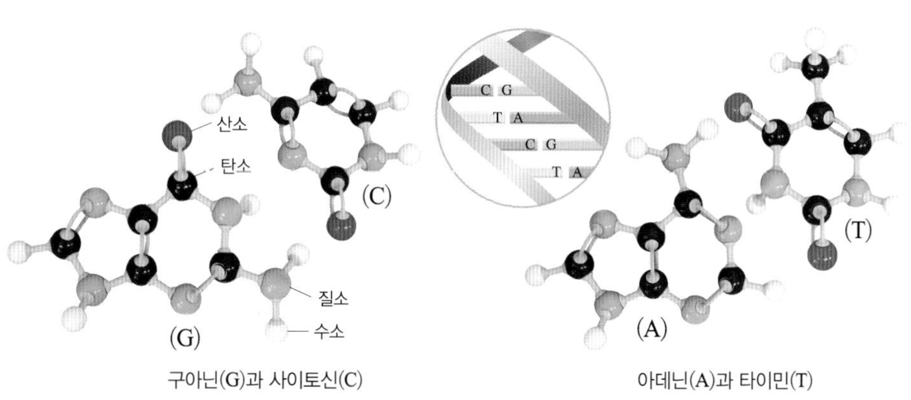

≈ **DNA의 네 가지 염기**

특히 탄소는 다양한 골격뿐 아니라 다양한 성질을 나타내는 작용기(functional group)를 만든다. 예컨대 에탄올(ethanol)의 C−OH, 그리고 아세트산(acetic acid)의 −COOH에서 탄소는 산소에 전자(electron)를 내어준다. 반면에 메테인 등 탄화수소에서 탄소는 수소에게서 약간의 전자를 끌어온다. 이런 차이 때문에 탄소 화합물에는 다양한 작용기가 생기는 것이다. 에탄올과 같이 탄화수소의 탄소 원자에 1개 이상의 −OH가 결합된 것을 **알코올**이라고 하고, 아세트산과 같이 탄화수소의 탄소 원자에 −COOH가 결합되어 있는 것을 **카복실산**이라고 한다. 자연에서 탄소같이 다양성과 유연성을 골고루 갖춘 원소는 다시 찾아볼 수 없다.

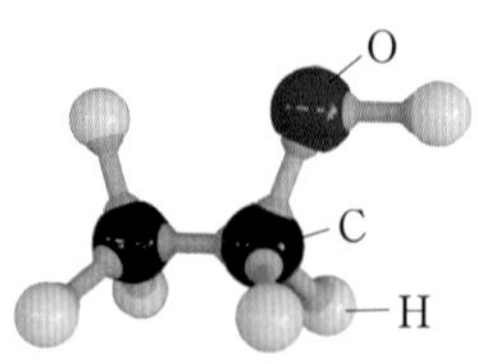

에탄올 에탄올은 주로 포도나 곡류의 당을 발효시켜 얻는다.

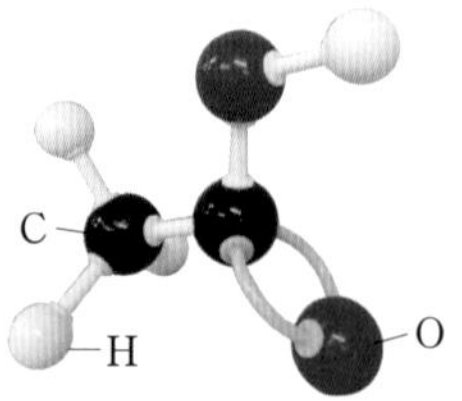

아세트산의 구조 아세트산은 강한 자극성 냄새가 나는 무색 액체로, 식초에 2 %～5 % 정도 들어 있다.

탄소 화합물의 특징은 다음과 같다.

- 대체로 무극성 분자가 많아 분자 사이의 인력이 작아 녹는점과 끓는점이 낮다.
- 분자를 이루는 원자 사이의 결합이 공유 결합으로 강하므로 화학적으로 안정하다.
- 극성 분자인 물에는 잘 녹지 않지만 무극성 분자인 벤젠, 사염화 탄소 등에는 잘 녹는다.

현재 등록된 화학 물질의 종류는 1억을 돌파했는데, 그 중에서 많은 부분이 탄소를 포함하는 물질이다. 플라스틱, 의약품, 탄소 나노튜브(carbon nanotube), 유기발광다이오드(organic light emitting diode, OLED) 등 천연에 전혀 존재해 본 적이 없는 합성 물질들도 대부분 탄소를 기반으로 한다.

확·인·하·기

의, 식, 주, 연료, 의약품 등에서 중심 역할을 하는 원소는?

① 수소 ② 탄소 ③ 질소 ④ 산소 ⑤ 인

탄소는 생명과 생활의 거의 모든 면에서 중심 역할을 한다. 답 ②

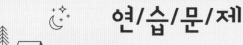

연/습/문/제

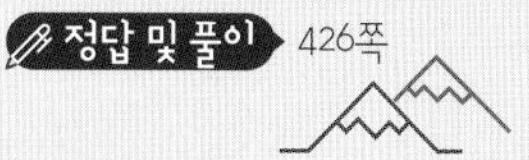

426쪽

핵심개념 확인하기

❶ 하버가 암모니아 합성에 사용한 물질은 (산소, 질소)와 수소이다.

❷ (나일론, 폴리에스터)은(는) 최초의 합성 섬유로서 헥사메틸렌다이아민과 아디프산의 반응으로 만들어진다.

❸ 탄소 화합물은 (수소, 탄소)를 기본 골격으로 하여 질소, 산소 등의 원소가 결합한 화합물을 말한다.

❹ 메테인, 에탄올, 아세트산에 공통으로 들어 있는 원소는 (탄소와 수소, 탄소와 산소)이다.

01 다음 물음에 알맞은 원소를 | 보기 | 중에서 골라 기호를 쓰시오.

보기
(가) 수소 (나) 탄소 (다) 질소 (라) 산소 (마) 인

(1) 물, 메테인, 포도당에 공통적으로 들어 있는 원소는 무엇인가?

(2) 탄수화물에는 없고 단백질에는 반드시 들어 있는 원소는 무엇인가?

(3) 아미노산에는 없고 DNA에 들어 있는 원소는 무엇인가?

02 비료의 3요소 중 하나가 아닌 것을 다음에서 골라 쓰시오.

• 탄소 • 질소 • 칼륨 • 인

03 다음 중 시멘트의 주성분이 아닌 것은?

① 수소 ② 규소 ③ 알루미늄 ④ 칼슘 ⑤ 산소

04 다음 중 도시 가스의 주성분은?

① 수소 ② 메테인 ③ 프로페인 ④ 옥테인 ⑤ 에탄올

05 다음 중 단일 결합으로만 이루어진 것은?

① 포도당 ② 글리신 ③ 아데닌 ④ 에틸렌 ⑤ 아세틸렌

06 다음 중 2중 결합을 만들지 못하는 원소는?

① 수소 ② 탄소 ③ 질소 ④ 산소 ⑤ 인

연/습/문/제

07 다음 중 3중 결합을 가진 것은?

① 물　② 에탄올　③ 에테인　④ 에틸렌　⑤ 아세틸렌

08 다음 중 최대 4개의 원자와 결합할 수 있는 원소는?

① 수소　② 탄소　③ 질소　④ 산소　⑤ 인

09 합성 섬유에 대한 설명으로 옳은 것만을 **보기**에서 있는 대로 고르시오.

보기

ㄱ. 천연 섬유보다 무겁다.
ㄴ. 천연 섬유보다 질기다.
ㄷ. 천연 섬유보다 열에 강하고 흡습성이 좋다.
ㄹ. 천연 섬유보다 구김이 잘 생기지 않는다.

10 그림은 여러 가지 탄소 화합물이다.

$$H_3C-CH_3 \qquad H_2C=CH_2 \qquad H-C\equiv C-H$$

이에 대한 설명으로 옳은 것만을 **보기**에서 있는 대로 고른 것은?

보기

ㄱ. 탄소는 다양한 원자가를 갖는다.
ㄴ. 탄소의 이웃한 원자의 수에 따라 구조가 다르다.
ㄷ. 탄소에 이웃한 원자 수가 많을수록 결합각은 커진다.

① ㄱ　② ㄴ　③ ㄷ　④ ㄱ, ㄷ　⑤ ㄴ, ㄷ

2 화학의 언어

우리가 일상생활을 잘 하려면 언어에 익숙해야 한다. 그래서 학교 교육에서도 국어, 영어, 수학 등 언어를 중시한다. 국어는 우리나라의 언어, 영어는 국제 사회의 언어라면, 수학은 자연의 언어이다.

인간의 언어에는 자음과 모음의 기본 자모가 있고, 자모가 결합해서 음절과 단어를 만드는 방식이 있으며, 나아가서 단어들이 연결되어 문장을 만드는 문법이 있다. 마찬가지로 화학에도 언어가 있다. 원자가 화학의 자모에 해당한다면 분자는 단어이고, 단어들이 문장과 단락과 한 권의 책으로 이어지듯이 분자들은 분자 간 상호 작용을 통해 우리 주위의 물질세계를 만든다.

이 단원에서는 화학을 공부하는 데 필요한 언어는 무엇인지, 그리고 그러한 언어가 어떻게 발전했는지 알아본다.

2-1 원소와 화합물

핵심 개념 • 원소 • 양성자 • 원자 번호 • 중성자 • 질량수 • 동위원소 • 화합물

| 원소 |

우리는 앞에서 수소, 헬륨, 산소, 탄소, 네온, 질소 등이 우주에서 풍부한 **원소**(element)라는 사실을 알아보았다. 그런데 원소란 무엇일까? 이때 "원"은 으뜸이라는 뜻을 가지고 있다. 먼저 태어난 것이 으뜸이고, 뒤따라 나타나는 것은 으뜸이 아니다. 예를 들어 수소와 산소가 반응해서 물이 만들어진다면 수소와 산소는 원소이지만 물은 원소가 아니다.

수소 + 산소 ⟶ 물

(수소 + 산소: 원소 / 물: 원소 아님)

만일 원소가 이처럼 으뜸이고 기본적인 물질이라면 각각의 원소는 자신만의 개성을 가지고 있을 것이다. 예컨대 수소는 가볍고 산소와 폭발적으로 반응해서 물을 만든다. 자연에서 이처럼 산소와 결합해서 물을 만드는 물질은 수소 밖에 없다. 반면에 헬륨은 수소처럼 가볍기는 하지만 반응성이 높은 산소와도 전혀 반응을 하지 않고, 물론 물도 만들지 않는다. 또 수소와 헬륨은 높은 에너지를 받으면 서로 다른 고유한 색을 나타낸다.

산소는 수소나 탄소 같은 원소를 태우면서 열을 낸다. 또 산소는 많은 다른 원소들과 반응해서 탄산(carbonic acid), 질산(nitric acid), 황산(sulfuric acid), 인산(phosphoric acid) 등의 산을 만드는 성질이 있다. 탄소는 4개의 결합을 만들면서 다양한 물질을 만드는 생명의 중심 원소이다. 네온은 헬륨처럼 전혀 반응을 안 하지만 네온사인에서 보는 것처럼 헬륨과는 다른 자기 자신의 색을 나타낸다.

한편 원소가 으뜸인 물질이라면 한 원소는 쉽게 다른 원소로 바뀌지 않을 것이다. 그래서 납(lead)을 금(gold)으로 바꾸려는 연금술사(alchemist)들의 노력은 실패로 끝났다. 그런데 자연의 원소들을 볼 때 한 원소가 다른 원소로 바뀌지 않는다면 어떻게 이렇게 다양한 원소들이 존재할 수 있을까? 20세기 과학은 이런 질문에 대한 답을 찾아냈다. 자연은 가장 가벼운 수소를 먼저 만들고 수소를 조합해서 헬륨, 탄소, 산소, 철(iron, Fe), 우라늄(uranium, U) 등 주기율표의 모든 원소들을 만들었다. 약 200년 전에 제시된 프라우트의 통찰이 맞는 것으로 판명된 것이다.

그런데 엄밀하게 말하면 자연이 먼저 만든 원소는 수소라기보다 수소의 중심핵에 들어 있는 양성자이다. 그리고 양성자가 2개 융합하면 헬륨의 핵이 되고, 6개가 융합하면 탄소의 핵이 된다. 지금은 138억 년 우주 역사에서 수소와 헬륨은 처음 3분 사이에 온도가 약 100억 도에 달하는 빅뱅 우주에서 만들어졌고, 나머지 무거운 원소들은 수 억 년 후에 중심 온도가 수천만~수억 도인 별의 내부에서 만들어진 것으로 알려졌다. 양성자를 융합하는 데 이처럼 높은 온도가 필요하다면 우리 주위에서 비교적 쉽게 얻을 수 있는 수천 도의 환경에서 한 원소가 다른 원소로 바뀔 수 없다는 것은 당연한 일이다.

이처럼 양성자 수는 원소의 종류를 결정한다. 그래서 양성자 수를 **원자 번호(atomic number)**라고 한다. 수소 이외의 원소에서는 원자핵에 양성자와 함께 **중성자(neutron)**가 들어 있다. 그런데 중성자의 역할은 양성자들을 붙잡아 주는, 어떻게 보면 이차적인 것이다. 중성자 수에는 별도의 이름을 붙이지 않고 대신, 양성자 수와 중성자 수의 합을 **질량수(mass number)**라고 한다. 후일 원자핵에 전자가 결합하여 중성 원자(atom)가 되었을 때 원자의 대략적인 질량을 결정하는 것은 양성자 수와 중성자 수의 합이기 때문이다. 이처럼 양성자 수가 같아서 같은 원소이지만 질량수가 다른 경우를 **동위원소(isotope)**라고 한다.

지금은 자연에 약 90가지의 원소가 있는 것이 잘 알려졌다. 자연에서 가장 무거운 원소는 주기율표에서 92번째 원소인 우라늄이다. 과학자들은 우라늄보다 무거운 원소들을 인공적으로 만들고 있다. 가장 최근에 발표된 원소는 원자 번호가 118인 오네가손(Og)이다. 우라늄보다 가벼운 원소 중에서 테크네튬(technetium, Tc, 43번)과 프로메튬(promethium, Pm, 61번)은 아주 미량으로 존재하여 자연에서는 검출되지 않았고, 원자로(nuclear reactor)에서 인공적으로 만들어졌다.

지금은 수소의 핵인 양성자도 쿼크(quark)라는 보다 기본적인 입자로 구성된 것이 알려졌다. 그렇다면 수소도 궁극적인 원소가 아닌 것이다. 그래서 쿼크 같은 기본 입자(elementary particle)에 대비해서 주기율표에 있는 원소들은 화학 원소(chemical element)라고 부르는 것이 타당하다. 그러나 화학에서 원소라고 할 때는 화학 원소를 의미하는 것으로 이해하면 된다.

자료 쏙

» 탈레스의 원소

기원전 600년 경 밀레토스에서 활동했던 탈레스(Thales, BC 약 624~545)는 물을 유일한 원소로 생각하였다. 액체인 물은 쉽게 기체인 수증기로, 고체인 얼음으로 바뀌고 또 원래의 물로 돌아온다. 이처럼 근본적이면서도 다른 형태로 쉽게 변환되며 또 생명에 필수적이므로 물을 원소로 취급한 것은 충분히 가능하다. 그러나 물 하나로부터 공기, 흙, 동식물 등 삼라만상이 만들어질 수 있다는 것은 무리이다.

탈레스

엠페도클레스(Empedocles, BC 493~480)는 물에 불, 공기, 흙을 추가해서 4원소설을 주장하였다. 뿐만 아니라 엠페도클레스는 이 기본 원소들이 사랑과 미움으로 상호 작용하면서 만물을 만들어낸다고 생각하였다. 자연에서는 강한 핵력(strong nuclear force), 전자기력(electromagnetic force) 등의 힘을 통해 입자들이 상호 작용을 한다. 그런데 양성자처럼 양전하(positive charge)를 가진 입자끼리, 또 전자처럼 음전하(negative charge)를 가진 입자끼리는 밀어내고, 반대 전하를 가진 입자 사이에는 끄는 힘이 작용하는 것을 보면 엠페도클레스의 생각은 일리가 있어 보인다.

확·인·하·기

다음 중 원소가 아닌 것은?

① 수소 ② 탄소 ③ 산소 ④ 물 ⑤ 철

물은 수소와 산소로 분해된다. 따라서 원소가 아니다. 답 ④

| 화합물 |

수소와 산소가 결합해서 물이 될 때 수소와 산소는 원소이고 물은 화합물(compound)이라고 한다. 즉, 모든 화합물은 두 가지 이상의 원소로 이루어진 물질인데, 이때 "화"는 변화를, "합"은 합쳐진 것을 뜻한다. 그런데 수소와 산소는 기체인데 물은 액체인 것에서 볼 수 있듯이 화합물의 성질은 그 화합물을 만드는 원소와 성질이 전혀 다르다. 수소와 산소, 탄소로 이루어진 화합물인 설탕(sugar, sucrose)은 수소, 산소, 탄소와 달리 단맛이 난다.

화합물의 종류는 원소에 비해 매우 많다. 원소의 종류는 약 100가지에 불과하지만 화합물의 종류는 수 천만에 달한다. 여러 가지 원소의 수많은 조합이 가능하기 때문이다. 그래서 우리 주위에서 볼 수 있는 대부분의 물질은 화합물이다.

탈레스로부터 시작해서 18세기 말에 물이 화합물이라는 사실이 알려지기까지 물을 원소라고 생각한 것을 보면 어떤 물질이 원소인지 화합물인지 판단하는 것은 쉽지 않았을 것이다. 예컨대 액체인 물이 다른 물질로 분해되는지 알아보기 위해 가열하였다고 할 때 100 ℃에 도달하면 물은 끓어서 수증기로 바뀐다. 수증기는 식어서 다시 액체가 되는데 이 액체의 성질을 분석해 보면 물과 똑같다. 물이 얼었다가 녹는 경우도 마찬가지이다. 여기까지 보면 물은 더 이상 다른 물질로 바뀌지 않고, 다른 원소와 구별되는 원소인 것처럼 보인다.

그런데 프랑스의 라부아지에(Lavoisier, A. L., 1743~1794)는 물을 뜨겁게 달군 금속과 접촉해서 높은 온도로 가열하면 수소 기체와 산소 기체가 발생하고, 수소와 산소를 반응시키면 다시 물로 바뀌는 것을 알아냈다. 수증기는 물로 분석(analysis)되는데 반해 물을 분해해서 얻은 기체는 수소와 산소로 분석된다. 그리고 수소와 산소 각각은 아무리 가열해도 다른 물질로 바뀌지 않고 항상 수소로, 그리고 산소로 분석된다. 이에 라부아지에는 원소를 "분석이 도달할 수 있는 마지막 지점"이라고 정의하였다. 그런 의미에서 물은 분해되므로 원소가 아니다.

라부아지에는 물 분해 실험과 물 합성 실험을 통해 물이 원소가 아니라 산소와 수소로 이루어진 물질임을 증명하였다.

- 물 분해 실험: 뜨거운 주철관에 물을 부으면 철이 산소와 결합하여 산화 철이 되고 물은 분해되어 수소 기체를 생성한다.
- 물 합성 실험: 물 분해 실험에서 얻은 수소와 다른 실험을 통해서 얻은 산소를 섞은 후 전기 불꽃 장치로 두 기체를 반응시켰다.

확·인·하·기

다음 중 화합물이 아닌 것은?

① 수소　② 물　③ 포도당　④ 아미노산　⑤ DNA

수소는 원소이다.　답 ①

| 수소와 산소의 발견 |

이제는 수소와 산소의 발견을 통해 원소와 화합물의 의미를 정리해 보자.

◘ 수소의 발견

수소는 우주에서 가장 풍부한 원소이다. 또한 1개의 양성자로 이루어진 수소는 화학 원소 중에서는 가장 간단한 원조 원소이다. 그러나 138억 년 우주 역사와 40억 년 지구상 생명의 역사에서 수소의 존재를 알아낸 것은 18세기 후반에 들어와서이다.

많은 과학의 발견은 여러 과학자에 의해 단계적으로 이루어지는데 수소의 발견도 예외는 아니다. 뉴턴(Newton, I., 1642~1727)과 동시대에 활동했던 아일랜드 출신의 보일(Boyle, R., 1627~1691)은 1662년에 기체의 압력과 부피 사이의 관계를 나타내는 보일 법칙을 발견하였다. 그리고 1671년에는 철에 묽은 염산(hydrochloric acid, HCl)을 가하면 잘 타는 기체가 발생하는 것을 관찰하였다. 그러나 원소로서의 수소를 발견한 인물은 영국의 캐번디시(Cavendish, H., 1731~1810)이다. 약 100년 후인 1766년에 캐번디시는 아연(zinc, Zn), 구리(copper, Cu), 주석(tin, Sn) 등 여러 가지 금속에 염산뿐만 아니라 질산, 황산 등 강한 산을 가할 때 산의 종류에 상관없이 가벼운 동일한 기체가 발생하는 것을 관찰하였다. 예를 들면 아연과 염산의 반응은 다음과 같이 쓸 수 있다.

$$Zn(s) + 2HCl(aq) \longrightarrow Zn^{2+}(aq) + 2Cl^{-}(aq) + H_2(g)\uparrow$$

여기서 (s)는 고체를, (aq)는 수용액(aqueous)을, (g)는 기체를 뜻한다. 그리고 위로 향한 화살표(↑)는 발생한 기체가 가벼워서 위로 날아간 것을 뜻한다.

캐번디시는 발생한 기체를 물 위에 포집하여 분리하고 이를 '가연성 공기'라고 불렀다. 그는 이렇게 분리한 기체의 밀도를 측정하였고, 이 기체가 연소하면 물을 만든다는 것을 밝혔다. 그래서 캐번디시는 탈레스 이후 원소로 생각되어 왔던 물이 원소가 아니라 화합물인 것을 밝히는 데에도 기여하였다. 1783년에 라부아지에는 이 기체를 물을 만드는 원소라는 뜻에서 수소(hydro-gen)라고 명명하였다. 수소는 질산, 염산, 인산, 탄산, 아세트산 등 모든 산에 공통적으로 들어 있어서 산성을 나타낸다.

◘ 산소의 발견

산소의 발견에 관해서는 스웨덴의 셸레(Scheele, C. W., 1742~1786), 영국의 프리스틀리(Priestley, J., 1733~1804), 프랑스의 라부아지에 모두가 중요한 기여를 하였다.

1772년에 셸레는 공기의 5분의 1 정도를 차지하는, 연소를 돕는 성분이 있는 것을 발견하였다. 철 조각에 황산을 가해서 발생하는 수소 기체를 연소시키고 나면 공기의 부피가 5분의 1 정도 줄어드는 것을 관찰한 것이다. 황화 칼륨(K_2S)을 공기에 접촉해도 같은 일이 일어났다($2K_2S + O_2 \longrightarrow 2K_2O + 2S$). 그 후 셸레는 초석($KNO_3$), 이산화 망가니즈($MnO_2$), 인주의 주성분인 수은 화합물(HgO)에 진한 황산을 가해 가열하면 연소를 돕는 기체가 나오는 것을 알아냈다. 타다 남은 석탄 조각을 이 기체에 가까이 가져가면 빨갛게 타오르는 것을 보고 셸레는 이 기체를 불 공기(fire air)라고 불렀다.

한편 프리스틀리는 1774년에 붉은색을 나타내는 어떤 고체 물질에 커다란 렌즈로 모은 햇빛을 쪼이면 특이한 기체가 발생하는 것을 발견하였다. 고체 화합물인 산화 수은(HgO)이 분해되어 원소인 수은과 산소 기체가 발생하는 것을 발견한 것이다. 당시 프리스틀리는 셸레의 결과에 대해서는 알지 못하였다.

그러나 처음으로 산소를 원소로 인식하고 산을 만드는 원소라는 의미에서 산소(oxy-gen, acid-forming)라고 명명한 것은 라부아지에였다. 그는 수소와 산소가 2 : 1의 비율로 반응해서 물을 만드는 것을 알아냈고, 또 철이 물과 반응하면 철은 녹이 슬고(FeO) 수소가 발생하는 것을 관찰해서($Fe + H_2O \longrightarrow FeO + H_2$) 물은 원소가 아니고 산소와 수소로 분해되는 화합물인 것을 확인하였다.

물은 수소가 만드는 화합물 중에서 가장 간단하면서도 가장 중요한 화합물이다. 물은 매우 안정한 화합물이다. 수소가 탈 때 많은 열이 나오는 것은 물이 그만큼 안정하기 때문이다. 물은 안정한 만큼 분해가 잘 안되기 때문에 탈레스 이후 물은 원소로 취급되어 왔던 것이다.

확·인·하·기

다음 중 산소를 포함하는 산이 <u>아닌</u> 것은?

① 염산　② 질산　③ 탄산　④ 황산　⑤ 인산

질산, 탄산, 황산, 인산에서는 수소가 전자를 강하게 끌어당기는 산소와 결합하고 있다. 염산에서는 수소가 전자를 강하게 끌어당기는 염소와 결합하고 있어 산이 된다. 전자를 끌어당기는 정도를 전기음성도라고 하는데 산소와 염소는 모두 전기음성도가 높다. 산성 물질이 물에 녹으면 전자를 내어준 수소는 수소 이온(H^+)으로 떨어져 나와서 산성을 나타낸다.

답 ①

2-2 원자와 분자

핵심 개념 • 원자 • 분자 • 단원자 분자 • 이원자 분자

기원전 6세기경에 탈레스는 원소라는 생각을 하였고, 기원전 5세기경에는 데모크리토스(Democritos, 약 BC. 460~370)가 모든 물질은 더 나눌 수 없는 **원자(a-tom)**라는 작은 알갱이로 이루어졌을 것이라는 생각을 하였다. 그리고 18세기 말에 물은 화합물이라는 것이 밝혀졌고, 이어서 19세기 초에는 원자라는 개념이 부활하였다.

화합물인 물이 한 컵 있다고 하자. 이 물의 반을 취하면 반 컵의 물이 되고, 반 컵의 물에 들어 있는 물 분자의 수는 한 컵 물에 들어 있는 물 분자 수의 반이 될 것이다. 이 과정을 오래 반복하면 물 분자 1개에 도달한다. 모든 물 분자는 산소를 중심으로 수소 2개가 결합한 동일한 물질이다. 그런데 높은 에너지를 가해서 이 물 분자를 분해하면 물과 전혀 성질이 다른 수소와 산소가 생성된다. 따라서 분자는 어떤 물질의 성질을 가지는 최소 단위로 정의한다. 이 경우에 반응물인 물은 화합물이면서 분자라면 생성물인 수소와 산소는 원소이면서 분자이다.

$$2H_2O \longrightarrow 2H_2 + O_2$$

화합물, 분자 → 원소, 분자

수소와 산소 기체를 모아 각각 반씩 취해나가면 수소 분자 1개와 산소 분자 1개에 도달할 것이다. 수소나 산소는 상온에서 안정한 물질이다. 그런데 수소 분자나 산소 분자에 높은 에너지를 가하면 분해되어 수소 원자와 산소 원자가 얻어진다. 이렇게 얻어진 수소 원자와 산소 원자는 아주 불안정하여 반응성이 매우 높다. 수소 분자도 수소 원자도 원소 면에서는 같은 수소이다.

원소, 분자 — $H_2 \longrightarrow 2H$, $O_2 \longrightarrow 2O$ — 원소, 원자

모든 분자는 같은 원소이건 다른 원소이건 간에 2개 이상의 원자들이 결합해서 만들어진 입자라고 생각할 수 있다. 그런데 예외적으로 헬륨, 아르곤 같은 비활성 기체 원소는 원자 자체가 분자이다. 예를 들어 풍선을 가득 채운 헬륨은 모두 원자 상태로 존재한다. 그리고 헬륨 원자 1개에 높은 에너지를 주면 원자와는 전혀 다른 성질을 가진 헬륨의 원자핵과 전자로 갈라진다. 그런 의미에서 헬륨 원자는 헬륨 분자인 것이다. 그래서 헬륨, 아르곤 등의 분자는 **단원자 분자(monoatomic molecule)**라고 한다.

이제 원소, 화합물, 원자, 분자를 정리해 보자. 우리는 모든 원소에 대해 원자와 분자를 생각할 수 있다. 원소 상태의 분자에는 헬륨(He), 네온(Ne), 아르곤(Ar) 같은 단원자 분자도 있고, 수소(H_2)나 산소(O_2) 같은 **이원자 분자(diatomic molecule)**도 있다. 오존(O_3)은 삼원자 분자이며, 인(P_4)은 사원자 분자, 황(S_8)은 팔원자 분자로 모두 원소인 분자이다.

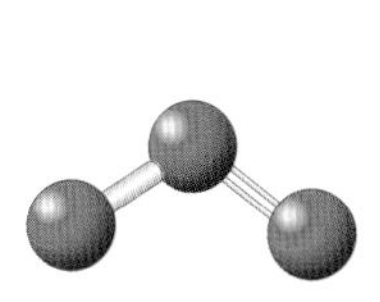
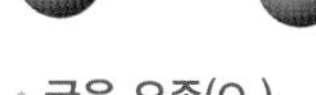
굽은 오존(O_3)

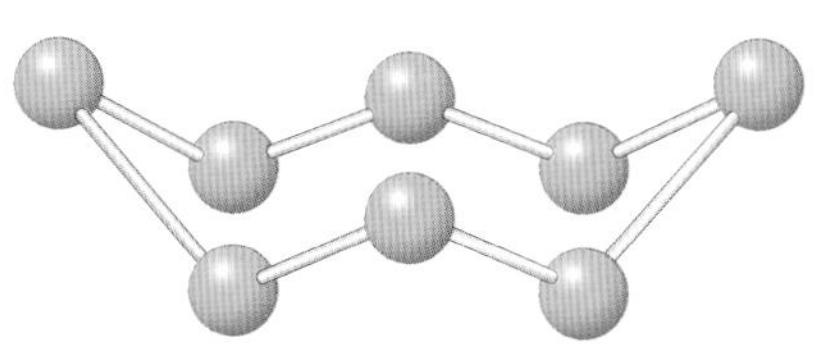
고리 구조의 황(S_8)

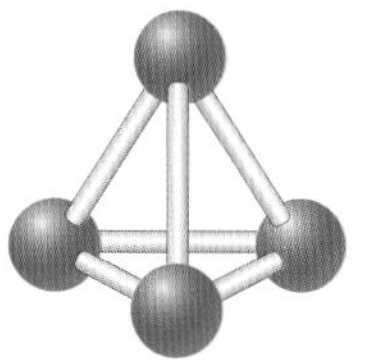
정사면체 구조의 인(P_4)

원소와 마찬가지로 화합물에도 일산화 탄소(CO) 같은 이원자 분자, 물(H_2O) 같은 삼원자 분자, 암모니아(NH_3) 같은 사원자 분자, 메테인(CH_4) 같은 오원자 분자, 메탄올(CH_3OH) 같은 육원자 분자가 있는가 하면 녹말, 단백질, DNA처럼 수백, 수천 내지 수억 개의 원자들이 결합한 분자도 있다.

	원자	분자
원소	헬륨(He), 아르곤(Ar)	헬륨(He), 아르곤(Ar)
	수소(H), 염소(Cl), 질소(N)	수소(H_2), 염소(Cl_2), 질소(N_2)
	산소(O)	산소(O_2), 오존(O_3)
	인(P), 황(S)	인(P_4), 황(S_8)
	탄소(C)	풀러렌(C_{60})
화합물		일산화 탄소(CO), 염화 수소(HCl)
		물(H_2O), 이산화 탄소(CO_2), 이산화 질소(NO_2)
		암모니아(NH_3), 아세틸렌(C_2H_2)
		메테인(CH_4), 에틸렌(C_2H_4), 메탄올(CH_3OH), 에테인(C_2H_6)
		벤젠(C_6H_6), 포도당($C_6H_{12}O_6$), 아미노산, 녹말, 단백질, DNA

탐구 시그마 원소, 원자, 분자

자료

표는 물, 산소, 아르곤 분자의 모형을 나타낸 것이다.

분자	물	산소	아르곤
모형	O, H, H	O, O	Ar

분석

분자	물	산소	아르곤
구성 원소	수소, 산소	산소	아르곤
구성 원자	수소 원자(H) 2개, 산소 원자(O) 1개	산소 원자(O) 2개	아르곤(Ar) 원자 1개
특징	원자로 쪼개지면 물, 산소의 성질을 잃는다.		원자 1개로도 아르곤 기체의 성질을 나타낸다.

- 물은 삼원자 분자, 산소는 이원자 분자, 아르곤은 단원자 분자이다.
- 아르곤과 같은 단원자 분자에는 헬륨(He), 네온(Ne) 등이 있다.

확·인·하·기

다음 중 옳지 않은 것은?

① 모든 분자는 원자로 이루어졌다.
② 원자 하나로 이루어진 분자도 있다.
③ 우리 주위의 대부분 물질은 분자 상태로 존재한다.
④ 우리 주위의 대부분 물질은 화합물 상태로 존재한다.
⑤ 한 가지 원소로 이루어진 화합물도 존재한다.

화합물은 정의 상 두 가지 이상의 원소가 결합한 물질이다. 답 ⑤

2-3 원자설과 분자설

핵심 개념 • 질량 보존 법칙 • 일정 성분비 법칙 • 원자설 • 배수 비례 법칙 • 기체 반응 법칙 • 아보가드로 법칙 • 분자설

| 질량 보존 법칙 |

수소와 산소의 발견 이전에 알려졌던 원소들은 대부분 금, 은, 황 등 고체 원소들이다. 그러다가 기체 원소들이 알려지면서 질량 보존 법칙이 나올 준비가 이루어진다. 나무가 타서 재로 바뀌는 경우 재가 나무보다 가벼워 질량이 감소하는 것 같다. 그러나 공기 중의 산소가 소비되면서 이산화 탄소가 생기므로 반응 전후에 전체 질량의 변화는 없다. 프랑스의 라부아지에는 1789년에 질량 보존 법칙(law of conservation of mass)을 발표하였다. 라부아지에는 대기 중 산소의 존재를 확인하고 연소 반응이 일어날 때 물질이 산소와 결합하여 질량이 증가한다는 사실을 밝혔다.

질량 보존 법칙

물질이 화학 반응을 일으켜서 다른 물질로 변화해도 반응 전후의 총 질량에는 변화가 없다.

원자 세계에서는 질량이 기본적인 성질인데 화학 실험에서는 부피를 많이 다룬다. 매번 저울을 사용해서 질량을 측정하는 것보다는 뷰렛, 피펫, 실린더 등을 사용해서 부피를 측정하는 것이 편하기 때문이다. 크기 성질인 부피와 세기 성질인 밀도를 알면 다른 크기 성질인 질량을 알 수 있다.

자료 쏙

» 크기 성질과 세기 성질

크기 성질(extensive property)은 질량, 길이, 부피와 같이 물질의 양이 많아지면 커지는 것이며 동일한 크기 성질의 값은 더할 수 있다. 세기 성질(intensive property)은 온도, 녹는점, 끓는점, 밀도 등 물질의 양에 무관한 성질이다.

확·인·하·기

라부아지에의 알코올 발효 실험에서 물 400 g, 설탕 100 g, 누룩 10 g이 반응물로 사용되었다. 그리고 반응 후에는 물 409 g, 설탕 4 g, 누룩 1 g, 알코올 58 g, 아세트산 3 g이 남아 있었다. 생성된 이산화 탄소의 질량은 몇 g이었을까?

$(400+100+10)-(409+4+1+58+3)=35$ 답 35 g

| 일정 성분비 법칙 |

18세기 말 경 화합물의 조성에 대해 두 가지 다른 생각이 있었다. 당시 유명한 프랑스의 화학자인 베르톨레(Berthollet, C., 1748~1822)는 화합물에서 원소의 조성은 연속적인 값을 갖는다고 주장하였다. 1799년에 프랑스의 프루스트(Proust, J., 1754~1826)는 자신이 조사한 여러 화합물에 대하여 원소 성분이 일정하다는 일정 성분비 법칙(law of definite proportion)을 발표하였다. 예를 들면 순수한 물은 언제나 수소 1 g당 산소 8 g의 질량비를 갖는 수소와 산소로 구성되어 있다.

일정 성분비 법칙

같은 화합물을 이루는 성분 원소들의 질량비는 항상 일정하다.

| 돌턴의 원자설 |

라부아지에의 질량 보존 법칙과 프루스트의 일정 성분비 법칙을 기초로 영국의 돌턴(Dalton, J., 1766~1844)은 1808년에 원자설을 제창하였다. 데모크리토스의 원자 개념이 2천 년이 지난 후 다시 대두된 것이다. 돌턴의 원자설은 다음과 같다.

돌턴의 원자설

첫째, 물질은 딱딱하고 쪼개지지 않는 작은 입자인 원자로 구성되어 있다.
둘째, 같은 원소의 원자들은 모두 똑같고, 성질이 같다.
셋째, 한 종류의 원자는 다른 종류의 원자로 바뀌지 않는다.
넷째, 화학 반응을 할 때 원자는 새로 생기거나 사라지지 않고 배열만 바뀐다.

질문 쏙

» 원자는 더 쪼갤 수 있는데 왜 가장 작은 입자라고 하는가?

원자는 양성자와 중성자가 포함된 원자핵과 전자로 구성되어 있고, 양성자와 중성자는 쿼크라는 더 작은 입자로 이루어져 있다. 그런데도 화학에서 원자를 가장 작은 입자로 정의하는 이유는 원자가 화학 반응을 일으키는 가장 작은 입자이고, 원자핵이 쪼개지면 원자는 다른 성질을 갖는 입자, 즉 다른 원소로 변하기 때문이다.

확·인·하·기

돌턴의 원자설에서 오늘날 수정이 필요하지 않은 것은?

• 첫째	• 둘째	• 셋째	• 넷째

원자는 원자핵과 전자로 나누어진다. 같은 원소의 원자라도 질량수가 다른 동위원소가 존재한다. 방사능 붕괴에서는 한 종류의 원자가 다른 종류의 원자로 바뀐다. 그러나 결합이 깨어지고 형성되고 원자들이 재배열되면서 화학 반응이 일어난다는 생각은 여전히 유효하다.

답 넷째

원자설을 주장한 돌턴은 자신의 원자설이 맞는다면 두 가지 이상의 원소들이 다른 비율로 결합한 다른 화합물에서 한 원소에 대한 다른 원소의 질량비가 정수비가 되어야 한다고 생각하고 실제로 그러한 관계가 성립하는 것을 증명하였다. 이를 배수 비례 법칙(law of multiple proportions)이라고 한다.

배수 비례 법칙

두 종류의 원소가 두 가지 이상의 화합물을 만들 때, 한 원소와 결합하는 다른 원소 사이에는 항상 일정한 정수의 질량비가 성립한다.

예를 들어, 수소와 산소의 화합물인 물(H_2O)과 과산화 수소(H_2O_2)에서 물에는 수소 1 g당 산소 8 g이 들어 있고, 과산화 수소에는 수소 1 g당 산소 16 g이 들어 있다.

H_2O (수소 원자 2개 : 산소 원자 1개)　　H_2O_2 (수소 원자 2개 : 산소 원자 2개)

배수 비례 법칙이 확인되면서 돌턴의 원자설이 자리를 잡게 된다. 이처럼 라부아지에의 질량 보존 법칙, 프루스트의 일정 성분비 법칙, 돌턴의 배수 비례 법칙이라는 질량에 관련된 이 세 법칙은 원자설이 자리를 잡는 데 핵심적인 역할을 하였다.

확·인·하·기

다음 중 배수 비례 법칙과 관련이 없는 것은?

① $FeO - Fe_2O_3$　② $CO - CO_2$　③ $PbO - PbO_2$　④ $2H - H_2$　⑤ $Cu_2O - CuO$

배수 비례 법칙은 두 종류의 원소가 두 가지 이상의 화합물을 만들 때 성립한다. 수소 원자와 수소 분자는 화합물이 아니다.

답 ④

| 아보가드로의 분자설 |

이제부터는 19세기의 화학자들이 어떻게 분자의 존재를 파악하게 되었는지 살펴보자.

1809년에 발표된 게이뤼삭(Gay-Lussac, J. L., 1778~1850)의 기체 반응 법칙(law of combining volumes)에 따르면 기체 사이의 반응에서 반응하는 기체와 생성되는 기체 사이에는 일정한 부피비가 성립한다.

이러한 정수 관계가 어떻게 분자의 존재를 의미하는지 살펴보자. 수소와 산소가 반응해서 물이 되는 경우에는 수소 2 부피와 산소 1 부피가 반응하면 수증기 2 부피가 얻어진다. 이 관찰 사실을 수소와 산소가 각각 원자로 존재한다고 가정하고 설명하려면 아래 그림과 같이 산소 원자가 둘로 갈라져야 한다. 이것은 원자는 더 나눌 수 없는 입자라는 원자의 정의와 모순된다.

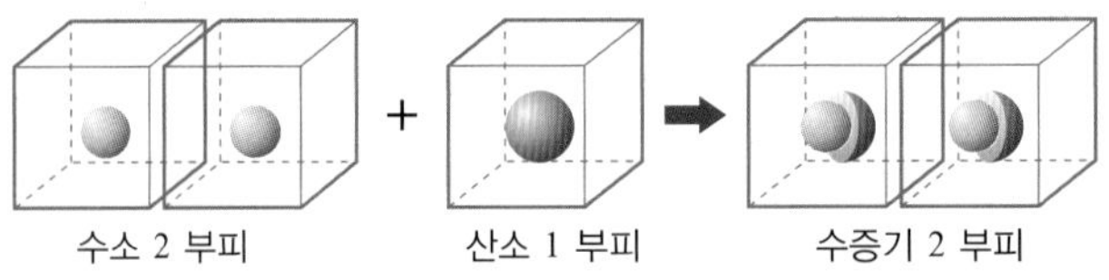

그러나 수소도 산소도 2개의 원자가 결합한 이원자 분자라고 가정하면 원자를 나누지 않고도 2 : 1 : 2의 부피비를 설명할 수 있다. 이때 중요한 사실은 모든 기체는 같은 온도와 압력하에서는 같은 부피에 같은 개수의 분자가 들어 있다는 점이다.

1811년에 아보가드로가 제안한 이 원리는 후일 **아보가드로 법칙**(Avogadro's law)으로 알려지게 되었다.

아보가드로 법칙

기체의 종류에 관계없이 같은 온도와 압력하에서는 같은 부피 속에 같은 수의 기체 분자가 들어 있다.

위의 그림에서는 단위 부피에 수소 분자, 산소 분자, 물 분자 모두 1개씩 들어 있는 것을 볼 수 있다.

이처럼 게이뤼삭의 기체 반응 법칙과 아보가드로 법칙을 종합하여 1811년에 아보가드로는 원자들이 모여서 이루는 입자로서의 분자라는 개념을 제시하였다. 즉, 아보가드로의 분자는 원자와 달리 나눌 수 있는 입자인 것이다. 다만 분자는 어떤 물질의 성질을 가지면서 더 나눌 수 없는 입자로 정의한다. 왜냐하면 물이나 설탕 같은 화합물의 경우에 분자를 나누면 물이나 설탕의 성질이 사라지기 때문이다.

분자설이 자리 잡으면서 원소 기호를 사용하기 시작하였다. 돌턴은 원소마다 다른 모양의 부호를 사용했는데, 이러한 방법으로는 화합물의 조성을 나타내기가 아주 불편하였다. 스웨덴의 베르셀리우스(Berzelius, J. J., 1779~1848)는 원소 이름의 첫 글자를 따서 수소는 H, 산소는 O 식으로 간단한 기호를 사용하자고 제안하였다. 그는 화합물에서 어떤 원자의 개수를 위첨자로 적었다. 예를 들어, 베르셀리우스는 물을 H^2O로 적었다. 그 후 언젠가부터 H_2O 식으로 적고 있다.

확·인·하·기

다음은 원자설 및 분자설과 관련된 설명이다. 옳지 않은 부분을 바르게 고치시오.

(1) 원자설이 자리를 잡는 데는 기체 부피에 관련된 연구가 핵심 역할을 하였다.
(2) 분자설이 자리를 잡는 데는 반응물과 생성물의 질량 관계에 관련된 연구가 핵심 역할을 하였다.
(3) 돌턴은 라부아지에의 질량 보존 법칙과 프루스트의 배수 비례 법칙에 근거해서 원자설을 제안하였다.

답 (1) 원자설이 자리를 잡는 데는 질량 보존 법칙, 일정 성분비 법칙, 배수 비례 법칙이 핵심 역할을 하였다.
(2) 분자설이 자리를 잡는 데는 반응물과 생성물의 부피 관계에 관련된 연구가 핵심 역할을 하였다.
(3) 돌턴은 라부아지에의 질량 보존 법칙과 프루스트의 일정 성분비 법칙에 근거해서 원자설을 제안하였다.

2-4 몰: 물질의 양

핵심 개념 • 원자량 • 분자량 • 몰 • 아보가드로수

원자설의 배경에는 반응물(reactant)과 생성물(product) 사이에, 그리고 화합물 내에서의 질량 관계가 자리 잡고 있다. 그런데 원자설이 처음 등장할 때는 아직 분자의 개념이 나오지 않았기 때문에 관찰된 질량 관계가 구체적으로 무엇을 의미하는지가 확실하지 않았다.

돌턴 시대에 이미 수소 1 g과 산소 8 g이 반응해서 9 g의 물이 얻어진다는 사실이 알려졌다. 현재의 지식으로는 수소 분자 2개와 산소 분자 1개가 반응하여 2개의 물 분자가 생긴다($2H_2 + O_2 \longrightarrow 2H_2O$). 그러나 원자의 실재를 어느 정도 확신하면서도 분자를 알지 못하는 19세기 초반에는 수소 원자 1개와 산소 원자 1개가 결합해서 $H + O \longrightarrow HO$ 식의 물이 만들어졌다고 생각할 수 있다. 물론 당시에는 전자가 발견되기 전이어서 수소와 산소가 전자를 공유하여 결합을 이룬다는 사실도, 옥텟 규칙에 따라 산소 원자 하나는 수소 원자 둘과 결합한다는 것도 알지 못하였다.

| 원자량 |

여러 반응에서 반응물 사이의 질량 관계로부터 원자들 사이의 상대적 질량을 구할 수 있다. 원자는 크기가 매우 작은 입자이기 때문에 질량도 매우 작아 원자의 실제 질량을 그대로 사용하는 것은 불편하다. 그래서 어떤 원자의 질량을 기준으로 삼은 후, 다른 원자의 질량이 그것의 몇 배인가를 나타내는 상대적 질량을 사용하게 되었다. 이렇게 하여 정해진 것이 **원자량(atomic weight)**이다. 원자량은 탄소(^{12}C)의 질량을 12로 정하고, 이를 기준으로 환산한 원자들의 상대적 질량 값이다. 원자량은 상대적인 값이므로 단위가 없다.

탄소의 원자량이 12일 때 수소의 원자량은 약 1, 산소의 원자량은 약 16이 된다. 이는 수소 원자의 질량이 탄소 원자 질량의 1/12이고, 산소 원자의 질량은 수소 원자

질량의 약 16배라는 것을 의미한다. 실제 원자 1개의 질량은 수소 1.67×10^{-24} g, 탄소 1.99×10^{-23} g, 산소 2.67×10^{-23} g으로 질량비는 약 1 : 12 : 16이다.

탐구 시그마 탄소, 수소, 산소 원자의 상대적 질량

자료

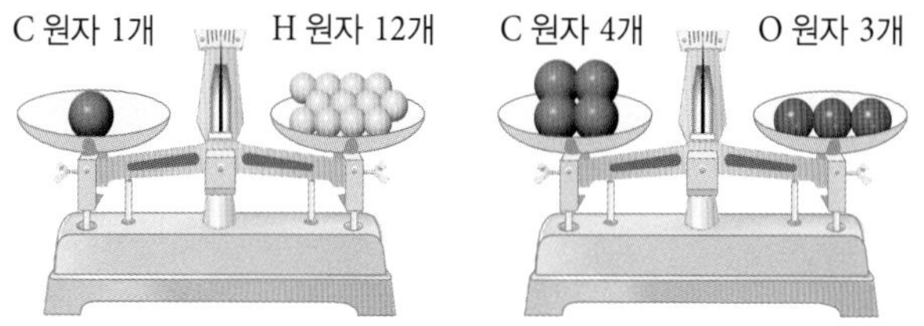

분석

- 수소(H) 원자 12개의 질량과 탄소(C) 원자 1개의 질량이 같으므로 수소의 원자량은 탄소 원자량의 $\frac{1}{12}$인 1이다.
- 탄소(C) 원자 4개의 질량과 산소(O) 원자 3개의 질량이 같으므로 산소의 원자량은 탄소 원자량의 $\frac{4}{3}$인 16이다.

▼ 여러 가지 원소의 대략적 원자량

원소	원소 기호	원자량	원소	원소 기호	원자량
수소	H	1.0	탄소	C	12.0
헬륨	He	4.0	질소	N	14.0
리튬	Li	6.9	산소	O	16.0
베릴륨	Be	9.0	나트륨	Na	23.0
붕소	B	10.8	염소	Cl	35.5

| 분자량 |

원자들이 모여 분자를 만들 때, 분자를 이루는 원자들의 원자량을 합한 값을 **분자량(molecular weight)**이라고 한다. 분자량도 상대적인 값이므로 단위가 없다. 예를 들어 이산화 탄소(CO_2) 분자 1개는 탄소 원자 1개와 산소 원자 2개로 이루어져 있으므로 이산화 탄소의 분자량은 다음과 같이 구할 수 있다.

$$\text{이산화 탄소}(CO_2)\text{의 분자량} = (\text{C의 원자량}) \times 1 + (\text{O의 원자량}) \times 2$$
$$= 12 \times 1 + 16 \times 2 = 44$$

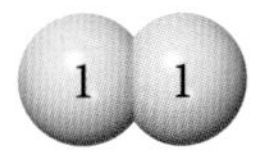

$1 \times 2 = 2$
수소 분자(H_2)

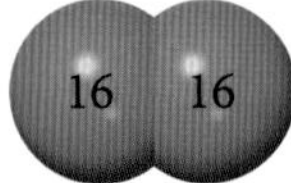

$16 \times 2 = 32$
산소 분자(O_2)

$1 \times 2 + 16 = 18$
물 분자(H_2O)

⩓ **몇 가지 분자의 분자량**

| 화학식량 |

양이온과 음이온이 연속적으로 결합한 염화 나트륨(NaCl)과 같은 이온 결합 물질은 입자의 구분이 명확하지 않아 독립적인 분자로 존재할 수 없다. 이온 결합 물질은 분자량과 마찬가지로 화학식을 이루는 원소들의 원자량의 합인 화학식량으로 상대적 질량을 나타낸다. 원자량, 분자량은 모두 화학식량에 속한다. 이온 결합 물질의 경우 화학식량은 화학식을 이루는 원자들의 원자량의 합으로 나타낸다.

염화 나트륨(NaCl)의 화학식량은 나트륨(Na)의 원자량 23과 염소(Cl)의 원자량 35.5의 합인 58.5이다.

염화 나트륨(NaCl)의 화학식량 = Na의 원자량 + Cl의 원자량
$= 23 + 35.5 = 58.5$

철과 같은 금속이나 탄소 덩어리인 흑연처럼 원자들이 연속적으로 결합하여 분자로 존재하지 않는 물질은 그 물질을 구성하는 원소의 원자량을 화학식량으로 사용한다. 즉 다이아몬드(C)의 화학식량은 탄소의 원자량인 12로 나타낸다.

확·인·하·기

다음 화합물의 화학식량을 쓰시오. (단, H, C, N, O, Na의 원자량은 각각 1, 12, 14, 16, 23이다.)

(1) NH_3　　(2) H_2CO_3　　(3) NaOH

암모니아의 분자량은 $14 + (1 \times 3) = 17$, 탄산의 화학식량은 $(1 \times 2) + 12 + (16 \times 3) = 62$, 수산화 나트륨은 $23 + 16 + 1 = 40$이다.

답 (1) 17 (2) 62 (3) 40

| 몰과 아보가드로수 |

원자는 매우 작고 가벼워서 우리가 실제로 사용하는 g(그램) 단위의 물질에는 매우 많은 원자, 분자가 들어 있다.

탄소가 원자량의 기준이 되므로 탄소의 원자량 12에 g을 붙인 값인 12 g의 탄소에 들어 있는 원자의 개수 역시 중요하다. 순수한 탄소 12 g에 들어 있는 원자의 수를 **아보가드로수(Avogadro's number)**라고 한다.

원자나 분자가 아보가드로수만큼 모인 집단을 그 원자나 분자의 1몰(mole)이라고 한다. 다시 말해서 1몰은 원자, 분자, 이온에 관계없이 아보가드로수만큼의 입자들의 집단이다. 몰은 입자의 종류에 관계없이 어떤 입자가 일정 개수가 모인 양을 의미한다. 마치 다스(dozen)라고 하면 연필이나 도넛이나 상관없이 12개 한 묶음을 말하는 것과 같다.

용어 쏙 mole과 mol

입자가 아보가드로수만큼 있을 때의 양을 몰(mole)이라고 하며, 이것을 단위로 사용할 때는 mol로 쓴다.

물 분자 1몰에는 아보가드로수의 물 분자가 들어 있고, 산소 분자 1몰에는 아보가드로수의 산소 분자가 들어 있으므로 물 분자 1개에는 산소 원자가 1개, 수소 원자가 2개 들어 있으므로 물 분자 1몰에는 아보가드로수의 산소 원자와 아보가드로수의 두 배 수소 원자가 들어 있는 것이다.

프랑스의 페랑(Perrin, J. B., 1870~1942)은 아보가드로수를 결정해서 노벨 물리학상을 수상하였다. 그는 1908년에 지름이 1 μm 정도인 에멀션 입자들이 중력장에서 침강 평형을 이루는 현상으로부터 아보가드로수를 6.8×10^{23} 정도로 결정했는데, 페랑은 그 해에 처음 아보가드로수라는 말을 사용하였다. 현재 아보가드로수는 정확히 탄소(^{12}C) 12 g에 들어 있는 탄소 원자의 수와 같은 물질의 양으로 정의되며, 이 수는 약 6.02×10^{23}이다.

$$\text{아보가드로수} = \frac{^{12}\text{C 12 g의 질량}}{^{12}\text{C 원자 1개의 질량}} = \frac{12\ \text{g}}{1.99 \times 10^{-23}\ \text{g}} = 6.02 \times 10^{23}$$

따라서 물질의 종류에 관계없이 물질 1몰 중에는 물질을 구성하는 입자 6.02×10^{23}개가 들어 있다. 예를 들어, C 원자 1몰은 C 원자 6.02×10^{23}개이고, H_2O 분자 1몰은 H_2O 분자 6.02×10^{23}개이다. 또한, Na^+ 1몰은 Na^+ 6.02×10^{23}개이다.

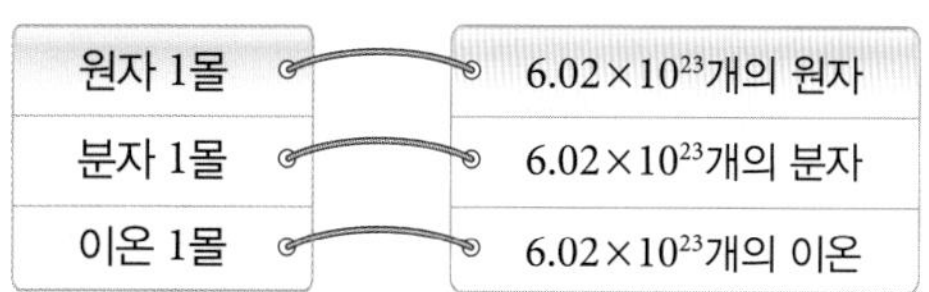

몰과 입자 수의 관계

- 탄소 원자 1몰 = 탄소 원자 6.02×10^{23}개
- 물 분자 1몰 = 물 분자 6.02×10^{23}개
- 나트륨 이온 1몰 = 나트륨 이온 6.02×10^{23}개

자료 쏙

» 아보가드로수를 측정한 과학자

아보가드로수를 측정하고자 노력한 초기의 인물에는 마그네누스(Magnenus, J. C., 1590~1679)가 있었다. 그는 커다란 성당에서 향을 태우는 실험을 하였다. 얼마만큼 미량의 향을 태웠을 때 그 냄새가 성당에 골고루 퍼진 후 냄새를 맡을 수 있는지를 조사하고 성당 내부의 부피와 사람 코 내부 부피의 비율로부터 아보가드로수에 해당하는 값을 추정했는데, 1646년에 오늘날 아보가드로수에 상당히 접근한 값을 발표하였다.

비교적 정확한 아보가드로수를 처음 얻은 사람은 오스트리아의 로슈미트(Loschmidt, J. J., 1821~1895)이다. 그는 기체 분자들이 운동하면서 충돌에 의해 나타내는 점성, 확산 등의 현상으로부터 분자의 지름을 추정하고 1865년에 대략 0.4×10^{23} 정도로 아보가드로수를 추산하였다.

확·인·하·기

물 분자 1몰에는 수소 원자 몇 몰이 들어 있는가?

물(H_2O) 분자 1개에 수소 원자 2개가 들어 있으므로 물 분자 1몰에는 수소 원자 2몰이 들어 있다. 답 2몰

| 1몰의 질량과 부피 |

탄소(^{12}C) 원자 1몰(6.02×10^{23}개)의 질량은 12 g으로, 이 값은 탄소의 원자량인 12에 g을 붙인 것과 같다. 마찬가지로, 나트륨(Na)은 원자량 23에 g을 붙인 23 g이 나트륨 1몰의 질량이다. 또한, 물(H_2O)과 같은 분자나 염화 나트륨(NaCl)과 같은 화합물 1몰의 질량은 각각 분자량과 화학식량에 g을 붙인 값과 같다. 물질 1몰의 질량을 몰 질량이라고 하며, 단위는 g/mol로 나타낸다.

$$\text{물질의 양(mol)} = \frac{\text{물질의 질량(g)}}{\text{물질의 몰 질량(g / mol)}}$$

수소 원자 1몰의 질량 = 수소의 원자량 g
= 1.0 g
= 아보가드로수의 수소 원자

산소 원자 1몰의 질량 = 산소의 원자량 g
= 16.0 g
= 아보가드로수의 산소 원자

고체와 액체에서 물질 1몰의 부피는 물질의 종류에 따라 다르다. 하지만 기체 상태에서는 분자를 구성하는 원자의 수가 다르더라도 온도와 압력이 같으면 같은 부피에 같은 양(mol)의 분자가 포함되어 있다. 이것이 앞에서 살펴본 아보가드로 법칙이다. 특히 0 ℃, 1기압에서 기체 1몰의 부피는 기체의 종류에 관계없이 모두 22.4 L이다. 즉, 0 ℃, 1기압에서 수소, 산소, 이산화 탄소 기체 1몰이 차지하는 부피는 모두 22.4 L이고, 그 속에는 각각 6.02×10^{23}개의 수소, 산소, 이산화 탄소 분자가 들어 있다.

▼ 기체 1몰의 부피

기체	수소(H_2)	산소(O_2)	이산화 탄소(CO_2)
몰수	1몰	1몰	1몰
분자 수	6.02×10^{23}개	6.02×10^{23}개	6.02×10^{23}개
질량	2 g	32 g	44 g
기체의 부피(0 ℃, 1기압)	22.4 L	22.4 L	22.4 L

몰과 입자 수, 질량, 기체의 부피 관계

$$\text{몰수(mol)} = \frac{\text{입자 수(개)}}{6.02 \times 10^{23}\text{개/mol}} = \frac{\text{질량(g)}}{\text{물질의 몰 질량(g/mol)}} = \frac{\text{기체의 부피(L)}}{22.4\text{(L/mol)}} \text{(0 ℃, 1기압)}$$

예 0 ℃, 1기압에서 0.5몰의 이산화 탄소 기체가 있다.

- 이산화 탄소 기체의 분자 수 = $0.5 \text{ mol} \times 6.02 \times 10^{23}\text{개/mol} = 3.01 \times 10^{23}$개
- 이산화 탄소의 질량 = $0.5 \text{ mol} \times 44 \text{ g/mol} = 22 \text{ g}$
- 이산화 탄소의 부피 = $0.5 \text{ mol} \times 22.4 \text{ L/mol} = 11.2 \text{ L}$

예 0 ℃, 1기압에서 이산화 탄소 기체 44.8 L가 있다.

- 이산화 탄소의 몰수 = $\frac{44.8 \text{ L}}{22.4 \text{ L/mol}} = 2 \text{ mol}$

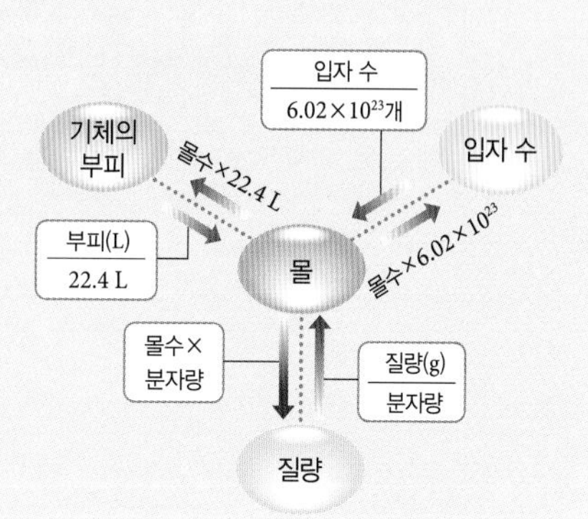

한편, 아보가드로 법칙에 따르면 같은 온도에서 같은 부피에는 같은 개수의 기체 분자가 들어 있다. 그렇다면 같은 온도에서 같은 부피의 풍선에 들어 있는 수소와 산소의 질량비는 수소와 산소 분자 하나하나 질량의 비와 같다. 따라서 기체의 밀도비를 측정하면 분자량의 비를 측정할 수 있게 된다.

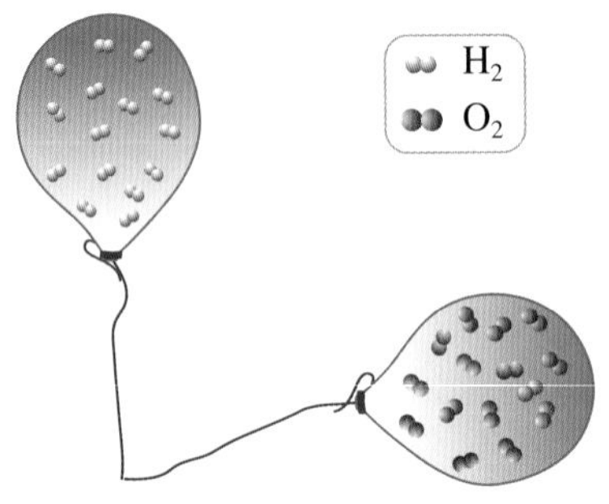

같은 개수의 수소가 들어 있는 풍선은 위로 뜨고, 같은 개수의 산소가 들어 있는 풍선은 가라앉는다.

기체의 밀도비

부피가 같은 두 기체의 질량비 = 분자 1개의 질량비 = 분자량비 = 밀도비

$$\frac{\text{기체 A의 질량}}{\text{기체 B의 질량}} = \frac{\text{기체 A의 분자량}}{\text{기체 B의 분자량}} = \frac{\text{기체 A의 밀도}}{\text{기체 B의 밀도}}$$

확·인·하·기

표준 상태의 질소 기체 11.2 L가 있다. 물음에 답하시오.

(1) 질소 기체는 몇 몰인가?

(2) 질소 기체 분자는 몇 개인가?

(3) 질소 기체의 질량은 몇 g인가?

(1) 표준 상태에서 기체 22.4 L에 들어 있는 기체 분자 수가 1몰이므로 11.2 L에 들어 있는 질소 기체는 0.5몰이다.

(2) 1몰에 해당하는 입자 수는 6.02×10^{23}개이므로 질소 기체 0.5몰은 3.01×10^{23}개이다.

(3) 질소의 분자량이 28이므로 1몰의 질량은 28 g이다. 따라서 질소 기체 0.5몰의 질량은 14 g이다.

답 (1) 0.5몰 (2) 3.01×10^{23}개 (3) 14 g

2-5 화학 반응식

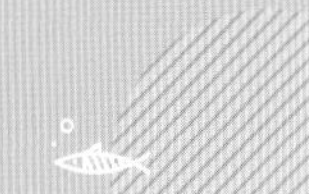

핵심 개념 • 원소 분석 • 실험식 • 분자식

| 화학 반응식 만들기 |

이제는 구체적으로 화학 반응에서 양적인 관계를 어떻게 다룰지 살펴보자. 먼저 화학 반응을 화학식과 기호를 사용하여 나타낸 것을 화학 반응식이라고 한다.

메테인의 연소 반응을 화학 반응식으로 나타내어 보자.

[1단계] 반응물의 이름은 화살표 왼쪽에, 생성물의 이름은 화살표 오른쪽에 적는다. 반응물이나 생성물이 여러 가지일 경우에는 +로 연결한다.

메테인 + 산소 ⟶ 이산화 탄소 + 물

[2단계] 반응물과 생성물을 모두 원소 기호를 사용하여 화학식으로 나타낸다.

$$CH_4 + O_2 \longrightarrow CO_2 + H_2O$$

[3단계] 화살표 양쪽에 있는 원자 수가 서로 같도록 각 물질의 화학식 앞의 계수를 맞춘다.(단, 계수 1은 생략한다.)

$$CH_4 + 2O_2 \longrightarrow CO_2 + 2H_2O$$

[4단계] 물질의 상태를 기체는 *g*, 액체는 *l*, 고체는 *s*, 수용액은 *aq*로 화학식 바로 뒤 괄호 안에 나타낸다.

$$CH_4(g) + 2O_2(g) \longrightarrow CO_2(g) + 2H_2O(g)$$

메테인의 연소 반응

화학 반응식은 물질의 변화를 나타내는 식이다. 반응물의 질량 합과 생성물의 질량 합이 같으므로 양적 관계로 보면 방정식과 같지만, 물질이 변화하였으므로 등호 대신 화살표(→)를 사용한다. 화학 반응식에서 반응물과 생성물의 계수를 맞추어 반응 전후에 원자 수가 보존되도록 하고, 반응물과 생성물 사이의 양적 관계를 따지는 것을 **화학량론(stoichiometry)**이라고 한다.

화학 반응에서 원자들은 생겨나지도 없어지지도 않는다는 돌턴의 원자설에 따르면 반응 전후에 모든 원소에 대하여 원자의 수가 같아야 한다. 그래야 라부아지에의 질량 보존 법칙이 성립하게 된다. 이런 원리에 따라 앞에서 살펴본 수소의 발견, 산소의 발견, 수소와 산소가 결합해서 물이 되는 경우에 대한 반응식을 쓰면 다음과 같다. 반응 전후에 원자 수가 같은지 확인해 보자.

$$Zn(s) + 2HCl(aq) \longrightarrow Zn^{2+}(aq) + 2Cl^{-}(aq) + H_2(g)$$

$$2HgO(s) \longrightarrow 2Hg(s) + O_2(g)$$

$$2H_2(g) + O_2(g) \longrightarrow 2H_2O(l)$$

아연과 염소처럼 이온이 되는 경우에도 이온을 원자로 세야 한다. 중성인 아연 원자 1몰이 반응하였다면 아연 이온이 1몰 얻어지고, 2몰의 염화 수소 분자에 들어 있던 2몰의 염소 원자는 2몰의 염화 이온이 된다. 마찬가지로 2몰의 염화 수소 분자에 들어 있던 2몰의 수소 원자는 1몰의 수소 분자가 되는데, 1몰의 수소 분자에는 2몰의 수소 원자가 들어 있으므로 수소의 원자 수는 변화가 없다.

확·인·하·기

탄산 칼슘($CaCO_3$) 고체를 묽은 염산(HCl)에 넣으면 염화 칼슘과 이산화 탄소 기체와 물이 생성된다. 이 반응을 화학 반응식으로 나타내시오.

답 $CaCO_3(s) + 2HCl(aq) \longrightarrow CaCl_2(aq) + CO_2(g) + H_2O(l)$

| 화학 반응식의 양적 관계 |

반응물의 질량으로부터 반응 후 생성물의 부피를 예측할 수 있을까? 또한 생성물의 부피로부터 반응물이 몇 몰인지 알 수 있을까?

완결된 화학 반응식을 이용하면 반응물과 생성물 사이의 양적인 관계, 즉 몰과 부피, 몰과 질량, 그리고 질량과 부피의 관계를 알 수 있다. 우리가 먹은 음식의 분해로 생긴 포도당 1몰은 호흡을 통해 이산화 탄소를 얼마나 생성할까?

포도당 1몰로부터 이산화 탄소 6몰이 생성되므로 물질의 분자량이나 화학식량을 알면 화학 반응식으로부터 반응물과 생성물의 질량비를 구할 수 있다. $C_6H_{12}O_6$, O_2, CO_2, H_2O의 분자량은 각각 180, 32, 44, 18이다. 따라서 다음과 같이 몰비와 질량비를 구할 수 있다.

$$C_6H_{12}O_6 + 6O_2 \longrightarrow 6CO_2 + 6H_2O$$

1 : 6 : 6 : 6 ➡ 입자 수의 비 = 몰비

입자 수의 비에 분자량을 곱하면

$1 \times 180 : 6 \times 32 : 6 \times 44 : 6 \times 18$

$= 180 : 192 : 264 : 108$

$= 15 : 16 : 22 : 9$ ➡ 질량비

즉, 포도당 1몰이 완전 연소하기 위해 필요한 산소는 6몰이고, 포도당 15 g이 완전 연소하기 위해 필요한 산소의 질량은 16 g이다. 이때 발생하는 이산화 탄소의 질량은 22 g이므로 0.5몰이다. 기체의 부피는 온도와 압력 조건에 따라 달라지므로 이산화 탄소 0.5몰의 부피는 0 ℃, 1기압일 경우에 한해서 11.2 L가 된다.

암모니아 합성 반응에서 몰–질량, 몰–부피, 질량–부피의 양적 관계는 다음과 같이 정리할 수 있다.

▼ **암모니아 합성 반응에서의 양적 관계**

	질소	+	수소	⟶	암모니아
화학 반응식	N_2	+	$3H_2$	⟶	$2NH_2$
몰수	1몰		3몰		2몰
분자 수	6.02×10^{23}		$3 \times 6.02 \times 10^{23}$		$2 \times 6.02 \times 10^{23}$
질량	28 g		3×2 g		2×17 g
질량비	14	:	3	:	17
부피(표준 상태)	22.4 L		3×22.4 L		2×22.4 L
부피비	1	:	3	:	2

몰-질량 관계	암모니아 51 g을 합성하는 데 필요한 질소는 몇 몰인가? $N_2 \quad + \quad 3H_2 \longrightarrow 2NH_3$ 1몰 $\qquad\qquad\qquad\qquad$ 2×17 g x몰 $\qquad\qquad\qquad\qquad$ 51 g 1몰 : 2×17 g $= x$몰 : 51 g, $x = \frac{51}{34} = 1.5$(몰)
몰-부피 관계	표준 상태에서 질소 1.5몰을 모두 암모니아로 만드는 데 필요한 수소는 몇 L인가? $N_2 \quad + \quad 3H_2 \longrightarrow 2NH_3$ 1몰 $\qquad$ 3×22.4 L 1.5몰 $\qquad$ x L 1몰 : 3×22.4 L $=$ 1.5몰 : x L, $x = 3 \times 22.4 \times 1.5 = 100.8$(L)
질량-부피 관계	표준 상태에서 암모니아 51 g을 합성하는 데 필요한 질소는 몇 L인가? $N_2 \quad + \quad 3H_2 \longrightarrow 2NH_3$ 22.4 L $\qquad\qquad\qquad$ 2×17 g x L $\qquad\qquad\qquad\qquad$ 51 g 22.4 L : 2×17 g $= x$ L : 51 g, $x = \frac{22.4 \times 51}{2 \times 17} = 33.6$(L)

확·인·하·기

다음은 마그네슘이 묽은 염산과 반응했을 때의 화학 반응식이다.

$Mg(s) + 2HCl(aq) \longrightarrow MgCl_2(aq) + H_2(g)$

0 ℃, 1기압에서 수소 11.2 L를 만드는 데 필요한 마그네슘은 몇 몰인가?

0 ℃, 1기압에서 수소 11.2 L는 0.5 mol이다. 마그네슘 1 mol이 반응하면 수소 기체 1 mol이 생성되므로 마그네슘은 0.5 mol이 필요하다.

답 0.5 mol

| 원소 분석 |

새로운 물질이 발견되거나 합성되었을 때 반응식을 쓰기 위해서는 그 물질의 **화학식**(chemical formula)을 알아야 한다. 예컨대 암모니아의 화학식이 NH_3인 것을 모른다면 암모니아 합성 반응식을 쓸 수 없을 것이다.

화학식은 포도당의 경우 $C_6H_{12}O_6$로 나타내는데, 화학식에는 원자 간의 결합 관계나 구조는 나타나 있지 않는다. 단지 한 분자에 어떤 종류의 원자가 각각 몇 개씩 들어 있는지를 표시한다. 포도당에서 탄소, 수소, 산소의 개수 비인 6 : 12 : 6을 6으로 나누면 1 : 2 : 1이 얻어진다.

CH_2O처럼 원소의 비율을 가장 간단하게 나타낸 식을 **실험식**(empirical formula)이라고 한다. 미지의 물질을 분석하여 정확한 화학식을 얻는 과정에서 실험적으로 구한 식이기 때문이다.

실험식을 구하려면 우선 원소들의 무게 퍼센트를 구해야 한다. 이처럼 화합물에서 각 원소의 조성을 분석하는 것을 **원소 분석**(elemental analysis)이라고 한다. 원소 분석은 어떤 물질의 정체를 밝히는 단서가 되기도 하고, 새로운 화합물의 구조를 밝히는 출발점도 된다.

탄소와 수소는 모든 유기 화합물에 들어 있기 때문에 이들의 함량을 측정하는 것은 아주 중요한 문제였다. 1831년에 독일의 리비히(Liebig, J. F. von., 1803~1873)는 그림과 같이 시료와 시료 질량의 80배 정도의 검은색 산화 구리(II)(CuO) 가루를 잘 섞어서 유리관에 넣고 뜨겁게 가열하면서 건조한 공기를 흘려보냈다. 그러자 산화 구리(II)의 일부가 붉은색의 금속 구리로 바뀌면서 기체가 발생하였다.

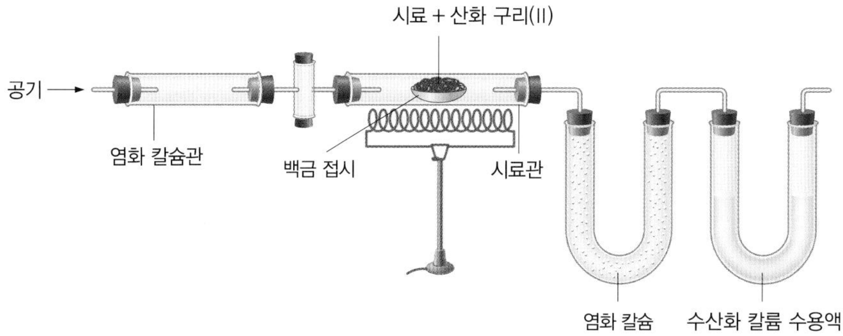

리비히 분석법 실험 장치

시료에 들어 있던 수소와 탄소가 산화 구리(II)의 산소와 반응하여 각각 물과 이산화 탄소로 변화된 것이다. 이때 발생한 수증기는 염화 칼슘($CaCl_2$)이 들어 있는 관에 흡수되고, 이산화 탄소는 진한 수산화 칼륨(KOH) 수용액이 들어 있는 관에 흡수된다. 즉, 어떤 화합물을 태웠을 때 생기는 이산화 탄소의 질량으로부터 탄소의 양을 결정하고, 물로부터 수소의 양을 결정하는 방법을 완성하였다.

용어 쏙 유기 화합물(organic compound)

organic이라는 단어는 동물이나 식물의 생체 조직(organ)에서 얻어진 물질이라는 의미이다. 생체 화합물은 모두 탄소 화합물이다. 이 때문에 탄소 원자를 기본 골격으로 하는 화합물을 통틀어 유기 화합물이라고 한다. 예외로 일산화 탄소, 이산화 탄소 등은 유기 화합물이 아니다.

이 방법은 그 이후 수많은 유기 화합물의 원소 성분을 조사하는 데 사용되었다. 물론 시료에 들어 있는 탄소를 모두 이산화 탄소로 연소시키고, 생성된 이산화 탄소는 모두 이산화 탄소를 흡수하는 용액에 수집해서 용액의 무게 변화를 측정해야만 한다. 수소에서 생긴 물도 마찬가지로 물을 완전히 흡수하는 물질에 통과시켜 무게의 증가를 측정한다. 탄소, 수소 모두 산소와 잘 반응하는 성질을 이용하는 것이다. 산소는 다른 원소를 다 분석하고 나서 전체에서 탄소와 수소의 질량을 빼서 결정한다.

염화 칼슘은 물을 흡수하는 능력이 매우 뛰어난 대표적인 건조제이고, 수산화 칼륨 수용액은 염기이므로 산성 기체인 이산화 탄소를 잘 흡수한다.

$$\text{시료(C, H, O)} \xrightarrow{\text{CuO} \longrightarrow \text{Cu}} \begin{matrix} CO_2 \text{ (수산화 칼륨관)} \\ H_2O \text{ (염화 칼슘관)} \end{matrix}$$

실험식을 구성하는 원자들의 원자량을 합하여 구한 값을 실험식량이라고 하는데, 포도당의 실험식량은 30이 된다.

$$CH_2O\text{의 실험식량} = \text{C의 원자량} + 2 \times (\text{H의 원자량}) + \text{O의 원자량}$$
$$= 12 + 2 \times 1 + 16 = 30$$

그런데 실험식은 탄소, 수소, 산소 원자 개수의 비율만을 말해 줄 뿐이지 실제로 한 분자 안에 탄소, 수소, 산소 원자가 몇 개씩 결합하고 있는지는 말해 주지 않는다. 실험식이 CH_2O인 화합물에는 어떤 것들이 있을까? 플라스틱의 원료로 쓰이는 폼알데하이드는 분자식이 실험식과 같은 CH_2O이다. 식초의 성분인 아세트산은 분자식이 실험식의 두 배인 $C_2H_4O_2$이다. 분자식이 $C_6H_{12}O_6$인 물질에는 포도당, 과당, 갈락토스 등이 있다.

```
    O                 H     O
    ||                |    //
    C             H - C - C
   / \                |    \
  H   H               H     O - H
```

폼알데하이드 아세트산

⋄ **실험식이 CH_2O인 화합물**

90 mg의 포도당을 리비히 분석법으로 실험하여 다음과 같은 결과를 얻었다고 하자.

	수산화 칼륨관	염화 칼슘관
흡수된 물질	이산화 탄소	물
질량 변화(mg)	132	54

132 mg의 이산화 탄소에 들어 있는 탄소의 질량과 54 mg의 물에 들어 있는 수소의 질량은 원자량과 분자량의 관계로부터 다음과 같이 구할 수 있다.

$$\text{C의 질량} = 132 \times \frac{\text{C 원자량}}{CO_2\text{ 분자량}} = 132 \times \frac{12}{44} = 36\ (\text{mg})$$

$$\text{H의 질량} = 54 \times \frac{2 \times \text{H 원자량}}{H_2O\text{ 분자량}} = 54 \times \frac{2}{18} = 6\ (\text{mg})$$

분석에 쓰인 포도당의 질량이 90 mg이므로 다른 원소가 들어 있지 않다면

$$\text{O의 질량} = 90 - (\text{C의 질량} + \text{H의 질량}) = 90 - (36 + 6) = 48\ \text{mg}$$

이렇게 해서 각 성분 원소, 즉 탄소, 수소, 산소 원자의 질량을 알아낸 후, 이 값들을 각각의 원자량으로 나누면 화합물의 조성비, 즉 화합물을 이루는 원소들의 원자 개수비를 구할 수 있다.

$$\text{C : H : O} = \frac{36}{12} : \frac{6}{1} : \frac{48}{16} = 1 : 2 : 1$$

즉, 포도당을 이루는 성분 원소들의 조성비는 1 : 2 : 1이다.

이처럼 많은 가능성 중에서 맞는 분자식을 알려면 분자량을 측정해야 한다. 포도당의 분자량이 180으로 측정되었다면 분자량이 포도당의 실험식량의 6배이므로 분자식이 $(CH_2O) \times 6 = C_6H_{12}O_6$인 것을 알 수 있다.

확·인·하·기

바이타민 C는 탄소, 수소, 산소로 이루어진 화합물이다. 바이타민 C 4.4 mg을 원소 분석했을 때 이산화 탄소 6.6 mg과 물 1.8 mg이 얻어졌다. 바이타민 C의 실험식을 구하시오.

탄소의 질량 $= 6.6 \times \frac{12}{44} = 1.8$ mg　　수소의 질량 $= 1.8 \times \frac{2}{18} = 0.2$ mg

산소의 질량 $= 4.4 - 1.8 - 0.2 = 2.4$ mg　　탄소의 몰수 $= \frac{1.8\text{ mg}}{12\text{ g/mol}} = 0.15$ mmol

수소의 몰수 $= \frac{0.2\text{ mg}}{1\text{ g/mol}} = 0.2$ mmol　　산소의 몰수 $= \frac{2.4\text{ mg}}{16\text{ g/mol}} = 0.15$ mmol

몰수 비 C : H : O = 0.15 : 0.2 : 0.15 = 3 : 4 : 3

답 실험식 $C_3H_4O_3$

연/습/문/제

핵심개념 확인하기

❶

(원자량, 원자 번호)은(는) 탄소의 질량을 12로 정하고, 이를 기준으로 환산한 원자들의 상대적 질량값이다.

❷

어떤 분자가 아보가드로수만큼 모인 집단을 그 분자의 (분자량, 1몰)이라고 한다.

❸

화학 반응식의 계수비는 분자의 몰수 비와 같고, 온도와 압력이 같은 기체 상태에서는 (부피, 질량)비와도 같다.

❹

원자 번호가 6인 탄소 원자로만 이루어진 물질인 흑연 6 g에 들어 있는 탄소 원자는 (1, 0.5)몰이다.

01 모든 물질은 나눌 수 없는 입자로 이뤄졌다고 처음으로 생각을 한 사람은?

① 플라톤　② 아리스토텔레스　③ 피타고라스
④ 데모크리토스　⑤ 돌턴

02 다음에서 골라 물음에 답하시오.

(가) 라부아지에	(나) 프루스트	(다) 돌턴
(라) 게이뤼삭	(마) 아보가드로	

(1) 1808년에 원자설을 제창한 사람은?
(2) 1811년에 분자설을 제창한 사람은?

03 다음에서 골라 물음에 답하시오.

(가) 질량 보존 법칙	(나) 일정 성분비 법칙
(다) 배수 비례 법칙	(라) 기체 반응 법칙

(1) 원자설이 자리를 잡는 데 핵심적인 역할을 한 법칙이 <u>아닌</u> 것은?
(2) 분자설이 자리를 잡는 데 핵심적인 역할을 한 법칙은 무엇인가?

04 어떤 원자가 만들 수 있는 결합 수는?

① 원자 번호　② 질량수　③ 원자가
④ 아보가드로수　⑤ 양자수

정답 및 풀이 426쪽

05 원자와 분자가 대응하는 개념이라면 원소와 대응하는 개념은?

① 물질 ② 빛 ③ 순물질 ④ 혼합물 ⑤ 화합물

06 다음 중 단원자 분자는?

① 탄소 ② 산소 ③ 리튬 ④ 금 ⑤ 네온

07 다음 중 이원자 분자는?

① 헬륨 ② 산소 ③ 오존 ④ 황 ⑤ 암모니아

08 다음 중 삼원자 분자는?

① 수소 ② 산소 ③ 질소 ④ 물 ⑤ 암모니아

09 다음 중 사원자 분자는?

① 수소 ② 물 ③ 인 ④ 메테인 ⑤ 에틸렌

10 다음에서 골라 물음에 답하시오.

(가) 라부아지에	(나) 프리스틀리	(다) 셸레
(라) 캐번디시	(마) 러더퍼드	

(1) 1766년에 수소를 발견한 사람은?

(2) 1774년에 산화 수은에 햇빛을 쪼여 발생한 산소를 발견한 사람은?

11 다음 중 1몰에 해당하는 것은?

① 수소 원자 2 g ② 수소 분자 1 g ③ 산소 원자 8 g
④ 산소 분자 8 g ⑤ 물 18 g

12 아보가드로수라는 말을 처음 사용하고 아보가드로수를 결정해서 1926년 노벨 물리학상을 수상한 사람은?

① 아보가드로 ② 리비히 ③ 볼츠만
④ 아인슈타인 ⑤ 페랑

13 다음 괄호에 적당한 것은?

> 프로타고라스는 인간은 만물의 영장이라고 말했다. 인체는 대략 60 kg이다. 인체의 대부분은 물이라고 해도 크게 틀리지 않는다. 따라서 인체에 들어 있는 원자의 평균 원자량은 ( )라고/이라고 볼 수 있다. 60 kg을 원자의 몰 질량으로 나누면 ( )이/가 얻어진다. 따라서 만물의 영장은 ( )몰의 원자로 이루어졌다고 말할 수 있다.

① 18, 3000, 3천 ② 6, 10000, 만 ③ 1, 60000, 6만
④ 2, 30000, 3만 ⑤ 6, 10, 10

14 다음 중 화학식량이 가장 큰 화합물은? (단, H, C, N, O, Na, Cl의 원자량은 각각 1, 12, 14, 16, 23, 35.5이다.)

① H_2O ② CO_2 ③ HCl ④ NH_4Cl ⑤ NaOH

15 다음 중 1몰에 해당하는 것을 있는 대로 고르시오.

(가) 질소 원자 6.02×10^{23}개
(나) 0 ℃, 1기압하의 메테인 기체 11.2 L
(다) 산소(O_2) 8 g에 들어 있는 산소 원자
(라) 물(H_2O) 9 g에 들어 있는 원자 전체

16 다음은 메테인(CH_4, 분자량 16)의 연소 반응식이다. 메테인 4 g을 완전 연소시켰을 때 물음에 답하시오.

$$CH_4(g) + 2O_2(g) \longrightarrow CO_2(g) + 2H_2O(g)$$

(1) 이때 필요한 산소는 몇 몰인가?
(2) 연소 반응 후 생성된 이산화 탄소를 0 ℃, 1기압하에 두었을 때 그 부피는 얼마가 되겠는가?

17 다음은 수소와 질소가 반응하여 암모니아를 합성하는 화학 반응식이다.

$$3H_2(g) + N_2(g) \longrightarrow 2NH_3(g)$$

수소 12 g이 완전히 반응하였을 때 이에 대한 설명으로 옳은 것은? (단, 질소는 반응하기에 충분하다.)

① 질소 28 g이 반응하였다.
② 암모니아 4몰이 생성되었다.
③ 생성된 암모니아는 표준 상태에서 44.8 L의 부피를 차지한다.
④ 암모니아 분자 1.2×10^{24}개가 생성되었다.
⑤ 전체적으로 기체 분자 수가 증가하였다.

단원 종합 문제

01 다음 중 가장 먼저 만들어진 입자는?

① 수소 분자　② 수소 원자　③ 양성자　④ 중성자　⑤ 쿼크

02 다음 중 우주에서 가장 풍부한 원소는 무엇인가?

① 수소　② 헬륨　③ 탄소　④ 철　⑤ 금

03 프라우트가 모든 원소의 기본 단위일지도 모른다고 생각한 것은?

① 수소　② 헬륨　③ 전자　④ 양성자　⑤ 중성자

04 다음 중 세기 성질이 아닌 것은?

① 온도　② 점성도　③ 전기 전도도　④ 밀도　⑤ 질량

05 물질에 대한 설명으로 옳은 것만을 |보기|에서 있는 대로 고르시오.

보기
ㄱ. 모든 분자는 화합물이다. ㄴ. 모든 화합물은 분자로 존재한다. ㄷ. 물은 화합물이다. ㄹ. 오존(O_3)은 산소 원자가 3개 결합한 화합물이다.

06 암모니아 합성 반응에 대한 설명으로 옳은 것만을 |보기|에서 있는 대로 고르시오.

보기
ㄱ. 공기 중의 질소를 식물이 이용할 수 있는 화합물로 만드는 데 기여하였다. ㄴ. 합성된 암모니아는 직접 비료로 이용할 수 있다. ㄷ. 암모니아에는 산소, 수소, 질소가 들어 있다.

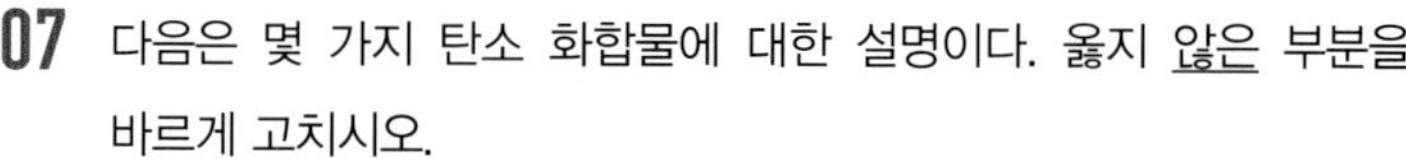
정답 및 풀이 427쪽

07 다음은 몇 가지 탄소 화합물에 대한 설명이다. 옳지 않은 부분을 바르게 고치시오.

(1) 알코올은 −COOH를 가지고 있다.
(2) 아세트산은 물에 녹아 OH^-을 내놓는다.
(3) 메테인에서 정사각형 중심에 탄소 원자가 위치한다.
(4) 메탄올을 완전 연소시키면 물과 일산화 탄소가 생성된다.

08 원자량과 분자량에 관한 설명으로 옳은 것만을 있는 대로 고르시오. (단, 원자량은 C=12, O=16이다.)

① 산소 원자 1개의 질량은 16 g이다.
② 산소 분자(O_2)의 분자량은 32 g이다.
③ 산소 원자 1몰과 탄소 원자 1몰의 질량은 같다.
④ 산소 원자 1개의 질량과 탄소 원자 1개의 질량은 같다.
⑤ 이산화 탄소(CO_2)의 분자량은 산소(O_2)의 분자량보다 크다.

09 | 보기 |는 원자설과 분자설에 대한 설명이다. 옳은 것만을 있는 대로 고르시오.

| 보기 |

ㄱ. 1808년에 원자설을 제창한 사람은 돌턴이다.
ㄴ. 질량 보존 법칙과 배수 비례 법칙은 원자설이 자리를 잡는 데 핵심적인 역할을 하였다.
ㄷ. 1811년에 분자설을 제창한 사람은 라부아지에이다.
ㄹ. 분자설이 자리를 잡는 데 핵심적인 역할을 한 법칙은 기체 반응 법칙이다.

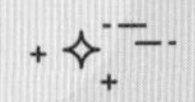

10 탄산 칼슘 2.0 g을 묽은 염산과 반응시킬 때 생성되는 이산화 탄소(CO_2) 기체의 질량을 구하시오. (단, 탄산 칼슘의 화학식량은 100이다.)

$$CaCO_3(s) + 2HCl(aq) \longrightarrow CaCl_2(aq) + H_2O(l) + CO_2(g)$$

11 0 ℃, 1기압에서 5.6 L의 부피를 차지하는 기체 X_2의 질량을 측정하였더니 16.0 g이었다. 이에 대한 설명으로 옳은 것만을 **보기**에서 있는 대로 고르시오 (단, X는 임의의 원소 기호이고, 아보가드로수는 6.0×10^{23}이다.)

보기

ㄱ. 기체 X_2는 0.25몰이다.
ㄴ. X 원자는 6.0×10^{23}개이다.
ㄷ. X_2의 분자량은 64이다.

12 다음 중 표준 상태에서 뷰테인(C_4H_{10}) 분자 5.6 L에 들어 있는 탄소 원자의 수와 입자 수가 같은 것을 **보기**에서 있는 대로 고르시오. (단, 원자량은 H = 1, C = 12, N = 14, O = 16이다.)

보기

ㄱ. 수소 기체 11.2 L에 들어 있는 수소 원자
ㄴ. 질소 분자 2.8 g에 들어 있는 질소 원자
ㄷ. 암모니아 분자 1몰에 들어 있는 질소 원자
ㄹ. 이산화 탄소 22 g에 들어 있는 탄소 원자

13 다음은 일산화 탄소(CO) 기체의 연소 반응을 나타낸 것이다.

$$2CO(g) + O_2(g) \longrightarrow 2CO_2(g)$$

이에 대한 설명으로 옳은 것만을 ｜보기｜에서 있는 대로 고르시오. (단, C, O의 원자량은 각각 12, 16이며, 아보가드로수는 6.02×10^{23}이다.)

｜보기｜

ㄱ. 반응하는 O_2와 생성되는 CO_2의 부피비는 1 : 2이다.
ㄴ. 표준 상태에서 22.4 L의 부피를 차지하는 일산화 탄소를 완전히 연소시키려면 O_2 32 g이 필요하다.
ㄷ. CO 분자 6.02×10^{23}개를 모두 연소시키면 이산화 탄소 1몰이 생성된다.

14 다음 반응을 화학 반응식으로 각각 나타내시오.

(가) 묽은 황산(H_2SO_4)과 수산화 나트륨(NaOH) 수용액이 반응하면 물(H_2O)과 황산 나트륨(Na_2SO_4) 수용액이 생성된다.
(나) 질산 은($AgNO_3$) 수용액과 염화 칼륨(KCl) 수용액이 반응하면 염화 은(AgCl) 앙금과 질산 칼륨(KNO_3) 수용액이 만들어진다.

15 구리는 산소와 다음과 같이 반응하여 산화 구리(Ⅱ)가 된다.

$$2Cu(s) + O_2(g) \longrightarrow 2CuO(s)$$

이 반응에서 구리 32 g을 모두 연소시키려면 산소 몇 g이 필요한가? (단, 원자량은 산소=16, 구리=64이다.)

① 1.6 g ② 3.2 g ③ 8 g ④ 16 g ⑤ 32 g

II

원자의 세계

1. 원자의 구조
2. 원자 모형과 전자 배치
3. 원소의 주기적 성질

19세기 초에 돌턴의 원자설이 나오고 또 여러 새로운 원소들이 발견되면서 이해가 안 되는 현상들이 나타났다. 원자들이 결합해서 분자를 만드는 방식에 어떤 규칙성이 보인 것이다. 돌턴이 말한 대로 딱딱하고 원자가 아무 내부 구조가 없는 입자라면 수소는 결합을 1개만 하고, 산소는 2개, 탄소는 4개의 결합을 만드는 사실을 설명할 수 없게 된다. 원소의 결합 방식과 아울러 원자의 내부 구조를 암시하는 또 하나의 현상에는 선 스펙트럼이 있었다. 수소, 헬륨, 아르곤, 수은 등 다른 원소는 다른 선 스펙트럼을 나타낸다. 그러다 보니 원자는 돌턴이 주장한 대로 더 이상 나눌 수 없는 단단한 입자가 아니라 내부에 결합 방식을 결정하고 특정한 선 스펙트럼이 나타나도록 하는 어떤 정보가 들어 있을 것이라는 생각이 등장하였다.

1 원자의 구조

약 100년 전에 라디오가 처음 나왔을 때 많은 사람들이 라디오를 뜯어보고 조사하면서 라디오의 원리를 파악하였다. 라디오를 포함해서 모든 전자파의 송수신 장치는 기본적으로 저항(resistance), 코일(coil), 축전기(capacitor)의 세 요소로 구성되어서 특정한 파장의 전자파를 발생하고 수신하는 것이다. 마찬가지로 우리가 원자의 세계를 제대로 이해하려면 원자의 내부를 들여다보아야 한다.

원자의 내부는 전자, 양성자, 중성자의 세 요소로 구성되어 있다. 그리고 이 세 가지 입자들이 각각의 역할을 담당하고 서로 상호 작용하면서 원자로 이루어진 자연이 규칙성을 가지고 재현성 있게 작동한다. 이 단원에서는 19세기 말부터 20세기 전반에 걸쳐 어떻게 전자, 양성자, 중성자가 발견되면서 현대 과학이 발전하는 기반을 마련하게 되었는지 살펴본다.

1-1 X-선과 방사능의 발견

핵심 개념 • 전자기파 • X-선 • 방사능

| X-선의 발견 |

원자의 과학이라고 말할 수 있는 현대 과학의 관점에서 보면 20세기는 5년 앞당겨 시작되었다고 해도 과언이 아니다. 왜냐하면 1895년에 독일의 뢴트겐(Rontgen, W. K., 1845~1923)이 X-선을 발견하면서 원자의 내부에 관한 중요한 발견들이 이어졌고, 그로부터 현대 과학이 출발했기 때문이다. 당시 많은 과학자들이 그러하였듯이 뢴트겐도 크룩스관(Crookes tube)이라고 불리는 음극관(cathode ray tube)을 사용하여 기체 방전 실험을 하던 중 아주 높은 투과력을 가진 선을 발견하였다. 뢴트겐은 이 발견으로 1901년에 1회 노벨 물리학상을 수상하였다.

처음에는 뢴트겐선이라고 불렀지만 이 선이 입자인지, 빛과 같은 전자기파인지 알려지지 않았으므로 미지의 선이라는 뜻에서 X-선이라고 불리게 되었다. X-선은 고전압에 의해 (−)극(cathode)에서 튀어나오는 전자가 반대쪽의 (+)극(anode)이나 유리벽의 원자에 충돌할 때 튀어나오는 전자기파이다.

X-선은 파장이 0.01~10 nm 정도로 자외선보다 짧은 파장이다. 전자를 높은 전압으로 가속시켜 금속 원자에 충돌시키면 이 충돌로 인해 낮은 에너지 준위(level)에 있던 전자가 높은 에너지 준위로 올라갔다가 낮은 준위로 내려오면서 X-선을 낸다. 아직 전자가 발견되기 전에 전자에 의해 발생한 X-선이 먼저 발견되었으니 전자가 X-선을 통해 자신의 존재를 드러낸 것이다.

X-선은 파장이 짧고 에너지가 높아 물질 내부 깊숙이 투과하는 성질을 가지므로 X-선을 쪼이고 인체 내부를 투과한 X-선으로 사진을 찍어서 뼈의 골절, 폐결핵, 폐렴 등을 진단한다. X-선은 직접 눈에 보이지 않기 때문에 필름이나 검출기를 이용해 눈으로 볼 수 있도록 변환 과정이 필요하며, X-선 검출기는 X-선이 물질을 전리시키는 성질을 이용해 만든다.

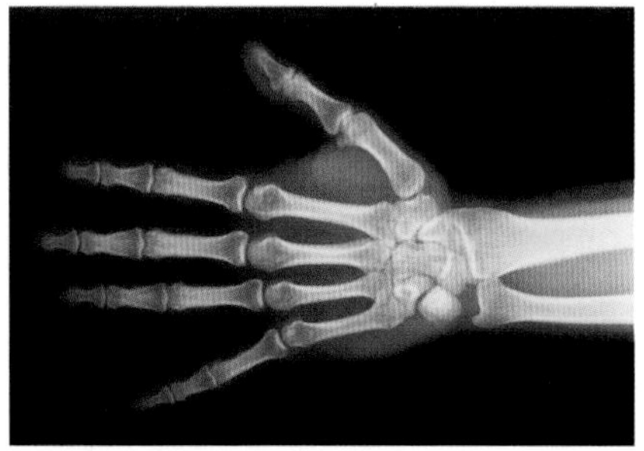

X-선을 이용한 뼈의 골절 촬영

X-선은 의학적 응용은 물론 현대 과학의 문을 여는 역할을 하였는데, 특히 X-선이 원자 크기 정도의 파장을 가지는 전자기파라는 사실이 알려지면서 결정에서 원자의 위치를 조사하는 도구로 사용되었다. 이 X-선 결정학(X-ray crystallography)은 20세기 전반에는 염, 금속, 간단한 유기 화합물 등에 적용되다가 20세기 후반에 들어서는 단백질, DNA 등의 생체고분자에 적용되어 구조를 밝히고 생명 현상을 분자 수준에서 이해하는 데 결정적으로 기여하였다. X-선을 DNA에 쪼이면 DNA에 변화가 일어나서 돌연변이로 이어지는 사실도 밝혀졌다.

확·인·하·기

다음 중 X-선에 관한 설명으로 옳지 않은 것은?

① 뢴트겐이 발견하였다.
② 크룩스관 실험을 하다가 발견되었다.
③ 외부에서 에너지를 공급해야 발생한다.
④ 파장이 원자의 지름 정도로 짧은 전자기파이다.
⑤ 우라늄, 라듐 같은 광물에서 방출되는 선이다.

우라늄이나 라듐이 방출하는 선은 방사능에 관련된 방사선이다. 답 ⑤

| 방사능의 발견 |

X-선이 발견되면서 다른 과학자들도 X-선처럼 신비스러운 다른 선을 찾아 나섰다. 1896년에 프랑스의 베크렐(Becquerel, A. H., 1852~1908)은 우라늄 광석이 X-선과는 다른 신비한 에너지를 내는 것을 발견하였다. 그런데 처음에는 베크렐선이라고 불렸던 이 선은 X-선보다 더 신비스러웠다.

첫째로, X-선은 음극관에 외부에서 높은 전압을 걸어 에너지를 주어야 나오지만, 우라늄은 외부에서 에너지를 주지 않아도 자체적으로 베크렐선을 냈다. 몇 년 후에 퀴리(Curie, M., 1867~1934)는 토륨도 우라늄처럼 베크렐선을 내는 것을 알아냈고, 이어서 우라늄보다 백만 배나 강한 선을 내는 라듐이라는 새로운 원소를 발견하였다. 그리고 이들 원소가 자체적으로 방사선을 내는 현상을 방사능(radioactive)이라고 불렀다. 나중에 알려졌지만 방사능은 별의 진화의 마지막 단계인 초신성 폭발에서 높은 에너지를 받아 만들어진 불안정한 무거운 원소들이 붕괴하다가 수십억 년 후 현재 지구에서 계속 붕괴하는 현상이다.

둘째로, X-선은 파장이 짧은 전자기파로 한 종류인데 비해, 러더퍼드(Rutherford, E., 1871~1937)가 밝힌 대로 방사능에는 알파선과 베타선 같은 입자도 있고, X-선보다 파장이 더 짧은 감마선이라는 전자기파도 있다. 전자가 발견된 후에 베크렐은 베타선이 전자인 것을 증명하였고, 러더퍼드는 알파선의 정체가 헬륨인 것을 증명하였다. 특히 알파선은 원자의 내부 구조를 조사하는 데 매우 중요하게 사용되었다.

인물 쏙 **러더퍼드(Ernest Rutherford, 1871~1937)**

뉴질랜드 출신의 물리학자로, 영국 케임브지리대학 캐번디시연구소의 톰슨 연구실에서 유학하였다. 맥길대학, 맨체스터대학을 거쳐 캐번디시연구소 소장을 역임하였다. 원소의 변환에 대한 연구로 1908년 노벨 화학상을 수상하였다.

러더퍼드

확·인·하·기

다음 중 방사능에 대한 설명으로 옳지 <u>않은</u> 것은?

① 베크렐이 발견하였다.
② 베크렐이 방사능이라는 이름을 붙였다.
③ 우라늄, 라듐 같은 광물에서 자체적으로 방출된다.
④ 알파선, 베타선, 감마선의 세 종류가 있다.
⑤ 퀴리는 우라늄보다 훨씬 방사능이 강한 라듐을 발견하였다.

퀴리가 방사능이라는 이름을 붙였다. 답 ②

1-2 원자를 구성하는 입자

핵심 개념 • 전자 • 원자핵 • 원자 번호 • 양성자 • 중성자

화학이 다루는 물질의 구성 기본 입자는 원자이다. 과학자들은 물질의 세계를 이해하기 위해 원자의 구조를 밝히려고 노력하였다. 그 결과, 원자를 구성하는 입자들을 발견하게 되었다.

| 원자의 구성 |

원자의 내부는 크게 두 영역으로 나눌 수 있다. 원자의 중심에는 아주 작고 딱딱한 (+)전하를 띠는 원자핵이라는 영역이 있는데, 원자핵은 (+)전하를 띠는 양성자와 전하를 띠지 않는 중성자로 이루어져 있다. 그리고 핵 주위에는 (−)전하를 띠는 전자가 차지하는 넓은 영역이 있다.

가장 간단한 수소 원자의 지름이 10^{-10} m (1 Å) 정도이고, 수소의 원자핵인 양성자의 지름은 10^{-15} m (1 페르미) 정도이니 핵의 크기는 원자의 10만 분의 1 정도인 셈이다. 즉, 원자를 야구장 크기로 확대하면 핵은 모래알 정도가 된다. 그렇다면 이렇게 아주 작은 원자의 내부 구조를 우리는 어떤 실험을 거쳐 과학적으로 증명한 것일까?

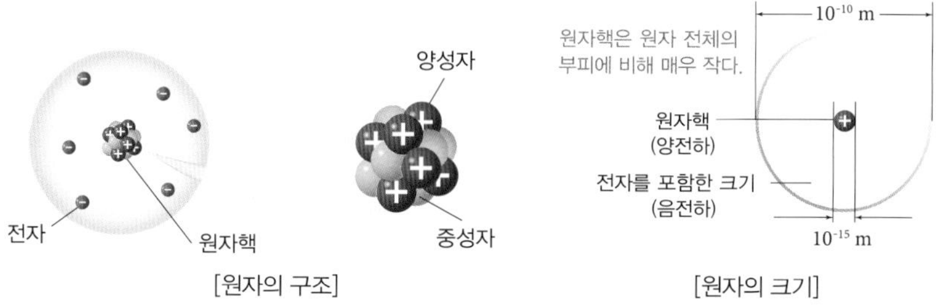

⩓ 원자의 구조와 크기

| 전자의 발견 |

1895년의 X-선 발견, 1896년의 방사능 발견에 이어 1897년에 영국 케임브리지대학

의 톰슨(Thomson, J. J., 1856~1940)이 전자를 발견하여 1906년 노벨 물리학상을 수상하였다. 사실은 톰슨 이전에도 많은 과학자들이 관련된 실험을 하였다. 특히 골트슈타인(Goldstein, E., 1850~1930)은 크룩스관을 사용한 기체 방전(gas discharge) 실험에서 전극에 사용한 금속이나 관에 채운 기체의 종류에 상관 없이 (−)극에서 (+)극으로 흐르는 음극선(cathode ray)을 관찰하였다. 골트슈타인은 음극선이라는 이름을 붙였는데, 이것은 나중에 전자로 밝혀졌다.

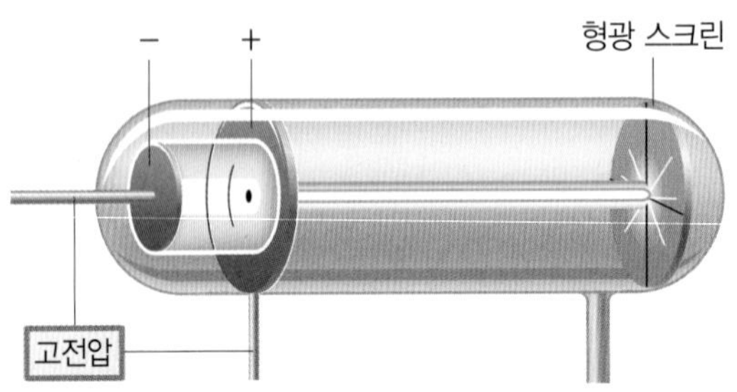

≈ **전자 발견으로 이어진 음극선 실험** (−)극에서 (+)극으로 직진하는 음극선

그러나 (−)전하와 함께 전자의 또 하나 중요한 특성은 가장 가벼운 원자보다 1000배 이상 가벼운 기본 입자라는 점이다. 따라서 이 사실을 밝힌 톰슨이 전자의 발견자로 인정받는 것이다.

톰슨은 음극선 실험에서 (−)극에서 (+)극으로 흐르는 선이 전기장과 자기장에서 휘는 정도로부터 전하와 질량의 비(e/m)를 측정하고, 음극선이 (−)전하를 띤 가벼운 입자인 것을 알아냈다. 이 입자가 전자(electron)인 것이다.

전자의 질량에 대한 전하량의 비(e/m) 값은 수소 이온의 e/m 값의 약 1000배나 되었다. 지금은 보다 정밀한 실험을 통해 이 값이 1837배로 알려졌다. 당시 전자의 전하 값(e) 자체는 정확히 알려지지 않았기 때문에 전자의 전하가 아주 크거나 전자의 질량이 수소에 비해 아주 작거나 두 가지 가능성이 있는 것으로 생각되었다. 톰슨은 (−)극에 사용된 금속의 종류에 상관없이, 또 방전관에 들어 있는 기체의 종류에 상관없이 음극선의 e/m 값이 동일한 것을 확인하고, 이것은 원자보다 질량이 훨씬 작은, 원자의 내부에 들어 있는 입자라고 결론을 내렸다. 진공관에 전압을 걸어줄 때 발생하는 빛은 음극선 자체가 내는 것이 아니라 진공관 안에 있던 기체가 음극선의 에너지를 받아 에너지가 높은 상태가 되었다가 낮은 상태로 떨어질 때 방출하는 빛이다.

» 톰슨의 원자 모형

지금은 수소 원자는 하나의 양성자와 하나의 전자로 이루어진 것이 잘 알려졌지만, 톰슨은 처음에는 수소에 전자가 수백 개 들어 있을지도 모른다고 생각하였다.

전자가 원자 무게의 1000분의 1 정도인데 만일 전자 전체의 무게가 원자 무게의 절반을 차지한다면 원자에는 전자가 수백 개 들어 있다고 생각할 수도 있을 것이다. 그래서 푸딩에 건포도가 퍼져 있듯이 톰슨은 수소 원자를 수백 개의 전자가 원자 전체에 골고루 퍼져 있고, 양전하는 전자들의 배후에 푸딩처럼 깔려있다고 생각하였다.

≈ (+)전하에 전자가 박혀 있는 톰슨의 원자 모형

1909년에 미국의 밀리컨(Millikan, R. A., 1868~1953)은 대전된 기름방울을 이용하여 전자의 전하량(e)을 다음과 같이 측정하였다.

$$\text{전자의 전하량}(e) = 1.6 \times 10^{-19}\ \text{C}$$

톰슨이 구한 전자의 질량에 대한 전하량의 비(e/m)와 밀리컨이 구한 전자의 전하량(e)으로부터 전자의 질량은 다음과 같이 구해진다.

$$\text{전자의 질량} = 9.1 \times 10^{-28}\ \text{g}$$

전자는 질량이 가장 작은 수소 원자 질량의 $\frac{1}{1837}$ 정도로 매우 가벼운 입자이다.

전자의 발견은 원자가 내부 구조를 가지고 있다는 첫 번째 확실한 증거가 되었다. (−)극으로 사용한 금속이 구리였는데 고전압하에서 구리 원자로부터 구리 원자보다 가볍고, 심지어는 가장 가벼운 원자인 수소 원자보다도 훨씬 가벼운 입자가 튀어나왔으므로 원자는 내부 구조를 가진 것이 된다.

확·인·하·기

다음 중 전자의 발견에 관한 설명으로 옳지 않은 것은?

① 톰슨은 크룩스관 실험을 통하여 전자를 발견하였다.
② 톰슨은 전자라는 말을 처음 사용하였다.
③ 톰슨은 전자의 전하와 질량의 비를 결정하였다.
④ 톰슨은 처음에는 원자에 수백 개의 전자가 들어 있을 것이라고 생각하였다.
⑤ 톰슨은 전자의 전하를 측정하였다.

밀리컨이 전자의 전하를 측정하였다. 답 ⑤

| 원자핵의 발견 |

톰슨이 발견한 전자가 음전하를 띠고, 원자 대부분의 공간을 차지하는 작고 가벼운 입자라면, 원자핵은 양전하를 띠고 원자 중심의 작은 공간을 차지하는 입자이다. 그런데 흥미롭게도 전자 발견의 기초가 되는 중요한 관찰들을 골트슈타인이 했듯이 원자핵과 양성자 발견으로 이어지는 초기의 관찰을 한 것도 골트슈타인이었다.

1886년에 골트슈타인은 그림과 같이 (−)극에 작은 구멍을 뚫고 (−)극을 유리관 가운데로 옮겼다. 그리고 (+)극의 반대쪽에 또 한 세트의 (+)극과 (−)극을 설치하였다. 유리관에 약간의 기체를 넣고 방전을 시키자 어떤 선이 (−)극의 구멍을 통해 추가로 설치한 (−)극으로 흘러가는 것이 관찰되었다. 이 모습이 운하(canal)를 통해 물이 흐르는 것과 같아 골트슈타인은 이를 카날선(canal ray)이라고 불렀다. 카날선은 음극선과 반대 방향으로 흐르기 때문에 양극선이라고도 불린다. 음극선이 음전하를 가진 입자라면, 양극선은 (−)극으로 끌려가는 것으로 보아 양전하를 가진 입자이다.

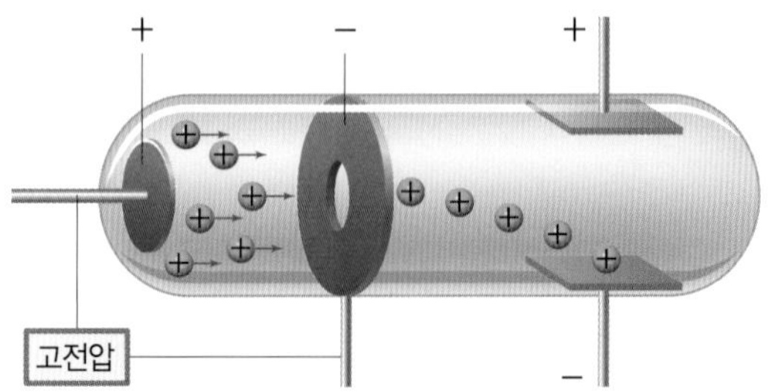

양성자 발견으로 이어진 양극선 실험 톰슨의 장치에서 (−)극에 구멍을 뚫고 (+)극의 반대쪽에 추가로 전극을 설치하였다. 전자와 충돌해서 양전하를 띠게 된 기체는 (−)극으로 끌려가다가 일부는 구멍을 통과하고 추가적인 (−)극으로 끌려가게 된다.

골트슈타인은 여러 기체를 사용해서 양극선 실험을 했는데, 수소를 넣은 기체 방전관을 사용했을 때 관찰한 양극선은 수소 이온(H^+), 즉 수소의 원자핵인 양성자의 흐름이었을 것이다. (−)극에서 튀어나온 전자가 관에 들어 있는 수소 기체에 충돌하면 일단 수소 분자가 수소 원자로 분해된다. 그런데 수소 원자는 원자핵, 즉 양성자와 단 1개의 전자로 이루어졌기 때문에 이 전자가 음극선과 충돌해서 떨어져 나가면 양전하를 띤 수소 이온이 얻어지는 것이다. 양전하를 띤 수소 이온이 높은 속도로 (−)극 방향으로 끌려가다가 (−)극에 뚫어 놓은 구멍을 통과하면 추가적으로 설치한 (−)극으로 끌려갈 것이다. 이 수소 이온은 바로 수소의 원자핵인 동시에 모든 원소의 핵에 공통적으로 들어 있는 양성자이다. 그래서 골트슈타인은 양성자의 발견자로 언급되기도 한다. 그렇지만 당시에 골트슈타인은 자신이 관찰한 양극선이 원자핵인지도, 양성자인지도 몰랐다.

1911년에 당시 맨체스터대학에 있던 러더퍼드는 유명한 금박지 실험(gold-foil experiment)을 통해 원자 내의 양전하는 중심 원자핵(atomic nucleus)에 집중되어 있다는 사실을 발견하였다. 러더퍼드의 조수인 가이거(Geiger, H., 1882~1945)와 마스든(Marsden, E., 1889~1970)은 폴로늄(Po) 같이 방사능이 강한 물질에서 나오는 높은 에너지의 α 입자를 얇은 금박에 충돌시키면 대부분은 금박을 그대로 통과해서 반대쪽 황화 아연(ZnS) 형광판에 섬광을 나타내지만, 약 만 번에 한 번 정도는 거의 180°의 큰 각도로 방향을 바꾸어 튕겨 나오는 것을 관찰하였다. 이 결과를 본 러더퍼드는 "이것은 마치 직경이 40 cm짜리 대포알을 티슈 종이에 쏘았는데 대포알이 튕겨 나와서 쏜 사람을 때린 것처럼 믿을 수 없는 일이었다."고 말하였다.

약 1년에 걸친 추가 실험과 결과 분석을 통해 러더퍼드는 이 결과가 양전하를 가진 α 입자와 작고 단단한 양전하의 원자핵의 충돌로만 설명되는 것을 증명하였다. 이는 원자 내의 양전하는 톰슨의 모형에서와는 달리 중심에 집중되어 있다는 것을 의미한다. 그러나 러더퍼드의 핵 모형에는 중심핵에 여러 개의 양성자가 들어 있다는 생각은 들어 있지 않다. 금의 원자핵은 수소의 원자핵, 즉 양성자의 집단이 아니라 수소 원자핵과는 다른, 양전하가 큰 입자일 수도 있는 것이다.

용어 쏙 **α 입자(He^{2+})**

전자가 2개인 헬륨 원자(He)가 전자 2개를 잃고 남은 헬륨의 원자핵으로, 방사성 물질에서 방출된다.

탐구 시그마 α 입자 산란 실험

실험

얇은 금박 주위에 형광판을 설치한 후 α 입자를 금박에 쪼여, α 입자의 흔적이 형광판에 나타나게 한다.

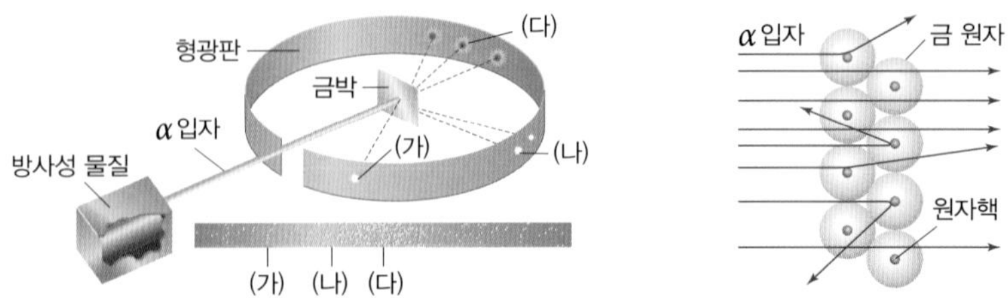

결과

(다) 영역에 도달하는 α 입자가 가장 많고, (가)와 (나) 영역에는 극히 일부만 도달한다.

분석

- α 입자의 대부분이 직진하여 (다) 영역에 도달하므로 α 입자의 진로는 거의 방해를 받지 않는다. ➡ 원자의 대부분은 빈 공간이다.
- (+)전하를 띤 α 입자의 진로 중 일부가 크게 휘어지거나 튕겨 나오려면 (+)전하를 띠고, 질량이 매우 큰 부분이 작은 부피를 차지해야 한다. ➡ 원자 중심에는 (+)전하를 띠고 원자 질량의 대부분을 차지하는 원자핵이 존재한다.

러더퍼드는 자신이 발견한 α 입자를 사용해서 원자핵을 발견하였다. 기원전 400년경 그리스의 데모크리토스는 모든 것은 원자와 빈 공간이라고 하였다. 그런데 러더퍼드는 원자도 대부분이 빈 공간이라는 사실을 발견한 것이다. 원자핵의 발견은 핵물리학과 핵에너지 시대를 열었고, 그런 의미에서 핵의 발견은 전기의 발견에 비할 정도로 중요한 의미를 지닌다.

질문 쏙

» **톰슨의 원자 모형이 옳다면 α 입자 산란 실험의 결과는 어떻게 나타날까?**

(+)전하를 띤 부분이 물질 전체에 퍼져 있어 α 입자의 진로를 크게 방해하지 않으므로 α 입자의 대부분이 직진하고, 휘어지더라도 약간만 휘어진다.

(+)전하가 고르게 분포

전자

α 입자 경로

원자핵이 발견되면서 톰슨의 푸딩 모형 대신 새로운 원자 모형이 등장하였다. 러더퍼드의 원자핵 모형에서 (+)전하는 톰슨의 모형에서처럼 원자 전체에 퍼져 있지 않고 중심에 위치한 핵에 몰려 있고, 전자는 원자 전체에 골고루 위치하는 대신 원자핵 주위를 원운동한다. 그런데 러더퍼드 원자 모형에서 모든 전자는 원 궤도의 지름이 같다. 다시 말하면 핵에 가까운 전자와 보다 멀리 있는 전자, 또는 에너지가 낮은 전자와 에너지가 높은 전자라는 개념이 아직 없는 것이다.

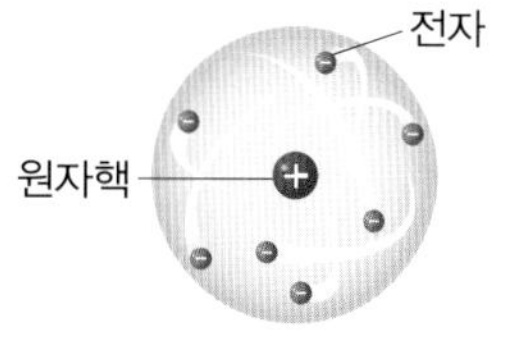

러더퍼드의 원자 모형

확·인·하·기

다음 중 발견의 순서로 옳은 것은?

① 전자 – 원자핵 – 방사능 – X-선
② X-선 – 전자 – 방사능 – 원자핵
③ 방사능 – X-선 – 전자 – 원자핵
④ X-선 – 방사능 – 전자 – 원자핵
⑤ 원자핵 – 전자 – 방사능 – X-선

원자핵이 발견되려면 먼저 방사능의 발견이 있어야 한다. 방사능의 일종인 α 입자를 사용해서 원자핵이 발견되었기 때문이다. 방사능은 X-선보다 1년 후에 발견되었고, 전자는 방사능보다 1년 후에 발견되었다. 답 ④

| 양성자의 발견 |

양성자의 발견에도 여러 과학자들이 다양하게 기여하였다. 골트슈타인은 수소를 넣은 기체 방전관에서 양극선을 관찰하였는데, 이 양극선의 입자는 바로 양성자이다. 그러나 당시에는 이와 같은 입자가 전기장이나 자기장에서 휘는 정도로부터 전하와 질량의 비, 즉 e/m을 측정하는 방법이 알려지지 않았다.

1897년에 톰슨이 전자의 e/m을 측정하는 방법을 발전시켜 전자를 발견하자, 바로 다음 해에 독일의 빈(Wien, W., 1864~1928)은 여러 기체의 양극선에 대해 e/m을 측정하였다. 그러자 수소의 경우에 이 값이 가장 크고, 이 값은 다른 기체의 경우에 측정된 e/m 값의 정수배로 나타났다. 수소 이온이 가장 가볍고, 다른 기체 원소의 이온은 질량이 수소 질량의 정수배라는 뜻이다. 그렇다면 수소 이온에 해당하는 입자가 양전하를 가지고 모든 원소를 구성하는 기본 입자라고 결론을 내릴 수 있다. 그러나 당시는 원자핵이 발견되기 전이고, 또 정수배의 관계도 몇 가지 기체 원소에 대해서만 측정되었기 때문에 모든 원소에 적용되는 일반적인 결론을 내릴 수가 없었다.

원자 번호, 즉 원자핵에 들어 있는 양전하를 띤 기본 입자의 수라는 개념은 1913년에 등장하였다. 영국의 모즐리(Moseley, H., 1887~1915)는 X-선 실험을 통해 핵의 양전하를 측정하였는데, 원자량 값은 정수에서 벗어나는데 비해 핵의 양전하 값은 실험 오차 이내에서 정수로 측정되었다. 몇 가지 예를 보자.

원소	원자량	핵의 양전하 값
칼슘(Ca)	40.09	20.00
타이타늄(Ti)	48.1	21.99
바나듐(V)	51.06	22.96
크로뮴(Cr)	52.00	23.98
아연(Zn)	65.37	30.01

만일 모든 원자핵의 양전하가 정수 값을 가진다면 그 수는 그 원자에 관한 기본적인 수일 것이다. 현재 수소는 1, 헬륨은 2, 리튬은 3, 베릴륨은 4, 붕소는 5, 탄소는 6, 질소는 7, 산소는 8, 플루오린은 9, 네온은 10으로 어떤 원소를 지정하는 가장 기본적인 수를 **원자 번호**라고 한다. 원자 번호가 정수인 것은 모든 원소의 원자핵에는 수소의 원자핵에 들어 있는 양성자가 정수 개 들어 있기 때문이다. 모즐리는 우주의 원소들을 한 줄로 세워놓고 1, 2, 3, 4 …으로 번호를 매긴 셈이다. 그렇지만 당시 아무도 양전하를 가지는 기본 입자, 즉 양성자의 존재를 확신하지 못하였고, 불행하게도 모즐리는 1차 세계대전에 참전해서 1915년에 전사하였다.

한편, 1911년 원자핵 발견 실험에서 러더퍼드의 조수였던 마스든은 1914년에 또 하나의 중요한 관찰을 하였다. 수소 기체에 α 입자를 충돌시키면 수소의 핵이 α 입자보다 멀리 날아가는 것이었다. 수소 분자가 α 입자와 충돌하면 수소 원자로 갈라지고, 수소 원자에서 전자가 떨어져 나가서 수소의 핵이 얻어질 것이다. 이 수소의 핵은 α 입자보다 질량이 4분의 1 정도로 가볍기 때문에 α 입자와 충돌하면 α 입자보다 멀리 날아가는 것이다. 당구공이 볼링공과 충돌하면 당구공이 더 멀리 움직이는 것과 같다. 헬륨의 핵인 α 입자보다 가벼운 수소의 핵이라면 이것이 바로 양성자이지만 당시에는 추측에 그쳤다.

드디어 1919년에 양성자가 확인되었다. 러더퍼드가 질소 기체에 α 입자를 충돌시키자 양전하를 띠는 가벼운 입자가 튀어나왔는데, 이 입자는 빈이 수소의 양극선에서 전하/질량의 비를 측정하였던, 즉 수소에서 양전하를 나타내는 입자로 판명되었다.

원자 번호는 핵에 들어 있는 양성자 수인 것이다. 원자는 전기적으로 중성이므로 양성자 수와 전자 수는 항상 같지만, 양성자 수와 중성자 수가 항상 같지는 않다.

원자 번호 = 양성자 수 = 중성 원자의 전자 수

러더퍼드 실험의 핵 반응식은 다음과 같이 쓸 수 있다.

$$_{7}\text{N} + {}_{2}\text{He} \longrightarrow {}_{8}\text{O} + {}_{1}\text{H}$$

여기서 아래 첨자는 원자 번호에 해당한다. 생성물에서 원자 번호의 합은 9로 반응물에서 원자 번호의 합과 같다.

중요한 사실은 질소라는 원소가 산소라는 다른 원소로 바뀌면서 수소의 핵이 튀어나왔다는 것이다. 이후에 다른 여러 경우에서도 원소가 바뀔 때 수소의 핵이 튀어나오는 것이 확인되었다. 이에 러더퍼드는 수소의 핵이 모든 원소에 공통적으로 들어 있고 양전하를 가진 기본적인 입자임을 확신하고 첫 번째(primary)라는 뜻에서 프로톤(proton)이라고 명명하였다.

이 반응은 최초의 인공 핵변환(artificial transmutation)으로 역사에 남게 되었다. 베크렐과 퀴리가 관찰한 방사능은 자연에서 일어나는 핵변환이지만, 러더퍼드는 α 입자를 충돌시켜서 인공적으로 핵변환을 일으키고 그 과정에서 양성자를 발견한 것이다. 원소의 변환을 발견한 업적으로 1908년 노벨 화학상을 수상한 러더퍼드는 노벨상을 받고 나서 1911년에 원자핵 발견, 1919년에 양성자 발견을 하였다.

확·인·하·기

다음 중 양성자 발견에 가장 직접적으로 기여하고 양성자라는 이름을 붙인 과학자는?

① 골트슈타인 ② 톰슨 ③ 빈 ④ 모즐리 ⑤ 러더퍼드

양성자라는 이름은 1920년에 러더퍼드가 붙였다. 답 ⑤

| 중성자의 발견 |

전자와 양성자가 발견되면서 중요한 의문이 생기게 되었다. 원자량이 양성자와 전자의 질량으로는 설명이 안 되는 것이다. 예를 들어 헬륨 핵의 전하는 +2인데 원자량은 양성자 2개 질량의 두 배 정도 되는 것이다. 전자의 질량이 원자량에 크게 기여하지 못하는 것은 이미 톰슨에 의해 밝혀진 것이다. 그래서 양성자가 발견된 다음 해인 1920년에 러더퍼드는 한 강연에서 핵에는 양성자와 전자가 결합한, 그래서 양성자와 질량이 비슷한 중성 입자가 있을 것이라고 언급하였다. 그렇지만 전자나 양성자와 달리 중성자는 전하를 띠지 않아 전기장이나 자기장에서 휘지 않아 검출하기 어려워 그 존재를 알아내는 데 시간이 가장 많이 걸렸다.

1930년에 독일의 보테(Bothe, B., 1891~1957)는 베릴륨에 α 입자를 충돌시키면 탄소가 생기면서 어떤 높은 에너지를 가진, 그리고 투과력이 강한 방사선이 나오는 것을 발견하였다.

$${}_{4}\text{Be} + {}_{2}\text{He} \longrightarrow {}_{6}\text{C} + ?$$

나중에 **중성자(neutron)**로 알려진 이 방사선은 (+)극이나 (−)극으로 휘지 않기 때문에 전기적으로 중성인 것으로 밝혀졌고, 감마선과 비슷한 고에너지의 전자기파가 아닐까 생각되었다.

1931년에 마리 퀴리의 딸인 이렌 졸리오−퀴리(Joliot−Curie, I., 1897~1956)는 이 베릴륨에서 나오는 방사선을 파라핀에 쪼이면 양성자가 튀어나오는 것을 관찰하였다. 파라핀은 탄화수소 계열의 화합물로 수소 원자가 많이 들어 있는데 질량이 비슷한 중성자가 충돌하면 양성자가 튀어나오는 것이다. 그러나 이렌 퀴리도 보테와 마찬가지로 중성자라는 입자를 생각하지는 못하였다.

1932년에 러더퍼드의 제자였던 채드윅(Chadwick, J., 1891~1974)은 파라핀에서 방출된 양성자의 행동을 조사해 본 결과 파라핀에 들어 있는 수소 핵의 양성자가 자신과 질량이 비슷한 미지의 입자와 충돌해서 튀어나왔다고 결론을 내리고, 이 중성 입자를 중성자라고 불렀다. 양성자와 중성자는 빅뱅 우주에서 위 쿼크(up quark)와 아래 쿼크(down quark)의 조합으로 만들어진 대등한 입자인 것이다.

용어쏙 **쿼크**

물질을 구성하는 기본 입자로 모두 6가지가 있는데 이 중 위 쿼크는 $+\frac{2}{3}$, 아래 쿼크는 $-\frac{1}{3}$의 전하를 가진다. 우주의 나이가 1초가 되기 전에 위 쿼크 2개와 아래 쿼크 1개가 조합을 이루어 +1의 전하를 띤 양성자가 되었고, 위 쿼크 1개와 아래 쿼크 2개가 조합을 이루어 전하가 0인 중성자가 되었다.

자료 쏙

» 중수소의 발견

흥미롭게도 1931년에 미국의 유리(Urey, H. C., 1893~1981)는 중성자가 발견되기 전에 양성자와 중성자가 하나씩 들어 있는 중수소(deuterium)를 발견하였다. 중수소는 원소 면에서는 수소이지만 중성자 때문에 보통 수소보다 두 배 무거운 수소이다.

이렇게 해서 빅뱅 우주에서 만들어진 전자, 양성자, 중성자가 138억 년 후 여러 과학자들의 노력으로 발견되었다. 그리고 전자, 양성자, 중성자가 발견되면서 원자의 내부 구조를 모른 채, 특히 전자의 존재를 모른 채 화학 반응을 이해하고 조절해야만 하였던 19세기 화학이 크게 도약할 수 있게 되었다.

전자, 양성자, 중성자에 관한 중요한 내용을 정리하면 다음 표와 같다.

	전자	양성자	중성자
발견 연도	1897년	1919년	1932년
발견자	톰슨	러더퍼드	채드윅
발견 실험	음극선 실험	질소와 α 입자의 충돌 실험	베릴륨과 α 입자의 충돌 실험
전하비	−1	+1	0
질량비	$\frac{1}{1837}$	1	1

원자에서 양성자, 중성자, 전자의 역할을 생각해 보자. 원자에서 양성자는 중심 위치에서 원자의 특성을 결정하고 특히 전자의 위치와 에너지 상태 등을 결정하는 핵심 역할을 담당한다. 그리고 전자는 양성자의 영향을 받으면서 원자의 전기 및 열전도도, 화학 결합 등을 주도한다. 반면 중성자는 핵에서 양성자 사이의 반발력을 무마해서 수소보다 무거운 원소가 존재할 수 있게 한다.

확·인·하·기

빈칸에 알맞은 말을 순서대로 쓰시오.

(1) 원자의 구성 입자 발견 과정: 원자 → (　　) → 원자핵 → (　　) → 중성자

(2) 원자의 구성 입자 발견 관련 실험

• 전자 발견 – (　　) 실험　　• 원자핵 발견 – (　　) 실험

답 전자, 양성자 (2) 음극선, α 입자 산란

1-3 동위원소

핵심 개념 • 동위원소 • 질량수 • 원자량

| 원자를 구성하는 입자의 성질 |

모든 원자는 양성자, 중성자, 전자라는 기본 입자로 이루어져 있지만 각각의 원자는 서로 다른 특징을 갖는다. 따라서 원자를 구성하는 입자들의 성질을 아는 것은 원자를 이해하는 데 매우 중요하다.

전자의 질량은 양성자, 중성자에 비해 무시할 수 있을 정도로 매우 작으므로 양성자와 중성자로 이루어진 원자핵의 질량이 원자 질량의 대부분을 차지한다. 양성자와 전자의 전하량의 크기는 같고 부호는 반대이므로 원자는 중성이다.

구분	양성자	중성자	전자
전하량(C)	$+1.6\times10^{-19}$	0	-1.6×10^{-19}
전하비	+1	0	−1
실제 질량(g)	1.673×10^{-24}	1.675×10^{-24}	9.109×10^{-28}
질량비	1	1	$\frac{1}{1837}$

| 동위원소와 질량수 |

1932년에 중성자가 발견되면서 원자에 관한 많은 의문이 풀렸다. 그 이전에 방사능 붕괴를 조사하는 과정에서 같은 원소이면서 물리적 성질이 다른 원자들이 발견되었다. 그래서 1913년에 소디(Soddy, F., 1877~1956, 1921년 노벨 화학상)는 주기율표에서 같은 위치에 자리 잡은 같은 원소라는 뜻에서 이것을 **동위원소(isotope)**라고 불렀다. 동위원소는 양성자 수는 같지만 중성자 수가 다르다. 양성자 수와 중성자 수를 합한 수로 원자 질량을 나타내는데, 이것을 **질량수(mass number)**라고 한다.

질량수 = 양성자 수 + 중성자 수

원자 번호와 질량수가 알려진 후부터는 어떤 원소의 원자핵을 나타내는 원자 번호는 원소 기호의 왼쪽 아래에 아래 첨자로, 질량수는 왼쪽 위에 위 첨자로 표시한다.

- 원자 번호 = 양성자 수 = 중성 원자의 전자 수
- 질량수 = 양성자 수 + 중성자 수

$^{A}_{Z}X$ — 질량수 — A, 원자 번호 — Z, 원소 기호 — X

예 $^{12}_{16}C$

┌ 질량수 = 12, 중성자 수 = 12 − 6 = 6

└ 원자 번호 = 양성자 수 = 전자 수 = 6

수소 중에서 양성자 하나와 중성자 하나가 결합한 중수소(deuterium)는 중성자가 없는 보통 수소의 동위 원소이다. 그런데 양성자와 중성자는 질량이 비슷하기 때문에 중수소는 보통 수소보다 두 배 무겁다. 뿐만 아니라 양성자 하나와 중성자 2개가 결합한 3중 수소(tritium)도 있다.

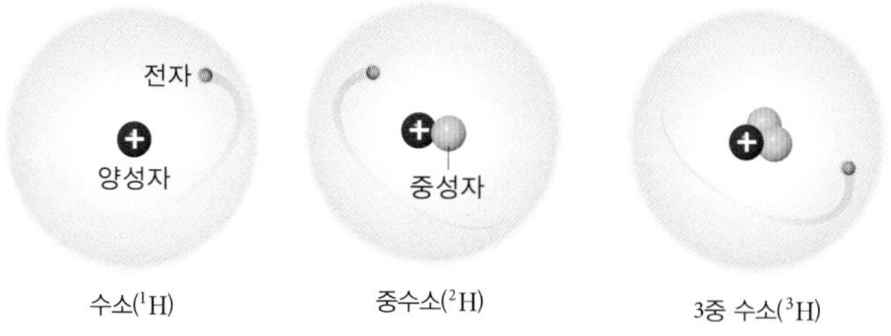

≈ **수소의 동위원소**

그러면 앞에서 살펴본 양성자와 중성자 발견 실험은 각각 다음과 같이 적을 수 있다.

$$^{14}_{7}N + ^{4}_{2}He \longrightarrow ^{17}_{8}O + ^{1}_{1}H, \quad ^{9}_{4}Be + ^{4}_{2}He \longrightarrow ^{12}_{6}C + ^{1}_{0}n$$

이런 핵반응에서 반응 전후의 원자 번호의 합은 변하지 않고, 질량수의 합도 변하지 않는다.

확·인·하·기

다음 각 원자의 양성자 수, 중성자 수, 전자 수를 순서대로 쓰시오.

(1) $^{6}_{3}Li$ (2) $^{15}_{7}N$ (3) $^{23}_{11}Na$

답 (1) 3, 3, 3 (2) 7, 8, 7 (3) 11, 12, 11

| 평균 원자량 |

동위원소가 알려지면서 여러 원소의 원자량 값이 왜 정수가 아닌지 알게 되었다. 중성자는 양성자보다 0.14 % 정도 더 무겁다. 그래서 정수 개의 양성자와 중성자가 뭉친 원자의 질량은 정수 값을 가질 수 없다. 게다가 무거운 원소가 만들어지는 과정에서 양성자와 중성자 질량의 일부가 에너지로 바뀌기 때문에 질량이 보존되는 것도 아니다. 마지막으로 동위원소가 존재하기 때문에 어떤 원소의 원자량에는 그 원소의 다양한 동위원소의 원자량이 존재 비율에 따라 다른 정도로 기여하게 된다.

대부분의 원자들은 동위원소를 가지고 있으며, 자연계에는 서로 다른 동위원소들이 일정한 비율로 섞여 있다. 자연계에서 어떤 동위원소가 존재하는 비율을 자연 존재비라고 하는데, 예를 들면 ^{12}C의 자연 존재비는 98.93 %이고, ^{13}C은 1.07 %이다. 한 원소의 동위원소는 화학적 성질이 같아 분리하기가 매우 어렵다. 따라서 각 동위원소의 자연 존재비를 고려하여 구한 원자량의 평균값, 즉 **평균 원자량**으로 원자의 질량을 나타낸다. 즉 탄소의 평균 원자량은 $\frac{12 \times 98.93 + 13 \times 1.07}{100} = 12.01$이다.

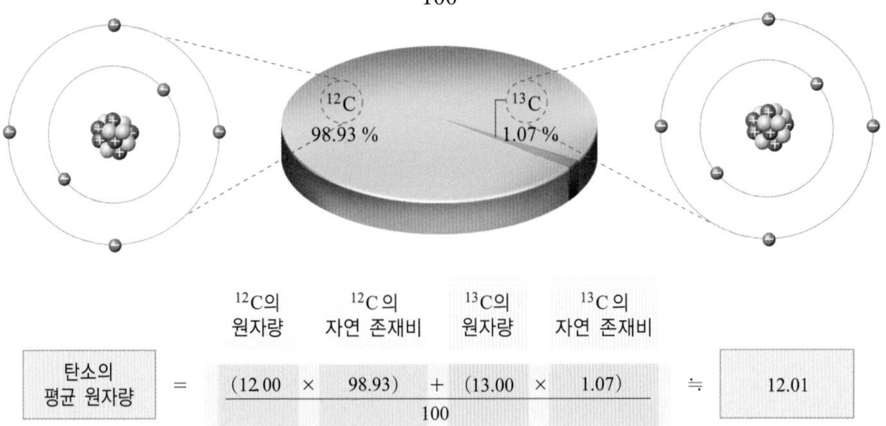

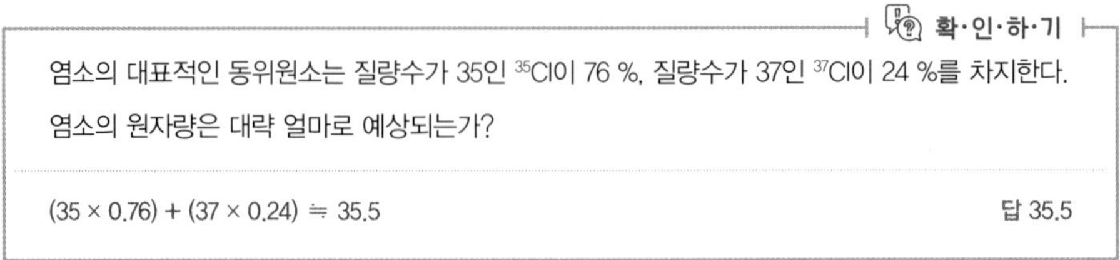

탄소의 평균 원자량 구하기

결과적으로 원자량의 기준이 되는 원소 이외에는 모든 원소의 원자량은 정수에서 벗어나는 값을 가진다. 원자량이 정수에서 벗어나는 대표적인 예에는 염소가 있다.

확·인·하·기

염소의 대표적인 동위원소는 질량수가 35인 ^{35}Cl이 76 %, 질량수가 37인 ^{37}Cl이 24 %를 차지한다. 염소의 원자량은 대략 얼마로 예상되는가?

$(35 \times 0.76) + (37 \times 0.24) \fallingdotseq 35.5$ 답 35.5

연/습/문/제

핵심개념 확인하기

❶

(전자, 알파 입자) 산란 실험을 통해 원자의 대부분은 빈 공간이며, 원자의 중심에는 크기가 (크고, 작고) 밀도가 매우 (높은, 낮은) (+) 전하를 띤 (원자핵, 양성자)이(가) 존재한다는 것이 발견되었다.

❷

동위원소는 (양성자, 중성자) 수는 같고 (양성자, 중성자) 수는 다른 원자를 뜻한다.

❸

지각에서 채굴된 구리는 ^{63}Cu과 ^{65}Cu로 구성되며 평균 원자량은 63.5이다. 이로부터 (^{63}Cu, ^{65}Cu) 동위원소가 더 많은 것을 알 수 있다.

01 다음 중에서 가장 먼저 발견된 것은?

① 원자핵 ② 전자 ③ 방사능 ④ X-선 ⑤ 양성자

02 방사능 현상을 처음 발견한 사람은?

① 퀴리 ② 러더퍼드 ③ 뢴트겐 ④ 베크렐 ⑤ 톰슨

03 원자의 크기는 원자핵 크기의 대략 몇 배인가?

① 10배 ② 100배 ③ 1000배
④ 10000배 ⑤ 100000배

04 수소 원자의 질량은 전자 질량의 대략 몇 배인가?

① 20배 ② 200배 ③ 2000배
④ 20000배 ⑤ 200000배

05 다음 중에서 가장 먼저 발견된 입자는?

① 쿼크 ② 전자 ③ 양성자 ④ 중성자 ⑤ 중수소

06 전자를 발견한 사람은?

① 크룩스 ② 골트슈타인 ③ 톰슨 ④ 러더퍼드 ⑤ 채드윅

연/습/문/제

07 전자 발견 실험에 관한 설명으로 옳지 않은 것은?

① 음극선의 e/m 값은 음극으로 사용된 금속의 종류와 상관없다.
② 음극선의 e/m 값은 음극관에 들어 있는 기체의 종류와 상관없다.
③ 음극선은 전기장에 의해 휜다.
④ 음극선은 자기장에 의해 휜다.
⑤ 톰슨은 전자의 전하를 측정하였다.

08 원자가 내부 구조를 가지고 있다는 첫 번째 확실한 증거는?

① X-선 발견 ② 방사능 발견 ③ 전자 발견
④ 원자핵 발견 ⑤ 양성자 발견

09 수소를 사용한 양극선 실험에서 양극선에 해당하는 것은?

① X-선 ② 알파선 ③ 양성자 ④ 전자 ⑤ 수소 원자

10 원자핵 발견 실험은?

① 음극선 실험 ② 양극선 실험 ③ 우주선 실험
④ X-선 실험 ⑤ 금박지 실험

11 원자핵 발견 실험에서 높은 속도로 날아가는 입자는?

① X-선 ② 전자 ③ 알파 입자 ④ 감마선 ⑤ 금 원자

12 러더퍼드의 원자 모형에 대한 설명으로 옳은 것은?

① 수소 원자에는 전자가 1개 들어 있다.
② 전자의 궤도에는 핵에서 가까운 궤도와 먼 궤도의 차이가 있다.
③ 원자핵의 전하는 기본 전하의 정수배이다.
④ 원자핵은 원자의 대부분을 차지한다.
⑤ 원자에서 양전하는 중심에 집중되어 있다.

13 다음 중 양성자 발견과 관련이 적은 사람은?

① 골트슈타인 ② 빈 ③ 톰슨 ④ 러더퍼드 ⑤ 모즐리

14 양성자 발견 실험에서 괄호에 알맞은 것은?

$$_{7}N + (\quad) \longrightarrow {}_{8}O + {}_{1}H$$

① 수소 원자 ② 헬륨 원자 ③ 전자
④ 중성자 ⑤ 알파 입자

15 동위원소에 관한 설명으로 옳은 것은?

① 양성자 수도 중성자 수도 같다.
② 양성자 수도 중성자 수도 다르다.
③ 양성자 수는 같고 중성자 수는 다르다.
④ 양성자 수는 다르고 중성자 수는 같다.
⑤ 양성자 수는 같지만 중성자 수는 같을 수도 있고 다를 수도 있다.

16 원자량과 질량수의 관계에 관한 설명으로 옳지 않은 것은?

① 원자량은 원자 번호에 가깝지만 질량수는 원자 번호와 크게 다르다.
② 하나의 원소에 대해 원자량은 하나의 값을 가지지만 질량수는 여러 값을 가질 수 있다.
③ 원자량은 정수가 아니지만 질량수는 정수이다.
④ 원자량은 상대적인 값이므로 기준이 필요하지만 질량수는 그렇지 않다.
⑤ 어떤 원소에 대하여 질량수의 차이는 중성자 수의 차이에서 온다.

17 오늘날 원자량의 기준은?

① 수소의 평균 질량 ② 탄소의 평균 질량 ③ 산소의 평균 질량
④ 탄소-12의 질량 ⑤ 산소-16의 질량

18 원자의 구조와 관련된 설명으로 옳은 것만을 있는 대로 고르시오.

① 음극선은 전자의 흐름이다.
② 원자 번호는 원자의 양성자 수와 같다.
③ 모든 원자는 중성자를 가지고 있다.
④ 러더퍼드는 α 입자 산란 실험으로 양성자를 발견하였다.
⑤ 러더퍼드는 금박에 α 입자를 쪼이면 대부분의 입자는 크게 휘어질 것으로 예상하였다.

19 전자, 양성자, 중성자의 질량에 관한 설명으로 옳지 않은 것은?

① 전자의 질량은 양성자 질량의 약 $\frac{1}{2000}$이다.
② 양성자의 질량은 중성자의 질량과 비슷하다.
③ 중성자는 양성자보다 무겁다.
④ 전자 질량과 양성자 질량의 합은 중성자 질량과 정확히 같다.
⑤ 전자 질량과 양성자 질량의 합을 중성자 질량과 비교해보면 중성자는 전자와 양성자가 단순히 뭉친 입자가 아니라는 것을 알 수 있다.

20 그림은 수소와 헬륨의 동위원소의 원자핵을 모형으로 나타낸 것이다.

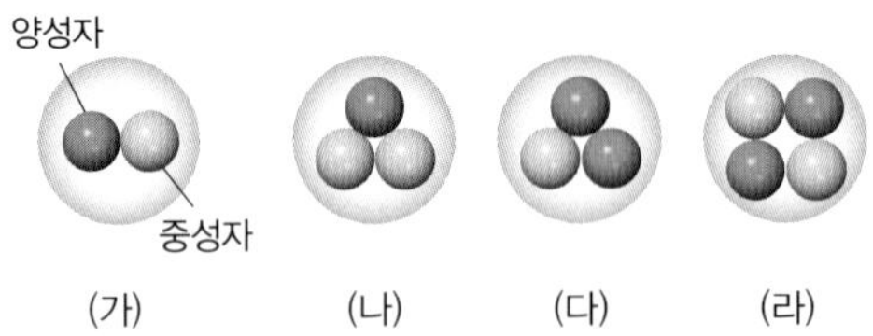

이에 대한 설명으로 옳은 것만을 보기에서 있는 대로 고르시오.

보기
ㄱ. 질량수가 같은 것은 (나)와 (다)이다.
ㄴ. 헬륨의 동위원소의 원자핵은 (다)와 (라)이다.
ㄷ. (가)는 중수소, (다)는 3중 수소이다.

2 원자 모형과 전자 배치

19세기 말에 전자가 발견되면서 원자의 내부가 열리자 한 겹씩 화학의 기본 원리가 드러났다. 그런데 원자 내부 세계의 핵심 요소는 에너지 양자화이다.

무엇이 양자화되어 있다는 것은 한마디로 디지털이라는 뜻이다. 초침이 1분에 360° 한 바퀴를 도는 시계를 생각해 보자. 초침이 매초 사이를 연속적으로 지나가는 시계는 아날로그시계이다. 반면에 디지털시계는 1초(또는 그 이하의 일정한 값) 단위로 시간을 표시한다. 아날로그와 디지털의 차이는 현을 누르는 위치에 따라 연속적인 음을 낼 수 있는 바이올린과 건반 하나하나에 따라 불연속적 음을 내는 피아노의 차이와 유사하다. $\frac{1}{2}$개의 원자가 있을 수 없고 전자, 양성자, 중성자 등 원자를 구성하는 입자도 낱개로 이루어져 있기 때문에 물질은 양자화되어 있다고 볼 수 있다. 그런데 에너지도 빛도 양자화되어 있는 것이다. 이 단원에서는 어떻게 에너지 양자화를 통해서 원자 내부에서 일어나는 일들을 이해할 수 있는지 알아보고, 원자 사이의 결합을 이해할 수 있는 기반을 다지기로 한다.

2-1 수소 선 스펙트럼과 보어 모형

핵심 개념 • 선 스펙트럼 • 보어 모형 • 전자 껍질 • 에너지 준위 • 전이

| 선 스펙트럼의 발견 |

원자의 내부가 양자화된 세계라는 첫 번째 중요한 단서는 선 스펙트럼(line spectrum)에서 얻어졌다. 1859년에 독일 하이델베르크대학 교수인 분젠(Bunsen, R. W. E., 1811~1899)은 물리학자인 키르히호프(Kirchhoff, G. R., 1824~1887)와 함께 프리즘을 사용해서 빛을 파장에 따라 분해하는 분광기를 만들고, 분광기로 금속 원소가 나타내는 불꽃의 빛을 파장별로 분리하면 특이한 선들이 나타나는 것을 알게 되었다. 이것이 분광학(spectroscopy)의 본격적인 시작이다. 금속 원소의 선 스펙트럼은 불연속적인 몇 개의 색깔의 띠로, 원소의 종류에 따라 선의 색깔과 위치, 개수, 세기가 다르다.

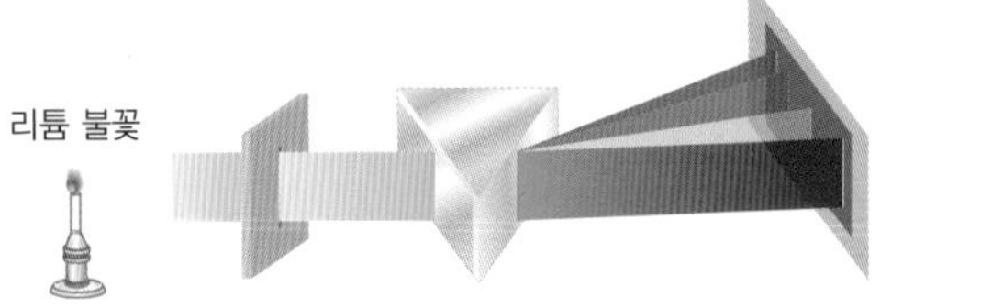

금속 리튬의 선 스펙트럼

가시광선 영역에서 출발한 분광학은 적외선, 자외선, 마이크로파, 라디오파, X-선, 감마선 등 거의 모든 파장 영역으로 확대되어 빛과 물질의 상호 작용을 연구하는 중요한 분야가 되었다. 요즘은 실험실에서뿐만 아니라 멀리 있는 별과 은하의 조성과 구조를 연구하는 데도 분광학이 핵심적 역할을 한다.

용어쏙 양자

어떤 물리량이 연속적인 값을 가지지 않고 어떤 단위량의 정수 배로 나타나는 불연속적인 값을 가지는 경우, 그 단위량을 가리킨다.

» 스펙트럼의 종류

햇빛을 프리즘을 통해 보면 무지개와 같은 연속 스펙트럼이 보인다. 나트륨, 칼륨, 칼슘 등을 가열하면 특정한 색을 내는데, 이때 나오는 빛을 파장별로 분리하면 불연속적으로 선들이 나타나는 선 스펙트럼이 얻어진다. 이를 방출 스펙트럼이라고 한다. 이는 원자의 에너지 구조가 불연속적이기 때문에 나타나는 현상이다.

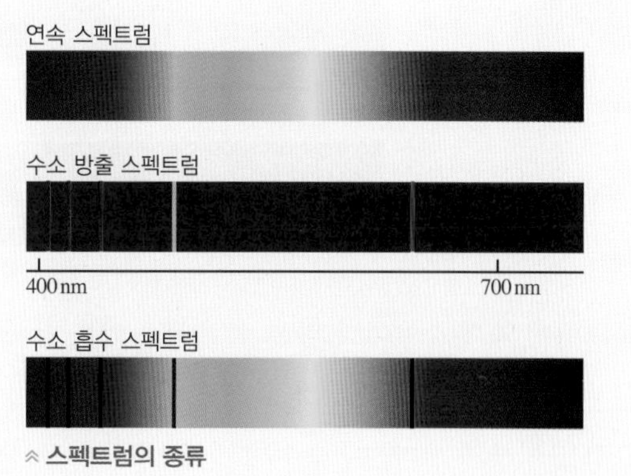

스펙트럼의 종류

별에서 나오는 빛은 별의 대기에 존재하는 차가운 원자들에 흡수된다. 이때 원자가 방출하는 선 스펙트럼에 해당하는 빛을 같은 파장에서 흡수하기 때문에 별에서 오는 빛을 분석해 보면 어두운 흡수선이 나오는데, 이를 흡수 스펙트럼이라고 한다.

| 수소의 선 스펙트럼 |

불꽃 반응을 할 수 없는 순수한 수소 또는 헬륨의 방출 선 스펙트럼은 기체 방전관에 수소 또는 헬륨을 채우고, 고전압을 걸어서 방전시킨 후 나오는 빛을 프리즘 또는 회절 격자(diffraction grating) 필름을 사용해서 파장별로 분리하여 쉽게 관찰할 수 있다. 특히 수소의 경우에는 파장이 긴 빨강에서 파장이 짧은 보라로 가면서 선과 선 사이의 간격이 규칙적으로 줄어든다.

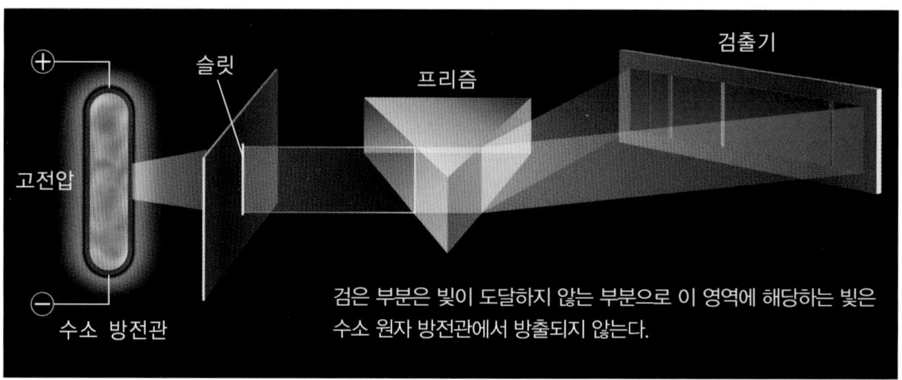

수소 선 스펙트럼

그런데 왜 원소들마다 다른 선 스펙트럼을 나타내는지는 19세기 후반 과학계의 커다란 수수께끼였다. 그러다가 수소의 선 스펙트럼을 설명하면서 원자의 과학은 획기적인 발전을 이루게 된다. 이 수수께끼 풀이의 첫 단서를 찾아낸 사람은 스위스의 수학 교사인 발머(Balmer, J., 1825~1898)였다. 1885년에 발머는 수소 방전관에서 방출되는 가시광선 영역의 빛의 파장인 656 nm, 486 nm, 434 nm, 410 nm가 다음과 같은 식으로 표현될 수 있음을 알아내었다.

$$\frac{1}{(656 \times 10^{-9}\ \mathrm{m})} = (1.097 \times 10^{7}\ \mathrm{m}^{-1})(\frac{1}{2^2} - \frac{1}{3^2})$$

$$\frac{1}{(486 \times 10^{-9}\ \mathrm{m})} = (1.097 \times 10^{7}\ \mathrm{m}^{-1})(\frac{1}{2^2} - \frac{1}{4^2})$$

$$\frac{1}{(434 \times 10^{-9}\ \mathrm{m})} = (1.097 \times 10^{7}\ \mathrm{m}^{-1})(\frac{1}{2^2} - \frac{1}{5^2})$$

$$\frac{1}{(410 \times 10^{-9}\ \mathrm{m})} = (1.097 \times 10^{7}\ \mathrm{m}^{-1})(\frac{1}{2^2} - \frac{1}{6^2})$$

이처럼 가시광선 영역에서 나타나는 수소 스펙트럼에서 선들의 계열을 발머 계열(Balmer series)이라고 한다. 위의 식들은 다음과 같이 일반화할 수 있는데, 상수(R)는 발머 후에 이 값을 정밀하게 측정한 리드베리(Rydberg, J. R., 1854~1919)의 이름을 따서 리드베리 상수(R)라고 한다.

$$\frac{1}{\lambda} = R\left(\frac{1}{m^2} - \frac{1}{n^2}\right)$$

λ: 빛의 파장
R(상수): $1.097 \times 10^{7}\ \mathrm{m}^{-1}$

$$\begin{pmatrix} m = 1, 2, 3 \dots \\ n = 2, 3, 4 \dots \\ n > m \end{pmatrix}$$

| 보어의 원자 모형 |

1913년에 덴마크의 보어(Bohr, N., 1879~1955)는 고전물리학과 양자론이라는 현대 물리학의 개념을 조합해서 수소의 스펙트럼이 발머의 식으로 표현되는 이유를 설명하고, 원자 내부에서 전자의 에너지를 이해하는 데 획기적인 발전을 이룩하였다. 보어의 원자 모형은 다음 세 가지 가정으로 출발한다.

첫째, 원자의 중심에는 +Z의 양전하를 가지는 원자핵이 자리 잡고 있다. 수소의 경우에 Z는 1이다. 원자의 핵 모형은 태양이 중심에 자리 잡은 태양계의 모형과 유사하다.

둘째, 음전하를 가진 전자는 핵의 양전하와 쿨롱의 힘으로 상호 작용하면서 핵 주위를 원운동 한다. 행성과 태양 사이에 작용하는 중력은 쿨롱의 힘과 수학적으로 같은 형태를 가진다. 그런데 고전적으로 생각하면 음전하를 가진 전자는 양전하를 가진 핵으로 끌려들어 가야 한다. 이는 안정한 수소 원자가 존재한다는 관찰 사실과 어긋난다. 여기에서 보어의 새로운 가정이 등장한다.

셋째, 전자의 각운동량(angular momentum)은 양자화(quantized)되어 있다. 원운동에서 각운동량은 접선 방향의 운동량(질량 × 속도)과 원의 반지름을 곱한 값인데 이 각운동량이 어떤 기본 값의 1, 2, 3배 등 정수 배의 값만을 가진다는 뜻이다. 원운동에서 각운동량의 양자화는 전자가 반지름이 다른 여러 개의 원 궤도를 가진다는 것이다. 태양계에 궤도가 다른 여러 개의 행성이 있는 것과 유사하다.

보어는 위의 가정에 기초하여 수소 원자에서 전자의 에너지가 어떤 값을 가지는지를 계산했는데, 전자 에너지는 다음 식으로 얻어졌다.

$$E_n = -\frac{1312}{n^2}\ \text{kJ/mol}\ (n = 1,\ 2,\ 3,\ \dots)$$

여기서 정수에 해당하는 n을 양자수(quantum number)라고 한다. 에너지 값에 마이너스 부호가 붙은 것은 전자가 핵으로부터 무한대 거리에 있을 때의 에너지를 0으로, 즉 기준으로 잡았기 때문이다. 전자가 핵의 양전하에 끌려 가까이 올수록 에너지는 낮아진다. 1312 kJ/mol은 리드베리 상수를 kJ/mol 단위로 나타낸 것이다. 위의 에너지 식에서 분모에 n^2이 나타나면서 발머 식이 설명될 수 있었다. 선 스펙트럼은 전자의 에너지 차이가 빛으로 나오는 현상인 것이다.

위의 식에 $n = 1$을 대입하면 −1312 kJ/mol, $n = 2$를 대입하면 −328 kJ/mol, $n = 3$을

대입하면 −146 kJ/mol이 얻어진다. 양자수가 1인 E_1이 가장 낮은 에너지에 해당한다. 이처럼 특정한 에너지 값을 가지는 전자의 상태를 에너지 준위(energy level)라 하고, 이때 전자는 그 에너지에 해당하는 전자 궤도(electron orbit) 또는 전자 껍질(electron shell)에 들어 있다고 말한다. $n=1$, 2, 3 등에 해당하는 전자 껍질을 K, L, M 껍질이라고도 부른다.

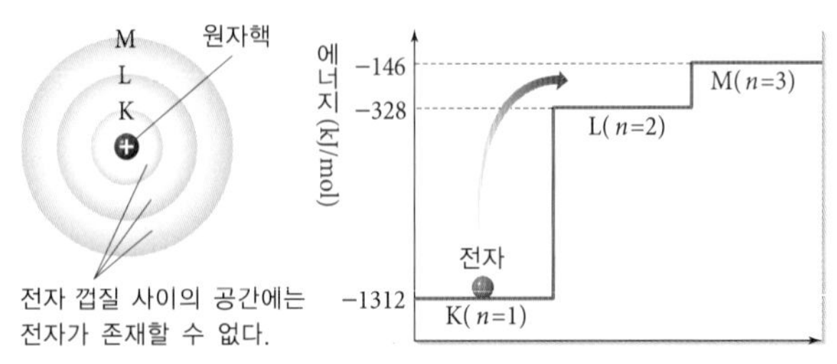

⩓ **수소 원자 내부에서 전자가 존재하는 전자 껍질과 에너지 준위**

전자가 1개인 수소의 경우 전자가 K 껍질에 들어간, 가장 안정한 상태를 바닥상태(ground state)라고 한다. 전자가 여러 개인 원자의 경우에는 바닥상태가 달라질 것이다. 수소에서 바닥상태 다음은 순서대로 첫 번째 들뜬상태($n=2$), 두 번째 들뜬상태($n=3$), 세 번째 들뜬상태($n=4$) 등으로 부른다. 이처럼 전자의 에너지는 n이 1, 2, 3 …에 해당하는 불연속적인 값을 가지는데, 이것은 에너지 양자화(quantization of energy)의 대표적인 예이다.

원자 내의 전자가 빛이나 열, 또는 전기를 통해 에너지를 얻게 되면 높은 에너지 준위로 올라가면서 불안정한 상태가 되고, 다시 에너지 준위가 낮은 상태로 되돌아가는 과정에서 에너지를 빛의 형태로 방출한다. 이처럼 전자가 낮은 에너지에서 높은 에너지 준위로, 또는 높은 에너지에서 낮은 에너지 준위로 바뀌는 것을 **전이(transition)**라고 한다. 전자가 같은 전자 껍질에 속해 있을 때는 에너지를 흡수하거나 방출하지 않으나, 에너지 준위가 다른 전자 껍질로 이동할 때는 두 전자 껍질의 에너지 준위의 차이만큼 에너지를 흡수하거나 방출하는 것이다.

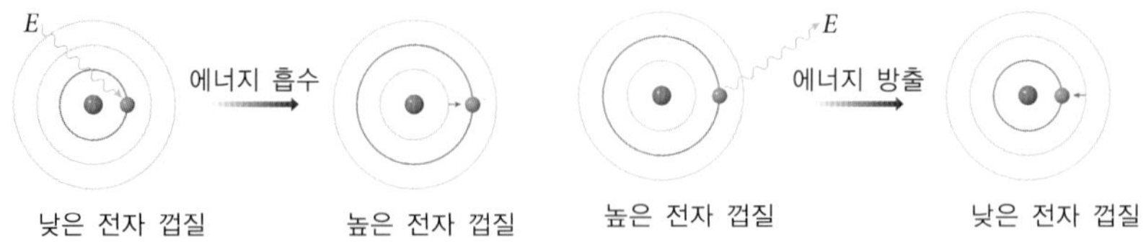

⩓ **전자 전이와 에너지 출입**

» 전자의 에너지 양자화

기체 원자의 스펙트럼이 불연속적인 이유는 기체 원자의 에너지가 연속적이지 않고 불연속적이기 때문이다. 공이 비탈에서 굴러 떨어지는 경우에는 공이 높은 위치와 바닥 사이에 연속적으로 위치하고, 위치 에너지도 연속적인 값을 가진다. 공이 계단에서 굴러 떨어지는 경우에는 공의 위치도, 위치 에너지도 특정한 불연속적인 값만을 가지게 된다. 이와 같이 기체 원자의 에너지도 특정한 에너지 값만을 가질 수 있으므로 불연속적인 기체 원자 고유의 에너지 값만 선 스펙트럼에 나타나는 것이다. 각 기체마다 고유의 에너지 값을 가지고 있기 때문에 원자의 선 스펙트럼을 원소의 지문이라고 부른다.

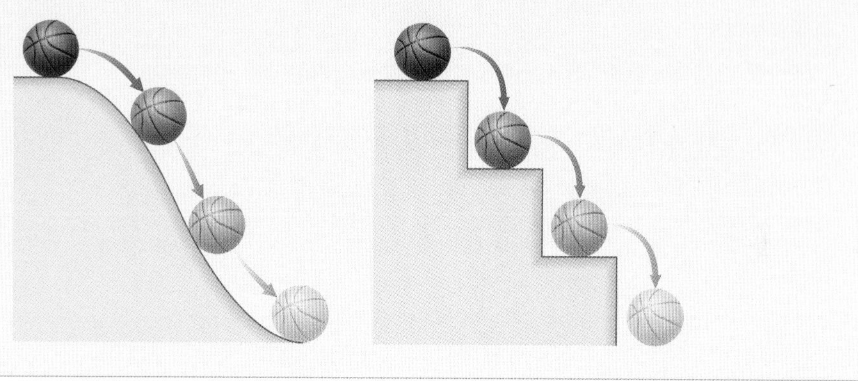

보어 모형에 따르면 가시광선 영역에서 수소의 선 스펙트럼은 $n=3 \rightarrow 2$, $4 \rightarrow 2$, $5 \rightarrow 2 \cdots$ 식으로 설명이 된다. 자외선 영역에서는 $n=2 \rightarrow 1$, $3 \rightarrow 1$, $4 \rightarrow 1 \cdots$ 식의 라이먼 계열(Lyman series)이 관측되고, 적외선 영역에서는 $n=4 \rightarrow 3$, $5 \rightarrow 3$, $6 \rightarrow 3 \cdots$ 식의 파셴 계열(Paschen series)이 관측된다.

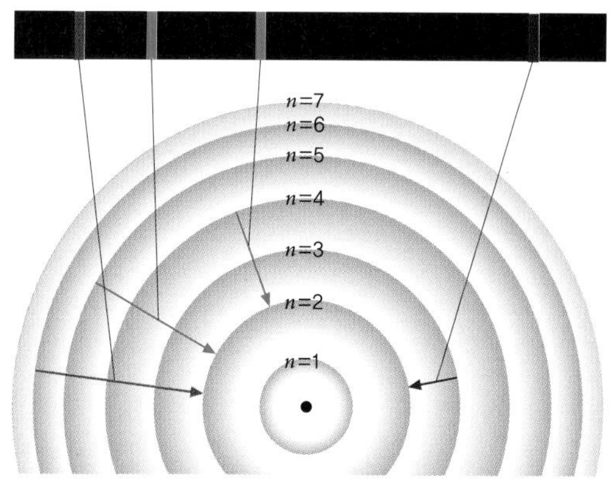

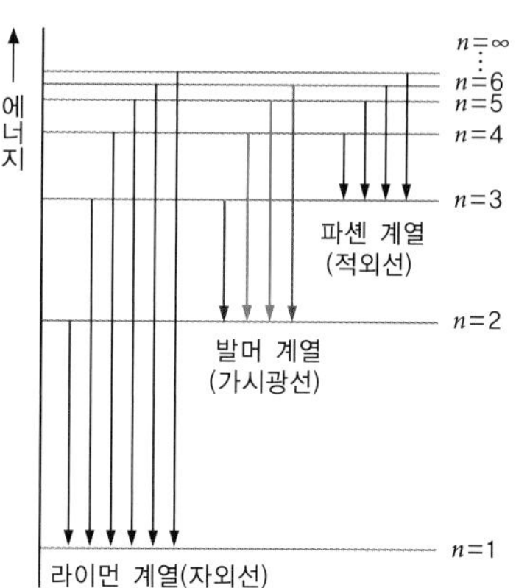

수소 원자의 전자 전이와 스펙트럼 계열

$$\Delta E = E_{처음} - E_{나중} = h\nu = h\frac{c}{\lambda}$$

(h: 플랑크 상수(6.626×10^{-34} J · s), ν: 진동수, λ: 파장, c: 광속)

스펙트럼 영역	자외선	가시광선	적외선
전자 전이	$n \geq 2 \rightarrow n = 1$	$n \geq 3 \rightarrow n = 2$	$n \geq 4 \rightarrow n = 3$

개념 쏙

» 파장과 진동수

파장은 마루에서 마루, 골에서 골까지의 거리를 의미하며 λ(람다)로 표시한다. 진동수(ν, 뉴)는 파동이 1초 동안 진동하는 횟수이다. 따라서 파동의 속력이 같을 때 파장이 짧을수록 진동수가 크다. 파장과 진동수는 다음과 같은 관계가 있다.

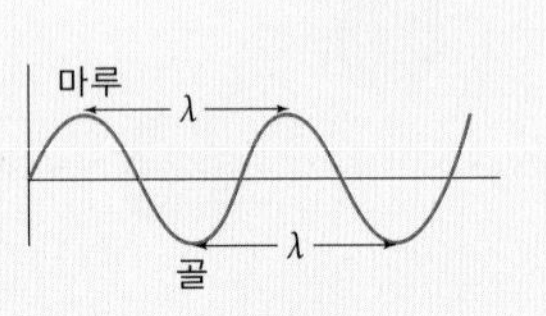

$$\nu = \frac{c}{\lambda}\ (c\text{는 빛의 속도})$$

확·인·하·기

수소에서 $n=1$ 껍질의 전자가 리드베리 상수에 해당하는 에너지를 받으면 n은 어떤 상태로 전이하는가?

$R = R(\frac{1}{1^2} - \frac{1}{x^2})$, $x = \infty$

답 $n = \infty$

전자가 원자핵 주위의 일정한 에너지 준위를 갖는 궤도를 따라 움직인다는 보어 모형은 수소 원자의 선 스펙트럼을 완벽하게 설명할 수 있었으나, 전자를 2개 이상 갖는 원자들의 선 스펙트럼에 대해서는 적용되지 않았다. 앞에서 헬륨의 선 스펙트럼은 수소와 달리 규칙성이 보이지 않고 따라서 발머의 식처럼 간단한 식으로 표현되지 않는다. 전자가 2개 이상인 경우에는 전자 사이의 상호 작용을 고려해야 하는데, 보어 모형에서는 전자들 사이의 반발은 고려되지 않기 때문이다.

보어 모형은 이와 같은 한계를 지녔음에도 불구하고 에너지 준위 개념을 도입해서 수소의 선 스펙트럼을 성공적으로 설명하였다.

2-2 현대 원자 모형

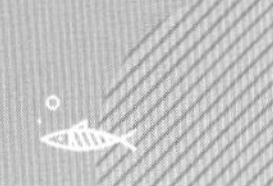

핵심 개념 • 물질파 • 파동 역학 • 슈뢰딩거 방정식 • 불확정성 원리 • 오비탈

보어의 원자 모형에서 전자는 핵 주위의 정해진 궤도를 원운동하고 있으며, 원자 안에서 전자의 위치와 에너지를 동시에 정확히 정의할 수 있다. 그러나 1920년 이후 과학자들은 전자와 같이 질량이 매우 작고 빠르게 운동하는 입자의 경우에는 그 위치와 운동량을 동시에 정확하게 알 수 없고, 또 입자의 성질뿐만 아니라 파동의 성질이 중요하게 나타난다는 것을 알게 되었다.

보어 모형은 10여 년의 시간을 걸쳐 파동 역학(wave mechanics)으로 발전하여 2개 이상의 전자를 가진 원자를 제대로 다룰 수 있게 된다.

| 파동-입자 이중성 |

파동 역학에서는 전자를 입자와 동시에 파동으로 다룬다. 따라서 파동–입자 이중성(wave–particle duality)이 파동 역학의 기초가 된다.

• 물질의 입자성

데모크리토스와 돌턴의 원자론으로부터 물질의 입자성은 당연하게 생각되었다. 볼츠만(Boltzmann, L. E., 1844~1906)은 기체를 입자의 통계적 집단으로 취급하여 여러 가지 기체의 성질을 해석하였다. 톰슨이 발견한 전자, 러더퍼드가 발견한 원자핵 모두 물질의 입자성을 보여 준다.

• 빛의 파동성

17세기 후반에 네덜란드의 하위헌스(Huygens, C., 1629~1695)는 빛을 파동으로 이해하였고, 1801년에 영국의 영(Young, T., 1773~1829)은 유명한 이중슬릿 실험을 통해 빛의 파동성을 증명하였다.

• 빛의 입자성

하위헌스와 동시대에 영국의 뉴턴(Newton, A., 1642~1727)은 빛을 입자로 생각했지만 빛의 입자성이 확실하게 자리 잡은 것은 1905년에 아인슈타인(Einstein, A., 1879~1955)이 광전 효과를 설명하면서부터이다. 광전 효과란 어떤 금속에 빛을 쪼일 때 특정 진동수보다 높은 진동수의 빛을 쪼이면 전자가 튀어나오는 현상이다. 1900년에 플랑크가 제안한 대로 빛의 에너지는 진동수에 비례한다. ($E = h\nu$, h = 플랑크 상수, ν = 진동수) 따라서 어떤 금속 원자가 전자를 붙잡고 있는 에너지보다 큰 에너지를 가진 빛 입자를 금속에 충돌시키면 전자가 튀어나온다.

자료 쏙

» 광전 효과(photoelectric effect)

금속마다 특정한 파장의 빛을 쪼이면 전자가 튀어나와 전류가 흐르는 것을 광전 효과라고 한다. 아인슈타인은 빛의 입자성을 통해 광전 효과를 설명하여 1921년도에 노벨 물리학상을 수상하였다. 빛의 입자를 광자(photon)라고 하는데, 광자의 에너지는 진동수(ν)에 비례한다.

$$E = h\nu \text{ (}h\text{는 플랑크 상수)}$$

뢴트겐이 X-선을 발견한 후 한 동안 X-선이 파동인지 입자인지 혼란이 있었다. 그런데 독일의 라우에(Laue, M. von., 1879~1960)는 X-선이 간섭 효과를 나타내는 것을 보여서 빛의 파동성을 증명하였고, 영국의 브래그(Bragg) 부자는 고체 결정에서 원자들의 위치를 알아내는 데 X-선의 간섭 효과를 사용하였다. 그 후 미국의 콤프턴(Compton, A. H., 1892~1962)은 X-선이 전자와 충돌하면서 에너지를 전달하는 콤프턴 효과를 발견해서 빛의 입자성을 실험적으로 증명하였다. 즉, X-선은 파장이 아주 짧은 전자기파이면서 다른 한편으로는 일정한 운동량을 가진 입자로 작용하는 것이다.

• 물질의 파동성

이제 남은 것은 물질의 파동성이었는데, 프랑스의 드브로이(de Broglie, L., 1892~1987)는 1922년에 박사학위 논문에서 모든 물질 입자도 파동성을 가지며 그 파장은 다음과 같다고 제안하였다.

$$\lambda = \frac{h}{p} = \frac{h}{mv}$$

(h: 플랑크 상수, p: 운동량, m: 입자의 질량, v: 입자의 속도)

미국의 데이비슨(Davisson, C. J., 1881~1958)과 저머(Germer, L. H., 1896~1972)는 1928년에 가속된 전자를 니켈 표면에 쪼이면 회절 패턴을 나타내는 것을 실험으로 보여 주었고, 전자를 발견한 톰슨의 아들 조지 톰슨(Thomson, G. P., 1892~1975)도 전자를 금박에 충돌시켜 회절 패턴을 얻음으로써 전자의 파동성을 증명하였다. 그리하여 원자 내부의 전자를 파동으로 취급함으로써 보어 모형의 한계를 극복하고, 보다 발전한 슈뢰딩거의 모형이 등장하게 되었다.

	입자성	파동성
물질	데모크리토스, 돌턴 볼츠만, 존 톰슨, 러더퍼드	드브로이, 데이비슨, 조지 톰슨
빛	뉴턴, 아인슈타인, 콤프턴	하위헌스, 영, 라우에, 브래그

| 슈뢰딩거 방정식 |

전자를 파동으로 이해하는 파동 역학(wave mechanics)은 20세기 초반의 난제를 해결하였다. 언뜻 생각하면 음전하를 가진 전자는 쿨롱의 법칙에 따라 양전하를 가진 핵까지 끌려가서 전기 방전을 일으킬 것 같다. 그렇다면 안정한 원자는 불가능하다. 그런데 전자가 핵에 접근하면 보어 모형에 따라 전자 껍질의 반지름이 작아지고, 이에 따라 전자의 파장이 짧아진다. 그러면 드브로이 식에 따라 전자의 운동량이 커져서 핵에서 멀리 벗어나 안정한 원자가 가능해진다.

1913년에 보어 모형이 나오고 1926년에 오스트리아의 슈뢰딩거(Schrödinger, E., 1887~1961)는 드브로이의 물질파 이론을 기본으로 전자를 파동으로 파악하는 파동 역학을 발전시켰다. 그리하여 원자 내에서 전자의 상태를 파동으로 기술하는 슈뢰딩거 방정식(Schrödinger equation)을 창안하였다. 슈뢰딩거 방정식을 풀면 파동 함수(wave function)라 불리는 특정한 해와 그에 해당하는 에너지가 얻어진다. 이를 함수라 부르는 이유는 그 해가 원자핵을 중심으로 x−, y−, z−좌표의 함수로 주어지기 때문이다. 파동 함수를 공간적으로 시각화해서 나타낸 것을 궤도(orbit)에 대비해서 오비탈(orbital)이라고 한다.

슈뢰딩거 방정식의 해로 파동 함수가 얻어지자 원자 내의 전자를 새롭게 이해하게 되었다. 전자가 보어 모형에 따라 원운동을 한다면 매 시점에서 전자의 위치를 예측할 수 있어야 한다. 그러나 파동 역학에 따르면 그것은 불가능하다.

1927년에 독일의 하이젠베르크(Heisenberg, W., 1901~1976)는 모든 운동하는 입자에 대하여 위치와 운동량을 동시에 정확하게 아는 것은 불가능하다는 불확정성 원리(uncertainty principle)를 제시하였다. 관측자 입장에서 보면 전자의 위치를 알려면 빛을 쪼이고 반사되는 빛을 조사해야 한다. 그런데 전자처럼 작은 입자를 보려면 파장이 전자의 크기 정도로 짧아야 한다. 드브로이에 따르면 파장이 짧은 빛은 높은 운동량을 가지는데, 높은 운동량을 가진 빛 입자를 전자에 쪼이면 운동량이 전달되어서 전자의 운동량이 바뀐다. 위치를 정확하게 알려고 하다가 운동량에 대한 정보를 잃게 되는 것이다. 이처럼 불확정성 원리에 따르면 전자의 정확한 위치를 아는 것은 불가능하다.

이 문제에 대하여 본(Born, M., 1909~1955)은 어느 위치에서 파동 함수의 제곱이 그 위치에서 전자를 발견할 확률에 해당한다는 해석을 제시하였다. 즉, 전자와 같이 질량이 매우 작고 빠르게 운동하는 입자는 그 위치와 운동량을 동시에 정확하게 알 수는 없지만, 어느 위치에 있을 확률을 슈뢰딩거 방정식의 해인 파동 함수로부터 계산할 수 있다는 것이다.

수소 원자핵 주위에서 전자의 분포 상태를 보면 핵 가까이에서 가장 크며, 핵으로부터 멀어질수록 급격하게 작아진다. 그러나 전자를 발견할 확률이 0이 되는 것이 아니므로 원자의 경계가 뚜렷하게 존재하지 않고 마치 구름처럼 보이므로 이러한 현대 원자 모형을 **전자 구름 모형**이라고 한다. 전자 구름 모형에서는 원자의 경계를 뚜렷하게 정할 수 없으므로 전자의 존재 확률이 90 %인 공간을 나타내는 경계면 그림으로 오비탈을 나타낸다.

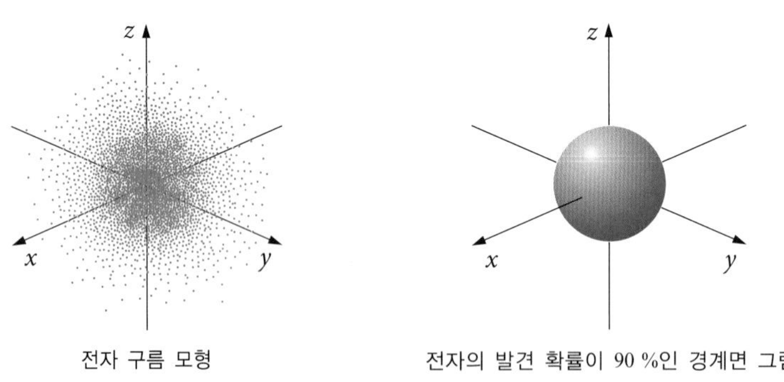

전자 구름 모형　　　전자의 발견 확률이 90 %인 경계면 그림

⩕ **수소 원자의 1s 오비탈 표현**

확·인·하·기

다음 중 파동 역학과 직접 관련이 적은 사람은?

(가) 보어	(나) 드브로이	(다) 슈뢰딩거	(라) 본

보어 모형은 헬륨의 벽에 부딪치면서 파동 역학으로 발전하였다. 답 (가)

탐구 시그마 원자 모형의 변천

자료

다음은 과학자들이 제안한 원자 모형을 나타낸 것이다.

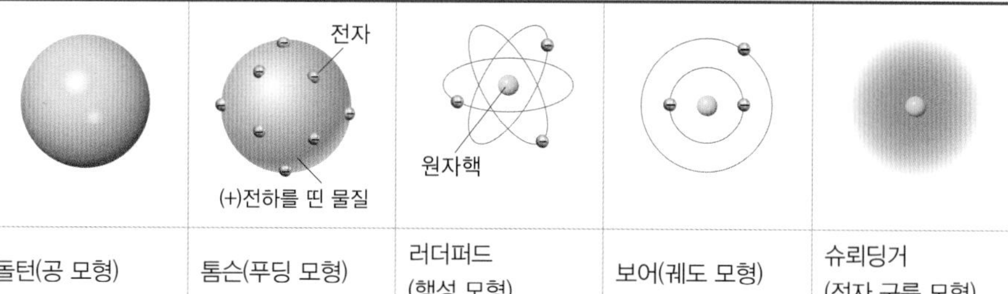

돌턴(공 모형)	톰슨(푸딩 모형)	러더퍼드 (행성 모형)	보어(궤도 모형)	슈뢰딩거 (전자 구름 모형)

분석

과학자	관련 실험	특징	문제점
돌턴	질량 보존 법칙 일정 성분비 법칙	원자는 더 이상 쪼갤 수 없는 단단한 공과 같다.	화학 결합, 선 스펙트럼, 음극선 실험 결과를 설명할 수 없다.
톰슨	음극선 실험	(+)전하를 띤 물질에 음전하를 띤 전자가 고르게 퍼져 있다.	α 입자 산란 실험의 결과를 설명할 수 없다.
러더퍼드	α 입자 산란 실험	원자의 중심에 크기가 매우 작고 질량이 큰 (+)전하를 띤 원자핵이 있고, 그 주위를 (−)전하를 띤 전자가 돌고 있다.	수소 원자의 선 스펙트럼을 설명할 수 없다.
보어	수소 원자의 선 스펙트럼	원자핵을 중심으로 일정한 에너지 준위를 갖는 궤도를 전자가 돌고 있다.	헬륨 이상 다전자 원자의 선 스펙트럼을 설명할 수 없다.
슈뢰딩거	헬륨 이상 원자의 선 스펙트럼 (전자의 파동성 실험은 후에 이루어짐)	원자핵 주위에 전자가 구름처럼 퍼져 있고, 전자의 위치는 확률로만 나타낼 수 있다.	

2-3 오비탈과 양자수

핵심 개념 • 주 양자수 • 부 양자수 • 자기 양자수 • 스핀 자기 양자수

보어 모형에서는 전자의 에너지가 단 하나의 양자수에 의해 지정되는 데 비해, 슈뢰딩거 방정식으로부터 구해지는 오비탈은 주 양자수(n), 부 양자수(l), 자기 양자수(m_l)의 세 가지 양자수로 결정된다.

| 양자수 |

◘ 주 양자수(n)

n으로 표시하는 주 양자수(principal quantum number)는 1 이상의 정수 값을 가진다.

$$n = 1, 2, 3, 4 \ldots$$

주 양자수는 보어 모형에서의 양자수와 같다. 즉, 전자가 1개인 원자에서 주 양자수는 전자의 에너지 준위를 나타낸다. 주 양자수가 커질수록 오비탈의 크기가 커지고, 평균적으로 전자가 핵에서 먼 거리에 머물게 되므로 에너지 준위가 높아진다. 수소의 경우 주 양자수가 1, 2, 3인 오비탈은 보어 모형에서 바닥상태, 그리고 첫 번째 들뜬상태와 두 번째 들뜬상태에 해당한다.

▼ 주 양자수와 전자 껍질

주 양자수(n)	1	2	3
전자 껍질	K	L	M

◘ 부 양자수(l)

l로 표시하는 부 양자수 또는 각운동량 양자수(angular momentum quantum number)는 0부터 $(n-1)$까지의 정수 값을 가지며, 오비탈의 모양을 결정한다.

$$l = 0, 1, 2, \ldots, (n-1)$$

l 값이 0, 1, 2, 3인 오비탈을 흔히 s, p, d, f 오비탈이라고 부르는데 초기에 이들과

관련된 스펙트럼선의 특징이 sharp, principal, diffuse, fundamental 하다고 해서 붙여진 이름이다. n이 같은 경우 s, p, d, f로 갈수록 에너지가 높아진다. 부 양자수는 방위 양자수(azimuthal quantum number)라고도 한다.

▼ 부 양자수와 오비탈 종류

부 양자수(l)	0	1	2
오비탈 종류	s	p	d

▼ 전자 껍질과 오비탈

전자 껍질	주 양자수(n)	부 양자수(l)	존재하는 오비탈
K	1	0	1s
L	2	0, 1	2s, 2p
M	3	0, 1, 2	3s, 3p, 3d

자기 양자수(m_l)

m_l로 표시하는 자기 양자수(magnetic quantum number)는 $-l$부터 l까지의 정수 값을 가지며, m_l 값에 따라 오비탈의 방향이 달라진다.

- $l = 0$이면 $m_l = 0$으로 1개의 방향성이 없는 s 오비탈이 존재한다. 주 양자수에 관계없이 l 값이 0인 s 오비탈 경우에는 그림과 같이 1s, 2s, 3s 오비탈은 크기만 다를 뿐 모두 구형이다. s 오비탈의 크기는 주 양자수가 커질수록 커지고, 평균적으로 전자가 핵에서 먼 거리에 머물게 되므로 에너지 준위는 높아진다.

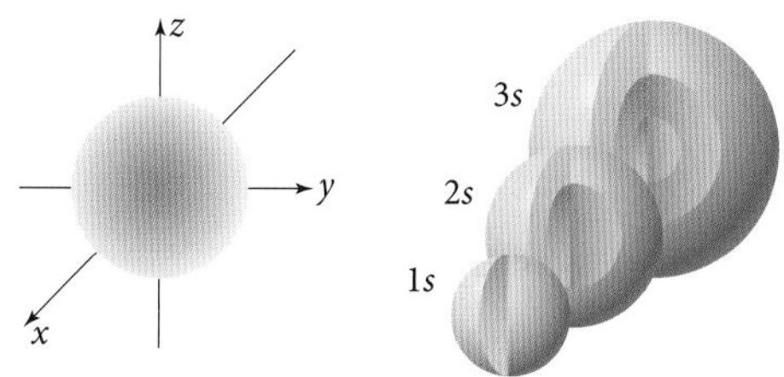

≈ s 오비탈의 모양과 크기

- $l = 1$이면 $m_l = -1, 0, 1$이 되어 3개의 p 오비탈이 존재한다. p 오비탈은 아령 모양으로 원자핵을 중심으로 3차원 공간에서 x, y 및 z축 방향으로 놓여 있는 p_x, p_y, p_z의 3개의 오비탈이 있다. n이 2인 경우는 l 값이 1인 2p가 가능한데 이때 m_l은 1, 0, −1의 세 값을 가진다. 보통 이 세 가지 2p 오비탈을 $2p_x$, $2p_y$, $2p_z$로 표시한다. p 오비탈

은 $n=2$인 전자 껍질 이상에서 존재한다.

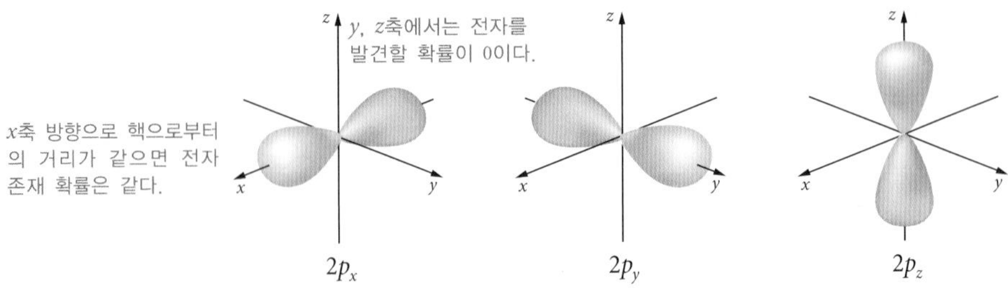
y, z축에서는 전자를 발견할 확률이 0이다.
x축 방향으로 핵으로부터의 거리가 같으면 전자 존재 확률은 같다.
z
x
y
2px
2py
2pz

p 오비탈의 모양과 방향성

| 스핀 자기 양자수 |

전자가 같은 오비탈에서 다른 상태에 있을 수 있다면 또 하나의 양자수가 필요하게 된다. 이러한 네 번째 양자수의 가능성은 원자의 자기적 성질을 통해 드러났다.

1921년에 슈테른(Stern, O., 1888~1969)과 게를라흐(Gerlach, W., 1899~1979)는 강한 자기장하에서 은(Ag)의 원자살(atomic beam)이 둘로 갈라지는 것을 관찰하였다. 이것은 은 원자에 들어 있는 전자의 두 가지 다른 스핀(spin) 상태에 의한 것이다. 1928년에 영국의 디랙(Dirac, P. A. M.,1902~1984)은 특수상대성 이론을 슈뢰딩거 방정식에 적용하면 스핀의 존재가 예상된다는 것을 보여 주었다. 스핀이란 지구가 자신의 축을 중심으로 자전하는 것처럼 전자가 자신의 축을 중심으로 스스로 회전하는 것과 유사하다. 디랙은 네 번째 양자수인 **스핀 자기 양자수(spin magnetic quantum number)**를 추가한 것이다.

용어쏙 전자 스핀

전자의 스핀은 팽이나 지구가 축을 중심으로 자전하는 것과 비슷하다. 전자의 두 가지 스핀 상태는 시계 방향과 반시계 방향으로 나타내며, 각각 서로 반대 방향의 화살표로 표시한다.

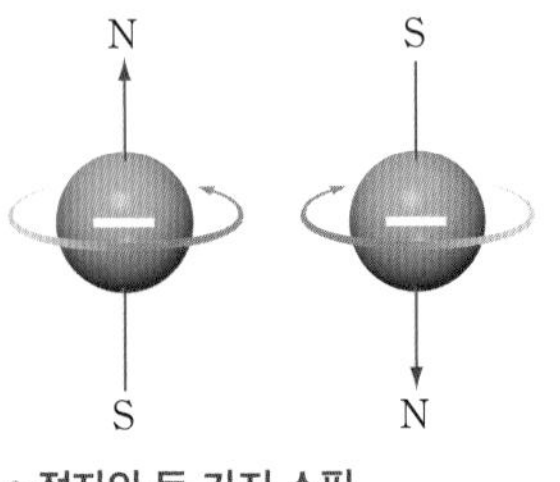
N
S
S
N

전자의 두 가지 스핀

스핀 자기 양자수는 m_s로 표시하고(아래 첨자 s는 spin의 약자이다) 두 가지 가능한 값, 즉 $+\frac{1}{2}$, $-\frac{1}{2}$을 가진다.

$$m_s = +\frac{1}{2}, -\frac{1}{2}$$

전하를 가진 입자가 회전하면 작은 자석같이 행동하는데, 실제로 전자는 자기 모멘트(magnetic moment)를 가진다. 화합물의 구조를 조사하는 데 가장 널리 쓰이는 핵자기공명(nuclear magnetic resonance, NMR) 분광학은 양성자가 스핀을 가지기 때문에 가능하다.

아래 표에 $n = 1, 2, 3, 4$에 대하여 가능한 모든 양자수를 정리하였다.

▼ n=1, 2, 3에 대하여 허용되는 양자수의 조합

n	l	m_l	m_s
1	0(1s)	0	$+\frac{1}{2}, -\frac{1}{2}$
2	0(2s)	0	$+\frac{1}{2}, -\frac{1}{2}$
	1(2p)	−1, 0, +1	모든 m_l 값에 대하여 $\pm\frac{1}{2}$
3	0(3s)	0	$+\frac{1}{2}, -\frac{1}{2}$
	1(3p)	−1, 0, +1	모든 m_l 값에 대하여 $\pm\frac{1}{2}$
	2(3d)	−2, −1, 0, +1, +2	모든 m_l 값에 대하여 $\pm\frac{1}{2}$

확·인·하·기

오비탈에 대한 설명으로 옳은 것만을 | 보기 |에서 있는 대로 고른 것은?

| 보기 |

ㄱ. 주 양자수가 클수록 오비탈의 수가 많아진다.
ㄴ. $3p_x$, $3p_y$, $3p_z$ 오비탈의 에너지 준위는 같다.
ㄷ. s 오비탈은 방향에 따라 전자 존재 확률이 달라진다.
ㄹ. $2p$ 오비탈에는 최대 6개의 전자가 채워질 수 있다.

① ㄱ, ㄴ ② ㄱ, ㄷ ③ ㄴ, ㄹ
④ ㄱ, ㄴ, ㄹ ⑤ ㄴ, ㄷ, ㄹ

s 오비탈은 방향성이 없다. 답 ④

2-4 원자의 전자 배치

핵심 개념 • 전자 배치 • 파울리 배타 원리 • 훈트 규칙 • 쌓음 원리

전자는 각 원자 내에서 어떻게 배치될까? 원자의 전자 배치(electron configuration)를 쓸 때는 다음과 같이 오비탈의 종류와 주 양자수를 쓰고 오비탈 이름의 위 첨자에 전자의 개수를 쓴다. 또는 오비탈을 상자로, 전자 스핀은 화살표로 나타내기도 한다.

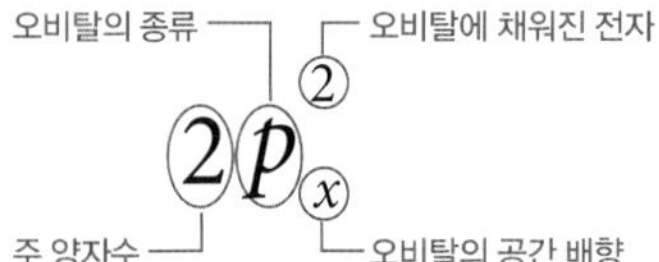

따라서 바닥상태 수소와 헬륨 원자의 전자 배치는 각각 $1s^1$과 $1s^2$이다.

| 파울리 배타 원리 |

파울리 배타 원리(Pauli exclusion principle)에 따르면 한 원자 내에서 2개의 전자는 4개의 양자수가 모두 같은 값을 가질 수 없다. 따라서 같은 오비탈에 들어 있는 주 양자수, 부 양자수, 자기 양자수가 같은 2개의 전자는 스핀 자기 양자수가 달라야 한다. 그래서 1개의 오비탈에는 전자가 최대 2개까지 채워질 수 있다. 수소부터 전자들이 어떻게 오비탈을 채우는지 생각해 보자.

> 파울리 배타 원리
>
> 1개의 오비탈에는 스핀 방향이 반대인 전자가 최대 2개까지 채워질 수 있다.
>
> 예 [↑](○) [↑↓](○) [↑↓↑](×)

수소(H)의 1개의 전자는 외부에서 에너지를 받지 않는 한 가장 에너지가 낮은 바닥상태의 1*s* 오비탈에 들어간다. 전자가 하나만 있을 때는 보통 위로 향한 화살표로 나타내고 스핀 업(spin up)이라고 말한다. 자기장이 없을 때는 스핀 업(spin up)이나 스핀

다운(spin down)이나 에너지가 같지만, 자기장이 있으면 전자의 자기 모멘트가 자기장과 평행하게 배열되어 에너지가 낮은 상태인 것이 스핀 업에 해당한다.

헬륨(He)의 전자 2개가 1*s* 오비탈에 스핀이 반대로 들어가면 파울리 배타 원리에 어긋나지 않고 가장 에너지가 낮은 상태가 된다.

	1*s*	2*s*	2*p*			전자 배치
He	↑↓					$1s^2$

리튬(Li)은 전자가 3개이다. 그 중 둘은 헬륨과 같이 1*s* 오비탈에 들어간다. 1개의 오비탈에는 전자가 최대 2개까지 채워질 수 있으므로 세 번째 전자는 다음 에너지 준위인 2*s*에 들어간다. 이때 편의상 주 양자수 하나하나에 해당하는 전자 껍질이 있는 것으로 생각하고 내부 껍질(inner shell), 외부 껍질(outer shell)이라고 부른다. 가장 바깥 껍질(최외각, outermost shell)에 들어 있는 전자는 화학 결합을 이룰 때 몇 개의 원자와 결합을 이루는지를 의미하는 원자가(valence)를 결정하기 때문에, 이 전자를 **최외각 전자** 또는 **원자가 전자(valence electron)**라고 한다. 수소와 리튬은 모두 원자가 전자가 1개이다.

베릴륨(Be)에서 네 번째 전자는 2*p*가 2*s*보다 에너지가 약간 높기 때문에 2*p*에 들어가는 대신 반대 스핀을 가지고 2*s*로 들어간다.

붕소(B)의 다섯 번째 전자는 2*p*에 들어가는데 2*p* 오비탈에는 $2p_x$, $2p_y$, $2p_z$ 세 가지가 있으며 모두 에너지가 같다. 붕소의 다섯 번째 전자는 $2p_x$, $2p_y$, $2p_z$ 중에서 어디에 들어가도 상관이 없다.

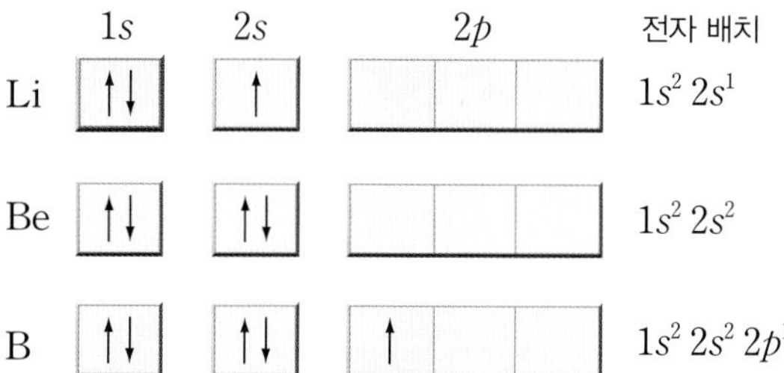

| 훈트 규칙 |

탄소(C)에서는 여섯 번째 전자가 $2p_x$에 들어갈지 $2p_y$나 $2p_z$에 들어갈지 다른 가능성이 생긴다. $2p_x$, $2p_y$, $2p_z$ 세 오비탈 모두 에너지가 같기 때문에 어떻게 들어가도 상관이 없을 것 같지만 실제로는 빈 오비탈에 먼저 하나씩 들어가고 나서 둘씩 짝을 만든다. 같은 음전하를 가진 전자 2개가 같은 오비탈에 들어가면 전기적 반발력 때문에 불리하기 때문이다. 이처럼 에너지가 같은 오비탈에 전자가 채워질 때에는 비어 있는 오비탈부터 채우는 것을 **훈트 규칙(Hund's rule)**이라고 한다. 이때 오비탈에서 쌍을 이루고 있지 않은 전자를 **홀전자**라고 한다. 2인 좌석 버스에서 빈자리에 먼저 한 사람씩 앉고 할 수 없으면 두 사람이 같이 앉는 것과 비슷하다.

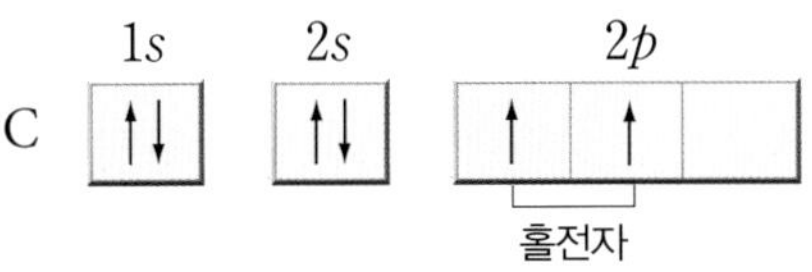

훈트 규칙

에너지 준위가 같은 오비탈에 전자가 채워질 때 홀전자 수가 많은 배치를 갖는다. 즉 전자는 쌍을 먼저 이루지 않는 방향으로 배치를 한다.

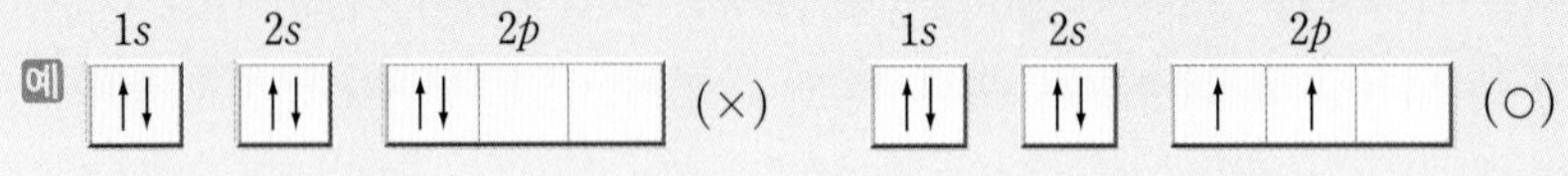

훈트 규칙에 따라 질소(N), 산소(O), 플루오린(F), 네온(Ne)까지 채우면 네온에서는 다음과 같이 오비탈이 모두 꽉 차게 된다.

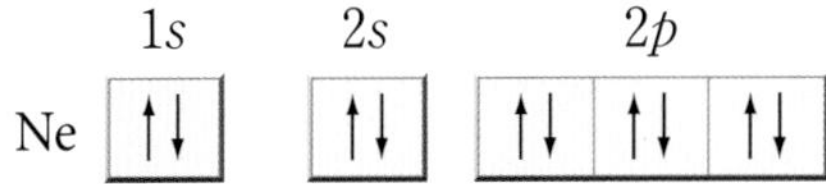

| 쌓음 원리 |

스핀에 상관없이 오비탈에 들어 있는 전자의 수를 위 첨자로 나타내면 네온의 전자 배치는 $1s^2 2s^2 2p^6$라고 쓸 수 있다. 원자 번호가 10인 네온의 전자 10개 중에서 2개는 n이 1인 내부 껍질에 들어가고, 나머지 8개는 n이 2인 원자가 껍질(valence shell)을 채운다. 헬륨의 경우에는 n이 1인 껍질이 원자가 껍질이다. 이처럼 원자가 껍질을 채우는 방향으로 전자가 채워져 가는 원리를 한 층씩 쌓아 올라간다는 뜻에서 **쌓음 원리(aufbau principle)**라고 하며, 다음과 같이 요약할 수 있다.

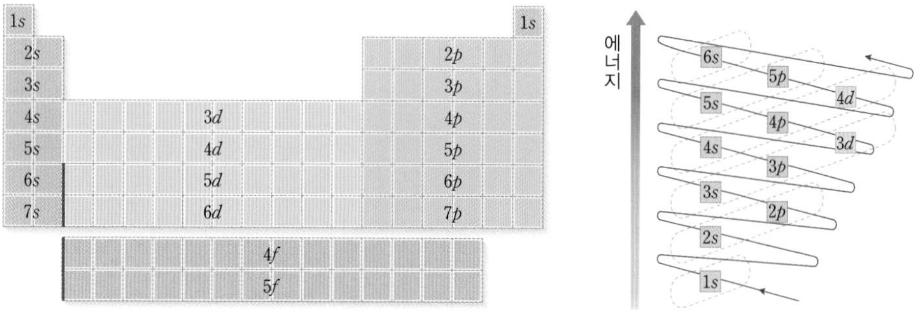

오비탈에 전자가 채워지는 순서 원자 번호를 따라가면 $1s \rightarrow 2s \rightarrow 2p \rightarrow 3s \rightarrow 3p \rightarrow 4s \rightarrow 3d \rightarrow 4p$ ... 순서가 된다.

수소 원자의 에너지 준위는 주 양자수가 같으면 오비탈의 종류에 관계없이 에너지 준위는 같다. 그러나 다전자 원자의 에너지 준위는 주 양자수뿐만 아니라 오비탈 종류에 따라서도 에너지 준위가 달라진다.

쌓음 원리

오비탈에 전자가 채워질 때에는 에너지가 낮은 오비탈부터 채워진다.

수소: $1s < 2s = 2p < 3s = 3p = 3d < 4s = 4p = 4d = 4f < \cdots$

다전자 원자: $1s < 2s < 2p < 3s < 3p < 4s < 3d < 4p < \cdots$

확·인·하·기

리튬(Li)부터 네온(Ne)까지 전자 배치를 쓰시오.

답 Li: $1s^2 2s^1$ Be: $1s^2 2s^2$ B: $1s^2 2s^2 2p^1$ C: $1s^2 2s^2 2p^2$
N: $1s^2 2s^2 2p^3$ O: $1s^2 2s^2 2p^4$ F: $1s^2 2s^2 2p^5$ Ne: $1s^2 2s^2 2p^6$

| 3주기 이상 원소의 전자 배치 |

리튬에서 네온까지 2*s*, 2*p* 오비탈에 전자가 채워지듯이 원자 번호가 11인 나트륨(Na)부터 18인 아르곤(Ar)까지는 3*s*, 3*p* 오비탈에 전자가 채워진다. 그런데 그 다음부터 예상하지 못한 상황이 나타난다. 3*p* 오비탈 다음에는 3*d* 오비탈에 전자가 들어가야 할 것 같은데, 4s 오비탈이 3d보다 에너지가 낮기 때문에 원자 번호 19인 칼륨(K)에서는 4s 오비탈에 전자가 들어가서 나트륨과 비슷한 전자 배치가 된다. 원자 번호 20번 칼슘(Ca)에서는 $1s^2 2s^2 2p^6 3s^2 3p^6 4s^2$ 구조가 된 후에야 3d 오비탈에 전자가 들어간다. 한편, 비활성 기체 원소의 전자 배치를 활용하여 약식 전자 배치를 사용하기도 한다.

K: $1s^2 2s^2 2p^6 3s^2 3p^6 4s^2$ 또는 $[Ar]4s^1$

Ca: $1s^2 2s^2 2p^6 3s^2 3p^6 4s^2$ 또는 $[Ar]4s^2$

용어 쏙 비활성 기체

주기율표의 18족에 속하며, 매우 안정하여 화학 반응을 거의 하지 않기 때문에 비활성 기체라고 한다. 헬륨(He)은 가장 바깥 전자 껍질에 2개($1s^2$)의 전자를 가지며, 헬륨을 제외한 모든 비활성 기체는 8개의 전자(ns^2np^6)를 가진다.

3d 준위에는 5개의 오비탈이 있다. 그래서 21번의 스칸듐(Sc)부터 30번의 아연(Zn)까지 모두 10가지 3d 전자를 가지는 원소가 나타난다. 스칸듐이 있는 3족부터 구리가 속한 11족까지를 **전이 금속(transition metal)**이라고 한다.

아연은 3d 오비탈이 채워져 있기 때문에 전이 원소보다는 주족 원소(representative element)의 성질을 나타낸다.

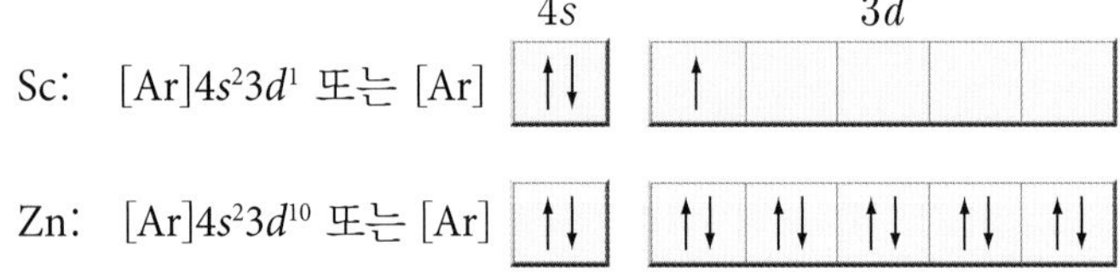

용어 쏙 주족 원소

주기율표에서 1~2족과 12~18족 원소를 말한다. 즉 최외각 전자가 s 오비탈에 포함된 원소(1~2족)와 p 오비탈에 포함된 원소(12~18족)를 말한다.

그런데 3d 오비탈에 전자가 들어가면 4s보다 에너지가 약간 낮아진다. 따라서 다음과 같이 3d를 4s보다 앞에 적는다. 또 이온화할 때는 4s 전자가 먼저 떨어져 나가서 Sc^+와 Sc^{2+}의 전자 배치는 각각 $[Ar]3d^1 4s^1$ 그리고 $[Ar]3d^1$이 된다.

전이 원소는 부분적으로 채워진 3d 전자 때문에 다양한 색, 자기적 성질 등을 나타낸다. 바이타민 B_{12}, 헤모글로빈 등에서 볼 수 있듯이 전이 원소는 생체 분자에서도 중요한 역할을 한다. 전이 금속 자체도, 또 전이 금속을 포함하는 합성 유기금속 화합물들도 촉매로 널리 사용된다.

확·인·하·기

원자 번호가 26, 27, 28인 철(Fe), 코발트(Co), 니켈(Ni)의 전자 배치를 비활성 기체를 이용하여 표현하시오.

답 Fe: $[Ar]3d^6 4s^2$ Co: $[Ar]3d^7 4s^2$ Ni: $[Ar]3d^8 4s^2$

| 이온의 전자 배치 |

원자가 이온이 될 때에는 비활성 기체와 같은 전자 배치를 가지려고 한다. 따라서 가장 바깥 전자 껍질이 ns^1의 전자 배치를 갖는 1족 원소들은 +1가의 양이온이 되기 쉽고, ns^2np^5의 전자 배치를 갖는 17족 원소들은 −1가의 음이온이 되기 쉽다. 원자가 양이온이 될 때는 에너지가 가장 높은 오비탈의 전자부터 잃고, 원자가 음이온이 될 때는 채워지지 않은 오비탈 중 가장 에너지가 낮은 오비탈부터 전자가 들어간다.

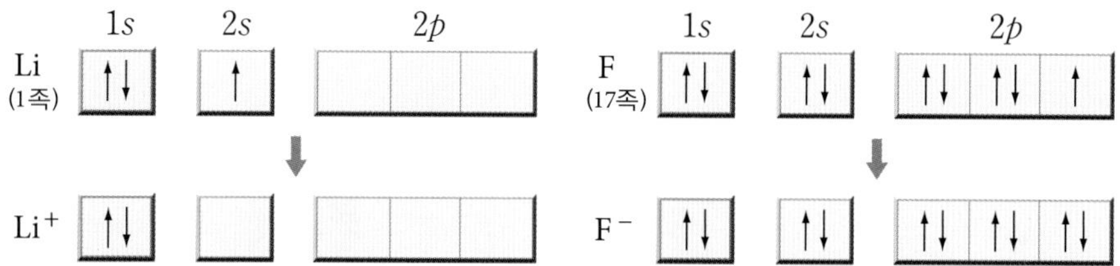

바닥상태의 원자와 이온의 전자 배치

확·인·하·기

나트륨 이온(Na^+)과 산화 이온(O^{2-})의 전자 배치를 쓰고 각각 어떤 비활성 기체의 전자 배치와 같은지 쓰시오.

둘 다 네온(Ne)의 전자 배치와 같다.

답 Na^+: $1s^2 2s^2 2p^6$, O^{2-}: $1s^2 2s^2 2p^6$

» 원자 모형의 발전사

그림은 원자를 이해하는 데 있어서 보어의 중심적 위치를 보여 준다. 또 양자 역학과 고전적 결합 이론을 통합하여 현대 화학의 문을 연 폴링의 역할이 잘 드러난다.

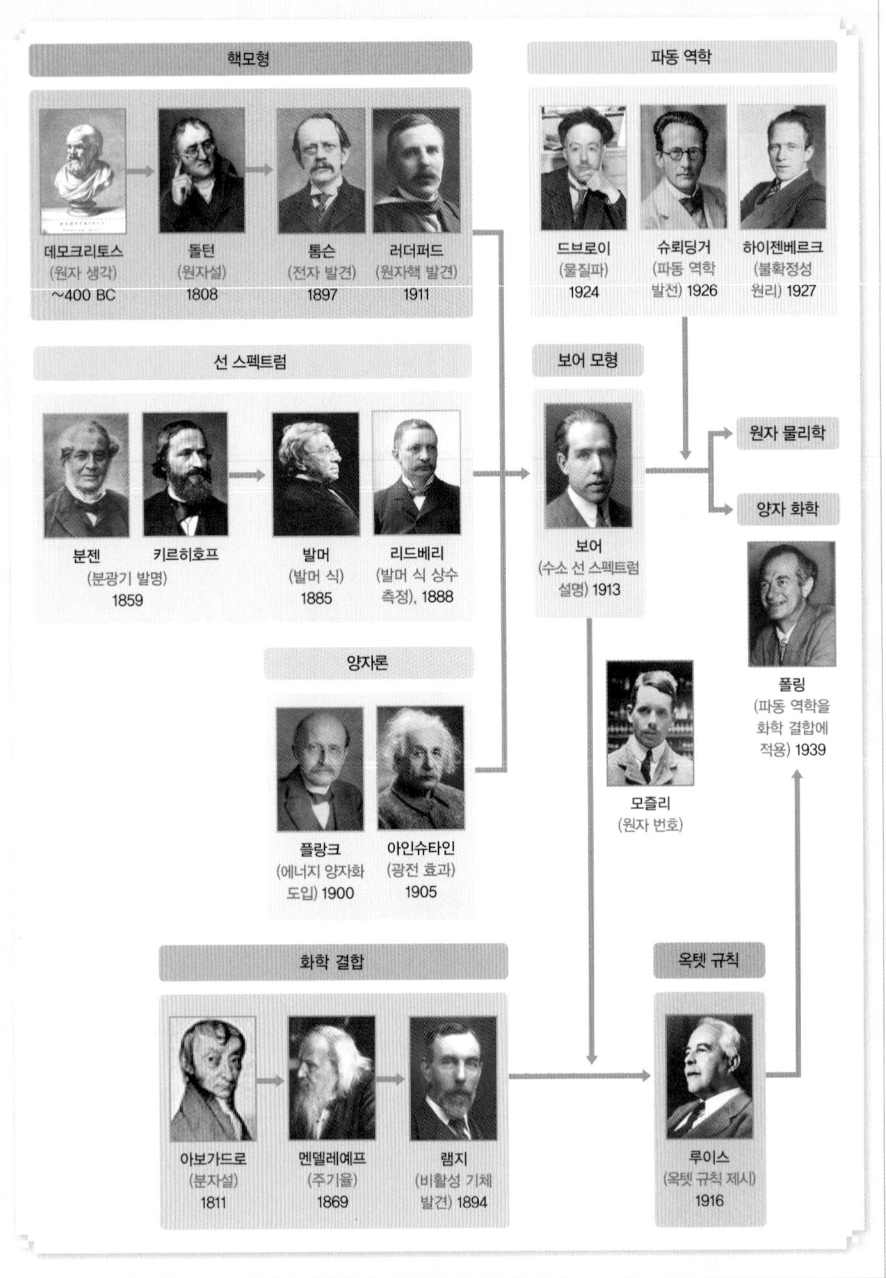

연/습/문/제

핵심개념 확인하기

❶

낮은 압력의 수소 기체에 고전압의 에너지를 가하면 빛에너지를 방출하는데, 빛에너지는 (연속, 불연속)적인 값을 가지므로 수소 원자의 스펙트럼은 (연속, 선) 스펙트럼으로 나타난다.

❷

(보어 모형, 슈뢰딩거 방정식)으로부터 얻어지는 오비탈은 전자가 원자핵 주위에 존재하는 확률과 관련된 함수이다.

❸

1개의 오비탈에는 전자가 최대 (2, 8)개까지 채워지며 전자의 스핀은 (같은, 반대) 방향이다.

❹

산소(O)의 바닥상태 전자 배치는 ($1s^22s^22p^2$, $1s^22s^22p^4$)이고 홀전자 수는 (2, 4)이다.

01 다음 중 디지털이 아닌 것은?

① 하루 중 시간의 흐름　② 은행 잔고의 변화
③ 세계 인구의 증가　④ 내 몸의 세포 수 변화
⑤ 사람의 나이

02 다음 중에서 골라 물음에 답하시오.

• 발머	• 분젠과 키르히호프	• 보어	• 플랑크
• 슈뢰딩거	• 리드베리	• 파울리	• 훈트
• 드브로이	• 하이젠베르크	• 디랙	• 슈테른
• 게를라흐	• 톰슨		

(1) 1859년에 원소에 특이한 선 스펙트럼을 관찰하여 분광학을 시작한 사람은?

(2) 수소의 선 스펙트럼을 수식화한 사람은?

(3) 원자의 핵 모형과 양자론에 입각해서 수소의 선 스펙트럼을 처음 설명한 사람은?

(4) 물질 입자도 파동성을 가진다는 이론을 제시한 사람은?

(5) 스핀 자기 양자수를 도입한 사람은?

(6) 어떤 오비탈에 들어 있는 2개의 전자는 4가지 양자수가 모두 같을 수는 없다는 배타 원리를 제안한 사람은?

(7) 에너지가 같은 오비탈에 전자가 채워질 때에는 비어 있는 오비탈부터 채운다는 규칙을 제안한 사람은?

03 다음 중 구 대칭을 나타내는 오비탈은?

① $2s$　② $2p$　③ $3p$　④ $3d$　⑤ $4f$

연/습/문/제

04 보어 모형의 가정이 <u>아닌</u> 것을 다음에서 고르시오.

(가) 전자는 핵 주위를 원운동 한다.
(나) 전자와 핵 사이에는 쿨롱의 인력이 작용한다.
(다) 전자의 각운동량은 양자화되어 있다.
(라) 전자의 에너지는 양자화되어 있다.

05 수소의 방출 스펙트럼에서 빨간색 선은 전자의 양자수가 어떻게 변하는 경우인가?

① $n = 2 \rightarrow n = 1$ ② $n = 3 \rightarrow n = 1$ ③ $n = 3 \rightarrow n = 2$
④ $n = 4 \rightarrow n = 2$ ⑤ $n = 4 \rightarrow n = 1$

06 보어 모형이 과학에서 중요한 이유가 <u>아닌</u> 것은?

① 수소의 스펙트럼을 설명하여 원자가 양자의 세계인 것을 보였다.
② 전자 에너지에 바닥상태와 들뜬상태 등 준위가 있는 것을 보였다.
③ 옥텟 규칙을 설명할 수 있는 근거를 제공하였다.
④ 주기율을 이해하는 이론적 배경을 제시하였다.
⑤ 동위원소의 존재 이유를 설명하였다.

07 광전 효과가 보여 주는 것을 다음에서 고르시오.

• 물질의 입자성 • 물질의 파동성
• 빛의 입자성 • 빛의 파동성

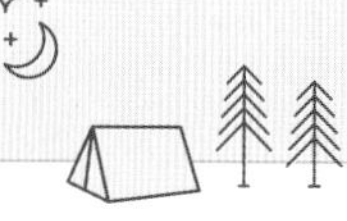

08 슈뢰딩거의 파동 역학에 관한 설명으로 옳지 <u>않은</u> 것은?

① 수소의 선 스펙트럼을 설명할 수 있다.
② 헬륨 이상의 무거운 원소에도 적용된다.
③ 슈뢰딩거 방정식을 풀면 4개의 양자수가 얻어진다.
④ 드브로이의 물질파 이론이 바탕이 되었다.
⑤ 파동 역학에서는 원자 내에서 전자의 위치는 확률적으로 해석된다.

09 다음 중 $2p_x$, $2p_y$, $2p_z$ 오비탈에 전자가 하나씩 들어 있는 것은?

① 탄소 ② 질소 ③ 산소 ④ 플루오린 ⑤ 네온

10 다음 중 [Ar]$3d^1 4s^2$의 전자 배치를 가진 원소는?

① $_{19}K$ ② $_{20}Ca$ ③ $_{21}Sc$ ④ $_{26}Fe$ ⑤ $_{30}Zn$

11 수소 원자의 스펙트럼 대한 설명으로 옳은 것만을 |보기|에서 있는 대로 고르시오.

|보기|

ㄱ. 연속적인 색깔의 띠로 나타난다.
ㄴ. 수소 원자에서 전자의 에너지가 불연속적인 값을 갖는다는 것을 알 수 있다.
ㄷ. 백열전구에서 나오는 빛과 같은 종류의 스펙트럼을 얻을 수 있다.
ㄹ. 수소 원자에서 전자가 에너지를 얻어 들뜬상태로 되었다가 L 껍질(n=2)로 떨어질 때는 가시광선 영역에 스펙트럼이 나타난다.

12 그림은 몇 가지 원자 모형을 순서 없이 나열한 것이다.

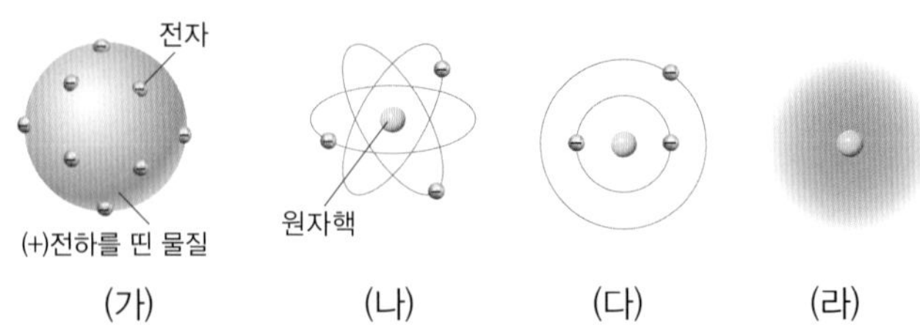

이에 대한 설명으로 옳은 것만을 |보기|에서 있는 대로 고른 것은?

|보기|

ㄱ. (가)와 (나)는 α 입자 산란 실험을 설명할 수 없다.
ㄴ. (다)에서 전자는 불연속적인 에너지를 가진다.
ㄷ. (라)는 수소 원자의 선 스펙트럼을 설명할 수 있다.

① ㄱ ② ㄷ ③ ㄱ, ㄴ
④ ㄱ, ㄷ ⑤ ㄴ, ㄷ

13 다음은 오비탈에 대한 설명이다. 옳은 것만을 있는 대로 고르시오.

(가) 오비탈의 모양은 4개의 양자수에 의해 결정된다.
(나) M 껍질에는 s, p, d 세 종류의 오비탈이 존재한다.
(다) 3개의 $2p$ 오비탈의 에너지 준위는 같다.

14 |보기|의 원소들의 전자 배치를 나타낼 때 원자가 전자 수가 가장 많은 것(가)과 홀전자 수가 가장 많은 것(나)을 각각 고르시오.

|보기|

ㄱ. $_{7}N$ ㄴ. $_{12}Mg$ ㄷ. $_{17}Cl$ ㄹ. $_{19}K$

3 원소의 주기율

복잡해 보이는 물질세계를 체계적으로 이해하려면 먼저 사물을 단계적으로 분류하는 것이 필요하다. 그래야 통합적으로 이해할 수 있다.

17세기에 뉴턴은 천체의 운동을 지배하는 천상의 힘과 사과가 떨어지는 데 작용하는 지상의 힘이 만유인력이라는 것을 보여 주었다. 18세기에 스웨덴의 린네(Linne, C. von., 1707~1778)는 동식물을 체계적으로 분류하는 이명법을 개발하였다. 19세기에는 화학 원소의 분류 체계가 마련되었다. 러시아의 멘델레예프(Mendeleev, D. I., 1834~1907)는 당시 알려진 60여 가지 원소들의 물리적, 화학적 성질이 주기적으로 규칙성을 나타내는 것을 발견하여 복잡한 원자 세계에 어떤 질서가 있는 것을 알아내었다.

주기율표는 달력에 비유할 수 있다. 주기율표에서 1주기, 2주기, 3주기는 날짜가 7일씩 늘어가는 첫째 주, 둘째 주, 셋째 주에 해당한다. 그리고 주기율표의 각각의 족은 월요일, 화요일, 수요일 등 요일에 해당한다. 그런데 일반적으로 한 달 중 어느 날이 무슨 요일인지가 몇째 주인지보다 의미가 있듯이, 어떤 원소의 성질은 주기보다는 족에 의해 결정된다. 이제부터 이런 관점을 염두에 두고 화학의 핵심을 이루는 주기율을 상세히 알아보자.

3-1 주기율표

핵심 개념 • 멘델레예프의 주기율 • 금속 • 비금속 • 알칼리 금속 • 알칼리 토금속 • 할로젠 • 비활성 기체

| 주기율의 발전 |

우주에는 100가지 정도의 화학 원소가 존재한다. 그 중 고대인에게는 금, 은, 구리, 주석, 철, 황 등이 알려졌고, 1669년에는 브란트(Brand, H., 1630~1692)가 소변에서 인(P, phosphorus)을 발견하였다. 1811년에 쿠르투아(Courtois, B., 1777~1838)는 해초에서 아이오딘(I, iodine)을 발견하였다.

처음으로 원소들을 과학적으로 분류한 사람은 라부아지에라고 볼 수 있다. 18세기 말에 그는 당시 알려진 31가지의 원소들을 아래와 같이 분류하였고, 1820년대에 베르셀리우스는 43종 원소의 원자량을 결정하였다.

▼ 라부아지에의 원소 분류

1그룹(기체에 해당)	빛, 열, 산소, 질소, 수소
2그룹(비금속 물질에 해당)	황, 인, 탄소, 염소, 플루오린, 붕소
3그룹(금속에 해당)	안티모니, 은, 비소, 비스무트, 코발트, 구리, 주석, 철, 망가니즈, 수은, 몰리브데넘, 니켈, 금, 백금, 납, 텅스텐, 아연
4그룹(산화물에 해당)	생석회, 산화 바륨, 마그네시아, 알루미나, 실리카

1844년경에는 원소의 종류가 58가지로 늘어났고, 1859년에 분젠과 키르히호프가 분광기를 발명한 후로는 선 스펙트럼을 통하여 세슘(Cs), 루비듐(Rb), 탈륨(Tl), 인듐(In) 등이 연속적으로 발견되었다.

원자량 값들이 하나하나 정확히 결정되기 시작하던 1800년대 초기에 되베라이너(Döbereiner, J. W., 1780~1849)는 화학적으로 성질이 유사한 세 원소를 한 그룹으로 묶어 세 쌍 원소(triad)라고 하였다. 1816년에 그는 스트론튬(Sr)의 원자량이 칼슘(Ca)과 바륨(Ba) 원자량의 평균값에 가까운 것을 보이고, 브로민(Br)의 원자량은 염소(Cl)

와 아이오딘(I) 원자량의 평균값에 가까울 것이라 예측하였다. 1826년에 되베라이너는 리튬(Li), 나트륨(Na), 칼륨(K)도, 그리고 황(S), 셀레늄(Se), 텔루륨(Te)도 비슷한 쌍을 만드는 것을 보였다.

▼ **되베라이너의 분류**

세 쌍 원소	Ca Sr Ba	Cl Br I	Li Na K
원자량	40 88 137	35 80 127	7 23 39
중앙 원소의 원자량 평균	$\frac{40+137}{2}=88.5$	$\frac{35+127}{2}=81$	$\frac{7+39}{2}=23$

1863년경 뉴랜즈(Newlands, J. A. R., 1837~1898)는 Li, Be, B, C, N, O, F 다음에 Li과 성질이 비슷한 Na이 오고, Na, Mg, Al, Si, P, S, Cl 다음에는 Na과 비슷한 K이 나타나는 것으로부터 원소에도 옥타브가 있다고 생각하였다. 이것은 네온(Ne)과 아르곤(Ar) 등 비활성 기체가 발견되기 전이다.

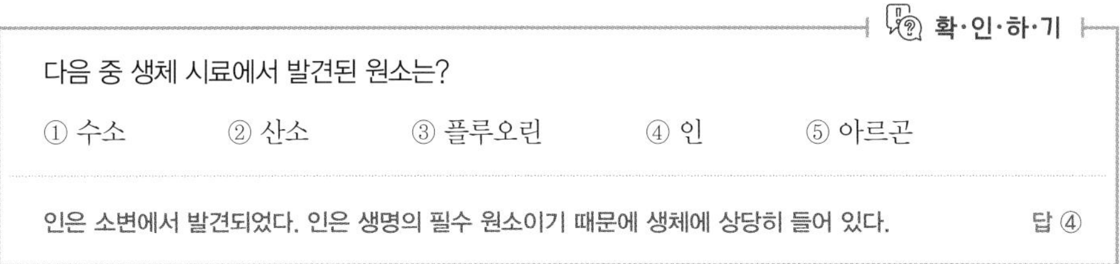

확·인·하·기

다음 중 생체 시료에서 발견된 원소는?

① 수소 ② 산소 ③ 플루오린 ④ 인 ⑤ 아르곤

인은 소변에서 발견되었다. 인은 생명의 필수 원소이기 때문에 생체에 상당히 들어 있다. 답 ④

| 멘델레예프의 주기율표 |

원소들을 원자 번호 순서로 나열할 때 화학적 성질이 비슷한 원소가 주기적으로 나타나는 성질을 주기율이라고 한다. 지금은 주기율이라고 하면 멘델레예프(Mendeleev, D., 1834~1907)의 주기율을 뜻한다.

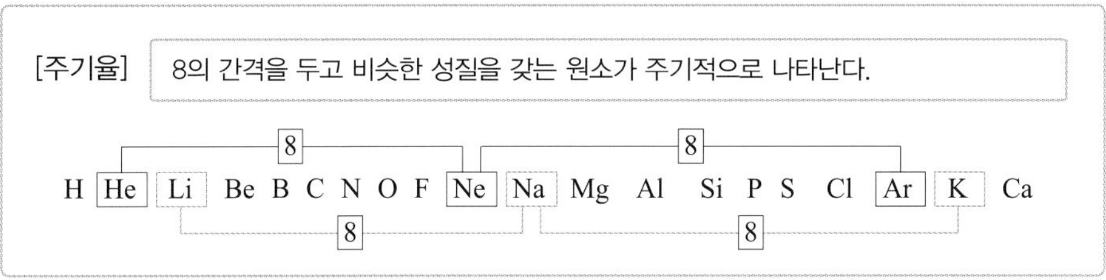

[주기율]
8의 간격을 두고 비슷한 성질을 갖는 원소가 주기적으로 나타난다.
8
8
H He Li Be B C N O F Ne Na Mg Al Si P S Cl Ar K Ca
8
8

1869년에 발표된 주기율에서 멘델레예프는 단지 원소의 주기율을 보여 주었을 뿐 아니라 여러 가지 예언적인 주장을 펼쳤다. 그의 핵심적 주장은 다음과 같다.

멘델레예프의 주장

- 원소를 원자량에 따라 배열하면 원소들의 성질에 주기성이 확실히 나타난다.
- 화학적 성질이 유사한 원소들은 백금(Pt), 이리듐(Ir), 오스뮴(Os) 같이 원자량이 유사하거나, 칼륨(K), 루비듐(Rb), 세슘(Cs) 같이 원자량이 규칙적으로 증가한다.
- 원자량이 증가함에 따라 원자가도 증가한다.
- 자연계에 넓게 분포되어 있는 원소들은 원자량이 작고 성질이 뚜렷한 대표적인 원소들이다.
- 원자량 값이 원소의 성질을 결정한다.
- 여러 개의 새로운 원소가 발견될 것이 예상된다. 예를 들면 규소, 알루미늄과 유사한, 원자량이 각각 65, 75인 원소가 존재할 것이다.
- 몇 가지 원자량의 값은 수정이 될 것이다. 예를 들면 텔루륨의 원자량은 128일 수 없고, 123과 126 사이의 값을 가져야 한다.
- 주기율표는 원소들 사이의 새로운 유사성을 보여 준다.

멘델레예프는 주기율표에서 몇 군데에 빈자리를 남겨두었다. 그리고 알루미늄, 규소, 붕소 아래 빈자리에 들어갈 에카-알루미늄(eka-aluminum), 에카-규소(eka-silicon), 에카-붕소(eka-boron)의 성질을 예측하였다.

▼ 갈륨(Ga)에 대한 멘델레예프의 예측과 실제 측정값

성질	에카-알루미늄(Ea)	갈륨(Ga)
원자량	68	69.9
밀도(g/cm^3)	5.9	5.94
산화물	Ea_2O_6(산과 알칼리에 모두 녹음)	Ga_2O_6(산과 알칼리에 모두 녹음)

1875년에 프랑스에서 에카-알루미늄이 발견되어 갈륨(gallium)이라 명명되었고, 1879년에는 스칸디나비아에서 에카-붕소가, 1886년에는 독일에서 에카-규소가 발견되어 각각 스칸듐(scandium)과 저마늄(germanium)으로 명명되었다. 비중과 산화물 등 원소의 성질이 예상대로 적중하면서 화학자들은 주기율의 법칙에 크게 관심을 갖게 되었다.

확·인·하·기

1. 멘델레예프는 무엇의 순서에 따라 원소들을 배열하였는가?

2. 원소들을 나열할 때 화학적 성질이 비슷한 원소가 주기적으로 나타나는 규칙을 무엇이라고 하는가?

답 1. 원자량 2. 주기율

주기＼족	1	2	3	4	5	6	7	8
1	H: 1							
2	Li: 7	Be: 9,4	B: 11	C: 12	N: 14	O: 16	F: 19	
3	Na: 23	Mg: 24	Al: 27,3	Si: 28	P: 31	S: 32	Cl: 35,5	
4	K: 39	Ca: 40	?: 44	Ti: 48	V: 51	Cr: 52	Mn: 55	Fe: 56, Co: 59, Ni: 59
5	Cu: 63	Zn: 65	?: 68	?: 72	As: 75	Se: 78	Br: 80	
6	Rb: 85	Sr: 87	?Yt: 88	Zr: 90	Nb: 94	Mo: 96	?: 100	Ru: 104, Rh: 104, Pd: 106
7	Ag: 108	Cd: 112	In: 113	Sn: 118	Sb: 122	Te: 128	J: 127	

이 주기율표는 그 당시에 알려진 원자들의 상대 질량과 미지의 원소들을 나타내는 몇 개의 빈칸을 보여 주고 있다. 이 빈칸은 당시에는 발견되지 않은 원소였으며, 멘델레예프는 그 원소들이 발견될 것으로 예언하고 그 성질까지 예측하였다.

멘델레예프 주기율표의 일부

| 현대의 주기율표 |

멘델레예프가 주기율표를 만들 당시에 비활성 기체는 아직 발견되지 않았기 때문에 비활성 기체가 차지하는 세로줄은 빠져 있었다. 이후 비활성 기체인 아르곤이 발견되면서 아르곤의 위치가 문제가 되었다. 아르곤의 원자량은 칼륨보다 커서 아르곤의 위치가 칼륨의 위치에 들어가야 하지만 화학적 성질은 칼륨이 속해 있는 세로줄의 다른 원소와는 달랐기 때문이다. 이로부터 원소의 화학적 성질은 원자량에 의해 결정되는 것이 아니라는 것을 멘델레예프도 알았지만 그 당시로는 이유를 밝혀내지 못하였다.

현재의 주기율표를 보면 원자 번호와 원자량의 순서가 맞지 않는 곳이 몇 군데 있다. 예를 들어, 원자 번호가 52인 텔루륨의 원자량은 127.6인데, 원자 번호가 53인 아이오딘의 원자량은 126.9이다. 원자 번호는 원자의 양성자 수이고, 원자량은 원자의 양성자 수와 중성자 수의 합을 반영하므로 양성자 수가 적더라도 중성자가 많으면 원자 번호가 작더라도 원자량이 클 수 있다.

19세기 말에는 레일리(Rayleigh, L., 1842~1919)와 램지에 의해 아르곤, 헬륨, 네온, 크립톤, 제논, 라돈 등 비활성 기체가 발견되어 새로운 족이 추가되면서 주기율표의 구조가 완성되었다.

1913년에 모즐리는 X-선 연구를 통해 원자핵의 전하가 기본 양전하 값의 정수배인 것을 발견하였다. 나중에 양성자가 발견되자 모든 원소의 양전하는 양성자 수에 대응하는 것으로 밝혀졌다. 모즐리는 원소의 주기적 성질은 원자량이 아닌 원자 번호, 즉 양성자 수와 관계있다는 것을 발견한 것이다.

현대의 주기율표는 원소들을 원자 번호 순서대로 배열하여 화학적 성질이 비슷한 원소들이 주기적으로 나타나도록 정리한 표이다. 원소의 화학적 성질은 전자의 수와 크게 관련이 있는데 중성 원자에서 전자의 수는 양성자 수와 같기 때문이다.

주기율표에서 가로줄을 주기, 세로줄을 족이라고 하며, 주기율표는 모두 7개의 주기와 18개의 족으로 구성되어 있다. 같은 주기 원소들은 같은 전자 껍질에 전자가 채워지고, 같은 족 원소들은 원자가 전자 수가 같아 화학적 성질이 비슷하다. 또 같은 족에 속하는 원소를 동족 원소라고 한다.

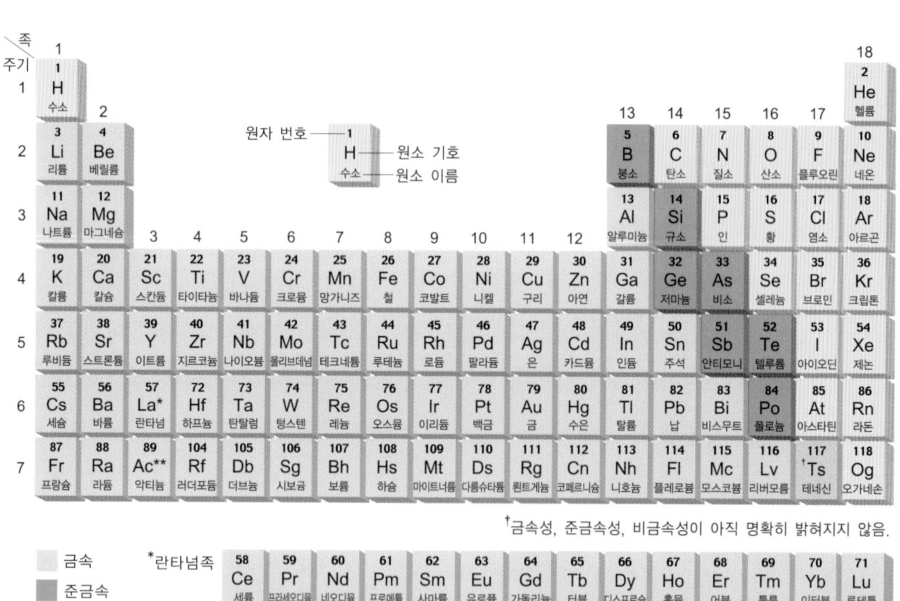

^ **현대의 주기율표**

1주기에는 H와 He만 있으며, 2주기와 3주기에는 각각 8가지의 원소들이 있다. 4, 5주기에는 3족부터 12족 사이에 들어 있는 각각 10가지의 원소를 포함하여 총 18가지의 원소가 존재한다. 6주기는 란타넘족의 14가지 원소들을 포함해서 모두 32가지의 원소로 이루어지며, 7주기는 악티늄족의 14가지 원소를 포함한 26가지의 원소로 이루어져 있다.

| 원소의 분류 |

원소는 크게 금속 원소와 비금속 원소, 준금속 원소로 나눌 수 있다. 금소 원소는 주기율표에서 주로 왼쪽에 위치하며 전자 배치에서 원자가 전자 수가 1~3개 정도이다. 금속 원소는 전자를 잃고 양이온이 되기 쉽고 상온에서 주로 고체 상태로 존재하며, 전기 전도성이 있다. 단, 수은은 상온에서 액체이다.

비금속 원소는 주기율표에서 주로 오른쪽에 위치하며 전자 배치에서 원자가 전자 수가 4개 이상이다. 18족 비활성 기체를 제외한 비금속 원소들은 전자를 얻어 음이온이 되기 쉽다. 비금속 원소는 상온에서 주로 기체 또는 고체 상태로 존재하며, 전기 전도성이 없다. 단, 흑연은 예외로 전기 전도성이 있다.

▼ **금속 원소와 비금속 원소**

	금속 원소	비금속 원소
이온 형성	양이온이 되기 쉽다.	음이온이 되기 쉽다.
상온에서의 상태	고체(단, 수은은 액체)	기체, 고체(단, 브로민은 액체)
전기 전도성	높다.	낮다.
산화물의 성질	물에 녹아 염기성을 나타낸다. 예 CaO은 물에 녹아 $Ca(OH)_2$을 생성하여 염기성을 나타낸다.	물에 녹아 산성을 나타낸다. 예 NO_2는 물에 녹아 HNO_3을 생성하여 산성을 나타낸다.

준금속 원소는 금속과 비금속의 중간 성질을 갖는 양쪽성 원소로 붕소(B), 규소(Si), 저마늄(Ge) 등이 있다. 금속과 비금속의 경계에 위치한다.

확·인·하·기

다음 중 준금속 원소가 아닌 것은?

① 붕소 ② 인 ③ 규소 ④ 비소 ⑤ 저마늄

인은 질소와 같은 족에 속하는 원소로 비금속이다. 답 ②

◘ 알칼리 금속

Li, Na, K, Rb 등의 1족 원소들은 모두 원자가 전자의 전자 배치가 ns^1이다. ns^1 구조의 원소 중 $1s^1$에 해당하는 수소를 제외한 원소들을 **알칼리 금속(alkali metals)**이라고 한다. 반응성이 높은 알칼리 금속 원소들은 자연에서 원소 상태로 존재하지 않고, 주로 양이온으로 염의 일부로 존재한다.

이 금속 원소들은 물과 격렬히 반응하여 수소 기체를 발생하며, 수산화물(MOH, M = Li, Na, K, Rb, Cs, Fr), 즉 알칼리를 생성한다. 원자 번호가 증가할수록 반응성이 커진다. 최외각 전자가 핵으로부터 멀어져서 쉽게 떨어져 나가기 때문이다.

$$2M + 2H_2O \longrightarrow 2MOH + H_2 \ (M\text{: 알칼리 금속})$$

◘ 알칼리 토금속

2족에 속하는 Be, Mg, Ca, Sr, Ba 등의 원소는 **알칼리 토금속(alkaline earth metals)**이라고 하며, 원자가 전자의 전자 배치는 ns^2이다. 이 원소들도 물과 반응하여 알칼리를 생성하지만 알칼리 금속만큼 반응성이 크지는 않다. 비금속과 반응하여 +2의 양이온이 되려는 경향이 크다.

◘ 할로젠

17족에 속하는 F, Cl, Br, I 등의 원소는 염을 만든다는 뜻에서 **할로젠(halogen)**이라고 하며, 원자가 전자의 전자 배치는 ns^2np^5이다. 할로젠 원소들은 모두 반응성이 매우 큰 원소로 알칼리 금속과 격렬히 반응하여 염을 생성한다. 할로젠 원소들은 할로젠 원자 2개가 결합하여 분자 상태로 존재한다.

◘ 비활성 기체

주기율표에서 가장 오른쪽에 위치하는 He, Ne, Ar, Kr 등의 18족의 원소들은 반응성이 거의 없고 화학 반응에 참여하지 않으므로 비활성 기체라고 한다. 상온에서 기체 상태이며, 단원자 분자로 존재한다.

◘ 전형 원소와 전이 원소

전형 원소는 1족, 2족, 12~18족 원소로, 최외각 전자가 s 또는 p 오비탈에 채워진다. 원자가 전자 수는 족 번호의 끝자리 수와 같으며, 원소의 성질이 족에 따라 주기적으로 변한다.

전이 원소는 3~11족 원소로, d 또는 f 오비탈에 전자가 부분적으로 채워진다. 족에 관계없이 원자가 전자 수가 1~2개로 화학적 성질이 비슷하며, 비중 4.0 이상인 중금속이다.

전형 원소와 전이 원소

탐구 시그마 금속성과 비금속성

자료

그림은 주기율표에서의 금속과 비금속 원소, 준금속을 나타낸 것이다.

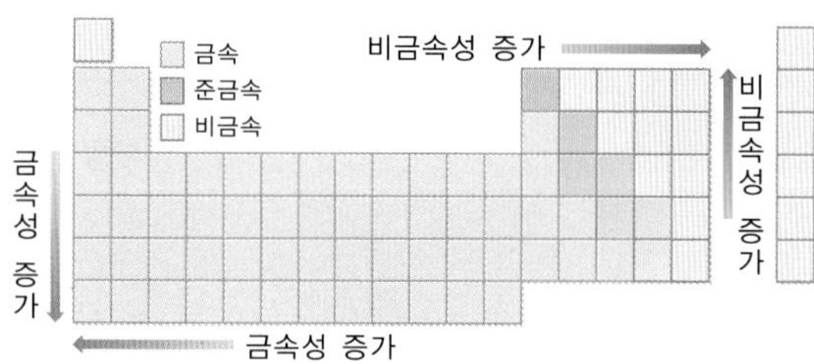

분석

- 금속성은 원자가 전자를 잃고 양이온이 되기 쉬운 성질로, 주기율표의 왼쪽 아래로 갈수록 증가한다.
- 비금속성은 원자가 전자를 얻어 음이온이 되기 쉬운 성질로, 비활성 기체를 제외하고 주기율표의 오른쪽 위로 갈수록 증가한다.

확·인·하·기

현대의 주기율표에 대한 설명으로 옳은 것만을 있는 대로 고르시오.

① 세로줄을 족, 가로줄을 주기라고 한다.
② 원소를 양성자 수에 따라 배열한 표이다.
③ 원소를 원자량 순서로 정리한 표이다.
④ 리튬과 나트륨은 1족 원소이다.
⑤ 헬륨과 네온은 17족 원소이다.

현대 주기율표는 원자 번호(양성자 수) 순으로 나열한 표이다. 헬륨과 네온은 18족 원소이다. 답 ①, ②, ④

3-2 원소의 주기적 성질

핵심 개념 • 원자가 전자

원소의 화학적 성질은 주로 전자에 의해 결정되는 점을 생각하면 전자가 알려지기 이전에 주기율을 발견하였다는 것은 놀라운 업적이다. 여기서는 전자의 입장에서 원소의 성질들이 어떻게 주기적으로 변하는지를 생각해본다.

| 원자가 전자 |

같은 족 원소의 화학적 성질이 유사한 것은 원자가 전자(valence electron)의 수가 같기 때문이고, 한 주기 내에서 원자 번호가 증가할수록 화학적 성질이 달라지는 것은 원자가 전자 수가 하나씩 증가하기 때문이다. 원자가 전자는 가장 바깥쪽 전자 껍질에 들어 있는 전자로, 화학 결합이나 반응에 참여하는 전자이다. 원자가 전자는 그 원자의 화학적 성질과 밀접한 관계가 있다.

같은 주기에서 원소들의 원자가 전자 수는 주기율표의 오른쪽으로 갈수록 증가하다가 17족에 이르면 그 수가 최대가 된다. 헬륨, 네온과 같은 18족 원소들은 가장 바깥 전자 껍질에 전자가 모두 채워져 있으므로 원자가 전자 수는 0이 된다.

원자가 전자를 바탕으로 주기율을 파악하면 19세기 화학자들이 궁금하게 생각하였던 원자가를 이해할 수 있다. 멘델레예프가 예측한 대로 에카-알루미늄은 알루미늄의 산화물이 Al_2O_3이듯이 X_2O_3 식의 화합물을 만드는 것으로 밝혀졌다. 멘델레예프가 주기율표를 만들 때는 전자를 몰랐지만 원자량에 따라 원소들을 배열하다 보니 결과적으로 원자가 전자 수가 같은 원소들이 비슷한 성질을 가지는 족으로 모이게 된 것이다.

이처럼 기본적으로 원소들의 화학적 성질은 원자가 전자에 의하여 결정되지만, 원자가 전자 수는 같지만 성질이 상당히 다른 화합물을 만드는 경우도 적지 않다. 예를 들면 같은 족의 탄소와 규소가 각각 산소와 반응하면 이산화 탄소(CO_2), 이산화 규소(SiO_2)가 되는데, 이산화 탄소는 기체이고 이산화 규소는 고체이다. 이러한 차이는 탄소와 규소의 원자 반지름의 차이, 오비탈 에너지의 차이 등과 관련이 있다.

탐구 시그마 원자가 전자의 주기성

자료

그림은 원자 번호 20번까지의 원자가 전자 수를 나타낸 것이다.

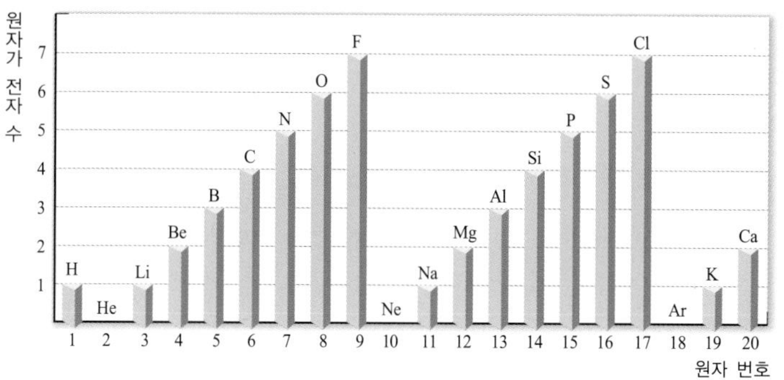

분석

- 같은 족 원소는 원자가 전자 수가 같아, 화학적 성질이 비슷하다.
- 각 주기에서 원자가 전자 수의 변화가 규칙적으로 나타난다. ➡ 원소의 화학적 성질을 결정하는 원자가 전자 수의 변화가 주기적으로 반복해서 나타나기 때문에 비슷한 성질을 갖는 원소가 주기적으로 반복해서 나타난다.

확·인·하·기

C, N, O, F, Si, P, S, Cl의 원자가 전자 수를 쓰시오.

답 C = 4, N = 5, O = 6, F = 7, Si = 4, P = 5, S = 6, Cl = 7

| 유효 핵전하 |

원자들은 기본적으로 핵에 +1의 양전하를 가지는 양성자를 원자 번호 수대로 가지고 있고, 핵 주위의 넓은 공간에 −1의 음전하를 가지는 전자를 양성자 수만큼 가지고 있다. 그래서 모든 중성 원자의 전체 전하는 0이다.

우주에서 가장 풍부한 원자는 양성자 1개와 전자 1개로 이루어진 수소 원자이다. 그러나 수소가 원래부터 이렇게 중성 원자로 있었던 것은 아니다. 138억 년 전 온도가 수억 도에 달하는 빅뱅 우주에서는 전자의 운동 에너지가 너무 높아서 −1의 전하를 가진 전자가 +1의 전하를 가진 양성자와 결합할 수 없었다. 우주가 팽창하면서 우주의 나이가 38만 년, 우주 온도가 3천도 정도가 되었을 때 운동 에너지가 떨어진 전자는 양성자와 결합해서 우주 역사에서 처음으로 수소 원자를 만들었다. 이때 양성자에 끌리는 전자는 양성자가 가진 +1의 전하를 그대로 느꼈을 것이다. 그리고 수소 원자에서 전자는 1*s* 오비탈에 들어간다.

헬륨 핵에는 양성자가 2개 들어 있어 핵전하가 +2이므로(즉, 헬륨 핵은 He^{2+}) 2개의 전자가 결합해서 헬륨 원자를 만든다. 그렇다고 해서 2개의 전자가 동시에 결합할 수는 없고, 어느 정도의 시간차를 두고 결합할 것이다.

첫 번째로 결합하는 전자는 +2의 핵전하를 그대로 느낀다. 이때 만들어진 것은 +1의 전하를 가진 헬륨 이온(He^+)이다. He^+은 중성 헬륨 원자에서 전자가 1개 떨어져 나간 이온이다.

He^+에서 1개의 전자는 수소 원자에서와 마찬가지로 1*s* 오비탈에 들어간다. 두 번째 전자가 He^+에 접근하는 경우에 멀리에서는 He^+의 전하는 +1로 느껴질 것이다. 첫 번째 전자의 −1 전하가 헬륨 핵의 +2 전하 중에서 +1을 상쇄해서 **가려막기 효과(shielding effect)**를 나타내기 때문이다. 그런데 이러한 가려막기 효과는 두 전자의 상대적 위치에 따라 달라진다.

가려막기 효과는 하나의 전자가 핵전하를 가려서 다른 전자가 느끼는 핵전하가 실제 핵전하보다 작아지는 효과이다. 핵의 실제 전하와 달리 어떤 전자가 느끼는 핵의 전하를 **유효 핵전하(effective nuclear charge)**라고 한다. 유효 핵전하는 원자 반지름, 이온화 에너지, 전자 친화도 등의 성질을 결정하는 주요한 요인이 된다. 전자가 느끼는 유효 핵전하가 커질수록 핵과 전자 사이에 작용하는 정전기적 인력이 강해지기 때문이다.

개념 쏙

» 가려막기 효과

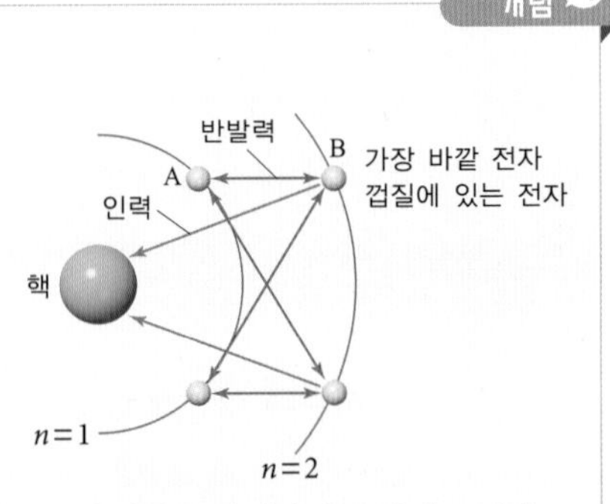

전자를 여러 개 가지고 있는 원자의 경우에는 전자 사이의 반발이 존재하므로 원자핵과 전자 사이의 인력을 상쇄시키는 가려막기 효과를 나타낸다. 이러한 가려막기 효과 때문에 최외각 전자가 느끼는 유효 핵전하는 실제의 핵전하보다 작아진다. 내부 전자 껍질의 가려막기 효과가 같은 전자 껍질의 가려막기 효과보다 크다. 예컨대 주 양자수가 2인($n=2$) 하나의 전자에 대해 $n=1$인 전자는 가려막기 효과가 크지만, 다른 $n=2$인 전자는 가려막기 효과가 작다.

원자 번호가 6인 탄소의 핵은 별의 내부에서 헬륨 핵 3개가 융합해서 만들어진다. 이 별이 일생을 마치고 초신성 폭발하는 순간에 별을 탈출하는 탄소 핵은 6개의 전자를 얻어서 중성 원자가 된다. 이때 1*s* 오비탈에 들어간 첫 번째 전자는 +6의 핵전하를 느낀다. 역시 1*s* 오비탈에 들어간 두 번째 전자가 볼 때 같은 오비탈에 있는 첫 번째 전자의 가려막기 효과는 크지 않고, 따라서 두 번째 전자가 느끼는 유효 핵전하는 +6보다는 약간 작은 값일 것이다. 2*s* 오비탈에 들어간 세 번째 전자에게 1*s* 오비탈에 있는 2개의 전자는 비교적 큰 가려막기 효과를 나타낸다. 이런 식으로 전자가 결합하다가 마지막으로 결합한 6번째 전자가 느끼는 탄소의 유효 핵전하는 +6의 절반 정도인 +3.1이 된다. 실제 핵전하가 +8인 산소의 유효 핵전하는 +4.5 정도이다. 이로부터 일반적으로 원자 번호가 증가할수록 유효 핵전하도 증가하리라는 것을 짐작할 수 있다.

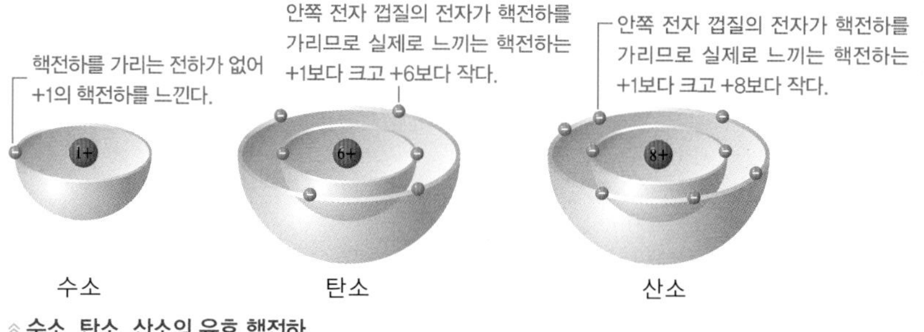
핵전하를 가리는 전하가 없어 +1의 핵전하를 느낀다.
안쪽 전자 껍질의 전자가 핵전하를 가리므로 실제로 느끼는 핵전하는 +1보다 크고 +6보다 작다.
안쪽 전자 껍질의 전자가 핵전하를 가리므로 실제로 느끼는 핵전하는 +1보다 크고 +8보다 작다.
1+
6+
8+
수소
탄소
산소

수소, 탄소, 산소의 유효 핵전하

확·인·하·기

수소, 탄소, 질소, 산소 중에서 유효 핵전하가 가장 큰 원소는?

수소, 탄소, 질소, 산소의 실제 핵전하는 +1, +6, +7, +8이다. 이 중에서 실제 핵전하가 가장 큰 산소가 유효 핵전하도 가장 크다.

답 산소

| 원자 반지름 |

유효 핵전하의 영향을 받는 원자의 성질 중에서 가장 먼저 원자의 크기, 즉 원자 반지름(atomic radius)을 살펴보자.

원자는 단단한 구가 아니기 때문에 원자 반지름은 엄밀하게 정의하기 어렵다. 양자역학적 계산을 통하여 구한 전자를 발견할 확률이 가장 높은 위치와 중심 핵 간의 거리, 또는 전자를 발견할 확률의 99 %를 포함하는 위치까지의 거리 등은 모두 의미 있는 원자 반지름이 될 수 있다.

원자들이 빽빽이 쌓여 있다고 볼 수 있는 금속 결정에서는 원자 간의 거리를 X-선 회절 방법으로 측정하여 원자 반지름을 구한다. 가장 간단한 수소 원자의 경우에는 이론치인 보어 반지름, 53 pm를 반지름으로 보아도 무방하지만, 수소 분자에서 두 핵 간의 거리인 74 pm의 절반인 37 pm를 수소 원자의 반지름으로 보기도 한다. 현대 원자 모형에 따르면 전자가 발견될 확률이 구름처럼 퍼져 있으므로 원자의 경계를 정확하게 정할 수 없다.

일반적으로 원자 반지름은 같은 종류의 두 원자가 서로 결합할 때, 두 원자핵 간 거리의 $\frac{1}{2}$로 정의한다. 수소, 염소와 같은 비금속 원소의 원자의 경우는 이원자 분자에서 원자핵 사이의 거리를 측정하여 그 반을 원자 반지름으로 정한다. 알루미늄과 같은 금속 원자의 경우 분자를 형성하지 않으므로 금속 결정에서 가장 가까운 원자의 원자핵 사이의 거리를 측정하여 그 반을 원자 반지름으로 정한다.

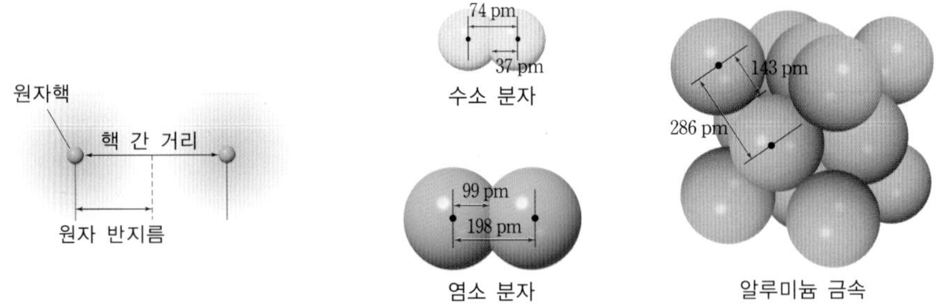

원자 반지름

같은 주기에서는 원자 번호가 증가할수록, 즉 오른쪽으로 갈수록 대체적으로 원자 반지름이 감소한다. 예컨대 수소의 반지름은 53 pm인데 헬륨은 32 pm이다. 언뜻 생각하면 전자의 개수가 두 배인 헬륨이 더 클 것 같다. 그런데 수소의 유효 핵전하는 +1인데 비해 헬륨의 유효 핵전하는 +1.7이다. 그래서 헬륨의 전자는 수소의 경우보다 강하게 핵 쪽으로 끌려서 원자가 작아진다. 모든 원소 중에서 반지름이 가장 작은 것은 수소가 아니고 헬륨인 것이다.

2주기에서도 같은 경향이 나타난다.

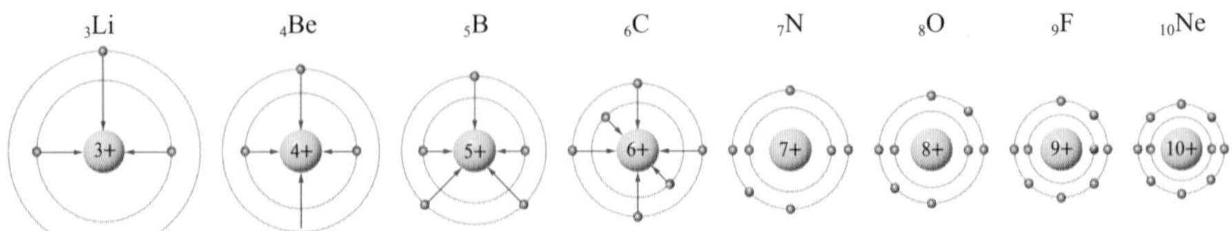

2주기 원소의 원자 반지름의 상대적 크기 비교

원자 번호 3번인 리튬은 반지름이 152 pm로 수소 반지름의 거의 3배이지만 탄소가 되면 반지름이 리튬의 반 정도가 된다. 유효 핵전하가 +4.5 정도인 산소의 반지름은 66 pm로 수소 반지름과 큰 차이가 없다. 그래서 수소와 산소는 효율적으로 결합해서 물을 만든다.

같은 족에서는 원자 번호가 증가할수록, 즉 주기율표에서 아래로 내려갈수록 원자 반지름이 증가한다. 주 양자수가 커지면 최외각이 핵에서 멀어지기 때문이다. 전자 껍질은 주 양자수가 같은 오비탈의 집합이라고 볼 수 있다. 그리고 같은 전자 껍질에 들어 있는 전자들은 핵으로부터의 거리가 비슷하다.

탐구 시그마 원자 반지름의 주기성

자료

- 표는 3주기까지 원소의 원자 반지름을 나타낸 것이다.

(단위: pm)

H 53							He 32
Li 152	Be 113	B 88	C 77	N 70	O 66	F 64	Ne 69
Na 186	Mg 160	Al 143	Si 117	P 110	S 104	Cl 99	Ar 94

분석

- 같은 족에서는 원자 번호가 클수록 원자 반지름이 증가한다. ➡ 전자 껍질 수 증가
- 같은 주기에서는 원자 번호가 클수록 원자 반지름이 감소한다. ➡ 유효 핵전하 증가

확·인·하·기

다음 원자들을 원자 반지름이 큰 순서대로 나열하고, 그 이유를 설명하시오.

F, Cl, Br

답 F < Cl < Br, 최외각 전자가 들어 있는 오비탈의 주 양자수가 커질수록, 즉 전자 껍질 수가 커지므로 반지름도 커진다.

| 이온 반지름 |

이온은 전자를 주거나 받아서 최외각의 전자 수가 바뀌는 경우이므로 중성 원자와는 사정이 다르다. 리튬, 나트륨, 칼륨 등 1족 금속은 중성 원자가 +1가의 양이온이 되면

서 반지름이 줄어든다. 중성 원자에서 최외각 전자 하나가 떨어져 나가면 이온에서는 원래보다 하나 안쪽 전자 껍질이 최외각이 되기 때문이다. 예를 들면 리튬 원자의 전자 배치는 $1s^2 2s^1$인데, $2s$ 오비탈의 전자가 떨어져 나가서 Li^+이 되면 헬륨과 같은 $1s^2$가 되어 최외각이 달라지는 것이다. 양이온 반지름은 가장 바깥쪽 전자 껍질의 전자를 잃으므로 전자 껍질 수가 줄어든다.

같은 주기의 양이온 사이에서는 양전하가 커질수록 이온 반지름이 작아진다. 예를 들면 Na^+, Mg^{2+}, Al^{3+}의 전자 배치는 $1s^2 2s^2 2p^6$의 네온의 전자 배치와 모두 같은데, 유효 핵전하는 증가하기 때문이다. 한편 음이온은 최외각에 전자가 추가되어 만들어지므로 전자 사이의 반발력이 증가한다. 따라서 O^{2-} 또는 F^- 같은 음이온의 반지름은 중성 원자의 반지름보다 커진다.

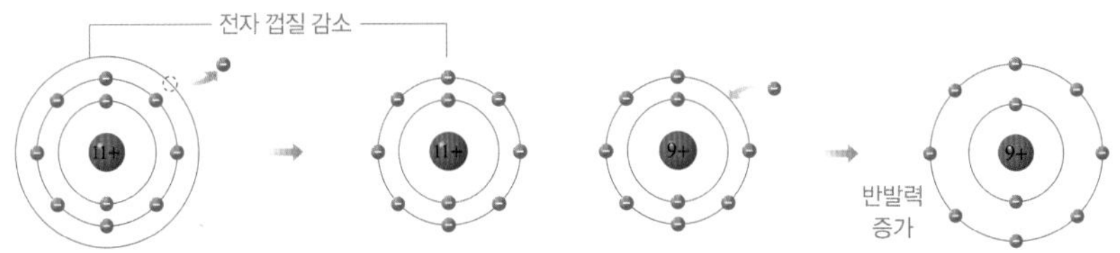

나트륨과 나트륨 이온의 전자 배치

플루오린과 플루오린화 이온의 전자 배치

이온 반지름의 주기성

- 같은 족: 원자 번호가 증가할수록 전자 껍질 수가 증가하므로 이온 반지름이 증가한다.
  $Li^+ < Na^+ < K^+$, $F^- < Cl^- < Br^-$
- 같은 주기: 원자 번호가 증가할수록 핵전하가 증가하므로 이온 반지름이 감소한다.
  $Na^+ > Mg^{2+} > Al^{3+}$, $N^{3-} > O^{2-} > F^-$

전자 수가 같은 등전자 이온의 반지름은 핵전하가 클수록 전자를 안쪽으로 당기므로 원자 번호가 클수록 작아진다.

$$O^{2-} > F^- > Na^+ > Mg^{2+}$$

확·인·하·기

H, He, Li^+, Be^{2+} 중 반지름이 가장 작은 것은?

모두 $1s$ 껍질에만 전자를 가지고 있다. 핵전하가 가장 큰 Be^{2+}의 반지름이 가장 작다. 답 Be^{2+}

| 이온화 에너지 |

많은 경우에 원자들은 이온으로 바뀌어 우리 주위의 물질세계를 만들고 생명 현상에 관여하므로 화학에서 이온은 아주 중요하다. 지구 표면의 지각권(lithosphere)을 구성하는 대부분의 암석은 이온 결합 화합물이며, 바닷물에도 엄청난 양의 이온이 녹아 있다. 우리 몸에서 이온은 신경에서의 신호전달, 삼투압 유지, 완충 작용 등 중요한 역할을 한다. 헤모글로빈이 산소와 결합하여 산소를 운반하게 하는 것은 헤모글로빈에 들어 있는 철 이온이며, 식물 엽록소의 광합성 센터에는 마그네슘 이온이 자리 잡고 있다.

기체 상태의 중성 원자에서 전자를 하나 떼어서 무한대 거리까지 가져가는 데 필요한 에너지를 **이온화 에너지(ionization energy)**라 하고 kJ/mol 단위를 주로 사용한다. 전자가 핵으로부터 무한대 거리에 있을 때의 에너지(0 kJ/mol)를 기준점으로 잡기 때문에 원자에서의 전자 에너지는 음의 값을 가진다. 그런데 이온화 에너지는 전자를 떼어 내는 데 필요한 에너지이기 때문에 전자 에너지에서 마이너스 부호를 떼어낸 값이 된다. 수소의 전자 에너지는 −1312 kJ/mol이고, 수소의 이온화 에너지는 리드베리 상수에 해당하는 1312 kJ/mol이다.

$$M(g) + E \longrightarrow M^+(g) + e^- \quad (E : \text{이온화 에너지})$$

수소 원자에서 단 하나의 전자가 속한 1*s* 오비탈은 핵에 가깝고, 전자는 핵에 강하게 끌린다. 헬륨 원자에서 2개의 전자 중 처음 하나를 떼어 내는 데 필요한 에너지, 즉

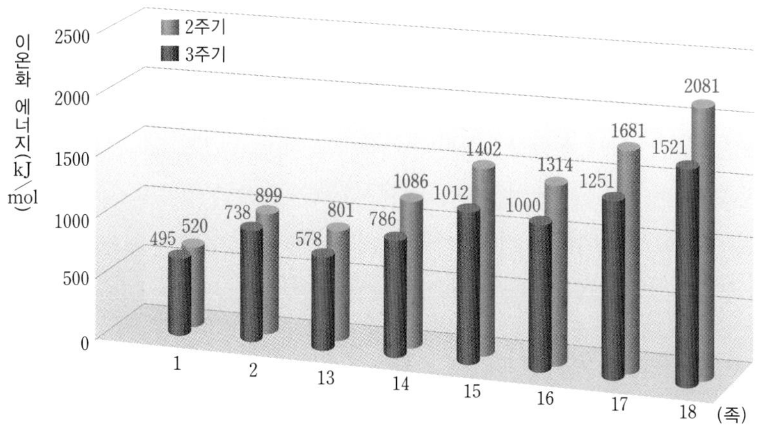

2~3주기 원자들의 이온화 에너지

첫 번째 이온화 에너지는 2372 kJ/mol로 수소의 거의 두 배가 된다. 헬륨의 유효 핵전하가 수소보다 크기 때문이다. 헬륨의 두 번째 이온화 에너지는 첫 번째 이온화 에너지보다 더 크다.

리튬의 첫 번째 이온화 에너지는 520 kJ/mol로 수소에 비해 훨씬 작다. 2*s* 오비탈에 들어 있는 리튬의 최외각 전자는 핵으로부터 멀어서 핵의 양전하에 의한 인력이 약하기 때문에 떼어 내기가 쉬운 것이다. 2주기에서는 오른쪽으로 가면서 핵전하가 증가하기 때문에 대체적으로 이온화 에너지가 커진다.

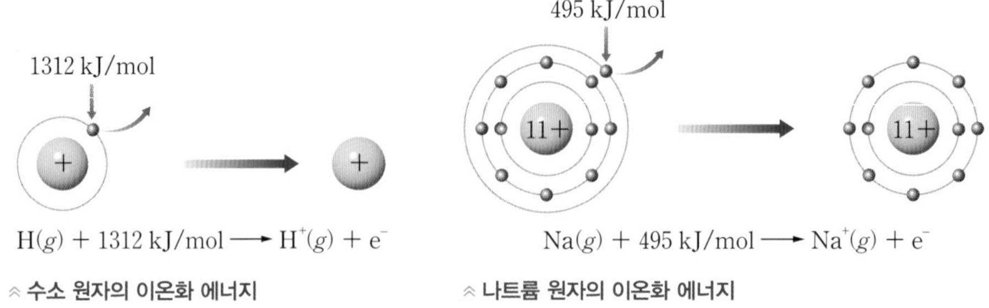

수소 원자의 이온화 에너지

나트륨 원자의 이온화 에너지

같은 족에서, 예컨대 리튬에서 세슘으로 내려가면서 이온화 에너지는 감소한다. 이온화 에너지가 작다는 것은 반응성이 높다는 뜻이다. 리튬과 나트륨은 상온에서 물과 상당히 잘 반응하여 빛과 열을 내면서 수소를 발생시킨다. 칼륨은 반응성이 훨씬 더 높아서 발생한 열에 의해 수소가 연소하고, 세슘은 보다 폭발적으로 반응한다.

- 같은 주기에서 원자 번호가 증가할수록 이온화 에너지는 대체로 증가한다. 같은 주기에서 이온화 에너지가 가장 작은 족은 1족, 가장 큰 족은 18족이다.
- 같은 족에서 원자 번호가 증가할수록 이온화 에너지는 감소한다.

기체 상태의 중성 원자에서 전자를 1개씩 순차적으로 떼어 낼 때 필요한 에너지를 차례로 제1 이온화 에너지(E_1), 제2 이온화 에너지(E_2), 제3 이온화 에너지(E_3)……라고 하며, 이를 순차 이온화 에너지라고 한다. 다음은 마그네슘의 제1, 제2, 제3 이온화 에너지를 나타낸 것이다.

$$Mg(g) \longrightarrow Mg^+(g) + e^- \quad E_1 = 735\ kJ/mol$$
$$Mg^+(g) \longrightarrow Mg^{2+}(g) + e^- \quad E_2 = 1445\ kJ/mol$$
$$Mg^{2+}(g) \longrightarrow Mg^{3+}(g) + e^- \quad E_3 = 7730\ kJ/mol$$

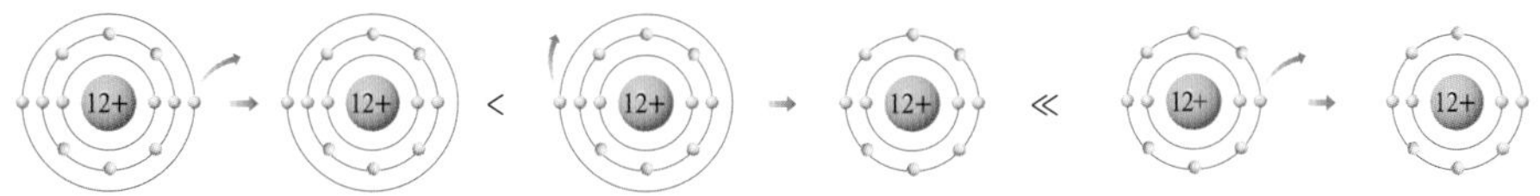

마그네슘의 순차 이온화 에너지

이때 첫 번째 전자를 떼어 내는 데는 비교적 작은 에너지가 필요하지만, 두 번째, 세 번째 전자를 떼어 내는 데는 훨씬 더 큰 에너지가 필요하다. 이는 원자에서 이온화가 진행될수록 전자 사이의 반발은 감소하고 핵과 전자 사이의 인력은 증가하기 때문이다. 특히 제2 이온화 에너지에 비해 제3 이온화 에너지는 매우 크게 증가한다.

순차 이온화 에너지와 원자가 전자 수

n번째 전자를 떼어 낼 때 이온화 에너지가 크게 증가하면 원자가 전자 수는 $(n-1)$개이다.

예 Mg의 순차 이온화 에너지: $E_1 < E_2 \ll E_3$ ➡ 원자가 전자 수는 2개

확·인·하·기

마그네슘의 제1 이온화 에너지는 735 kJ/mol이다. 제2, 제3 이온화 에너지는 제1 이온화 에너지에 비해 어떤 값을 가질까?

답 제2 이온화 에너지는 양이온에서 전자를 떼어 내는 경우이기 때문에 중성 원자에서 전자를 떼어 내는 제1 이온화 에너지보다 상당히 높을 것이다. 2개의 최외각의 전자를 다 떼어 내고 차 있는 내부 껍질에서 전자를 떼어 내는 경우인 제3 이온화 에너지는 제2 이온화 에너지보다도 훨씬 높아진다. 마그네슘의 제1, 제2, 제3 이온화 에너지는 각각 735, 1445, 7730 kJ/mol이다.

헬륨에서 라돈으로 내려가면서 원자 반지름은 증가하고 이온화 에너지는 작아진다. 실제로 제논(Xe)에서 전자를 떼어 내는 것(이온화 에너지: 1176 kJ/mol)은 수소에서 전자를 떼어 내는 것(이온화 에너지:1312 kJ/mol)보다 에너지가 적게 든다. 그래서 제논은 플루오린처럼 전자를 강하게 끌어당기는 원소와 화합물을 만든다.

이온화 에너지에 관하여 꼭 기억할 것은 아무리 세슘처럼 최외각 전자가 핵에서 멀리 떨어져 있고 주 양자수가 6으로 크다 하더라도 이온화 에너지는 양의 값이라는 것이다. 세슘의 이온화 에너지는 탄소-탄소 공유 결합 에너지와 비슷한 376 kJ/mol인데, 전자를 떼어 내어서 어느 정도 거리에 가져가면 세슘은 양이온이 되고 이 양이온

은 전자를 다시 끌어당긴다. 따라서 전자를 무한대 거리에 가져가려면 상당한 에너지가 필요한 것이다.

이온화 에너지가 높다는 것은 녹이 잘 슬지 않는다는 것과도 통한다. 녹이 스는 것은 산소에 전자를 내주어 산화가 되는 것인데, 산소가 아무리 전자를 빼앗으려 해도 어떤 원소가 전자를 내놓지 않으면, 즉 이온화 에너지가 높으면 녹이 슬지 않을 것이다.

전자를 잃는 화학 반응이 일어날 때 전자를 떼어 내는 데 많은 에너지가 필요하다면 이 반응은 일어나기 어렵다. 즉, 같은 주기에서 원자 번호가 증가할수록 이온화 에너지가 증가하므로 주기율표에서 왼쪽에 위치한 원소들은 전자를 잃고 양이온이 되기 쉽다.

확·인·하·기

금과 철은 어느 쪽이 이온화 에너지가 높을까?

답 금은 자연에서 산화물이 아닌 금속 상태로 존재하는 것으로 보아 이온화 에너지가 철보다 큼을 알 수 있다. 금은 인류 문명의 초기부터 발견되어 귀금속으로 높은 가치를 지녀왔다. 금의 첫 번째 이온화 에너지는 890 kJ/mol로 철의 759 kJ/mol보다 상당히 크다.

| 전자 친화도 |

유효 핵전하와 관련된 원자의 또 하나의 성질에는 전자 친화도가 있다. 기체 상태의 중성 원자가 전자 1개를 얻어 기체 상태의 음이온이 될 때 방출하는 에너지를 **전자 친화도(electron affinity)**라고 한다. 전자 친화도로 원자가 음이온이 되려는 경향을 비교할 수 있다.

$$X(g) + e^- \longrightarrow X^-(g) + E \quad (E: \text{전자 친화도})$$

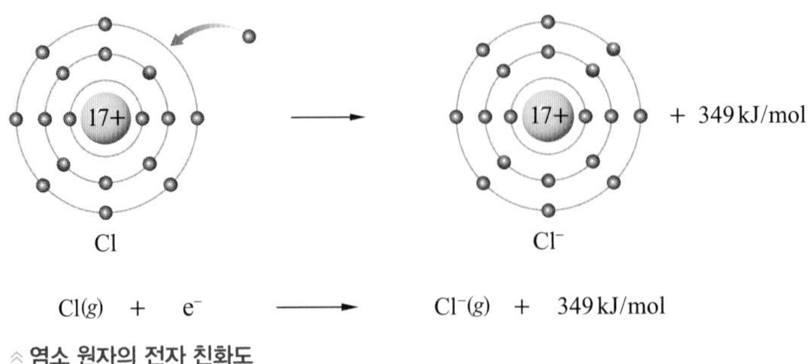

염소 원자의 전자 친화도

전자 친화도의 값이 클수록 중성 원자가 에너지를 방출하고 안정한 음이온이 되기 쉽다. 이온화 에너지와 전자 친화도는 기체 상태에서의 값인데, 액체나 고체는 주위에 다른 원자가 있어 원자의 전자 에너지가 영향을 받아 정확한 값을 얻기 어렵기 때문이다.

중성 원자와 전자 사이에는 어떻게 끄는 힘이 생기는 것일까? 원자 내의 모든 전자는 가려막기 효과가 불완전하고, 따라서 외부의 전자가 볼 때 유효 핵전하는 0인 아닌 양의 값을 가진다. 그래서 대부분의 원자는 상당한 크기의 전자 친화도를 가진다.

주기율표의 같은 주기에서는 원자 번호가 증가할수록 유효 핵전하가 증가하고 원자 반지름이 작아 핵과 전자 사이의 인력이 강하게 작용하여 전자 친화도가 대체로 커진다. 예외적으로 비활성 기체의 경우에는 전자 친화도가 음의 값을 가진다. 이것은 첨가되는 전자가 새로운 전자 껍질로 들어가야 하고, 새로운 전자 껍질은 핵에서 더 멀어져 안쪽 껍질의 전자에 의해 가려져 핵과의 인력이 작기 때문이다. 따라서 비활성 기체는 전자를 얻어 음이온으로 되기가 매우 어렵다.

따라서 주기율표상에서 비활성 기체를 제외한 오른쪽에 존재하는 원소들은 전자 친화도가 커서 전자를 얻어 음이온이 되기 쉽고, 왼쪽에 존재하는 원소들은 전자 친화도가 작아 전자를 얻기 어렵다.

개념 쏙

» 두 번째 전자 친화도

금속 산화물에서 산소는 2가 음이온으로 존재하므로 두 번째 전자를 쉽게 받아들인다고 생각하기 쉽다. 그러나 두 번째 전자 친화도가 양의 값을 갖는 원소는 없다. 이것은 음이온이 된 상태에서 두 번째 전자가 접근하게 되면 반발력이 크게 작용하기 때문이다. 금속 산화물에서 산소가 2가의 음이온으로 존재하는 것은 주위의 양이온과 모든 방향에서 인력이 작용하여 안정화되기 때문이다.

같은 족에서는 원자 번호가 작을수록 전자 친화도는 대체로 크다. 그러나 F은 Cl보다 원자 반지름이 작아 전자가 첨가될 때 전자 간 반발력이 커지므로 Cl보다 전자 친화도가 작다.

확·인·하·기

O, F, Na, Cl 중 전자 친화도가 가장 큰 원소는 무엇인가?

O보다는 F가 유효 핵전하가 커서 전자 친화도가 크다. F은 전자가 추가될 때 전자 간의 반발력이 커서 Cl보다 전자 친화도가 작다. 주기율표에서 왼쪽에 있는 Na은 유효 핵전하가 작아서 전자 친화도가 작다. 답 Cl

| 전기음성도 |

화학에서는 기체 상태의 중성 원자를 다루는 일은 거의 없고 대부분 두 가지 이상의 원소들이 결합한 화합물을 다룬다. 분자 내에서는 이온화 에너지의 경우처럼 전자가 무한대 거리까지 이동하는 것이 아니라 결합을 이룬 두 원자 사이의 거리인 1 Å 정도에서 일어난다. 그리고 전자 친화도에서처럼 외부의 자유 전자를 끌어당기는 것이 아니라 결합에 참여하고 있는 이웃 원자로부터 전자를 끌어당긴다. 그래서 원자가 결합을 이룬 후에 전자를 자기 쪽으로 끌어당겨서 전기적으로 음전하를 띠는 경향을 그 원소의 **전기음성도(electronegativity)**라고 한다.

1932년에 폴링(Pauling, L., 1901~1994, 1954년 노벨 화학상, 1962년 노벨 평화상)은 결합의 해리 에너지로부터 전기음성도 크기를 정의하였다. 2년 후 멀리켄(Mulliken, L. M., 1896~1986, 1966년 노벨 화학상)은 보다 간단하게 이온화 에너지와 전자 친화도의 평균값으로 전기음성도를 정의하였다. 이온화 에너지가 크다는 것은 전자를 떼어내서 양이온을 만들기 어렵다는 뜻이고, 전자 친화도가 크다는 것은 쉽게 전자를 얻어 음이온을 만든다는 뜻이기 때문의 둘의 평균값은 원자가 전자를 끌어당기는 정도를 나타낸다고 볼 수 있다.

수소, 탄소, 산소의 전기음성도 순서는 유효 핵전하의 순서와 일치한다. 핵전하가 클수록 전자를 끌어당기는 정도가 커지기 때문이다. 전기음성도는 주기율표에서 오른쪽 위로 갈수록 증가하고, 왼쪽 아래로 갈수록 감소한다.

2주기에서는 리튬에서 플루오린까지 0.5씩 증가하기 때문에 기억하기 편하다. 전기음성도가 전자를 얼마나 끌어당기는지에 대한 척도이므로 유효 핵전하의 크기가 영향을 미친다. 염소의 전기음성도는 3.0으로 질소와 같고 황은 탄소와 같다. 산소(3.5)는 플루오린(4.0) 다음으로 전기음성도가 높다.

▼ **3주기까지 원소의 전기음성도**

H 2.2						
Li 1.0	Be 1.5	B 2.0	C 2.5	N 3.0	O 3.5	F 4.0
Na 0.9	Mg 1.2	Al 1.5	Si 1.8	P 2.1	S 2.5	Cl 3.0

탄소 화합물에서 중요한 탄소의 전기음성도는 2.5로 여러 원소 중에서 중간 정도이

다. 탄소는 전자를 잘 내주는 1족과 잘 받는 17족 사이의 중간에 위치한 14족 원소로, 4개의 결합을 만든다는 점에서도 특별하지만, 전자를 내줄 수도 받을 수도 있어서 여러 원소와 다양한 화합물을 만들 수 있다. 수소의 전기음성도는 2.2로 비금속 원소 중에서 가장 낮은 편이다. 그래서 수소는 산소나 염소처럼 전기음성도가 높은 원소와 결합하면 쉽게 전자를 내주고 양성자로 떨어져 나오기 때문에 산으로 작용한다.

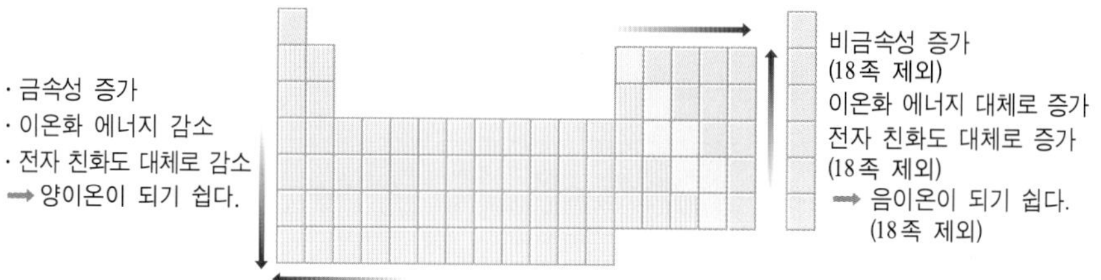

원소의 주기적 성질

확·인·하·기

탄소, 질소, 산소, 염소 중에서 전기음성도가 가장 높은 원소는?

산소는 플루오린에 이어 두 번째로 전기음성도가 높은 원소이다. 답 산소

자료 쏙

» 새로운 관점의 원소 분류

가벼운 원소: H, He
무거운 원소: C, N, O, F, Na, Mg, P, Cl, Ne, Fe, S, Ar, U 등

우주에 풍부한 원소: H, He
우주에 희귀한 원소: C, N, O, F, Ne, Na, Mg, P, Cl, Ne, Fe, S, Ar, U 등

빅뱅 우주에서 만들어진 원소: H, He
별에서 만들어진 원소: C, N, O, F, Ne, Na, Mg, P, Cl, Ne, Fe, S, Ar, U 등

중성자가 없어도 되는 원소: H
중성자가 필요한 원소: He, C, N, O, F, Ne, Na, Mg, P, Cl, Ne, Fe, S, Ar, U 등

이미 귀족인 원소: He, Ne, Ar, Kr, Xe, Rn
귀족이 되고 싶은 원소: H, C, N, O, F, Na, Mg, P, Cl, Fe, S, U 등

전자를 주려는 원소: H, Li, Na, Mg, Al, K, Rb 등
전자를 받으려는 원소: F, O, Cl, N, S, Br, I 등

천연 원소: H, He, C, N, O, F, Ne, Na, Mg, P, Cl, Ne, Fe, S, Ar, U 등
인공 원소: Np, Pu, Md 등 (원자 번호 93부터 118번까지)

연/습/문/제

핵심개념 확인하기

❶

모즐리는 (원자 번호, 양성자)를 발견하여 현재 사용하는 주기율표의 기틀을 마련하였다.

❷

족은 주기율표의 세로줄로, 같은 족에 속하는 원소는 (전자 껍질, 원자가 전자) 수가 같아 화학적 성질이 비슷하다.

❸

수소를 제외한 1족 원소들은 모두 원자가 전자의 전자 배치가 (ns^1, ns^2)이며, (알칼리 금속, 알칼리 토금속)이라고 한다.

❹

Mg 원자가 Mg^{2+}이 되면 반지름이 (증가, 감소)하는데, 이는 최외각 전자가 들어 있는 전자 껍질의 주 양자수가 하나 (증가, 감소)하기 때문이다.

❺

O와 F 중에서 (O, F)가 이온화 에너지가 크고, 전기음성도도 높다.

01 분광기가 발명되면서 분광기에 의해 발견된 원소가 아닌 것은?

① 세슘 ② 루비듐 ③ 탈륨 ④ 인듐 ⑤ 아르곤

02 다음 중에서 골라 물음에 답하시오.

• 라부아지에	• 멘델레예프	• 되베라이너
• 베르셀리우스	• 뉴랜즈	

(1) 화학적으로 성질이 유사한 세 원소를 한 그룹으로 묶었을 때 중간값의 원자량을 가지는 원소의 원자량은 다른 두 원소의 원자량의 평균이 된다는 세 쌍 원소 가설을 제안한 사람은?

(2) 원소에도 옥타브 시스템이 있다고 주장한 사람은?

03 다음 중 멘델레예프의 주기율표에 나오는 원소는?

• 아르곤 • 아이오딘 • 갈륨 • 스칸듐 • 저마늄

04 오늘날 사용하는 주기율표에 관한 설명으로 옳지 않은 것은?

① 주기는 달력에서 몇째 주인가에 해당한다.
② 족은 달력에서 무슨 요일인가에 해당한다.
③ 같은 주기에 속한 원소들은 전자 껍질 수가 같다.
④ 1족과 2족에 속한 원소들은 모두 금속 원소이다.
⑤ 일반적으로 같은 족에 속한 원소들은 최외각 전자 수가 같다.

05 다음 중 알칼리 금속이 아닌 것은?

Li Na K Ca Rb

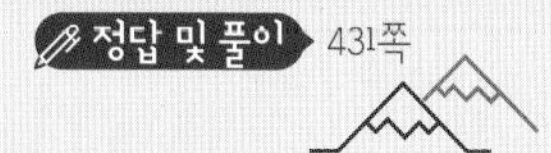

06 다음 중 알칼리 토금속이 <u>아닌</u> 것은?

Mg	Ca	Ba	Ra	Rn

07 다음 중 물과의 반응성이 가장 큰 것은?

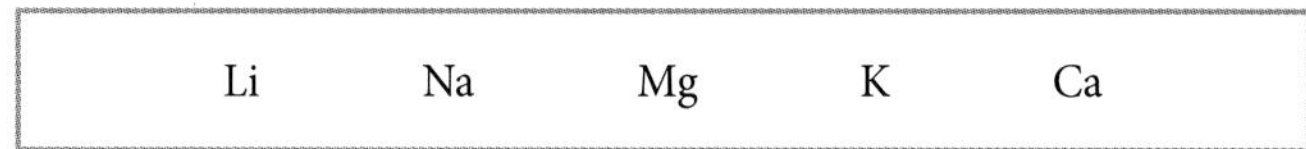

Li	Na	Mg	K	Ca

08 다음 중 할로젠 원소가 <u>아닌</u> 것은?

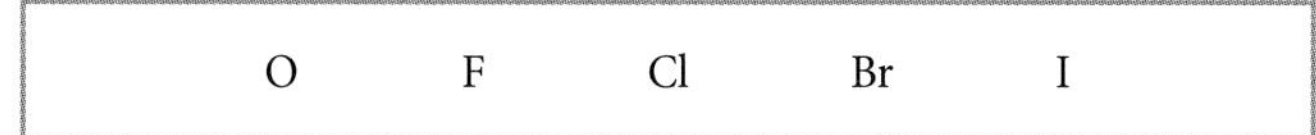

O	F	Cl	Br	I

09 다음 중 비활성 기체가 <u>아닌</u> 것은?

Ne	Ar	Kr	Xe	Ra

10 다음 중 최외각 전자 수 + 원자가 = 8이 맞지 않는 원소는?

B	C	N	O	F

11 유효 핵전하에 관한 설명으로 옳지 <u>않은</u> 것은?

① 핵에 가까운 전자 궤도에 들어 있는 전자의 가려막기 효과가 크다.
② 수소보다 리튬의 유효 핵전하가 크다.
③ 같은 궤도에 들어 있는 전자는 효과적으로 핵전하를 가린다.
④ 탄소보다 질소의 유효 핵전하가 크다.
⑤ 유효 핵전하의 크기는 $H < C < N < O$ 순서이다.

12 원자 반지름의 크기 순서로 옳은 것은?

① H < C < N < O < F
② C < N < O < F < H
③ F < O < N < C < H
④ H < F < O < N < C
⑤ 답이 없음

13 수소와 헬륨의 원자 반지름의 크기에 대한 설명으로 옳지 않은 것은?

① 수소의 원자 반지름은 보어 반지름으로 알려진 0.53 Å이다.
② 수소의 전자가 느끼는 유효 핵전하는 +1이다.
③ 헬륨에서 2개의 전자는 수소와 마찬가지로 1*s* 오비탈에 들어간다.
④ 헬륨의 전자가 느끼는 유효 핵전하는 +2이다.
⑤ 헬륨의 원자 반지름은 수소의 원자 반지름보다 작다.

14 H, C, O, Si, S의 원자 반지름에 관한 설명으로 옳지 않은 것은?

① H와 C의 원자 반지름 차이는 H와 O의 원자 반지름 차이보다 크다.
② H와 C의 원자 반지름 차이는 C와 O의 원자 반지름 차이보다 크다.
③ H와 C의 원자 반지름 차이는 C와 Si의 원자 반지름 차이보다 작다.
④ H와 O의 원자 반지름 차이는 O와 S의 원자 반지름 차이보다 작다.
⑤ C와 O가 2중 결합을 만들 듯이 Si와 O도 2중 결합을 만든다.

15 다음 중 이온 반지름 비교가 옳은 것은?

① O^{2-} < F^{-} < Al^{3+} < Mg^{2+} < Na^{+}
② F^{-} < O^{2-} < Na^{+} < Mg^{2+} < Al^{3+}
③ Al^{3+} < Mg^{2+} < Na^{+} < O^{2-} < F^{-}
④ F^{-} < O^{2-} < Al^{3+} < Mg^{2+} < Na^{+}
⑤ Al^{3+} < Mg^{2+} < Na^{+} < F^{-} < O^{2-}

16 다음 중 이온화 에너지의 크기 비교가 옳은 것은?

① He의 제1 이온화 에너지 < H의 이온화 에너지 < Li의 제1 이온화 에너지
② H의 이온화 에너지 < Li의 제1 이온화 에너지 < He의 제1 이온화 에너지
③ H의 이온화 에너지 < He의 제1 이온화 에너지 < Li의 제1 이온화 에너지
④ Li의 제1 이온화 에너지 < He의 제1 이온화 에너지 < H의 이온화 에너지
⑤ Li의 제1 이온화 에너지 < H의 이온화 에너지 < He의 제1 이온화 에너지

17 금, 은, 동(구리)의 이온화 에너지의 크기 비교가 옳은 것은?

① 금 < 은 < 동　② 은 < 동 < 금　③ 은 < 금 < 동
④ 동 < 금 < 은　⑤ 동 < 은 < 금

18 다음 중 전기음성도의 순서가 옳은 것은?

① H < Na < C < N < O　② H < Na < N < C < O
③ O < N < C < Na < H　④ Na < H < C < N < O
⑤ Na < H < O < C < N

19 다음 중 중성자 없이도 존재할 수 있는 원소는?

① H　② He　③ O　④ Ra　⑤ U

20 전자를 잘 내어주는 원소가 아닌 것은?

① H　② Li　③ O　④ Na　⑤ Fe

21 다음 표는 2, 3주기의 원소를 나타낸 것이다. 물음에 해당하는 원소를 원소 기호로 답하시오.

족	1	2	13	14	15	16	17
2주기	Li	Be	B	C	N	O	F
3주기	Na	Mg	Al	Si	P	S	Cl

(1) 원자 반지름이 가장 큰 것은?

(2) 3주기에서 이온화 에너지가 가장 큰 것은?

(3) 전기음성도가 가장 높은 것은?

22 Li, Na, K의 원자 반지름의 크기를 부등호를 이용하여 비교하시오.

23 그림은 주기율표의 일부를 나타낸 것이다.

주기 \ 족	1	2	13	14	15	16	17	18
1	A							B
2							C	
3	D							

이에 대한 설명으로 옳은 것만을 |보기|에서 있는 대로 고른 것은? (단, A ~ D는 임의의 원소 기호이다.)

|보기|

ㄱ. A와 B는 같은 주기 원소로 화학적 성질이 비슷하다.

ㄴ. 전자 껍질 수가 가장 많은 것은 D이다.

ㄷ. C는 전자를 잃고 양이온이 되기 쉽다.

① ㄱ ② ㄴ ③ ㄱ, ㄴ ④ ㄱ, ㄷ ⑤ ㄴ, ㄷ

24 다음은 어떤 원소 X의 전자 배치를 나타낸 것이다.

$$1s^2\ 2s^2\ 2p^6\ 3s^1$$

원소 X에 대한 설명으로 옳은 것만을 **보기**에서 있는 대로 고른 것은?

보기

ㄱ. 3주기 원소이다.

ㄴ. 원자가 전자는 1개이다.

ㄷ. 알칼리 금속으로 물과 격렬히 반응하여 수소 기체를 발생한다.

① ㄱ ② ㄱ, ㄴ ③ ㄱ, ㄷ ④ ㄴ, ㄷ ⑤ ㄱ, ㄴ, ㄷ

25 그림은 2~3주기 원소의 제1 이온화 에너지를 나타낸 것이다.

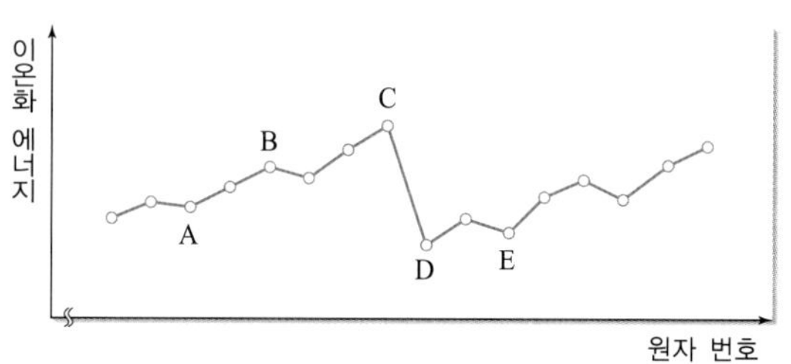

임의의 원소 A~E에 대한 설명으로 옳은 것만을 **보기**에서 있는 대로 고른 것은?

보기

ㄱ. B와 C는 최외각 전자가 같은 전자 껍질에 들어 있다.

ㄴ. 양이온이 가장 되기 쉬운 것은 D이다.

ㄷ. 원자 반지름은 E가 A보다 크다.

① ㄷ ② ㄱ, ㄴ ③ ㄱ, ㄷ ④ ㄴ, ㄷ ⑤ ㄱ, ㄴ, ㄷ

단원 종합 문제

01 원자의 구조에 대한 설명으로 옳은 것만을 **보기**에서 있는 대로 고르시오.

보기
ㄱ. 음극선은 전자의 흐름이다.
ㄴ. 러더퍼드는 α 입자 산란 실험으로 원자핵을 발견하였다.
ㄷ. 원자 번호는 원자의 중성자 수와 같다.
ㄹ. 중성 원자에서 양성자 수와 전자 수는 같다.

02 다음 그림 (가)와 같이 금박에 입자를 충돌시킨 후 입자의 진로를 조사하였더니, (나)와 같은 결과를 얻었다.

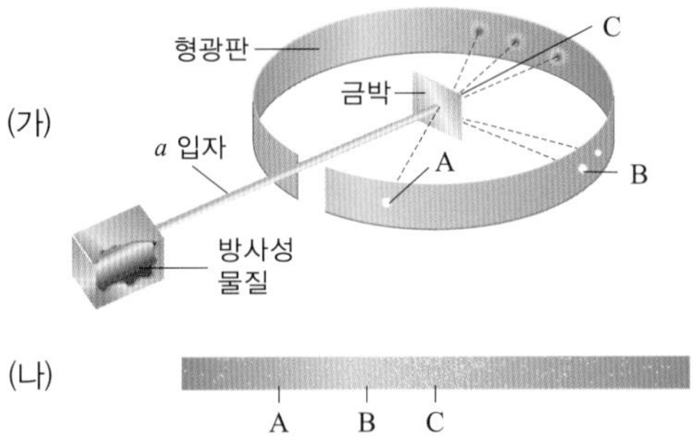

이 실험 결과에 대한 해석으로 옳은 것만을 **보기**에서 있는 대로 고른 것은?

보기
ㄱ. 원자의 대부분은 빈 공간이다.
ㄴ. 원자핵은 양성자와 중성자로 이루어져 있다.
ㄷ. 원자의 중심에는 (+)전하를 띤 밀도가 큰 부분이 존재한다.

① ㄱ ② ㄱ, ㄴ ③ ㄱ, ㄷ ④ ㄴ, ㄷ ⑤ ㄱ, ㄴ, ㄷ

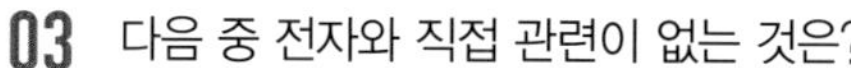

03 다음 중 전자와 직접 관련이 없는 것은?

(가) 원자가	(나) 선 스펙트럼	(다) 질량수
(라) 주기율	(마) 화학 결합	

04 그림은 수소 원자의 1*s*와 2*s* 오비탈을 모형으로 나타낸 것이다.

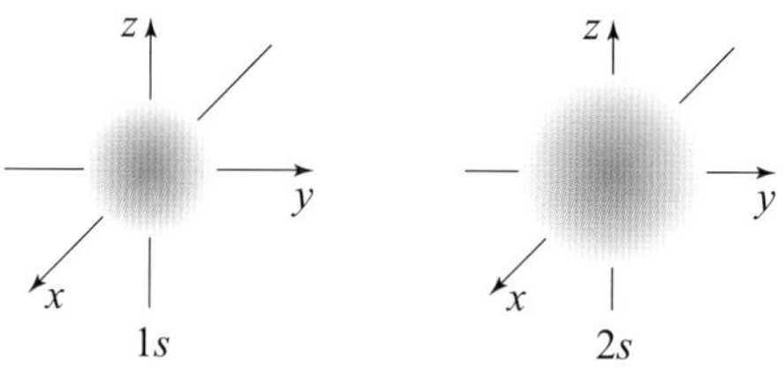

이에 대한 설명으로 옳은 것만을 | 보기 |에서 있는 대로 고르시오.

| 보기 |

ㄱ. 에너지 준위는 $1s=2s$이다.

ㄴ. 1*s*와 2*s* 오비탈 모두 전자를 발견할 확률은 핵으로부터의 거리에만 의존한다.

ㄷ. 수소 원자의 전자가 2*s* 오비탈에 들어가게 되면 들뜬상태가 된다.

05 보어의 원자 모형에 대한 설명으로 옳은 것만을 | 보기 |에서 있는 대로 고르시오.

| 보기 |

ㄱ. 수소 원자는 연속적인 에너지 준위를 갖는다.

ㄴ. 전자는 핵 주위의 특정한 궤도에서만 운동한다.

ㄷ. 핵에서 먼 전자 껍질일수록 에너지가 높다.

ㄹ. 전자가 $n=2$에서 $n=3$으로 전이할 때 에너지를 방출한다.

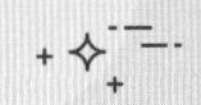

06 다전자 원자에서 전자 배치 원리와 관련된 설명으로 옳은 것만을 |보기|에서 있는 대로 고른 것은?

|보기|

ㄱ. 쌓음 원리: 오비탈의 에너지 준위는 $2s=2p$이다.

ㄴ. 파울리 배타 원리: 오비탈 1개에는 스핀 방향이 다른 전자가 최대 2개까지 채워진다.

ㄷ. 훈트 규칙: 에너지 준위가 같은 오비탈에 전자가 채워질 때 전자가 쌍을 이루는 것보다 홀전자로 배치되는 것이 더 안정하다.

① ㄴ ② ㄷ ③ ㄱ, ㄴ ④ ㄱ, ㄷ ⑤ ㄴ, ㄷ

07 오비탈에 대한 설명으로 옳은 것만을 있는 대로 고르시오.

① 오비탈에 해당하는 파동 함수의 제곱은 전자가 발견될 확률을 나타낸다.

② 주 양자수가 n인 전자 껍질에는 총 $2n^2$개의 오비탈이 존재한다.

③ 수소 원자에서 오비탈의 에너지 준위는 $3s < 3p < 3d$이다.

④ K 전자 껍질에는 s 오비탈만 존재한다.

⑤ 바닥상태에서 1개의 오비탈에는 서로 다른 2개의 전자가 존재할 수 있다.

08 원자와 이온에 대한 설명으로 옳지 <u>않은</u> 부분을 바르게 고치시오.

(가) F, Cl, Br, I 중에서 전자 친화도가 가장 큰 원소는 F이다.

(나) Mg^{2+}의 이온 반지름은 Mg 원자 반지름보다 크다.

(다) Li, Na, K, Rb 중에서 이온화 에너지가 가장 큰 원소는 Rb이다.

09 표는 3주기 원소 A, B의 순차 이온화 에너지를 나타낸 것이다.

원소	순차 이온화 에너지(kJ/mol)			
	E_1	E_2	E_3	E_4
A	496	4565	6912	9540
B	738	1450	7732	10550

원소 A, B에 대한 설명으로 옳은 것만을 |보기|에서 있는 대로 고른 것은? (단, A, B는 임의의 원소 기호이다.)

|보기|

ㄱ. A와 B는 모두 상온에서 물과 반응하여 수소 기체를 발생시킨다.

ㄴ. 원자가 전자는 B가 A보다 많다.

ㄷ. B가 안정한 이온이 되기 위해 필요한 에너지는 1450 kJ/mol 이다.

① ㄱ ② ㄴ ③ ㄱ, ㄴ ④ ㄱ, ㄷ ⑤ ㄴ, ㄷ

10 그림은 원소 A~D의 바닥상태에서의 전자 배치를 나타낸 것이다. (단, A~D는 임의의 원소 기호이다.)

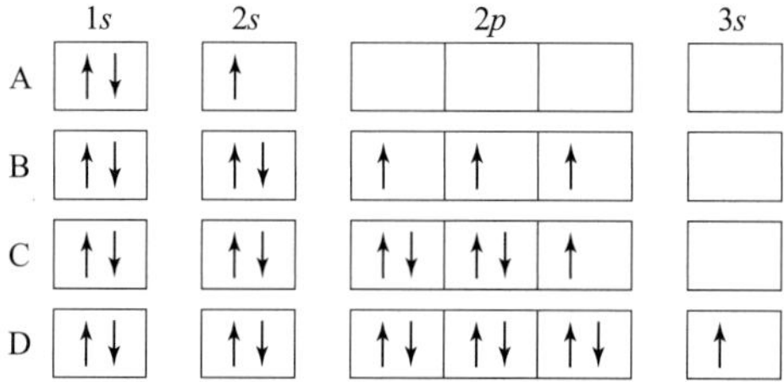

이에 대한 설명으로 옳은 것만을 |보기|에서 있는 대로 고르시오.

|보기|

ㄱ. A~C는 같은 주기 원소로 원자 반지름은 A가 가장 크다.

ㄴ. 홀전자 수가 가장 많은 것은 B이다.

ㄷ. C와 D의 안정한 이온의 전자 배치는 같다.

III

화학 결합과 분자의 세계

1. 화학 결합
2. 분자의 구조와 성질

우리 주위의 자연은 물질의 변화를 통해서 만들어지고 유지된다. 대지, 강물, 공기 역시 원자들 사이의 화학 결합을 통해서 이루어진다. 그런데 화학 결합에는 일정한 규칙이 있다.

한편, 우리 주위에는 다양한 구조물들이 있다. 고대의 피라미드, 우리나라의 전통 가옥, 또는 현대식 고층 건물이나 다리에도 구조가 있고 자동차 엔진이나 비행기 날개에도 특별한 기능을 위해 고안된 구조가 있다. 자연에도 곤충의 눈이나 새의 날개, 사람의 등뼈처럼 구조와 기능이 밀접하게 연결된 경우를 많이 볼 수 있다. 분자 수준에서는 DNA 이중 나선과 단백질의 3차원 구조는 대표적인 생체분자(biomolecule) 구조의 예이며, 아주 작고 간단하면서도 중요한 구조로는 물 분자를 들 수 있다.

이 단원에서는 생명을 가능하게 하는 기능의 입장에서, 또 생명의 무대로서의 지구 환경을 구성하는 물질의 성질을 결정하는 근본 원인으로서 화학 결합과 분자 구조를 다룬다.

1 화학 결합

자연에는 중력, 약한 핵력, 전자기력, 강한 핵력의 네 가지 힘이 있는데, 그 중 가장 약한 힘인 중력은 지구를 포함한 행성들이 태양과 함께 태양계를 만드는 데 작용한다. 가장 강한 힘인 강한 핵력은 쿼크들이 결합해서 양성자와 중성자를 만드는 데 작용한다. 이 단원에서는 원자들이 결합해서 분자를 만드는 데 작용하는 전기적인 힘에 대해 알아본다.

1-1 화학 결합의 성질

핵심 개념 • 결합 • 인력 • 위치 • 에너지

구슬도 꿰어야 보배이듯이 원자들도 화학 결합을 이루어야 단백질도 만들고 DNA도 만들 수 있다. 화학 결합을 잘 이해하기 위해서 우선 일반적으로 결합에 관련된 힘, 그리고 결합 에너지를 생각해 보자.

| 정전기적 인력 |

모든 입자들 간에는 상호 작용이 존재하는데, 이러한 상호 작용은 서로 밀어내는 힘과 당기는 힘으로 구분할 수 있다. 밀어내는 힘과 당기는 힘은 대개 안정한 상태의 물질에서는 서로 간에 균형을 이루는데, 이러한 균형 상태에서 입자 간 당기는 힘에 의해 2개 이상의 입자가 모여 하나의 큰 입자를 만드는 것을 결합이라고 한다. 액체 상태의 물에서 물 분자 간 결합이 깨지면 물 분자들은 기체 상태를 이루고, 물 분자가 분해되면 수소 기체와 산소 기체로, 이 기체가 분해되면 각각 수소 원자와 산소 원자로 분리된다. 각 원자는 양성자와 전자 및 중성자 등으로 나누어질 것이다. 물질계가 존재하는 것은 가장 작은 입자에서 출발하여 크기가 큰 입자로 가면서 매 단계마다 입자들 간에 다양한 결합이 존재하기 때문이다.

물질계에서는 입자의 크기가 작을수록 결합의 세기는 강해진다. 즉, 액체 또는 고체 상태의 물을 유지하는 물 분자 간 힘(intermolecular force)보다 물 분자 자체를 구성하는 수소-산소 원자 간 힘이 더 크며, 또한 수소-산소 원자 간 힘보다는 수소 또는 산소 원자를 이루는 양성자와 전자 간의 힘이 더 큰 것이 일반적이다. 보통 원자 및 분자계에서의 힘은 정전기적 인력(electrostatic attraction)에 해당된다.

| 몇 가지 분자에서의 화학 결합 |

◘ 수소

수소 원자는 수소 분자에 비해 상대적으로 불안정하고 그래서 수소 원자들이 만나면 수소 분자(H−H, H_2)를 만든다. 수소는 우주에서 가장 풍부한 원소로 별의 주성분이다. 별의 표면에서 가깝고 온도가 높은 대기에는 수소가 원자로 존재하지만, 표면에서 멀어지면 분자가 형성된다. 수소는 화학 결합으로 이루어진 가장 간단한 분자이다.

수소 분자

물

물은 그림과 같이 수소–산소–수소가 104.5° 각도로 굽어진 분자이다. 물의 구조를 보면 중심의 산소 원자는 양쪽으로 2개의 수소 원자와 결합을 이루고 있다. 수소 분자에서 2개의 수소 원자 사이에 산소 원자 1개가 끼어들어간 모양이다. 산소의 원자가는 2임을 알 수 있다.

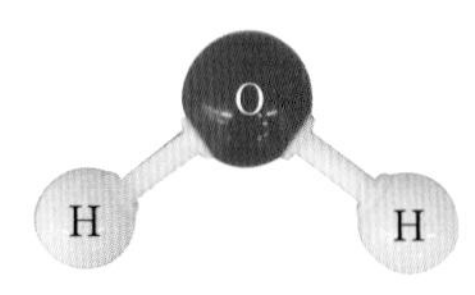

물 분자

에탄올

에탄올(ethanol, ethyl alcohol)은 물 분자에서 1개의 수소가 C_2H_5−로 대체된 것으로 볼 수 있다. H−O− 부분만을 보면 물과 에탄올은 상당히 유사하다. 그래서 물과 에탄올은 잘 섞인다. 여기서 에탄올의 탄소 원자 2개는 각각 4개의 결합을 이룬다. 수소의 원자가는 에탄올에서도 1이다.

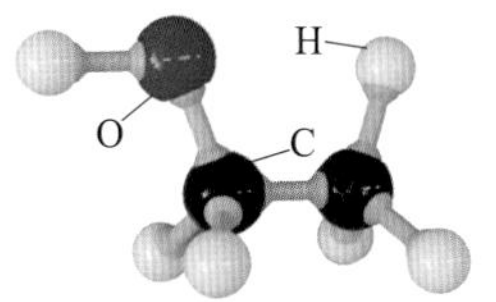

에탄올 분자

아세트산과 글리신

식초의 성분인 아세트산(acetic acid)에서도 모든 수소는 원자가가 1, 산소는 원자가가 2, 탄소는 원자가가 4이다. 아세트산에서 한쪽 끝에 자리 잡은 탄소와 결합된 수소 하나가 질소로 치환되고 질소에 2개의 수소가 결합하면 아미노산의 일종인 글리신(glycine)이 얻어진다. 질소는 원자가가 3인 것을 알 수 있다.

이처럼 수소, 산소, 질소, 탄소는 각각 하나, 둘, 셋, 넷의 결합을 이룬다.

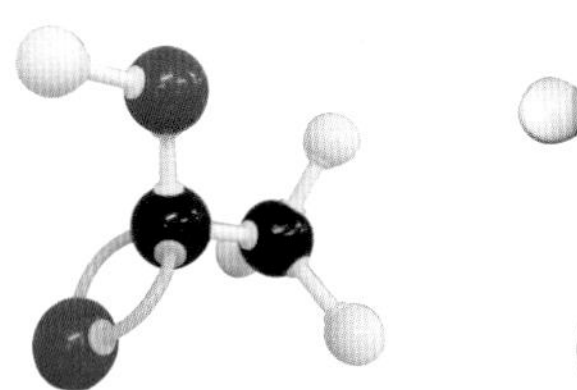

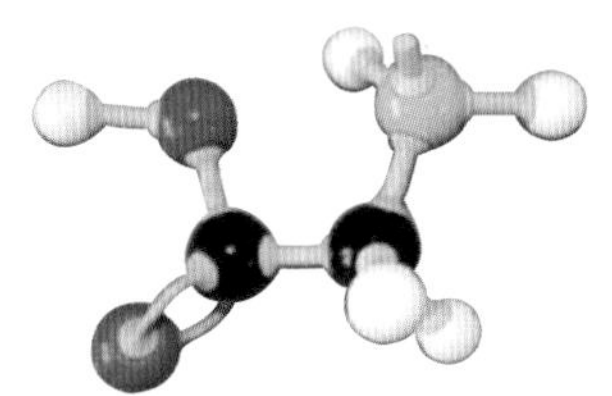

아세트산과 글리신 분자

| 화학 결합에서의 에너지 기준 |

물 분자에서 전기음성도가 높은 산소는 수소로부터 전자를 끌어당겨서 약간의 부분 (−)전하를 띤다. 산소에 전자를 내준 수소는 부분 (+)전하를 띤다. 결과적으로 물 분자에서는 전기적인 두 극이 있게 된다. 여러 개의 물 분자들이 서로 섞이다 보면 여러 개의 자석이 한 덩어리로 뭉치는 것과 같은 이유로 물 분자들은 서로 끌어당겨서 눈에 보일 정도로 큰 분자 집단을 만든다. 양전하를 가진 원자핵과 전자 사이의 힘도 끄는 힘이다. 따라서 원자 자체가 만들어지는 것도, 원자들이 모여 분자를 만드는 것도 끄는 힘에 의한 것이다. 서로 끄는 두 원자 사이의 거리가 가까워지면 두 원자 사이에 결합이 이루어진다.

원자, 분자를 다룰 때는 어느 두 입자가 무한대 거리에 떨어져 있는 상태를 위치 에너지의 기준으로 삼는다. 다시 말하면 수소 원자를 이루는 양성자와 전자 간의 위치 에너지가 0이 되는 기준점은 그 둘 간의 거리가 무한대인 경우이고, 수소 분자를 이루는 두 수소 원자의 경우에도 그들 간의 거리가 무한대인 지점이 위치 에너지의 기준이 되며, 마지막으로 수소 분자 간의 위치 에너지 기준점도 두 수소 분자 간의 거리가 무한대가 되는 지점이다.

두 물체가 무한대 거리에 있을 때의 위치 에너지가 0이므로 그보다 가까운 거리에서 두 물체가 안정한 상태를 만들어 결합이 이루어지는 경우의 위치 에너지는 0보다 작은 음의 값을 가져야 한다. 즉, 모든 안정한 물질계의 결합 상태는 음의 값을 갖는 위치 에너지로 표현된다. 따라서 안정한 물질의 두 가지 다른 에너지 상태를 비교할 때 상대적으로 더 안정한 쪽이 더 큰 음의 값을 갖는다.

어떤 물질이 얼마나 안정한지를 이야기할 때 0보다 얼마나 더 낮은 음의 값을 가지는지 그 크기의 절댓값을 이야기하는 것이 더 편하다. 따라서 위치 에너지의 절댓값인 결합 에너지는 정의상 항상 양의 값이다.

자료 쏙

» 안정과 불안정

어느 물질의 상대적인 안정성은 (−)의 값을 갖는 위치 에너지의 상대적 크기로 나타난다. 예를 들어, 수소 원자의 $1s$ 오비탈 상태와 $2s$ 상태 오비탈 중 $1s$ 상태의 에너지가 낮다는 것은 둘 다 음의 값을 가지는 위치 에너지 상태이지만 $1s$ 상태가 더 큰 음의 값을 가진다는 것이다. 그러나 안정성의 절대적인 기준을 논할 때는 구성 입자 간의 거리가 무한대인 지점에서의 위치 에너지 0에 비해 더 안정한가의 여부가 그 기준이 된다.

| 화학 결합의 전기적 성질 |

1781년에 영국의 화학자 캐번디시(Cavendish, H., 1731~1810)는 가연성 공기(수소)와 산소가 화합하면 물이 만들어진다고 주장하였다. 한편 라부아지에는 그때까지 원소로 여겼던 물을 그림과 같은 장치를 이용하여 분해하여 물이 원소가 아님을 증명하였다.

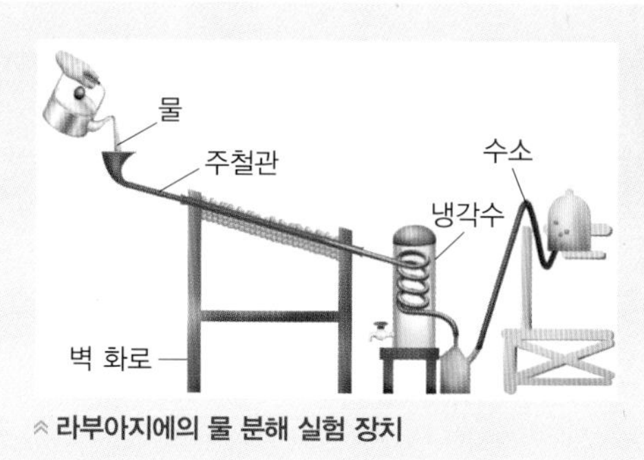

1. 뜨거운 주철관에 물을 천천히 붓는다.
2. 물이 주철관을 통과하면서 수소와 산소로 분해된다.
3. 분해된 산소가 주철관의 철과 결합하여 주철관의 질량은 증가한다.
4. 수소 기체가 모인다.

≈ 라부아지에의 물 분해 실험 장치

전기 에너지를 가해 물질을 분해하는 방법을 전기 분해라고 한다. 물질이 전기 분해되는 것은 물질을 이루는 원소 간 결합에 전자가 관여하기 때문이다.

- 공유 결합을 이루는 H_2O을 전기 분해하면 H_2와 O_2로 분해된다.
- 이온 결합을 이루는 NaCl을 전기 분해하면 Na과 Cl_2로 분해된다.

오랫동안 물은 하나의 원소로 취급되었다. 그러다가 1800년에 볼타에 의해 전지가 발명되면서 물의 전기 분해가 이루어져 물이 수소와 산소의 화합물이라는 사실이 확립되었다. 순수한 물은 전기를 거의 통하지 않지만, 황산 나트륨과 같은 전해질을 조금 넣고 물을 전기 분해하면 수소 기체와 산소 기체가 2 : 1의 부피비로 생성되므로 물 2분자는 수소 2분자와 산소 1분자로 분해되는 것을 알 수 있다. 1806년에 데이비(Davy, H., 1778~1829)는 "화학 결합의 본질은 전기적"이라고 말하였다.

물과 염화 나트륨은 모두 전기 분해가 되지만, 액체 상태에서의 전기 전도성은 서로 다르다. 이것은 각 원자들 사이의 화학 결합에서 전자가 관여하는 방법에 차이가 있기 때문이다.

화학 결합을 이루는 모든 물질들은 전자가 관여함으로써 전기적 성질이 존재한다. 모든 화학 결합에는 전자가 관여하지만 결합에 관여하는 전자를 어떻게 운용하느냐에 따라 공유 결합, 이온 결합, 금속 결합으로 나눈다.

탐구 시그마 물의 전기 분해

자료

그림은 물에 황산 나트륨(Na_2SO_4)을 약간 넣고 전기 분해하는 장치를 나타낸 것이다.

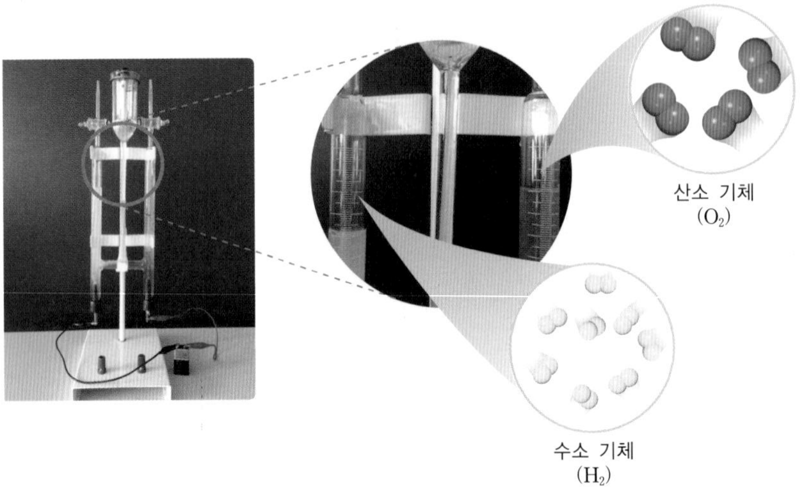

분석

- 순수한 물은 전기를 통하지 않기 때문에 황산 나트륨(Na_2SO_4)과 같은 전해질을 가하면 전기가 통하여 쉽게 전기 분해된다.
- (−)극에서는 수소 기체가, (+)극에서는 산소 기체가 2 : 1의 부피비로 생성된다.
- 물에 전기 에너지를 가하면 분해되는 것으로 보아 수소 원자와 산소 원자의 화학 결합에 전자가 관여함을 알 수 있다.
- 수소 원자와 산소 원자가 전기적 인력으로 결합되어 있음을 알 수 있다.

확·인·하·기

다음 중 전기적 힘에 의한 것이 아닌 것은?

① 빗방울이 떨어진다.
② 물 분자들이 뭉쳐서 빗방울을 만든다.
③ 수소 원자와 산소 원자가 결합해서 물 분자를 만든다.
④ 수소 원자핵과 전자가 결합해서 수소 원자를 만든다.
⑤ 산소 원자핵과 전자가 결합해서 산소 원자를 만든다.

빗방울이 떨어지는 것은 중력 작용이다. 답 ①

1-2 이온 결합

💬 **핵심 개념** • 이온 결합 • 양이온 • 음이온 • 수화

화학 결합에는 크게 이온 결합, 공유 결합, 금속 결합의 세 가지가 있다. 그 중에서 이온 결합(ionic bond)이 가장 직관적으로 이해하기 쉽고, 또 화학 결합이 전기적이라는 면을 가장 명확히 보여 준다. 1897년에 전자를 발견한 톰슨은 몇 년 후에 한 원자에서 다른 원자로 전자가 옮겨가면서 전자를 내주고 결과적으로 양전하를 가지게 된 양이온과 전자를 얻어서 음전하를 가지게 된 음이온 사이의 전기적 인력에 의해 결합이 일어난다고 말하였다. 두 가지 다른 원소의 원자가 만났을 때 어떤 원소는 전자를 주고, 어떤 원소는 전자를 받을지를 이해하는 것이 중요하다.

| 이온 결합의 형성 |

이온 결합 물질 중에서 가장 흔하고 중요한 것은 알칼리 금속(alkali metal) 원소인 나트륨(Na)과 할로젠(halogen) 원소인 염소(Cl)로 이루어진 염화 나트륨(NaCl)이다. 이 경우에 어느 원소가 전자를 주고, 어느 것이 전자를 받는지를 따져보려면 각 원소의 이온화 에너지와 전자 친화도를 비교하면 좋다.

나트륨의 이온화 에너지는 495 kJ/mol이고 전자 친화도는 53 kJ/mol이다. 염소의 이온화 에너지는 1251 kJ/mol이고 전자 친화도는 349 kJ/mol이다. 나트륨은 전자를 떼어내면 안정한 네온의 전자 배치가 되기 때문에 전자를 잃고 양이온이 되기 쉽다. 염소는 유효 핵전하가 크기 때문에 이온화 에너지가 아주 크다.

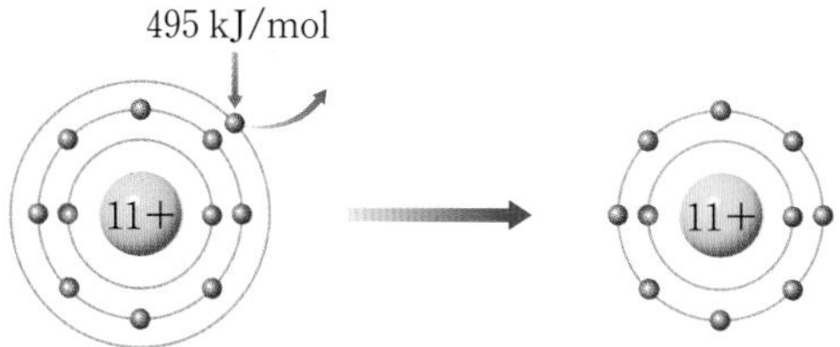

$Na(g) + 495\ kJ/mol \longrightarrow Na^+(g) + e^-$

나트륨 원자의 이온화 에너지

한편 나트륨은 전자 친화도가 낮은 반면에 최외각 전자가 7개인 염소는 전자 1개를 얻으면 안정한 아르곤 구조가 되므로 전자 친화도가 높다. 즉 전자를 얻어 음이온이 되기 쉽다. 그래서 나트륨이 염소에 전자를 주는 것이 전체적으로 유리하다.

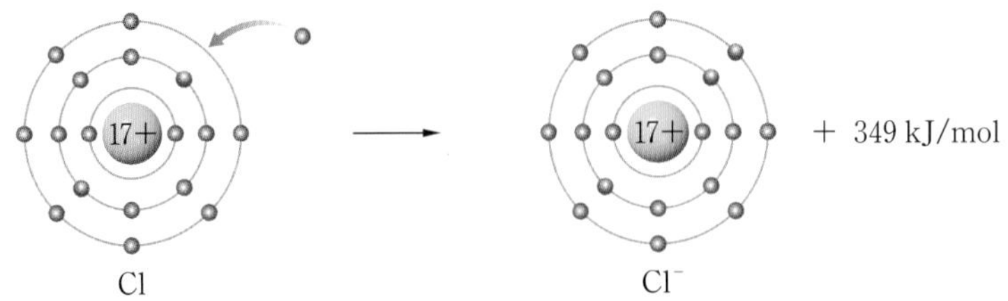

≈ **염소 원자의 전자 친화도**

Na 원자 1개와 Cl 원자 1개를 무한대의 거리에서 서서히 가까이 가져온다고 상상해 보자. 이 경우 중성 Na 원자와 또 다른 중성 Cl 원자는 거리가 상당히 가까워지기 전까지는 서로를 느끼지 못하기 때문에 에너지가 0인 상태를 거의 유지한다. 그러다가 충분히 가까운 거리까지 오게 되면 Na 원자가 Cl 원자에 전자를 내주어 Na^+과 Cl^-으로 바뀌면서 양이온과 음이온 사이의 인력에 의해 이온 결합을 이루게 된다. 이때 Na 원자에서 전자를 떼어 내는 데 필요한 에너지는 Na의 이온화 에너지에 해당하고, Cl가 전자를 받아서 안정해지는 효과는 Cl의 전자 친화도에 해당한다.

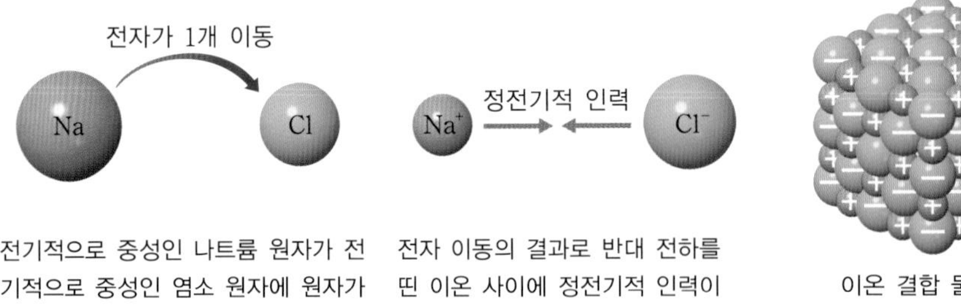

전기적으로 중성인 나트륨 원자가 전기적으로 중성인 염소 원자에 원자가 전자를 잃는다.

전자 이동의 결과로 반대 전하를 띤 이온 사이에 정전기적 인력이 작용한다.

이온 결합 물질을 형성한다.

≈ **염화 나트륨의 이온 결합 형성 과정**

양이온과 음이온 사이의 거리(r)가 가까워질수록 두 이온 사이에 작용하는 전기적 인력은 증가하지만, 두 이온 사이의 거리가 너무 가까워지면 반발력이 커지므로 불안정한 상태가 된다. 따라서 양이온과 음이온은 인력과 반발력이 같아져서 에너지가 가장 낮아지는 거리(r_0)에서 이온 결합을 형성하며, 이때 가장 안정한 상태가 된다.

이러한 양이온과 음이온 사이의 전기적 결합을 이온 결합이라고 한다. 또한 이렇게 Na^+과 Cl^-이 만나면 전기적 인력은 최대화하고, 같은 전하를 띠는 이온들끼리의 반발력은 최소화하는 방향으로 배열되어 소금과 같이 규칙적인 결정 구조를 가지게 된다.

이온 결합의 형성과 에너지 변화

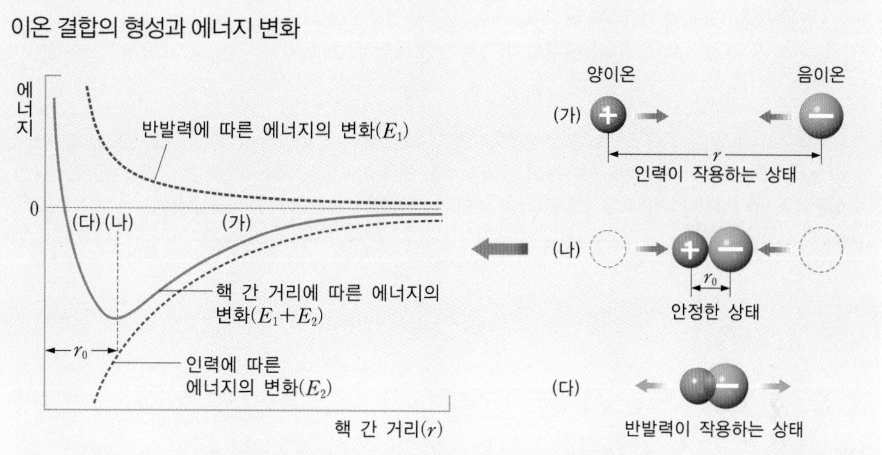

(가) 이온 사이의 거리가 가까워지면 정전기적 인력이 커지므로 에너지가 낮아지면서 안정해진다.

(나) 양이온과 음이온은 인력과 반발력이 균형을 이루어 에너지가 가장 낮은 거리(r_0)에서 가장 안정한 상태가 되며, 이온 결합을 형성한다.

(다) 이온 사이의 거리가 너무 가까워지면 에너지가 높아져 불안정해진다. ➡ 전자구름이 겹쳐지고 핵이 가까워져 반발력이 커지기 때문이다.

개념 쏙

» 염화 나트륨 형성에 따른 에너지 변화

Na이 Na^+으로 될 때 496 kJ/mol의 에너지(Na의 이온화 에너지)가 필요하고, Cl가 Cl^-으로 될 때 349 kJ/mol의 에너지(염소의 전자 친화도)를 방출하므로 전체적으로 에너지가 필요하다. 그러나 두 이온이 쿨롱 인력으로 결합하여 NaCl(g)으로 되면 에너지가 방출되어 전체 과정에서 에너지가 방출되므로 결합을 형성하는 것이 유리하다.

확·인·하·기

이온 결합에 대한 설명으로 옳은 것만을 다음에서 있는 대로 고르시오.

(가) 양이온이 되기 쉬운 원소는 이온화 에너지가 크다.
(나) 음이온이 되기 쉬운 원소는 전자 친화도가 크다.
(다) 이온이 형성될 때 18족 원소와 같은 전자 배치를 가진다.
(라) 이온 결합은 이온 간의 인력과 반발력이 최대일 때 형성된다.

(가) 이온화 에너지는 기체 상태의 중성 원자에서 전자 1개를 떼어 내어 기체 상태의 양이온이 되는 데 필요한 에너지로, 그 값이 작을수록 전자를 떼어 내기 쉬운 것을 의미한다. 따라서 양이온이 되기 쉬운 원소는 이온화 에너지가 작다. (라) 이온 결합은 이온 간 인력과 반발력이 균형을 이룰 때 형성된다. 답 (나), (다)

| 이온 결합 물질 |

이온 결합에는 이온화 에너지와 전자 친화도가 복합적으로 작용하는데, 각 원소의 전기음성도를 비교하면 어떤 결합을 이룰지 판단하기가 좀 더 쉽다.

Na와 Cl의 전기음성도는 0.9와 3.0이다. 이처럼 전기음성도 차이가 큰 두 원소가 만나면 전기음성도가 낮은 원소에서 높은 원소 쪽으로 전자가 이동할 것이다. 전기음성도가 높아서 쉽게 음이온이 되는 원소에는 플루오린(4.0), 산소(3.5), 질소와 염소(3.0)가 있고, 나트륨, 마그네슘, 칼륨, 칼슘 등 모든 금속은 전기음성도가 낮아서 양이온을 만드는 원소이다.

실제로 소금은 기체 상태의 반응으로 만들어지는 것이 아니다. 바닷물에는 엄청나게 많은 양의 Na^+과 Cl^-이 녹아 있는데, 물이 증발하면 이들 이온이 가까워져서 Na^+과 Cl^-이 규칙적으로 배열된 이온 결정을 만든다. NaCl이 결정으로 존재하는 암염도 있다.

지각에는 나트륨 이외에도 칼륨, 마그네슘, 칼슘, 알루미늄, 철 등 다양한 금속의 양이온이 염화물뿐 아니라 탄산 이온(CO_3^{2-}), 규산 이온(SiO_3^{2-}), 질산 이온(NO_3^-), 황산 이온(SO_4^{2-}) 등과 이온 결합을 이룬 상태로 존재한다.

이온 결합 물질은 1쌍의 양이온과 음이온이 결합하는 것이 아니라 수없이 많은 양이온과 음이온이 이온 결합을 형성하여 3차원적으로 서로를 둘러싸며 규칙적으로 배열되어 결정을 이룬다. 이온 결합 물질은 분자로 존재하지 않으므로 실험식을 화학식으로 나타낸다. 또한 이온 결합 물질은 전기적으로 중성이므로 금속 원자가 잃은 총 전자 수와 비금속 원자가 얻은 총 전자 수가 같아지도록 결합한다.

» 이온 결합 물질의 화학식

이온 결합을 이루는 이온은 단일 원자의 이온일 수도 있으나, 두 원자 이상이 모여서 생긴 다원자 이온일 수도 있다. 이때 형성된 이온 결합 물질의 화학식은 전기적으로 중성을 이루기 위하여 양이온과 음이온의 전하량의 총합은 0이므로 $A^{m+} + B^{n-}$에 의해 형성된 물질의 화학식은 A_nB_m이 된다.

$Ca^{2+}\ Cl^{-} \rightarrow CaCl_2$ $\quad$ $Al^{3+}\ O^{2-} \rightarrow Al_2O_3$

| 이온 결합 물질의 성질 |

염화 나트륨(NaCl)은 고체 상태에서는 나트륨 이온과 염화 이온이 정전기적 인력으로 단단히 결합하고 있어 이동할 수 없으므로 전기 전도성을 나타내지 않는다. 그러나 수용액 상태나 액체 상태에서는 양이온과 음이온이 자유롭게 움직일 수 있어 전기 전도성을 나타낸다. 이온 결합 물질은 물과 같은 극성 용매에 잘 용해되는데, 예를 들면 염화 나트륨은 물에 녹으면 Na^+과 Cl^-이 물 분자에 둘러싸여, 즉 수화(hydration)되어 안정한 상태로 된다.

용어 쏙 수화

어떤 용매가 용액 속에서 용질 분자나 이온을 둘러싼 채, 그 전체가 하나의 분자처럼 행동하는 현상을 보일 때, 용질 분자나 이온이 용매화되었다고 말하며, 용매가 물인 경우를 특별히 수화라고 한다.

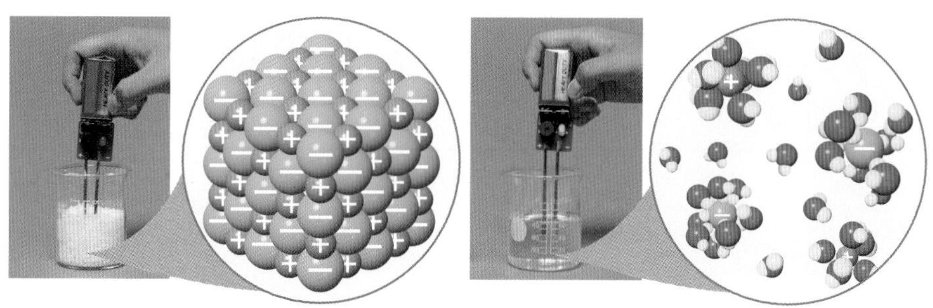

염화 나트륨 고체 $\quad$ 염화 나트륨 수용액

염화 나트륨의 전기 전도성 고체 상태에서는 나트륨 이온과 염화 이온이 이동할 수 없어 전기 전도성을 나타내지 않지만, 수용액 상태나 액체 상태에서는 양이온과 음이온이 자유롭게 움직일 수 있어 전기 전도성을 나타낸다.

이온 결합 물질은 비교적 단단하고 상온에서 고체 상태로 존재하지만, 외부에서 힘을 가하면 같은 전하를 띠는 이온들이 만나게 되어 반발력이 작용하므로 쪼개지거나 부서진다. 또한 이온 결합 세기가 클수록 녹는점이 높은데, 이온 결합 세기는 두 이온의 전하량의 곱에 비례하고, 두 이온 사이의 거리의 제곱에 반비례한다.

$$F = -k\frac{q_1 \cdot q_2}{r^2}$$ (q는 전하량, r은 이온 사이의 거리)

탐구 시그마 이온 결합 세기와 녹는점

자료

다음은 몇 가지 이온 결합 물질의 이온 사이의 거리와 녹는점을 나타낸 것이다.

화학식	이온 사이의 거리(pm)	녹는점(°C)	화학식	이온 사이의 거리(pm)	녹는점(°C)
NaF	231	996	MgO	210	2825
NaCl	276	801	CaO	240	2572
NaBr	291	747	SrO	253	2531

분석

- 이온 간 거리가 녹는점에 미치는 영향은 이온의 전하량이 같은 NaF, NaCl, NaBr의 녹는점을 비교한다. ➡ 이온의 전하량이 같을 때 이온 간 거리가 짧을수록 녹는점이 높아진다.
- 이온의 전하량이 녹는점에 미치는 영향은 이온 간 거리가 비슷한 NaF, CaO의 녹는점을 비교한다 ➡ 이온 간 거리가 비슷할 때 이온의 전하량이 클수록 녹는점이 높아진다.
- 이온 간 거리가 가까운 NaF의 녹는점이 CaO보다 더 낮으므로 이온 결합 물질의 녹는점은 이온 간 거리보다 이온의 전하량의 크기에 더 큰 영향을 받음을 알 수 있다.

확·인·하·기

NaCl, KCl의 녹는점을 비교하시오.

Na과 K의 이온 크기를 비교하면 4주기인 K이 더 크므로 이온 결합 세기는 NaCl > KCl이어서 녹는점도 NaCl > KCl이다.

답 NaCl > KCl

1-3 공유 결합

핵심 개념 • 공유 결합 • 공유 결합 길이

전기음성도 차이가 큰 원소들이 만나는 경우에는 전자의 이동을 통해 이온 결합이 이루어지는데, 전기음성도 차이가 크지 않은 경우에는 어떻게 결합을 할까?

| 공유 결합 |

수소, 산소, 탄소의 전기음성도는 각각 2.2, 3.5, 2.5이다. 수소와 탄소의 전기음성도 차이는 0.3이고, 산소와 탄소의 전기음성도 차이는 1.0, 그리고 차이가 가장 큰 수소와 산소의 경우에도 1.3에 불과하다. 이들 원소 사이의 결합은 이온 결합이 아니다. 이들은 어떻게 결합을 할 수 있을까?

이온 결합이 형성되는 이유는 예를 들면 나트륨은 전자를 내주고 네온과 같은 안정한 전자 배치를 가지고, 염소도 전자를 얻어 아르곤 같은 안정한 전자 배치를 가지게 되는 데 있다. 결과적으로 Na^+과 Cl^-은 전기적으로 끌려서 이온 결합을 만드는 것이다. 그렇다면 전기음성도 차이가 작아서 양이온과 음이온을 만들지 않는 경우에도 원자들이 안정한 비활성 기체의 상태가 될 수 있다면 결합이 이루어질 수 있을 것이다.

수소 분자(H_2)에 대해 생각해 보자. 각각의 수소 원자는 전자가 하나 밖에 없어서 불안정하고 반응성이 높다. 수소의 경우에는 각각의 원자에 속한 전자가, 즉 2개의 전자가 각 원자의 원자핵 사이에 위치하여 이 전자쌍을 양쪽의 원자핵이 끌어당기는 것이다. 이때 두 원자는 전자쌍을 공유한다고 말하고, 이렇게 만들어진 결합을 **공유 결합 (covalent bond)**이라고 한다.

용어쏙 covalent bond

Cowork, cooperation 등에서 볼 수 있듯이 co-는 "같이"라는 뜻이다. 또 equivalent에서처럼 valent는 가치라는 value와 같은 어원을 가진다. 공유 결합(covalent bond)에서는 양쪽에서 내놓은 전자가 어느 한쪽 원자에 속하지 않고, 그 가치가 양쪽 원자에 공동으로 속한다.

» 전기음성도 차이와 결합

- 두 원자가 결합할 때, 전기음성도 차이가 작으면 전자쌍을 공유하는 것(공유 결합)으로, 차이가 크면 전자를 주고받은 것(이온 결합)으로 볼 수 있다.
- 결합의 이온성이 50 % 이상이면 이온 결합으로, 50 % 미만이면 공유 결합으로 분류한다.

  HCl: 전기음성도 차이가 0.9 → 결합의 약 80 %가 공유성을 나타내는 공유 결합

  NaCl: 전기음성도 차이가 2.1 → 결합의 약 75 %가 이온성을 나타내는 이온 결합

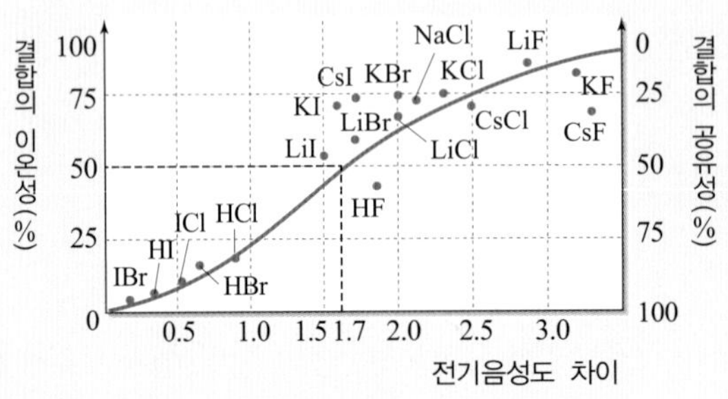

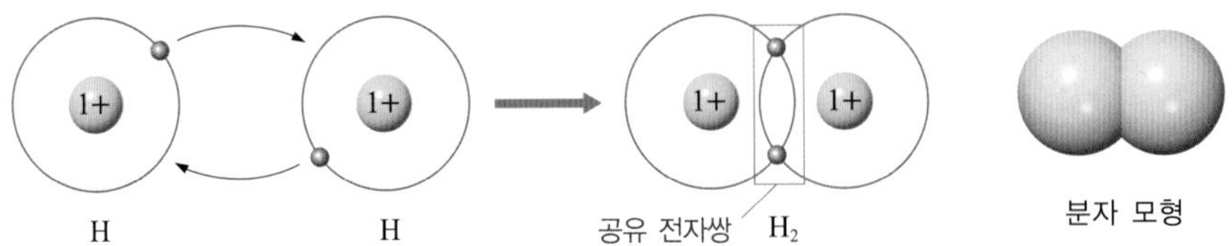

공유 결합에 의한 수소 분자의 형성 2개의 수소 원자는 각각 홀원자 1개씩을 내놓아 전자쌍을 만들고 이 전자쌍을 공유하여 수소 분자를 형성한다.

| 공유 결합의 형성 |

2개의 수소 원자가 적당한 거리로 접근하면 전자쌍을 공유함으로써 안정한 수소 분자(H_2)가 만들어진다. 그러나 너무 가까이 접근하면 양전하를 띤 핵 사이의 반발력이 커져서 오히려 불안정해진다. 따라서 적당한 거리에서 가장 안정한 에너지 상태에 도달하게 되는데, 이때 핵 사이의 거리를 공유 결합 길이라고 한다. 수소 분자의 공유 결합 길이는 0.074 nm(1 nm = 10^{-9} m), 또는 74 pm(1 pm = 10^{-12} m)이다. 공유 결합을 이룬 상태에서의 핵 간 거리가 0.074 nm인 것을 보면 전자를 공유하면서 수소 원자의 공간 자체를 공유하는 것을 볼 수 있다. 그리고 이때 수소 분자의 에너지는 원자들이

무한대 거리에 있을 때에 비해 436 kJ/mol이 낮아진다. 그래서 수소의 공유 결합 에너지는 436 kJ/mol이라고 한다.

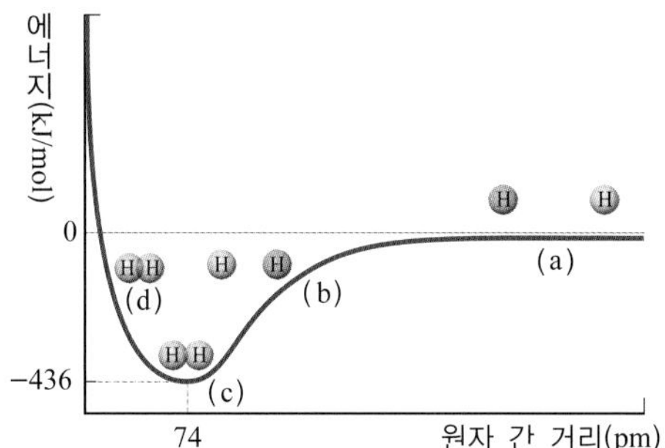

(a) 두 수소 원자가 멀리 떨어져 있어 영향을 미치지 않는다.
(b) 두 수소 원자가 가까워지면 서로 다른 원자핵이 전자를 끌어당기는 인력에 의해 에너지가 점차 낮아진다.
(c) 에너지가 가장 낮은 상태에서 결합이 형성된다.
(d) 두 원자핵 사이의 거리가 너무 가까워지면 반발력이 작용하여 에너지가 높아진다.

원자핵 간 거리에 따른 2개의 수소 원자 사이의 퍼텐셜 에너지

중요한 공유 결합 화합물인 물을 예로 들어보자. 산소 원자는 안쪽 껍질에 전자가 2개, 최외각에는 6개의 전자가 들어 있다. 최외각에 8개의 전자가 들어 있는 안정한 네온의 전자 배치를 갖기 위해서는 2개의 전자가 필요하다. 산소가 2개의 수소 원자와 공유 결합을 이루면 산소는 8개의 전자를, 각각의 수소는 2개의 전자를 가진 셈이 되어 안정한 물이 된다. 산소의 6개의 전자 중에서 1개는 하나의 수소의 전자와 쌍을 이루어 공유 결합을 하고, 산소의 또 다른 전자는 다른 수소의 전자와 쌍을 이루어 공유 결합을 한다.

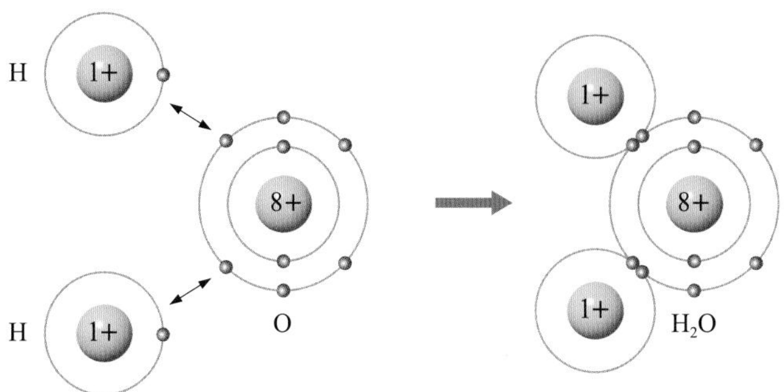

공유 결합에 의한 물 분자 형성

수소가 염소와 공유 결합을 이루는 경우를 생각해 보자. 3주기에 속하는 염소는 최외각 전자가 7개이다. 따라서 수소와 염소가 1:1로 공유 결합을 이루면 수소는 헬륨의 전자 배치를, 염소는 아르곤의 전자 배치를 가지게 된다.

공유 결합은 가장 간단한 수소 분자로부터 DNA에 이르기까지 가장 폭넓게 적용되는 화학 결합의 원리이다.

확·인·하·기

물 분자는 대표적인 공유 결합 물질이다. 물 분자를 이루는 수소(H)와 산소(O)는 공유 결합에서 각각 어떤 원자의 전자 배치를 가지는가?

물은 He의 전자 배치를 가지게 되는 H와 Ne의 전자 배치를 가지게 되는 O로 이루어진 화합물이다.

답 He, Ne

| 공유 결합 물질의 성질 |

공유 결합 물질인 물이나 질소, 산소, 염화 수소 등의 분자들은 원자 사이의 결합력은 강하지만 분자 사이의 결합력은 상대적으로 약하기 때문에 대부분 녹는점과 끓는점이 낮아 상온에서 액체나 기체 상태로 존재한다. 한편, 흑연(C)이나 다이아몬드(C)와 같이 모든 원자들이 공유 결합으로 3차원적으로 연결된 물질들은 녹는점이나 끓는점이 매우 높아 상온에서 고체 상태로 존재한다. 흑연을 제외한 대부분의 공유 결합 물질은 전하를 운반시킬 수 있는 입자가 없기 때문에 전기 전도성을 나타내지 않는다. 공유 결합 물질은 물에 잘 녹지 않는 경우가 많으나, 염화 수소나 암모니아 등의 일부 공유 결합 물질은 물에 녹아 전기 전도성을 나타낸다.

확·인·하·기

다음은 몇 가지 물질에 대한 설명이다. 옳은 것만을 있는 대로 고르시오.

(가) 설탕은 전기를 통하지 않는다.
(나) 염화 수소를 물에 녹이면 전기가 통하므로 염화 수소는 이온 결합 물질이다.
(다) 물 분자는 수소 원자와 산소 원자 사이의 결합이 물 분자 사이의 결합보다 크다.

설탕과 염화 수소는 공유 결합 물질이다. 공유 결합인 물 분자는 원자 사이의 결합력이 분자 사이의 결합보다 더 크다.

답 (가), (다)

1-4 옥텟 규칙

핵심 개념 • 옥텟 규칙 • 루이스 전자점식

| 옥텟 규칙 |

이온 결합 물질인 NaCl과 공유 결합 물질인 H_2O, HCl에서 공통적인 최외각 전자 수는 무엇일까?

NaCl에서 Na^+의 최외각 전자 수는 Ne과 같은 8이고 Cl^-의 최외각 전자 수는 Ar과 같은 8이다. H_2O에서 각 H의 최외각 전자 수는 He과 같은 2이고, O의 최외각 전자 수는 Ne과 같은 8이다. HCl에서 H의 최외각 전자 수는 2이고, Cl의 최외각 전자 수는 8이다. 이들 세 물질에서 볼 수 있는 공통점은 최외각 전자 수 8이다. 이 8이라는 수는 메테인(CH_4)의 C에도, 암모니아(NH_3)의 N에도 적용된다. 나아가서 3주기 원소의 화합물인 SiO_2의 Si에도 적용된다. 이와 같이 중성 원자가 전자를 잃거나 얻어 비활성 기체와 같이 가장 바깥쪽 전자 껍질에 전자 8개를 채워 안정해지려는 경향을 **옥텟 규칙(octet rule)**이라고 한다.

> **용어 쏙 옥텟**
>
> 8각형을 옥타곤(octagon), 다리가 8개인 문어를 옥토퍼스(octopus), 도레미파솔라시 다음 8번째 음이 다시 도로 돌아가는 것을 옥타브(octave)라고 하듯이 옥텟은 8이라는 뜻을 가진다. 10월에 해당하는 October도 원래는 8월이었다가 6월 다음에 줄리어스 시저를 따서 July가, 아우구스투스 황제를 따서 August가 끼어 들어가면서 October가 10월이 된 것이다.

개념 쏙

» 옥텟 규칙 정리

- C, N, O, F과 같은 2주기 원소들은 항상 옥텟 규칙을 만족한다.
- 2주기 원소 중 최외각 전자가 2개인 Be과 3개인 B는 공유 결합을 통해서 옥텟 규칙을 만족시킬 수 없다. 그래서 최외각 전자가 8개보다 적은 화합물을 만들며, 이러한 전자 부족 화합물은 반응성이 매우 높다.
- 2주기 원소는 $2s$, $2p$ 오비탈에만 전자를 채울 수 있으므로 최외각에 8개보다 더 많은 전자를 가질 수 없다.
- 3주기 원소는 비어 있는 d 오비탈을 사용할 수 있으므로 최외각에 8개보다 더 많은 전자를 수용할 수 있다. 이를 확장된 옥텟이라고 한다.

옥텟 규칙은 미국의 화학자 루이스(Lewis, G. N., 1875~1946)가 1916년에 "원자와 분자"라는 논문에서 처음 제안했지만, 루이스는 8의 규칙(rule of eight)이라고 표현했는데 나중에 랭뮤어(Langmuir, I. 1881~1957, 1932년 노벨 화학상)가 octet rule, covalent bond 등의 말하기 쉽고 의미가 명쾌한 표현을 도입해서 지금까지 세계적으로 사용되고 있다.

인물쏙 루이스

미국의 물리화학자로 화학에 열역학을 적용하여 열화학을 발전시켰고 옥텟 규칙, 전자쌍 결합 등의 개념으로 결합의 본질을 추구하였으며 산과 염기의 개념을 확장하였다. 루이스 전자점식으로도 유명하다.

| 루이스 전자점식 |

옥텟 규칙을 제안한 루이스는 최외각 전자들을 점으로 표시하는 전자점식(electron dot formula)을 사용하여 공유 결합을 시각적으로 이해하도록 하였다. 루이스 전자점식은 원소 기호 주위에 그 원자의 원자가 전자를 점으로 나타낸 것으로, 결합에 참여한 전자와 결합에 참여하지 않은 전자가 드러나도록 표시한 화학식이다. 전자점식은 원소 기호의 상하좌우 네 곳에 표시하며, 각 위치마다 전자를 2개씩 놓을 수 있다.

▼ 2주기 원자의 루이스 전자점식

구분	1족	2족	13족	14족	15족	16족	17족
전자 배치	$1s^2 2s^1$	$1s^2 2s^2$	$1s^2 2s^2 2p^1$	$1s^2 2s^2 2p^2$	$1s^2 2s^2 2p^3$	$1s^2 2s^2 2p^4$	$1s^2 2s^2 2p^5$
원자가 전자	1	2	3	4	5	6	7
루이스 전자점식	Li·	·Be·	·B· (위 1, 좌 1, 우 1)	·C· (상하좌우 각 1)	·N· (위 2, 좌 1, 우 1, 아래 1)	:O· (위 1, 좌 2, 우 1, 아래 2)	:F· (위 2, 좌 2, 우 1, 아래 2)

공유 결합에는 원자가 전자만 관여하기 때문에 안쪽 껍질에 들어 있는 전자는 생각할 필요가 없다. 이때 각 원자에 포함된 원자가 전자 중에서 쌍을 이루지 않는 전자를 **홀전자(unpaired electron)**, 두 원자가 공유하는 전자쌍을 **공유 전자쌍(shared electron pair)**, 결합에 참여하지 않는 전자쌍을 **비공유 전자쌍(unshared electron pair)**이라고 한다. 루이스 전자점식은 화학 결합과 분자 구조를 이해하는 데 아주 편리하기 때문에 널리 사용되며 흔히 **루이스 구조(Lewis structure)**라고 부른다. 루이스 구조에서는 결합을 이룬 전자쌍은 짧은 선으로 나타내기도 한다.

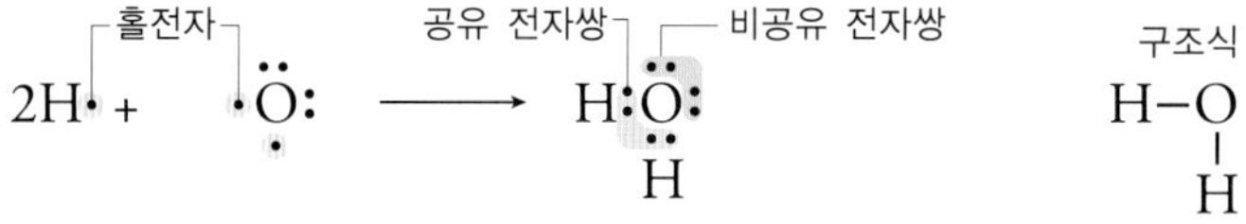

홀전자 공유 전자쌍 비공유 전자쌍 구조식

$2H\cdot + \cdot\ddot{O}: \longrightarrow H:\ddot{O}:$ (아래 H) $\quad$ H−O−H

⩓ 공유 전자쌍과 비공유 전자쌍

◘ 몇 가지 분자의 루이스 구조

염소 분자(Cl_2)의 루이스 구조는 다음과 같이 그릴 수 있다.

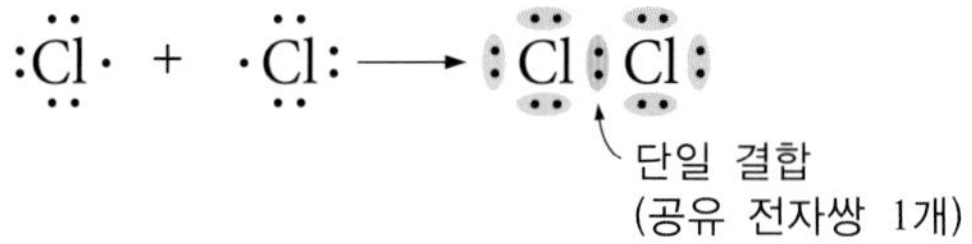

$:\ddot{\underset{\cdot\cdot}{Cl}}\cdot + \cdot\ddot{\underset{\cdot\cdot}{Cl}}: \longrightarrow :\ddot{\underset{\cdot\cdot}{Cl}}:\ddot{\underset{\cdot\cdot}{Cl}}:$

단일 결합
(공유 전자쌍 1개)

지금까지 다룬 공유 결합은 모두 하나의 전자쌍으로 이루어진 **단일 결합(single bond)**이다. 그런데 단일 결합으로는 옥텟 규칙을 만족시킬 수 없고, 2중 결합이나 3중 결합이 필요한 경우가 있다.

예를 들면 산소 원자 2개가 만나 단일 결합을 이루면 각각의 원자는 7개의 최외각 전자를 가지게 되어 안정한 결합이 되지 못한다. 그래서 또 하나의 전자를 공유하여 **2중 결합(double bond)**을 만들면 안정한 O_2 분자가 된다.

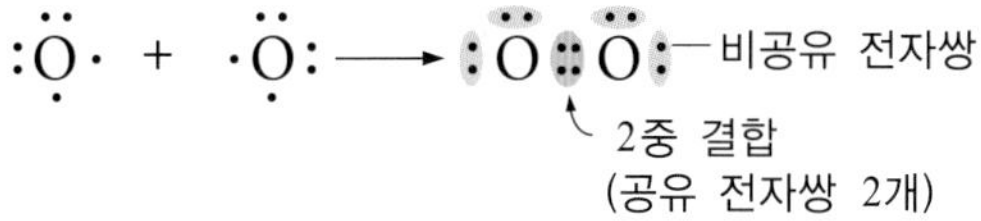

$:\ddot{O}\cdot + \cdot\ddot{O}: \longrightarrow :\ddot{O}::\ddot{O}:$ — 비공유 전자쌍

2중 결합
(공유 전자쌍 2개)

한편 질소 원자는 5개의 최외각 전자를 가지므로 3개씩의 전자를 공유해야 옥텟을 이룬다. 따라서 질소 분자(N_2)는 **3중 결합(triple bond)**을 가진다. 그리고 각각의 질소 원자는 1개의 비공유 전자쌍을 가진다.

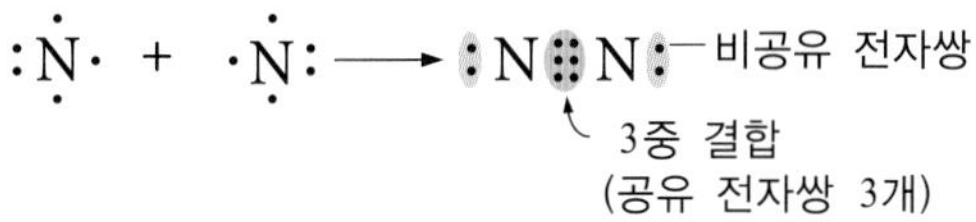

$:\dot{N}\cdot + \cdot\dot{N}: \longrightarrow :N:::N:$ — 비공유 전자쌍

3중 결합
(공유 전자쌍 3개)

다원자 분자의 루이스 전자점식을 쓸 때는 분자를 이루는 각각의 원자가 옥텟을 이루도록 전자를 배치하면 된다.

▼ 루이스 전자점식을 나타내는 방법

방법	예시(예 CO)
1. 분자 내의 모든 원자의 옥텟을 이루기 위한 전자 수의 합을 구한다.	C = 8, O = 8　$2 \times 8 = 16$(개)
2. 분자 내의 모든 원자가 전자 수의 합을 구한다.	C = 4, O = 6　$4 + 6 = 10$(개)
3. 옥텟을 이루기 위해 부족한 전자의 수(공유 전자 수)를 구한다.	$16 - 10 = 6, \frac{6}{2} = 3$(쌍)
4. 가능한 실제 모양에 가깝게 원자들을 배열한다.	C O
5. 공유 전자쌍의 수를 선으로 나타내고 필요하면 다중 결합을 만든다.	C ≡ O
6. 비공유 전자쌍의 수를 구한 다음, 비공유 전자쌍을 각 원자가 옥텟을 이루도록 배열한다.	$10 - 6 = 4, \frac{4}{2} = 2$(쌍) :C ≡ O:

◘ 이온 결합의 루이스 구조

이온의 전자 배치는 어떻게 나타낼까? 나트륨 원자는 원자가 전자가 1개이므로 원자가 전자 1개를 잃고 나트륨 이온이 된다. 따라서 다음과 같이 나타낼 수 있다.

Ne의 전자 배치와 같다.

$\mathrm{Na\cdot} \longrightarrow \mathrm{Na^+} + \mathrm{e^-}$

나트륨 원자의 루이스 전자점식　　나트륨 이온의 루이스 전자점식

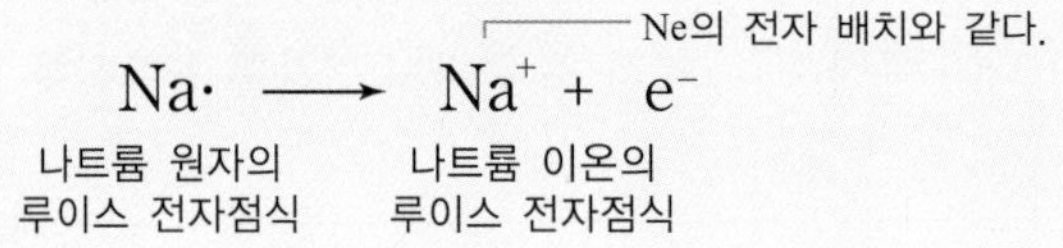

염소 원자는 원자가 전자가 7개이므로 전자 1개를 얻어 안정한 염화 이온이 된다.

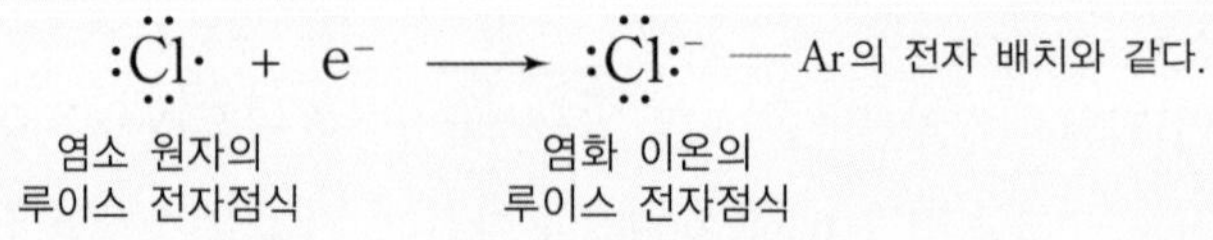

:C̈l· + $\mathrm{e^-}$ ⟶ :C̈l:$^-$ — Ar의 전자 배치와 같다.

염소 원자의 루이스 전자점식　　염화 이온의 루이스 전자점식

즉, 금속 원자는 가장 바깥 전자 껍질에 있는 전자(자유 전자)를 모두 잃어 안정한 양이온을 형성함으로써 비활성 기체의 전자 배치를 하고, 비금속 원자는 가장 바깥 전자 껍질에 전자를 얻어 안정한 음이온을 형성함으로써 비활성 기체의 전자 배치를 할 수 있다. 따라서 염화 나트륨의 루이스 전자점식은 다음과 같이 나타낼 수 있다.

NaCl　　$[\mathrm{Na}]^+$ [:C̈l:]$^-$

화학식　　루이스 전자점식

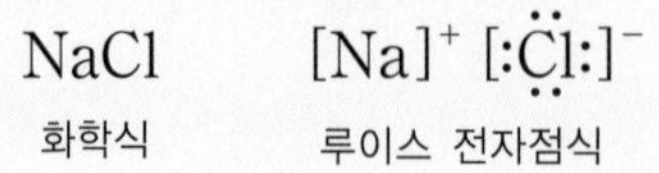

확·인·하·기

아이오딘화 칼륨(KI)을 이루는 각 이온의 루이스 전자점식과 아이오딘화 칼륨의 루이스 전자점식을 각각 쓰시오.

답 K^+, $:\ddot{\underset{..}{I}}:^-$, $[K]^+[:\ddot{\underset{..}{I}}:]^-$

자료 쏙

» 옥타브와 옥텟

피아노의 건반에는 88개의 키가 있다. 자연에는 피아노의 키와 비슷한 수의 화학 원소들이 있다. 우라늄은 92번째 원소로 자연에서 가장 무거운 원소이다. 피아노 건반에서 가장 높은 음을 내는 키인 셈이다. 자연도 약 90가지 원소 중에서 20가지 정도의 원소를 주로 사용해서 삼라만상을 만들어낸다. 도, 미, 솔처럼 생명체에서는 수소, 산소, 탄소가 압도적으로 많이 사용된다. 그 다음으로는 파와 라처럼 질소와 인이 필수적이다. 우리 몸에는 그 밖에도 칼슘, 칼륨, 황, 나트륨, 염소, 마그네슘이 꽤 들어 있고, 열 가지 정도의 미네랄 성분이 미량 들어 있다.

피아노에서 도, 미, 솔을 같이 누르면 화음을 이룬다. 원소에서는 수소, 산소, 탄소를 조합하면 원래의 성질은 사라지고 전혀 다른 물질로 변화된다. 그래서 원소 세계의 화합은 화합(化合)이다.

건반과 원소의 세계의 또 다른 공통점이 있다. 도에서 시로 가면 다시 도로 돌아오는 것처럼 주기율표에서 나트륨, 마그네슘, 알루미늄, 규소, 인, 황, 염소 다음에는 다시 나트륨과 한 옥타브 차이 나는 칼륨이 온다. 한 옥타브 내에서 모든 음에 특이한 음색이 있듯이 원소들은 다 제 몫이 있다.

나트륨은 광택이 나는 금속이지만 염소와 화합하면 우리 몸에 필수적인 소금이 된다. 마그네슘은 모든 녹색식물의 엽록소에 들어 있어서 햇빛의 에너지를 받아 탄수화물을 만드는 역할을 한다. 가볍고 강도가 높은 알루미늄은 항공기와 우주 산업의 핵심 소재이고, 규소는 대지의 주성분이면서 반도체의 주성분이다. 인은 인체의 골격도 만들고 DNA 이중 나선의 골격도 만든다. 황은 단백질과 타이어에 이용된다. 염소는 마시는 물의 소독을 통해 수많은 사람을 전염병에서 구하였다. 그리고는 다시 칼륨은 나트륨과 같이 염을 만들면서 신경계에서 핵심 역할을 한다.

한편 도레미도와 도미레도가 다른 멜로디인 것처럼 수소, 산소, 탄소는 결합 방식에 따라 흥을 돋우는 알코올이 되기도 하고 맛과 향을 내는 에스터가 되기도 한다.

또한, 악보에 쉼표가 있듯이 주기율표에는 모든 원소가 쉼을 찾는, 원소의 이상향이 있다. 예를 들면 염소와 칼륨 사이에는 비활성 기체 아르곤이 있다. 비활성 기체가 되기 위해 모든 원소는 8을 지향하는 자연의 원리를 따라 열심히 화합한다. 이 원리는 옥타브와 어원이 같은 옥텟 규칙이라고 한다. 원자들은 이 규칙에 따라 화합한다.

1-5 금속 결합

핵심 개념 • 자유 전자 • 금속 결합

| 금속 결합 |

소금에서처럼 전기음성도 차이가 큰 원소들이 만나면 옥텟 규칙을 만족시키는 방향으로 전자를 내놓고 받고 해서 이온 결합을 만든다. 그런데 전기음성도가 낮은 원소들만 모여 있고 전자를 받아줄 전기음성도가 높은 원소가 주위에 없다면 어떻게 될까?

나트륨은 이온화 에너지가 비교적 낮아서 주위에 염소처럼 전자를 받으려는 원소가 없더라도 쉽게 전자를 내주고 네온과 같은 전자 배치를 가져서 옥텟 규칙을 만족하려는 경향이 있다. 그래서 금속 나트륨에서는 모든 나트륨 원자가 전자를 1개씩 내놓아 나트륨 이온이 되고 이때 나온 전자들은 나트륨 이온 사이를 자유롭게 돌아다니면서 전체적으로 금속을 중성으로 유지시키고, 나트륨 이온들이 양전하 때문에 서로 반발해서 흩어지는 것을 막아준다.

금속은 이온화 에너지가 작아 전자를 잃기 쉬우므로 금속 원자에서 전자가 떨어져 나가면 원자는 양이온이 되는데, 이때 떨어져 나가 자유롭게 이동하는 전자는 어느 원자에 속하지 않는 **자유 전자(free electron)**이다. 금속 원자들이 결정 격자에서 일정한 위치를 유지하도록 금속 양이온과 자유 전자 사이의 정전기적 인력에 의한 결합을 **금속 결합(metallic bond)**이라고 한다. 금속은 금속 양이온 사이에서 자유 전자가 전자의 바다를 이룬다고도 한다.

금속 결합 모형

| 금속의 성질 |

금속은 자유 전자 때문에 전기 전도도(electric conductivity)와 열전도도(thermal conductivity)가 매우 높다.

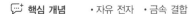

금속은 고체나 액체 상태에서 전기가 잘 통하는데, 그 이유는 전압을 걸어주면 자유 전자가 일정한 방향으로 배열되어 있어 빨리 이동할 수 있기 때문이다.

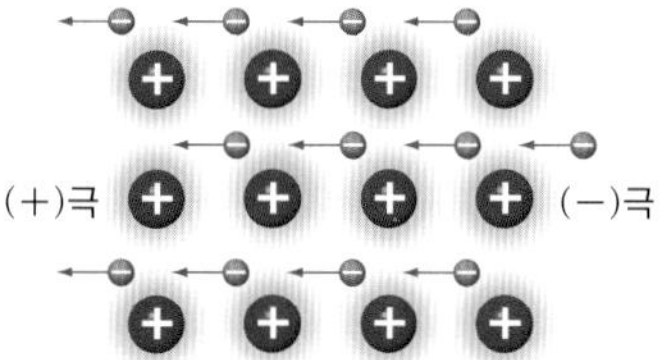

금속의 가장 큰 특징은 고체와 액체 상태에서의 전기 전도성이다.

⌃ 금속에 전류가 흐를 때

금속 결합 물질은 자유 전자 때문에 다양한 특성을 나타내는데, 외부의 힘을 받아 금속이 변형되어도 자유 전자가 이동하여 금속 결합을 유지할 수 있으므로 뽑힘성(연성, ductility)과 펴짐성(전성, malleability)이 크다. 금, 구리, 망가니즈 등 몇 가지 금속을 제외한 모든 금속은 은백색 광택을 나타내며, 대부분 고체로서 녹는점과 끓는점이 높다.

이온 결합과 마찬가지로 금속 결합이 일어나는 이유도 옥텟 규칙에 있다. 즉 Li^+, Na^+, K^+, Be^{2+}, Mg^{2+}, Ca^{2+}, Al^{3+} 이온들처럼 모든 고체 금속에서도 전자를 내놓은 금속 이온은 옥텟 규칙을 만족시키는 것이다.

▼ 화학 결합의 분류

화학 결합	이온 결합	공유 결합	금속 결합
구성 원소	금속 + 비금속	비금속 + 비금속	금속
결합 요소	양이온, 음이온	공유 전자	양이온, 자유 전자
결합력	전기적 인력	전자쌍 공유	전기적 인력
예	NaCl, MgO	H_2O, CH_4	Na, Mg
공통점	모든 원자가 옥텟 규칙을 이루며 안정함		

확·인·하·기

금속 결합과 금속에 대한 설명이다. ( ) 안에 알맞은 말을 쓰시오.

(가) 금속 결합은 양이온과 (   ) 사이의 정전기적 인력에 의해 형성된다.

(나) 얇은 금박을 만들 수 있는 것은 금속의 (   )성 때문이다.

답 (가) 자유 전자, (나) 펴짐

연/습/문/제

핵심개념 확인하기

1

물질이 전기 분해되는 것은 원소 간 결합에 (양성자, 전자)가 관여하기 때문이다.

2

원자들이 전자를 잃거나 얻어서 최외각 전자가 8개인 안정한 전자 배치를 이루려는 것을 (주기율, 옥텟 규칙)이라고 한다.

3

이온 결합 물질은 이온 사이의 거리가 (가까울, 멀)수록, 양이온과 음이온의 전하량이 (클, 작을)수록 녹는점이 높다.

4

공유 결합은 비금속 원자들이 각각 원자가 전자를 내놓아 (전자쌍, 홀전자)을(를) 만들고, 이것을 공유하여 이루어진다.

5

금속 결합은 (금속, 이온)에서 떨어져 나온 전자들이 자유롭게 움직이면서 (금속 양이온, 비금속 음이온)들을 서로 결합시킨다.

01 분자 구조를 이해하는 데 가장 중요한 힘은?

① 전기적 힘 ② 자기적 힘 ③ 중력 ④ 강한 핵력 ⑤약한 핵력

02 나트륨과 염소에 관한 설명으로 옳지 않은 것은?

① 나트륨과 염소의 이온화 에너지는 모두 양의 값이다.
② 나트륨과 염소의 전자 친화도는 모두 양의 값이다.
③ 이온화 에너지의 절댓값은 나트륨보다 염소가 크다.
④ 전자 친화도의 절댓값은 나트륨보다 염소가 크다.
⑤ 염소가 나트륨에 전자를 내주는 것이 반대인 경우보다 유리하다.

03 다음 중에서 이온 결합 물질이 아닌 것은?

① NaCl ② KOH ③ $CaCO_3$ ④ $MgSO_4$ ⑤ H_2O

04 양성자와 전자의 배치를 고려할 때 수소 분자에서 전하는 어떤 방식으로 배치되어 있는가?

① − + − ② + − + ③ − − + ④ + + − ⑤ − −

05 다음 분자에 들어 있는 공유 전자쌍과 비공유 전자쌍의 수를 쓰시오.

(1) H_2O (2) O_2 (3) N_2
(4) Cl_2 (5) NH_3 (6) CO_2

06 CH_4, NH_3, H_2O, HF에서 C, N, O, F의 최외각 전자 수와 이들이 결합한 수소 원자의 수를 합한 수는?

① 2 ② 4 ③ 6 ④ 8 ⑤ 10

07 KI에서 K과 I의 최외각 전자 수는 각각 얼마인가?

① 1, 7　② 2, 8　③ 8, 2　④ 2, 2　⑤ 8, 8

08 NaCl은 이온 결합 화합물이지만 HCl은 공유 결합 화합물인 이유는?

① Na가 H보다 전기음성도가 높다.
② Na가 H보다 원자 번호가 크다.
③ Na가 H보다 원자 반지름이 크다.
④ Na와 Cl의 전기음성도 차이가 H와 Cl의 전기음성도 차이보다 크다.
⑤ Na와 Cl의 전기음성도 차이가 H와 Cl의 전기음성도 차이보다 작다.

09 금속 상태의 나트륨에서 Na의 최외각 전자 수는?

① 1　② 2　③ 8　④ 11　⑤ 23

10 BeF_2에서 Be의 최외각 전자 수는?

① 2　② 4　③ 6　④ 8　⑤ 10

11 NaF과 KCl은 모두 이온 결합을 이룬다. Na^+과 K^+에서 Na과 K의 최외각 전자는 각각 몇 개인가? F^-과 Cl^-에서는 어떤가?

12 다음 중 옥텟 규칙이 엄격히 적용되지 <u>않는</u> 경우는?

① NaCl　② HCl　③ NaOH　④ H_2O　⑤ BF_3

13 결합에 대한 설명이다. 옳지 않은 부분을 바르게 고치시오.

(1) 공유 결합 물질은 이온 결합 물질보다 대체로 녹는점과 끓는점이 높다.

(2) 이온 결합 물질은 액체 상태에서 전기 전도성이 없다.

(3) 금속 결정은 단단하나 부스러지기 쉽다.

(4) 이온 결합 물질은 이온 간 거리가 짧을수록 녹는점이 낮다.

14 다음은 어느 화학 결합을 하는 물질에 대한 설명이다.

- 전기와 열 전도성이 좋다.
- 전성과 연성이 있다.
- 특유의 광택이 난다.

위에서 설명하는 물질에 해당하는 것은?

① O_2 ② Fe ③ LiCl ④ NaCl ⑤ BF_3

15 표는 물과 염화 칼륨에 대한 자료이다.

구분	H_2O	KCl 용융액
전기 분해	○	○
전기 전도성	×	○

이에 대한 해석으로 옳은 것만을 |보기|에서 있는 대로 고른 것은?

|보기|

ㄱ. H_2O는 원소 간 결합에 전자가 관여한다.

ㄴ. KCl은 고체 상태에서 이온이 잘 이동한다.

ㄷ. H_2O와 KCl은 전자의 결합 방법이 다르다.

① ㄴ ② ㄷ ③ ㄱ, ㄴ

④ ㄱ, ㄷ ⑤ ㄱ, ㄴ, ㄷ

16 표는 중성 원자 A~D의 전자 배치를 나타낸 것이다.

원자	A	B	C	D
전자 배치	$1s^1$	$1s^2 2s^2 2p^2$	$1s^2 2s^2 2p^3$	$1s^2 2s^2 2p^6 3s^1$

A~D로 이루어진 물질에 대한 설명으로 옳은 것만을 **보기**에서 있는 대로 고르시오. (단, A~D는 임의의 원소 기호이다.)

보기

ㄱ. A_2는 수용액에서 전기를 잘 통한다.
ㄴ. C_2는 공유 전자쌍이 2쌍으로 2중 결합을 한다.
ㄷ. BA_4는 공유 결합 물질로 상온에서 기체 상태이다.
ㄹ. D는 양이온과 자유 전자가 결합한 물질이다.

17 그림은 금속 결합 모형을 나타낸 것이다.

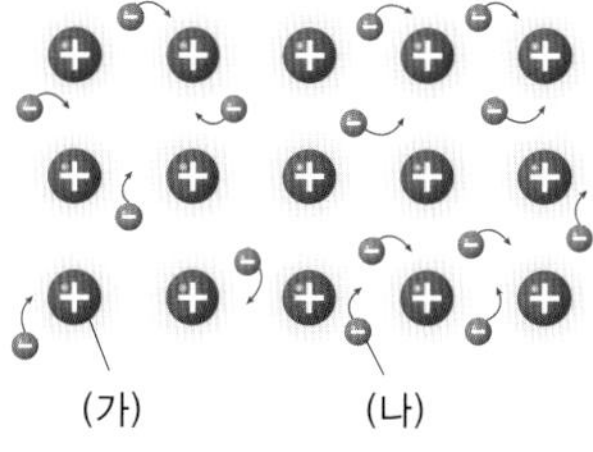

이에 대한 설명으로 옳은 것만을 **보기**에서 있는 대로 고르시오.

보기

ㄱ. 금속은 (가)를 잃으므로 옥텟을 이룬다.
ㄴ. 금속은 (나)로 인해 고체와 액체 상태에서 전기를 잘 통한다.
ㄷ. 금속을 망치로 두드릴 때 (가)의 위치가 바뀌어도 주위 환경이 바뀌지 않으므로 넓게 펼 수 있다.

18 그림은 어떤 이원자 분자의 결합을 나타낸 것이다. 이에 대한 설명으로 옳은 것만을 |보기|에서 있는 대로 고르시오.

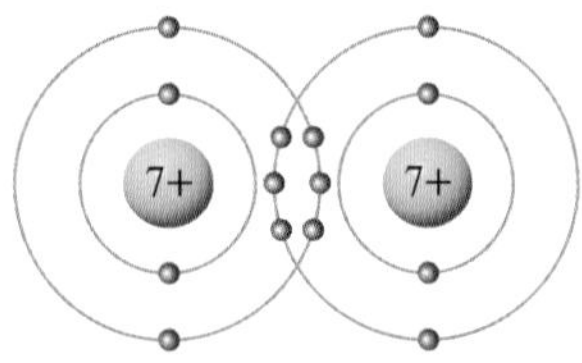

|보기|

ㄱ. 전자쌍 3개를 공유하여 옥텟 규칙을 만족한다.
ㄴ. 이 분자를 이루는 원자를 루이스 전자점식으로 나타낼 경우 홀전자는 2개이다.
ㄷ. 이 분자는 상온에서 기체 상태로 존재한다.

19 그림은 Na(*g*)과 Cl(*g*)로부터 NaCl(*g*)이 생성되는 과정에서 핵 간 거리에 따른 에너지 변화를 나타낸 것이다.

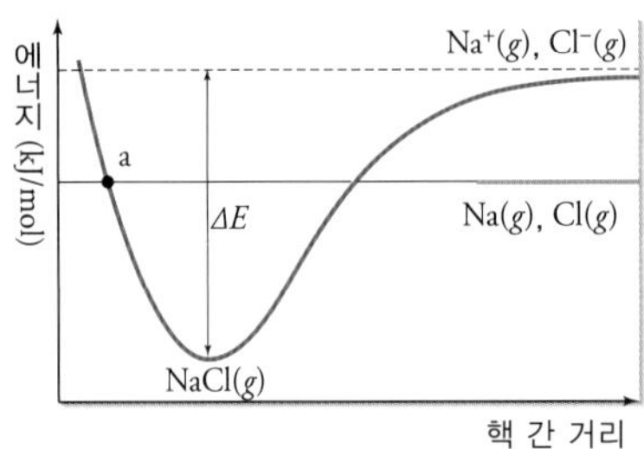

이에 대한 설명으로 옳은 것만을 |보기|에서 있는 대로 고른 것은?

|보기|

ㄱ. a에서 두 이온 사이의 정전기적 인력이 반발력보다 크다.
ㄴ. Na(*g*)의 이온화 에너지는 Cl(*g*)의 전자 친화도보다 크다.
ㄷ. $Na^+(g)$와 $Cl^-(g)$은 최외각 전자 수가 같다.

① ㄱ ② ㄴ ③ ㄷ ④ ㄱ, ㄴ ⑤ ㄴ, ㄷ

2 분자의 구조와 성질

파리의 로댕미술관에 가면 2개의 손이 작은 공간을 두고 마주 잡고 있는 실물 크기의 조각이 있다. 그런데 이를 흉내 내려고 해도 되지 않는다. 이것은 다른 두 사람의 손이 마주 잡아야만 만들 수 있는 구조이다. 이 조각에서 두 손이 나타내는 상호보완(complementarity)의 원리는 자연에서 가장 멋진 화합물이라고 해도 과언이 아닌 DNA 구조의 핵심을 이룬다. 이중 나선의 두 가닥 중 한쪽의 아데닌은 상대쪽 가닥의 타이민과, 그리고 구아닌은 사이토신과 상보적(complementary) 관계를 이루어 미끈한 DNA 분자를 만들고 그 안에 생명의 정보를 기록하고 있다. 이러한 DNA 이중 나선 구조는 수소, 탄소, 산소, 질소, 인의 다섯 가지 원소들이 각각의 개성에 따라 특정한 방식의 화학 결합을 이루어야 만들어진다.

2-1 분자의 구조

핵심 개념 • 전자쌍 반발 • 정사면체 구조 • 결합각

원자들은 화학 결합을 통해서 분자를 만드는 데 그치지 않고, 각각 분자의 특별한 3차원 구조를 통해 생명 현상을 포함해서 우리 주위의 물질세계를 만든다.

H_2, Cl_2, O_2, N_2 또는 HCl처럼 2개의 원자가 결합한 이원자 분자는 직선 구조이다. 그런데 3개의 원자가 결합한 물은 화학식 H_2O에서 처음에는 H−H−O의 직선 구조를 생각했을지 모른다. 그 후 수소와 산소의 원자가가 1과 2인 것을 알고 나서는 H−O−H의 순서를 파악했을 것이다. 물 분자가 굽어진 구조를 가진다는 것을 알게 된 것은 그 후의 일이다.

| 전자쌍 반발 이론 |

메테인(methane, CH_4)의 루이스 구조는 오른쪽 그림과 같이 그릴 수 있다. 그러나 루이스 구조는 어떻게 원자들이 옥텟 규칙에 맞게 전자를 공유하여 화학 결합을 이루는지 말해줄 뿐, 분자의 3차원 구조를 보여 주지는 않는다. 메테인의 루이스 구조로부터 4개의 수소 원자가 탄소와 같은 평면에 놓인 것으로 생각해서는 안 된다.

H
H:C:H
H

메테인의 루이스 구조

중심 탄소 원자는 4개의 수소 원자와 전자를 공유해서 최외각에 8개의 전자를 가지고 있다. 이 공유된 전자들, 즉 4개의 전자쌍들은 탄소와 수소 원자 사이에서 가장 밀도가 높게 분포되었을 것이다. 그리고 이 4개의 전자쌍은 모두 −2의 음전하를 가지기 때문에 서로 반발하여 최대한 멀어지려고 한다. 더구나 4개의 C−H 결합은 동일하므로 4개의 C−H 결합 사이의 각도는 같아야 한다. 이것은 바로 정사면체 구조(tetrahedral structure)이고 H−C−H 결합각은 109.5°이다. 이러한 결합각은 전자쌍 사이의 반발로 쉽게 설명할 수 있다.

전자쌍 반발 원리는 1940년에 영국의 화학자 시지윅(Sidgwick, N. V., 1873~1952)

용어 쏙 **결합각**

중심 원자의 원자핵과, 중심 원자와 결합한 다른 두 원자의 원자핵을 연결한 선이 이루는 각도이다.

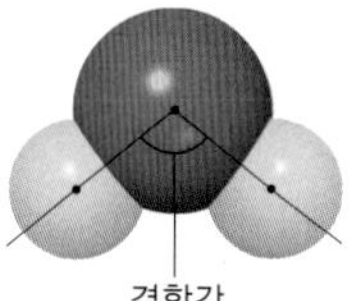

에 의해 제안된 것으로, 한 분자 내에서 중심 원자를 둘러싸고 있는 전자쌍은 정전기적 반발력이 작용하여 가능하면 멀리 떨어져 있으려고 한다. 이처럼 최외각에 쌍으로 들어 있는 원자가 전자들 사이의 반발을 통해 분자 구조를 예측하는 이론을 **원자가 껍질 전자쌍 반발 이론(valence shell electron pair repulsion, VSEPR theory)**이라고 한다. 분자의 중심 원자의 공유 전자쌍 수와 배열에 따라서 다음과 같이 분자 모양이 결정된다.

▼ 중심 원자의 공유 전자쌍 수와 분자 모양

전자쌍 수	2	3	4	5	6
모양	선형	평면 삼각형	정사면체형	삼각쌍뿔형	정팔면체형
구조				90°, 120°	
예	BeF_2	BF_3	CCl_4	PCl_5	SF_6

확·인·하·기

CH_4, CO_2, HCHO, CH_3OH에서 공통적으로 적용되는 중심 탄소 주위의 전자쌍 수는?

① 2 ② 4 ③ 6 ④ 8 ⑤ 10

공유 결합을 이룬 후 중심 탄소의 최외각 전자 수는 8이고, 전자쌍 수는 4이다. 답 ②

| 분자 구조 |

◘ 중심 원자에 비공유 전자쌍이 없는 경우

2족에 속해서 최외각 전자가 2개인 베릴륨(Be)은 공유 결합을 2개밖에 만들 수 없다. 그래서 중심 원자 주위에 공유 전자쌍이 2개인 기체 상태의 BeF_2과 같은 경우는 공유 전자쌍 2개가 가장 멀리 떨어져 선형으로 놓이며 결합각은 180°이다. 최외각 전자가 3개인 붕소(B) 화합물은 예컨대 BCl_3에서는 중심 원자 주위에 3개의 공유 전자쌍이 120°의 각을 이룰 때 반발력이 최소가 되므로 평면 삼각형 구조가 된다.

메테인처럼 중심 원자가 옥텟 규칙을 만족시켜서 4개의 공유 전자쌍을 가지는 정사면체 구조는 화학에서 가장 중요한 기하 구조이다. 중심 탄소에 수소 대신 탄소가 결합해도 정사면체 구조는 기본적으로 유지되고, 또 두 번째 탄소가 새로운 정사면체 구조의 중심이 되는 식으로 수백만 가지의 다양한 탄소 화합물이 만들어진다.

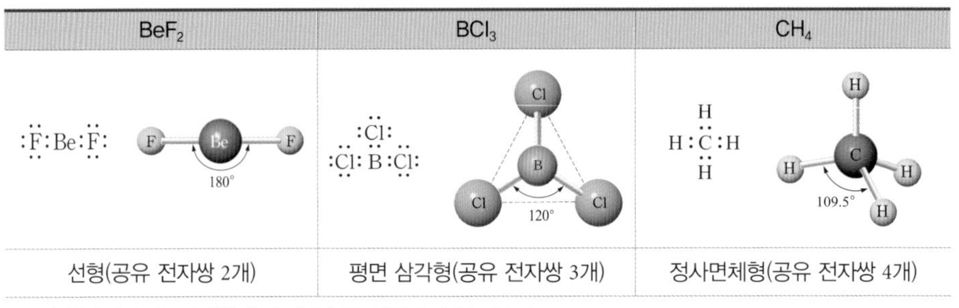

BeF_2	BCl_3	CH_4
180°	120°	109.5°
선형(공유 전자쌍 2개)	평면 삼각형(공유 전자쌍 3개)	정사면체형(공유 전자쌍 4개)

중심 원자의 공유 전자쌍이 많아질수록 결합각이 줄어든다.

중심 원자에 비공유 전자쌍이 있는 경우

중심 원자에 비공유 전자쌍이 있는 분자의 경우 분자의 전체적인 모양은 비공유 전자쌍을 포함하여 4개 전자쌍의 반발에 의해 대략적인 정사면체 구조가 된다. 그런데 중심 원자 주위에서 전자쌍 간 반발력에 대한 기여는 비공유 전자쌍이 공유 전자쌍보다 크다. 공유 전자쌍은 두 원자에 공유되어 두 원자 사이에 비교적 넓게 퍼져 있다. 그러나 비공유 전자쌍은 중심 원자에만 속하므로 전자 밀도가 중심 원자핵에 가깝고, 이웃한 공유 전자쌍과의 반발력이 커지므로 공유 전자쌍 사이의 각이 약간 줄어든다. 그리고 비공유 전자쌍이 많을수록 원자 간 결합각이 줄어든다. CH_4, NH_3, H_2O의 경우 중심 원자의 전자쌍 수는 4개로 같지만, 비공유 전자쌍 수가 0, 1, 2개로 많아져 공유 전자쌍 사이의 결합각은 줄어들게 된다.

공유 전자쌍 간 반발력 < 비공유-공유 전자쌍 간 반발력 < 비공유 전자쌍 간 반발력

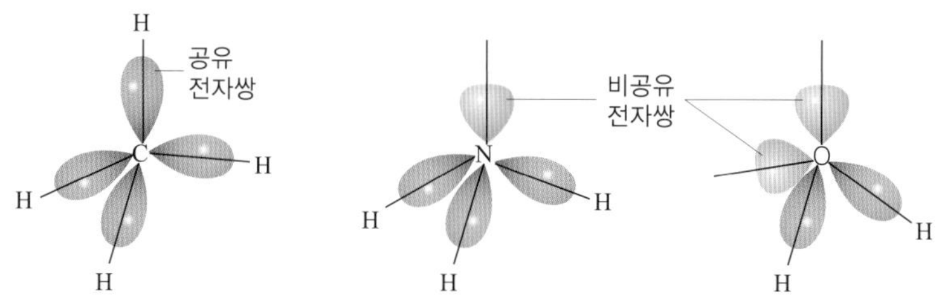

⩓ **공유 전자쌍과 비공유 전자쌍**

암모니아(ammonia, NH_3)에서 중심 질소 원자는 1개의 비공유 전자쌍을 가지고 있다. 그런데 암모니아의 중심 질소 원자는 4개의 전자쌍, 즉 3개의 공유 전자쌍과 1개의 비공유 전자쌍을 가진다. 4개의 전자쌍이 반발해서 정사면체 구조를 가진다는 점에서는 메테인과 같다.

분자	CH_4	NH_3	H_2O
전자쌍 수 (공유, 비공유)	4, 0	3, 1	2, 2
루이스 전자점식	H : C : H (위아래 H)	H : N̈ : H (아래 H)	H : Ö : (아래 H)
모양	109.5°	107°	104.5°
구조	정사면체	삼각뿔형	굽은형
결합각	109.5°	107°	104.5°

암모니아에서 3개의 공유 전자쌍은 질소와 수소 원자 사이에 어느 정도 퍼져 있는데 비해 비공유 전자쌍은 질소 원자에 속해 있기 때문에 공유 전자쌍보다 큰 반발 효과를 나타낸다. 따라서 암모니아에서 H−N−H 결합 각도는 109.5°에서 약간 줄어든 107°를 나타낸다. 즉, 암모니아는 정사면체의 한 꼭짓점에 비공유 전자쌍이 위치한 삼각뿔(trigonal pyramid) 구조이다.

물에서는 2개의 공유 전자쌍과 2개의 비공유 전자쌍이 반발하고 있어서 H−O−H 각도는 104.5°로 줄어든다. 물은 비공유 전자쌍 때문에 굽은형이 된다.

한편, 이산화 탄소(carbon dioxide, CO_2)에서 중심 탄소의 4개 최외각 전자는 모두 양쪽 산소와 2중 결합을 하고 있다. 별도의 비공유 전자쌍이 없는 상황에서는 2중 결합끼리 최대한 멀어지는 구조, 즉 O－C－O 각도가 180°인 선형 구조가 된다.

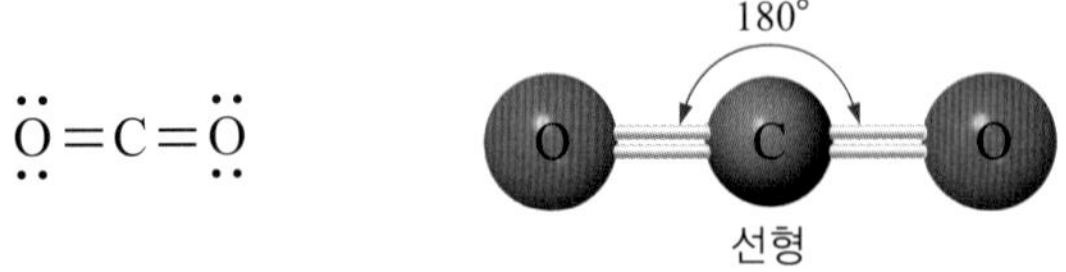

≈ CO_2의 분자 모양

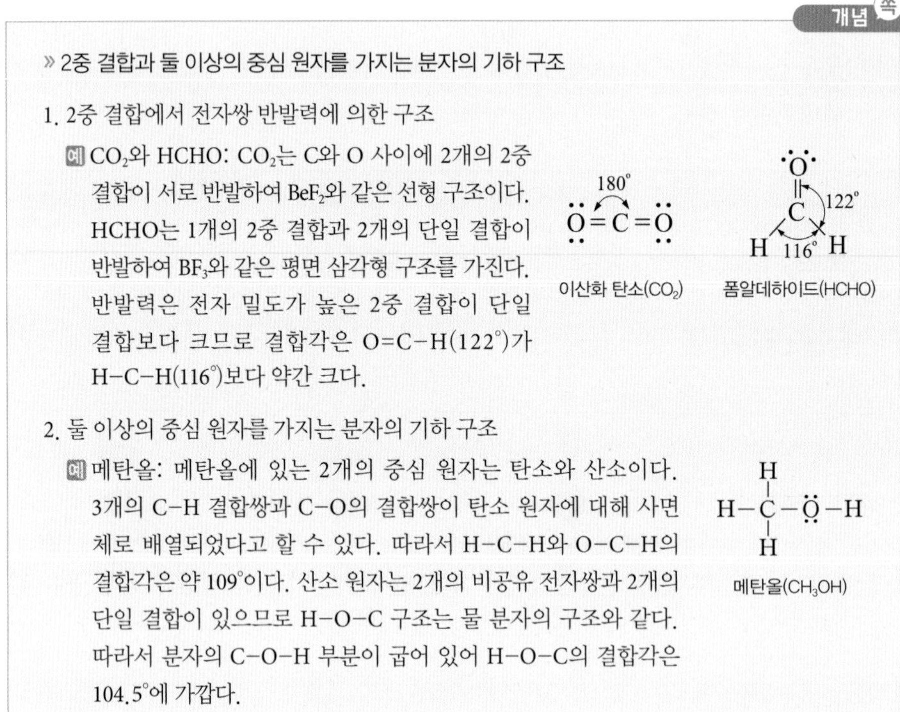

개념 쏙

» 2중 결합과 둘 이상의 중심 원자를 가지는 분자의 기하 구조

1. 2중 결합에서 전자쌍 반발력에 의한 구조

예 CO_2와 HCHO: CO_2는 C와 O 사이에 2개의 2중 결합이 서로 반발하여 BeF_2와 같은 선형 구조이다. HCHO는 1개의 2중 결합과 2개의 단일 결합이 반발하여 BF_3와 같은 평면 삼각형 구조를 가진다. 반발력은 전자 밀도가 높은 2중 결합이 단일 결합보다 크므로 결합각은 O=C－H(122°)가 H－C－H(116°)보다 약간 크다.

이산화 탄소(CO_2) 폼알데하이드(HCHO)

2. 둘 이상의 중심 원자를 가지는 분자의 기하 구조

예 메탄올: 메탄올에 있는 2개의 중심 원자는 탄소와 산소이다. 3개의 C－H 결합쌍과 C－O의 결합쌍이 탄소 원자에 대해 사면체로 배열되었다고 할 수 있다. 따라서 H－C－H와 O－C－H의 결합각은 약 109°이다. 산소 원자는 2개의 비공유 전자쌍과 2개의 단일 결합이 있으므로 H－O－C 구조는 물 분자의 구조와 같다. 따라서 분자의 C－O－H 부분이 굽어 있어 H－O－C의 결합각은 104.5°에 가깝다.

메탄올(CH_3OH)

확·인·하·기

다음 분자들을 결합각의 크기가 큰 것부터 순서대로 나열하시오.

BCl_3 CH_4 H_2O HF

BCl_3는 평면 삼각형으로 120°, CH_4은 정사면체형으로 109.5°, H_2O은 굽은형으로 약 104.5°, HF는 선형으로 180°이다.

답 HF, BCl_3, CH_4, H_2O

2-2 분자의 극성

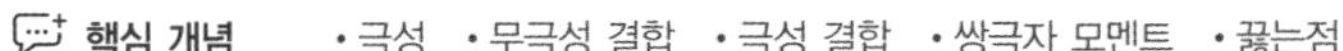

핵심 개념 · 극성 · 무극성 결합 · 극성 결합 · 쌍극자 모멘트 · 끓는점

원자들이 화학 결합을 통해서 특정한 구조를 가진 분자를 만들고 나면 분자들 사이의 상호 작용이 중요해진다. 그런데 화학 결합이 기본적으로 전기적인 것처럼 분자 간 상호 작용도 전기적이다. 따라서 분자 간 상호 작용을 이해하기 위해서는 분자 자체의 전기적 성질을 파악해야 한다.

| 결합의 극성 |

전기음성도의 차이는 원자들이 따로 있을 때에는 드러나지 않지만, 원자들이 결합을 이루게 되면 바로 드러난다. 수소 분자(H_2)에서는 두 원자가 모두 같은 수소이기 때문에 전기음성도의 차이가 없다. 따라서 공유 결합에 사용된 전자쌍이 어느 한쪽으로 끌려갈 이유가 없다. 이러한 경우의 결합을 극성이 없는 **무극성 공유 결합**이라고 한다. 이때 극성(polarity)이란 자석에 N극과 S극이 있듯이 (+)전하를 띠는 극과 (−)전하를 띠는 극이 나누어져서 나타나는 성질을 말한다.

염화 수소(HCl)와 같이 전기음성도가 다른 원자 사이의 공유 결합을 **극성 공유 결합**이라고 한다. 전기음성도가 높은 원소(Cl)와 낮은 원소(H)가 전자를 하나씩 내놓고 공유 결합을 이루면 내놓은 전자를 50 : 50으로 나누어 갖지 않고 전기음성도가 높은 염소가 전자를 끌어가서 염소는 부분 (−)전하(δ^-)를, 수소는 부분 (+)전하 (δ^+)를 띠게 된다.

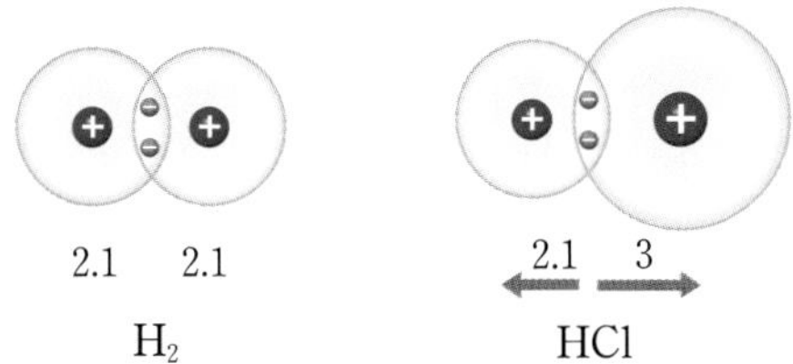

H−H 결합과 H−Cl 결합

HCl에서 Cl의 δ⁻는 약 −0.2이고, H의 δ⁺는 +0.2로 측정되었다.

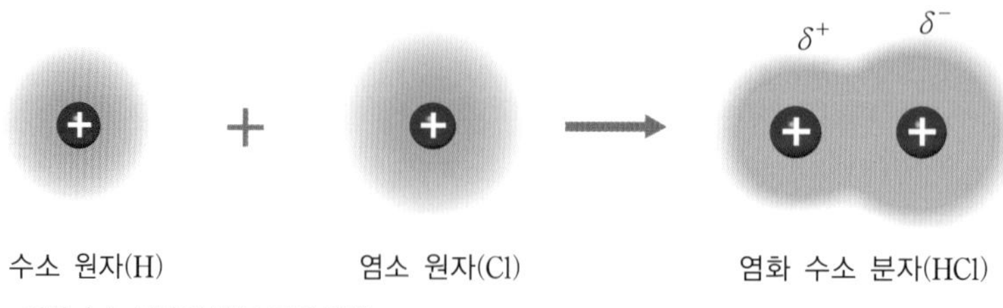

≈ **염화 수소 분자의 극성 공유 결합**

염소보다 전기음성도가 높은 F과 결합한 HF에서 F의 δ⁻는 약 −0.4이고, H의 δ⁺는 +0.4이다. HF에서 공유 결합은 이온 결합의 성격을 어느 정도 가지게 된다.

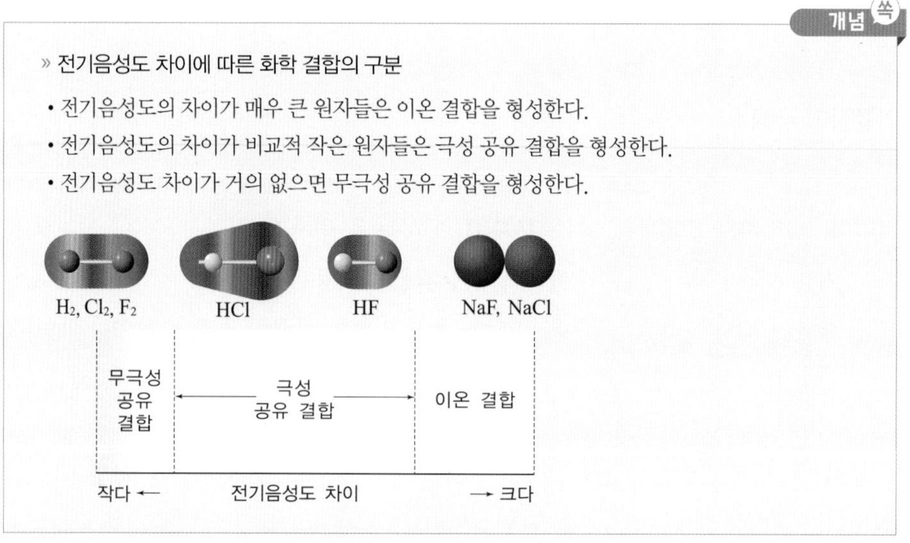

» **전기음성도 차이에 따른 화학 결합의 구분**

- 전기음성도의 차이가 매우 큰 원자들은 이온 결합을 형성한다.
- 전기음성도의 차이가 비교적 작은 원자들은 극성 공유 결합을 형성한다.
- 전기음성도 차이가 거의 없으면 무극성 공유 결합을 형성한다.

| 쌍극자 모멘트와 분자의 극성 |

염화 수소 분자와 같이 한 분자 내에서 두 원자 사이에 크기가 같고 부호가 다른 부분 전하를 나타내는 것을 쌍극자(dipole)라고 한다. 결합의 극성 정도는 **쌍극자 모멘트(dipole moment, μ)**로 나타내는데, 쌍극자 모멘트는 분리된 전하량(q)과 두 전하 사이의 거리(r)의 곱으로 정의된다. 쌍극자에서 발생한 전자의 치우침은 화살표로 나타내

벡터는 크기와 방향을 동시에 가진다.

δ^- δ^+

$\mu = q \cdot r$

≈ **쌍극자 모멘트**

며, 부분 (+)전하에서 부분 (−)전하 방향으로 표시한다. 분자를 이루는 원자의 전하가 각각 $+q$, $-q$, 거리가 r일 때, 쌍극자 모멘트는 $\mu = q \cdot r$로 나타낸다.

쌍극자 모멘트는 결합의 극성이나 이온성, 분자의 극성을 나타내는 척도로 쓰이며 쌍극자 모멘트가 클수록 결합의 극성이 크다. 쌍극자 모멘트의 단위로는 쌍극자 모멘트의 연구로 1936년에 노벨 화학상을 받은 디바이(Debye, P., 1884~1966)의 이름을 따서 디바이(D)가 사용된다.

쌍극자 모멘트의 합이 0인 분자는 분자 내에 전자가 골고루 분포하는데 이런 분자를 **무극성 분자(nonpolar molecule)**라고 한다. 산소, 질소, 인, 황 등과 같이 같은 원자로 이루어진 분자는 무극성 공유 결합을 가져 쌍극자 모멘트가 0이 되므로 무극성 분자이다. 즉, 분자 내의 모든 결합이 무극성 공유 결합이면 분자도 무극성 분자이다.

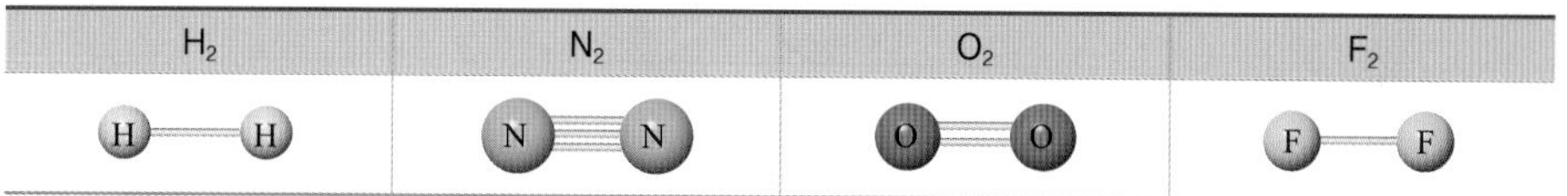

또한, 이산화 탄소, 사염화 탄소와 같이 분자 내에 극성 공유 결합이 있더라도 대칭 구조를 이루어 결합의 극성이 상쇄되면 쌍극자 모멘트의 합이 0이 되므로 무극성 분자가 된다.

▼ 극성 공유 결합을 가진 무극성 분자

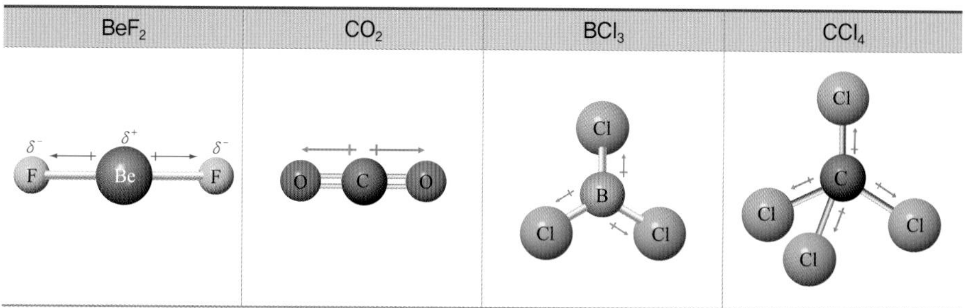

한편, 분자의 쌍극자 모멘트 합이 0이 아니어서 전자가 한쪽으로 치우쳐 한 분자 내에 부분 (+)전하와 부분 (−)전하를 갖는 분자를 **극성 분자(polar molecule)**라고 한다. 전기음성도가 다른 원자가 결합한 극성 공유 결합을 갖는 이원자 분자는 쌍극자 모멘트가 0이 아니므로 극성 분자이다.

▼ 극성인 이원자 분자

HF	HBr	NO
H—F	H—Br	N═O

다원자 분자에서 분자의 구조가 비대칭이거나 대칭이어도 결합한 원자의 종류가 달라 쌍극자 모멘트의 합이 0이 아닌 분자는 극성 분자이다. 물에서 극성을 가진 2개의 O–H 결합의 극성은 상쇄되지 않는다. 따라서 물은 극성 분자이다. 이와 같이 분자의 극성은 결합의 극성뿐만 아니라 분자의 구조에 따라 결정된다.

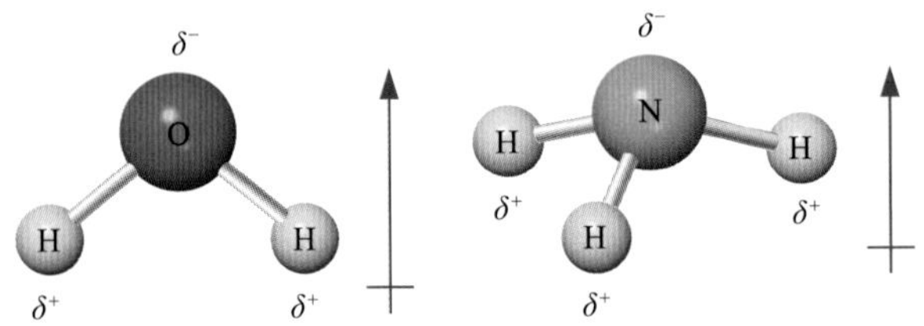

≈ 물과 암모니아의 쌍극자 모멘트

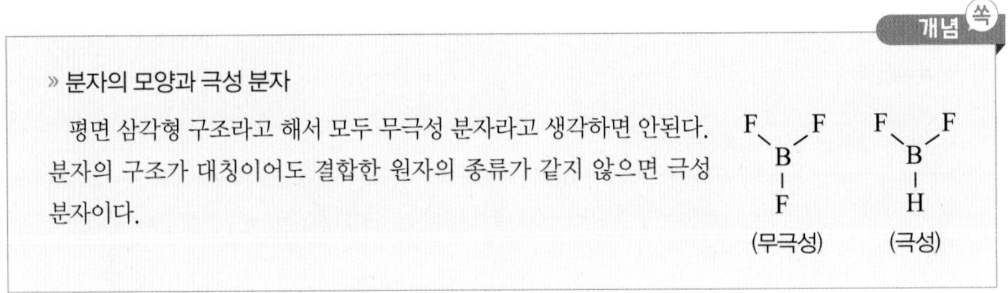
개념 쏙

» 분자의 모양과 극성 분자

평면 삼각형 구조라고 해서 모두 무극성 분자라고 생각하면 안된다. 분자의 구조가 대칭이어도 결합한 원자의 종류가 같지 않으면 극성 분자이다.

어떤 분자가 극성 분자인지 무극성 분자인지는 다음과 같이 체계적으로 분석할 수 있다.

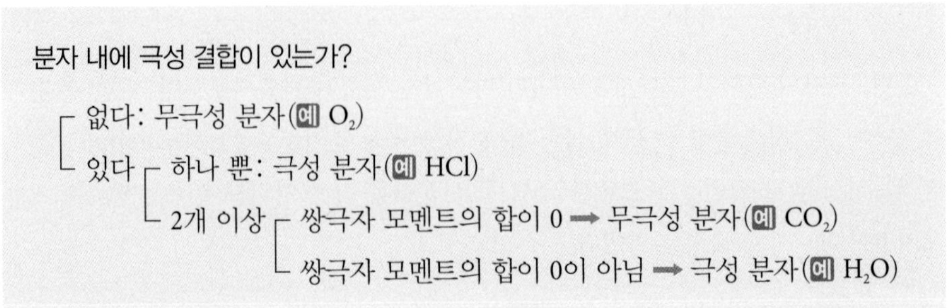
분자 내에 극성 결합이 있는가?

- 없다: 무극성 분자(예 O_2)
- 있다
  - 하나 뿐: 극성 분자(예 HCl)
  - 2개 이상
    - 쌍극자 모멘트의 합이 0 → 무극성 분자(예 CO_2)
    - 쌍극자 모멘트의 합이 0이 아님 → 극성 분자(예 H_2O)

확·인·하·기

다음은 몇 가지 공유 결합 물질이다.

HF	BeF_2	CO_2	N_2	NH_3	F_2

(1) 무극성 공유 결합으로 이루어진 분자를 있는 대로 고르시오.

(2) 극성 분자를 있는 대로 고르시오.

BeF_2, CO_2는 극성 공유 결합으로 이루어졌지만 분자의 대칭 구조로 극성이 상쇄되어 무극성 분자이다.

답 (1) N_2, F_2 (2) HF, NH_3

| 무극성 분자와 극성 분자의 성질 |

기체 상태의 극성 분자를 대전된 평행판 사이의 전기장 속에 넣어 주면 부분 (+)전하를 띤 부분은 (−)극판 쪽으로 배열하고, 부분 (−)전하를 띤 부분은 (+)극판 쪽으로 배열한다. 무극성 분자는 전기장의 영향을 받지 않으므로 전기장 속에서 무질서하게 배열한다.

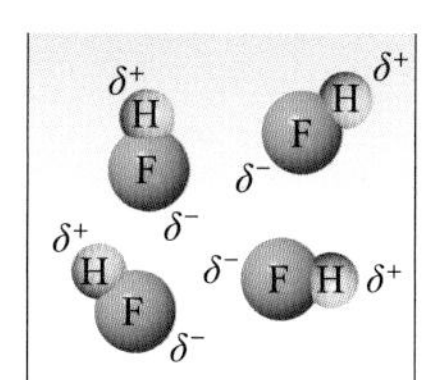

전기장이 없을 때

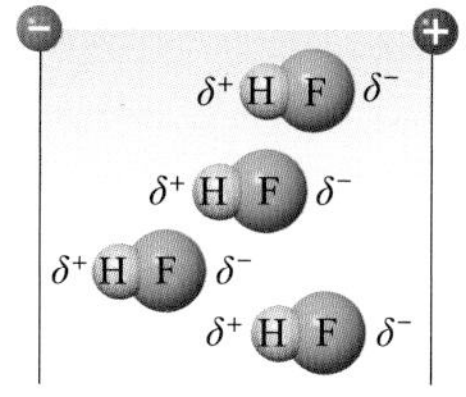

전기장이 있을 때

전기장 안에서 극성 분자의 배향

또한 물질은 극성에 따라 용해성이 달라지는데, 극성 분자는 극성 용매에 잘 녹고, 무극성 분자는 무극성 용매에 잘 녹는다. 예를 들면 극성인 물은 극성 물질인 에탄올과 잘 섞이나 무극성 물질인 기름과는 잘 섞이지 않고 두 층으로 분리된다.

한편, 극성 분자의 끓는점은 분자량이 비슷한 무극성 분자의 끓는점보다 높다. 예를 들면 분자량이 비슷한 HCl와 O_2 중 극성인 HCl의 끓는점은 O_2보다 훨씬 높다.

▼ 몇 가지 물질의 분자량과 끓는점

물질	HCl	O_2	CH_2Cl_2	CF_4
분자량	36.5	32	85	88
끓는점(℃)	−85	−183	40	−128

» 물 분자의 극성

물 분자는 부분 (+)전하를 띠는 부분과 부분 (−)전하를 띠는 부분이 모두 있어 물줄기에 대전체를 가까이 가져가면 대전체와 반대 전하를 띤 물 분자의 부분이 대전체 쪽으로 끌리면서 물줄기가 휘어진다. 따라서 (−)대전체를 가까이 가져가면 부분 (+)전하를 띠는 수소 원자가 대전체 쪽으로 향하고, (+)대전체를 가까이 가져가면 부분 (−)전하를 띠는 산소 원자가 대전체 쪽으로 향한다.

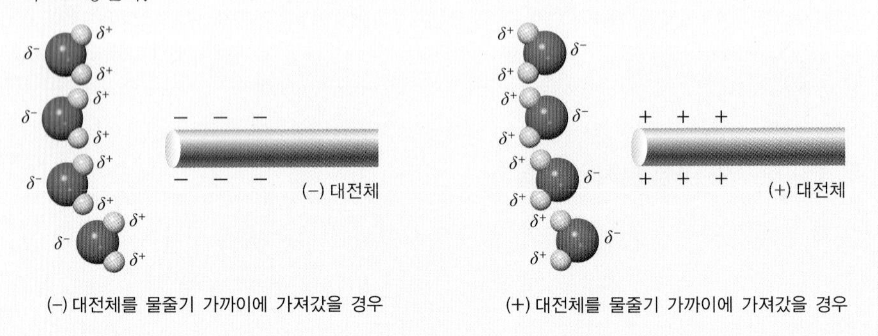

물은 극성 분자이기 때문에 다양한 물질을 녹이고 세포 활동에 필수적인데 비해, 산소와 질소 그리고 이산화 탄소는 무극성 분자이기 때문에 분자 사이의 인력이 약해 기체로 존재하며 대기의 성분으로 존재한다.

확·인·하·기

다음에서 기체 상태의 물질을 전기장에 넣었을 때 일정한 방향으로 배열하는 물질을 있는 대로 고르시오.

(가) BF_3	(나) O_2	(다) C_2H_5OH
(라) CO_2	(마) NH_3	(바) CCl_4

전기장에 넣었을 때 일정한 방향으로 배열하는 물질은 극성 분자이다. 극성 분자는 에탄올과 암모니아이다.

답 (다), (마)

연/습/문/제

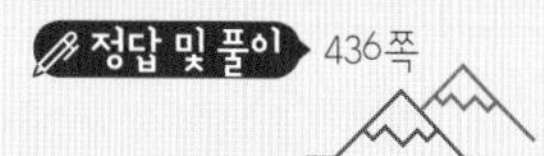

436쪽

핵심개념 확인하기

1

전자쌍 반발 이론에 따르면 한 분자 내에서 중심 원자를 둘러싸고 있는 전자쌍끼리는 정전기적 (인력, 반발력)이 작용하여 가능하면 멀리 떨어져 있으려고 한다.

2

비공유 전자쌍 사이의 반발력은 공유 전자쌍 사이의 반발력보다 (크다, 작다).

3

H_2O의 분자 구조는 결합각이 (180°, 104.5°)인 (직선, 굽은)형이다.

4

NH_3는 분자량이 비슷한 CH_4보다 녹는점이나 끓는점이 (높다, 낮다).

01 쌍극자 모멘트의 측정을 연구하여 자신의 이름이 쌍극자 모멘트의 단위가 된 사람은?

① 톰슨 ② 보어 ③ 루이스 ④ 디바이 ⑤ 폴링

02 HCl에서 H의 부분 전하가 +0.2로 측정되었다면 다음 설명 중 옳은 것은?

① Cl의 부분 전하도 +0.2일 것이다.
② Cl의 부분 전하는 −0.2일 것이다.
③ HF에서 H의 부분 전하는 +0.2보다 작을 것이다.
④ HCl은 이온 결합 화합물이다.
⑤ HF는 HCl보다 이온성이 낮다.

[3~4] 다음 표는 몇 가지 원소의 전기음성도를 나타낸 것이다.

원소	H	C	N	O	F
전기음성도	2.1	2.5	3.0	3.5	4.0

03 다음 분자에서 부분 (−)전하를 띠는 원자를 각각 쓰시오.

(1) HF (2) NH_3 (3) NO_2 (4) CH_4

04 다음 결합 중에서 결합의 극성이 가장 큰 것은?

① H−F ② C−H ③ N−H
④ O−F ⑤ O−H

05 그림은 메테인(CH_4)의 분자 모형을 나타낸 것이다. 이에 대한 설명으로 옳은 것만을 있는 대로 고르시오.

(가) 결합각은 90°이다.
(나) 공유 전자쌍이 4쌍 있다.
(다) 정사면체 입체 구조이다.

06 표는 2주기 수소 화합물의 세 가지 분자 (가)~(다)를 중심 원자의 비공유 전자쌍과 공유 전자쌍의 수에 따라 정리한 것이다.

분자	(가)	(나)	(다)
비공유 전자쌍 수	2	1	0
공유 전자쌍 수	2	3	4

(가)~(다)에 대한 설명으로 옳은 것만을 |보기|에서 있는 대로 고르시오.

|보기|

ㄱ. (가)의 원자들은 동일한 평면상에 존재한다.
ㄴ. (나)는 입체 구조이다.
ㄷ. 결합각은 (다)가 가장 크다.

07 극성 결합을 가지고 있지만 분자 전체로는 무극성인 것을 고르시오.

(1) H_2 H_2O CO_2 HCl
(2) HF NH_3 CCl_4 $CHCl_3$

08 다음 중에서 극성 분자를 골라 쓰시오.

BeH_2 BF_3 BHF_2 CCl_4 H_2

09 다음은 여러 가지 화합물의 분자 구조에 대한 설명이다. 옳지 않은 부분을 바르게 고치시오.

(1) CH_4은 평면 구조를 갖는다.
(2) BCl_3는 입체 구조를 갖는다.
(3) BeF_2은 H_2O보다 중심 원자의 결합각이 작다.
(4) CO_2는 선형 구조이며, 극성을 나타낸다.

10 분자의 모양에 대한 설명으로 옳은 것만을 | 보기 |에서 있는 대로 고르시오.

| 보기 |

ㄱ. 중심 원자 주위의 전자쌍의 총 수가 같으면 분자의 모양은 같다.
ㄴ. 전자쌍의 총수가 같을 때 비공유 전자쌍이 많을수록 결합각이 작아진다.
ㄷ. 암모니아는 중심 원자인 질소(N) 원자 주변에 공유 전자쌍 3개가 있으므로 분자 구조는 평면 삼각형이다.

11 극성 분자와 무극성 분자의 성질에 대한 설명으로 옳은 것만을 | 보기 |에서 있는 대로 고르시오.

| 보기 |

ㄱ. 극성 물질인 에탄올은 물에 대한 용해도가 크다.
ㄴ. 분자량이 비슷할 때 극성 물질은 무극성 물질보다 끓는점이 높다.
ㄷ. (−)로 대전된 물체를 물줄기에 가까이 대면 물줄기가 대전체에 끌리고, (+)로 대전된 물체를 가까이 대면 물줄기가 밀려난다.

단원 종합 문제

01 다음 화합물에 대한 설명으로 옳지 <u>않은</u> 것은?

① H_2O에서 H의 전자 배치는 He과 같다.
② NaF에서 두 이온의 전자 배치는 Ne과 같다.
③ CH_4는 단일 결합으로만 이루어져 있다.
④ Mg은 자유 전자가 있어 전기가 통한다.
⑤ NH_3는 루이스 전자점식으로 나타낼 때 비공유 전자쌍이 없다.

02 다음은 분자 (가)~(다)의 루이스 전자점식을 나타낸 것이다. 이에 대한 설명으로 옳은 것은 ○, 옳지 <u>않은</u> 것은 ×로 표시하시오.

(가) :F̤̈:Be:F̤̈:   (나) BCl_3 (:Cl̤̈:B:Cl̤̈: 위에 :Cl̤̈:)   (다) H:C:H (위아래 H)

(1) 결합각은 (가) > (나) > (다)이다. (   )
(2) 모두 평면 구조이다. (   )
(3) 모두 무극성 분자이다. (   )

03 그림은 금속 양이온과 비금속 음이온 간의 거리에 따른 에너지 변화를 나타낸 것이다.

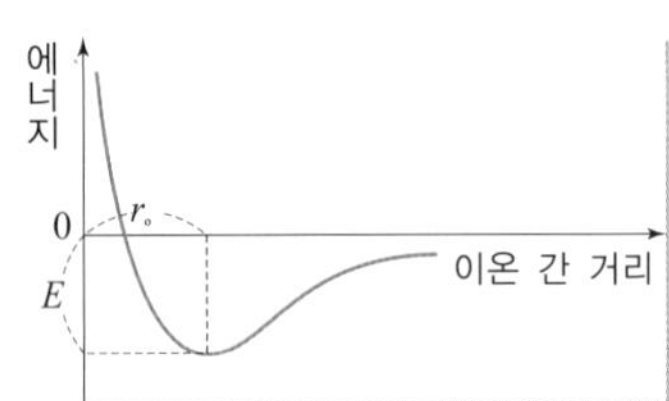

이에 대한 설명으로 옳은 것만을 |보기|에서 있는 대로 고르시오.

|보기|
ㄱ. r_0는 두 이온 반지름의 합이다.
ㄴ. r_0의 크기는 MgO보다 CaO에서 더 크다.
ㄷ. E의 크기는 NaCl보다 MgO에서 더 크다.

정답 및 풀이 437쪽

04 그림은 두 가지 고체의 결정 구조를 나타낸 것이다.

(가) 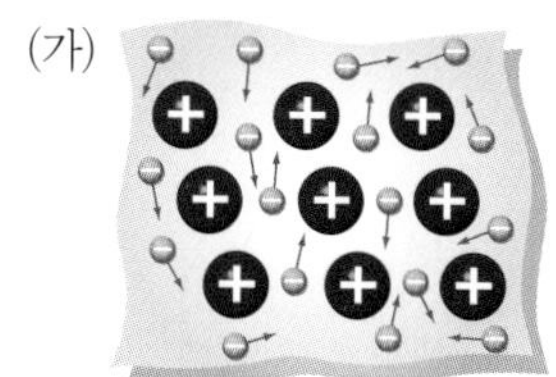

(나) 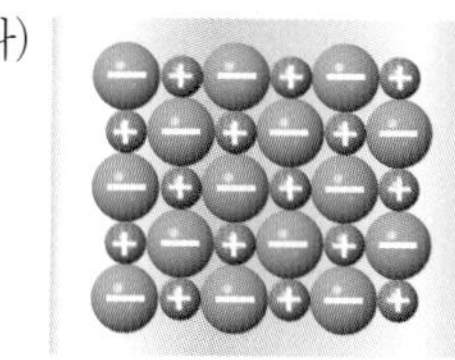

이에 대한 설명으로 옳은 것만을 **보기**에서 있는 대로 고르시오.

보기

ㄱ. (가)는 자유 전자가 있어 열전도성이 높다.
ㄴ. (나)는 외부에서 힘을 가해도 잘 부서지지 않는다.
ㄷ. 둘 다 고체와 액체 상태에 전류를 통해주면 전기를 통한다.

05 설탕과 설탕물, 소금과 소금물로 전기 전도성을 알아보는 실험을 하였더니 소금물에서만 전류가 흘렀다. 이 결과에 대한 설명으로 옳은 것만을 **보기**에서 있는 대로 고르시오.

보기

ㄱ. 설탕물에는 이온이 거의 존재하지 않는다.
ㄴ. 고체 소금에도 전류가 흐를 것이다.
ㄷ. 설탕과 소금은 원자 간 전자의 결합 방식이 다르다.

06 **보기**는 몇 가지 분자에 대한 정보이다. 옳은 것은 모두 몇 가지인가?

보기

ㄱ. O_2: 2중 결합
ㄴ. N_2: 공유 전자쌍 3개
ㄷ. HCl: 비공유 전자쌍 3개
ㄹ. CO_2: 직선형, 무극성 분자

07 그림은 주기율표의 일부를 나타낸 것이다.

주기＼족	1	2	13	14	15	16	17	18
1	A							B
2							C	
3	D	E						

이에 대한 설명으로 옳은 것만을 **보기**에서 있는 대로 고르시오. (단, A~E는 임의의 원소 기호이다.)

보기

ㄱ. A와 C의 화합물에서 A는 B의 전자 배치를 한다.
ㄴ. C와 D는 이온 결합을 한다.
ㄷ. D와 E는 자유 전자가 있다.

08 다음은 몇 가지 분자들에 대한 자료이다.

분자	쌍극자 모멘트(D)	끓는점(℃)
N_2	0	−196
NH_3	1.4	−33
H_2O	1.85	100

이에 대한 해석으로 옳은 것만을 **보기**에서 있는 대로 고른 것은?

보기

ㄱ. 쌍극자 모멘트가 클수록 끓는점이 높다.
ㄴ. N_2는 무극성 공유 결합으로 된 무극성 분자이다.
ㄷ. 세 분자 모두 분자를 이루는 원자가 같은 평면에 놓인다.

① ㄱ ② ㄴ ③ ㄷ
④ ㄱ, ㄴ ⑤ ㄴ, ㄷ

09 CO_2, BCl_3, CH_4의 공통점을 **보기**에서 있는 대로 고르시오.

보기

ㄱ. 무극성 분자이다.　　ㄴ. 극성 공유 결합을 한다.
ㄷ. 중심 원자가 옥텟 규칙을 만족한다.

① ㄱ　② ㄷ　③ ㄱ, ㄴ　④ ㄱ, ㄷ　⑤ ㄴ, ㄷ

10 다음은 2주기 원소인 A~E의 원자가 전자를 점으로 표시한 것이다. (단, A~E는 임의의 원소 기호이다.)

·A·　·B·(전자 3개)　·C·(전자 4개)　·D·(전자 5개)　:E:(전자 6개)

이에 대한 설명으로 옳은 것만을 **보기**에서 있는 대로 고르시오.

보기

ㄱ. AE_2는 무극성 공유 결합을 한다.
ㄴ. BE_3는 평면 삼각형 구조이다.
ㄷ. C의 수소 화합물은 입체 구조로 극성 분자이다.
ㄹ. D의 수소 화합물의 결합각은 109.5°보다 작다.

11 오른쪽 그림과 같이 가느다란 물줄기에 대전체를 가까이 대었더니 물줄기가 대전체에 끌려왔다. 이에 대한 설명으로 옳은 것만을 **보기**에서 있는 대로 고르시오.

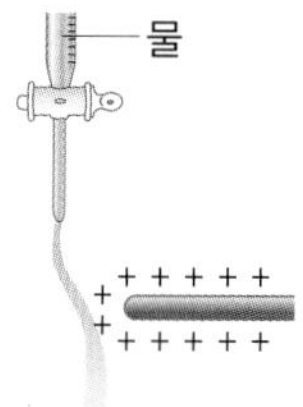

보기

ㄱ. 물 대신 기름을 사용해도 같은 현상이 나타난다.
ㄴ. 물을 이루는 두 원소의 전기음성도는 다르다.
ㄷ. 대전체가 (−)전하를 띠면 물줄기는 밀려난다.

IV

기체, 액체, 고체와 용액

1. 기체, 액체, 고체
2. 용액

자연에서 양성자, 중성자, 그리고 전자가 만들어졌는데 이들이 상호 작용을 통해 뭉쳐서 원자를 만들지 못하였다면 우리 주위의 멋진 세상이 만들어지지 못했을 것이다. 또 원자들이 화학 결합이라는 상호 작용을 통해서 분자나 화합물 등을 만들지 못하였다고 해도 마찬가지이다. 그런데 입자들 사이의 상호 작용은 분자에서 그치지 않는다. 이 단원에서는 어떻게 분자들이 상호 작용하면서 우리 주위의 환경을 만들고 생명을 가능하게 하는지 알아보자.

1 기체, 액체, 고체

우리가 생명을 유지하기 위해서는 공기를 들이마시고, 물을 마시고, 음식을 먹어야 한다. 기체인 공기를 들이마시는 것은 공기의 78 %를 차지하는 질소나 1 %를 차지하는 아르곤이 필요해서가 아니고, 21 %를 차지하는 산소 때문이다. 액체인 물은 체중의 70 % 정도를 차지하면서 생명에 필수적인 화학 반응이 일어날 수 있는 환경을 조성한다. 음식의 주성분은 고체인 탄수화물이다.

한편, 곡식이 자라고 열매를 맺도록 해주는 광합성 작용에도 기체인 이산화 탄소, 액체인 물, 고체인 땅이 필수 요소이다. 이 단원에서는 어떤 분자들이 어떻게 상호 작용해서 기체, 액체, 고체를 만드는지 알아본다.

1-1 물질의 상태와 분자 간 상호 작용

핵심 개념 • 분자 간 상호 작용 • 쌍극자-쌍극자 힘 • 분산력 • 수소 결합

| 물질의 상태 |

실온에서 설탕은 고체, 물은 액체, 산소는 기체로 존재한다. 이처럼 각 분자들의 상태가 다른 것은 분자 사이에 작용하는 힘이 다르기 때문이다. 이와 같이 분자 사이에 작용하는 힘을 **분자 간 상호 작용(intermolecular interaction)**이라고 한다.

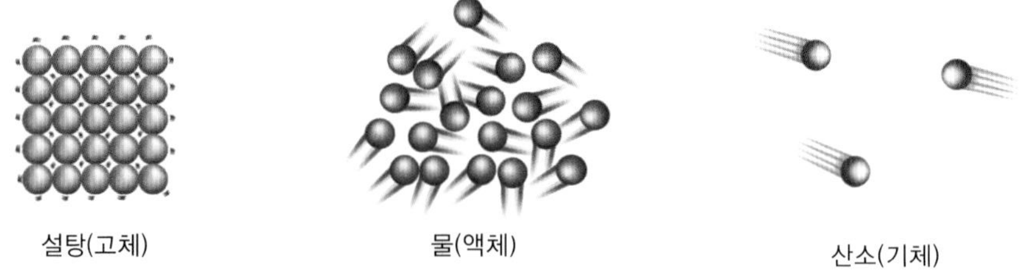

상온에서의 물질의 상태

고체(solid)는 일정한 부피와 모양을 유지한다. 고체를 이루는 원자나 분자들은 정해진 배열에 따라 서로 아주 가까운 거리에 위치하는데, 고체 상태에서는 분자들 간의 상호 작용이 강하기 때문이다.

액체(liquid)는 부피는 거의 일정하게 유지되지만 모양은 담는 용기에 따라 변한다. 액체를 이루는 분자들은 가까운 거리에서 항상 상호 작용을 하고 있지만, 분자 사이의 거리가 끊임없이 변화하고 있다는 점에서 고체와 구별된다.

수소와 헬륨은 원자량이 작은 가벼운 원소라서 상온에서 기체(gas)인 것이 이해가 된다. 그런데 산소는 분자량이 32로 물의 분자량보다 훨씬 큰데도 상온에서 기체인 이유는 무엇일까? 기체를 구성하는 분자들은 상대적으로 멀리 떨어져서 움직이기 때문에 서로 간에 충돌할 때를 제외하고는 상호 작용이 매우 약하다.

▼ 물리적 상태에 따른 특징

상태	고체	액체	기체
모양	일정	용기의 모양	용기의 모양
부피	자신의 부피	자신의 부피	용기의 부피
압력의 영향	부피 변화 없음	약간의 부피 변화	압력에 따른 큰 부피 변화

확·인·하·기

분자 사이의 거리가 가장 비슷한 것은?

① 기체-액체　② 기체-고체　③ 액체-고체
④ 기체-액체-고체　⑤ 기체, 액체, 고체의 상태와 분자 사이의 거리는 관계가 없다.

액체와 고체에서는 분자들이 서로 접촉할 정도의 거리를 유지한다. 기체에서는 분자들 사이의 거리가 상당히 멀다.
답 ③

이제부터 어떤 물질이 주어진 온도에서 왜 기체, 액체, 또는 고체로 존재하는지, 또 기체, 액체, 고체의 특성을 분자 간 상호 작용을 통해 어떻게 설명할 수 있는지 알아보자.

| 쌍극자-쌍극자 힘 |

HCl나 H_2O 같은 극성 분자는 쌍극자 모멘트를 가진다. 전기적으로 +극과 -극으로 이루어졌다고 볼 수 있는 극성 분자는 N극과 S극으로 이루어진 아주 작은 자석과 유사하다. 여러 개의 자석을 뒤섞어 놓으면 어떤 자석의 N극이 다른 자석의 S극과 끌리고, S극은 또 다른 자석의 N극에 끌리는 식으로 모든 자석이 끌려서 하나의 커다란 덩어리를 만들 것이다.

비슷한 이유로 극성 분자 사이에는 전기적 인력이 작용해서 서로 뭉치려는 경향이 있다. 이때 쌍극자 사이에 작용하는 전기적 인력을 **쌍극자-쌍극자 힘(dipole-dipole force)**이라고 한다. 한편, 어떤 온도가 주어지면 분자들은 그 온도에 해당하는 운동 에너지를 가지고 자유롭게 돌아다니려는 경향이 있다. 그래서 온도가 높으면 액체는 기체로 상태가 바뀌고, 반대로 온도가 낮아지면 기체는 액체로 상태 변화를 한다.

| 쌍극자-쌍극자 힘과 끓는점 |

쌍극자 모멘트가 크면 액체 분자들이 기체가 되기 위해 극복해야 할 분자 간 상호 작용이 크기 때문에 온도가 높아야 끓는다. 그래서 끓는점은 분자 간 상호 작용의 세기를 가장 쉽게 비교해 볼 수 있는 분자의 성질이다. 끓는점은 측정하는 것이 쉽고, 물질 사이의 끓는점 차이가 크기 때문이다.

▼ 몇 가지 극성 분자의 끓는점

분자	H_2S	HCl	PH_3	ClF
끓는점(℃)	−60	−85	−88	−100

염화 수소(HCl)는 간단한 극성 분자로 쌍극자 모멘트가 1 디바이(Debye) 정도라서 쌍극자 모멘트의 크기와 끓는점의 관계를 고려할 때 기준으로 삼으면 편리하다. HCl에서 수소는 전기음성도가 높은 염소와 결합해서 전자를 일부 내어주고 +0.2 정도의 부분 전하를 가진다. 염소는 수소로부터 전자를 받아서 −0.2 정도의 부분 전하를 가진다. 즉, HCl의 결합은 약간의 이온 성격을 가지지만 공유 결합의 성격이 강하다.

HCl는 끓는점인 −85 ℃보다 낮은 온도, 예컨대 −90 ℃(183 K)에서는 액체로 존재한다. 절대 영도는 운동 에너지가 0인, 즉 모든 분자의 운동이 정지하는 온도이므로 183 K에서 HCl 분자는 적지 않은 운동 에너지를 가진다. 그러나 극성인 HCl 분자 사이에는 아래 그림에서처럼 여러 방향으로 인력이 작용해서 HCl 분자는 액체 상태로 존재한다. 이처럼 HCl 분자들이 쌍극자-쌍극자 힘에 의해 안정화되는 효과는 약 3 kJ/mol로 H−Cl 공유 결합 세기의 100분의 1 정도로 약하다. 그리고 상온, 즉 25 ℃에서 분자의 운동 에너지는 약 4 kJ/mol이다. 그래서 HCl는 상온에서 기체로 존재하는 것이다.

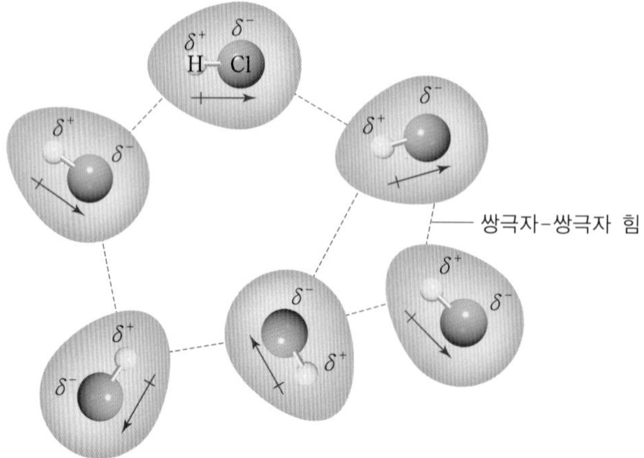

^ 염화 수소의 쌍극자-쌍극자 힘

액체 내부의 분자는 인력이 모든 방향으로 작용하지만 표면에 있는 분자는 인력이 안쪽으로만 작용하여 내부의 분자에 비해 인력이 상대적으로 약하다. 따라서 표면의 분자는 기체 쪽으로 쉽게 증발하고, 기체 상태에서 일정한 증기압을 나타낸다. 같은 온도에서라면 쌍극자 모멘트가 작은 분자의 증기압이 더 클 것이다. 그래서 증기압도 끓는점과 함께 분자 간 상호 작용의 척도가 된다.

온도가 −90 ℃이던 액체 HCl의 온도가 서서히 증가하면 증발하는 속도도 따라서 증가하고, 기체 상태의 HCl 분자가 액체와 충돌해서 다시 붙잡히는 확률도 높아질 것이다. 그러다가 −85 ℃에 이르면 액체가 기체로 증발하는 속도와 기체가 액체로 응축하는 속도가 같아지고, 액체와 기체의 경계가 사라진다. 그리고 HCl 분자는 액체 표면에서 증발할 뿐 아니라, 액체 전체가 내부로부터 기체로 바뀐다. 마찬가지로 기체 상태에서도 HCl 분자 사이의 충돌이 빨라져서 기체가 액체로 응축한다. 이때의 온도가 끓는점이다. 액체가 끓는 동안에는 가해준 열은 분자 간 인력을 끊고 액체를 기체로 바꾸는 데 사용되기 때문에, HCl의 경우에 온도는 −85 ℃로 일정하게 유지된다.

쌍극자 모멘트가 0.1 디바이인 CO의 끓는점은 −191 ℃로 HCl보다 106 ℃ 낮다. 그리고 쌍극자 모멘트가 2.9 디바이인 아세톤, $(CH_3)_2CO$의 끓는점은 56 ℃로 HCl보다 141 ℃ 높다. 쌍극자 모멘트에 의한 분자 간 인력의 차이가 끓는점에 미치는 영향을 잘 볼 수 있다.

▼ **쌍극자 모멘트와 끓는점의 관계**

극성 분자	CO	HCl	아세톤
쌍극자 모멘트(D)	0.1	1.05	2.9
끓는점(℃)	−191	−85	56

끓는점보다 온도가 낮아지면 분자의 운동 에너지가 떨어지다가 어느 온도에서는 액체에서 고체로 바뀐다. 반대로 온도가 올라가면 고체가 녹아 액체로 바뀐다. 이 온도를 어는점(freezing point) 또는 녹는점(melting point)이라고 한다. HCl의 어는점은 −114 ℃로 끓는점에 비해 30 ℃ 정도 낮다.

확·인·하·기

다음 중 분자의 쌍극자 모멘트가 0인 것은?

① HCl ② H_2O ③ CO ④ CO_2 ⑤ 아세톤

CO_2에서 양방향의 C−O 쌍극자 모멘트는 상쇄되어 분자의 쌍극자 모멘트는 0이 된다. 답 ④

| 분산력 |

염화 수소와 달리 수소 원자끼리 결합한 수소 분자(H_2)의 끓는점은 몇 도 정도일까? 수소와 수소 사이의 공유 결합은 무극성 결합이고, H_2의 쌍극자 모멘트는 0이다. 실험적으로 측정한 H_2의 끓는점은 −253 ℃, 즉 20 K이다. 염화 수소와 수소 분자의 쌍극자 모멘트 차이는 1인데, 끓는점 차이는 매우 크다.

수소 분자의 쌍극자 모멘트가 0이라면 끓는점이 −273 ℃, 즉 절대 영도가 되어야 하는 것이 아닐까? 수소보다 끓는점이 더 낮은 분자는 없을까? 이 두 가지 의문에 대한 답은 헬륨으로부터 구할 수 있다. 결합을 이루지 않는 헬륨은 끓는점이 −269 ℃, 4 K로 모든 물질 중에서 끓는점이 가장 낮다. 물론 헬륨도 수소처럼 쌍극자 모멘트가 0이다. 그렇다면 왜 헬륨은 수소보다 끓는점이 낮을까? 그리고 왜 헬륨의 끓는점은 절대 영도가 아닐까? 이에 대한 답은 분자의 크기에서 찾을 수 있다.

헬륨 원자는 수소 원자보다 유효 핵전하가 크고, 따라서 1*s* 오비탈의 전자가 핵에 보다 강하게 끌리기 때문에 원자 반지름이 작다. 게다가 헬륨은 원자 자체가 분자이기 때문에 수소 분자보다 크기가 작다.

모든 분자의 주위 환경은 전기적이고, 분자 내에서 전자의 분포도 확률적이기 때문에 어느 순간에 전자가 한 쪽으로 치우쳐서 부분 (−)전하를 나타내고, 결과적으로 반대쪽은 부분 (+)전하를 나타내게 된다. 무극성 분자에서 순간적으로 전자 구름이 한쪽으로 치우쳐 쌍극자가 만들어질 수 있는데, 이와 같이 전자 분포가 변하여 쌍극자가 만들어지는 현상을 **편극(polarization)**이라고 한다. 이런 분자 주위로 다른 분자가 접근하면 부분 (+)전하와 부분 (−)전하가 유도될 것이다. 원래는 쌍극자 모멘트가 없었지만 주위 환경에 의해 유도되었으므로 헬륨, 수소 분자 등이 가지는 쌍극자 모멘트를 **유도 쌍극자 모멘트(induced dipole moment)**라고 한다. 반면에 HCl처럼 원래부터 가지고 있던 쌍극자 모멘트는 **영구 쌍극자 모멘트(permanent dipole moment)**이다.

유도 쌍극자에 의한 분자 사이의 상호 작용은 1930년경에 독일의 물리학자인 런던(London, F., 1900~1954)이 연구하였다. 그래서 무극성 분자 사이의 상호 작용을 **런던 분산력(London dispersion force)** 또는 **반데르발스 힘(van der Waals force)**이라고도 한다. 분산력은 모든 원자나 분자들 사이에 존재한다.

쌍극자 모멘트의 크기는 정의상 (부분 전하의 절댓값 × 부분 양전하와 부분 음전하 사이의 거리)로 주어진다.

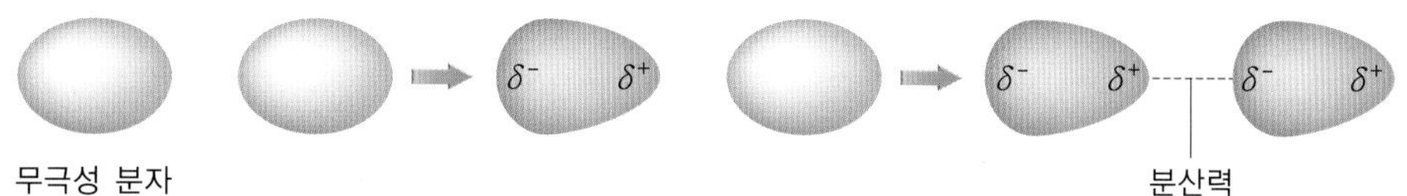

⋄ **분산력** 한 분자에서 순간적인 편극 현상이 일어나면 순간적으로 쌍극자가 형성되고, 이때 쌍극자가 다른 분자에 쌍극자를 유발하여 분자 사이에 분산력이 작용한다.

그런데 유도 쌍극자 모멘트는 부분 전하 값이 작기 때문에 분자 크기의 영향을 많이 받는다. 그래서 수소 분자의 끓는점(20 K)이 헬륨(4 K)보다 5배 정도 높은 것이다. 유도 쌍극자의 크기는 분자의 크기뿐만 아니라 전자 분포가 얼마나 잘 치우치느냐에 따라 결정된다. 일반적으로 최외각에 비공유 전자가 많을수록 분산력이 커진다.

무극성 분자의 크기와 끓는점 사이의 관계는 여러 경우에 찾아볼 수 있다. 헬륨, 네온, 아르곤 등의 비활성 기체를 보면 원자 번호가 클수록 분자의 크기도 크다. 따라서 원자 번호가 클수록 편극이 일어나기 쉬워 분산력이 커지고 끓는점이 높아진다.

▼ **비활성 기체에서 분자 크기와 끓는점**

비활성 기체	He	Ne	Ar	Kr	Xe	Rn
분자 크기	→ 증가					
끓는점(K)	4	27	87	121	165	212

수소, 산소 등 이원자 분자에 대해서도 분자의 크기와 끓는점 사이의 상관관계가 보인다. N_2가 O_2보다 크기가 작은 것은 3중 결합 때문이다.

▼ **이원자 분자의 크기와 끓는점**

이원자 분자	H_2	N_2	O_2
분자 크기	→ 증가		
끓는점(K)	20	77	90

끓는점의 차이는 할로젠 원소의 경우에 더욱 극적이다. 상온에서 플루오린(F_2)과 염소(Cl_2)는 기체이고, 브로민(Br_2)은 쉽게 증발하는 적갈색 액체이다. 아이오딘(I_2)은 쉽게 승화하는 자주색 고체로 물의 끓는점보다 높은 114 ℃에서 녹고 184 ℃에서 끓는다.

마지막으로 무극성 분자인 탄화수소(hydrocarbon)에 대해 살펴보자. 메테인(CH_4)의 끓는점은 −161 ℃로 산소보다 20 ℃ 정도 높다. 휘발유의 주성분인 옥테인(C_8H_{18})의 끓는점은 물의 끓는점보다 높은 126 ℃이다. 탄소 수가 20에 이르면 상온에서 고체이다.

▼ 탄화수소의 탄소 수와 끓는점

탄화수소	CH_4	C_2H_6	C_4H_{10}	C_8H_{18}
끓는점(℃)	−161	−89	−0.5	126

분산력에 의한 끓는점은 −269 ℃에서 100 ℃ 이상에 이르기까지 매우 넓은 분포를 나타낸다.

확·인·하·기

비금속 원소 중에서 유일하게 상온에서 액체인 것은?

① 수소 ② 물 ③ 수은 ④ 브로민 ⑤ 아이오딘

수은은 상온에서 액체인 유일한 금속이고, 브로민은 상온에서 액체인 유일한 비금속이다. 물은 원소가 아니다. 수소는 상온에서 기체이고 아이오딘은 상온에서 고체이다. 답 ④

탐구 시그마 무극성 분자와 끓는점

자료

그림은 비활성 기체와 할로젠 분자의 주기에 따른 끓는점 변화를 나타낸 것이다.

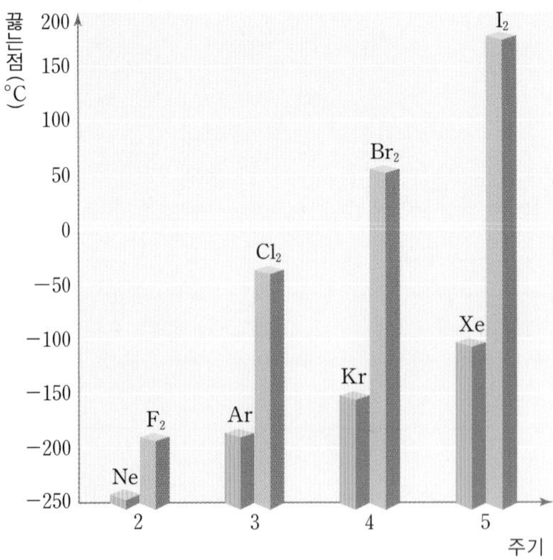

분석

• 주기가 커질수록 분자의 크기가 커지고 무극성 분자의 크기가 클수록 편극이 증가하여 분산력이 커진다.

• 위의 예 중에서 분자량과 분자의 크기가 가장 큰 것은 아이오딘이다. 분자량이 클수록 분자 간 상호 작용이 커서 끓는점이 높아진다.

| 수소 결합 |

수소가 염소보다 전기음성도가 높은 플루오린과 결합하면 끓는점은 어떻게 달라질까?

HF에서 H의 부분 전하는 +0.4이고 F의 부분 전하는 −0.4이다. HF는 HCl에 비해 이온성이 크다. 그리고 HF의 쌍극자 모멘트는 1.86 D로 HCl의 두 배 정도이다. 그런데 HF의 끓는점은 20 ℃로 HCl보다 105 ℃나 높다. 이것은 쌍극자 모멘트의 차이만으로 설명하기에는 너무 큰 차이이다.

한 HF 분자에서 H의 (+)전하와 이웃 HF 분자에서 F의 비공유 전자쌍 사이에 상당히 강한 전기적 인력이 작용하게 된다. 이 인력은 공유 결합보다는 약하지만 HCl 분자 사이의 쌍극자–쌍극자 힘보다는 강하다.

N, O, F처럼 원자의 크기가 작지만 전기음성도가 높은 원소들이 수소와 공유 결합하면서 분자 내에 부분 (−)전하와 부분 (+)전하가 생겨 이들 분자 사이에 생기는 강한 분자 간 인력을 **수소 결합(hydrogen bond)**이라고 한다.

수소 결합

수소 결합은 H 원자가 N, O, F 원자에 결합되어 있을 때 일어날 수 있다.

분자내 공유 결합

분자 간 수소 결합

H—Ö:·····H—Ö:
   | |
   H   H

H와 O 사이에 수소 결합이 일어나는 대표적인 경우는 물이다. 물의 쌍극자 모멘트는 1.85 디바이로 HF와 거의 같다. O는 F보다는 전기음성도가 약간 낮지만 물에서 O는 2개의 H 원자로부터 전자를 끌어당기기 때문에 물의 굽은 구조와 합쳐져서 전체적으로 쌍극자 모멘트는 비슷해진다. 그런데 물의 끓는점은 100 ℃로 HF에 비해 80 ℃나 높다. 물 분자에는 2개의 수소와 2개의 비공유 전자쌍이 있어서 네 방향으로 수소 결합을 만들 수 있다. 반면에 HF 분자는 수소가 1개뿐이므로 양방향으로만 수소 결합을 만들 수 있어 물 분자의 수소 결합 효과가 HF보다 큰 것이다.

암모니아(NH_3) 분자는 H와 N 사이에 수소 결합이 일어나는 대표적인 예이다. N는 F이나 O보다 전기음성도가 낮기 때문에 NH_3에서 H의 부분 (+)전하는 HF나 H_2O에서보다 작고, 따라서 암모니아에서 수소 결합은 H_2O이나 HF에서보다 약하다. 그리고 암모니아에서도 HF에서처럼 수소 결합은 양방향으로 일어난다. 그래서 암모니아의 끓는점은 −33 ℃로 수소 결합을 하는 분자 중에는 낮은 편이다.

▼ 암모니아, 플루오린화 수소, 물의 수소 결합

분자	NH_3	HF	H_2O
쌍극자 모멘트(D)	1.4	1.86	1.85
수소 결합	양방향	양방향	네 방향
끓는점(℃)	−33	20	100

수소 결합 에너지는 대략 20 kJ/mol로, 이온 결합이나 공유 결합 에너지의 10분의 1 내지 20분의 1 정도이다. HCl의 경우에는 염소가 수소보다 너무 커서 수소 결합이 일어나지 못하며, 수소 결합보다 결합이 약하다.

탐구 시그마 쌍극자 모멘트와 분자의 끓는점

자료

표는 몇 가지 분자의 쌍극자 모멘트와 끓는점 자료를 나타낸 것이다.

분자	분자의 쌍극자 모멘트(D)	수소 결합 여부	끓는점(℃)
N_2	0	없음	−196
HCl	1.0	없음	−85
NH_3	1.4	약함, 양방향	−33
H_2O	1.85	강함, 네 방향	100
HF	1.86	강함, 양방향	20

($1\ D = 3.336 \times 10^{-30}\ C \cdot m$)

분석

- 분자의 쌍극자 모멘트가 클수록 분자 사이의 인력이 크고 끓는점이 높다.
- 분자의 쌍극자 모멘트가 0인 무극성 분자 사이의 인력은 극성 분자 사이의 인력에 비해 매우 작다.
- N_2는 쌍극자 모멘트가 0이므로 분자 간 인력이 작아 기체로 존재하여 지구 대기를 이룬다.
- 암모니아는 물보다 수소 결합이 약해서 분자 간 인력이 작으므로 끓는점이 낮다.

• HF는 암모니아보다 수소 결합이 강하고 끓는점도 높다.
• H_2O은 쌍극자 모멘트가 크고, H_2O 한 분자가 최대 4개의 수소 결합을 할 수 있어 끓는점이 높다. 따라서 물은 상온에서 액체 상태로 존재한다.

모든 수소 결합의 경우 부분 (+)전하를 띠는 수소는 F–H • • • F, –O–H • • • O–, –N–H • • • N– 식으로 전기음성도가 높아 부분 (–)전하를 띠는 F, O, 또는 N 사이에 끼어 있다. 그래서 – + – 식의 전하 분포에 의해 수소 결합이 이루어지는 것이다. 이러한 수소 결합은 물뿐만 아니라 단백질, DNA 등 많은 생명 현상에서 핵심적 역할을 한다.

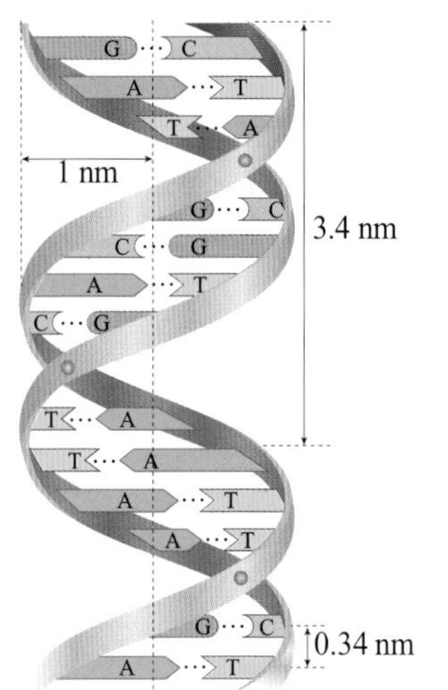

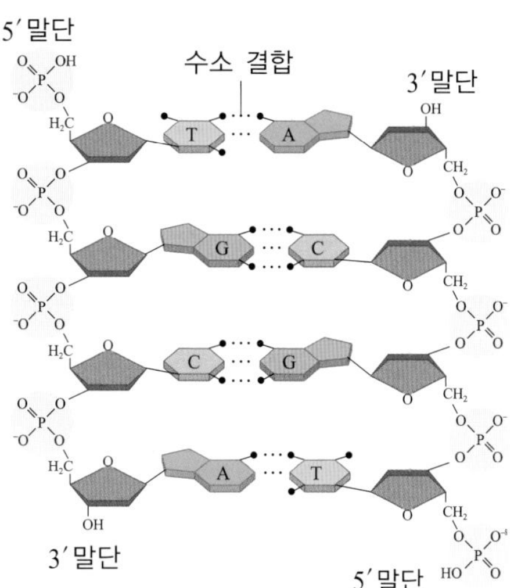

≈ **DNA 분자 구조**

16~17족 원소의 수소 화합물의 끓는점을 살펴보면 수소 결합의 특징을 볼 수 있다. 예컨대 수소가 할로젠족의 I, Br, Cl과 결합한 HCl, HBr, HI의 끓는점은 HCl < HBr < HI 순으로 분자의 크기가 클수록 높아진다. 분산력의 효과가 커지기 때문이다. 그런데 수소 결합 때문에 HF의 끓는점은 HCl보다 100 ℃ 정도나 높다.

▼ **분자 간 상호 작용과 결합**

상호 작용	분자
분산력	모든 분자
쌍극자-쌍극자 힘	극성 분자
수소 결합	질소(N), 산소(O), 플루오린(F)에 결합된 수소를 가지는 극성 분자

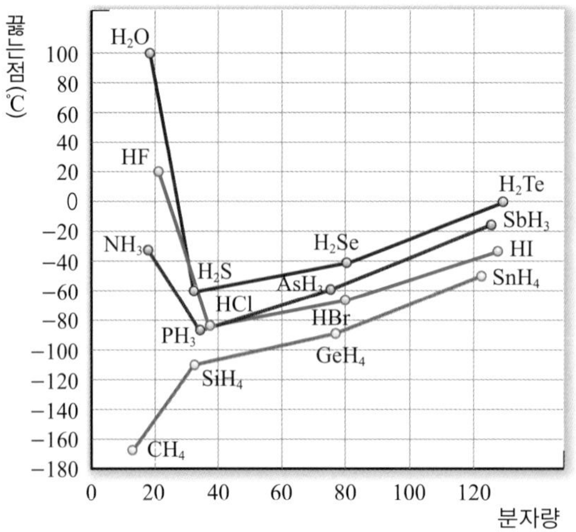

수소가 원자 반지름이 작고 전기 음성도가 높은 산소, 플루오린, 질소와 결합한 화합물은 수소 결합을 하기 때문에 끓는점이 높아진다. H_2O, H_2S, H_2Se, H_2Te 계열이나 NH_3, PH_3, AsH_3, SbH_3 계열에서도 HF, HCl, HBr, HI와 비슷한 경향을 볼 수 있다.

수소 화합물들의 끓는점

지금까지 HCl처럼 영구 쌍극자 모멘트가 있어서 쌍극자–쌍극자 힘이 작용하는 경우, H_2처럼 영구 쌍극자 모멘트는 없지만 유도 쌍극자에 의한 분산력이 작용하는 경우, 그리고 쌍극자–쌍극자 힘보다 강한 수소 결합이 작용하는 경우를 알아보았다. 모든 분자 간 상호 작용은 이 세 가지 중 하나에 해당한다. 끓는점의 범위는 분산력이 작용하는 경우가 가장 넓고, 수소 결합이 작용하는 경우는 비교적 좁다.

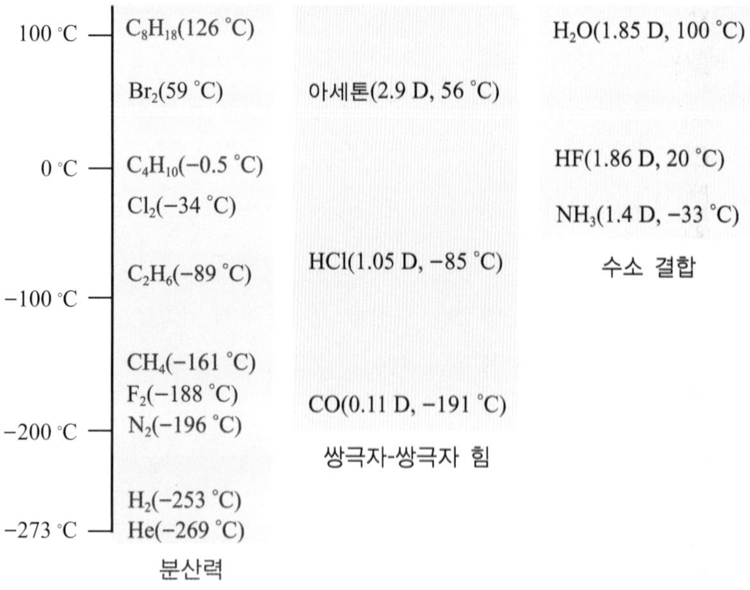

분자 간 상호 작용과 끓는점의 범위

» 수소 화합물의 분자량과 끓는점

- 14족 수소 화합물은 무극성 분자로 CH_4에서 SnH_4으로 갈수록 분자량이 커지며 끓는점도 높아진다. 이는 전형적인 무극성 분자 간 인력의 경향이다.
- CH_4, NH_3, H_2O, HF는 분자량이 비슷하지만 끓는점은 H_2O이 가장 높으며 CH_4의 끓는점은 훨씬 낮다.
- CH_4 분자는 쌍극자 모멘트가 0일 뿐 아니라 NH_3, H_2O, HF와 달리 수소 결합을 하지 않는다. 탄소와 수소의 전기음성도 차이가 작아서 수소의 부분 (+)전하가 작고, CH_4에서 탄소의 최외각 전자는 모두 수소와의 공유 결합에 참여하여 CH_4는 NH_3의 N, H_2O의 O, HF의 F와 달리 수소 결합에 참여할 비공유 전자쌍을 가지지 않기 때문이다.

분자	CH_4	NH_3	H_2O	HF
분자량	16	17	18	20

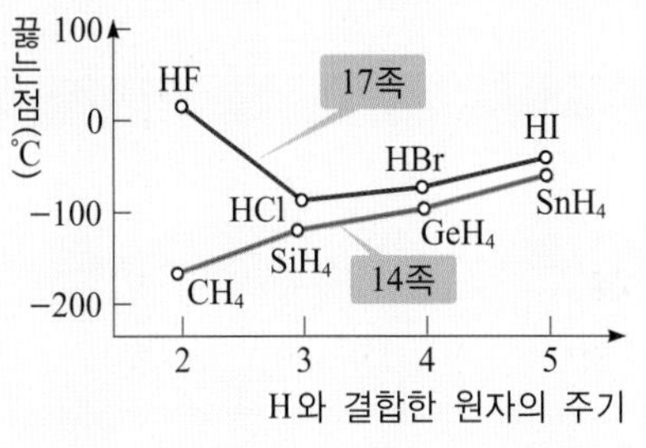

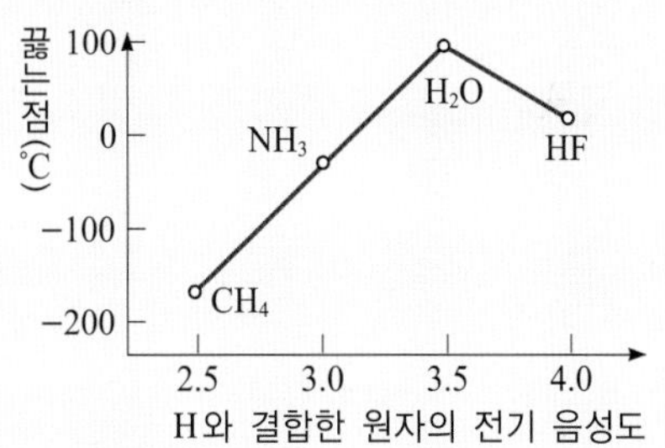

확·인·하·기

다음 중 + − + 식으로 반대 부호의 전하 분포에 의해 안정화되는 경우가 아닌 것은?

① 물에서 H−O • • • H의 수소 결합
② 암모니아에서 H−N • • • H의 수소 결합
③ HF에서 H−F • • • H의 수소 결합
④ 수소 분자에서 양성자 – 전자쌍 – 양성자
⑤ HCl에서 H−Cl • • • H의 수소 결합

HCl에서 H−Cl • • • H의 상호 작용은 수소 결합이라고 보기에는 약하다. 모든 수소 결합의 경우에서와 같이 수소 분자의 공유 결합은 기본적으로 양성자 – 전자쌍 – 양성자 사이의 + − + 식 상호 작용이다. 답 ⑤

1-2 기체의 운동과 압력

핵심 개념 • 분출 • 기체의 압력

앞에서는 어떤 물질이 분자 간 상호 작용의 크기에 따라 기체, 액체, 또는 고체로 존재하는 이유를 살펴보았다. 특히 기체는 분자들 사이의 거리가 멀고, 분자 간 상호 작용이 액체나 고체에 비해 약하기 때문에 여러 중요한 성질들을 쉽게 관찰하고 측정할 수 있다. 그래서 기체의 연구는 화학의 발전 과정에서 중요한 역할을 하였다.

| 기체 분자의 운동 |

기체는 액체나 고체와 달리 자유롭게 운동하기 때문에 이산화 탄소는 지구의 대기에 골고루 퍼져 있어서 식물이 쉽게 광합성에 사용할 수 있다. 이처럼 기체 분자는 매우 빠른 속도로 운동하면서 빈 공간을 채운다.

액체나 고체와 달리 기체에서는 분자들이 멀리 떨어져서 독립적으로 운동하기 때문에 적어도 높은 온도와 낮은 압력에서는 분자 간 상호 작용과 분자의 크기를 무시할 수 있다. 높은 온도에서는 분자의 운동 속도가 크기 때문에 다른 분자가 끌어당기는 힘이 크게 영향을 미치지 못하고, 압력이 낮으면 분자 사이에 빈 공간이 많기 때문에 분자의 크기는 점으로 간주할 정도로 무시할 수 있다.

자료 쏙

» 기체 분자 사이의 거리

0 ℃, 1기압에서 1몰의 질소나 산소 등 공기 분자들이 22.4 L를 차지할 때 분자들의 평균 거리는 어느 정도일까?

6×10^{23}개의 분자가 22.4 L에 골고루 퍼져있다면 1개의 분자에게 주어지는 공간은 다음과 같다. 1 L는 한 변의 길이가 10 cm, 즉 0.1 m인 정육면체의 부피이다.

$$1\ \mathrm{L} = (0.1\ \mathrm{m})^3 = 10^{-3}\ \mathrm{m}^3$$
$$22.4\ \mathrm{L} = 22.4\times10^{-3}\ \mathrm{m}^3$$
$$(22.4\times10^{-3}\ \mathrm{m}^3) \div (6\times10^{23}) \fallingdotseq 3.7\times10^{-26}\ \mathrm{m}^3$$

이처럼 작은 부피를 가지는 정육면체의 중심에 하나의 기체 분자가 있고, 바로 옆의 정육면체 중심에 또 하나의 기체 분자가 있다면 이 두 분자 사이의 거리는 정육면체 한 변의 길이와 같을 것이다. 정육면체 한 변의 길이는 정육면체 부피의 세제곱근을 취하면 구할 수 있다.

$$(3.7\times10^{-26}\ \text{m}^3)^{1/3} = (37\times10^{-27}\ \text{m}^3)^{1/3}$$
$$= (37)^{1/3}\times(10^{-27}\ \text{m}^3)^{1/3} \fallingdotseq 3.3\times10^{-9}\ \text{m} = 3.3\ \text{nm}$$

질소 원자의 지름은 1.4 Å, 즉 0.14 nm인데 질소 분자는 N≡N의 구조를 가졌으므로 질소 분자를 전체적으로 대략 지름이 0.2 nm인 구로 볼 수 있을 것이다. 그렇다면 공기 중에서 기체 분자 사이의 거리는 분자 자체 크기의 15~20배 정도이다. 사람의 크기를 대략 1 m라고 한다면 공기는 사람과 사람 사이의 거리가 20 m 정도로 대부분이 빈 공간인 것이다.

기체에서 분자들은 이처럼 자신의 크기에 비해 상당히 멀리 떨어져 있기 때문에 독립적으로 운동한다고 볼 수 있다. 그래서 기체가 분자의 개별적인 특성을 조사하는 데 가장 적합하였다.

| 기체의 분출 |

화학 발전의 초기에는 기체의 분자량을 측정하는 것이 중요하였다. 분자량을 통해서 원자량을 결정하는 경우가 많았고, 또 분자량을 알아야 화학식을 알고 원자들 사이의 결합 방식을 추론할 수 있었기 때문이다. 기체의 분자량을 측정하는 방법에는 밀도를 비교하는 방법이 있다. 아보가드로 법칙에 따르면 일정한 온도와 압력하에서 같은 부피에는 같은 몰수의 분자가 들어 있다. 예를 들어 암모니아(NH_3)와 염화 수소(HCl) 기체의 밀도를 비교하면 그 비율은 바로 암모니아와 염화 수소의 분자량의 비율이 되고, 그것은 또한 분자 1개 질량의 비율이 된다. 물론 아보가드로수가 정확히 알려지기 전에는 분자 1개의 질량은 알 수 없었다.

19세기 중반에 그레이엄(Graham, T., 1805~1869)은 분자량의 비율, 즉 상대적인 분자량을 알아내는 또 하나의 방법을 발표하였다. 기체가 들어 있는 용기에 작은 구멍을 뚫고 기체 분자들이 구멍을 통과해서 바깥쪽으로 빠져나오게 장치를 만든다. 용기 내에서 기체 분자들은 모든 방향으로 무작위로 운동하면서 서로 충돌하고, 용기의 벽에 충돌하면 튕겨 나와서 운동을 계속할 것이다. 그러다가 구멍을 향해 날아가는 분자는 구멍을 빠져나가서 직선

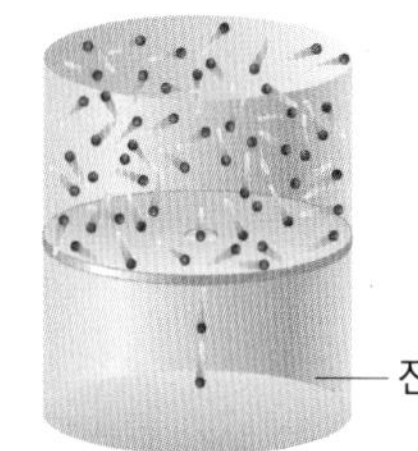

기체의 분출

으로 운동하는 분자들의 흐름을 만들 것이다. 이와 같이 기체가 진공으로 빠져나가는 것을 **분출**(effusion)이라고 한다. 확산의 경우에는 확산하는 기체나 액체 분자들이 다른 분자들과 충돌하면서 퍼져 나간다.

그레이엄은 여러 기체에 대하여 분출되어 나오는 분자의 속도를 측정하고 1831년에 일정한 온도에서 기체의 분출 속도는 밀도의 제곱근에 반비례한다는 것을 발표하였다. 그리고 1848년에는 분출 속도를 분자량과 관련지었다. 즉, 같은 온도와 압력에서 기체 A와 B의 분출 속도를 v_A, v_B라고 하고, 분자량을 각각 M_A, M_B라고 하면 다음과 같은 관계가 성립한다.

$$\frac{v_A}{v_B} = \sqrt{\frac{M_B}{M_A}}$$

예컨대 A를 분자량이 2인 수소, B를 분자량이 32인 산소라고 하면, 수소와 산소의 분출 속도의 비는 $\sqrt{\frac{32}{2}} = \sqrt{16} = 4$가 될 것이다. 위의 관계는 기체 분자가 빠져나가는 쪽이 진공인 경우에 엄밀하게 성립한다.

자료 쏙

» 그레이엄 법칙의 응용

암모니아와 염화 수소를 사용하면 그레이엄 법칙을 쉽게 정성적으로 관찰할 수 있다. 상온에서 길고 가는 유리관의 양쪽에 각각 암모니아수와 진한 염산 용액으로 적신 솜을 갖다 대면 잠시 후에 유리관 내의 어느 위치에 흰 염화 암모늄(NH_4Cl)의 고체가 형성되는 것을 볼 수 있다. 암모니아는 쉽게 증발해서 기체가 된다. 염산은 염화 수소 수용액이기 때문에 끓는점이 낮은 염화 수소도 일부가 기체로 빠져나온다. 그러면 동시에 유리관의 양끝을 출발한 암모니아와 염화 수소 분자는 중심을 향해 운동하다가 만나면 흰색 고체인 염화 암모늄이 된다.

그런데 염화 수소는 분자량이 36.5로 분자량이 17인 암모니아보다 두 배 이상 크다. 따라서 염화 암모늄은 중심보다는 염화 수소에 가까운 위치에 나타난다.

그레이엄 법칙의 가장 중요한 응용은 약 100년 후에 일어났다. 제2차 세계대전 중 원자폭탄 개발 과정에서 0.7 % 정도를 차지하는 우라늄-235 동위원소를 99.3 % 정도를 차지하는 우라늄-238로부터 분리하는 과정에서 분자의 확산 속도 차이를 이용한 것이다. 우라늄을 플루오린과 반응시키면 기체 상태의 UF_6가 얻어진다. 얻어진 UF_6의 확산 속도는 우라늄 동위원소의 질량 차이에 따라 약간의 차이가 생긴다. 맨하탄 프로젝트에 참여한 미국의 과학자들은 거대한 확산 장치를 만들고 핵분열에 의한 원자폭탄을 만들기에 충분한 양의 우라늄-235를 분리하는 데 성공하였다.

19세기 중반에 기체 분자 운동론이 발전하면서 그레이엄 법칙을 이해하게 되었다. 기체 분자 운동론이란 기체 분자의 운동을 서술하는 이론을 말하며 다음과 같다.

기체 분자 운동론

1. 기체 분자는 끊임없이 불규칙한 직선 운동을 한다.
2. 기체 분자 사이의 충돌이나 용기 벽과 분자 사이의 충돌 과정에서 운동 에너지의 손실이 없다.
3. 기체 분자는 서로 멀리 떨어져 있다. 따라서 기체 분자의 부피는 기체가 차지하는 부피에 비해 매우 작으므로 무시할 수 있다.
4. 기체 분자 사이의 상호 작용은 무시할 수 있다.
5. 기체 분자의 평균 운동 에너지는 절대 온도에만 비례한다.

기체 분자의 운동 에너지는 $\frac{mv^2}{2}$으로 주어진다. 따라서 같은 온도에서 운동 에너지가 같은 두 기체의 속도를 비교하면 분자량이 4배인 분자는 분자량이 작은 기체의 속도의 $\frac{1}{2}$이 된다.

확·인·하·기

온도가 일정할 때 수소 분자의 평균 속도는 산소 분자의 평균 속도의 몇 배인가?

① 16배 ② 4배 ③ $\frac{1}{16}$배 ④ $\frac{1}{4}$배 ⑤ 같다

수소 분자의 분자량은 2이고 산소 분자의 분자량은 32이다. 산소보다 16배 가벼운 수소의 평균 속도는 16의 제곱근인 4배 크다.

답 ②

| 기체의 압력 |

기체의 중요한 성질 중 하나는 압력이다. 기체들은 자유롭게 운동하면서 기체가 담긴 그릇의 벽에 충돌하여 힘을 가하는데, 단위 면적당 작용하는 힘을 압력이라고 한다. 인간은 공기 중의 질소, 산소 등의 기체 분자들이 운동하면서 미치는 대기압을 통해서 기체의 압력을 처음 경험하였다. 지구상의 대기는 대부분이 질소(약 78 %)와 산소(약 21 %), 약 1 %의 아르곤으로 이루어져 있다. 나머지는 이산화 탄소, 수증기, 그리고 미량의 메테인 등으로 구성되어 있다.

대기가 압력을 미치고 있다는 것은 오래 전부터 알려져 왔으나, 처음으로 대기의 압력을 정확히 측정한 사람은 토리첼리(Torricelli, E., 1608~1647)이다. 1643년에 토리첼리는 비중이 13.6인 수은을 사용하여 대기압은 약 760 mm의 수은 기둥이 미치는 압력과 같은 것을 보여 주었다. 0 ℃에서 1기압(atm)은 수은 기둥 760 mm에 해당한다. 압력의 다른 단위로는 torr, 파스칼(Pa), 그리고 bar 등이 있다. 1기압은 101325 Pa에 해당된다.

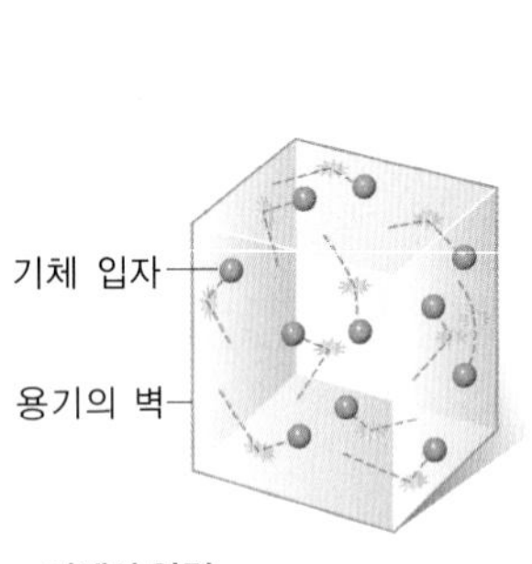

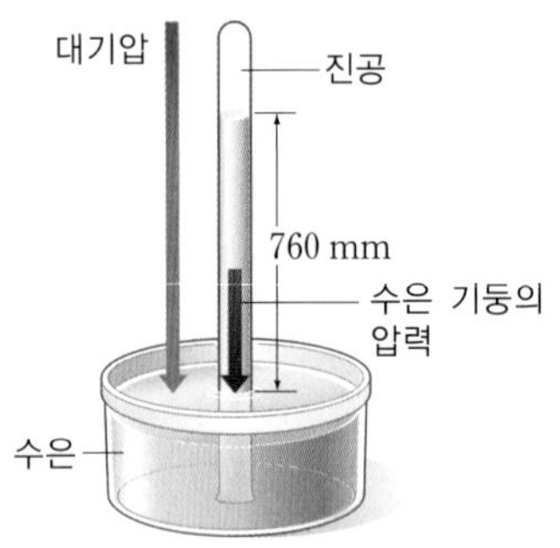

⩓ 기체의 압력

용어 쏙 **기압(atm)**

대기압의 단위로, 지구의 해수면 근처에서 잰 대기압을 기준으로 한다. 1 atm은 높이 76 cm(= 760 mm)의 수은 기둥의 밑면에 작용하는 압력과 같다.

자료 쏙

» 토리첼리의 대기압 측정에서 수은이 사용되는 이유

수은은 금속이지만 상온에서 유동적인 액체이어서 압력 변화에 따른 기체의 부피 변화를 측정하는 데 유용하다. 또 수은은 밀도가 크기 때문에 76 cm 높이의 수은주로 대기압을 측정할 수 있다. 물을 사용한다면 1기압은 10 m 정도 높이의 물기둥에 해당하기 때문에 실험이 어렵다.

확·인·하·기

처음 대기압을 측정한 사람을 다음에서 고르시오.

보일	뉴턴	갈릴레이	샤를	토리첼리

답 토리첼리

1-3 이상 기체 방정식

핵심 개념 • 보일 법칙 • 샤를 법칙 • 아보가드로 법칙 • 이상 기체 방정식

기체의 상태는 몰수, 용기의 부피, 온도, 그리고 압력 등과 같은 몇 개의 변수에 의해서 결정된다. 이들 외부 변수들은 독립적인 것이 아니라 서로 상관관계가 있는데, 기체에 대한 오랜 연구를 통하여 이 상관관계에 대하여 많은 것이 알려지게 되었다. 그리고 다음 세 가지 중요한 법칙이 종합되어 이상 기체 방정식(ideal gas equation)이 나오게 되었다.

| 보일 법칙: 기체의 압력과 부피 관계 |

토리첼리와 같은 시대인 1662년에 보일(Boyle, R.,1627~1691)은 일정한 온도에서 압력을 변화시켰을 때의 기체의 부피를 측정하였다. 한쪽 끝이 막힌 J자 관에 일정한 양의 공기를 가두고 수은을 가해서 수은주의 높이에 차이가 생기도록 하면 그림과 같이 막힌 공간의 공기가 가하는 압력은 오른쪽에서 수은주 높이의 차이에 해당하는 압력과 수은주 꼭대기에 작용하는 대기압의 합이 된다.

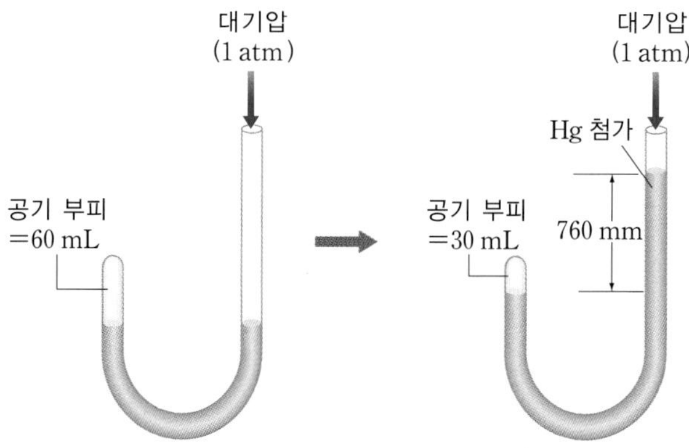

수은 기둥 높이에 따른 공기의 부피 변화

수은을 더 가해서 압력을 증가시키면 왼쪽의 수은주가 올라가면서 공기의 부피가 줄

어든다. 보일은 압력을 변화시키면서 공기의 부피를 측정하여 일정한 온도에서 기체의 부피와 압력 사이에는 반비례 관계가 성립하는 것을 발견하였다. 기체의 압력(P)과 부피(V) 사이의 반비례 관계는 다음과 같이 식으로 나타낼 수 있다. 이때 온도와 기체 분자의 몰수는 일정하다.

$$P \times V = k$$
(k는 상수) ➡ $$P_1 \times V_1 = P_2 \times V_2$$

(P_1: 처음 압력, P_2: 나중 압력
V_1: 처음 부피, V_2: 나중 부피)

이와 같이 '일정한 온도에서 일정량의 기체의 부피는 압력에 반비례한다.'는 관계를 **보일 법칙(Boyle's law)**이라고 한다. 나중에 0 ℃에서 1기압에서 1몰의 기체는 22.4 L를 가지는 것으로 알려졌다. 보일 법칙을 대변하는 $PV = k$ 식은 과학의 역사에서 처음으로 두 변수 사이의 관계를 나타내는 식이 되었다.

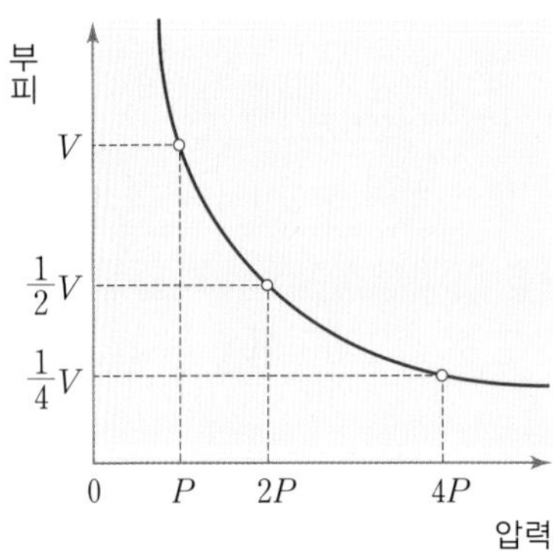

기체의 압력과 부피의 관계

개념 쏙

» 보일 법칙과 관련된 여러 현상

- 잠수부가 호흡할 때 내뿜는 기포의 크기는 수면으로 올라갈수록 커진다.
- 농구화 밑창에 들어 있는 공기 주머니는 압력에 따라 부피가 변하면서 발에 가해지는 충격을 줄여 준다.
- 자동차의 에어백은 압력에 따라 부피가 변하면서 운전자의 부상을 줄여준다.
- 주사기의 끝을 막고 피스톤에 힘을 가하면 주사기 속의 기체의 부피가 감소한다.

확·인·하·기

과학의 발전 과정에서 처음으로 두 변수 사이의 관계를 나타낸 식은?

(가) $F = ma$　　(나) $PV = k$　　(다) $V = kT$　　(라) $PV = nRT$　　(마) $I = V/R$

보일 법칙은 뉴턴의 운동 법칙($F = ma$)이나 샤를 법칙($V = kT$)보다 앞선다.　　답 (나)

| 샤를 법칙: 기체의 온도와 부피 관계 |

우리는 경험적으로 기체의 부피는 온도의 영향을 받는 것을 알고 있다. 예를 들어, 공기가 가득 찬 풍선은 온도가 높아지면 팽창하고 온도가 낮아지면 쭈그러드는 것을 쉽게 관찰할 수 있다. 1787년에 프랑스의 샤를(Charles, J. A. C., 1746~1823)은 일정한 압력에서 기체의 온도가 1 ℃씩 증가할 때마다 0 ℃ 때 부피에 대해 일정 비율로 증가한다는 것을 알아냈다. 이 비율은 0 ℃ 때 부피의 $\frac{1}{273}$이며, 그 결과 온도가 매우 낮아지면 기체의 부피가 0으로 수렴하는 것을 보여 준다. 이 관계로부터 0 ℃ 때 기체의 부피를 V_0라고 할 때 t ℃ 때 부피 V_t는 다음과 같이 나타낼 수 있다.

$$V_t = V_0 \left(1 + \frac{t}{273}\right)$$

1802년에 게이뤼삭(Gay-Lussac, J. L., 1778 ~1850)이 샤를의 결과를 인용하여 일정한 온도 변화에 대하여 부피의 상대적인 변화 비율은 기체의 종류에 상관없이 일정하다는 법칙을 발표하였는데, 이후 이것은 **샤를 법칙(Charle's law)**으로 알려지게 되었다.

샤를 법칙이 아주 낮은 온도에까지 적용된다고 가정하면 −273 ℃에서 기체의 부피는 0이 된다. 이 온도를 0도로 정의한 것을 절대 온도(absolute temperature)라고 한다. 절대 온도를 T로 표현하면 샤를 법칙은 "일정한 압력에서 기체의 부피는 절대 온도에 비례한다."로 나타낼 수 있다.

$$V = kT \ (k\text{는 상수})$$

즉, 절대 온도가 2배가 되면 부피도 2배가 되고, 절대 온도가 $\frac{1}{2}$로 낮아지면 부피도 $\frac{1}{2}$로 감소한다.

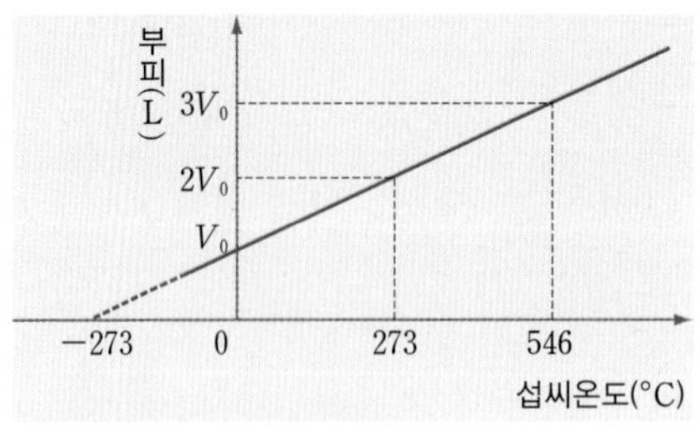

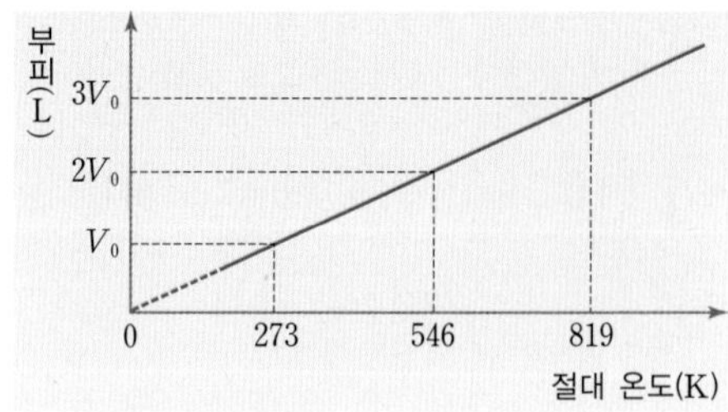

⩓ **기체의 부피와 온도의 관계**

실제 기체들은 분자들 사이의 인력이나 반발력이 작용할 뿐만 아니라 분자 자체의 부피도 존재하는데, 보일 법칙과 샤를 법칙은 압력이 낮고 온도가 높을 때 잘 맞는다. 이 조건을 만족하는 가상의 기체를 **이상 기체(ideal gas)**라고 한다.

» 이상 기체의 가정

- 기체 분자 사이에 인력이나 반발력이 작용하지 않는다.
- 기체 분자 자체의 부피는 너무 작으므로 무시할 수 있다.
- 기체는 끊임없이 빠른 직선 운동을 하며 압력을 나타낸다.
- 기체 분자는 충돌하여도 평균 운동 에너지는 변함이 없다.
- 기체 분자의 평균 운동 에너지는 절대 온도에 비례한다.

확·인·하·기

샤를 법칙을 −273 ℃까지 적용하면 −273 ℃에서 기체의 부피가 0이 된다는 결론이 얻어진다. 이 결론이 뜻하는 것은?

① 기체는 분자로 이루어졌다.
② −273 ℃에서 기체 분자의 운동 에너지는 0이 된다.
③ 기체 분자의 크기는 용기의 크기에 비해 무시할 수 있다.
④ 온도가 낮아지면 기체 분자의 충돌 횟수가 감소한다.
⑤ 온도가 낮아지면 기체 분자의 운동 속도가 감소한다.

기체 분자의 크기를 무시할 수 없다면 −273 ℃에서 기체 분자의 운동이 정지하더라도 기체가 차지하는 부피는 0이 되지 않을 것이다.

답 ③

| 아보가드로 법칙: 기체의 몰수와 부피 관계 |

1811년에 제안된 **아보가드로의 가설(Avogadro's hypothesis)**에 따르면 일정한 온도와 압력에서 기체의 부피(V)는 기체의 종류에 상관없이 몰수(n)에 비례한다. 즉, 일정한 부피에는 기체의 종류에 관계없이 같은 몰수의 기체 분자가 들어 있다.

$$V = 상수 \times n$$

예컨대 0 ℃, 1기압에서 1 L 부피의 용기에 순수한 수소 기체 n몰이 들어 있다면, 같은 0 ℃, 1기압에서 또 하나의 1 L 부피의 용기에는 순수한 산소 기체도 n몰이 들어 있다는 뜻이다. 그런데 몰수가 같다면 분자의 수도 같을 것이다. 그러나 아보가드로 시대에는 1몰에 해당하는 분자의 개수, 즉 아보가드로수는 알려지지 않았다.

| 이상 기체 방정식 |

아보가드로의 가설, 그리고 보일 법칙과 샤를 법칙을 종합하면 이상 기체의 상태를 표현하는 변수들 사이에는 다음과 같은 식이 성립한다.

$$\frac{PV}{nT} = R \rightarrow PV = nRT$$

이상 기체 방정식에서 R은 기체의 종류에 상관없이 일정한 고유 상수로, **기체 상수(gas constant)**라고 하며, 0.0821 L atm mol^{-1} K^{-1} 또는 8.314 J mol^{-1} K^{-1}의 값을 갖는다.

우리는 이상 기체 방정식으로부터 아보가드로의 원리를 확인할 수 있다. 이상 기체 방정식은 수소, 질소, 산소, 이산화 탄소 등 기체의 종류에 관계없이 모든 이상 기체에 적용된다. 따라서 일정한 압력과 온도에서 부피(V)는 기체 분자의 몰수(n)에 비례한다. 다시 말해서 같은 부피에는 같은 몰수의 기체 분자가 들어 있는 것이다.

$$PV = nRT \rightarrow V = \frac{nRT}{P}$$

$V = \frac{nRT}{P}$에서 n = 1 mol, R = 0.0821 L atm mol^{-1} K^{-1}, T = 273 K를 대입하면 0 ℃, 1기압에서 1몰의 기체가 차지하는 부피를 계산할 수 있다.

$$V = (1\ \text{mol})(0.0821\ \text{L atm mol}^{-1}\ \text{K}^{-1})(273\ \text{K})$$
$$= 22.4\ \text{L}$$

상온에서 공기 분자들이 평균적으로 자신의 크기의 약 20배 거리만큼 떨어져서 운동하고 있는 경우에는 이상 기체 방정식이 잘 적용된다. 그러나 다음 세 경우에는 분자들이 독립적으로 운동한다고 보기 어려워져 이상 기체에서 벗어난다.

- **압력이 크게 높아져서 분자 간 거리가 훨씬 가까워지는 경우** 예를 들어 500기압이 되면 분자 간 거리는 약 8분의 1로 줄어 분자 간 상호 작용이 크게 증가할 것이다.
- **온도가 크게 낮아져서 분자의 운동 속도가 아주 낮아지는 경우** 분자의 운동 에너지가 낮아지면 약한 분자 간 상호 작용이라도 중요하게 작용할 수 있다.
- **분자량이 아주 큰 경우** 분자의 지름이 커져서 충돌 횟수도 증가하고, 분산력이 커져서 분자 간 상호 작용도 크게 증가한다.

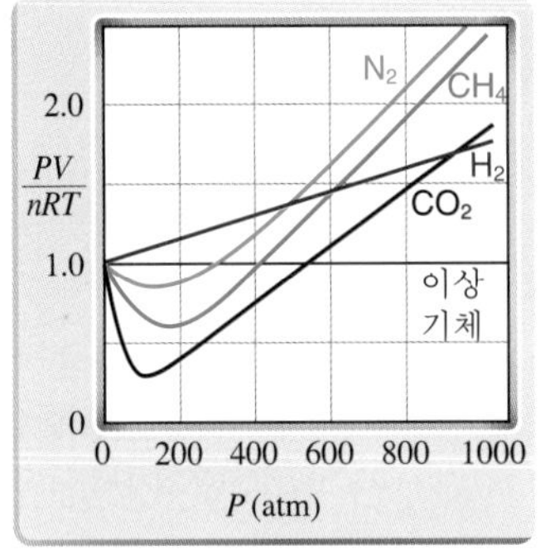

≈ **200 K에서 몇 가지 기체의 *PV/RT***
분자 간 상호 작용이 클수록 낮은 압력에서 *PV/RT*가 1에서 크게 벗어난다.

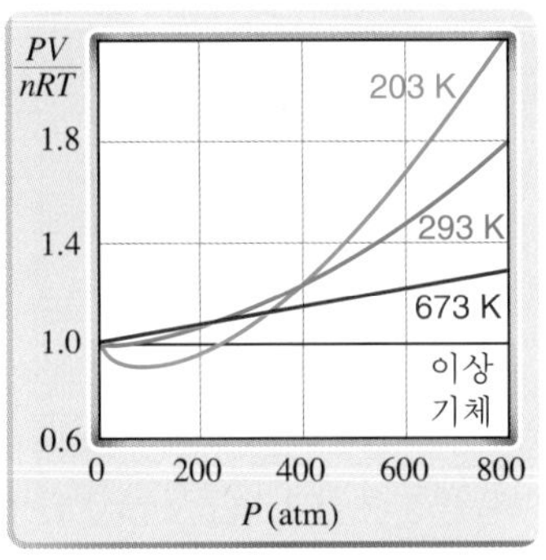

≈ **몇 가지 온도에서 질소의 *PV/RT***
낮은 온도와 압력에서는 *PV/RT*가 1보다 작아진다.

이와 같이 실제 기체가 이상 기체와 다른 행동을 보이는 근본 원인은 분자 간 상호 작용 때문이다. 압력이 높아지거나 온도가 낮아져서 부피가 작아지고 분자 간 거리가 줄어들게 되면 이상 기체에서 무시되었던 상호 작용이 큰 영향을 미칠 수 있다. 결국은 기체가 액체로 바뀔 수도 있고, 그 과정에서 기체에서 액체로 상태의 성질이 연속적으로 바뀔 것이다.

네덜란드의 반데르발스(van der Waals, J. D., 1837~1923)는 여러 온도와 압력에서 기체의 부피를 정밀하게 측정하고, 1873년에 "기체와 액체상의 연속성에 대하여"라는 제목의 논문으로 박사 학위를 받았다. 이 논문에서 그는 분자 간 상호 작용의 영향을 포함하여 이상 기체 방정식을 보완할 수 있는 새로운 상태 방정식을 제안하였다. 이 식은 반데르발스 식으로 알려지게 되었고, 지금도 널리 사용되고 있다. 반데르발스는 이 업적으로 1910년에 노벨 물리학상을 받았다.

자료 쏙

» 반데르발스 식의 의미

1몰의 기체에 대하여 반데르발스 식은 아래와 같이 쓸 수 있다. 측정된 압력 P에 인력을 보정하는 항을 더해야 이상 기체의 압력이 되고, 용기의 부피 V에서 기체 분자가 차지하는 부피를 빼주어야 이상 기체의 부피가 된다. 상수 a와 b는 각각 분자 간의 인력과 반발력의 영향을 반영한다.

$$[P + a(\frac{n^2}{V^2})](V - nb) = nRT$$

- 상수 a의 의미: 분자 간 거리가 줄어들거나 운동 에너지가 낮아지면 분자 간 상호 작용이 크게 작용하고 기체 분자가 벽에 충돌할 때 뒤에서 끌어당기는 효과가 나타난다. 따라서 실제 측정되는 압력(P)에 이러한 효과를 더해 주어야 이상 기체 방정식에서의 압력이 된다. 분자 간 인력은 두 분자 사이에 상호적으로 작용하기 때문에 이 효과는 분자 밀도(n/V)의 제곱에 비례한다. a는 분자 간 인력의 크기를 나타내는 상수이다.
- 상수 b의 의미: 압력이 높거나 온도가 낮아서 분자 간 거리가 크게 줄어들면 분자들이 자유롭게 운동할 수 있는 공간이 축소된다. 분자들이 너무 가깝게 접근하면 반발력이 작용한다. 따라서 용기의 부피(V)에서 분자들이 효과적으로 차지하는 부피를 빼 주어야 이상 기체 방정식에서의 부피가 된다. n은 몰수이고, b는 한 분자가 차지하는 부피라고 볼 수 있다. b는 분자 간 척력의 크기를 나타내는 상수인 것이다.

확·인·하·기

이상 기체 방정식이 잘 맞지 않는 경우를 다음에서 고르시오.

(가) 높은 온도, 높은 압력	(나) 높은 온도, 낮은 압력
(다) 낮은 온도, 높은 압력	(라) 낮은 온도, 낮은 압력

답 (다)

1-4 혼합 기체의 부분 압력

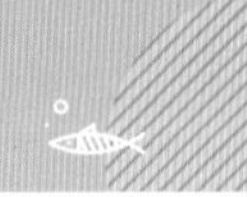

핵심 개념 • 부분 압력 법칙 • 몰 분율

| 부분 압력 법칙 |

고산과 호수 지역의 다양한 기후 조건에서 공기의 성질을 조사하던 돌턴은 실험실에서 혼합 기체의 성질을 연구하면서 **돌턴의 부분 압력 법칙(Dalton's law of partial pressure)**을 발견하게 된다.

예를 들면 고도가 높아지면 전체 압력은 내려가고 또 날씨에 따라 습도가 달라지는데, 그 때의 압력은 공기 중의 질소, 산소, 그리고 수증기가 각각 미치는 압력의 합이라는 것이다. 이 사실을 확인하기 위해 돌턴은 물, 알코올 등 몇 가지 액체를 진공과 공기 중에서 증발시키거나 팽창시켜서 다양한 온도와 압력 상태를 만들어 조사하였다. 그리고 어떤 조건에서라도 여러 기체가 나타내는 전체 압력은 각각의 기체가 나타내는 부분 압력의 합과 같다는 사실을 알아냈다.

n 종류의 기체가 섞여 있는 혼합 기체에서 돌턴의 부분 압력 법칙은 다음과 같이 식으로 나타낼 수 있다.

돌턴의 부분 압력 법칙

$$P_{\text{전체}} = P_A + P_B + P_C + \cdots$$

(P_A, P_B, P_C는 각 기체의 부분 압력이다.)

$P_{\text{전체}}$은 전체 압력이고, P_1, P_2 등은 각 기체가 나타내는 부분 압력이다.

예컨대 공기에서라면 P_1은 질소, P_2는 산소, P_3는 아르곤, 나머지는 수증기와 이산화탄소 등이 될 것이다. 수증기의 부분 압력은 습도에 따라 다르기 때문에 수분을 제거한 마른 공기를 고려한다면 전체 압력이 1기압인 공기에서 질소의 부분 압력은 약 0.78기압, 산소의 부분 압력은 약 0.21기압, 아르곤의 부분 압력은 약 0.01기압이고, 이산화탄소의 부분 압력은 0.000004기압 정도이다.

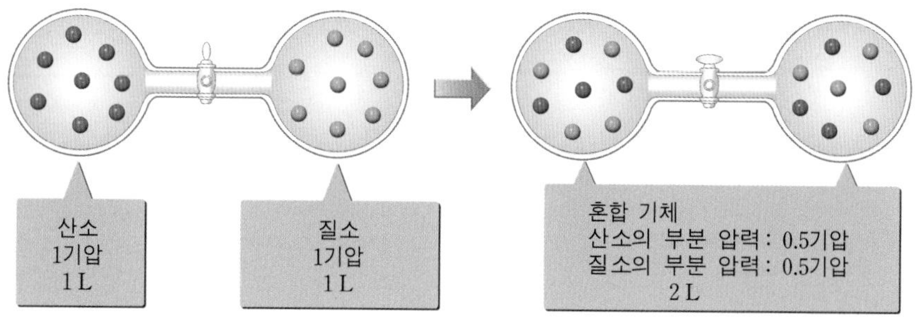

≈ **혼합 기체의 부분 압력과 전체 압력**

부분 압력 법칙이 성립하는 이유를 생각해 보자. 온도가 T일 때 부피가 V인 용기에 n_1몰의 기체가 들어 있다면 이 기체가 나타내는 압력은 $P_1 = \frac{n_1RT}{V}$로 주어진다.

같은 용기에 n_2몰의 다른 기체가 들어 있다면 이 기체가 나타내는 압력은 $P_2 = \frac{n_2RT}{V}$로 주어질 것이다. 전체 기체에 대한 이상 기체 방정식은 다음과 같다.

$$P = (n_1 + n_2)\frac{RT}{V}$$

압력 P_1과 P_2를 합하면 위의 P와 같은 것을 알 수 있다.

| 몰 분율과 부분 압력 |

이상 기체에서는 일정한 부피에 들어 있는 기체의 압력은 그 기체 분자의 몰수에 비례한다. 따라서 위의 부분 압력 법칙은 각 기체 분자의 몰수, n_1, n_2 등에 대해서 다음과 같이 쓸 수 있다.

$$n_{전체} = n_1 + n_2 + n_3 + \cdots + n_n$$

전체 압력에 대한 기체 1의 압력의 분율($\frac{P_1}{P_{전체}}$)이 기체 1의 부분 압력이라면, 전체 몰수에 대한 기체 1의 몰수의 분율($\frac{n_1}{n_{전체}}$)을 기체 1의 몰 분율이라고 한다. 즉, 공기와 같은 혼합 기체에서 각 성분 기체의 몰수를 전체 몰수로 나눈 값을 그 기체의 **몰 분율(mole fraction)**이라고 한다.

서로 반응하지 않는 기체의 혼합물에서 성분 기체의 몰 분율은 다음과 같다.

$$\text{A의 몰 분율}(x_A) = \frac{\text{성분 기체 A의 몰수}}{\text{전체 혼합 기체의 몰수}} = \frac{n_A}{n_A + n_B}$$

$$\text{B의 몰 분율}(x_B) = \frac{\text{성분 기체 B의 몰수}}{\text{전체 혼합 기체의 몰수}} = \frac{n_B}{n_A + n_B}$$

혼합 기체의 전체 압력은 성분 기체들의 몰수에 따라 나타나며 그것은 다음과 같이 나타낼 수 있다.

$$P_{\text{전체}} = P_A + P_B = \frac{n_A RT}{V} + \frac{n_B RT}{V} = \frac{(n_A + n_B)RT}{V}$$

즉, 혼합 기체의 전체 압력은 전체 기체의 몰수에 비례한다.

각 기체의 부분 압력 P_A, P_B를 전체 압력으로 나눠보면 $\frac{P_A}{P_{\text{전체}}} = \frac{n_A}{n_A + n_B}$ 이고, $\frac{P_B}{P_T} = \frac{n_B}{n_A + n_B}$ 가 되며 다음과 같이 표현할 수 있다.

$$P_A = P_{\text{전체}} \times \frac{n_A}{n_A + n_B} = P_{\text{전체}} \times x_A \qquad P_B = P_{\text{전체}} \times \frac{n_B}{n_A + n_B} = P_{\text{전체}} \times x_B$$

기체 혼합물에서 성분 기체의 부분 압력은 각 기체의 몰 분율에 비례하므로, 전체 압력에 성분 기체의 몰 분율을 곱하여 구할 수 있다.

확·인·하·기

1기압의 공기에서 질소, 산소, 아르곤의 부분 압력은 각각 0.78기압, 0.21기압, 0.01기압이다. 이 공기를 압축해서 같은 온도에서 부피가 반이 되었을 때 질소, 산소, 아르곤의 부분 압력을 각각 쓰시오.

부피가 반이 되었으므로 전체 압력은 2배가 되어 2기압이 된다. 부분 압력도 각각 2배가 된다.

답 질소 = 1.56기압, 산소 = 0.42기압, 아르곤 = 0.02기압

1-5 액체인 물의 특성

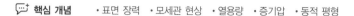

핵심 개념 • 표면 장력 • 모세관 현상 • 열용량 • 증기압 • 동적 평형

액체는 기체보다 분자 사이의 인력이 크므로 분자 사이의 거리가 가깝고, 분자들 사이에 빈 공간이 많지 않다. 따라서 액체는 압력을 가하여도 압축이 잘 되지 않는다. 또한 액체는 분자들이 가까우면서도 자유롭게 움직일 수 있는 유동성을 지니고 있다. 우리 주위에서 상온에서 액체로 존재하는 물질은 물이 거의 유일하다. 두 번째로 많다고 볼 수 있는 에탄올은 항상 물과 어느 정도 이하의 비율로 섞여 있다. 나머지 대부분의 액체는 화학 실험실에서 찾아볼 수 있는 유기 화합물이거나 산업체에서 사용하는 용매이다. 따라서 물의 성질을 잘 이해하면 액체의 성질을 대부분 이해하는 것이 된다.

| 물의 특성 |

물이 상온에서 액체인 것은 물 분자 사이의 수소 결합 때문이다. 물 분자는 산소 원자 주위에는 부분 (−)전하를, 수소 원자 주위에는 부분 (+)전하를 가지고 있는 극성 분자이다. 굽은형 구조와 수소 결합으로 인해 물은 다른 많은 액체들과 다른 특성을 나타낸다. 물 분자의 수소 원자의 중심과 이웃 물 분자의 산소 원자의 중심 사이의 평균 거리는 0.17 nm로, 분자 내에 수소 원자와 산소 원자 사이의 공유 결합에 의해 형성된 결합 길이 0.10 nm보다는 길다.

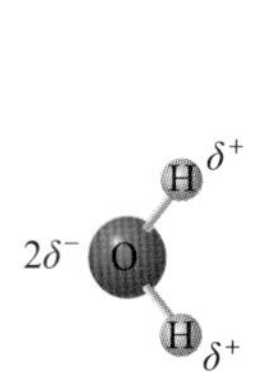

(가) 물 분자의 구조

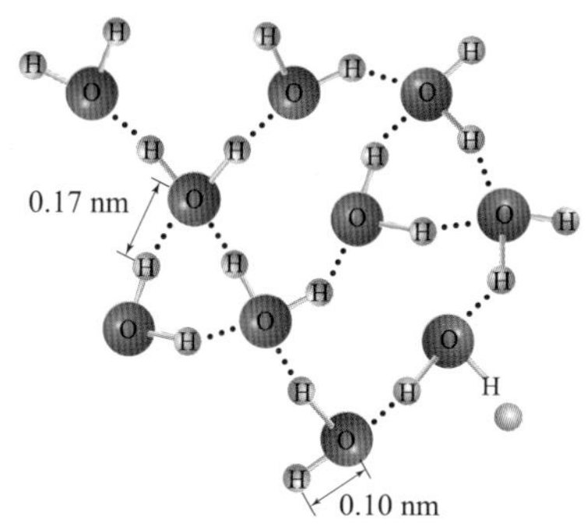

(나) 물 분자 사이의 수소 결합

≫ 물 분자와 수소 결합

◘ 밀도

1몰의 물은 18 g에 해당하고, 0 ℃, 1기압에서 밀도는 1 g/cm³ 정도이다. 따라서 1몰의 물이 차지하는 부피는 18 cm³인데, 이것은 1몰의 기체 분자가 차지하는 22.4 L의 1/1000 정도이다. 이를 1차원으로 환산하면 액체에서는 분자 사이의 거리가 기체에 비해 약 1/10로 줄어드는 셈이다.

액체인 물에서도 물 분자들 사이에 수소 결합이 작용하지만 이들 수소 결합은 수시로 끊어지고 다시 만들어지는 과정을 반복하면서 수소 결합을 이루는 상대방 물 분자가 바뀐다. 그래서 물 분자들 사이의 공간에는 여유가 많지 않다. 그러나 물이 얼면 물 분자들이 육각형 구조로 수소 결합을 만들고, 결과적으로 중간에 빈 공간이 생긴다. 그래서 얼음의 밀도는 물의 밀도보다 약간 낮아진다. 그리고 이처럼 만들어진 분자 수준의 육각 구조가 아보가드로수 정도 모이면 눈으로 볼 수 있는 아름다운 눈송이를 만들어낸다.

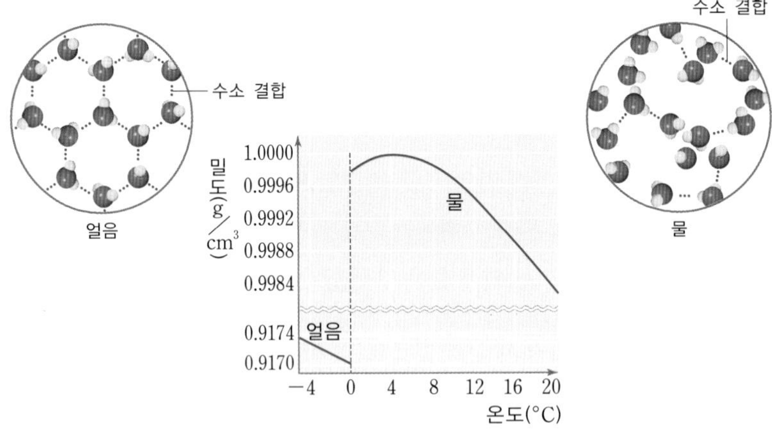

반대로 얼음에서 육각형 배열을 이루고 있던 물 분자들이 열을 받아 운동 에너지가 높아지면 수소 결합이 약화되어 얼음이 녹고 물 분자들은 비교적 자유롭게 운동하면서 육각형 중심의 공간을 채워 밀도가 증가한다. 물의 밀도는 4 ℃에서 가장 높다.

개념 쏙

» 물의 밀도 변화

0 ℃~4 ℃에서는 수소 결합이 끊어지면서 빈 공간을 채우므로 물의 밀도가 점점 증가하여 4 ℃에서 최대 밀도가 된다. 4 ℃ 이상에서는 온도에 따른 열팽창으로 분자의 운동 에너지가 커지고 분자 간 거리가 멀어지게 되므로 부피가 증가하여 밀도가 감소한다.

얼음의 밀도는 물의 밀도보다 낮아 얼음은 물 위에 뜬다. 얼음이 물에 가라앉는다면 추운 겨울날 강이나 호수의 물이 다 얼어붙어서 수중 생물이 살 수 없을 것이다. 그러나 겨울철의 차가운 기온에 의해 호수 표면의 물의 온도가 점점 내려가더라도 4 ℃의 물의 밀도가 가장 크기 때문에 더 이상 호수 속에서 물의 대류 현상은 일어나지 않게 되고, 낮은 기온으로 생성된 얼음의 밀도 역시 물보다 작아 위층에 존재하게 됨으로써 수중 생태계는 유지될 수 있게 된다. 지구의 역사에서 과거에 여러 번의 빙하기가 있었다. 수천, 수만 년 계속된 빙하기 동안 호수나 바다의 모든 물이 얼었다면 빙하기가 끝난 다음에도 그 모든 얼음이 녹는 데는 오랜 세월이 필요했을 것이다.

⩓ 겨울철 호수의 수온 분포

◘ 표면 장력

순수한 액체에서 볼 수 있는 현상 중에 표면 장력이 있다. 물처럼 분자 간 상호 작용이 큰 경우에는 액체 분자가 액체의 내부에 있는 편이 더 안정하다. 내부에 존재하는 물 분자는 이웃한 물 분자와 상호 작용을 하며 사방으로 인력이 작용하면서 안정해진다. 반면, 표면에 존재하는 물 분자는 안쪽 방향으로만 인력이 작용하므로 내부에 있는 물 분자에 비해 상대적으로 불안정하여 에너지가 높다. 그래서 일정한 양의 액체에 대해 표면적이 클수록, 즉 넓게 퍼질수록 에너지 면에서 불리하다. 따라서 분자 간 상호 작용이 큰 액체는 표면적을 줄이려는 경향이 있다.

풀잎 위에 맺힌 물방울이 둥근 이유는 부피가 일정할 경우 표면적이 가장 작은 형태가 공 모양이기 때문이다. 액체가 표면적을 최소화하려는 힘을 **표면 장력(surface tension)**이라고 한다. 표면 장력은 물 분자뿐만 아니라 모든 액체에 적용되며 액체의 표면 장력의 크기는 분자들 간의 상호 작용에 의해 달라지므로 분자 간 상호 작용의 세기가 클수록 표면 장력도 커지게 된다.

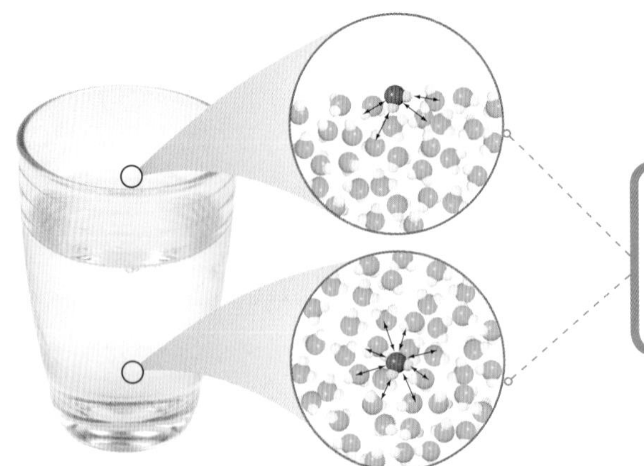

액체 표면에 있는 분자는 액체 내부에 있는 분자보다 주변 분자와의 상호 작용이 작아 에너지 상태가 높다. 따라서 액체는 에너지 상태를 낮추기 위해 표면적을 줄이려고 한다.

≈ 물 표면과 내부에서의 분자 간 상호 작용

물은 물 분자 사이에 강한 분자 간 상호 작용인 수소 결합이 있어 다른 액체보다 표면 장력이 매우 큰 편이다. 소금쟁이가 물 표면에서 걸을 수 있는 것도 물의 표면 장력과 관련이 있다.

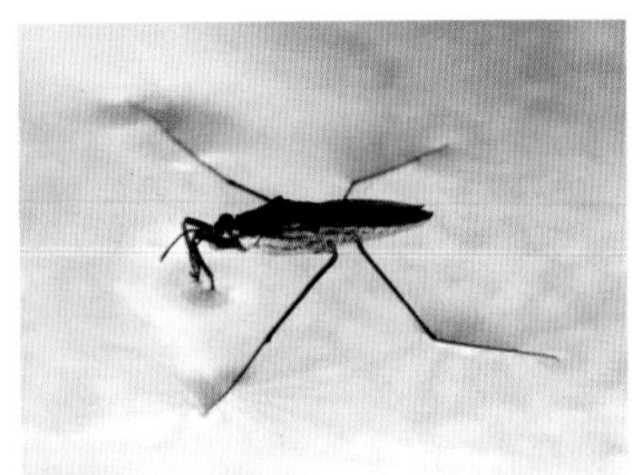

≈ 물 위를 걷는 소금쟁이

개념 쏙

» 표면 장력에 영향을 미치는 요인

- 온도가 증가함에 따라 물 분자의 운동 에너지가 증가하면 표면 장력은 감소한다. 온도에 따른 물의 표면 장력 변화는 다음과 같다.

온도	0	5	10	15	20	25	30
표면 장력 (dyne/cm)	75.6	74.9	74.2	73.5	72.8	72.0	71.2

- 입자 간(분자 간) 힘이 클수록 표면 장력은 증가한다. 다음은 몇 가지 물질의 표면 장력을 나타낸 것이다.

물질	메탄올	에탄올	벤젠	글리세린	물	수은
표면 장력 (dyne/cm)	22.6	22.8	28.9	63.1	72.8	476

확·인·하·기

파라핀을 바른 종이에 물과 에탄올을 각각 한 방울씩 떨어뜨리면 물은 둥글게 뭉치고 에탄올은 넓게 퍼져나간다. 이에 대한 설명으로 옳은 것은?

① 물보다 에탄올의 표면 장력이 크다.
② 물 분자 사이에서보다 에탄올 분자 사이에서의 인력이 강하다.
③ 에탄올은 표면적을 최소화하려는 경향이 물에 비해 크다.
④ 물 분자 사이의 수소 결합은 에탄올 분자 사이의 수소 결합보다 강하다.
⑤ 물방울의 표면에 있는 물 분자가 내부의 물 분자보다 안정하다.

에탄올 분자에는 수소 결합에 참여할 수 있는 -OH가 하나 밖에 없지만 물에는 2개가 있어서 물의 수소 결합이 에탄올보다 강하고 물의 표면 장력이 크다. 답 ④

모세관 현상

물이 든 비커에 매우 가는 유리관을 넣어 두면 물이 유리관의 벽면을 따라 위로 올라간다. 이와 같이 액체가 얇은 관이나 미세한 틈을 따라 이동하는 현상을 모세관 현상이라고 한다. 우리가 세수를 하고 수건으로 얼굴을 닦을 때 수건을 통해 물이 흡수되는 것도 가는 관을 따라 액체가 흡수되는 모세관 현상이다. 또한 식물이 물관을 통해 물을 흡수하는 것과 종이나 헝겊 또는 스펀지 등에 물이 흡수되는 것 등도 모세관 현상이다.

용어 쏙 **모세관**

모세관의 주성분은 이산화 규소(SiO_2)이지만 표면은 -OH 기로 덮여 있어서 극성을 나타내고, 모래가 물에 젖는 것으로 알 수 있듯이 물과 쉽게 상호 작용한다.

모세관 현상은 유리 표면이 극성이기 때문에 일어난다. 일단 유리관 내의 물 분자와 관 내부의 유리 표면 사이의 인력 때문에 물이 유리관 표면을 따라 올라간다. 그러다 보면 유리관 중심 부분의 물은 뒤처지기 때문에 물의 표면적이 증가한다. 그러면 표면적을 줄이기 위해 중심 부분의 물이 뒤따라 올라가고, 이런 과정이 반복되면서 물은 모세관을 따라 중력과 맞설 때까지 올라가게 된다.

물이 든 수조에 모세관을 넣으면 물은 물 분자 사이에 작용하는 응집력보다 모세관과 물 분자 사이에 작용하는 부착력이 더 크기 때문에 모세관 액면이 아래로 움푹 들어간 모양이다. 수은이 든 수조에 모세관을 넣으면 수은은 모세관과의 부착력이 수은 사이의 응집력인 금속 결합력보다 작기 때문에 위로 볼록 나온 모양이다.

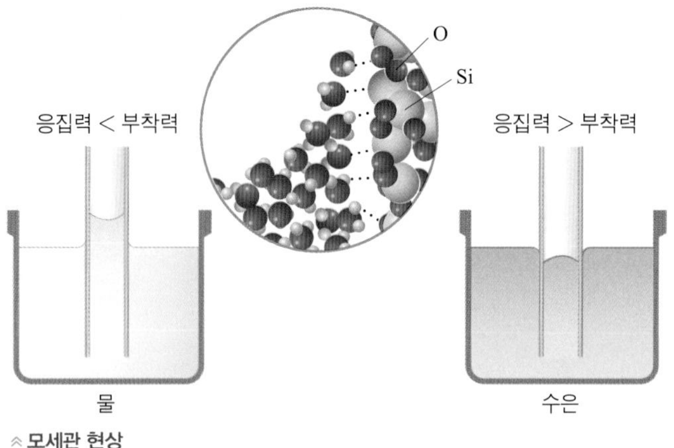

≈ 모세관 현상

확·인·하·기

모래가 물에 젖는 것으로부터 알 수 있는 것은?

① 모래의 주성분인 실리카(SiO_2)는 무극성이다.
② 실리카의 표면에는 규소 원자가 노출되어 있다.
③ 규소와 산소는 전기음성도가 비슷하다.
④ 실리카의 표면에는 산소 원자가 노출되어 있다.
⑤ 실리카의 표면은 −OH 기로 덮여 있다.

실리카의 내부에서는 −O−Si−O− 구조가 반복된다. 이런 구조가 무한히 반복된다면 유한한 크기의 모래알이 될 수 없다. 표면에서는 산소에 수소가 결합해서 −OH 식으로 무한한 반복을 중단한다. 이 표면의 −OH 때문에 유리 표면은 극성이 높아지고 물을 끌어당긴다. 답 ⑤

◘ 물의 열용량

특정 물체의 온도를 1 ℃ 올리기 위해 필요한 열량을 열용량(heat capacity, *C*)이라고 한다. 열용량은 물체를 구성하는 물질의 종류와 양에 따라 달라지는 크기 성질이다. 비열(specific heat capacity)은 특정 물질 1 g의 온도를 1 ℃ 올리기 위해 필요한 열량으로, 물질의 고유한 세기 성질이다.

물을 가열하면 물 분자 사이의 수소 결합을 끊는 데 열에너지가 많이 필요하기 때문에 물은 다른 물질에 비해 비열이 매우 크다. 따라서 물은 쉽게 데워지거나 쉽게 식지 않는다.

물은 열용량이 커서 생명체뿐만 아니라 지구 전체의 온도를 일정하게 유지시켜 주는 역할도 한다. 물은 태양열의 많은 부분을 수증기의 상태로 저장하여 지구의 온도를 일정하게 유지시켜 주며, 지구 표면의 대부분이 물로 덮여 있으므로 지구는 일정한 환경을 유지할 수 있는 것이다.

해안 지역의 일교차가 내륙 지역보다 작고 해안 지역에서 낮에는 해풍이, 밤에는 육풍이 부는 것도 물의 이러한 성질 때문에 나타난다.

확·인·하·기

사람의 체온이 일정하게 유지되는 것과 지구 전체의 온도가 일정하게 유지되는 것은 공통적으로 물의 어떤 특성 때문에 나타나는 것인지 설명하시오.

답 수소 결합으로 인해 물의 열용량이 크기 때문이다.

| 액체의 증기압 |

■ 동적 평형

용기에 물을 반 정도 채우고 진공 상태에서 밀폐한 후에 온도를 25 ℃로 유지할 경우 물의 표면에서는 물 분자들이 운동 에너지 때문에 분자들 사이의 인력을 극복하고 기체 상태로 빠져나간다.

처음에는 기체 상태에 있는 물 분자의 수가 작기 때문에 물 분자들이 액체 표면에 충돌해서 액체 상태로 되돌아오는 확률이 낮다. 따라서 물의 증발(evaporation)은 계속되고, 증기 상태의 물 분자들이 나타내는 압력, 즉 증기압은 서서히 증가한다. 그러다가 물의 증기압이 어느 정도에 도달하면 물이 액체에서 기체로 증발하는 속도와 기체에서 액체로 응축하는 속도가 같아진다. 이때 증기압을 측정하면 25 ℃에서 0.0313기압이 된다. 그리고 온도를 25 ℃로 유지하면 증기압도 0.0313기압으로 유지된다. 겉으로는 아무런 변화가 없는 것처럼 보이지만 물은 계속 증발하고, 수증기는 계속 응축하는 변화가 일어나고 있다. 이와 같이 겉보기에는 변화가 일어나지 않는 것처럼 보이는 이러한 상태를 **동적 평형(dynamic equilibrium)**이라고 한다.

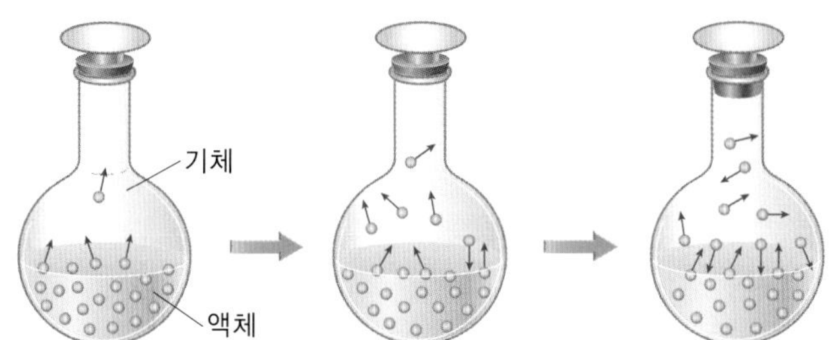

⌃ **물과 수증기의 동적 평형**

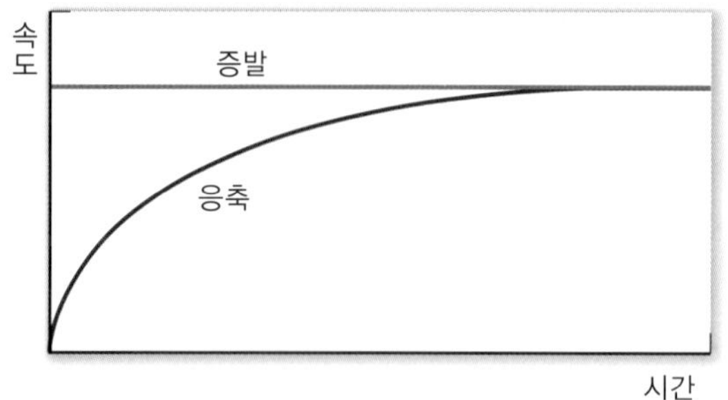

증발 속도는 일정하고 증발한 기체 분자 수가 많아질수록 응축 속도도 점점 빨라진다. 충분한 시간이 흐르면 액체의 증발 속도와 기체의 응축 속도가 같아져 평형 상태에 도달한다.

⌃ **액체의 증발 속도와 응축 속도**

◘ 증기압

외부 압력이 1기압일 때 그 액체가 끓기 시작하는 온도를 액체의 기준 끓는점이라고 한다. 액체의 증기압은 온도가 높아짐에 따라 증가하는데, 액체의 증기압이 외부 압력과 같아질 때의 온도를 **끓는점**이라고 하고, 온도에 따른 액체의 증기압을 나타내는 곡선을 액체의 **증기압 곡선**이라고 한다. 물의 온도를 높이면 액체 내부로부터 증발하는 물의 양이 많아지고 증기압도 높아진다. 그러다가 물이 100 ℃에 도달하면 순간적으로 물 전체가 끓어오른다. 수증기의 증기압은 1기압이 되고, 만일 물을 끓이는 용기의 뚜껑이 열린다면 액체 바로 위의 공기는 다 밀려나고, 1기압의 수증기로 채워질 것이다. 물론 끓는 물과 100 ℃, 1기압의 수증기 사이에는 동적 평형이 이루어진다.

액체를 가열하면 분자 간 상호 작용이 작은 액체는 주어진 열량에 대해 온도가 빨리 올라가고, 물처럼 분자 간 상호 작용이 큰 액체는 온도가 서서히 올라간다. 온도가 올라가면 분자의 운동 에너지가 증가하기 때문에 증발이 빨라지고 증기압도 증가한다. 온도가 끓는점에 도달하면 액체와 기체 사이에 평형이 이루어진다.

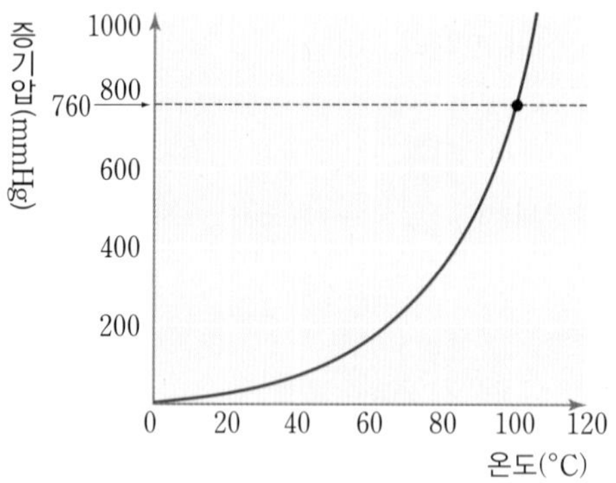

⌃ **물의 증기압** 25 ℃에서 물의 증기압은 23.8 mmHg이고, 100 ℃에서는 760 mmHg이다.

탐구 시그마 증기압 곡선 비교

자료

그림은 다이에틸 에테르($C_2H_5OC_2H_5$), 에탄올(C_2H_5OH), 물의 온도에 따른 증기압 곡선을 나타낸 것이다.

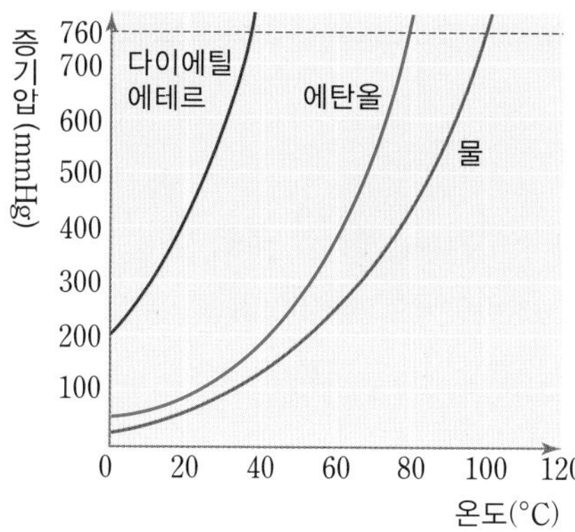

분석

- 증기압이 1기압(760 mmHg)에 도달하는 온도가 그 물질의 끓는점이다.
- 다이에틸 에테르, 에탄올, 물의 끓는점은 각각 34.6 °C, 78.4 °C, 100 °C이다.
- 분자 간 상호 작용이 작을수록 낮은 온도에서 끓고 같은 온도에서 증기압이 크다.
- 압력솥처럼 높은 압력을 견디는 용기에서는 끓는점이 높아진다.
- 같은 온도에서 물질의 증기압이 다른 것은 분자 간 상호 작용의 차이 때문이다.
- 같은 온도에서 증기압이 큰 물질일수록 분자 간 상호 작용이 작고 끓는점은 낮다.

확·인·하·기

다이에틸 에테르, 에탄올, 물의 증기압 곡선으로부터 알 수 있는 것은?

① 수소 결합의 세기는 분자에 들어 있는 수소 원자 수에 비례한다.
② 다이에틸 에테르의 쌍극자 모멘트는 에탄올의 쌍극자 모멘트보다 클 것이다.
③ 체온에서 물은 에탄올보다 빨리 증발한다.
④ 증기압은 수소 결합의 세기와 관계가 없다.
⑤ 물은 분자 간 상호 작용이 커서 끓는점이 높다.

다이에틸 에테르에는 수소 결합에 참여하는 수소가 없다. 에탄올에서는 1개의 수소가, 물에서는 2개의 수소가 수소 결합에 참여한다. 따라서 물은 분자 간 상호 작용이 커 끓는점도 높다. 답 ⑤

1-6 고체

핵심 개념 •분자 결정 •공유 결정 •이온 결정 •금속 결정 •단위 격자

우리 주위에서 쉽게 찾아볼 수 있는 기체는 공기뿐이고, 액체는 물뿐이다. 그에 비해 고체는 종류와 형태가 다양하다. 돌, 나무 등 천연물도 그렇지만 도로, 다리, 자동차, 항공기, 선박, 건물, 실내 장식, 유리창, 가구, 주방 도구, 컴퓨터, 전화기, 합성 섬유 등과 같이 인공적으로 만든 물건은 거의 모두 고체이다.

| 고체의 분류 |

거시적 성질로 볼 때 기체와 액체는 유체(fluid)라는 공통점이 있고, 고체는 유동성이 없다. 상온, 상압에서 액체, 고체에 비해 기체는 밀도가 아주 낮다. 한편 대부분의 고체는 액체에 비해 밀도가 높은 편이다. 그렇다면 고체에서는 원자와 분자들이 어떻게 배열되어 있기에 고체의 특성을 나타내는 것일까? 고체는 구성 요소들 간의 상호 작용에 따라 다양한 종류가 가능하며, 이들은 서로 다른 특성을 보인다.

기체에서는 분자들이 상당히 먼 거리에서 독립적으로 운동한다고 볼 수 있기 때문에 보일 법칙, 샤를 법칙, 아보가드로 법칙 등이 적용되고, 분자 하나하나의 성질을 조사하는 것이 가능하다.

액체에서는 분자들이 비교적 강하게 상호 작용을 하여 가까운 거리를 유지하고 있지만 분자들은 항상 운동을 하면서 위치를 바꾸기 때문에 액체 상태에서 분자들의 특성을 조사하는 것은 상당히 어렵다. 액체를 계속 냉각시키면 분자들의 운동이 느려지다가 어떤 온도가 되면 더 이상 자유로이 움직일 수 없어 고정된 위치에서 진동 운동만 하는 고체 상태로 된다. 즉, 고체 입자들은 액체나 기체 입자들보다 더 가깝게 놓이면서 입자들 사이의 인력이 더 크게 작용하여 고정된 위치에서 존재한다. 고체에서는 구성 입자인 원자 또는 분자들이 공간 내에서 일정한 규칙에 의해 배열되어 있다. 이러한 고체는 구성 입자의 종류와 결합 방식에 따라 몇 가지로 나눌 수 있다.

◘ 분자 결정

개별 분자들이 분자 간 상호 작용에 의해서 안정화되어 고체를 만드는 경우를 **분자 결정(molecular crystal)**이라고 한다. 대부분의 비금속 분자(예 I_2, P_4, S_8)나 유기 분자들이 만드는 설탕, 파라핀 같은 고체가 이에 해당된다. 예를 들면 아이오딘(I_2)의 경우 2개의 I 원자가 공유 결합을 통해 I_2 분자를 만든다. 그 다음에는 I_2 분자들 사이에 비교적 강한 분산력이 작용해서 상온에서 고체인 I_2의 분자 결정이 얻어진다. 같은 할로젠족의 Br_2은 I_2에 비해 분산력이 낮아서 상온에서 액체로 존재한다.

인(P)은 질소(N)와 같은 족인데도 N≡N 식으로 3중 결합을 만들지 못하고 4개의 인 원자가 단일 결합을 통해 정사면체 구조를 가진 P_4 분자를 만든다. S_8과 O_2도 비슷한 관계에 있다.

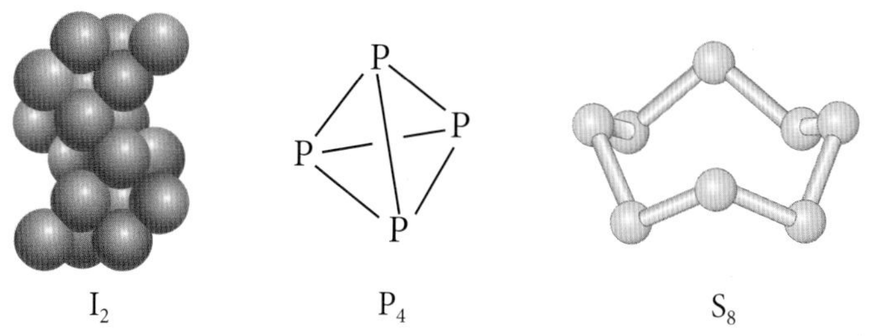

⌃ 분자 결정을 이루는 분자들

일반적으로 분자 결정은 상대적으로 약한 분자 간 인력 때문에 녹는점과 끓는점이 낮으며, 부드럽고 쉽게 변형되는 특성을 지닌다. 이산화 탄소가 낮은 온도에서 규칙적으로 배열된 드라이아이스도 분자 결정에 해당한다.

1기압에서 기체 상태의 이산화 탄소(CO_2)를 냉각하면 −78.5 ℃에 도달했을 때 액체로 바뀌지 않고 바로 고체 드라이아이스로 바뀐다. 또 드라이아이스는 −78.5 ℃에서 바로 기체 이산화 탄소로 바뀐다. 이 경우에는 액체가 끓는 것이 아니기 때문에 이 온도를 승화점이라고 한다.

그런데 왜 이산화 탄소는 액체를 거치지 않고 승화하는 것일까? 이것은 이산화 탄소의 구조와 관련이 있다. 이산화 탄소는 중심 탄소의 양쪽에 산소가 2중 결합을 이룬 직선형 분자이다. C보다 O가 전기음성도가 높기 때문에 C는 부분 (+)전하를, O는 부분 (−)전하를 가지므로 C=O는 극성 결합이다. 그러나 CO_2 분자는 대칭 구조로 전체적으로는 쌍극자 모멘트가 0인 무극성 분자이다.

CO_2 분자가 기체 상태에서 운동하는 경우에 분자 사이의 거리가 클 때는 전기적 인

력을 느끼지 않는다. 멀리에서는 상대방 CO_2 분자가 중성이고 무극성으로 보이기 때문이다. 그러다가 분자 사이의 거리가 분자 크기 정도로 가까워지면 HCl나 물의 경우에는 서로 끌려서 액체가 된다. 그러나 CO_2의 경우에는 중심 탄소의 부분 (+)전하, 그리고 양쪽 산소의 부분 (−)전하가 − + − 식으로 일직선을 이루기 때문에 상황이 특별하다. CO_2 분자들이 가까이 접근하면 순간적으로 위의 전하들 사이의 상호 작용을 통해 마치 이온 결정에서와 같이 CO_2 분자들이 규칙적으로 배열된 고체 결정을 만드는 것이다.

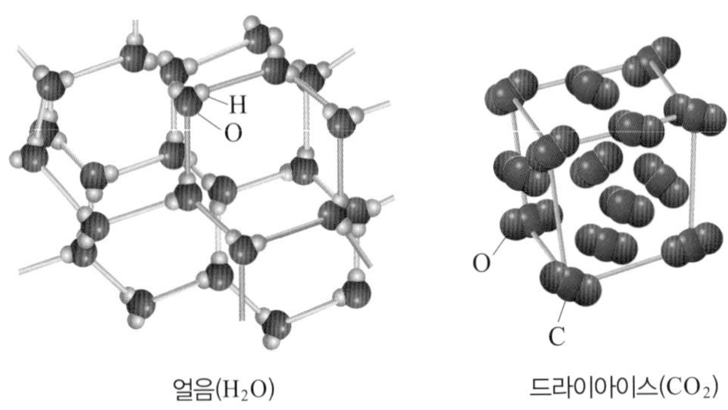

분자 결정인 얼음과 드라이아이스

확·인·하·기

P_4 구조에 관한 설명으로 옳지 않은 것은?

① 인은 질소와 최외각 전자 수가 같다.
② 질소는 3중 결합을 통해 N_2 분자를 만든다.
③ 인은 질소보다 크기 때문에 효율적으로 3중 결합을 만들지 못한다.
④ P_4 구조에서 하나의 인 원자는 암모니아에서처럼 3개의 단일 결합을 이룬다.
⑤ P_4 구조에서 인 원자의 최외각에는 3개의 전자쌍이 있어서 서로 반발하며 정사면체 구조를 만든다.

P_4 구조에서 모든 인 원자는 암모니아에서처럼 3개의 단일 결합과 1개의 비공유 전자쌍을 가진다. 총 4개의 전자쌍이 서로 반발하며 정사면체 구조를 만든다. 답 ⑤

공유 결정

고체를 이루는 구성 원자들이 전체적으로 강한 공유 결합으로 연결되어 결정 구조를 이루는 경우를 **공유 결정(covalent crystal)** 또는 **원자 결정**이라고 한다. 구성 원자들 사이의 공유 결합이 3차원으로 연결되어 그물 구조를 만들기 때문에 그물 구조 결정이라고도 부른다. 탄소로 이루어진 다이아몬드와 흑연, 이산화 규소가 대표적인 예이다.

용어 쏙 흑연

흑연은 탄소 원자 1개에 3개의 탄소가 평면에서 정육각형 모양으로 결합한 층상 구조의 물질로, 층 사이의 결합력이 약하여 부스러지기 쉽다. 전기가 통하므로 전극 등으로 쓰인다.

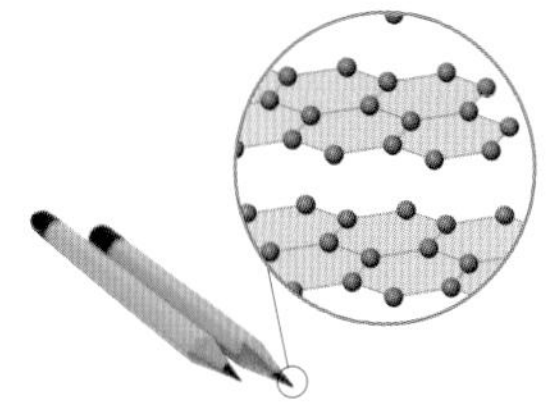

완벽한 다이아몬드에서는 모든 탄소 원자가 공유 결합으로 네트워크를 만든다. 그런데 탄소는 원자가가 4로 4개의 공유 결합을 만들기 때문에 다이아몬드에서 모든 탄소 원자는 주위의 4개의 탄소 원자에 의해 둘러싸인 정사면체의 중심에 위치한다.

이산화 규소는 다이아몬드 구조에서 탄소의 위치에 규소가 자리 잡고, 규소와 규소 사이에 원자가가 2인 산소가 끼어 있는 구조를 가진다. 공유 결정은 분자 결경에 비해 녹는점이 매우 높고, 아주 단단하고 용매에 쉽게 녹지 않으며, 전기를 통하지 않는다.

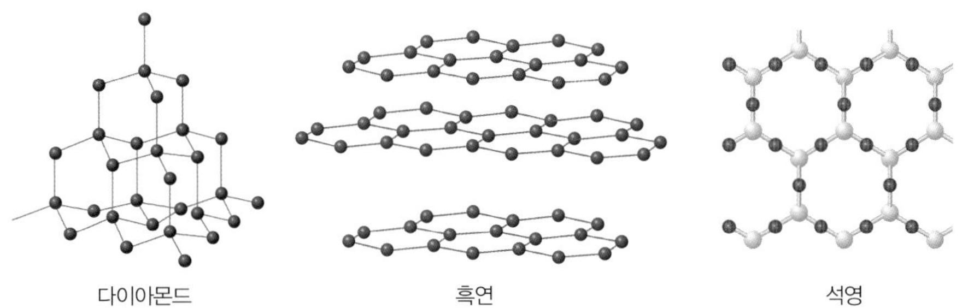

몇 가지 공유 결정

물질의 녹는점은 고체 상태의 결정으로부터 각 결정을 이룬 입자 사이의 인력을 끊어 액체 상태로 만들 때의 온도이므로, 녹는점이 크다는 것은 입자 사이의 결합력이 크다는 것을 의미한다. 공유 결정을 끊으려면 결정을 이루고 있는 각 원자 사이의 공유 결합을 끊어야 하지만, 분자 결정은 대부분 분산력으로 결정을 이루고 있으므로 공유 결정에 비해 비교적 쉽게 끊어 낼 수 있는 것이다.

▼ 결정의 종류와 녹는점의 비교

종류	분자 결정		공유 결정	
물질	아이오딘	얼음	다이아몬드	석영
녹는점(℃)	113.6	0	3550	약 1600

확·인·하·기

다음 중 공유 결합을 가지지 않은 것은?

① 소금　② 아이오딘　③ 흑연　④ 다이아몬드　⑤ 석영

소금은 이온 결정이다. 나머지는 분자 결정이나 공유 결정으로 공유 결합을 가지고 있다. 답 ①

이온 결정

양이온과 음이온으로 이루어진 물질은 강한 정전기적 인력에 의해 이온 결합을 이루어 **이온 결정(ionic crystal)**을 만든다. 이온 결정은 녹는점이 높고, 단단해서 쉽게 변형되지 않으며, 힘을 가하면 부서지는 경향이 있다.

이온 결정은 고체 상태에서는 전기를 통하지 않으나 용융 상태에서나 물에 녹으면 전기를 통한다. 이온 결정은 전기음성도 차이가 큰 금속과 비금속으로 이루어져 있고, 양이온과 음이온의 상대적인 크기에 따라 다른 형태의 결정 구조를 만든다. 대표적인 이온 결정 구조로는 NaCl, CsCl, ZnS, CaF_2 구조 등이 있다.

금속 결정

금, 은, 구리, 철, 나트륨 등 순수한 금속은 금속 원자들 사이에 강한 금속 결합이 작용해서 **금속 결정(metallic crystal)**을 만든다.

금속 결정에서는 금속 원자에서 전자가 떨어져 나가 만들어진 금속 양이온과 금속 원자가 내어 놓은 자유 전자들이 전체 금속에 퍼져서 금속 결합을 이룬다. 이 자유 전자들은 열, 전기 또는 빛과 같은 외부의 영향에 쉽게 반응하기 때문에 금속은 높은 열 전도도와 전기 전도도, 그리고 광택을 나타낸다. 또 금속은 잘 늘어나는 연성(뽑힘성)과 쉽게 펴지는 전성(펴짐성)이 있다. 신라 금관에서 볼 수 있는 얇은 금박이나 러더퍼드가 원자핵 발견에 사용했던 금박 모두 금의 전성을 이용한 것이다.

▼ 결정의 종류와 예

결정	구성 입자	녹는점	예
분자 결정	분자	매우 낮다	$CO_2(s)$, $H_2O(s)$, I_2
공유 결정	원자	매우 높다	다이아몬드, 흑연, 석영
이온 결정	이온	높다	NaCl, KCl, CaO
금속 결정	금속 양이온과 자유 전자	높다	Al, Fe, Cu

» 이온 결정과 금속 결정에 힘을 가할 때

이온 결정은 양이온과 음이온 사이의 인력이 강하여 단단하지만, 힘이 가해져 층이 밀리면 그림과 같이 인접한 두 층의 이온은 모두 같은 전하를 가지게 되어 반발하므로 쉽게 부스러진다.

금속 결정은 힘을 가하여도 원자들의 층은 미끄러지지만, 이때 자유 전자들에 의한 금속 원자들 사이의 결합은 유지되므로 미끄러진 층은 서로 반발하지 않는다.

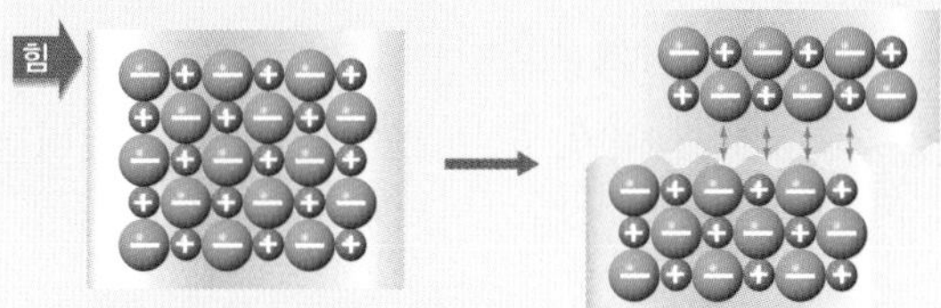

≈ 이온 결정에 힘을 가할 때

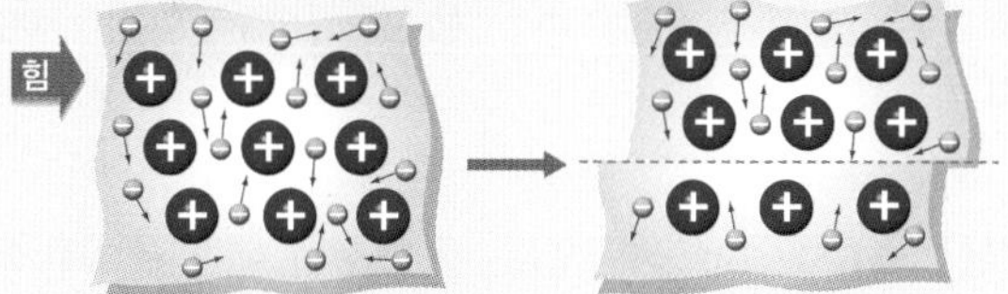

≈ 금속 결정에 힘을 가할 때

확·인·하·기

다음 표는 물질 A~D의 녹는점, 끓는점 및 전기 전도성을 나타낸 것이다.

결정	녹는점(℃)	끓는점(℃)	전기 전도성	
			고체	액체
A	1440	2355	없음	없음
B	800	1413	없음	있음
C	680	1120	있음	있음
D	114	183	없음	없음

물질 A~D 중에서 이온 결정과 금속 결정을 골라 순서대로 쓰시오.

전기 전도성이 없으면서 녹는점과 끓는점이 높은 A는 공유 결정, 녹는점과 끓는점이 낮은 D는 분자 결정이다. 액체 상태에서만 전기 전도성이 있는 B는 이온 결정, 액체와 고체 상태에서 모두 전기 전도성이 있는 C는 금속 결정이다.

답 B, C

| 고체의 결정 구조 |

지금까지는 분자 결정, 이온 결정, 금속 결정 등 고체에서 찾아볼 수 있는 다양한 결정에 대해 알아보았다. 하지만 모든 고체가 결정은 아니다.

결정은 소금 결정처럼 어떤 반복 단위를 가져야 한다. 즉, 구성 입자의 배열이 규칙적인 고체를 **결정성 고체**라고 한다. 결정성 고체는 구성 입자 간 결합력의 크기가 모두 같아 녹는점이 일정하다.

일정한 반복 단위를 가지지 않는, 즉 구성 입자의 배열이 불규칙한 고체를 **비결정성 고체**라고 한다. 비결정성 고체에는 유리, 엿, 타이어, 고무 등이 있다. 결정과 비결정의 차이는 다음 표와 같다.

▼ 결정성 고체와 비결정성 고체 비교

결정성 고체	• 구성 입자 간의 결합력의 크기가 모두 같으므로 녹는점이 일정하다.	예 분자 결정, 공유 결정, 이온 결정, 금속 결정
비결정성 고체	• 구성 입자 간 결합력의 크기가 위치에 따라 다르므로 가열하면 입자 간 결합력이 약한 곳부터 끊어진다. 따라서 녹는점이 일정하지 않다.	예 엿, 고무, 플라스틱, 유리 등

수백, 수천 개의 크기가 같은 주사위 모양의 정육면체를 3차원적으로 빈틈없이 쌓았다면 어느 부분을 보아도 주위 환경이 다른 부분과 완전히 일치할 것이다. 같은 크기의 벽돌을 쌓아도 마찬가지이다. 이렇게 주사위나 벽돌 모양의 반복 단위를 **단위 세포**(unit cell)라고 한다.

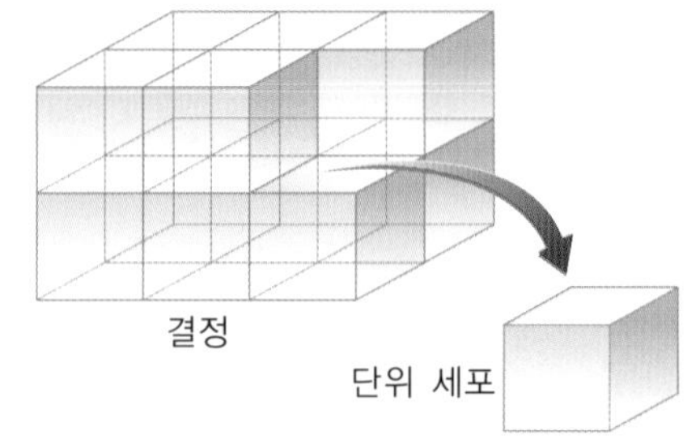

≈ 결정과 단위 세포

NaCl 구조의 큰 정육면체는 하나의 단위 세포이다. 이 단위 세포를 모든 방향으로 연결하면 거시적인 소금 결정이 얻어진다. NaCl 구조의 큰 정육면체 내부에는 8개의 작은 정육면체가 들어 있는데 이 작은 정육면체는 단위 세포가 아니다. 이 작은 단위 세포를 모든 방향으로 연결하려면 Na^+이 있던 자리에 Cl^-이 오고, Cl^-이 있던 자리에 Na^+이 오기 때문이다.

주사위 모양의 단위 세포에서는 모든 모서리의 길이가 같고, 모서리 사이의 각은 모두 90°이다. 물론 모서리의 길이는 다를 수 있다. 한편, 벽돌 모양의 단위 세포에서는 모서리 사이의 각은 모두 90°이지만 세 방향으로 모서리의 길이는 다르다. 모서리 사이의 각이 90°가 아닌 경우도 있다.

정육면체 모양의 단위 세포는 꼭짓점에 원자나 이온이 위치한 경우인데, 이런 경우를 **단순 입방 격자(simple cubic lattice)**라고 한다. 이 경우 8개의 꼭짓점에 있는 원자들은 8개의 단위 세포에 의해 공유되고, 각각 $\frac{1}{8}$씩 기여한 단위 세포는 전체적으로 단위 세포당 1개의 원자를 가진 것이 되므로 정육면체의 중심에 원자가 1개 자리 잡은 것이 된다. 폴로늄(Po) 원소가 이에 속한다.

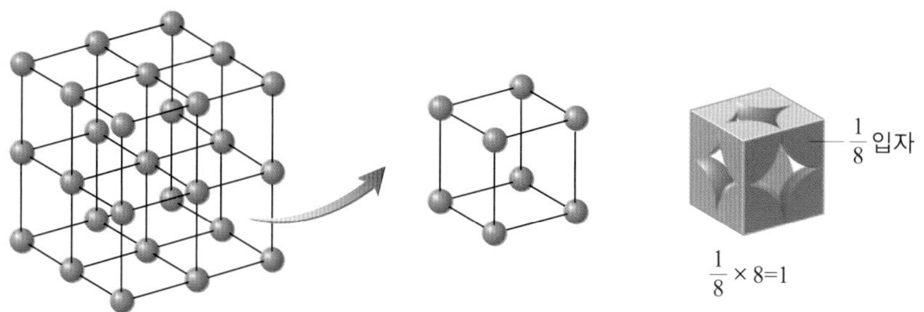

≈ 단순 입방 격자

경우에 따라 단위 세포의 중심에 원자나 이온이 위치할 수 있다. 이런 경우를 **체심 입방 격자(body-centered cubic lattice)**라고 한다. 이것은 단순 입방 격자에 비해 중심에 1개의 원자를 더 포함하기 때문에 단위 세포당 원자 수는 2가 되며, 중심 원자 주위의 8개의 꼭짓점에 자리 잡은 원자를 볼 때 최근접 원자는 8개가 된다. 대부분의 알칼리 금속은 체심 입방 격자 구조를 가진다.

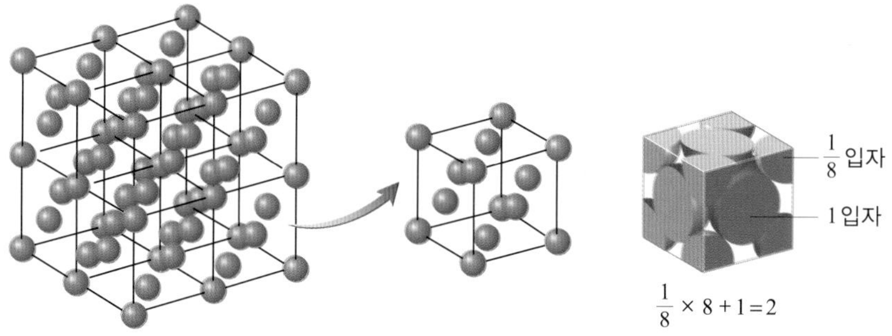

≈ 체심 입방 격자

단위 세포의 면에 원자나 이온이 위치한 경우를 **면심 입방 격자(face-centered cubic lattice)**라고 한다. 이것은 면 중심의 원자가 두 면에 공유되므로 단위 세포에는 $\frac{1}{2}$개의 원자가 있게 되고, 이러한 면이 6개이므로 단순 입방 격자보다 3개의 원자를 더 포함하게 되어 전체적으로는 단위 세포당 원자 수는 4가 된다. 이러한 면심 입방 격자에는 알루미늄, 니켈, 구리, 은 등이 포함된다.

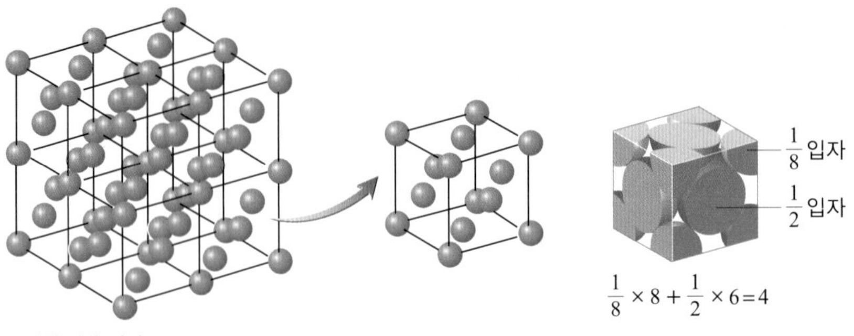

면심 입방 격자

개념 쏙

» 염화 나트륨(NaCl)의 결정 구조

염화 나트륨은 (+)이온의 크기가 상대적으로 작은 경우 금속 결정의 면심 입방 격자와 같이 정육면체의 꼭짓점과 6개의 면의 중심에 (−)이온이 배치되고, 이들 각 모서리의 중심에 (+)이온이 자리 잡은 구조를 가진다. 따라서 1개의 Na^+을 6개의 Cl^-이 둘러싸고 있으며, 마찬가지로 1개의 Cl^-을 6개의 Na^+이 둘러싸고 있는 구조를 나타낸다. 염화 나트륨 결정에서 염화 이온과 나트륨 이온은 각각 면심 입방 구조를 만든다. 염화 나트륨에서는 두 종류의 면심 입방 격자가 어긋나게 자리 잡고 있는 것이다.

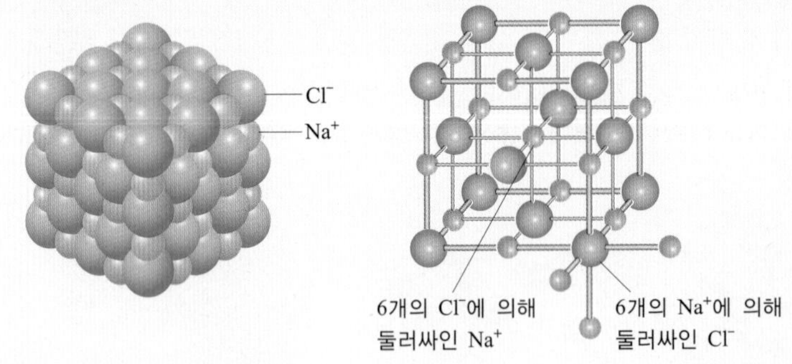

확·인·하·기

금속 알루미늄(Al) 결정의 단위 세포 안에는 몇 개의 알루미늄 원자가 있는가?

알루미늄은 면심 입방 구조이다. 답 4개

1-7 상평형

핵심 개념 • 상평형 • 상평형 그림

이제 하나의 상태가 다른 상태로 바뀌는 경우, 또 그 결과로 두 가지 이상의 상태가 평형을 이루는 경우를 생각해 보자.

물은 상온에서는 마실 수 있는 액체이지만 추운 겨울이나 냉장고의 냉동실에서는 얼음이 되고, 열을 가하면 수증기로 변한다. 이처럼 대부분의 물질은 외부 조건에 따라 고체－액체－기체의 상태 변화를 보인다. 지구 표면의 온도 범위에서 이러한 상태 변화를 나타내는 물질은 물 밖에 없다.

| 상전이 |

100 ℃의 수증기를 응축기에 통과시켜 온도를 낮추면 수증기는 액체 물로 된다. 이때 최종 온도를 25 ℃로 하면 대부분의 수증기가 응축하고 남은 수증기의 압력은 0.0313기압이 된다. 이처럼 액체가 기체로, 또는 기체가 액체로 상이 바뀌는 것을 **상전이(phase transition)**라 하고, 어떤 물질의 두 가지 이상의 상태가 동적 평형을 이루는 것을 **상평형(phase equilibrium)**이라고 한다. 상전이와 상평형은 액체와 고체, 기체와 고체 사이에도 일어난다.

기체, 액체, 고체의 세 가지 상태 중에서 두 가지 상들 간의 상전이를 고려하면 여섯 가지의 상전이를 생각할 수 있다. 액체와 기체 사이에는 증발과 응축의 균형에 의한 평형이 이루어지며, 액체와 고체 사이에는 얼음(freezing)과 녹음(melting) 현상이 관여한다. 드라이아이스처럼 고체가 액체를 거치지 않고 직접 기체로 변하는 것은 승화(sublimation)라고 하며, 기체 분자가 고체 표면에 달라붙어 고체의 일부로 변하는 것은 증착(deposition) 현상인데, 이것도 승화로 부르기도 한다.

일정한 압력에서 상전이는 특정한 온도에서 일어난다. 어는점(freezing point)에서는 액체가 고체로 상태 변화하고, 같은 온도인 녹는점(melting point)에서는 고체가 액체로 상태 변화한다.

| 상평형 그림 |

주어진 온도와 압력에서 어떤 물질이 어떤 상태로 존재하는지를 나타낸 도표를 **상평형 그림(phase diagram)**이라고 한다. 상평형 그림은 세 영역으로 구분되어 있으며, 각 영역은 고체, 액체 및 기체의 순수한 상태를 나타낸다. 또한, 두 영역의 경계선은 두 가지 상태가 평형을 이루어 함께 존재할 수 있는 조건을 나타낸다.

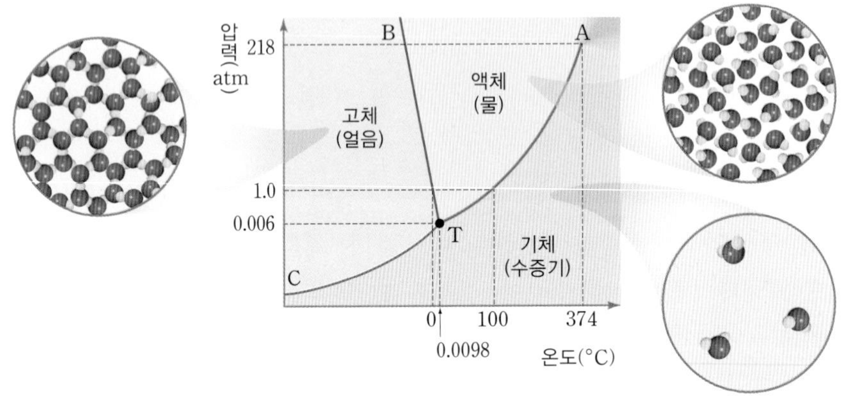

물의 상평형 그림

증기압 곡선(AT 곡선)은 기체와 액체가 평형 상태를 이루는 온도와 압력을 나타낸 곡선으로, 온도에 따른 물의 증기압 변화를 나타낸다. 1기압과 AT 곡선이 만나는 지점의 온도는 끓는점으로, 물의 끓는점은 100 ℃이다.

융해 곡선(BT 곡선)은 액체와 고체가 평형 상태를 이루는 온도와 압력을 나타낸 곡선이다. 1기압과 BT 곡선이 만나는 지점의 온도는 어는점으로, 물의 어는점은 0 ℃이다.

승화 곡선(CT 곡선)은 고체와 기체가 평형 상태를 이루는 온도와 압력을 나타낸 곡선이다. 이 곡선에 해당하는 온도와 압력에서는 얼음과 수증기가 평형을 이룬다. 점 T는 3개의 곡선이 서로 만나는 점으로, 이 점에서는 얼음, 물, 수증기의 세 가지 상태가 서로 평형을 이루고 있다. 이 점을 삼중점이라고 하며, 물의 경우 삼중점은 0.01 ℃, 0.006기압이다. 추운 겨울날 바람이 잘 통하는 마당에 널어놓은 언 빨래가 마르는 것은 승화 현상이다. 일반적으로 겨울철은 0 ℃ 이하의 낮은 온도가 대부분이고 대기가 건조하므로 수증기압은 0 ℃에서 0.006기압보다 낮다. 이런 조건에서 H_2O 분자들은 얼음 표면에서 직접 대기 중으로 승화한다.

이산화 탄소의 상평형 그림에서 압력이 1기압일 때 온도가 −78.1 ℃ 이상이면 이산화 탄소는 기체로 존재하고, −78.1 ℃ 이하에서는 드라이아이스라고 불리는 고체로 존재한다. 따라서 상온과 대기압하에서 드라이아이스는 고체에서 액체를 거치지 않고 바로 기체로 승화하는 것이다. 기체, 액체, 고체가 공존하는 5.1기압, −56.6 ℃는 이산화 탄소의 삼중점이다.

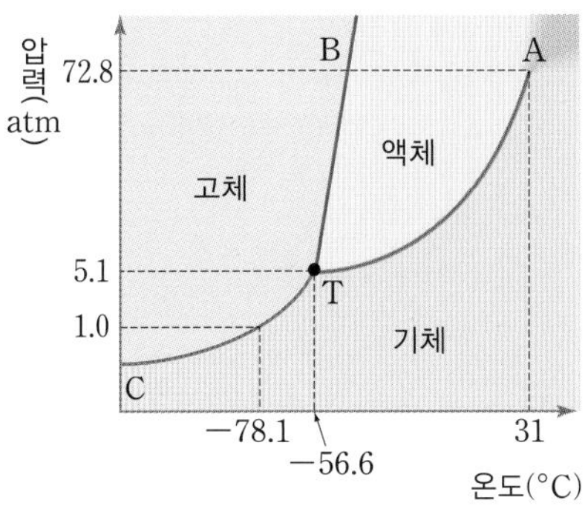

물과 달리 융해 곡선의 기울기는 양이다. 그리고 삼중점의 압력은 1기압보다 높다.

≈ **이산화 탄소의 상평형 그림**

물의 융해 곡선은 음의 기울기를 나타내지만, 이산화 탄소의 융해 곡선은 양의 기울기를 나타낸다. 즉, 이산화 탄소는 압력이 높을수록 어는점이 높아진다. 대부분의 물질은 이산화 탄소와 같이 융해 곡선이 양의 기울기를 나타내므로 압력이 높을수록 어는점이 높아진다.

» 승화와 동결 건조

동결 건조 식품은 신선한 음식물, 과일, 야채 등을 냉동시킨 다음, 이것을 진공실 안에 넣고 내부 압력을 0.001기압 이하로 유지하도록 수증기를 지속적으로 빼내서 만든다. 동결 식품에서 H_2O 분자는 승화하여 계속 날아가게 되고 결국 식품은 건조 상태가 된다. 동결 건조는 원래 우주인들의 식량을 상온에서 장시간 저장하기 위하여 사용한 방법이었으나, 동결 건조 식품들이 일반 건조 식품보다 영양 성분의 변화가 극히 작아 상품화되고 있다.

확·인·하·기

물의 상평형 그림에 대한 설명으로 옳지 않은 것은?

① 100 ℃, 1기압에서는 물과 수증기 사이에 평형이 이루어진다.
② 100 ℃, 1기압에서 온도를 올리면 물은 모두 수증기로 바뀐다.
③ 100 ℃, 1기압에서 압력을 올리면 수증기는 모두 물로 바뀐다.
④ 0 ℃, 1기압에서 압력을 가하면 물이 언다.
⑤ 0 ℃, 1기압에서 압력을 낮추어 진공으로 하면 얼음이 액체를 거치지 않고 수증기로 바뀌어 동결 건조가 일어난다.

0 ℃, 1기압에서 압력을 가하면 얼음이 녹는다. 답 ④

연/습/문/제

핵심개념 확인하기

1

분산력은 모든 분자 사이에 작용하는 상호 작용으로, (영구, 유도) 쌍극자 사이에 작용한다.

2

보일 법칙은 과학의 역사에서 처음으로 두 가지 양 사이의 관계를 수식으로 표현한 경우로, 일정한 온도에서 기체의 부피는 압력에 (비례, 반비례)한다는 법칙이다.

3

혼합 기체에서 각 성분 기체의 부분 압력은 각 성분 기체의 (질량, 몰 분율)에 비례한다.

4

얼음에서는 물 분자가 (공유, 수소) 결합에 의해 3차원적으로 육각형 중심에 빈 공간을 형성하므로 액체 물에 비해 밀도가 (증가, 감소)한다.

5

드라이아이스, I_2, P_4, S_8은 (분자, 이온) 결정이고, NaCl, KCl은 (분자, 이온) 결정이다.

01 분자 간 상호 작용의 척도가 <u>아닌</u> 것은?

① 증기압 ② 끓는점 ③ 어는점
④ 표면 장력 ⑤ 결합 에너지

02 HCl의 끓는점을 결정하는 분자 간 상호 작용은?

03 공기 중의 산소와 질소가 기체로 존재하는 이유와 관련이 깊은 분자 간 상호 작용은?

04 모든 물질 중 끓는점이 가장 낮은 것은?

① 수소 ② 헬륨 ③ 산소 ④ 질소 ⑤ 이산화 탄소

05 다음 중에서 끓는점이 가장 높은 것은?

① 플루오린 ② 염소 ③ 브로민 ④ 아이오딘 ⑤ 물

06 다음 중에서 골라 쓰시오.

H_2O	HF	NH_3	CH_4	HCl	아세톤

(1) 수소 결합이 끓는점을 결정하는 경우가 <u>아닌</u> 것은?
(2) 하나의 분자가 주위의 4개 분자와 수소 결합을 이루는 것은?
(3) 쌍극자 모멘트가 가장 큰 것은?

07 암모니아(NH_3)에 관한 설명으로 옳지 <u>않은</u> 것은?

① 암모니아의 질소는 HCl의 염소와 전기음성도가 비슷하다.
② 암모니아에서 질소는 −0.2 정도의 부분 (−)전하를 가진다.
③ 암모니아에서 수소는 +0.07 정도의 작은 부분 (+)전하를 가진다.
④ 암모니아의 수소는 수소 결합을 하지 못한다.
⑤ 암모니아의 수소 결합은 HF나 H_2O의 수소 결합에 비해 약하다.

08 기체의 부피가 0이 되리라 예상되는 온도는?

① 0 ℃ ② 100 ℃ ③ 273 ℃ ④ −100 ℃ ⑤ −273 ℃

09 표면 장력에 관한 설명으로 옳지 <u>않은</u> 것은?

① 분자 간 상호 작용이 클수록 표면 장력이 크다.
② 액체의 표면적을 줄이려는 힘이다.
③ 액체의 내부에서보다 표면에서 분자 간 인력이 크게 작용한다.
④ 물은 에탄올보다 표면 장력이 크다.
⑤ 수은은 물보다 표면 장력이 크다.

10 물의 밀도에 관한 설명으로 옳지 <u>않은</u> 것은?

① 0 ℃에서 물과 얼음이 상평형을 이루고 있다면 물보다 얼음의 밀도가 약간 높다.
② 물에서도 얼음에서도 대부분의 물 분자들은 수소 결합을 이룬다.
③ 얼음에서의 수소 결합은 물에서의 수소 결합보다 공간적으로 규칙성을 나타낸다.
④ 0 ℃에서 10 ℃까지 온도를 변화시킨다면 4 ℃에서 밀도가 가장 높다.
⑤ 일반적으로 온도가 올라가면 물 분자들은 자유롭게 운동해서 넓은 공간을 차지하려는 경향이 있다.

11 물, 에탄올, 다이에틸 에테르에 관한 설명으로 옳지 <u>않은</u> 것은?

① 분자량은 물 < 에탄올 < 다이에틸 에테르 순서이다.
② 37 ℃에서 증기압은 물 < 에탄올 < 다이에틸 에테르 순서이다.
③ 증기압이 1기압이 되는 온도는 물 < 에탄올 < 다이에틸 에테르 순서이다.
④ 쌍극자 모멘트의 크기는 다이에틸 에테르 < 에탄올 < 물 순서이다.
⑤ 수소 결합의 세기는 다이에틸 에테르 < 에탄올 < 물 순서이다.

12 다음 중 이온 결정에 관한 설명으로 옳지 <u>않은</u> 것은?

① 정전기적 힘에 의해 만들어진다.
② 일반적으로 딱딱하다.
③ 결정 상태에서 전기를 잘 통한다.
④ 양이온과 음이온의 상대적 크기에 따라 다양한 구조가 가능하다.
⑤ 황산 구리($CuSO_4$)는 청색의 이온 결정이다.

13 다음 중 분자 결정이 <u>아닌</u> 것은?

① 드라이아이스 ② I_2 ③ P_4 ④ S_8 ⑤ NaCl

14 이산화 탄소의 상평형에 관한 설명으로 옳지 <u>않은</u> 것은?

① −78 ℃, 1기압에서는 고체 상태의 드라이아이스와 기체 상태의 이산화 탄소 사이에 평형이 이루어진다.
② 1기압에서 −78 ℃를 이산화 탄소의 승화점이라고 한다.
③ 25 ℃, 1기압에서 이산화 탄소는 항상 기체로 존재한다.
④ 25 ℃에서 압력을 100기압 정도로 올리면 이산화 탄소는 고체로 바뀐다.
⑤ 기체, 액체, 고체가 공존하는 5.11기압, −56.6 ℃를 이산화 탄소의 삼중점이라고 한다.

2 용액

지금까지는 순수한 물질이 물질의 특성과 온도, 압력 등 주위 환경에 따라 기체, 액체, 또는 고체로 존재하는 것과 외부 조건이 바뀌면 상전이가 일어나는 것을 알아보았다. 이제부터는 두 가지 이상의 물질이 섞여 있을 때 나타나는 현상들을 살펴본다.

2-1 용액의 농도

핵심 개념 • 퍼센트 농도 • ppm • ppb • 몰 분율 • 몰 농도 • 몰랄 농도

| 용액의 종류 |

일반적으로 두 가지 이상의 물질이 섞여서 균일한 상태를 이룬 것을 용액(solution)이라고 한다. 용액을 구성하는 성분 중 상대적으로 양이 가장 많은 것을 용매(solvent)라고 하고, 소량의 성분은 용질(solute)이라고 한다. 용액에서 용매와 용질은 각각의 분자 구조를 유지한 채로 분자 간 상호 작용에 의해 섞여 있다.

분자 간 상호 작용이 크면 잘 녹거나 잘 섞이고, 분자 간 상호 작용이 작으면 잘 녹지도 섞이지도 않는다. 극성이 높은 분자끼리는 잘 섞이고, 극성이 높은 분자와 낮은 분자는 잘 섞이지 않는다.

> **용어 쏙** like dissolves like
>
> "끼리끼리 녹는다" 는 뜻으로 비슷한 성질을 가진 물질들이 서로 잘 섞여 용액을 만든다는 말이다. 용액이 형성되는 조건을 나타내는 말로 자주 쓰인다.

용매와 용질은 모두 기체, 액체, 고체가 될 수 있으나 흔히 용액이라 할 때는 소금물처럼 고체 용질이 액체 용매에 녹아 있는 것을 일컫는다. 특히 용매가 물인 경우는 수용액이다. 극성이 높은 물은 Na^+, Cl^- 등 이온을 잘 둘러싸서 안정화시킨다.

소금의 용해

설탕, 아미노산, 커피의 카페인 등 $-OH$, $-NH_2$, $-COOH$처럼 물과 수소 결합을 할 수 있는 부분이 있는 물질도 물에 잘 녹는다.

액체가 액체에 녹은 용액도 있다. 에탄올(C_2H_5OH)은 상온에서 액체이다. 에탄올의 −OH 부분은 물과 수소 결합을 하기 때문에 에탄올은 물과 다양한 비율로 섞인다. 마찬가지로 기름은 기름과 잘 섞인다.

기체도 물에 녹아 용액을 만든다. 극성이 있는 HCl는 물에 많이 녹아 강산인 염산이 된다. 암모니아도 물에 녹아 물과 수소 결합을 이루면서 암모니아수를 만든다. 공기 중의 질소나 산소도 일부 물에 녹는다. 질소나 산소는 영구 쌍극자 모멘트가 없어서 물과 상호 작용이 약하여 용해도가 낮다. 반면에, 이산화 탄소는 분자 구조 내에 양쪽으로 쌍극자 모멘트를 가지고 있어서 물과 강하게 상호 작용해서 잘 녹고, 물과 반응해서 탄산(H_2CO_3)을 만든다.

합금(alloy)은 두 가지 이상의 금속이 골고루 섞인 고체 용액이다. 청동기 시대의 청동(bronze)은 구리와 주석의 합금이고, 황동으로 불리는 놋쇠(brass)는 구리와 아연의 합금이다. 수은과 다른 금속의 합금인 아말감은 액체−고체 용액이다.

| 퍼센트 농도 |

용액 속에 포함된 용매와 용질의 상대적인 양, 즉 용액의 조성은 여러 가지 다른 방법으로 나타낼 수 있다.

일상생활에서 가장 많이 사용하는 농도는 퍼센트 농도이다. 퍼센트는 전체를 100으로 가정하였을 때 특정 부분이 차지하는 양, 즉 백분율이다. 퍼센트 농도에는 질량 또는 부피 퍼센트 등이 있으며, 질량 퍼센트는 용액 100 g 속에 녹아 있는 용질의 질량(g)을 나타낸다.

$$\text{퍼센트 농도(\%)} = \frac{\text{용질의 질량}}{\text{용액의 질량}} \times 100$$

용액보다 용질의 양이 매우 적을 때에는 백만분율, 즉 ppm 농도를 사용한다. ppm은 'parts per million'의 약자로, 백만분의 1이라는 뜻이다. 예를 들어 10 ppm이 물질의 개수에 대한 것이면 '전체 물질 백만 개 속에 특정 물질 10개'라는 뜻이다. 물질의 부피에 대한 것이면 '전체 물질 백만 L 속에 특정 물질 10 L' 또는 '1 L 속에 10 μL'라는 뜻이다. 또한 물질의 질량에 대한 것이면 '전체 물질 백만 g 속에 특정 물질 10 g' 또는 '1 g 속에 10 μg'이라는 뜻이다.

$$\text{ppm} = \frac{\text{용질의 질량}}{\text{용액의 질량}} \times 10^6$$

ppb는 'parts per billion'의 약자로 용액의 경우 '용액 10억 g 속에 녹아 있는 용질의 g 수' 또는 '용액 1 g 속에 녹아 있는 용질의 ng 수'를 나타낸다.

$$\text{ppb} = \frac{\text{용질의 질량}}{\text{용액의 질량}} \times 10^9$$

| 몰 분율 |

용액의 질량 중에서 용질의 질량비는 퍼센트, ppm 또는 ppb로 나타낸다. 화학에서 물질의 양을 나타내는 기본적인 단위는 몰수이기 때문에 질량 %보다 **몰 분율(mole fraction)**이 더 의미 있는 경우가 많다. 몰 분율은 혼합물 전체 몰수에 대한 어떤 성분의 몰수의 비를 말한다. 용질이 한 가지인 경우에는 다음과 같다.

$$\text{용매의 몰 분율}(X_1) = \frac{\text{용매의 몰수}}{\text{용매의 몰수} + \text{용질의 몰수}}$$

$$\text{용질의 몰 분율}(X_2) = \frac{\text{용질의 몰수}}{\text{용매의 몰수} + \text{용질의 몰수}}$$

$$X_1 + X_2 = 1$$

| 몰 농도 |

화학 실험에서는 일정한 부피의 용액을 취했을 때 그 안에 어떤 용질이 몇 몰 들어 있는지를 알 필요가 있다. 따라서 가장 많이 사용되는 농도는 다음과 같이 정의되는 **몰 농도(molarity)**이다. 몰 농도는 용액 1 L 속에 녹아 있는 용질의 몰수로, 단위는 M 또는 mol/L를 사용한다.

$$\text{몰 농도(M)} = \frac{\text{용질의 몰수(mol)}}{\text{용액의 부피(L)}}$$

몰 농도를 이용하면 용액 속에 녹아 있는 용질의 양(mol)과 질량을 구할 수 있다. 예를 들어, 0.1 M 수산화 나트륨(NaOH) 수용액 100 mL를 만들기 위해 필요한 수산화 나트륨의 질량은 다음과 같이 구할 수 있다.

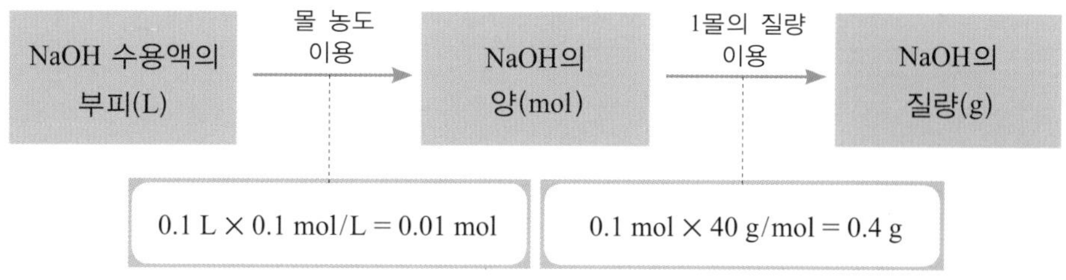

농도를 정확하게 알고 있는 수용액을 '표준 용액'이라고 하며, 표준 용액을 이용하여 농도를 모르는 용액의 농도를 구할 수 있다. 특정한 몰 농도의 표준 용액을 만들기 위해서는 용질의 화학식량을 알아야 하며, 질량을 측정할 저울과 부피 플라스크가 필요하다. 몰 농도에 맞는 용질의 양(몰)을 계산하여 질량을 측정하고, 비커의 물에 넣어 녹인 후 부피 플라스크를 이용하여 정확한 부피의 용액을 만든다.

탐구 시그마 0.1 M 황산 구리(Ⅱ) 수용액 만들기

자료

비커와 전자저울을 이용하여 필요한 황산 구리(Ⅱ) 오수화물의 질량을 정확히 측정한 다음, 증류수를 넣고 유리 막대로 잘 저어 녹인다.

❶의 용액을 100 mL 부피 플라스크에 넣는다. 이때 증류수로 비커에 묻은 용액을 2~3회 씻어 부피 플라스크에 넣는다.

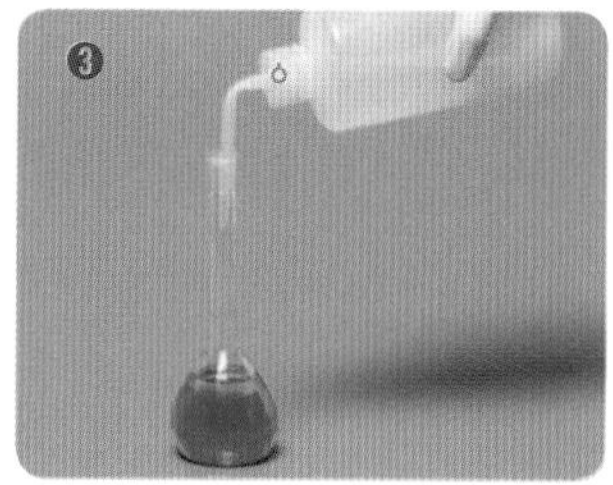

부피 플라스크에 증류수를 채운다. 표시선에 가까워지면 씻기병을 이용하여 표시선까지 정확하게 눈금을 맞추고 부피 플라스크의 마개를 막고 여러 번 흔들어 용액을 잘 섞는다.

분석

- 용질의 질량을 측정할 때는 전자저울을, 용액의 부피를 측정할 때는 부피 플라스크를 사용한다.
- 부피 플라스크에 물을 먼저 채우고 용질을 녹이면 용액의 부피가 1 L와 다를 수 있어 원하는 몰 농도의 용액을 만들 수 없다.

확·인·하·기

0.1 M 포도당(분자량: 180) 수용액 1 L를 만드는 데 필요한 포도당의 질량을 구하시오.

0.1 M 포도당 수용액 1 L에는 0.1 mol/L×1 L = 0.1 mol의 포도당이 들어 있다.
포도당 0.1 mol은 180 g/mol×0.1 mol = 18 g이다. 답 18 g

| 몰랄 농도 |

몰 농도는 용액의 부피를 기준으로 나타내기 때문에 온도에 따라 달라진다. 따라서 온도 변화에 관계없이 일정한 농도가 필요할 때에는 용액의 부피 대신에 용매의 질량을 이용한 몰랄 농도를 사용한다. **몰랄 농도(molality)**는 용매 1 kg 속에 녹아 있는 용질의 몰수를 나타내며, 단위는 m 또는 mol/kg을 사용한다.

$$\text{몰랄 농도}(m) = \frac{\text{용질의 몰수(mol)}}{\text{용매의 질량(kg)}}$$

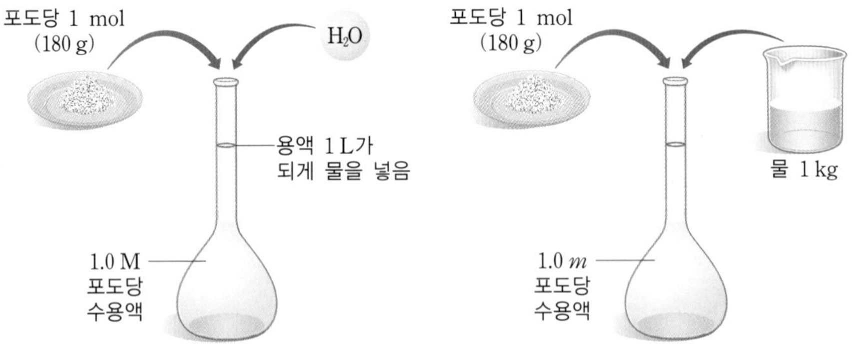

몰 농도와 몰랄 농도

확·인·하·기

고체 수산화 나트륨(NaOH, 화학식량은 40) 4.0 g을 물 100 mL에 녹여 수산화 나트륨 수용액을 만들었다. 이 수용액의 몰랄 농도는 얼마인가? (단, 물의 밀도는 1 g/mL이다.)

물의 밀도가 1 g/mL이므로 물 100 mL는 100 g으로 0.1 kg이다. 수산화 나트륨 4.0 g은 0.1 mol이고, 용매의 질량은 0.1 kg이므로, 이 수용액의 몰랄 농도는 0.1 mol ÷ 0.1 kg = 1 mol/kg이다. 답 1 mol/kg

2-2 묽은 용액의 성질

핵심 개념 • 총괄성 • 증기압 내림 • 끓는점 오름 • 어는점 내림 • 삼투압

| 묽은 용액의 총괄성 |

화학 발전의 초기에는 새로운 화합물의 화학식을 알아내고 분자량을 결정하는 것이 어려운 일이었다. 기체의 경우 아보가드로 원리를 사용해서 분자량을 결정할 수 있다.

아보가드로 원리를 이용한 분자량 결정

같은 온도와 압력하에서는 기체 분자의 크기나 질량에 관계없이 같은 부피 속에 같은 개수의 기체 분자가 들어 있다. 즉, 일정한 온도에서 같은 개수의 분자가 같은 부피에 들어 있으면 같은 압력을 미친다. 예를 들어 0 ℃, 22.4 L 부피에 1몰, 즉 6×10^{23}개의 질소 분자가 들어 있다면 1기압의 압력을 나타내고 이때 기체의 질량은 28 g이다. 0 ℃, 22.4 L 부피에 1몰의 메테인(CH_4)이 들어 있어도 압력은 질소의 경우와 같이 1기압으로 측정된다. 두 경우에 기체의 밀도를 측정하면 메테인은 질소에 비해 밀도가 절반보다 약간 크게 나타난다. 두 경우에 같은 개수의 분자가 들어 있으므로 기체 밀도의 비는 분자량의 비가 된다. 이 원리를 사용하면 메테인의 분자량이 16으로 결정된다.

기체 분자가 크기나 질량에 관계없이 개수가 같을 때 같은 압력을 나타내는 것과 같이, 용액에서도 용질 분자의 크기나 질량에 관계없이 개수가 같을 때, 즉 농도가 같을 때 같은 효과를 나타내는 성질을 **총괄성**(colligative property)이라고 한다. 용액은 기체와 달리 여러 가지 흥미로운 총괄성이 나타나고, 19세기 후반에는 이런 성질을 이용해서 기체와는 다른 방식으로 포도당 등 고체 화합물의 분자량을 측정할 수 있었다.

| 증기압 내림 |

순수한 액체는 일정한 온도에서 일정한 증기압을 나타낸다. 25 ℃에서 물의 증기압은 0.0313기압이다. 순수한 용매인 물에 상당한 양의 설탕과 같은 비휘발성 용질을 녹이면 물과 강하게 상호 작용하는 설탕 분자가 물 분자의 증발을 방해하므로 순수한 용매만 있을 때보다 물은 증발하기 어렵다. 따라서 비휘발성 용질이 녹아 있는 용액의 증기압은 순수한 용매의 증기압보다 낮아지게 되는데, 이 현상을 용액의 **증기압 내림**이라고 한다.

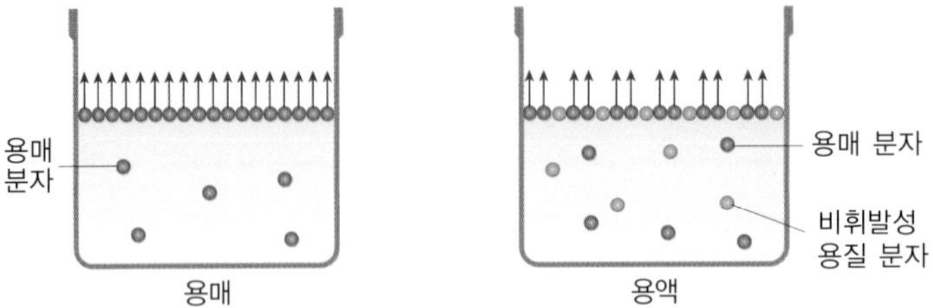

≈ **용매와 용액의 증발** 순수한 용매에서는 용매가 증발하기 쉽고, 용액에서는 용매가 증발하기 어렵다.

탐구 시그마 용매와 용액의 증기압 차이

자료

같은 양의 물과 설탕물을 넣은 플라스크를 일정 시간 동안 놓아두었더니 시간이 지나면서 다음과 같은 차이가 나타났다.

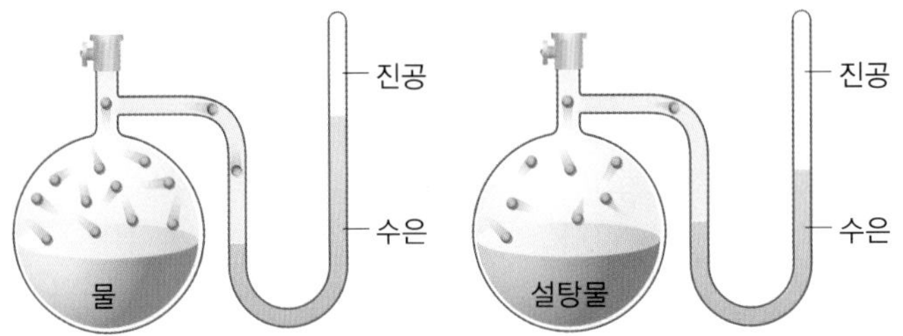

분석

- 설탕물에서는 설탕 분자에 의해 표면과 내부에서 방해를 받아 물의 증발이 활발하게 일어나지 못한다.
- 설탕물의 농도가 진해질수록 용질 분자의 방해로 인해 수은 기둥의 높이 차이는 더 커진다.

프랑스의 물리학자 라울(Raoult, F. M., 1830~1901)은 용액의 증기압은 용매의 종류에 관계없이 용매의 몰 분율에 비례하는 것을 알아내었다. 이를 **라울 법칙**이라 한다.

라울 법칙

$$P_{용액} = P_{용매} \times X_{용매}$$

($P_{용액}$: 용액의 증기압, $P_{용매}$: 순수한 용매의 증기압, $X_{용매}$: 용매의 몰 분율)

예를 들어 0.1 mol의 용질이 0.9 mol의 용매에 녹아 있다면 전체 몰수는 1.0 mol이므로 용매의 몰 분율은 0.9이고 용질의 몰 분율은 0.1이다. 이 경우 용액의 증기압은 순수한 용매의 증기압의 0.9배, 즉 90 %가 된다.

순수한 용매의 증기압과 용액의 증기압의 차이를 증기압 내림이라고 하는데, 증기압 내림은 용질의 몰 분율($X_{용질}$)에 비례한다.

증기압 내림

$$\Delta P = P_{용매} \times X_{용질}$$

$$\Delta P = P_{용매} - P_{용액} = P_{용매} - P_{용매}X_{용매} = P_{용매}(1 - X_{용매}) = P_{용매}X_{용질}$$

0.1 mol의 용질이 0.9 mol의 용매에 녹아 있는 경우 증기압 내림은 순수한 용매의 증기압의 10 %가 된다. 증기압 내림으로 분자량을 결정하려면 용질이 용액에 잘 녹아서 용질의 몰 분율이 커야 한다.

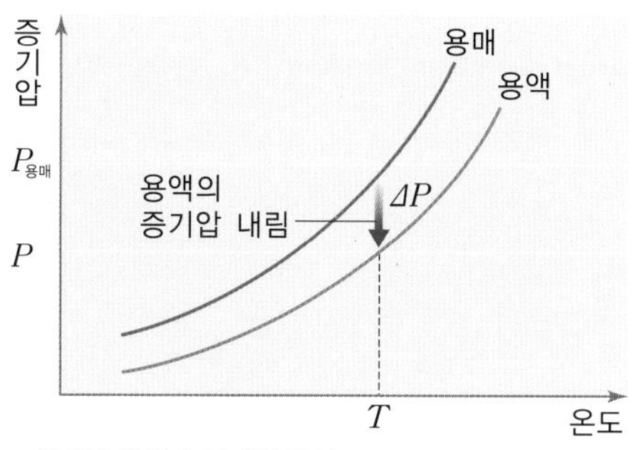

≈ 용매와 용액의 증기압 곡선

라울 법칙의 적용

기체 법칙이 이상 기체에만 적용되는 것처럼 라울 법칙도 이상 용액에만 적용된다. 라울 법칙은 용질의 농도가 낮고 용질과 용매 입자들이 서로 비슷한 분자 간 상호 작용을 할 때 가장 잘 만족하며, 농도가 진한 용액일수록 이상 상태에서 크게 벗어난다.

확·인·하·기

증기압 내림에 관한 설명으로 옳지 <u>않은</u> 것은?

① 19세기 후반에 라울이 발견하였다.
② 증기압 내림은 용매의 몰 분율에 비례한다.
③ 용질의 종류에 무관하다.
④ 용질의 대략적인 분자량 측정에 사용될 수 있다.
⑤ 용액에서는 순수한 용매에서보다 용매가 증발하기 어렵다.

증기압 내림은 용질의 몰 분율에 비례한다. 답 ②

| 끓는점 오름과 어는점 내림 |

겨울철에 자동차의 냉각수에 부동액을 넣어 사용하면 냉각수가 얼지 않으며, 빙판에 염화 칼슘 같은 염을 뿌리면 물의 어는점이 내려가서 얼음이 녹는다. 이런 현상에는 어떤 원리가 관련되어 있을까?

◘ 끓는점 오름

물 10 mol에 해당하는 180 g에 분자량이 342인 설탕 68.4 g을 녹였다고 하자. 이 용액에서 물 10 mol에 녹은 설탕은 0.2 mol이므로 물의 몰 분율은 $\frac{10}{10.2} = 0.98$, 그리고 설탕의 몰 분율은 0.02이다. 용액의 온도를 물의 끓는점인 100 ℃까지 높였다고 하자. 순수한 물이라면 100 ℃에서 증기압이 1기압이 되어 끓겠지만 이 용액에서는 물의 몰 분율에 따라 증기압은 0.98기압에 그치고, 용액이 끓으려면 증기압이 1 기압이 될 때까지 온도를 높여 주어야 한다. 이때 용액의 끓는점(T_b')과 순수한 용매의 끓는점(T_b)의 차이를 **끓는점 오름(boiling point elevation, ΔT_b)**이라고 한다. 비휘발성이고 비전해질인 용질이 녹아 있는 용액의 끓는점 오름은 용질의 종류에는 관계없이 몰랄 농도(m)에 비례한다. 이때 비례 상수인 **몰랄 오름 상수(molal elevation constant, K_b)**는 용매에 따라 다르며 1m 용액에서 측정되는 끓는점 오름에 해당한다.

$$\Delta T_b = T_b' - T_b = K_b\, m$$

물의 경우에 몰랄 오름 상수는 0.52 ℃/m이다. 물 180 g에 설탕 34.2 g이 녹아 있다면 다음과 같이 끓는점 오름을 구할 수 있다.

설탕 34.2 g은 0.1 mol이고, 용매의 질량은 0.18 kg이다. 설탕의 몰랄 농도는 $\frac{0.1}{0.18} \fallingdotseq 0.56\ m$이고, 이 값에 0.52 ℃/$m$를 곱하면 끓는점 오름은 0.29 ℃가 된다.

$$\Delta T_b = (0.52\ ℃/m)(0.55\ m) \fallingdotseq 0.29\ ℃$$

설탕 대신 분자량이 180인 포도당이 같은 무게로 녹아 있다면 몰랄 농도는 2배 정도가 되고, 끓는점 오름도 2배가 되어 설탕과 포도당의 분자량 차이를 확실히 알 수 있다.

용액의 끓는점 오름을 이용하면 용액 속에 녹아 있는 용질의 분자량을 대략 구할 수 있다.

▼ 몇 가지 용매의 몰랄 오름 상수(K_b)

용매	물	에탄올	사염화 탄소	벤젠
끓는점(°C)	100.0	78.4	76.8	80.2
K_b(°C/m)	0.52	1.22	5.02	2.53

확·인·하·기

물 100 g에 비휘발성, 비전해질인 용질 5 g이 녹아 있다. 이 용액의 끓는점이 100.26 °C라면 용질의 분자량은 얼마인가? (단, 물의 몰랄 오름 상수 K_b는 0.52 °C/*m*이다.)

물 1000 g에 용질 50 g이 녹아 있는 셈이다. 끓는점 오름이 0.26 °C로 0.52 °C의 반이니까 몰랄 농도는 0.5 *m*이다. 따라서 분자량은 100이다. 답 100

어는점 내림

1기압에서 순수한 물은 0 °C에서 얼어 얼음이 된다. 물에 설탕이나 소금처럼 물과 상호 작용이 큰 물질이 녹으면 물 분자들이 고체로 바뀌는 과정이 방해를 받아서 물은 쉽게 얼지 않고, 결과적으로 온도가 더 낮아져야 얼게 된다. 순수한 용매의 어는점(T_f)과 용액의 어는점(T_f')의 차이를 **어는점 내림(freezing point depression, ΔT_f)**이라고 한다.

K_f는 1 *m* 용액에서의 어는점 내림으로 **몰랄 내림 상수(molal depression constant)**라고 하는데, 이 값은 용매의 종류에 따라 다르다. 용액의 어는점 내림도 용질의 종류와 관계없이 몰랄 농도(*m*)에 비례하므로 다음과 같이 나타낼 수 있다.

$$\Delta T_f = T_f - T_f' = K_f m$$

물의 경우 몰랄 내림 상수(K_f)는 1.86 °C/*m*로 끓는점 오름 상수보다 훨씬 크기 때문에 끓는점 오름보다 어는점 내림을 측정하는 것이 유리하다. 어는점 내림을 이용하면 용액 속에 녹아 있는 용질의 분자량을 구할 수 있다.

▼ 몇 가지 용매의 몰랄 내림 상수(K_f)

용매	물	에탄올	아세트산	벤젠
어는점(°C)	0.0	−114.6	17	5.5
K_f(°C/m)	1.86	1.99	3.63	5.12

확·인·하·기

물 180 g에 설탕 34 g이 녹아 있는 용액에서 어는점 내림은 몇 도인가? (단, 설탕의 분자량은 342이고, 물의 몰랄 내림 상수 K_f는 1.86 ℃/m이다.)

설탕 34 g은 약 0.1 mol이고, 용매의 질량은 0.18 kg이다. 따라서 이 용액은 $\frac{0.1}{0.18}$ ≒ 0.56 m이다. 이 값에 1.86 ℃/m를 곱하면 어는점 내림이 얻어진다.

$$\Delta T_f = (1.86\ ℃/m)(0.56\ m) ≒ 1.04\ ℃$$

답 1.04 ℃

| 삼투압 |

용액의 총괄성 중 하나로 삼투압이 있다.

물 분자는 통과할 수 있지만 물에 둘러싸인 설탕이나 양이온, 음이온, 그리고 단백질 등 큰 분자는 통과하지 못하는 구멍을 가진 막을 반투막이라고 한다. 반투막을 중심으로 한쪽에는 물, 반대쪽에는 큰 분자들이 녹아 있는 용액이 있을 때, 물 분자들은 양쪽으로 왔다 갔다 하지만 큰 분자들은 한쪽에 갇히게 된다. 한참 동안 방치해 두면 용액이 들어 있는 쪽의 액면이 올라간 것을 관찰할 수 있다. 이것은 순수한 물 쪽에서 용액 쪽으로 이동하는 물 분자가 반대 방향으로 이동하는 물 분자보다 많기 때문이다. 이와 같이 반투막을 통해 농도가 묽은 용액의 용매 분자가 농도가 더 진한 용액 쪽으로 이동하는 현상을 **삼투**라고 한다.

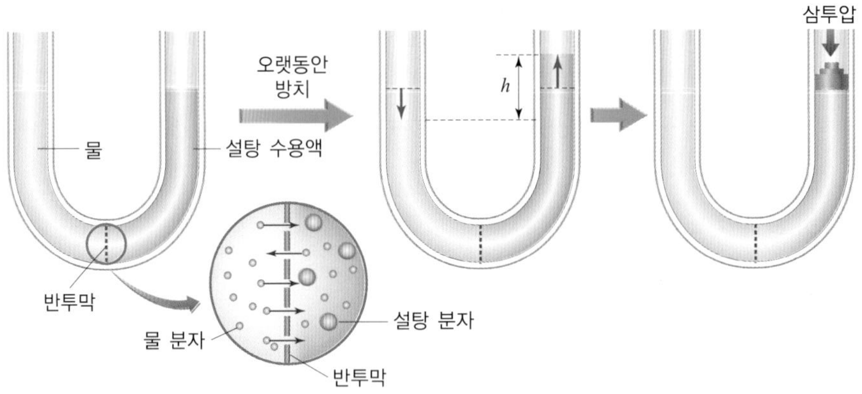

≈ **삼투 현상**

U자형 유리관의 중심에 반투막을 설치하고 한쪽에는 물을, 다른 쪽에는 설탕물을 채우면 설탕물 쪽의 수위가 높아진다. 여기서 양쪽 액면의 높이가 같아지려면 외부에서 용액 쪽에 압력을 가해주어야 하는데, 이때 필요한 압력을 **삼투압(osmotic pressure)**이

라고 한다. 얼마 후에는 물 높이 차이에 의한 압력이 삼투압과 같아져서 더 이상 물이 이동하지 못한다. 따라서 높이 차이로부터 삼투압을 측정할 수 있다. 채소를 소금물에 절일 때 채소에서 물이 빠져나가는 것은 이런 삼투압 때문이다.

1887년에 네덜란드의 반트호프(van't Hoff, J. H., 1852~1911)는 삼투압(π)은 몰 농도(C)에 비례하여 이상 기체 방정식과 유사한 관계가 성립하는 것을 보여 주었다.

$$\pi = CRT \qquad R(\text{기체 상수}) = 0.082\ \text{atm L mol}^{-1}\ \text{K}^{-1}$$

용액 V L 속에 용질이 n몰 녹아 있으면 몰 농도(C)는 $\frac{n}{V}$이므로 위 식은 다음과 같이 이상 기체 방정식과 같은 형태로 나타낼 수 있다.

$$\pi V = nRT(\text{이상 기체 방정식: } PV = nRT)$$

이 경우에는 끓는점 오름이나 어는점 내림과 달리 몰랄 농도가 아니라 몰 농도가 사용된다. 단백질처럼 분자량이 큰 경우에는 농도가 낮아서 끓는점 오름이나 어는점 내림처럼 온도 차이를 정확히 측정하기 어렵다. 그에 비해 삼투압은 비교적 측정이 쉬워서 분자량 측정의 새로운 방법을 제공하였다. 삼투압은 여러 생명 현상에도 관련이 있는 중요한 작용이다. 반트호프는 삼투압에 관한 업적으로 1901년에 1회 노벨 화학상을 수상하였다.

확·인·하·기

혈액 100 mL당 포도당 80 mg이 들어 있는 정상인의 경우 체온(37 ℃)에서 포도당에 의한 삼투압은 얼마인가? (단, 포도당의 분자량은 180이다.)

혈액 100 mL당 포도당 80 mg이 들어 있으므로 1리터당 포도당 800 mg, 즉 0.8 g이 들어 있다.

이 경우 몰 농도는 $\dfrac{\frac{0.8\ \text{g}}{180\ \text{g/m}}}{1\ \text{L}} \fallingdotseq 0.0044(\text{M})$이다.

체온 37 ℃는 310 K이다.

$\pi = CRT = (0.0044)(0.082\ \text{atm L mol}^{-1}\ \text{K}^{-1})(310\ \text{K}) \fallingdotseq 0.11\ \text{atm}$ 답 0.11기압

연/습/문/제

핵심개념 확인하기

❶

용질의 몰수를 (용액, 용매)의 부피(L)로 나눈 값을 몰 농도라고 하고, 용질의 몰수를 (용액, 용매)의 질량(kg)으로 나눈 값을 몰랄 농도라고 한다.

❷

비휘발성 용질이 녹아 있는 용액의 증기압은 순수한 (용매, 용질)의 증기압보다 낮아지는 현상을 용액의 증기압 내림이라고 한다. 용액의 증기압 내림은 (용매, 용질)의 몰 분율에 비례한다.

❸

비휘발성, 비전해질인 용질이 녹아 있는 용액의 끓는점 오름은 용질의 종류에는 관계없이 용액의 (몰 농도, 몰랄 농도)에 비례한다.

❹

반투막을 통해 농도가 묽은 용액의 용매 분자가 농도가 더 진한 용액 쪽으로 이동하는 현상을 (삼투, 모세관 현상)(이)라고 한다.

01 다음 중에서 물에 잘 용해될 수 있는 물질을 있는 대로 고르시오.

브로민(Br_2) 메테인(CH_4) 에탄올(C_2H_5OH) 염화 칼륨(KCl)

02 요즘 대기 중 이산화 탄소의 농도는 부피비로 0.04 %에 달했다고 한다. 이 농도는 몇 ppm에 해당하는가?

① 0.4 ppm ② 4 ppm ③ 40 ppm ④ 400 ppm ⑤ 4000 ppm

03 공복 상태에서 정상인의 혈당 농도는 혈액 100 mL당 포도당 80 mg 정도이다. 혈액 100 mL당 포도당이 120 mg에 달한 사람에서 포도당의 몰 농도는 얼마인가? (단, 포도당의 분자량은 180이다.)

04 물 500 g과 에탄올 500 g이 섞여 있다면 에탄올의 몰 분율은 약 얼마인가? (단, 물과 에탄올의 분자량은 각각 18과 46이다.)

① 0.1 ② 0.3 ③ 0.5 ④ 0.7 ⑤ 0.9

05 화학 실험실에서 가장 많이 사용하는 농도는?

① 무게 % ② 부피 % ③ 몰 분율
④ 몰 농도 ⑤ 몰랄 농도

06 물 18 g에 어떤 물질 18 g을 녹여서 끓는점 오름을 구했더니 1.5 ℃가 얻어졌다. 이 물질의 분자량은 약 얼마인가? (단, 물의 몰랄 오름 상수는 0.52 ℃/m이다.)

① 18 ② 90 ③ 180 ④ 340 ⑤ 500

07 물을 용매로 사용해서 물에 잘 녹는 미지 물질의 분자량을 구하려고 한다. 다음 중 옳지 <u>않은</u> 것은?

① 원리적으로는 증기압 내림, 끓는점 오름, 어는점 내림, 삼투압 중 어느 것을 사용해도 상관없다.
② 몰랄 내림 상수보다는 몰랄 오름 상수가 크다.
③ 끓는점의 변화보다 어는점의 변화를 측정하는 것이 실험적으로 편하다.
④ 얼음에 소금을 많이 가하면 상당히 낮은 온도를 얻을 수 있다.
⑤ 용해도가 낮은 고분자의 경우에는 삼투압 측정이 유리하다.

08 삼투압에 관한 설명으로 옳지 <u>않은</u> 것은?

① 야채를 소금에 절일 때 삼투압의 원리가 적용된다.
② 물은 반투막을 잘 통과하지만 Na^+, Cl^- 등 이온은 통과하지 못한다.
③ Na^+, Cl^- 등 이온의 지름은 물 분자의 지름보다 크다.
④ Na^+, Cl^- 등 이온은 물 분자들에 여러 겹으로 둘러싸여서 유효한 지름은 물 분자의 지름보다 크다.
⑤ 반투막을 잘 통과하는 물은 반투막 양쪽에서 같은 압력을 나타내므로 삼투압에는 기여하지 않고, 그래서 용액에서는 반투막을 통과하지 못하는 용질에 대해 이상 기체 방정식과 같은 식이 적용된다.

09 제1회 노벨 화학상이 수여된 업적은 무엇에 관한 것인가?

① 주기율표 ② 아보가드로수 측정 ③ 옥텟 규칙
④ 분자 구조 결정 ⑤ 삼투압

단원 종합 문제

01 다음 중 분자 간 상호 작용이 가장 큰 경우는?

① 수소 ② 아세톤 ③ 암모니아 ④ 에탄올 ⑤ 물

02 모든 수소 결합에서 볼 수 있는 수소 주위의 전하 분포는?

① + − + ② − + − ③ + + − ④ − − + ⑤ + + +

03 DNA의 염기쌍에서 볼 수 있는 수소 결합은 다음 중 어느 물질에서 볼 수 있는 수소 결합과 가장 관계가 깊은가?

① H_2O ② HF ③ NH_3 ④ CH_4 ⑤ 답 없음

04 다음 중 화합물과 끓는점의 조합이 적당한 것은?

① H_2O : 100 ℃ HF : 20 ℃ NH_3 : −161 ℃ CH_4 : −33 ℃
② H_2O : 100 ℃ HF : −33 ℃ NH_3 : −161 ℃ CH_4 : 20 ℃
③ H_2O : 0 ℃ HF : −161 ℃ NH_3 : −33 ℃ CH_4 : 20 ℃
④ H_2O : 0 ℃ HF : 20 ℃ NH_3 : −33 ℃ CH_4 : −161 ℃
⑤ H_2O : 100 ℃ HF : 20 ℃ NH_3 : −33 ℃ CH_4 : −161 ℃

05 다음 중 끓는점이 가장 높은 물질은?

① 메테인 ② 에테인 ③ 프로페인 ④ 뷰테인 ⑤ 옥테인

06 다음 중 쌍극자 모멘트가 가장 작은 것은?

① 이산화 탄소 ② 물 ③ 염화 수소
④ 암모니아 ⑤ 아세톤

정답 및 풀이 440쪽

07 그림과 같이 콕으로 연결된 2개의 플라스크의 한쪽에는 질소(N_2)가 들어 있고, 다른 쪽에는 산소(O_2)가 들어 있다.

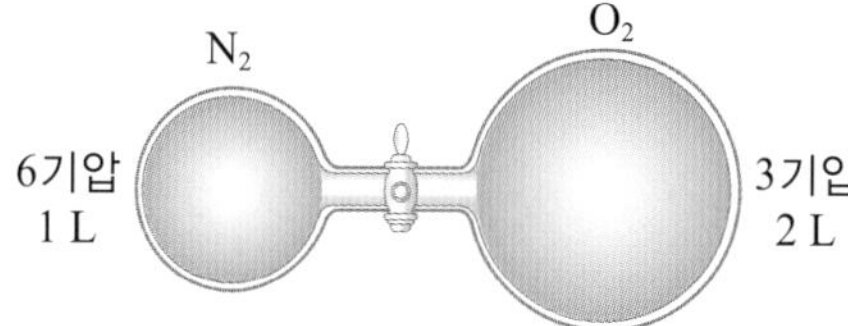

이들의 부피와 압력은 각각 표와 같다.

기체	질소(N_2)	산소(O_2)
압력(기압)	6	3
부피(L)	1	2

콕을 열었을 때 전체 압력은 얼마인가?

08 물에 유리관을 담글 때 나타나는 모세관 현상에 관한 설명으로 옳지 않은 것은?

① 유리의 표면은 극성이 높다.
② 물이 유리관의 내부에 부착되면 물의 표면적이 증가한다.
③ 물의 표면적을 줄이기 위해 유리관 중심 쪽의 물이 따라 올라간다.
④ 유리관이 가늘면 모세관 현상은 약해진다.
⑤ 물 대신 에탄올을 사용하면 모세관 현상은 약해진다.

09 다음 중 공유 결정이 아닌 것을 모두 고르시오.

① 다이아몬드 ② 석영 ③ 흑연 ④ 얼음 ⑤ 철

10 다음 중 금속 결정에 대한 설명으로 옳지 <u>않은</u> 것은?

① 전성과 연성이 있다.
② 두드리면 잘 부서진다.
③ 결정 상태에서 전기를 잘 통한다.
④ 전자를 내놓은 금속 양이온 사이에서 전자들이 자유롭게 운동한다.
⑤ 러더퍼드의 원자핵 발견 실험에서 금이 사용된 이유는 아주 얇은 금박지를 만들 수 있었기 때문이다.

11 고추가 매운 것은 캡사이신이라는 유기 화합물 때문이다. 다음 설명 중에서 옳은 것만을 있는 대로 고르시오.

(가) 캡사이신은 물에 잘 녹는다. (나) 캡사이신은 기름과 잘 섞인다. (다) 매운 고추를 먹었을 때 물을 마시는 것은 크게 도움이 안 된다. (라) 매운 고추를 먹었을 때 우유를 마시면 통증을 줄이는 데 도움이 된다.

12 다음 중에서 물에 대한 용해도 크기를 옳게 비교한 것은?

① $O_2 < H_2 < CO_2 < C_2H_5OH$
② $O_2 < H_2 < C_2H_5OH < CO_2$
③ $H_2 < C_2H_5OH < CO_2 < O_2$
④ $H_2 < O_2 < C_2H_5OH < CO_2$
⑤ $H_2 < O_2 < CO_2 < C_2H_5OH$

13 물 100 mL에 포도당이 90 g 녹아 있다면 포도당의 몰 농도는 얼마인가? (단, 포도당의 분자량은 180이다.)

① 1 M ② 5 M ③ 10 M ④ 15 M ⑤ 20 M

14 물에 포도당($C_6H_{12}O_6$)을 녹인 수용액의 끓는점이 100.26 ℃이었다. 이 포도당 수용액의 몰랄 농도를 구하시오. (단, 물의 몰랄 오름 상수(K_b)는 0.52 ℃/m이다.)

15 일정량의 기체를 실린더 안에 넣고 마개를 잠가 부피를 일정하게 유지하면서 가열하였을 때의 변화에 대한 설명으로 옳은 것만을 |보기| 에서 있는 대로 고르시오.

|보기|
ㄱ. 기체 분자의 평균 운동 에너지가 증가한다.
ㄴ. 기체 분자의 몰수가 증가한다.
ㄷ. 기체의 밀도가 증가한다.
ㄹ. 충돌 횟수가 증가한다.

16 그림은 온도에 따른 물의 밀도 변화를 나타낸 것이다. 이로부터 알 수 있는 사실 중 옳은 것만을 |보기|에서 있는 대로 고르시오.

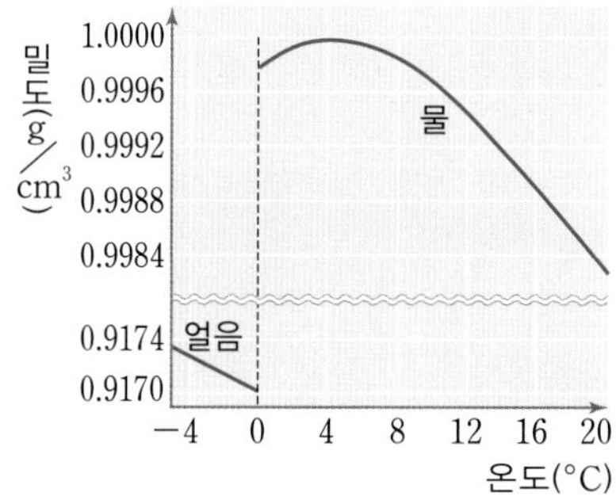

|보기|
ㄱ. 일정 질량의 얼음이 녹으면 부피가 증가한다.
ㄴ. 추운 겨울날 물이 얼면 수도관이 터질 수 있다.
ㄷ. 강이나 호수의 물이 수면 위에서부터 얼기 시작한다.

17 0.1 *m* 포도당 수용액 500 mL(가)와 0.01 *m* 포도당 수용액 500 mL(나)를 비교한 내용으로 옳은 것만을 있는 대로 고르시오.

① 증기압: (가) > (나)
② 끓는점: (가) > (나)
③ 어는점: (가) > (나)
④ 삼투압: (가) > (나)
⑤ 용질의 몰수: (가) = (나)

IV 기체, 액체, 고체와 용액

V

역동적인 화학 반응

1. 산화 환원 반응
2. 화학 평형
3. 산-염기 평형

앞에서 살펴본 상변화는 분자 자체는 변화가 없고, 액체나 기체 등 물질의 상태가 바뀌는 물리적 변화이다. 그리고 상평형은 양방향으로 일어나는 상변화가 평형을 이루는 역동적인 현상이다. 이제부터는 다양한 화학 반응을 다룬다. 특히 화학에서 중요한 위치를 차지하는 산화 환원 반응과 산화의 결과로 생성되는 산, 그리고 염기에 대해 자세히 알아본다. 그리고 이러한 다양한 반응에서 일어나는 화학 평형을 이해하고, 실생활에서 암모니아 합성처럼 중요한 반응에 화학 평형의 원리가 어떻게 적용되는지 주목한다.

1 산화 환원 반응

우주의 원소에서 풍부한 순서를 따라 금메달, 은메달, 동메달을 줄 수 있다. 우주 원소의 금메달은 질량으로 전체의 약 75 %를 차지하는 수소이고, 은메달은 약 25 %를 차지하는 헬륨이다. 그리고 동메달은 수소의 약 100의 1에 불과하지만 3위를 차지하는 산소이다. 그런데 반응성이 없는 비활성 기체 헬륨을 제외하면 화학적으로 중요한 원소는 수소, 산소 순서가 된다. 그러나 지구 표면에서는 산소가 압도적 우위를 차지한다. 산소는 바닷물 질량의 약 90 %를 차지할 뿐 아니라 지각 무게의 약 절반을 차지한다.

수소와 산소는 화학에서 대비되는 위치를 차지한다. 1, 2주기 원소 중에서 수소는 전기음성도가 낮은 편이고, 산소는 전기음성도가 높은 편이다. 그래서 수소와 산소가 만나면 전자가 수소에서 산소로 이동하는 결과가 얻어진다. 이처럼 전자가 이동하는 산화 환원은 화학 반응을 이해하는 데 기초가 된다.

1-1 산화와 환원

핵심 개념 • 전기음성도 • 산화 • 환원 • 산화수

화학 반응은 크게 같은 종류의 원소 간 반응과 다른 종류의 원소 간 반응으로 나눌 수 있다. 같은 종류의 원소 간 반응의 예로는 2개의 수소 원자가 결합해서 수소 분자를 만드는 반응을 들 수 있다. 다른 종류의 원소 간 반응의 예로는 수소와 염소가 만나 염화 수소를 만드는 ($H_2 + Cl_2 \longrightarrow 2HCl$) 반응을 들 수 있다. 그런데 수소, 탄소, 질소, 산소, 플루오린, 나트륨, 칼슘 등 많은 원소들은 전기음성도에 차이가 있다. HCl에서처럼 다른 종류의 원소가 결합하면 결합에 참여한 전자는 전기음성도가 낮은 원소(H)에서 전기음성도가 높은 원소(Cl) 쪽으로 끌려간다.

| 산화와 환원 |

수소가 산소와 반응하면 다음과 같이 반응하여 물이 생성된다.

$$2H_2 + O_2 \longrightarrow 2H_2O$$

이때 수소에서 산소 쪽으로 전자가 끌려간다. 그런데 전기음성도가 높은 플루오린, 산소, 질소, 염소 중에서 산소가 가장 풍부하고 다양한 화합물을 만들기 때문에 반응의 결과로 전자가 이동하는 반응을 플루오린화, 질소화, 염화 등으로 따로 구분하지 않고 일반적으로 **산화**(oxidation)라고 한다. 물론 어떤 물질이 산소와 결합하는 것도 산화라고 한다.

수십만 년 전에 호모 에렉투스는 불을 사용하기 시작하였다. 그 때는 주로 마른 나무나 풀잎을 태웠을 것이다. 나무나 풀의 주성분은 광합성을 통해 만들어진 포도당이 여러 개 연결된 식물성 물질이다. 그런데 포도당은 탄수화물의 일종으로 탄소와 물의 조합이라 볼 수 있다. 따라서 식물성 연료를 태울 때 열이 나는 것은 탄소가 산소와 반응해서 산화되었기 때문이다.

산화: 물질이 산소와 결합하는 것
탄소의 산화: $C + O_2 \longrightarrow CO_2$

나중에 석탄이 발견되고 연료로 사용되면서 특히 산업혁명 기간에는 석탄의 탄소가 에너지의 공급원 역할을 하였다. 요즘도 화력발전에는 석탄이 연료로 많이 사용된다. 그러다보니 대기 중의 CO_2 농도가 증가해서 지구 온난화의 원인 중 하나로 문제가 되고 있다.

산화와 대립되는 개념은 환원이다. 수소가 산소에 전자를 내주고 산화된다면 산소는 수소로부터 전자를 받아 환원된다. 한편, 수소가 산소와 결합해서 만들어진 물에서 산소를 떼어내는 것, 즉 제철의 경우처럼 어떤 물질이 산소를 잃는 것을 환원(reduction)이라고 한다.

용어쏙 **제철**
철광석을 용광로에 녹여 제련하여 철을 뽑아내는 것

환원: 물질이 산소를 잃는 것
산화 철(III)의 환원: $2Fe_2O_3 \longrightarrow 4Fe + 3O_2$

예외적으로 산소가 자신보다 전기음성도가 높은 플루오린과 결합하면 산소는 산화되고 플루오린은 환원된다.

$$O_2 + 2F_2 \longrightarrow 2OF_2$$

이처럼 산화와 환원은 동시에 일어나기 때문에 산화 환원 반응이라고 말하는 것이 정확한 표현이다. 예를 들어 공기 중에서 구리를 가열하면 구리는 검은색의 산화 구리(II)로 산화되고, 산화 구리(II)에 수소 기체를 넣고 가열하면 산화 구리(II)는 붉은색 구리로 환원된다.

- 구리의 산화: $\underset{\text{(붉은색)}}{2Cu} + O_2 \xrightarrow{} \underset{\text{(검은색)}}{2CuO}$ (산화: Cu → CuO)
- 산화 구리(II)의 환원: $CuO + H_2 \longrightarrow Cu + H_2O$ (산화: H_2 → H_2O, 환원: CuO → Cu)

확·인·하·기

제철 과정의 반응식은 다음과 같다. 환원된 것을 | 보기 |에서 있는 대로 고르시오.

$$2Fe_2O_3 + 3C \longrightarrow 4Fe + 3CO_2$$

| 보기 |

ㄱ. Fe_2O_3의 Fe　　ㄴ. Fe_2O_3의 O　　ㄷ. C

산화되어 있던 철이 환원된다.　　답 ㄱ

| 전자 이동에 의한 산화 환원 |

산화는 어떤 원소가 산소와 결합하는 반응이라고 하였다. 그런데 산소는 전자를 끌어당기는 성질이 있기 때문에 어떤 원소가 산소와 반응하여 산화되면 그 원소는 전자를 내주게 된다. 전자를 잘 내주는 원소가 산소처럼 전자를 끌어당기는 원소와 결합하는 것도 산화 반응이라고 할 수 있다. 따라서 반응하여 전자를 잃는 것을 산화, 반대로 전자를 얻는 것을 환원이라고 한다.

수소나 염소 분자에서는 두 원자가 같기 때문에 공유 전자쌍은 어느 한쪽으로 쏠리지 않는다. 그러나 염화 수소 분자에서는 염소 원자가 수소 원자보다 전기음성도가 높으므로 공유하는 전자쌍은 염소 쪽에 끌리게 되어 염소 원자는 부분 (−)전하(δ^-로 표시)를 띠고, 수소 원자는 부분 (+)전하(δ^+로 표시)를 띠게 된다.

따라서 수소 기체와 염소 기체가 반응하여 염화 수소 기체가 생성될 때에는 공유 전자쌍이 염소 쪽으로 치우치게 되는데, 이는 전기음성도가 낮은 수소에서 전기음성도가 높은 염소로 전자가 이동한 것으로 볼 수 있다. 즉, 수소는 염소에 전자를 내주어 산화되고, 염소는 수소로부터 전자를 얻어 환원된 것이다. 산화 환원 반응은 전자를 주고받는 반응이므로 동시에 일어난다.

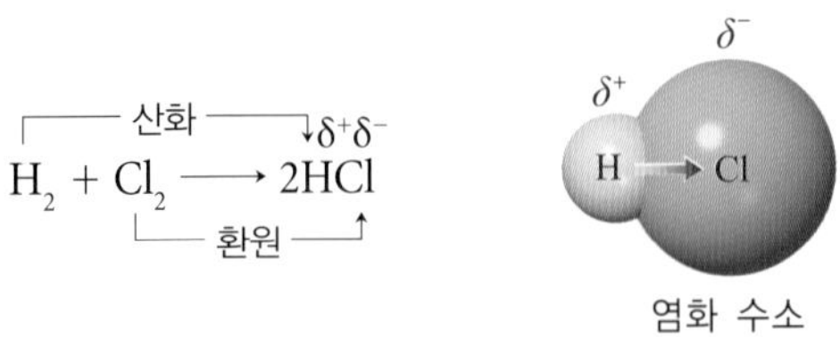

염화 수소 생성 반응에서의 산화 환원

수소는 비금속 원소 중에서 전기음성도가 낮은 원소로, 비금속 원소가 수소와 결합하면 환원되고, 수소를 잃으면 산화된다.

$$2H_2O \longrightarrow 2H_2 + O_2$$

(환원: $H_2O \rightarrow H_2$, 산화: $H_2O \rightarrow O_2$)

물이 분해될 때 수소는 산소를 잃어 환원되지만 산소는 수소를 잃어 산화된다.

개념 쏙

» 수소의 이동과 산화 환원

3 % 과산화 수소(H_2O_2)의 수용액에 황화 수소 수용액을 섞으면 황(S)이 석출되면서 용액이 뿌옇게 흐려진다. 과산화 수소는 산소를 잃어 환원되었고, 황화 수소의 황은 수소를 잃고 산화되었다.

$$H_2O_2 + H_2S \longrightarrow 2H_2O + S$$

(환원: $H_2O_2 \rightarrow 2H_2O$, 산화: $H_2S \rightarrow S$)

염화 수소의 경우에는 전자가 염소 쪽으로 치우칠 뿐 완전히 이동하는 것은 아니다. 그런데 다른 산화 환원 반응에서는 전자가 원자나 이온 사이에서 완전히 이동하기도 한다. 대표적인 반응의 예로 금속과 금속염 수용액의 반응, 금속의 부식 등이 있다.

무색의 질산 은($AgNO_3$) 수용액에 구리(Cu)판을 넣으면 용액의 색이 점점 푸른색으로 변하고, 구리판의 표면에는 은이 달라붙는 것을 관찰할 수 있다. 이것은 구리가 전자를 잃어 구리 이온(Cu^{2+})이 되어 용액 속으로 녹아들어 가고, 용액 중의 은 이온(Ag^+)이 전자를 얻어 은(Ag)으로 석출되기 때문이다. 이때 일어난 변화를 식으로 나타내면 다음과 같다.

$$Cu(s) \longrightarrow Cu^{2+}(aq) + 2e^- \quad \text{(산화 반응)}$$

$$2Ag^+(aq) + 2e^- \longrightarrow 2Ag(s) \quad \text{(환원 반응)}$$

$$Cu(s) + 2Ag^+(aq) \longrightarrow Cu^{2+}(aq) + 2Ag(s)$$

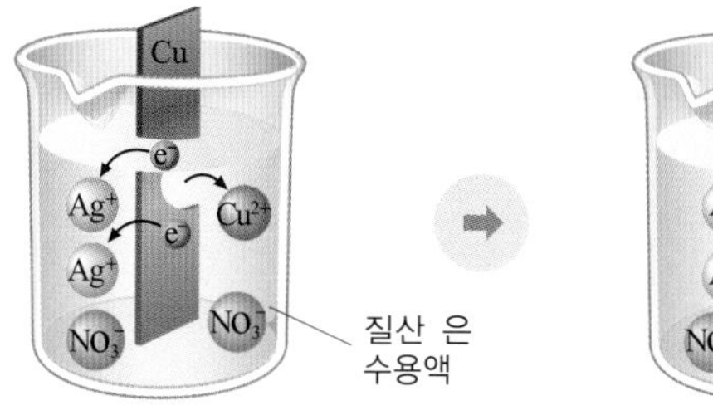

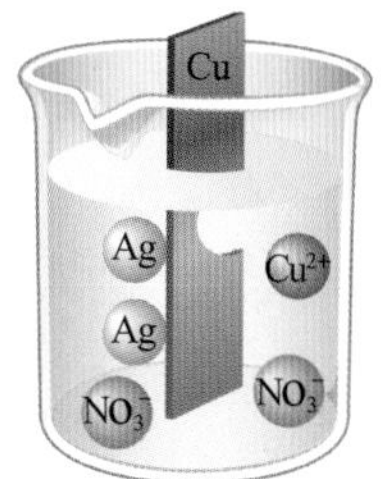

구리와 질산 은 수용액의 반응

확·인·하·기

황산 구리($CuSO_4$) 수용액에 아연(Zn)판을 넣었을 때 다음 반응에 의해 아연판 표면에 붉은색 금속이 석출되었다.

$$Cu^{2+} + SO_4^{2-} + Zn \longrightarrow Cu + SO_4^{2-} + Zn^{2+}$$

이때 산화된 것을 |보기|에서 있는 대로 고르시오.

|보기|
ㄱ. Cu^{2+} ㄴ. SO_4^{2-}의 S ㄷ. SO_4^{2-}의 O ㄹ. Zn

Zn이 전자를 잃고 Zn^{2+}으로 산화된다. 답 ㄹ

| 산화수 |

공유 결합 물질이 생성되는 반응에서 산화 환원 반응은 전자의 치우침으로 설명할 수 있다. 예를 들어, 염화 수소(HCl) 분자에서 전기음성도가 높은 염소 원자가 공유 전자쌍을 모두 가져가는 것으로 가정하면, 수소는 전자를 잃어 산화되고 염소는 전자를 얻어 환원되는 것으로 생각할 수 있다. 이와 같이 공유 결합 분자에서 공유 전자쌍이 전기음성도가 더 높은 원자로 완전히 이동하였다고 가정할 때, 각 원자가 갖게 되는 전하를 **산화수(oxidation number)**라고 한다. $H_2 + Cl_2 \longrightarrow 2HCl$ 반응에서 H는 Cl에 전자 1개를 완전히 내주는 것은 아니다. 그러나 편의상 중성인 H 원자가 전자 1개를 완전히 내준다고 가정하면 H는 +1의 전하를 가진 셈이 된다. 마찬가지로 Cl은 −1의 전하를 가지는 것이다. 이때 HCl 분자에서 H의 산화수는 +1, Cl의 산화수는 −1이라고 한다.

중성 원자의 산화수는 0이고, 중성 분자에서 모든 원자의 산화수의 합은 0이다. 산화수를 결정하는 규칙은 다음과 같다.

산화수를 결정하는 규칙

1. 원소 상태에서 원소 물질을 구성하는 원자의 산화수는 0이다.
   예 Na H_2 Br_2 S Ne ⇒ 모두 0
2. 단원자 이온의 산화수는 그 이온의 전하수와 같다.
   예 Na^+ (+1) Ca^{2+} (+2) Al^{3+} (+3) Cl^- (−1) O^{2-} (−2)
3. 화합물에서는 전기음성도가 높은 원자가 (−) 값을 갖는다.
   예 CH_4 (C: −4, H: +1) (전기음성도: C > H) CO_2 (C: +4, O: −2) (전기음성도: O > C)

4. 화합물에서 각 원자의 산화수를 모두 더한 값은 0이다.

예 $\underset{+1}{\underline{H}}-\underset{-2}{\underline{O}}-\underset{+1}{\underline{H}}$　　$2 \times (+1) + (-2) = 0$

5. 다원자 이온에서 각 원자의 산화수 합은 이온의 전하수와 같다.

예 $\underset{+5}{\underline{N}}\underset{-2}{\underline{O_3}}^-$　　$(+5) + 3 \times (-2) = -1$

» 화합물에서 원소 산화수의 우선 순위

1. 플루오린(F)의 산화수는 항상 −1이다.
   예 OF_2에서 F의 산화수는 −1이고, O의 산화수는 +2이다.
2. 1족 원소(Li, Na, K 등)의 산화수는 +1이고, 2족 원소(Be, Mg, Ca 등)의 산화수는 +2이다.
3. 수소(H)의 산화수는 보통 +1이다. 단, 금속의 수소 화합물(예, NaH)에서는 −1이다.
4. 산소(O)의 산화수는 보통 −2이다. 단, 과산화물(예 H_2O_2)에서는 −1이다.

한편, 같은 원자라도 화합물에서 결합하는 원자의 전기음성도 차이에 따라 전자를 잃는 경우도 있고, 얻는 경우도 있으므로 여러 가지 산화수를 나타낸다. 특히 대부분의 화합물에서 할로젠의 산화수는 −1이나 Cl, Br 등의 할로젠 원소가 산소와 결합한 경우 전기음성도가 높은 산소가 (−) 산화수를 가지므로 할로젠의 산화수는 (+)로 된다.

HCl	HClO	$HClO_2$	$HClO_3$	$HClO_4$
+1−1	+1+1−2	+1+3−2	+1+5−2	+1+7−2

7 N 질소	NH_3	N_2	N_2O	NO	8 O 산소	H_2O	H_2O_2	O_2	OF_2
	−3	0	+1	+2		−2	−1	0	+2

$\overset{+1}{K_2}\underset{+6}{Cr_2}\overset{-2}{O_7}$

다이크로뮴산 칼륨

$\underset{+3}{Cr_2}\overset{-2}{O_3}$

산화 크로뮴

≈ 질소와 산소, 크로뮴의 여러 가지 산화수

몇 가지 중요한 분자에서 각 원자의 산화수를 나타내면 다음과 같다.

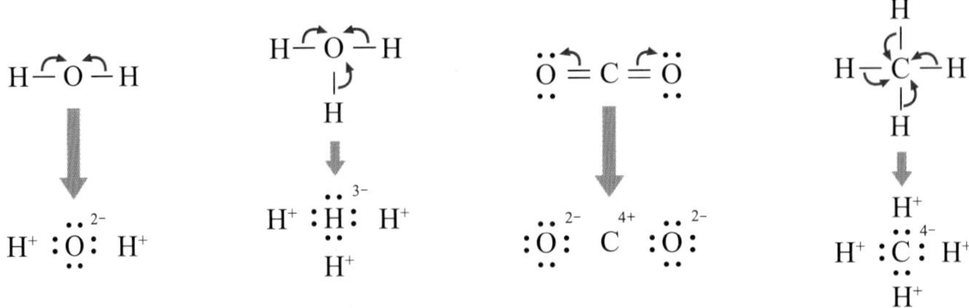

≈ H_2O, NH_3, CO_2, CH_4에서 각 원자의 산화수

$H_2 + Cl_2 \longrightarrow 2HCl$ 반응에서 H의 산화수는 0에서 +1로 증가하였고 Cl의 산화수는 0에서 −1로 감소하였다. 따라서 산화는 산화수가 증가하는 것이고, 환원은 산화수가 감소하는 것이라고 할 수 있다.

$$\begin{array}{lcccc} & H_2 & + Cl_2 & \longrightarrow & 2HCl \\ \text{산화수:} & 0 & 0 & & +1-1 \end{array}$$

산화수 증가: 산화
산화수 감소: 환원

약 3천 년 전에 인간은 철광석에 들어 있는 산화 철로부터 산소를 떼어내고 철을 금속 상태로 환원시키는 방법을 터득하여 철기 문명을 이룩하였다.

산화 철의 일종인 Fe_2O_3에서 O의 산화수는 −2이고, Fe의 산화수는 +3이다. 이 Fe의 산화수를 0으로 바꾸는 일은 제철소의 용광로 안에서 일어난다. 철광석을 주성분이 탄소인 코크스와 섞어서 용광로 탑의 위에서 아래로 내려 보낸다. 그리고 아래쪽에서는 공기를 주입한다. 그러면 산소가 불충분하기 때문에 탄소가 완전 연소해서 CO_2까지 반응하지 못하고 CO가 된다. CO는 불안정한 구조를 가지고 있기 때문에 Fe_2O_3에서 O를 떼어내서 자신이 안정한 CO_2로 바뀌는 데 사용한다. 이렇게 어렵게 환원된 철은 나중에 공기 중의 산소에 의해 산화되어 녹이 된다. 이러한 철의 제련 과정에서 나타나는 산화 환원 반응을 산화수 변화로 다음과 같이 나타낼 수 있다.

(산소 얻음, 산화수 증가)
산화

$$\overset{+3}{Fe_2}O_3(s) + 3\overset{+2}{C}O(g) \longrightarrow 2\overset{0}{Fe}(s) + 3\overset{+4}{C}O_2(g)$$

환원
(산소 잃음, 산화수 감소)

» 철의 부식과 제련

- 철의 부식(산화): 철이 공기 중의 산소와 결합하여 산화 철이 되는 것으로, 이때 철은 산화된다.
- 철의 제련: 철광석을 코크스(C), 석회석($CaCO_3$) 가루와 함께 가열하면 철과 결합하고 있던 산소는 철광석에서 빠져나와 탄소와 결합하며 철은 환원된다.
- 석회석의 역할: 석회석이 열분해하여 생성된 산화 칼슘(CaO)은 철광석의 불순물(SiO_2)과 반응하여 슬래그를 형성하므로 불순물을 제거한다.

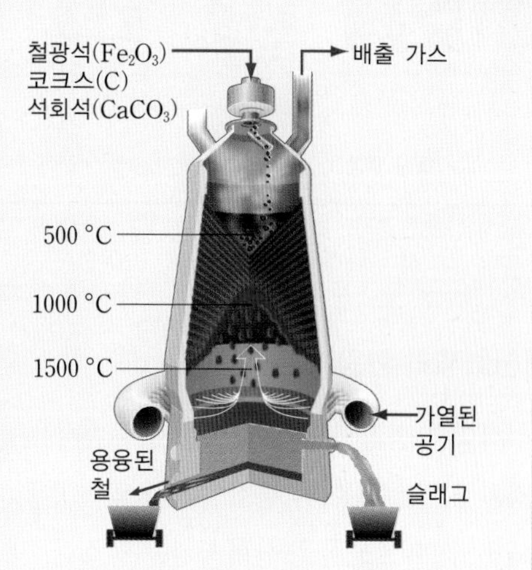

$CaCO_3 \longrightarrow CaO + CO_2$

$CaO + SiO_2 \longrightarrow CaSiO_3$(슬래그) ➡ 이 반응은 중화 반응으로 산화 환원 반응이 아니다.

산화수의 변화로 산화와 환원을 정의하는 것은 넓은 의미의 산화 환원으로, 산소의 이동에 의한 정의, 전자의 이동에 의한 정의 등을 모두 포괄할 수 있으며, 산화와 환원은 다음과 같이 요약할 수 있다.

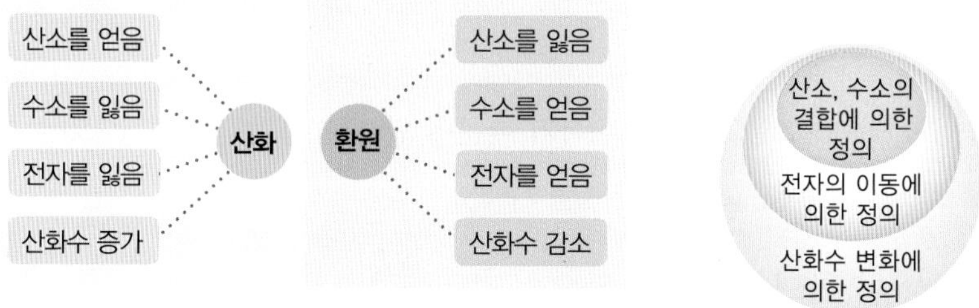

확·인·하·기

다음 물질 중에서 황(S)의 산화수가 가장 큰 것을 고르시오.

H_2S	S_8	SO_2	H_2SO_4

	H_2S	S_8	SO_2	H_2SO_4
S의 산화수	−2	0	+4	+6

답 H_2SO_4

1-2 산화 환원 반응의 양적 관계

핵심 개념 • 산화제 • 환원제 • 산화 환원 반응

|산화제와 환원제 |

산화 환원 반응에서 산화수가 증가하는 원소가 있으면 반드시 산화수가 감소하는 원소가 있다. 즉, 어떤 물질이 산화되면 반드시 다른 물질은 환원된다. 이때 자신이 환원되면서 다른 물질을 산화시키는 물질을 **산화제**라고 하며, 자신이 산화되면서 다른 물질을 환원시키는 물질을 **환원제**라고 한다.

대체로 금속 원소(Na, Mg, Al, Zn)는 전기음성도가 낮아 전자를 잃기 쉬우므로 환원제이고, 비금속 원소(F_2, Cl_2, Br_2, I_2, O_2, S)는 전기음성도가 높아 전자를 얻기 쉬우므로 산화제로 작용한다. 그러나 같은 물질이라도 어떤 물질과 반응하느냐에 따라 산화제, 환원제로 될 수 있다.

예를 들면

환원: SO_2은 산화제

$$\overset{+4}{SO_2} + 2H_2\overset{-2}{S} \longrightarrow 2H_2O + 3\overset{0}{S}$$

산화: H_2S는 환원제

위 식에서 SO_2의 S은 +4에서 0으로 산화수가 감소하였고 H_2S의 S의 산화수를 증가시켰으므로 SO_2은 산화제이다.

산화: SO_2은 환원제

$$\overset{+4}{SO_2} + 2\overset{0}{Cl_2} + 2H_2O \longrightarrow H_2\overset{+6}{SO_4} + 2H\overset{-1}{Cl}$$

환원: Cl_2는 산화제

위 식에서 SO_2의 S은 +4에서 +6으로 산화수가 증가하였고 Cl_2의 Cl의 산화수를 0에서 −1로 환원시켰으므로 SO_2은 환원제이다.

산화제와 환원제가 항상 다른 물질이어야 하는 것은 아니다. 산화 환원 반응에서 산화제와 환원제가 동일한 경우가 있다.

$$2H_2O(l) + 3\underset{0}{\underline{S}}(s) \longrightarrow \underset{+4}{\underline{S}}O_2(g) + 2H_2\underset{-2}{\underline{S}}(g)$$

위 식에서 3개의 S 원자 중 1개는 SO_2으로 산화되고, 2개는 H_2S로 환원되므로 S은 산화제이면서 환원제이다.

$$\underset{0}{\underline{Cl_2}} + H_2O \longrightarrow H\underset{-1}{\underline{Cl}} + H\underset{+1}{\underline{Cl}}O$$

위 식에서 Cl_2가 HCl로 될 때는 환원되고, HClO로 될 때는 산화되므로 Cl_2는 산화제이면서 환원제이다.

» 산화제와 환원제로 쓰이는 물질

- 주기율표의 오른쪽에 있는 전자를 얻기 쉬운 원소들이나 산화수가 큰 원자가 있는 화합물은 산화제로 작용한다. 예 F_2, Cl_2, $KMnO_4$, $K_2Cr_2O_7$, H_2O_2, O_3 등
- 주기율표의 왼쪽에 있는 전자를 잃기 쉬운 원소들이나 산화수가 작은 원자가 들어 있는 화합물은 환원제로 작용한다. 예 Li, Na, K, $SnCl_2$, $FeCl_2$, CO 등

탐구 시그마 할로젠 원소의 반응

자료

- 염소수와 브로민수에 염화 칼륨 수용액과 브로민화 칼륨 수용액을 넣으면 혼합 용액의 색깔이 다음과 같이 된다.

구분	염화 칼륨 수용액	브로민화 칼륨 수용액
염소수	변화 없음	옅은 갈색
브로민수	변화 없음	변화 없음

분석

- 염소수에 브로민화 칼륨 수용액을 넣으면 수용액이 갈색으로 변한 것은 무색의 Br^-이 갈색의 Br_2으로 변하였기 때문이다. 즉, Cl는 Br보다 전기음성도가 높아 Br^-을 산화시키고 자신은 Cl^-으로 환원된다. 이때 Cl_2는 산화제로 작용한다.

$$Cl_2 + 2KBr \longrightarrow 2KCl + Br_2$$

- 브로민수에 염화 칼륨 수용액을 넣으면 반응이 일어나지 않는 것은 Cl가 Br보다 전기음성도가 높아 Cl^-이 산화되기 어렵기 때문이다.

확·인·하·기

염소(Cl_2)와 브로민화 나트륨(NaBr)이 반응하면 브로민(Br_2)이 생성된다. 이 반응을 화학 반응식으로 나타내고, 산화제와 환원제를 구분하시오.

Cl_2가 NaBr과 반응하면 NaCl과 Br_2이 생성된다. Cl_2는 환원되므로 산화제이다. NaBr은 산화되므로 환원제이다.
답 $Cl_2 + 2NaBr \longrightarrow 2NaCl + Br_2$, 산화제: Cl_2, 환원제: NaBr

| 산화 환원 반응식 완성하기 |

화학 반응식을 완성하면 산화된 물질과 환원된 물질 사이의 양적 관계를 알 수 있다. 산화 환원 반응에서는 증가한 산화수와 감소한 산화수가 같으므로 반응물과 생성물의 원자 수와 산화수 변화를 맞추어 화학 반응식을 완성할 수 있다.

증가한 산화수의 총합 = 감소한 산화수의 총합

이것을 산화수법이라고 한다. 다음 산화 환원 반응을 산화수법으로 계수를 맞춰보자.

$$Sn^{2+} + MnO_4^- + H^+ \longrightarrow Sn^{4+} + Mn^{2+} + H_2O$$

1. 먼저 반응에 관여한 모든 원자의 산화수를 구한 후, 산화수의 변화를 계산한다.
   $\underset{+2}{Sn^{2+}} + \underset{+7\ -2}{MnO_4^-} + \underset{+1}{H^+} \longrightarrow \underset{+4}{Sn^{4+}} + \underset{+2}{Mn^{2+}} + \underset{+1\ -2}{H_2O}$
2. 두 번째로 증가한 산화수와 감소한 산화수가 같아지도록 계수를 맞춘다.
   Mn은 +7 → +2로 산화수 5 감소하였고, Sn은 +2 → +4로 산화수 2 증가하였다.
   $5Sn^{2+} + 2MnO_4^- + H^+ \longrightarrow 5Sn^{4+} + 2Mn^{2+} + H_2O$
3. 화살표 양쪽의 산소 원자 수가 같도록 계수를 맞춘다.
   $5Sn^{2+} + 2MnO_4^- + H^+ \longrightarrow 5Sn^{4+} + 2Mn^{2+} + 8H_2O$
4. 화살표 양쪽의 수소 원자 수가 같도록 계수를 맞춘다.
   $5Sn^{2+} + 2MnO_4^- + 16H^+ \longrightarrow 5Sn^{4+} + 2Mn^{2+} + 8H_2O$

산화 환원 반응은 산화 반쪽 반응과 환원 반쪽 반응으로 나눌 수 있다. 이러한 방법으로 산화 환원 반응의 계수를 정해보자.

$$Sn^{2+} + MnO_4^- + H^+ \longrightarrow Sn^{4+} + Mn^{2+} + H_2O$$

1단계: 산화 반쪽 반응과 환원 반쪽 반응으로 나눈다.

산화: $Sn^{2+} \longrightarrow Sn^{4+}$

환원: $MnO_4^- + H^+ \longrightarrow Mn^{2+} + H_2O$

2단계: 각 반쪽 반응에서 양변의 원자 수가 같도록 계수를 맞춘다.

산화: $Sn^{2+} \longrightarrow Sn^{4+}$

환원: $MnO_4^- + 8H^+ \longrightarrow Mn^{2+} + 4H_2O$

3단계: 각 반쪽 반응에서 양변의 전하량이 같도록 필요한 전자를 더한다.

산화: $Sn^{2+} \longrightarrow Sn^{4+} + 2e^-$

환원: $MnO_4^- + 8H^+ + 5e^- \longrightarrow Mn^{2+} + 4H_2O$

4단계: 두 반쪽 반응에서 잃은 전자 수와 얻은 전자 수가 같아지도록 산화 반응 × 5, 환원 반응 × 2를 한다.

산화: $5Sn^{2+} \longrightarrow 5Sn^{4+} + 10e^-$

환원: $2MnO_4^- + 16H^+ + 10e^- \longrightarrow 2Mn^{2+} + 8H_2O$

5단계: 두 반쪽 반응을 더한다.

$$5Sn^{2+} + 2MnO_4^- + 16H^+ \longrightarrow 5Sn^{4+} + 2Mn^{2+} + 8H_2O$$

확·인·하·기

산화 반쪽 반응과 환원 반쪽 반응이 다음과 같을 때 산화 환원 반응식을 완결하시오.

산화 반응: $Cu(s) \longrightarrow Cu^{2+}(aq) + 2e^-$

환원 반응: $Ag^+(aq) + e^- \longrightarrow Ag(s)$

답 구리는 전자를 잃고 구리 이온으로 산화되고, 은 이온은 전자를 받아들여 은으로 석출된다. 산화 반응에서 내놓는 전자를 환원 반응에서 모두 받아주어야 하므로 계수를 맞춘 완결된 반응식은 $Cu(s) + 2Ag^+(aq) \longrightarrow Cu^{2+}(aq) + 2Ag(s)$이다.

| 자연에서 일어나는 산화 환원 반응 |

◘ 물 생성 반응

자연에서 물이 만들어지는 반응은 매우 중요한 반응이다. 수소와 산소가 만나 물을 만드는 $2H_2 + O_2 \longrightarrow 2H_2O$ 반응도 산화 환원 반응이다. 산소의 전기음성도는 염소보다 높은 3.5이다. 전기음성도가 4.0인 플루오린에 이어 산소의 전기음성도는 모든 원소 중에서 두 번째로 높다.

◘ 메테인 생성 반응

지구에서 메테인은 주로 천연 가스의 주성분으로 존재한다. 우리가 사용하는 메테인은 수천만 년 내지 수 억 년 전에 살았던 생물이 땅속에 묻혀 오랜 세월을 거치면서 높은 온도와 압력에 의해 분해되어 생긴 것이다.

$$C + 2H_2 \longrightarrow CH_4$$

탄소는 수소에 비해 전기음성도가 약간 높기 때문에 이 반응에서 수소는 탄소에 의해 산화된다고 말할 수 있다. 그러나 그 차이가 작기 때문에 4개의 C−H 결합은 무극성에 가깝다. 산화수를 고려한다면 각각의 수소는 +1, 탄소는 −4인 셈이다.

◘ 광합성

$$6CO_2 + 12H_2O \longrightarrow C_6H_{12}O_6 + 6H_2O + 6O_2$$

생명의 관점에서 볼 때 자연에서 일어나는 가장 중요한 반응의 하나는 태양 에너지를 사용해서 이산화 탄소와 물로부터 포도당이 만들어지는 광합성이다. 광합성 과정에서 녹색 식물은 이산화 탄소에서 산소를 잘 분리시키기 위해서 수소를 사용한다. 그런데 지구상의 수소는 대부분 산소와 결합하여 물에 들어 있다. 따라서 식물은 태양 에너지를 이용하여 물을 수소와 산소로 분해시키고, 이때 얻어진 수소를 사용하여 광합성을 한다. 광합성 과정에서 발생하는 산소는 물에서 나온 것으로 1분자의 산소가 만들어지려면 2분자의 물이 필요하다.

산화(산화수 증가): H_2O의 O (−2) → O_2 (0)

$$6\overset{+4}{\overline{C}}\overset{-2}{\overline{O}}_2 + 12\overset{+1}{\overline{H}}_2\overset{-2}{\overline{O}} \longrightarrow \overset{0}{\overline{C}}_6\overset{+1}{\overline{H}}_{12}\overset{-2}{\overline{O}}_6 + 6H_2O + 6\overset{0}{\overline{O}}_2$$

환원(산화수 감소): CO_2의 C (+4) → $C_6H_{12}O_6$의 C (0)

- CO_2에서 O의 산화수는 −2이고 C의 산화수는 +4이다.
- $C_6H_{12}O_6$에서는 전기음성도가 높은 O가 C, H, O 중에서 전기음성도가 가장 낮은 H로부터 전자를 끌어당긴다. 그래서 C는 O에 전자를 내어줄 필요가 없어 C의 산화수는 0이다.

- 포도당에서 6몰의 물에 해당하는 $H_{12}O_6$ 부분에서 H의 산화수는 +1, O의 산화수는 −2이다. 그래서 $C_6H_{12}O_6$에서 전체 산화수의 합은 $(0 \times 6) + (1 \times 12) + (-2 \times 6) = 0$이다.

광합성의 핵심은 탄소의 산화수가 +4에서 0으로 감소해서 탄소가 환원된다는 점이다. 원래 산화수가 0인 탄소가 이산화 탄소에서는 +4로 산화되었는데 다시 원래 상태로 돌아간 것이다. 지구상의 모든 동식물은 $C_6H_{12}O_6$의 탄소를 공기 중의 산소로 산화시키면서 에너지를 얻어 살아간다. 이러한 광합성의 반대 방향의 반응은 호흡(respiration)이다. 호흡에서는 탄소가 이산화 탄소로 산화되면서 에너지를 낸다.

그런데 왜 광합성 반응식에서 물이 반응물과 생성물 양쪽에 있을까? 반응물 쪽의 6개의 CO_2 분자에서 6개의 탄소 원자는 12개의 산소 원자에 24개의 전자를 내주고 있다. 산소의 산화수는 −2로 원자 1개가 2개의 전자를 받아들여서 옥텟을 만족시키기 때문이다. 환원은 산화되었을 때 내어준 전자를 되찾는 과정이기 때문에 6개의 CO_2 분자에서 6개의 탄소 원자를 환원시키려면 누군가가 24개의 전자를 12개 산소 원자에게 제공해야 한다. 이때 C, H, O 중에서 전자를 가장 잘 내주는 원소는 H이고, 수소 원자는 전자를 1개 가지고 있다. 그래서 태양 에너지로 12개의 물 분자를 분해해서 얻은 24개의 수소 원자가 6개 CO_2 분자에 들어 있는 산소와 결합한다. 그 결과 한 분자의 $C_6H_{12}O_6$가 만들어지는데 이때 남은 6개의 물 분자는 부산물로 나온다.

한편, 태양 에너지로 12개의 물 분자를 분해해서 수소를 얻을 때 부산물로 6개의 O_2 분자가 나와서 공기로 들어간다. O_2 분자에서 O의 산화수는 0이니까 광합성 전체 반응에서 CO_2의 탄소는 환원되고 물의 O는 산화된 것이다.

자료 쏙

» 산화 환원 반응이 아닌 반응

- 같은 종류의 원소 사이의 반응 : $H + H \longrightarrow H_2$, $N + N \longrightarrow N_2$, $Cl + Cl \longrightarrow Cl_2$처럼 같은 종류의 원자들이 결합하는 반응은 산화 환원 반응이 아니다.
- 침전 반응: 소금물에서 물을 증발시키면 녹아있던 소금이 결정으로 석출한다. 이러한 $Na^+ + Cl^- \longrightarrow NaCl$ 반응에서는 물에 녹아있던 Na^+과 Cl^-이 물이 증발하면서 이온 결합을 이루어 소금 결정으로 침전하는 것이다. 이 반응도 산화수의 변화가 없으므로 산화 환원 반응이 아니다.

연/습/문/제

핵심개념 확인하기

❶

H의 산화수는 H_2O에서는 (+1, −1)이고 NaH에서는 (+1, −1)이다.

❷

산화는 전자를 (잃, 얻)거나 산화수가 (증가, 감소)하는 것이고, 환원은 전자를 (잃, 얻)거나 산화수가 (증가, 감소)하는 것이다.

❸

산화 환원 반응에서 산화되는 물질은 다른 물질을 (산화, 환원)시키므로 (산화제, 환원제)라고 하고, 환원되는 물질은 다른 물질을 (산화, 환원)시키므로 (산화제, 환원제)라고 한다.

❹

산화 반응으로 (얻은, 잃은) 전자 수와 환원 반응으로 (얻은, 잃은) 전자 수는 같아야 한다.

01 다음 중 화학 반응이 아닌 것은?

① 수소와 산소로부터 물이 만들어진다.
② 물이 증발해서 수증기가 된다.
③ 이산화 탄소와 물로부터 포도당이 만들어진다.
④ 밥을 먹고 소화시켜서 에너지를 얻는다.
⑤ 철이 녹슨다.

02 산화 환원에 대한 설명으로 옳지 않은 것은?

① 크게 보면 화학 반응은 같은 종류의 원소 간의 반응과 다른 종류의 원소 간의 반응으로 나눌 수 있다.
② 같은 종류의 원소 간의 반응보다 다른 종류의 원소 간의 반응이 다양하다.
③ 일반적으로 다른 원소는 전기음성도에 차이가 있다.
④ 다른 종류의 원소가 결합하면 원자 사이에 전자의 치우침이 일어난다.
⑤ $C + O_2 \longrightarrow CO_2$ 반응은 산화지만 $H_2 + Cl_2 \longrightarrow 2HCl$ 반응은 산화가 아니다.

03 다음은 물로부터 수소를 얻는 수성 가스 반응이다.

$$CO + H_2O \longrightarrow CO_2 + H_2$$

이 반응에서 환원되는 것을 **보기**에서 있는 대로 고르시오.

보기
ㄱ. CO의 C　ㄴ. CO의 O　ㄷ. H_2O의 H　ㄹ. H_2O의 O

04 $5Sn^{2+} + 2MnO_4^- + 16H^+ \longrightarrow 5Sn^{4+} + 2Mn^{2+} + 8H_2O$ 반응에서 환원되는 것은?

① Sn^{2+} ② MnO_4^-의 Mn ③ MnO_4^-의 O
④ H^+ ⑤ 산화 환원 반응이 아니다

05 다음 설명 중 옳지 않은 것은?

① HCl에서 H의 산화수는 +1, Cl의 산화수는 −1이다.
② H_2O에서 H의 산화수는 +1, O의 산화수는 −2이다.
③ OF_2에서 O의 산화수는 −2, F의 산화수는 +1이다.
④ 산화수의 증가는 산화에 해당한다.
⑤ 전자를 받는 것은 환원에 해당한다.

06 다음 중 $2H_2 + O_2 \longrightarrow 2H_2O$ 반응에 관한 설명으로 옳은 것은?

① 산소보다 수소의 전기음성도가 높다.
② O_2에서 O의 산화수는 −2이다.
③ 이 반응에서 산소는 산화된다.
④ 이 반응에서 수소의 산화수는 증가한다.
⑤ 이 반응은 흡열 반응이다.

07 다음 중 암모니아 합성 반응에 관한 설명으로 옳지 않은 것은?

① 암모니아 합성 반응은 $N_2 + 3H_2 \longrightarrow 2NH_3$이다.
② NH_3에서 모든 원자는 옥텟 규칙을 만족한다.
③ 암모니아 합성 반응에서 질소는 산화된다.
④ N_2와 H_2의 산화수는 둘 다 0이다.
⑤ NH_3는 수소 결합이 약해서 끓는점이 비교적 낮다.

08 광합성에 관한 설명으로 옳지 않은 것은?

① 포도당의 탄소는 공기 중의 이산화 탄소로부터 왔다.
② 포도당의 수소는 물로부터 왔다.
③ 물을 분해하는 데 태양 에너지가 사용된다.
④ 이산화 탄소에서 탄소의 산화수는 +4이다.
⑤ 광합성 과정에서 탄소는 산화된다.

09 오른쪽 그림과 같이 묽은 황산에 마그네슘 리본을 넣으면 기포가 발생한다.

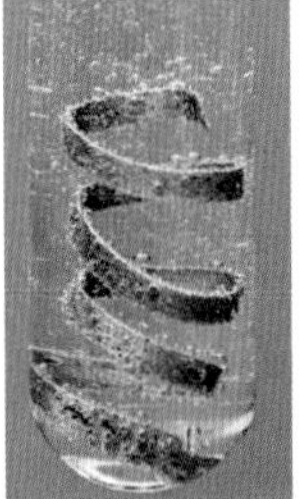

(1) 이 반응의 화학 반응식을 쓰시오.
(2) 이 반응에서 산화제와 환원제를 각각 쓰시오.

10 제철 과정에 관한 설명으로 옳은 것만을 | 보기 |에서 있는 대로 고르시오.

| 보기 |
ㄱ. 제철 과정에서 철광석의 철은 산화된다.
ㄴ. 용광로에서 코크스의 탄소는 불완전 연소하여 CO가 된다.
ㄷ. 불안정한 CO가 철광석으로부터 산소를 떼어내는 역할을 한다.
ㄹ. 제철로 얻어진 철은 후일 다시 산화되어 녹이 슨다.

11 다음은 수용액에서 일어나는 어떤 산화 환원 반응의 알짜 이온 반응식이다. □에 알맞은 수를 각각 쓰시오.

$$Cr_2O_7^{2-} + \square Sn^{2+} + 14H^+ \longrightarrow 2Cr^{3+} + \square Sn^{4+} + 7H_2O$$

2 화학 평형

http://Science Heroes.com에 들어가면 Top 10 Lifesaving Scientists by Discovery가 나온다. 자신의 발견으로 가장 많은 인명을 구한 과학자 리스트에서 독일의 화학자 하버(Haber, F., 1868~1934)가 1위를 차지하고 있다. 하버가 개발한 암모니아 합성을 통해 지난 100년 동안 약 27억의 인명이 기아와 전쟁을 면했다는 것이다. 그런데 하버법의 핵심은 질소와 수소로부터 암모니아를 합성하는 정반응과 암모니아가 질소와 수소로 분해되는 역반응 사이의 평형을 이해하고 조절하는 데 있다. 여기에서는 암모니아 합성 같은 중요한 반응을 통해 화학 평형의 기초를 이해하도록 한다.

2-1 화학 평형과 평형 상수

핵심 개념 • 정반응 • 역반응 • 가역 반응 • 동적 평형 • 평형 상수 • 반응 지수

| 가역 반응과 동적 평형 |

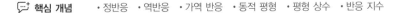

그림과 같이 파란색 염화 코발트 종이는 수분을 흡수하면 붉게 변한다. 또한, 붉게 변한 염화 코발트 종이를 헤어드라이어로 가열하면 종이는 다시 파란색으로 변한다.

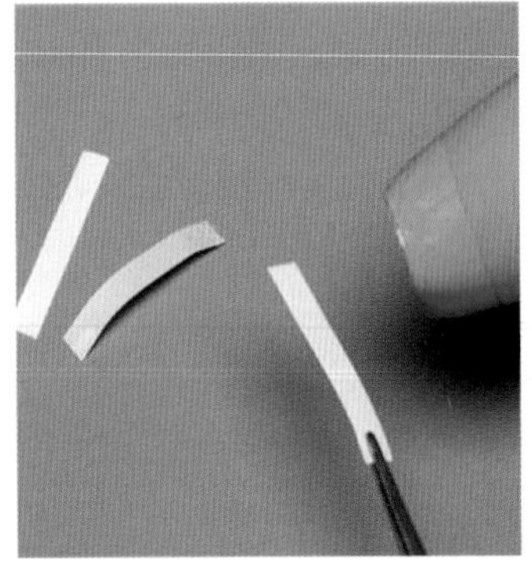

$$CoCl_2 \cdot 6H_2O \underset{\text{역반응}}{\overset{\text{정반응}}{\rightleftarrows}} CoCl_2 + 6H_2O$$

이와 같이 많은 화학 반응은 양쪽 방향으로 일어날 수 있는데, 이러한 반응을 **가역 반응**이라고 한다. 가역 반응을 화학 반응식으로 나타낼 때에는 이중 화살표(⇄)를 사용하며, 이때 반응물이 생성물로 되는 반응을 정반응이라고 하고, 생성물이 반응물로 되는 반응을 역반응이라고 한다. 대부분의 화학 반응은 가역 반응이지만 천연가스나 종이의 연소와 같은 연소 반응 등은 역반응이 진행되지 않는 비가역 반응이다.

0 ℃에서 물에 얼음이 떠 있다면 오랜 시간이 지나도 물이 더 얼거나 얼음이 더 녹지 않고 겉보기로는 아무런 변화가 없는 듯이 보인다. 그러나 실제로는 얼음 표면에서는 물이 얼고 얼음이 녹는 변화가 양방향으로 일어난다.

$$H_2O(l) \rightleftarrows H_2O(s)$$

단지 양방향의 속도가 같기 때문에 평형이 이루어진 것이다. 이런 평형을 **동적 평형(dynamic equilibrium)**이라고 한다. 닫힌 플라스크에 담긴 물의 동적 평형 상태에서는

물의 증발 속도와 수증기의 응축 속도가 같다. 한편, 가역 반응에서 반응이 어느 정도 진행되어 반응물과 생성물의 농도가 변하지 않고 일정하게 유지되는 상태를 **평형 상태**라고 한다. 화학 반응이 가역 반응일 때도 정반응과 역반응의 반응 속도가 같아서 겉보기로는 변화가 없는 동적 평형 상태이다.

| 용해 평형 |

우리 주위에서 쉽게 볼 수 있는 평형 중에는 용해 평형이 있다. 일정량의 물에 소금(염화 나트륨)을 넣으면 소금이 물에 잘 녹는다. 하지만 어느 지점에 도달하면 아무리 소금을 넣어도 더 이상 녹지 않는다. 이러한 상태를 포화 상태라고 한다. 소금을 물에 넣으면 처음에는 소금이 빠르게 녹지만, 넣는 소금의 양이 많아질수록 소금이 녹는 속도가 점차 느려진다. 이것은 용해된 소금 일부가 다시 고체로 되돌아가기 때문이다. 또한, 더 많은 양의 소금을 넣으면 일부 소금이 물에 녹지 않고 바닥에 남게 되는데, 물에 녹아 들어가는 소금 입자의 수와 용액에서 고체 결정으로 되돌아가는 소금 입자의 수가 같아서 소금이 더 이상 녹지 않는 것처럼 보이는 것이다. 포화 용액에서 용질이 더 이상 녹지 않는 것처럼 보이는 것은 용질이 용해되는 속도와 석출되는 속도가 같기 때문이다. 이것을 **용해 평형**이라고 한다.

$$\text{염화 나트륨(용질)} + \text{물(용매)} \underset{\text{석출}}{\overset{\text{용해}}{\rightleftarrows}} \text{염화 나트륨 수용액(용액)}$$

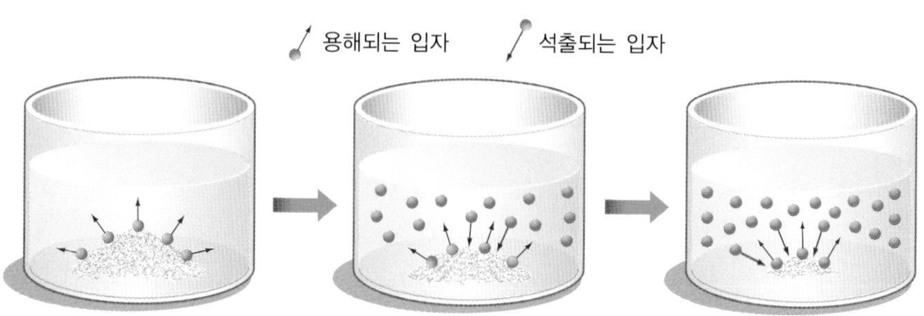

⁂ 용해 현상에서 동적 평형이 이루어지는 과정

V 역동적인 화학 반응

» 종유석, 석순, 석주의 생성

그림과 같은 석회 동굴이 생성될 때의 반응 $CaCO_3 + H_2O + CO_2 \rightleftarrows Ca(HCO_3)_2$도 한쪽으로만 일어나지 않는다. 동굴 내부에서 볼 수 있는 종유석, 석순, 석주는 이 반응의 역반응으로 반응이 일어나 형성된 것이다. 즉, 물속에 녹아 있던 탄산 수소 칼슘에서 이산화 탄소가 빠져나가 탄산 칼슘의 앙금을 생성하고, 이 과정이 수천 년~수십만 년 동안 끊임없이 일어나서 종유석, 석순, 석주가 형성되었다.

$$Ca(HCO_3)_2 \rightleftarrows CaCO_3 + H_2O + CO_2$$

⌃ 석회 동굴

확·인·하·기

설탕이 물에 녹아 용해 평형에 도달했을 때, 다음 중 값이 일정한 것을 있는 대로 고르시오.

(가) 용해 속도　　(나) 석출되는 설탕 분자 수　　(다) 설탕물의 농도

설탕이 물에 녹아 동적 평형에 도달하면 용해되는 설탕 분자 수와 석출되는 설탕 분자 수가 동일하다. 즉, 용해 속도와 석출 속도가 동일하므로 설탕물의 농도는 변하지 않는다. 답 (가), (나), (다)

| 화학 평형과 평형 상수 |

양방향으로 일어나는 화학 반응을 눈으로 볼 수 있는 좋은 예가 있다. 대도시의 대기 오염 물질 중에 이산화 질소(NO_2)가 있다. NO_2는 자동차의 엔진 같이 온도가 높은 조건에서 공기 중의 질소가 산소와 반응해서 생기는 화합물로 갈색을 띤다. 스모그가 심할 때 산이나 높은 빌딩에서 도심을 내려다보면 공기가 갈색으로 보이는 것은 NO_2 때문이다.

그런데 NO_2 분자에서 질소는 최외각 전자가 5개이기 때문에 루이스 구조에서 알 수 있듯이 양쪽의 산소와 2중 결합을 하고 나면 전자가 1개 남는다. 이 홀전자 때문에 NO_2는 반응성이 높아 NO_2 2개가 만나면 2개의 홀전자를 사용해서 공유 결합이 쉽게 이루어져서 사산화 이질소(N_2O_4)를 형성한다. 쉽게 만들어진 결합은 쉽게 깨지기 때문에 역반응도 잘 일어난다.

정반응: $2NO_2 \longrightarrow N_2O_4$ 역반응: $N_2O_4 \longrightarrow 2NO_2$

$$\begin{array}{ccc} :\ddot{O}=\dot{N}=\ddot{O}: & & :\ddot{O}=N=\ddot{O}: \\ & \Longrightarrow & | \\ :\ddot{O}=\dot{N}=\ddot{O}: & & :\ddot{O}=N=\ddot{O}: \end{array}$$

≈ **이산화 질소의 루이스 구조와 결합**

NO_2는 갈색인 반면에 N_2O_4는 무색이다. 그래서 정반응이 많이 진행하면 갈색이 연해지고, 역반응이 많이 진행하면 갈색이 진해진다. 역반응이 우세해지는 온도는 상온보다 약간 높은 53 ℃ 정도이고, 53 ℃ 이하에서는 정반응이 우세하다. 그래서 유리 플라스크에 NO_2를 넣고, 얼음을 사용해서 플라스크의 온도를 낮추면 갈색이 연해지다가 나중에는 거의 무색이 되는 것을 볼 수 있다. 플라스크를 뜨거운 물에 담가서 온도를 높이면 갈색이 되살아난다.

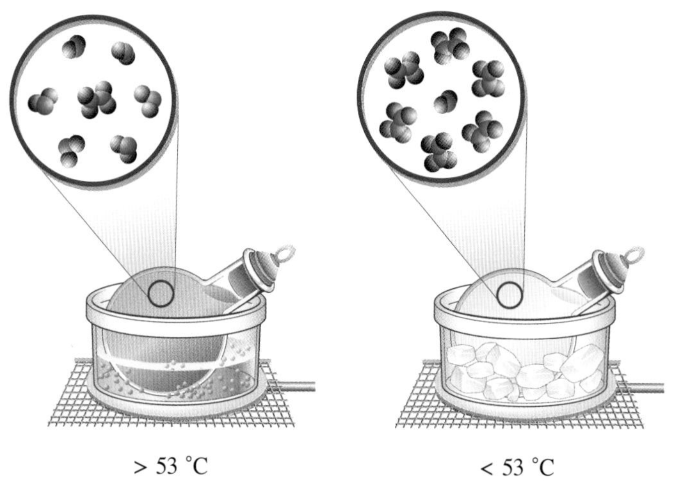

≈ **NO_2와 N_2O_4 사이의 평형** 53 ℃ 이상에서는 N_2O_4의 분해가 촉진되어 NO_2의 적갈색이 진해진다.

한편, 이 반응을 통해 평형의 최종 상태는 초기 조건에 무관하다는 것을 알 수 있다. 일정한 양의 NO_2로 출발해서 주어진 온도에서 정반응과 역반응의 평형이 이루어지면 이때 NO_2와 N_2O_4의 농도 사이에는 일정한 비율이 성립한다. 그런데 N_2O_4로 출발해도 같은 비율이 얻어진다. 이 반응에서는 갈색의 정도로 쉽게 확인할 수 있다.

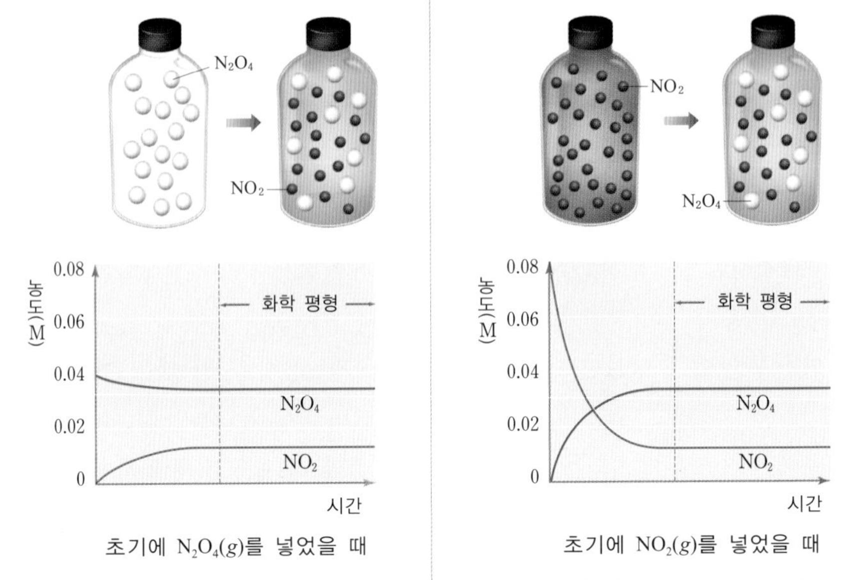

초기 농도와 평형 초기 조건에 상관없이 같은 온도에서 NO_2와 N_2O_4의 비율은 같다.

초기 농도를 다르게 하여 반응을 시킨 후 화학 평형이 되었을 때 반응물과 생성물 간에는 어떤 규칙성이 있을까?

평형에서 반응물의 농도 곱에 대한 생성물의 농도 곱의 비율인 $\frac{[NO_2]^2}{[N_2O_4]}$은 일정한 것으로 알려졌다. 이것은 일정한 온도에서 화학 반응이 평형 상태에 도달하면 초기 농도와는 상관없이 반응물과 생성물의 농도의 비가 일정함을 나타낸다. 이 결과를 일반적인 화학 반응식에서 다음과 같이 나타낼 수 있다.

$$aA + bB \rightleftharpoons cC + dD$$

$$K = \frac{[C]^c[D]^d}{[A]^a[B]^b} = \text{상수}$$

이때 반응물의 농도곱에 대한 생성물의 농도곱의 비를 **평형 상수**(K)라고 하고, 이 식을 평형 상수 식이라고 한다. 평형 상수 식을 쓸 때는 순수한 액체와 고체는 생략한다. 그러나 기체나 수용액 상태의 반응물과 생성물은 항상 포함한다.

평형 상수는 일정한 온도에서는 항상 일정한 값을 갖는다. 이것은 온도가 일정할 때 화학 평형 상태에 도달하면 반응 초기의 반응물과 생성물의 농도에 관계없이 반응물과 생성물의 농도의 비는 항상 일정하다는 것을 의미한다. 만약 화학 반응식을 반대 방향으로 쓰면 평형 상수는 원래의 값의 역수가 된다.

$$cC + dD \rightleftharpoons aA + bB$$

$$K' = \frac{[A]^a[B]^b}{[C]^c[D]^d} = 1/K$$

기체의 가역 반응이 평형 상태에 있다면 반응물과 생성물의 농도 대신 부분 압력을 이용하여 나타낼 수 있다. 예를 들어 암모니아 생성 반응에서 압력으로 평형 상수를 나타내면 다음과 같다. 그리고 부분 압력으로 나타낸 평형 상수는 농도를 이용하여 나타낸 평형 상수와 다르므로 K_p로 표현한다. 농도를 이용하여 나타낸 평형 상수는 K_p와 구분하기 위해 K_c로 나타내기도 한다.

$$N_2(g) + 3H_2(g) \rightleftharpoons 2NH_3(g)$$

$$K_p = \frac{(P_{NH_3})^2}{(P_{N_2})(P_{H_2})^3}$$

평형 상수를 이용하면 평형 상태에서의 반응물과 생성물의 양을 쉽게 비교할 수 있다. 일반적으로 평형 상수의 값이 1보다 클 경우는 반응물의 농도가 생성물의 농도보다 작다. 반면에 평형 상수의 값이 1보다 작을 경우는 반응물의 농도가 생성물의 농도보다 크다.

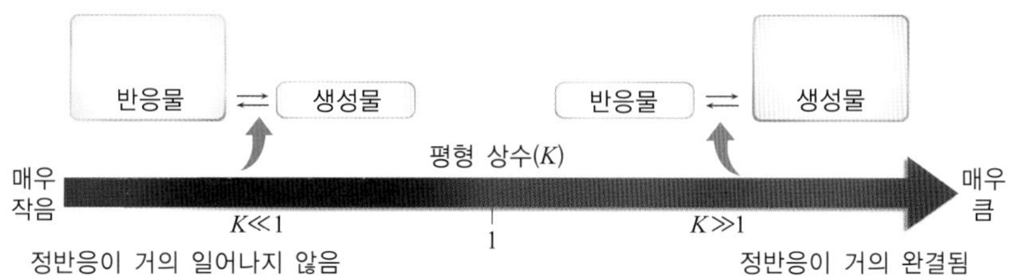

K 값에 따른 평형 상태에서의 반응물과 생성물의 양 비교

V 역동적인 화학 반응

확·인·하·기

다음 화학 반응식의 평형 상수 식을 쓰시오.

$$2SO_2(g) + O_2(g) \rightleftharpoons 2SO_3(g)$$

답 $K = \dfrac{[SO_3]^2}{[SO_2]^2[O_2]}$

| 반응의 진행 예측 |

화학 평형을 자세히 다루는 데 가장 좋은 예는 암모니아 합성 반응이다.

$$N_2(g) + 3H_2(g) \rightleftharpoons 2NH_3(g)$$

이 반응은 NH_3에서 전기음성도가 높은 질소가 전기음성도가 낮은 수소로부터 전자를 끌어가서 극성을 가진 N−H 결합을 형성하기 때문에 발열 반응이지만, 안정한 H_2의 단일 결합과 N_2의 3중 결합을 끊는 데 에너지가 많이 들어가기 때문에 발열량이 작다. 따라서 약간의 열을 가하면 역반응인 $2NH_3(g) \longrightarrow 3H_2(g) + N_2(g)$이 일어난다. 그래서 암모니아 합성 반응은 평형을 고려하는 데 아주 적절하다.

평형 상수 값을 알면 반응물과 생성물이 함께 존재하는 혼합물에서 반응이 어느 쪽으로 진행되는지 알 수 있다. 일정한 온도에서 특정한 화학 반응의 평형 상수는 일정하다. 평형 상수 식에 물질의 현재 농도를 대입하여 구한 값을 **반응 지수**(Q)라고 하는데, 용기에 든 혼합물이 평형 상태인지를 알려면 반응 지수를 구해서 평형 상수(K)와 비교해 보아야 한다.

$$aA + bB \rightleftharpoons cC + dD$$

$$Q = \frac{[C]_0^{\,c}[D]_0^{\,d}}{[A]_0^{\,a}[B]_0^{\,b}} \qquad ([A]_0,\ [B]_0, [C]_0,\ [D]_0\text{는 현재 농도})$$

일반적으로 화학 반응의 진행 방향은 다음과 같이 정리할 수 있다.

- $Q < K$: 평형 상태보다 생성물의 농도가 반응물의 농도에 비해 작으므로 정반응이 우세하게 진행된다.
- $Q = K$: 평형 상태이다.
- $Q > K$: 평형 상태보다 생성물의 농도가 반응물의 농도에 비해 크므로 역반응이 우세하게 진행된다.

예

472 ℃, 1 L의 용기에 질소 1.0 mol, 수소 2.0 mol, 암모니아 2.0 mol이 들어 있다고 하자.(단, 이 온도에서의 평형 상수는 0.11이다.) 이 반응은 어느 쪽으로 진행될까?

$$N_2 + 3H_2 \rightleftharpoons 2NH_3$$

⇒ 반응 지수를 구해 평형 상수와 비교한다.

$$Q = \frac{[NH_3]^2}{[N_2][H_2]^3} = \frac{(2.0)^2}{(1.0)\times(2.0)^3} = 0.5$$

$Q = 0.5$는 $K = 0.11$보다 크기 때문에 평형에 이르기 위해서는 생성물이 반응물로 변해야 한다. 따라서 화학 반응은 역반응으로 진행되어 평형 상태인 $K = 0.11$이 될 때까지 생성물의 농도는 감소할 것이다. 이처럼 Q 값을 구하여 K 값과 비교하면 반응이 어느 쪽으로 진행되는지를 예측할 수 있다.

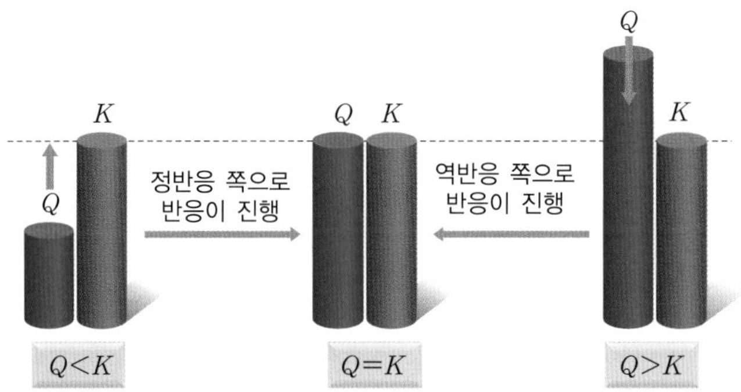

⩓ 반응 지수(*Q*)와 평형 상수(*K*)를 이용한 반응의 진행 방향 예측

확·인·하·기

다음 반응의 평형 상수(*K*)는 430 ℃에서 54.3이다.

$$H_2(g) + I_2(g) \rightleftharpoons 2HI(g)$$

430 ℃에서 1 L 용기에 수소(H_2) 1몰, 아이오딘(I_2) 2몰, 아이오딘화 수소(HI) 5몰을 넣어주었다.

(1) 이 반응의 반응 지수를 구하시오.

(2) 430 ℃에서 반응은 어느 쪽으로 진행하는가?

답 (1) $Q = \frac{5^2}{1\times 2} = \frac{25}{2} = 12.5$

(2) 12.5는 54.3보다 작으므로 정반응으로 진행해서 반응 지수가 평형 상수에 접근한다.

2-2 평형 이동

• 르샤틀리에 원리

19세기 말에 여러 화학자들이 암모니아 합성을 시도했을 때는 암모니아가 거의 얻어지지 않아서 대부분은 포기하였다. 한편, 높은 온도에서 암모니아의 분해를 조사해보니 암모니아가 완전히 분해되지 않고 일부가 남아있는 것이 관찰되었다. 이것은 암모니아 분해의 역반응인 암모니아 합성 반응이 어느 정도 진행된다는 뜻이다. 1900년대에 하버는 네른스트(Nernst, W. H., 1864~1941)와 함께 여러 온도와 압력 조건에서 암모니아의 수율을 조사하였다. 그 결과는 다음과 같이 요약할 수 있다.

▼ 평형에서 암모니아의 %

압력(기압) / 온도(°C)	1	30	100
200	15.3	67.6	80.6
500	0.13	3.62	10.4
800	0.01	0.35	1.2

이 결과는 일정한 압력에서는 온도가 낮을수록 암모니아의 수율이 높고, 일정한 온도에서는 압력이 높을수록 암모니아의 수율이 높은 것을 보여 준다. 다시 말하면 높은 압력과 낮은 온도에서는 정반응이 많이 일어나는 방향으로 평형이 이동한다는 뜻이다.

| 압력 변화에 따른 평형 이동 |

반응계의 압력을 높이면 평형이 이동할까?

$$3H_2(g) + N_2(g) \rightleftharpoons 2NH_2(g)$$

위 반응식을 보면 3 mol의 수소 분자와 1 mol의 질소 분자, 즉 총 4 mol의 분자가 반응해서 2 mol의 암모니아 분자가 만들어진다. 이상 기체 방정식에서 압력은 몰수에 비례하므로 이 반응이 진행되면 압력이 감소한다. 그러므로 외부에서 압력을 가할 때 정반응이 많이 진행한다는 것은 정반응을 통해 가한 압력을 상쇄한다는 뜻이다. 이처럼 평형 상태에서 외부로부터 어떤 변화가 주어지면 그 변화를 상쇄하는 방향으로 평형이 이동하는 것을 **르샤틀리에 원리(Le Chatelier's principle)**라고 한다. 나중에 보다 높은 압력을 견디는 장치가 개발되어 실제로 하버법에서는 약 200기압이 사용된다.

탐구 시그마 압력에 따른 평형 이동

자료

그림은 N_2O_4와 NO_2의 혼합 기체에 압력을 가했을 때 색깔 변화를 나타낸 것이다.

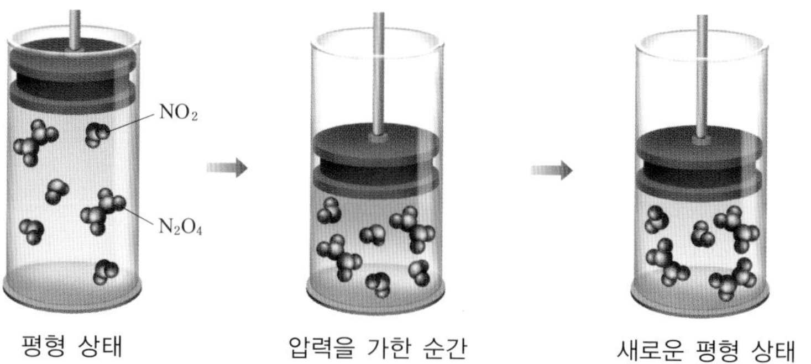

분석

- 기체의 압력을 증가시키면 단위 부피당 분자 수가 증가하므로 르샤틀리에 원리에 따라 압력이 줄어드는 방향, 즉 단위 부피당 분자 수가 줄어드는 방향으로 평형이 이동한다.
- $N_2O_4(g) \rightleftharpoons 2NO_2(g)$의 반응에서 압력이 증가할 때 역반응으로 평형 이동하는 것도 같은 이유이다.

$N_2O_4(g) \rightleftharpoons 2NO_2(g)$의 반응에서 압력을 증가시키면 용기의 부피가 감소하여 단위 부피당 분자 수가 증가한다. 압력이 증가하여 만약 부피가 $\frac{1}{2}$로 줄어들었다면 N_2O_4와 NO_2의 농도는 각각 2배씩 증가하게 된다.

$Q = \frac{[NO_2]^2}{[N_2O_4]}$이므로 각 성분의 농도가 2배 증가하면 Q는 2배 증가하고, Q가 2배 증가하여 K보다 커지게 되면 역반응이 진행되어 새로운 평형에 도달하게 된다.

만약 압력이 감소하면 부피가 증가하여 N_2O_4와 NO_2의 농도는 동시에 감소하게 되고 Q는 K보다 작아진다. 이 경우에는 반대로 정반응으로 평형이 이동하게 된다.

즉, 압력이 증가하면 전체 기체의 분자 수가 감소하는 방향으로 평형이 이동하며, 압력이 감소하면 전체 기체의 몰수가 증가하는 방향으로 평형이 이동한다.

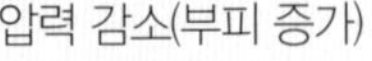

압력 증가(부피 감소)	압력 감소(부피 증가)
⬇	⬇
전체 기체의 몰수가 감소하는 방향으로 평형 이동	전체 기체의 몰수가 증가하는 방향으로 평형 이동

압력 변화에 따른 평형 이동

반응물과 생성물의 몰수의 합이 같은 반응에서는 압력을 변화시켜도 평형은 이동하지 않는다. 예를 들어 $H_2(g) + I_2(g) \rightleftharpoons 2HI(g)$의 반응에서는 반응 전후 기체의 몰수가 2몰로 같다. 이처럼 반응 전후에 기체의 몰수가 같은 반응에서는 압력을 변화시켜도 평형이 이동하지 않는다.

확·인·하·기

다음 가역 반응이 평형 상태에 있을 때 압력을 높이면 평형은 어느 방향으로 이동하는가?

(1) $N_2(g) + O_2(g) \rightleftharpoons 2NO(g)$ (2) $2NO(g) + Cl_2(g) \rightleftharpoons 2NOCl(g)$

(1)은 반응 전후에 기체 몰수의 변화가 없고 (2)에서는 정반응이 몰수가 감소한다.

답 평형 이동 없음 (2) 정반응

| 온도 변화에 따른 평형 이동 |

온도는 반응에 어떤 영향을 미칠까? 화학 반응에서 출입하는 열을 물질로 간주하면 온도 변화에 따른 평형 이동을 설명할 수 있다.

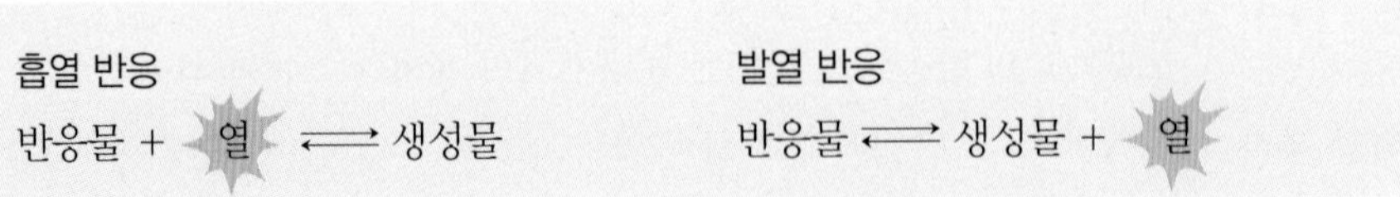

암모니아 합성은 발열 반응이고, 역반응인 암모니아의 분해는 흡열 반응이다.

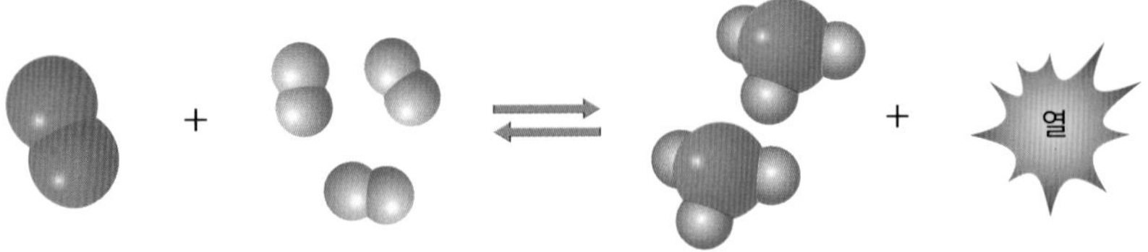

$N_2(g) + 3H_2(g) \rightleftharpoons 2NH_3(g)$, $\Delta H = -92.2$ kJ/mol

용어 쏙 ΔH

반응 엔탈피를 나타내는 것으로, 발열 반응은 $\Delta H < 0$이고, 흡열 반응은 $\Delta H > 0$이다. ➡ 342쪽 참조

따라서 열을 가해서 온도를 올리면 르샤틀리에 원리에 따라 가해준 열을 흡수하는 방향으로 역반응이 진행한다. 반대로 온도를 낮추면 열이 발생하는 정반응이 일어난다. 그래서 암모니아 합성은 낮은 온도에서 유리하지만 온도가 너무 낮으면 반응 속도가 너무 낮아져서 반응이 매우 느리게 진행된다.

하버는 반응 속도의 문제를 해결하기 위해 촉매를 사용하였다. 즉, 하버는 400~500 ℃의 온도를 유지하면서 철 촉매를 사용하여 암모니아를 합성하였다. 촉매는 평형 이동에는 영향을 주지 않지만 반응이 빨리 진행되도록 도와주는 역할을 한다. 하버법에서는 이보다 높은 온도에서는 역반응 때문에 암모니아가 거의 합성되지 않는다.

온도를 높임

흡열 반응: 정반응 쪽으로 평형 이동
발열 반응: 역반응 쪽으로 평형 이동

온도를 낮춤

흡열 반응: 역반응 쪽으로 평형 이동
발열 반응: 정반응 쪽으로 평형 이동

◈ 온도 변화에 따른 평형 이동

암모니아 합성 반응과 같은 발열 반응에서는 온도가 높아질수록 평형 상수 값이 작아진다. 이것은 온도가 증가하면 역반응 쪽으로 평형이 이동하기 때문이다. 반면에 흡열 반응의 경우는 온도가 높아질수록 평형 상수 값이 증가하는데, 이것은 온도가 높아지면 정반응 쪽으로 평형 이동하기 때문이다.

확·인·하·기

암모니아 합성 반응에 관한 설명으로 옳지 않은 것은?

① 수소는 질소에 의해 산화된다.
② 발열 반응이다.
③ 높은 온도에서 수율이 높다.
④ 암모니아는 끓는점이 비교적 높아서 쉽게 액화된다.
⑤ 반응 속도를 증가시키기 위해 촉매가 사용된다.

산화 반응은 일반적으로 발열 반응이다. 발열 반응에서는 온도를 높이면 역반응, 즉 암모니아의 분해 방향으로 평형이 이동한다.

답 ③

| 농도 변화에 따른 평형 이동 |

암모니아 합성 반응에서 농도의 영향은 어떠할까? 반응물인 수소의 농도를 증가시키면 르샤틀리에 원리에 의해서 수소의 농도 변화를 줄이려는 방향으로 평형이 이동하므로 암모니아의 생성량은 증가하게 된다. 수소 대신 질소 기체를 넣었을 경우에도 암모니아를 생성하는 쪽으로 평형 이동하므로 암모니아의 생성량은 증가한다.

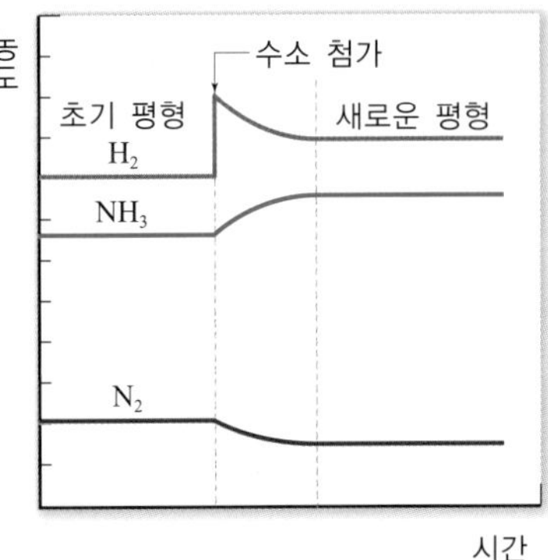

≈ $N_2 + 3H_2 \rightleftharpoons 2NH_3$ 반응에서의 농도 변화에 따른 평형 이동

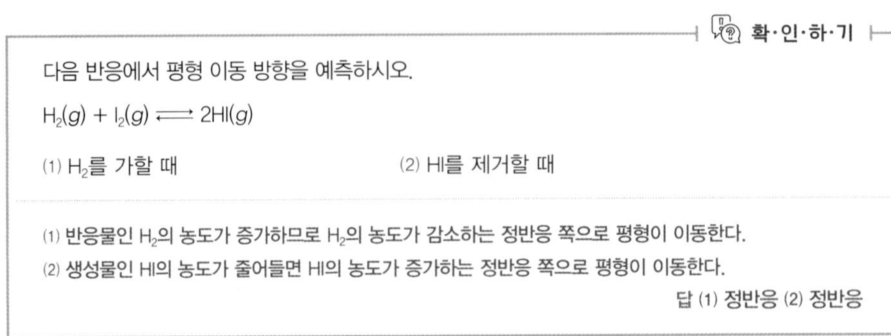

≈ 농도 변화에 따른 평형 이동

암모니아의 생성량을 높이는 방법은 생성된 암모니아를 제거하는 방법도 있다. 하버는 실제로 이 방법을 사용하였다. 다행히 암모니아의 끓는점은 −33 ℃로 그다지 낮지 않다. 그래서 어느 정도 합성이 진행된 다음, 온도를 −33 ℃ 이하로 낮추면 암모니아가 액화되어 반응하지 않고 남은 기체 상태의 수소와 질소로부터 분리된다. 이렇게 생성물을 제거하면 르샤틀리에 원리에 따라 암모니아가 생성되는 방향으로 평형이 이동한다.

확·인·하·기

다음 반응에서 평형 이동 방향을 예측하시오.

$H_2(g) + I_2(g) \rightleftharpoons 2HI(g)$

(1) H_2를 가할 때　　　　(2) HI를 제거할 때

(1) 반응물인 H_2의 농도가 증가하므로 H_2의 농도가 감소하는 정반응 쪽으로 평형이 이동한다.
(2) 생성물인 HI의 농도가 줄어들면 HI의 농도가 증가하는 정반응 쪽으로 평형이 이동한다.

답 (1) 정반응 (2) 정반응

자료 쏙

» 암모니아 합성

하버는 암모니아 합성으로 1918년 노벨 화학상을 수상하였다. 하버는 실험실 규모에서 반응 조건을 찾고 암모니아 합성에 성공을 거두었으나 산업적으로 대규모로 암모니아를 합성하는 공정을 개발하는 것은 또 다른 어려운 문제였다. 이 문제를 해결해서 오늘날 전 세계적으로 암모니아 합성에 사용되는 공정을 개발한 보슈(Bosch, C., 1874~1940)는 1931년 노벨 화학상을 수상하였다. 암모니아는 전 세계적으로 농사에 사용되는 비료에서 질소의 공급원 역할을 한다. 우리 몸에 들어 있는 질소 중에서 반 정도는 하버법에 의해 합성된 암모니아로부터 왔다고 한다. 그렇다면 우리 몸의 질소 중 반은 공기 중의 질소에서 온 셈이다. 암모니아 합성의 반응물인 질소는 공기로부터 얻기 때문이다.

| 르샤틀리에 원리의 응용 |

가역 반응이 평형 상태에 있을 때 농도, 온도, 압력과 같은 변화에 의해서 평형이 깨지면 그 변화를 감소시키는 방향으로 평형이 이동하여 새로운 평형에 도달한다.

우리 몸에서도 이러한 평형의 원리가 적용된다.

헤모글로빈(Hb)은 적혈구에서 철을 포함하는 붉은색 단백질로 산소를 몸속 세포에 운반하는 역할을 한다. 하나의 헤모글로빈 분자는 4개의 산소 분자와 결합할 수 있으며, 헤모글로빈(Hb)이 산소와 결합한 산화 헤모글로빈(HbO_2)이 일정한 농도를 유지하고 있다. 산화 헤모글로빈은 혈액을 통하여 이동하여 세포에 산소를 전달하는 역할을 한다. 이들의 화학 평형식은 다음과 같이 쓸 수 있다.

$$Hb + 4O_2 \rightleftharpoons Hb(O_2)_4$$

대기 중에 충분한 산소가 있다면 신체가 건강하게 평형이 이루어질 수 있지만, 산소가 부족한 경우 평형에 심각한 변화가 생겨 신체에 문제가 발생된다.

예를 들어 사람이 저지대에서 고지대로 이동하면 기압이 낮아지므로 르샤틀리에 원리에 따라 산화 헤모글로빈의 농도는 감소한다. 산소의 부분 압력은 해수면에 가까운 지점에서는 약 0.2기압이지만 해발 약 3000 m의 고지대에서는 약 0.14기압이다. 저지대에서 고지대로 이동하면 산소의 부분 압력이 감소하므로 평형이 왼쪽으로 이동하여 산화 헤모글로빈의 농도가 감소한다. 이로 인해 우리 몸은 산소를 세포에 원활히 공급할 수 없는 산소 결핍 증상이 나타난다.

일반적으로 이러한 증상은 1주일~1개월이 지나면 체내에서 헤모글로빈이 새롭게 생성되어 우리 몸이 새로운 환경에서 정상적으로 작동하여 없어진다. 헤모글로빈의 농도가 증가하면 화학 평형이 오른쪽으로 이동하므로 점차적으로 산화 헤모글로빈의 농도를 증가시켜 세포에 산소의 공급을 원활하게 한다.

한편, 산업 현장에서 물질을 합성할 때에는 생산물의 수득률을 최대한 높이고 불필요한 물질을 최소화시키기 위해 노력한다. 이러한 면에서 르샤틀리에 원리가 응용될 수 있다.

질소 비료의 주원료인 암모니아를 합성하는 과정에서 암모니아의 생산량을 높이기 위한 계획을 르샤틀리에 원리를 적용하여 세워 보자.

$$N_2 + 3H_2 \rightleftharpoons 2NH_3, \quad \Delta H = -92.2 \text{ kJ/mol}$$

암모니아 합성 반응은 분자 수가 감소하는 반응이며 발열 반응이므로 수득률을 높이기 위해서는 높은 압력과 낮은 온도 조건이 필요하다. 그러나 압력을 너무 높이면 반응 용기가 압력을 견디기 어려워 위험하고, 온도를 너무 낮추면 반응이 일어나는 속도가 느려져서 생산 효율이 떨어진다. 따라서 실제 산업 현장에서는 생산량을 최대로 할 수 있는 적정 온도와 압력의 조건에서, 반응이 빠르게 일어나도록 조절할 수 있는 촉매를 사용하여 암모니아를 대량 생산하고 있다.

확·인·하·기

암모니아 합성 반응식이 다음과 같을 때 암모니아의 수득률을 높이는 방법을 다음 항목에 맞게 쓰시오.

$$N_2(g) + 3H_2(g) \rightleftharpoons 2NH_3(g), \quad \Delta H = -92.2 \text{ kJ/mol}$$

(1) 물질의 농도: ____________________

(2) 압력 조절: ____________________

(3) 온도 조절: ____________________

답 (1) 반응물인 질소와 수소를 가한다. (2) 압력을 높인다. (3) 온도를 낮춘다.

연/습/문/제

정답 및 풀이 442쪽

핵심개념 확인하기

❶

평형 A ⇌ B에서 왼쪽에서 오른쪽으로 가는 반응은 (정반응, 역반응)이고, 오른쪽에서 왼쪽으로 가는 반응은 (정반응, 역반응)이다.

❷

고체 표면에서 용질이 (용해, 석출)되는 속도와 용액에서 고체로 (용해, 석출)되는 속도가 같을 때를 용해 평형이라고 한다.

❸

$N_2(g) + O_2(g) \rightleftharpoons 2NO(g)$의 평형 상수 식은 ($K = \frac{[NO]^2}{[N_2][O_2]}$, $K = \frac{[N_2][O_2]}{[NO]^2}$)이다.

❹

평형 반응에서 온도를 (증가, 감소)시키면 흡열 반응 쪽으로 반응이 진행되고, 온도를 (증가, 감소)시키면 발열 반응 쪽으로 반응이 진행된다.

01 질소와 산소가 반응하여 일산화 질소를 생성하는 반응은 다음과 같다.

$$N_2(g) + O_2(g) \rightleftharpoons 2NO(g) \quad \Delta H = 183 \text{ kJ}$$

일정한 온도에서 이 반응에 대한 설명으로 옳은 것만을 |보기|에서 있는 대로 고르시오.

보기
ㄱ. 온도를 높이면 평형은 정반응 쪽으로 이동한다. ㄴ. 온도를 낮추면 평형 상수는 커진다. ㄷ. 용기의 부피를 반으로 줄이면 평형은 정반응 쪽으로 이동한다.

02 다음 내용이 옳은 것은 ○표, 옳지 <u>않은</u> 것은 ×표를 하시오.

(1) 마그네슘과 염산의 반응은 가역적이다. ( )

(2) 화학 평형은 동적 평형이다. ( )

(3) 화학 평형 상태에서는 반응물과 생성물의 농도가 같다. ( )

03 다음은 암모니아 합성 반응을 나타낸 식으로, 375 °C에서 이 반응의 평형 상수 값은 1.20이다.

$$3H_2(g) + N_2(g) \rightleftharpoons 2NH_3(g)$$

현재 용기 속의 농도가 $[H_2] = 2$ M, $[N_2] = 5$ M, $[NH_3] = 3$ M이라면 반응은 어느 쪽으로 진행하는가?

04 암모니아 합성 반응 $3H_2 + N_2 \rightleftharpoons NH_3(g)$ ($\Delta H = -92.2$ kJ/mol)에 관한 설명으로 옳지 <u>않은</u> 것은?

① 암모니아가 합성되려면 먼저 질소의 3중 결합이 깨어져야 한다.

② 이 반응은 흡열 반응이다.

③ 높은 온도에서는 역반응이 우세해진다.

④ 높은 압력에서는 정반응이 우세해진다.

⑤ 생성된 암모니아를 제거하면 평형은 오른쪽으로 이동한다.

05 산업적으로 암모니아를 생산하는 과정에 관한 설명으로 옳은 것만을 | 보기 |에서 있는 대로 고르시오.

| 보기 |

ㄱ. 생성된 암모니아를 제거하면 르샤틀리에 원리에 따라 암모니아가 지속적으로 생성된다.

ㄴ. 암모니아는 끓는점이 −33 ℃로 쉽게 액화될 수 있다.

ㄷ. 암모니아를 제거할 때 반응물인 수소와 질소도 같이 제거된다.

06 암모니아 합성 반응 $3H_2(g) + N_2(g) \rightleftarrows 2NH_3(g)$에서 높은 압력이 유리한 이유를 $N_2O_4(g) \rightleftarrows 2NO_2(g)$의 반응에서 압력의 영향과 비교하여 설명하시오.

07 물과 얼음이 다음과 같이 평형을 이루고 있을 때 물음에 답하시오.

$$H_2O(l) \rightleftarrows H_2O(s)$$

(1) 온도를 낮추면 평형은 어느 방향으로 이동하는가?

(2) 온도를 높이면 평형은 어느 방향으로 이동하는가?

08 다음 반응에 대한 평형 상수 K는 400 ℃에서 12.50이고, 600 ℃에서 2.40이다.

$$CO(g) + H_2O(g) \rightleftarrows CO_2(g) + H_2(g)$$

이 반응은 흡열 반응인가, 발열 반응인가?

09 다음 화학 평형에서 CO_2의 몰수가 증가하는 경우를 | 보기 |에서 있는 대로 고르시오.

$$CH_4(g) + 2O_2(g) \rightleftarrows CO_2(g) + 2H_2O(g)$$

| 보기 |

ㄱ. 압력 증가 ㄴ. 온도 증가 ㄷ. O_2 증가 ㄹ. 부피 증가

3 산-염기 평형

요즘은 자연을 총체적으로 이해하려는 융합 내지 통합 과학이 대세이다. 20세기 중반에 이루어진 천체물리학의 발전 덕분에 초기 우주와 별의 진화에 따라 화학 원소들이 만들어진 과정이 밝혀져서 화학 공부에 훨씬 생동감이 더해졌다.

화학 내에서도 최대한 융합을 시도하는 것이 바람직하다. 예를 들어 이전에 별도로 다루던 산화 환원과 산 염기를 연관 지으면 훨씬 이해가 깊어진다.

한편으로 수소는 전자를 잘 내주어서 쉽게 산화되는 원소이다. 다른 한편으로는 수소 이온을 내놓는 화합물은 산으로 작용한다. 이미 18세기 말에 라부아지에는 산을 만드는 원소라는 뜻에서 산소를 oxy-gen이라고 명명하였다. 여기에서는 수소와 산소의 역할을 통해서 산화와 산의 관계를 알아본다.

3-1 산과 염기

핵심 개념 • 산 • 염기 • 짝산–짝염기

DNA에서는 두 가닥이 마주 보면서 서로 상보적인 구조를 만든다. 이처럼 화학에는 이중 나선의 두 가닥처럼 서로 대립되면서도 보완적인 개념들이 많이 있다. 예컨대 전하가 반대인 양성자와 전자, 정반응과 역반응, 산화와 환원, 산과 염기가 그렇다. DNA에서도 두 가닥을 만드는 데 사용되는 인산은 산이고, 수소 결합을 통해 두 가닥을 붙잡아주는 아데닌, 타이민, 구아닌, 사이토신은 염기이다.

| 산과 염기의 정의 |

HCl가 만들어지는 다음 반응에서 수소는 자신보다 전기음성도가 높은 염소에 전자를 내어주고 산화수가 0에서 1로 증가한다. 즉, HCl에서 H는 Cl에 의해 산화되었다.

$$H_2 + Cl_2 \longrightarrow 2HCl$$

편의상 산화수가 1 증가하였다고 말하지만 실제로는 기체 상태의 HCl에서 H는 Cl에 전자를 약간 내주고 +0.2 정도의 부분 (+)전하를 가진다. 이처럼 부분 (+)전하를 가진 수소에 물이 접근하면 수소는 부분 (−)전하를 가진 물의 산소에 둘러싸이면서 전자를 완전히 염소에 내어주고 +1의 전하를 가진 수소 이온(H^+)으로 떨어져 나온다. 반대로 −0.2 정도의 부분 (−)전하를 가진 염소는 부분 (+)전하를 가진 물의 수소에 둘러싸이면서 −1의 전하를 가진 Cl^-으로 떨어져 나온다. HCl처럼 어떤 화학종에서 수소 원자가 전기음성도가 높은 원자에 전자를 내어주고 수소 이온으로 떨어져 나오는 것을 **산(acid)**이라고 한다. 그리고 H^+이 떨어져 나오는 과정을 산 해리(acid dissociation)라고 한다.

기체 상태의 HCl가 물에 녹으면 염산(hydrochloric acid)이 된다. 염산에서 볼 수 있듯이 산은 산화의 결과물이라고 말할 수 있다. 실제로 질산(nitric acid, HNO_3), 황산(sulfuric acid, H_2SO_4), 인산(phosphoric acid, H_3PO_4), 탄산(carbonic acid, H_2CO_3), 아세트산(acetic acid, CH_3COOH) 등 대부분의 산은 산소를 포함한다.

염화 수소(HCl)의 산 해리 반응은 다음과 같이 쓸 수 있다.

$$HCl + nH_2O \longrightarrow H^+(aq) + Cl^-(aq)$$

이 경우에 물에 둘러싸인 $H^+(aq)$, $Cl^-(aq)$은 HCl와는 다른 화학종이다. 따라서 산 해리는 일종의 화학 반응이다. 그러나 HCl나 $H^+(aq)$에서 수소의 산화수는 +1로 같고, HCl과 $Cl^-(aq)$에서 염소의 산화수는 −1로 같다. 따라서 이러한 산 해리 자체는 산화 환원 반응이 아니다.

1884년에 스웨덴의 화학자 아레니우스(Arrhenius, S. A., 1859~1927)는 수용액에 녹았을 때 수소 이온(hydrogen ion, H^+)을 내는 물질을 산으로 정의하였다. 그런데 수용액에서 수소 이온에 대립되는 물질은 수산화 이온(hydroxide ion, OH^-)이다. 그래서 아레니우스는 수산화 이온을 내는 물질을 **염기(base)**로 정의하였다.

산	$HCl(aq) \longrightarrow H^+(aq) + Cl^-(aq)$
염기	$NaOH(aq) \longrightarrow Na^+(aq) + OH^-(aq)$

대표적인 염기에는 수산화 나트륨(NaOH)이 있다. NaOH은 물(HOH)에서 H 하나가 Na으로 치환된 화합물이다. 물에서는 O가 양쪽의 H로부터 전자를 끌어당긴다. 그러나 Na의 전기음성도가 H의 전기음성도보다 훨씬 낮기 때문에 NaOH에서 O는 Na으로부터 전자를 끌어당긴다. 결과적으로 수용액에서 Na은 Na^+으로 떨어져 나가고, 남은 OH 부분은 OH^-이 되어 염기로 작용한다.

산, 염기 반응 중에는 수산화 이온(OH^-)이 직접 관여하지 않아서 아레니우스의 정의로 설명할 수 없는 경우가 있다. 그래서 1923년에 브뢴스테드(Brönsted, J. N., 1879~1947)와 로리(Lowry, T. M., 1887~1976)는 H^+을 내놓는 물질을 산으로, H^+을 받아들이는 물질을 염기라고 정의하였다.

산	수소 이온(H^+)을 주는 물질
염기	수소 이온(H^+)을 받는 물질

HCl가 물에 용해되는 반응에서 HCl는 H^+을 H_2O에 주는 물질이므로 산이며, H^+을 받는 H_2O은 염기이다. HCl가 해리할 때 생기는 Cl^-은 염기가 아니다. HCl의 해리는 정반응으로 치우쳐서 역반응이 일어나지 않기 때문이다.

HCl   H2O   Cl−   H3O+

암모니아가 물에 용해되는 반응에서 물은 H^+을 내놓으므로 산이며, 암모니아는 H^+을 받으므로 염기이다.

NH_3 H_2O NH_4^+ OH^-

암모니아는 물에 녹아 일부만 이온화하고 대부분은 이온화하지 않는다. 따라서 정반응과 역반응의 동적 평형을 나타내기 위하여 이중 화살표로 나타낸다.

개념 쏙

» 염기로서의 암모니아

- NH_3 분자의 경우 물에 녹으면 염기성을 나타내지만 분자 안에 OH^-이 없으므로 아레니우스의 산 염기 개념으로는 염기로 정의하기 어렵다. 그러나 NH_3는 질소의 비공유 전자쌍을 사용해서 H^+을 받아들여 NH_4^+이 되므로 브뢴스테드-로리의 정의에 따라 염기이다.
- 암모니아에서는 O보다 전기음성도가 낮은 N가 H의 전자를 끌어당기는 효과가 3개의 H로 분산되기 때문에 암모니아에서 H는 산 해리를 하지 않아서 산으로 작용하지 않는다.

| 짝산-짝염기 |

암모니아(NH_3)가 물에 녹아 이온화하는 반응에서 정반응과 역반응을 모두 고려하면 수소 이온(H^+)을 주는지 받는지에 따라 산과 염기의 쌍이 형성된다. 정반응에서 NH_3는 H_2O에서 H^+을 받아 NH_4^+이 되므로 염기이고, 역반응에서 NH_4^+은 OH^-에 H^+을 주고 NH_3가 되므로 산이다. 이때 NH_4^+과 NH_3처럼 H^+을 주거나 받으면서 만들어지는 한 쌍의 산과 염기를 **짝산-짝염기**라고 한다. 마찬가지로, H_2O과 OH^-도 짝산-짝염기가 된다.

짝염기 – 짝산

$NH_3(aq) + H_2O(l) \rightleftharpoons NH_4^+(aq) + OH^-(aq)$ 　　짝산 $\rightleftharpoons$ 짝염기 $+ H^+$

염기1　산2　산1　염기2

짝산 – 짝염기

또한 앞의 두 반응에서 H_2O과 같이 반응에 따라 H^+을 주기도 하고 받기도 하는 물질은 산으로도 염기로도 작용할 수 있는데, 이런 물질을 **양쪽성 물질**이라고 한다. 양쪽성 물질에는 H_2O, HS^-, HCO_3^-, $H_2PO_4^-$ 등이 있다.

$NH_3 + H_2O \rightleftharpoons NH_4^+ + OH^-$

염기　산

$CH_3COOH + H_2O \rightleftharpoons CH_3COO^- + H_3O^+$

산　염기

$HCO_3^- + H_2O \rightleftharpoons CO_3^{2-} + H_3O^+$

산　염기

$HCO_3^- + H_2O \rightleftharpoons H_2CO_3 + OH^-$

염기　산

개념 쏙

» 양쪽성 물질의 조건

수소 이온(H^+)은 (+)전하를 띠고 있으며, (−)전하를 띤 비공유 전자쌍에 결합한다. 따라서 비공유 전자쌍을 갖고 있는 물질은 염기이다. 그러나 비공유 전자쌍과 수소 이온을 모두 갖고 있는 물질은 자신의 수소 이온을 내어줄 수도 있고, 다른 수소 이온을 받아들일 수도 있으므로 경우에 따라 산 또는 염기로 작용한다.

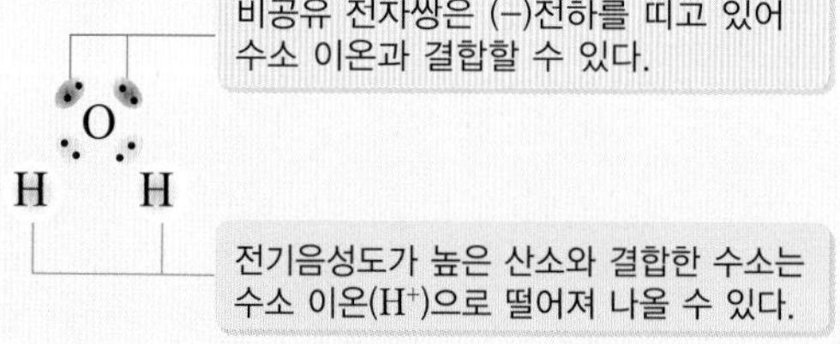
비공유 전자쌍은 (−)전하를 띠고 있어 수소 이온과 결합할 수 있다.
O
H H
전기음성도가 높은 산소와 결합한 수소는 수소 이온(H+)으로 떨어져 나올 수 있다.

확·인·하·기

다음 반응에서 각 물질을 브뢴스테드–로리의 산과 염기로 구분하고, 짝산–짝염기 관계에 있는 물질을 표시하시오.

$$H_2SO_4 + H_2O \rightleftharpoons HSO_4^- + H_3O^+$$

답 산: H_2SO_4, H_3O^+ 염기: H_2O, HSO_4^- 짝산–짝염기: ($H_2SO_4 - HSO_4^-$), ($H_3O^+ - H_2O$)

3-2 산과 염기의 세기

핵심 개념 • 강산 • 약산 • 강염기 • 약염기

화학에서 많이 다루는 평형 중에는 산이나 염기가 관여하는 평형이 있다. 그런데 강산이나 강염기는 해리가 100 % 진행하고 역반응은 전혀 일어나지 않기 때문에 평형을 고려할 필요가 없다. 그러나 약산이나 약염기에서는 평형이 중요하다. 따라서 대표적인 강산, 약산, 강염기, 약염기를 하나씩 택해서 각각의 산 염기 성질을 구조와 관련지어 살펴보자. 여기에서는 가장 간단한 구조를 가진 염산(hydrochloric acid, HCl)을 출발점으로 해서 강산인 질산(nitric acid, HNO_3), 약산인 아세트산(acetic acid, CH_3COOH), 강염기인 수산화 나트륨(sodium hydroxide, NaOH), 약염기인 암모니아(ammonia, NH_3)의 성질을 알아본다.

| 강산 |

가장 간단한 구조를 가진 산인 HCl의 경우에는 전기음성도가 2.2인 수소보다는 염소의 전기음성도가 3.0으로 상당히 높기 때문에 공유된 전자는 일방적으로 염소 쪽으로 치우치게 된다. 그리고 수용액에서 +0.2 정도의 부분 (+)전하를 가지는 수소는 쉽게 물에 둘러싸여 H^+으로 이온화한다. HCl는 이러한 산 해리 경향이 아주 강해서 H^+과 Cl^-이 재결합해서 HCl로 돌아가는 역반응은 일어나지 않는다. 따라서 HCl는 수용액에서 100 % 해리하는 강산이다.

염산과 함께 또 하나의 중요한 강산에는 질산(HNO_3)이 있다. 질산의 루이스 구조를 그려보자. 일단 전기음성도가 가장 낮은 수소는 질소와 산소 중에서 어느 쪽과 결합할지 생각해야 한다. 분자식에서는 H 다음에 N를 쓰지만 하나 밖에 없는 H는 전기음성도가 가장 높은 산소의 차지가 되어서 H−O− 식의 결합을 만든다. 다음으로 옥텟 규칙상으로는 H−O− 부분에서 O는 다른 O나 N와 결합할 수 있다. 그러나 O는 자신보다 전기음성도가 낮은 질소와 결합하는 것이 유리하다. 그래서 H−O−N− 식의 구조가 얻어진다. 그런데 N는 5개의 최외각 전자 중에서 1개를 O와 공유 결합을 만드는 데 사용하였다. 그래서 남은 4개의 최외각 전자 중에서 2개를 하나의 O와 2중 결합을 만드는 데 사용한다. 이제 H−O−N=O 구조가 만들어졌다. 이 HNO_2는 아질산(nitrous acid)이다. 그런데 아질산의 N는 비공유 전자쌍을 하나 가지고 있다. 그래서 최외각 전자가 2개 부족한 O 원자는 N의 비공유 전자쌍을 사용해서 단일 결합을 이루고 질산이 된다. 이런 경우에는 N에서 O로 일방적으로 2개의 전자를 제공한 셈이기 때문에 화살표로 표시하고 배위 결합(coordinate bond)이라고 부른다.

$$\begin{array}{c} \qquad\quad\;\; O \\ \qquad\quad\;\; \uparrow \\ H - O - N = O \end{array}$$

질산의 루이스 구조를 보면 질산이 강산인 이유를 쉽게 알 수 있다. 수소 이온이 잘 떨어져 나가면 강산이 되는데, 그러려면 H와 결합한 O가 H로부터 전자를 많이 끌어가야 한다. 그런데 H와 결합한 O는 H 반대쪽에서는 전기음성도가 상당히 높은 N와 결합하고 있고, 게다가 N는 추가적으로 2개의 O와 결합하고 있어서 그쪽으로 전자를 내주고 있다. 결국 H와 결합한 O는 전적으로 H로부터 전자를 끌어당기게 되고 질산은 염산과 마찬가지로 강산으로 작용한다. 좀 단순하게 생각한다면 HCl에서 H는 1개의 전기음성도가 높은 Cl와 결합하고 전자를 내주어서 강산이 되었다면, 질산에서는 3개의 O와 1개의 N, 즉 모두 4개의 전기음성도가 높은 원자들이 HCl의 Cl 위치에 자리 잡고 있어서 강산이 되는 것이다. 그러니까 염산에서 수소의 상황과 질산에서 수소의 상황은 크게 다르지 않은 것이다.

| 약산 |

약산은 전기음성도가 다른 원자들이 특정하게 배열된 결과로 수소가 일부만 해리하는 경우이다.

탄소를 포함하는 유기 화합물 중에서 산성을 나타내는 물질을 유기산(organic acid)이라고 하는데 대부분의 유기산은 약산이다. 포도주 병을 따서 며칠 두면 시어지는 것은 포도주의 에탄올(C_2H_5OH)이 산화되어 아세트산(CH_3COOH)이 되기 때문이다. 아세트산은 또한 식초의 주성분이다. 이처럼 우리 주위에서 흔한 유기산인 아세트산을 통해 왜 유기산이 약산인지 살펴보자.

$$
\begin{array}{ccccccc}
 & & H & & H & & \\
 & & | & & | & & \\
H & - & C & - & C & - & O - H \\
 & & | & & | & & \\
 & & H & & H & &
\end{array}
\quad \Longrightarrow \quad
\begin{array}{ccccccc}
 & & H & & O & & \\
 & & | & & \| & & \\
H & - & C & - & C & - & O - H \\
 & & | & & & & \\
 & & H & & & &
\end{array}
$$

에탄올 아세트산

그런데 아세트산이 왜 산인가를 이해하려면 에탄올이 왜 산이 아닌지를 먼저 이해하는 것이 좋다. 에탄올의 구조를 보면 질산에서 본 −OH가 보인다. 질산에서는 수소의 반대쪽에 전기음성도가 높은 질소와 산소가 몰려 있어서 수소의 산 해리를 돕는데 반해, 에탄올에서는 −OH의 수소의 반대쪽에 전기음성도가 낮은 탄소와 수소가 몰려 있다. 그래서 에탄올은 질산보다는 물에 가까운 상황이고, 순수한 물이 중성이듯이 에탄올도 중성이다.

에탄올이 산화되면 $-CH_2-OH$ 부위에서 C와 결합한 2개의 H가 O로 바뀌어 카복실기(carboxyl group)라 불리는 −COOH가 된다. 카복실기는 여러 가지 유기산뿐만 아니라 아미노산에서도 산성을 나타내는 부위이다. 카복실기의 −C−O−H 부분을 보면 산소는 한쪽에서는 H로부터, 다른 쪽에서는 C로부터 전자를 끌어당긴다. 그런데 에탄올의 경우와는 달리 C는 2중 결합으로 결합한 또 다른 O에 전자를 내주고 있기 때문에 −O−H의 O에 전자를 주기 어렵다. 그래서 −O−H의 O는 H로부터 전자를 끌어당기고, 결과적으로 H는 산으로 작용하는 것이다. 그렇지만 아세트산은 구조에서 알 수 있듯이 질산처럼 강산은 아니다. 카복실기의 C는 O에 전자를 내준 대신 메틸기($-CH_3$)로부터 전자를 어느 정도 되찾을 수 있기 때문이다. 아무튼 에탄올이 산소와 반응해서 아세트산이 되는 경우를 통해서 라부아지에가 말한 산소와 산의 관계를 보게 된다.

또 하나의 중요한 약산에는 인산이 있다. 인은 전기음성도가 1.9로 탄소나 수소보다 낮다. 인산에는 −OH기가 3개 있는데 각각의 O는 중심에 위치한 P과 결합하고, P은 다시 O와 2중 결합을 한다. 그래서 H−O−P=O의 순서를 보면 아세트산에서 보았던 H−O−C=O와 유사하다. 그래서 인산은 아세트산과 마찬가지로 약산이다.

인산은 약산이기 때문에 수용액에서 3개의 −OH 중에서 1개만이 산 해리하고, 2개는 남아서 양쪽의 데옥시리보스와 결합하여 DNA 이중 나선의 당-인산 골격을 만드는 중요한 역할을 한다.

$$
\begin{array}{ccc}
 & O & \\
 & \| & \\
HO - & P & - OH \\
 & | & \\
 & OH &
\end{array}
$$

인산

| 강염기 |

대표적인 강염기에는 수산화 나트륨(NaOH)이 있다. 흥미롭게도 NaOH에는 질산과 폼산에서 보았던 −OH가 들어 있다. 질산과 폼산에서는 −OH의 O가 H로부터 전자를 끌어당겨서 H가 H^+으로 산 해리했는데, NaOH은 염기인 것을 보면 OH는 결합을 유지할 뿐 아니라 Na으로부터 전자를 끌어서 OH^-으로 해리하는 것을 알 수 있다. 그 이유는 Na의 전기음성도는 0.9로 수소의 2.2보다 훨씬 낮아 O는 H보다 Na으로부터 일방적으로 전자를 얻기 때문이다.

NaOH, KOH, $Ca(OH)_2$ 등의 경우에는 산소를 포함하는 화합물이 산이 아니라 염기로 작용한다. 이처럼 원자의 세계에서는 원소들의 전기음성도 차이에 따라 방향과 세기가 달라지는 역동적인 전자의 흐름이 일어나고, 결과적으로 산화 환원, 그리고 산 염기 해리 등 다양한 화학 반응이 따른다.

| 약염기 |

대표적인 약염기에는 암모니아가 있다. 주기율표에서 질소의 바로 이웃 원소인 산소가 주위에 결합한 원소에 따라 질산에서처럼 산을 만들기도 하고 NaOH에서처럼 염기를 만들기도 하는 것과 같이, 질소도 질산에서처럼 산을 만들기도 하고 암모니아에서처럼 염기를 만들기도 한다.

암모니아는 H가 N에 의해 산화된 산화물이지만 N가 전자를 끌어가는 효과가 3개의 H에 분산되기 때문에 H의 부분 (+)전하는 H가 산 해리하기에는 너무 작다. 그런데 N는 5개의 최외각 전자를 가지고 있기 때문에 H와 3개의 단일 결합을 이룬 암모니아는 1개의 비공유 전자쌍을 가진다. 그래서 암모니아는 비공유 전자쌍을 사용해서 수소 이온과 단일 결합을 만들고, 염기로 작용한다. 그러나 이렇게 만들어진 암모늄 이온(NH_4^+)은 다시 산으로 해리하기 때문에 암모니아는 약염기이다.

암모니아의 유도체인 아민은 DNA의 이중 나선의 두 가닥을 수소 결합을 통해 붙잡아주는 중요한 역할을 한다.

개념 쏙

» 강염기와 약염기의 예

- 강염기의 예: 수산화 나트륨(NaOH), 수산화 칼륨(KOH), 수산화 칼슘($Ca(OH)_2$)
- 약염기의 예: 암모니아(NH_3), 수산화 마그네슘($Mg(OH)_2$), 수산화 알루미늄($Al(OH)_3$)

3-3 산-염기 평형

핵심 개념 • 물의 자동 이온화 • pH • 이온화 상수

이제부터는 산-염기 평형을 정량적으로 알아보자. 그런데 산-염기 평형은 대부분 수용액에서 일어나기 때문에 물의 산-염기 특성을 먼저 알아볼 필요가 있다.

| 물의 자동 이온화와 pH |

수소가 염소와 결합한 HCl가 산이라면, 수소가 염소보다 전기음성도가 높아 전자를 더 강하게 끌어당기는 산소와 결합한 H_2O도 산이라고 생각할지 모른다. 그러나 물은 중성이다. 왜 그럴까? 물에서 산소는 2개의 수소와 결합했기 때문에 산소가 전자를 끌어당기는 효과는 2개의 수소로 갈라진다. 그래서 각각의 수소는 부분 (+)전하가 염화수소에서 수소의 (+)전하보다 작고 결과적으로 물의 이온화 정도는 매우 작다. 그런데 물에서 수소 이온이 떨어져 나가고 남은 수산화 이온(OH^-)은 쉽게 수소 이온을 받아들이고 결합해서 물로 되돌아간다($H^+ + OH^- \longrightarrow H_2O$). OH^-은 H^+을 받아들이는 염기인 것이다. 그러고 보면 물에는 산으로 작용하는 H^+과 염기로 작용하는 OH^-이 1 : 1로 공존하는 셈이다. 그래서 물은 수용액에서 산이 가해지면 약염기로, 염기가 가해지면 약산으로 작용하게 된다.

순수한 물에서는 산성인 H^+과 염기성인 OH^-의 개수가 같기 때문에 중성이다. 물에서는 H_2O이 H^+과 OH^-으로 해리하는 정반응과 H^+과 OH^-이 H_2O로 되는 역반응이 평형을 이룬다. 한 잔의 물을 놓고 보면 아무 변화가 없는 것처럼 보인다. 그러나 실제로는 물의 이온화와 역반응이 빠른 속도로 일어나는 동적 평형 상태인 것이다.

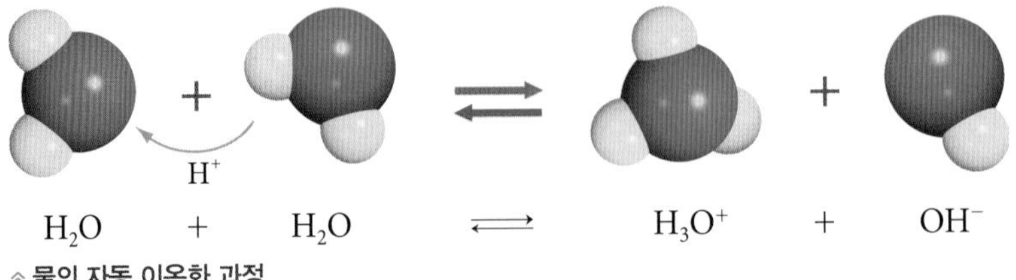

$$H_2O + H_2O \rightleftharpoons H_3O^+ + OH^-$$

≈ 물의 자동 이온화 과정

이와 같이 물(H_2O)이 수산화 이온(OH^-)과 하이드로늄 이온(H_3O^+)을 생성하는 반응을 **물의 자동 이온화**라고 하며, 다음과 같은 반응식으로 나타낸다.

$$H_2O(l) + H_2O(l) \rightleftharpoons H_3O^+(aq) + OH^-(aq)$$

용어 쏙 **H_3O^+(하이드로늄 이온)**

H_3O^+은 H^+이 물과 결합하여 생성되는 이온으로 수용액에서 산성을 나타낸다. 물속의 수소 이온(H^+)과 하이드로늄 이온(H_3O^+)은 화학적으로 같은 뜻이므로, $H_2O \longrightarrow H^+ + OH^-$로 나타내기도 한다.

이때 순수한 물에서 생성된 하이드로늄 이온(H_3O^+)과 수산화 이온(OH^-)의 농도 곱을 물의 **이온화 상수(K_w)**라고 한다.

$$K_w = [H_3O^+][OH^-] = 1.0 \times 10^{-14} \text{ (25 ℃에서)}$$

순수한 물이 이온화하는 정도는 매우 작으므로 물의 이온화 상수는 매우 작으며, 25 ℃에서 물의 이온화 상수는 1.0×10^{-14}으로 일정하다. 상온의 물에서 H^+과 OH^-의 몰 농도를 측정하면 $[H^+] = [OH^-] = 1.0 \times 10^{-7}$ 값이 얻어진다. 수용액 중의 H^+ 또는 OH^-의 농도는 그 값이 매우 작아 직접 사용하기 불편하다. 덴마크의 화학자 쇠렌센(Sörensen, S. P. L., 1868~1939)은 1909년에 H^+과 OH^-의 농도를 간단히 나타낼 수 있는 pH라는 새로운 척도를 고안하였다.

$$pH = -\log[H^+], \quad pOH = -\log[OH^-]$$

pH는 수소 이온 농도의 척도로 1~14까지의 숫자로 나타낸다. pH가 작을수록 산성이 강하고, pH가 클수록 염기성이 강하다. pH가 1 작아지면 H^+ 농도는 10배 증가하고, pH가 1 커지면 H^+ 농도는 $\frac{1}{10}$로 감소한다.

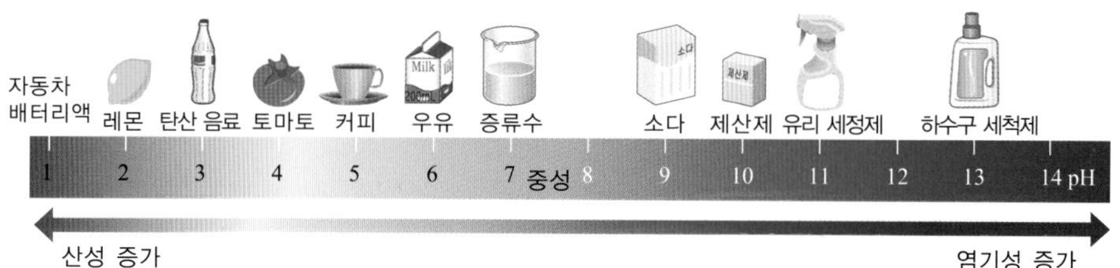

용액에 물과 산, 또는 염기처럼 몇 가지 다른 화학종이 있다면 각각은 독립적으로 평형 반응에 참여한다. 그래서 물에 염기를 넣으면 물의 이온화와 염기의 이온화 평형이 모두 이루어진다. 따라서 물에 염기를 넣으면 넣어준 염기 때문에 $[OH^-]$가 증가하는데, 한편 물의 이온화 상수는 일정하기 때문에 $[H^+]$가 감소하게 된다. 수용액의 $[H^+]$가 순수한 물보다 큰 경우를 산성, 같은 경우를 중성, 작은 경우를 염기성이라고 한다. 수용액의 pH 값이 작을수록 수용액 속에 $[H^+]$가 크다는 뜻이고 그만큼 강한 산성임을 나타낸다. 상온에서 중성인 용액의 pH는 7이고, pH가 7보다 작으면 산성, 7보다 크면 염기성이라고 한다.

pH < 7 : 산성 용액

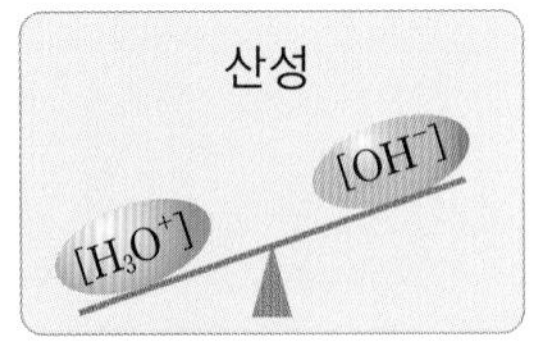

$[H_3O^+] > 1.0 \times 10^{-7}$ M
$[OH^-] < 1.0 \times 10^{-7}$ M

pH = 7 : 중성 용액

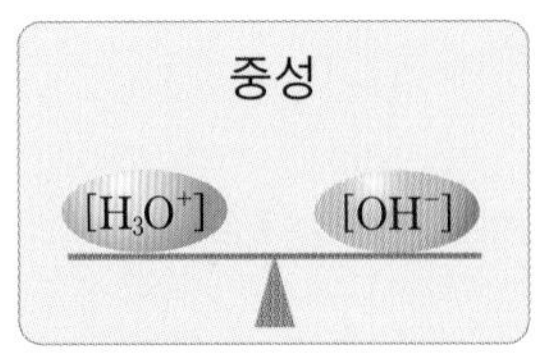

$[H_3O^+] = 1.0 \times 10^{-7}$ M
$[OH^-] = 1.0 \times 10^{-7}$ M

pH > 7 : 염기성 용액

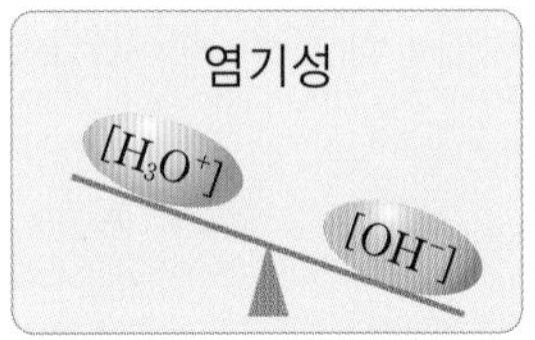

$[H_3O^+] < 1.0 \times 10^{-7}$ M
$[OH^-] > 1.0 \times 10^{-7}$ M

물에 약간의 염산을 가해서 수소 이온 농도가 1.0×10^{-2} M가 되었다고 하면 이때 용액의 pH는 2가 된다. pH가 2인 수소 이온 농도는 순수한 물(pH = 7)에서 수소 이온 농도의 10만 배이다.

$$\frac{(1.0 \times 10^{-2})}{(1.0 \times 10^{-7})} = 10^5$$

$K_w = [H_3O^+][OH^-]$에 수소 이온 농도인 1.0×10^{-2} M을 대입하면 $[OH^-] = 1.0 \times 10^{-12}$로 아주 작은 값이 얻어진다.

한편 염산 용액에서도 물의 이온화($H_2O \longrightarrow H^+ + OH^-$) 반응은 일어난다. 단지 염산에 의해 H^+ 농도가 높기 때문에 르샤틀리에 원리에 따라 이 수소 이온은 물의 이온화를 억제해서 OH^- 농도는 낮게 유지된다. 이때 $[H^+]$와 $[OH^-]$ 각각의 값은 다르지만 평형 상태에서의 농도 곱 $[H^+][OH^-]$, 즉 평형 상수의 값은 일정하다. 평형 상수는 온도에 따라 달라진다.

이번에는 금속 나트륨을 물에 넣었을 때 일어나는 반응을 살펴보자. 반응식은 다음과 같이 쓸 수 있다.

$$2Na + 2H_2O \longrightarrow 2Na^+ + 2OH^- + H_2$$

물은 자동 이온화를 통해 1.0×10^{-7}의 몰 농도로 H^+과 OH^-을 가지고 있다. H^+은 전자를 물의 산소에 내주고 전자가 없는 상태이다. 그런데 수소보다 전기음성도가 낮은 나트륨이 들어오면 나트륨의 최외각 전자를 받아서 수소 원자가 된다. 그리고 수소 원자 2개가 결합해서 수소 분자가 되어 기체로 날아간다. 물론 나트륨은 수소에 전자를 내주고 Na^+으로 물에 녹아 있다. 물에 들어 있던 H^+이 수소 기체로 사라지면 르샤틀리에 원리에 따라 위 반응의 평형이 정반응 쪽으로 이동한다. 결과적으로 OH^- 농도가 증가하고 염기성이 강해져서 물에 NaOH을 녹인 것과 같은 상황이 된다.

물에 약간의 NaOH 용액을 가해서 용액의 OH^- 농도가 1.0×10^{-2}이 되었다면 이때 물의 이온화가 억제되어 H^+ 농도는 다음과 같이 낮아진다.

$$[H^+] = \frac{(1.0 \times 10^{-14})}{[OH^-]} = \frac{(1.0 \times 10^{-14})}{(1.0 \times 10^{-2})} = 1.0 \times 10^{-12}$$

그리고 pH는 12가 된다. HCl 경우와 마찬가지로 NaOH을 가할 때도 물의 이온화 평형이 유지된다.

확·인·하·기

탄산 음료의 pH는 3, 제산제의 pH는 10 정도이다. 탄산 음료의 수소 이온 농도는 제산제의 수소 이온 농도의 몇 배 정도인가?

pH가 1 낮아지면 수소 이온 농도는 10배 증가한다. 이 경우에 pH 차이가 7이므로 수소 이온 농도의 차이는 10의 7 제곱, 즉 천만 배 차이에 해당한다.

답 10^7배

| 산과 염기의 이온화 평형 |

◘ 산의 이온화 평형

강산과 강염기는 수용액에서 거의 모두 이온화하지만, 약산과 약염기는 수용액에서 일부만 이온화한다. 산의 세기는 수용액에서 이온화하여 H^+을 내놓는 정도에 따라 강산과 약산으로 구분한다. 즉, 대부분이 이온화하여 H^+을 많이 내놓는 산을 강산, 일부만 이온화하여 H^+을 적게 내놓는 산을 약산이라고 한다. 염산, 질산, 황산 등은 강산에 속하며, 아세트산과 탄산 등은 약산에 속한다.

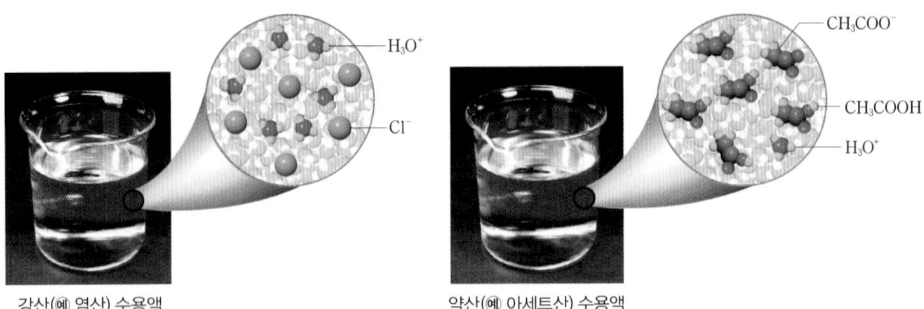

강산(예 염산) 수용액

약산(예 아세트산) 수용액

≈ **같은 농도의 강산과 약산 수용액에서의 입자 모형**

마찬가지로 대부분이 이온화하여 OH^-을 많이 내놓는 염기를 강염기, 일부만 이온화하여 OH^-을 적게 내놓는 염기를 약염기라고 한다. 수산화 나트륨(NaOH), 수산화 칼륨(KOH), 수산화 칼슘($Ca(OH)_2$) 등은 강염기에 속하며, 암모니아(NH_3), 수산화 마그네슘($Mg(OH)_2$), 수산화 알루미늄($Al(OH)_3$)은 약염기에 속한다.

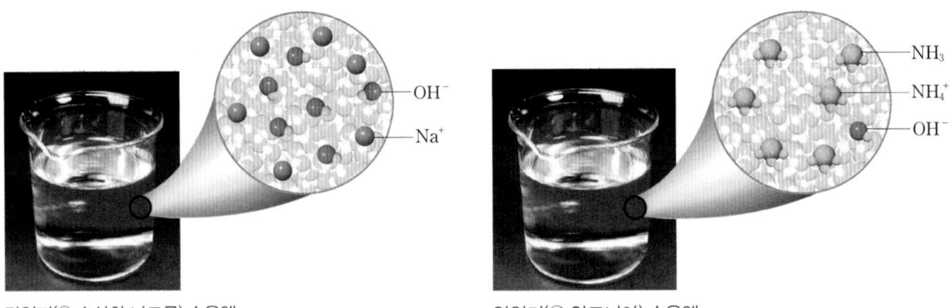

강염기(예 수산화 나트륨) 수용액

약염기(예 암모니아) 수용액

≈ **같은 농도의 강염기와 약염기 수용액에서의 입자 모형**

약산, 약염기의 이온화 정도는 이온화 반응의 평형 상수 식을 이용하여 비교할 수 있다. 예컨대 가장 간단한 유기산인 폼산의 이온화 반응과 평형 상수는 다음과 같다.

$$HCOOH(aq) + H_2O(l) \rightleftharpoons HCOO^-(aq) + H_3O^+(aq)$$

$$K = \frac{[HCOO^-][H_3O^+]}{[HCOOH][H_2O]}$$

산이나 염기 수용액에서 용매로 사용되는 물의 농도는 거의 변하지 않으므로 $[H_2O]$는 상수로 생각할 수 있다. 따라서 위의 식은 다음과 같이 나타낼 수 있다. 이때 K_a를 폼산의 이온화 상수라고 한다.

$$K[H_2O] = \frac{[HCOO^-][H_3O^+]}{[HCOOH]} = K_a$$

일반적으로 산 HA의 이온화 상수는 다음과 같이 정의한다.

$$HA(aq) + H_2O(l) \rightleftharpoons A^-(aq) + H_3O^+(aq)$$

$$K_a = \frac{[A^-][H_3O^+]}{[HA]}$$

다른 평형 상수와 마찬가지로 K_a는 온도가 일정하면 그 물질의 농도에 관계없이 일정하다. K_a의 값이 크면 정반응이 우세하여 H_3O^+을 많이 내므로 강산이고, K_a의 값이 작으면 역반응이 우세하여 H_3O^+을 적게 내므로 약산이다.

폼산의 이온화 상수는 다음과 같다.

$$K_a = \frac{[HCOO^-][H_3O^+]}{[HCOOH]} = 1.8 \times 10^{-4} = 0.00018$$

여기서 [HCOOH]는 일부 이온화하고 용액에 남은 폼산의 농도, $[HCOO^-]$는 폼산이 이온화해서 생긴 음이온, $[H^+]$는 용액의 수소 이온 농도이다. 평형 상수가 작은 것으로부터 [HCOOH]에 비해 $[H^+]$와 $[HCOO^-]$가 작은 것을 알 수 있다. 이 이온화 반응의 역반응도 상당히 일어난다는 뜻이다.

이온화 상수를 이용하여 이온 농도 구하기

같은 온도 조건에서 산의 초기 농도만 알면 평형에 이르렀을 때 이온의 농도를 다음과 같이 계산할 수 있다.

예 25 ℃에서 0.1 M의 아세트산 수용액이 평형에 도달했을 때, 수용액 속에 들어 있는 CH_3COO^-과 H_3O^+의 농도를 각각 구해보자. (단, 25 ℃에서 CH_3COOH의 K_a는 폼산의 $\frac{1}{10}$인 1.8×10^{-5}이고, 2 ≒ 1.4이다.)

아세트산 농도가 x M만큼 줄어들어 평형에 도달하면 수용액 속 CH_3COO^-, H_3O^+의 농도는 각각 x M만큼 늘어난다.

$$CH_3COOH + H_2O \rightleftharpoons CH_3COO^- + H_3O^+$$

	CH_3COOH	CH_3COO^-	H_3O^+
처음 농도(M)	0.1	0	0
이온화된 농도(M)	$-x$	x	x
평형 농도(M)	$0.1-x$	x	x

$$K_a = \frac{[CH_3COO^-][H_3O^+]}{[CH_3COOH]} = \frac{x^2}{1.0 - x} = 1.8\times10^{-5}$$

약산에서는 x의 값이 매우 작으므로 $1.0 - x \fallingdotseq 1.0$

$x^2 \fallingdotseq 1.8\times10^{-5}$ $\quad \therefore x = 4.2\times10^{-3}$

확·인·하·기

폼산의 이온화 상수는 1.8×10^{-4}으로 아세트산의 이온화 상수보다 10배 크다. 0.1 M 아세트산 수용액의 수소 이온 농도는 0.004 M 정도이다. 0.1 M 폼산 수용액의 수소 이온 농도는 어느 정도로 예상되는가?

① 0.004 M ② 0.01 M ③ 0.04 M ④ 0.001 M ⑤ 0.0004 M

이온화 상수가 10배 큰 폼산은 산 해리를 많이 해서 수소 이온 농도가 아세트산의 경우보다 높을 것이다. 그렇다고 해서 10배는 아니고 10의 제곱근, 즉 약 3배인 0.004 × 3 = 0.012로 0.01 M 정도이다. 답 ②

◘ 염기의 이온화 평형

수소가 염소에 의해 산화된 염화 수소는 산성이고, 수소가 산소에 의해 산화된 물은 중성이다. 수소가 질소에 의해 산화된 암모니아는 왜 물에 녹아 염기성을 나타낼까? 암모니아에서 질소는 전기음성도가 염소와 3.0으로 같지만 3개의 수소로부터 전자를 받는다. 그래서 수소의 (+)전하는 작아 물에 둘러싸여 안정화되는 효과가 작고 이온화하지 않는다.

또한 암모니아에서 질소는 최외각 전자 5개 중 3개는 수소와 공유 결합을 하는 데 사용하고, 2개의 전자는 비공유 전자쌍으로 남아 있다. 물의 자동 이온화로 생성된 H^+은 질소의 전자쌍을 이용해서 암모니아와 결합을 할 수 있다. H^+을 내놓는 물질은 산, H^+을 받아들이는 물질은 염기로 정의하였으므로 물은 산으로, 암모니아는 염기로 작용하는 것이다. 염산 같은 산성 용액에 암모니아가 녹아 있다면 H^+은 염산에서 오고, 암모니아는 염산이 내놓은 H^+을 받아들이는 염기로 작용한다. 암모니아와 수소 이온이 결합한 양이온을 암모늄 이온(NH_4^+)이라고 한다.

$$\underset{\text{염기}}{NH_3} + \underset{\text{산}}{H^+} \rightleftharpoons \underset{\text{암모늄 이온}}{NH_4^+}$$

이 반응의 역반응에서 암모늄 이온은 수소 이온을 내놓는 산으로 작용한다. 이 반응의 역반응도 상당히 진행하기 때문에 암모니아는 약한 염기이다.

염기도 산과 마찬가지로 이온화 평형으로 나타낼 수 있는데, 일반적인 염기(B)의 이온화 상수(K_b)는 다음과 같이 나타낼 수 있다.

$$B(aq) + H_2O(l) \rightleftharpoons BH^+(aq) + OH^-(aq)$$

$$K_b = K[H_2O] = \frac{[BH^+][OH^-]}{[B]}$$

염기의 이온화 상수도 평형 상수처럼 사용할 수 있고, 온도에 따라 달라지지만 염기의 농도와는 무관하다. 이온화 상수 K_b가 크면 상대적으로 강한 염기이다. 따라서 산, 염기의 상대적 세기는 K_a, K_b 값을 비교하면 된다.

예를 들어 암모니아의 이온화 상수 K_b가 25 ℃에서 1.8×10^{-5}일 때

$$NH_3(aq) + H_2O(l) \rightleftharpoons NH_4^+(aq) + OH^-(aq)$$

$$K_b = \frac{[NH_4^+][OH^-]}{[NH_3]} = 1.8\times10^{-5}\text{이다.}$$

이온화 상수를 이용하면 여러 가지 산, 염기의 세기를 비교할 수 있을 뿐만 아니라 짝산–짝염기 쌍에서 산, 염기의 상대적 세기도 비교할 수 있다. 약산 HA는 K_a가 작으므로 다음과 같은 이온화 평형은 정반응보다 역반응 쪽으로 더 치우쳐 있다. 즉, H_3O^+이 HA보다 H^+을 잘 내놓으므로 산의 세기가 더 강하며, A^-이 H_2O보다 H^+을 잘 받으므로 염기의 세기가 더 강하다.

$$\underset{\text{산 1}}{HA(aq)} + \underset{\text{염기 2}}{H_2O(l)} \rightleftharpoons \underset{\text{염기 1}}{A^-(aq)} + \underset{\text{산 2}}{H_3O^+(aq)}$$

따라서 산의 세기가 강할수록 그 짝염기의 세기는 약하고, 산의 세기가 약할수록 그 짝염기의 세기는 강하다. 이러한 관계는 산의 이온화 상수(K_a)와 염기의 이온화 상수(K_b) 사이의 관계로 설명할 수도 있다. 산 HA의 이온화 평형 반응과 그 짝염기인 A^-의 이온화 평형 반응은 다음과 같다.

$$HA(aq) + H_2O(l) \rightleftharpoons A^-(aq) + H_3O^+(aq) \qquad K_a = \frac{[A^-][H_3O^+]}{[HA]}$$

$$A^-(aq) + H_2O(l) \rightleftharpoons HA(aq) + OH^-(aq) \qquad K_b = \frac{[HA][OH^-]}{[A^-]}$$

산 HA의 K_a와 그 짝염기 A^-의 K_b를 곱하면 물의 이온화 상수(K_w)와 같다.

$$K_a \times K_b = \frac{[A^-][H_3O^+]}{[HA]} \times \frac{[HA][OH^-]}{[A^-]} = [H_3O^+][OH^-] = K_w$$

▼ 25 °C에서 산과 염기의 이온화 상수

	산	짝염기		K_a
	H_3O^+	H_2O		5.5×10
↑	HSO_4^-	SO_4^{2-}	↓	1.0×10^{-2}
	H_3PO_4	$H_2PO_4^-$		7.5×10^{-3}
	HNO_2	NO_2^-		6.7×10^{-4}
	HCOOH	$HCOO^-$		1.8×10^{-4}
산성 증가	CH_3COOH	CH_3COO^-	염기성 증가	1.8×10^{-5}
	H_2CO_3	HCO_3^-		4.3×10^{-7}
	$H_2PO_4^-$	HPO_4^{2-}		6.3×10^{-8}
	NH_4^+	NH_3		5.7×10^{-10}
	HCO_3^-	CO_3^{2-}		4.7×10^{-11}
	HPO_4^{2-}	PO_4^{3-}		4.5×10^{-13}
	H_2O	OH^-		1.8×10^{-16}

확·인·하·기

산으로 작용하는 암모늄 이온(NH_4^+)의 이온화 상수는 5.7×10^{-10}이다. 짝염기인 암모니아의 이온화 상수는 얼마일까?

산 HA의 K_a 와 그 짝염기 A^-의 K_b를 곱하면 물의 이온화 상수(K_w)와 같다.

따라서 $K_b = \frac{K_w}{K_a} = \frac{(1\times10^{-14})}{(5.7\times10^{-10})} \fallingdotseq 1.8\times10^{-5}$

암모니아가 약염기인 정도는 아세트산이 약산인 정도와 비슷하다. 답 1.8×10^{-5}

3-4 산과 염기의 중화 반응

핵심 개념 • 중화 반응 • 중화 적정 • 중화점

양전하를 띤 양성자와 반대로 음전하를 띤 전자가 끌리면 중성 원자를 만들 듯이, 산과 염기가 1:1로 만나면 산과 염기의 특성이 사라지고 중성인 물질이 얻어진다. 여기에서는 산과 염기가 만나서 일어나는 반응을 정량적으로 다룬다.

| 중화 반응 |

산과 염기를 반응시키면 산이 H^+을 내놓고 남은 음이온과 염기의 양이온이 만나 염을 생성하고, H^+과 OH^-이 만나 물을 만드는데, 이 반응을 **중화 반응(neutralization reaction)**이라고 한다. 염산과 수산화 나트륨 수용액은 다음과 같이 반응한다.

$$H^+(aq) + Cl^-(aq) + Na^+(aq) + OH^-(aq) \longrightarrow H_2O(l) + Na^+(aq) + Cl^-(aq)$$

이때 물을 증발시키면 NaCl의 염이 얻어진다. 중화 반응의 알짜 이온 반응은 H^+과 OH^-이 만나서 물을 만드는 반응이다.

따라서 중화 반응에서 H^+과 OH^-은 항상 1:1의 몰수비로 반응한다.

$$H^+ + OH^- \longrightarrow H_2O$$

산이 내는 H^+의 몰수 = 염기가 내는 OH^-의 몰수

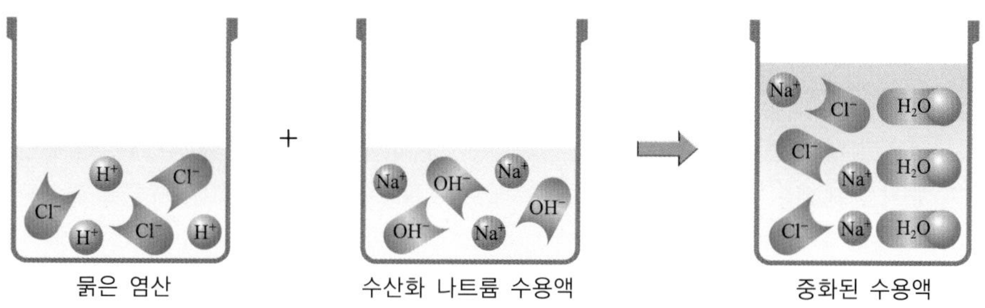

^ 중화 반응의 이온 모형

중화 반응을 완결시키려면 산과 염기의 농도가 같아야 하는 것이 아니라 H^+과 OH^-의 몰수가 같아야 한다.

농도를 정확히 알고 있는 표준 염기 용액을 사용해서 산의 농도를 측정하거나, 농도를 정확히 알고 있는 표준 산 용액을 사용해서 염기의 농도를 측정하는 것을 **중화 적정**이라고 한다. 중화 적정을 이용하면 산이나 염기가 수용액에 얼마나 녹아있는지, 즉 농도가 얼마인지 알 수가 있다.

용어 쏙

표준 용액 농도를 정확히 알고 있는 용액을 말하며, 산 표준 용액으로는 주로 HCl이 사용되고, 염기 표준 용액으로는 주로 NaOH, KOH, $Ba(OH)_2$ 등이 사용된다.

적정 표준 용액을 뷰렛에 넣고 농도를 모르는 미지 시료의 농도를 결정하는 방법이다.

| 중화 반응의 양적 관계 |

산 염기 적정에서 평형이 어떻게 이루어지는지 알아보기 위해 간단한 산 염기 적정을 생각해 보자.

산 염기 적정

❶ 몰 농도가 0.1 M인 HCl 용액 20 mL를 삼각 플라스크에 넣는다. 몰 농도가 0.1 M이라면 1 L 부피에 HCl이 0.1 mol 들어 있다는 뜻이므로 20 mL, 즉 0.02 L에는 0.002몰, 즉 2 mmol이 들어 있다. 2 mmol의 HCl은 모두 이온화해서 2 mmol에 해당하는 H^+이 플라스크에 들어 있을 것이다. 이때 물이 이온화해서 생긴 H^+은 무시할 수 있다. 강산인 HCl이 이온화하면서 나온 H^+이 물 이온화의 평형을 역반응 쪽으로 치우치게 하기 때문이다. 한편, H^+의 몰 농도가 0.1 M이므로 pH 미터로 용액의 pH를 측정하면 pH는 1로 나타날 것이다.

❷ 뷰렛을 사용해서 0.1 M인 NaOH 용액을 조금씩 넣는다. 이 용액에서 NaOH은 모두 이온화해서 OH^-의 농도도 0.1 M일 것이다. 가해진 NaOH 용액의 부피가 20 mL가 되기 전에 OH^-은 모두 H^+과 반응해서 물로 중화된다. 그리고 플라스크에 남아 있는 H^+ 때문에 용액은 산성을 나타낸다. 정확히 20 mL의 NaOH 용액이 가해졌을 때 원래 HCl의 몰수와 넣어준 NaOH의 몰수가 같기 때문에 완전히 중화가 이루어지고 Na^+과 Cl^-이 남아서 용액은 물에 2 mmol의 염화 나트륨이 녹은 것과 같은 상태가 된다. 이때 pH는 순수한 물의 pH와 같은 7이다.

❸ 넣어준 NaOH 용액의 부피가 20 mL를 넘는 순간 용액에는 OH^-이 H^+보다 많아져서 용액의 pH는 갑자기 7보다 높아진다.

강산과 강염기 사이의 적정에서는 pH 7 전후에서 pH가 급격히 변한다. 이 지점을 중화점이라고 한다. **중화점**이란 미지의 일정량의 산(염기)에 염기(산) 표준 용액을 조금씩 가할 때 산의 H^+과 염기의 OH^-의 몰수가 같아지는 점을 말한다.

❶ 농도를 모르는 용액을 삼각 플라스크에 넣는다.

❷ ❶의 용액에 지시약을 2~3방울 떨어뜨린다.

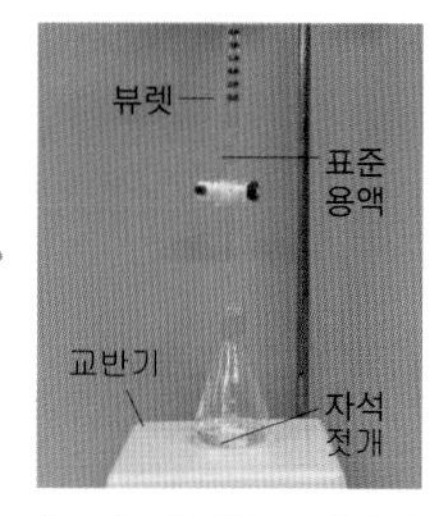

❸ 표준 용액을 뷰렛에 넣고 눈금을 읽는다.

❹ 중화점까지 소모된 표준 용액의 부피를 측정한다.

⩓ **중화 적정 실험 방법**

일정 부피의 농도를 모르는 염산 용액을 몰 농도가 알려진 NaOH 용액으로 적정할 때 중화점에 도달하는 데 필요한 NaOH 용액의 부피를 측정하면 양적 관계로부터 염산 용액의 몰 농도를 구할 수 있다.

산 한 분자가 내놓는 H^+의 개수를 n, 염기 한 분자가 내놓는 OH^-의 개수를 n'이라고 하면, 몰 농도가 M인 산 V mL와 완전히 중화 반응하는 농도 M'인 염기 V' mL 사이에는 다음의 양적 관계가 성립한다.

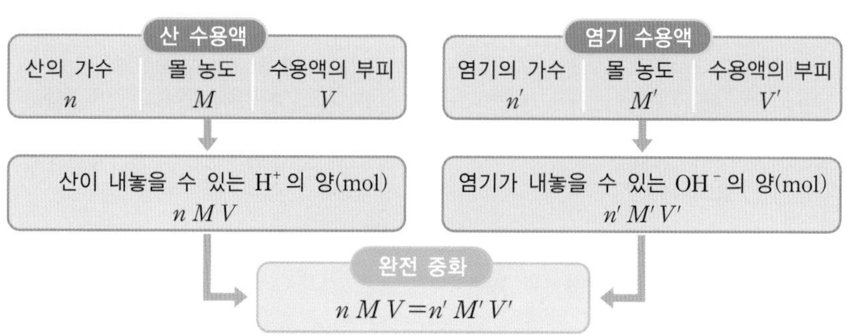

⩓ **산 염기 중화 반응의 양적 관계**

» 산과 염기의 가수

산 또는 염기 1몰이 낼 수 있는 H^+의 몰수(n) 또는 OH^-의 몰수(n')

산 { 1가 산(HCl, CH_3COOH)
2가 산(H_2SO_4, H_2CO_3)
3가 산(H_3PO_4) }

염기 { 1가 염기(NaOH, KOH)
2가 염기($Ca(OH)_2$, $Ba(OH)_2$)
3가 염기($Al(OH)_3$) }

확·인·하·기

황산 용액 10.0 mL를 취해서 0.10 M NaOH 용액으로 적정하였더니 중화점까지 12.6 mL가 들어갔다. 황산 용액의 몰 농도는 얼마인가?

들어간 NaOH 몰수 = (0.10 mol/L)×0.0126 L = 0.00126 mol

황산은 2가산이므로 중화점에서 황산의 몰수는 NaOH 몰수의 반이다.

H_2SO_4 몰수 = (x mol/L)×0.0100 L = 0.00063 mol

$x = \frac{0.00063}{0.0100} = 0.063$ 황산의 몰 농도 = 0.063 M

답 0.063 M

| 적정 곡선과 중화점 |

중화 적정에 사용된 산이나 염기의 부피에 따라 용액의 pH 변화를 나타낸 것을 **중화 적정 곡선**이라고 한다. 적정 곡선의 모양은 적정하는 산, 염기의 세기와 농도에 따라 다르다. 그런데 중화 반응과 수용액의 화학 평형 결과 만들어지는 H_3O^+ 농도를 이론적으로 계산할 수 있기 때문에 적정 곡선의 모양을 예측할 수 있다.

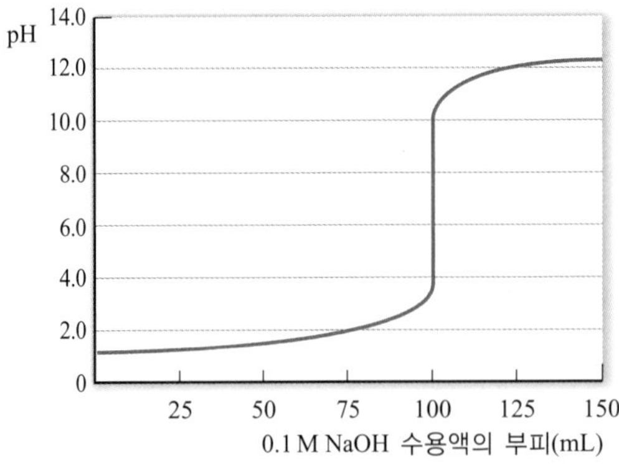

100 mL의 0.1 M HCl 수용액을 0.1 M NaOH 수용액으로 적정할 때의 적정 곡선을 나타낸 것이다.

중화점을 찾아내기 위해서는 pH 미터를 사용해서 pH가 급격히 변하는 지점을 찾을 수도 있지만, 용액에 지시약(indicator)을 소량 가하여 색 변화로 알 수도 있다.

지시약은 그 자체가 약산 또는 약염기로 H^+이 붙어 있을 때와 떨어져 있을 때 분자의 색이 다른 물질이다. 지시약의 색깔 변화로 찾아낸 중화점을 종말점이라고 한다.

산 염기 적정에서 가장 많이 사용되는 지시약에는 페놀프탈레인(phenolphthalein)이 있다. 페놀프탈레인은 물에는 잘 녹지 않는다. 그래서 약간의 페놀프탈레인을 에탄올에 녹이고, 이 지시약 용액 몇 방울을 적정 용액에 넣는다. 페놀프탈레인은 자체적으로 약산이다. 그래서 페놀프탈레인을 HA라고 쓰면 산성 용액에서는 중성인 HA로 존재하고, 염기성 용액에서는 이온화해서 A^-으로 존재한다. 그리고 HA는 무색이고, A^-은 분홍색을 나타낸다.

용액에서는 $HA \rightleftharpoons H^+ + A^-$ 평형에 따라 무색의 HA 분자와 분홍색의 A^-이 함께 들어 있다. 그런데 H^+ 농도가 높은 산성 용액에서는 이 평형이 왼쪽으로 치우쳐서 분홍색은 거의 안 보이고 용액은 무색이 된다. 반대로 OH^- 농도가 높은 염기성 용액에서는 H^+이 중화되어 사라지기 때문에 평형이 오른쪽으로 치우쳐서 분홍색이 나타난다. 산을 염기로 적정하는 경우에 중화점을 지나는 순간에 pH는 7보다 높아지기 때문에 처음으로 용액 전체가 분홍색을 띠는 지점에서 적정을 중단하면 중화점을 찾을 수 있다.

▼ 많이 사용되는 지시약

BTB			메틸오렌지			페놀프탈레인		
산성	중성	염기성	산성	중성	염기성	산성	중성	염기성

중화점을 정확히 알기 위해서는 중화점 근처에서 pH 변화에 따라 색이 변하는 지시약을 골라 사용해야 한다. 종말점에서는 적정 용액 한 방울만 더 들어가도 용액의 pH가 급격히 변하는 것이 보통이다. 그때 눈으로 색 변화를 확인할 수 있는 물질이 좋은 지시약이다. 지시약들은 변색 범위가 다르기 때문에 중화점의 위치에 따라 적절한 지시약을 골라 써야 한다. 예를 들어 pH 8 이하에서는 무색, 9.6 이상에서는 붉은색인 페놀프탈레인은 강산과 강염기 적정에서 이상적인 지시약이다.

» 중화 적정 곡선

산의 수용액을 염기 수용액으로 적정할 때에는 pH 값이 서서히 증가하다가 중화점 부근에서 급격히 변화하고 그 이후에는 다시 서서히 변화된다. 이때 중화점의 pH를 통해 어떤 지시약을 써서 종말점을 찾는 것이 좋은지 알 수 있다.

(가) 강산을 강염기로 적정할 때(0.1 M HCl 10 mL를 0.1 M NaOH 수용액으로 적정할 때): 적정이 시작될 때 삼각 플라스크 안에는 강산 수용액이 존재한다. 중화점에서 pH는 7.0이므로 지시약은 페놀프탈레인 또는 메틸오렌지를 사용한다.

(나) 약산을 강염기로 적정할 때(0.1 M CH_3COOH 10 mL를 0.1 M NaOH 수용액으로 적정할 때): 중화점에서 용액의 pH는 염기성 쪽에 있으므로 염기성에서 변색하는 지시약을 사용한다.

(다) 강산을 약염기로 적정할 때(0.1 M HCl 10 mL를 0.1 M NH_3 수용액으로 적정할 때): 중화점에서 용액의 액성은 산성 쪽에 치우쳐 있으므로 산성에서 변색하는 지시약을 사용한다.

(라) 약산을 약염기로 적정할 때: 중화점 근처에서 급격한 pH 변화가 없어 종말점을 정확히 찾기 어렵고 중화점의 pH도 사용된 약산과 약염기에 따라 달라지므로 중화 적정에 잘 사용하지 않는다.

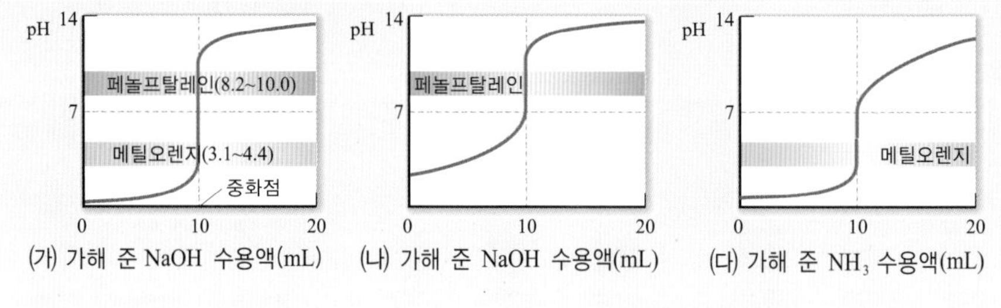

중화 반응은 열을 방출하는 발열 반응이므로 중화 반응이 일어나면 용액의 온도가 상승한다. 반응하는 H^+과 OH^-의 수가 많을수록 방출되는 열량도 커지므로 중화점에서 최고 온도가 된다. 따라서 온도 측정으로 중화점을 확인할 수도 있다. 또한 강산과 강염기의 중화 반응이 진행되면 용액 중의 H^+이나 OH^-의 수가 감소하므로 중화점에서 전류의 세기가 최저가 되므로 전기 전도도 변화로도 중화점을 확인할 수 있다.

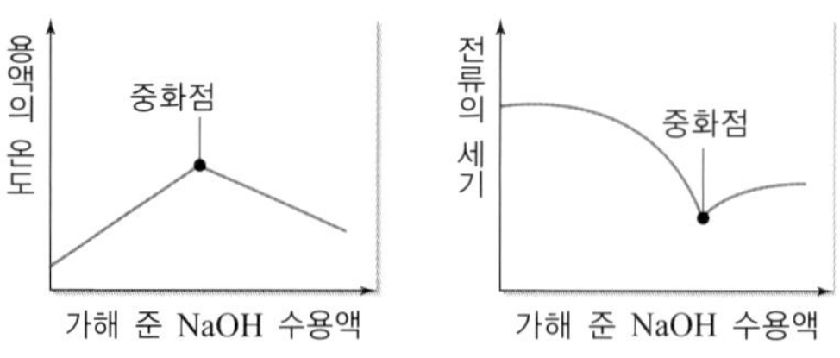

⩓ 온도와 전기 전도도 변화로 중화점 확인

산 염기 적정은 단순히 용액에서 산이나 염기의 농도를 측정하는 데 그치지 않고, 어떤 새로운 물질이 발견되거나 합성되었을 때 분자량을 결정하는 데도 유용하다. 예컨대 1866년에 밀에 들어 있는 단백질의 일종인 글루텐을 황산으로 가수 분해하여 글루탐산(glutamic acid)을 처음 분리하였다. 처음에 글루탐산의 분자량, 화학식, 구조도 알지 못하였으나 이 물질이 산성을 나타내는 것은 알 수 있었다. 만일 0.147 g에 해당하는 순수한 글루탐산을 적당한 양의 물에 녹이고, 페놀프탈레인 지시약을 넣은 후 0.10 M NaOH 용액을 조금씩 가하면서 적정을 했는데 정확히 10.0 mL가 들어갔을 때 용액의 색이 변하였다고 하자. 이때 들어간 NaOH의 몰수는 (0.10 mol/L)(0.010 L) = 0.0010 mol인 셈이다. 0.147 g의 글루탐산이 0.0010 mol에 해당한다면 (0.147 g)/(0.0010 mol) = 147 g/mol로부터 글루탐산의 분자량은 147인 것을 알 수 있다.

탐구 시그마 중화 적정시 용액 속 이온 수 변화

자료

그림은 염산에 수산화 나트륨 수용액을 가할 때 용액 속의 이온 수의 변화를 나타낸 것이다.

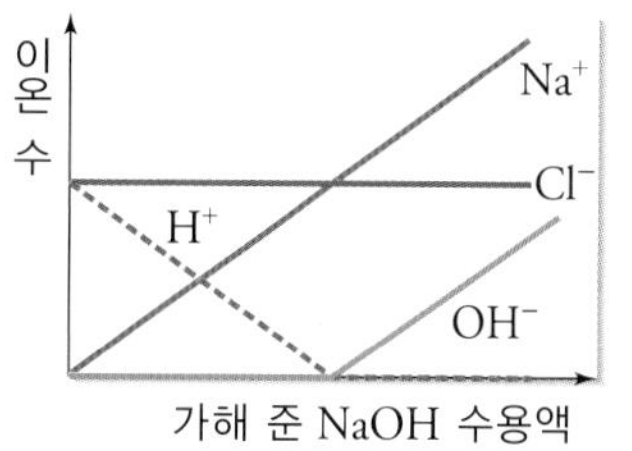

분석

- NaOH 수용액을 가함에 따라 계속 증가하는 Na^+, 처음부터 일정한 Cl^-은 반응에 참여하지 않는 구경꾼 이온이다.
- 그 수가 점점 줄어드는 H^+과 어느 시점부터 증가하기 시작하는 OH^-은 반응에 참여하는 알짜 이온이다.
- H^+이 없어지고, OH^-이 생기기 시작하는 지점이 중화점이다.

확·인·하·기

NaOH 수용액이 들어 있는 비커에 HCl 수용액을 조금씩 가할 때 중화점까지 감소하는 것을 다음에서 있는 대로 고르시오.

(가) OH^-의 수	(나) Na^+의 수
(다) 수용액의 온도	(라) 수용액의 전기 전도도

HCl 수용액을 가함에 따라 OH^-의 농도가 감소하고 수용액의 전기 전도도가 감소한다. Na^+의 수는 일정하고 수용액의 온도는 중화점까지 올라간다.

답 (가), (라)

3-5 염의 가수 분해와 완충 용액

핵심 개념 • 염의 가수 분해 • 완충 용액

| 염의 가수 분해 |

산과 염기의 중화 반응이 일어나면 물과 함께 염이 생성된다. 염은 산의 음이온과 염기의 양이온이 결합하여 이루어진 이온 결합 화합물이다. 따라서 반응하는 산과 염기의 종류에 따라 생성되는 염의 종류가 다르다.

$$\underset{\text{산}}{HA(aq)} + \underset{\text{염기}}{BOH(aq)} \rightleftharpoons \underset{\text{물}}{H_2O(l)} + \underset{\text{염}}{BA(aq)}$$

강산인 HCl과 강염기인 NaOH의 중화 반응에서 생성된 염인 NaCl은 수용액에서 중성을 나타낸다. Na^+과 Cl^-이 수용액에서 물과 반응하지 않고 그대로 남아 있기 때문이다. 일부 염은 수용액에서 이온화된 염의 이온이 물과 반응하여 H_3O^+이나 OH^-을 내놓는데, 이를 **염의 가수 분해**라고 한다.

강산과 강염기의 중화 반응

강산과 강염기의 중화 반응으로 생성된 염은 수용액에서 중성을 나타낸다. 예를 들어, 염화 나트륨(NaCl)은 수용액 속에서 Na^+과 Cl^-으로 존재하는데, 이들 이온은 가수 분해하지 않는다.

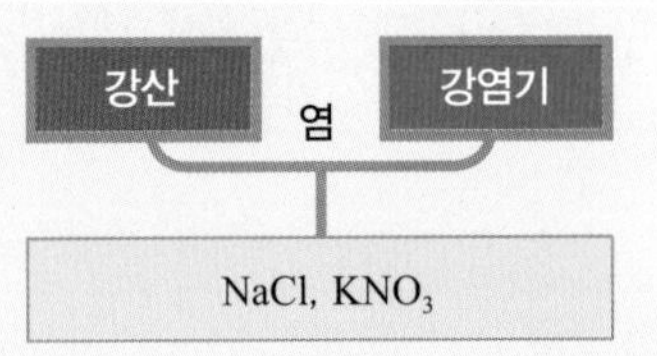

강산과 약염기의 중화 반응

강산과 약염기의 중화 반응으로 생성된 염은 수용액에서 산성을 나타낸다. 예를 들어, 염산(HCl(*aq*))과 암모니아(NH_3)의 중화 반응으로 생성된 염화 암모늄(NH_4Cl)은 수용액에서 이온화하여 NH_4^+과

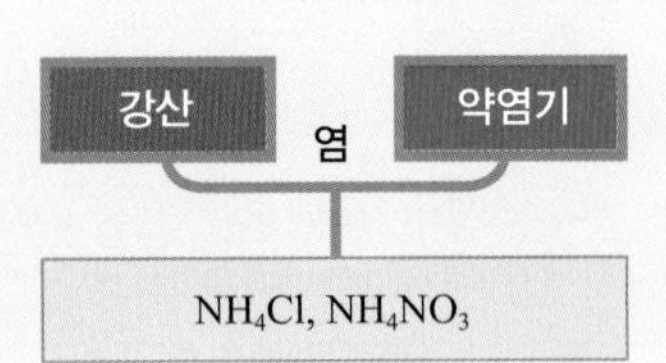

Cl^-을 생성한다. 이때 약염기의 짝산인 NH_4^+의 일부가 물과 반응하여 H_3O^+을 생성한다. 따라서 수용액은 산성을 나타낸다.

$$NH_4Cl(aq) \longrightarrow NH_4^+(aq) + Cl^-(aq)$$

$$NH_4^+(aq) + H_2O(l) \rightleftharpoons NH_3 + H_3O^+$$

(NH_3가 약염기이므로 거의 대부분이 NH_3보다 NH_4^+ 상태)

약산과 강염기의 중화 반응

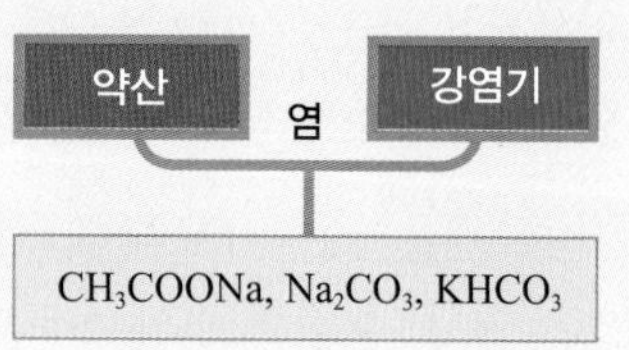

약산과 강염기의 중화 반응으로 생성된 염은 수용액에서 염기성을 나타낸다. 예를 들어, 아세트산(CH_3COOH)과 수산화 나트륨($NaOH$)의 중화 반응으로 생성된 아세트산 나트륨(CH_3COONa)은 수용액에서 이온화하여 Na^+과 CH_3COO^-을 생성한다. 이때 CH_3COO^-의 일부가 물과 반응하여 OH^-을 생성한다. 따라서 수용액은 염기성을 나타낸다.

$$CH_3COONa(aq) \longrightarrow Na^+(aq) + CH_3COO^-(aq)$$

$$CH_3COO^-(aq) + H_2O(l) \rightleftharpoons CH_3COOH(aq) + OH^-(aq)$$

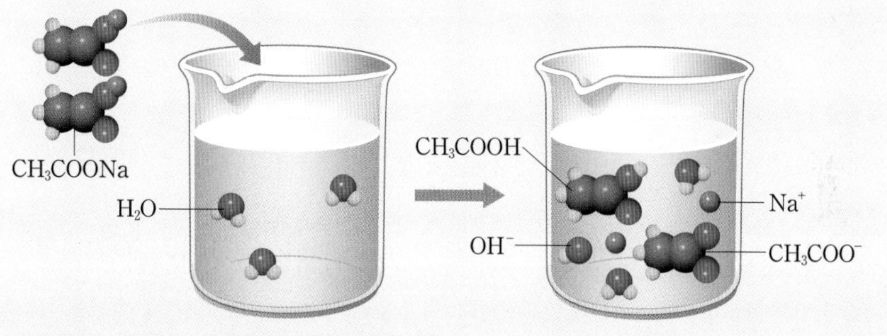

⩓ 아세트산 나트륨(CH_3COONa)의 가수 분해 모형

확·인·하·기

소량의 아세트산 나트륨이 물에 녹았을 때 다음 중에서 가장 농도가 높은 것은?

① CH_3COOH ② CH_3COO^- ③ Na^+ ④ H^+ ⑤ OH^-

Na^+의 농도는 녹은 CH_3COONa의 농도와 같다. CH_3COO^- 중 일부는 용액 중의 H^+와 반응하여 CH_3COOH로 바뀌기 때문에 CH_3COO^-의 농도는 Na^+의 농도보다 작고, H^+의 농도도 작아진다. CH_3COO^-이 가수 분해하는 만큼 OH^-이 생기지만 OH^- 농도는 Na^+ 농도보다는 작다. 답 ③

| 완충 용액 |

HCl 같은 강산은 이온화 평형이 오른쪽으로 치우쳐서 이온화가 100 % 일어나고, NaOH 같은 강염기는 OH^-을 내놓는 반응이 100 % 진행한다. 강산은 염산 이외에 질산(HNO_3), 황산(H_2SO_4) 등 몇 가지에 불과하지만 약산은 탄산(H_2CO_3), 인산(H_3PO_4) 뿐 아니라 카복실기를 가진 모든 유기산도 약산이므로 종류가 훨씬 많다. 한편, 강염기는 NaOH, KOH, $Ca(OH)_2$ 등 몇 가지 안 된다. 그러나 아민기를 가진 염기성 유기 화합물은 종류가 많이 있는데, DNA에 들어 있는 A, T, G, C도 약한 염기이다.

아세트산 같은 약산을 NaOH 같은 강염기로 적정하는 경우에 중화점의 중간 정도에 도달했을 때, 즉 중화점에 해당하는 NaOH 용액 부피의 절반이 들어갔을 때 중요한 현상이 나타난다. 즉, NaOH을 가할수록 용액의 pH가 증가하는데, 적정의 초기나 중화점에서 pH가 급격히 변하는데 비해, 중화점의 중간 지점에서는 pH가 거의 변하지 않는다. 이 지점에서는 HA라는 약산의 절반은 HA로 남아 있고, 절반은 이온화해서 A^-으로 존재한다. 이 경우에 A^-는 HA의 짝염기이다. 이처럼 약산과 그 짝염기 또는 약염기와 그 짝산이 비슷한 농도로 들어 있는 용액을 **완충 용액(buffer solution)**이라고 한다.

완충 용액의 원리를 이해하기 위해서는 다음 경우를 살펴보자.

❶ 순수한 물에서는 $[H^+] = [OH^-] = 1\times10^{-7}$ M로 pH = 7이다. 순수한 물 100 mL에 0.1 M NaOH 용액을 가하는 경우 먼저 0.1 M NaOH 용액 자체의 pH를 구해보자. NaOH은 100 % 이온화하기 때문에 $[OH^-] = 0.1\text{ M} = 1\times10^{-1}$ M이고

$$[H^+] = \frac{K_w}{[OH^-]} = \frac{(1\times10^{-14})}{(1\times10^{-1})} = 1\times10^{-13}\text{ M}$$, 즉 pH = 13이다.

0.1 M NaOH 용액 0.1 mL를 순수한 물 100 mL에 가하였다면 NaOH은 1/1000로 묽혀져서 $[OH^-] = 1\times10^{-4}$ M, $[H^+] = 1\times10^{-10}$ M, pH = 10이 될 것이다. 즉, 가해준 NaOH은 물의 pH를 7에서 10으로 크게 변화시킨다.

❷ HA와 A^-가 각각 0.1 M 농도로 들어 있는 완충 용액 100 mL에 0.1 M NaOH 용액 0.1 mL를 가해보자. 그러면 가해준 NaOH 용액의 OH^-은 다음 두 반응을 하게 된다.

(1) $HA + OH^- \longrightarrow A^- + H_2O$

(2) $H^+ + OH^- \longrightarrow H_2O$

(1)은 가해준 OH^-이 완충 용액의 HA와 반응해서 짝염기인 A^-과 물을 만드는 반응이다. 이때 생성물은 H^+도 OH^-도 아니기 때문에 pH에는 영향을 미치지

않는다.

한편, (2)는 가해준 OH^-이 용액에 들어 있는 H^+을 중화시키는 반응이다. 반응 (2)가 (1)보다 우세하다면 H^+ 농도가 크게 감소하고 pH는 많이 증가할 것이다. 그런데 완충 용액의 부피가 가해준 NaOH 용액의 부피보다 훨씬 크기 때문에 용액에 들어 있는 HA의 양이 H^+의 양보다 훨씬 많고, 따라서 가해준 OH^-는 대부분 HA와 반응하게 될 것이다. 따라서 순수한 물에 NaOH 용액을 가했을 때와 달리 완충 용액에서는 pH 변화가 크지 않다.

❸ 똑같은 완충 용액에 NaOH 용액 대신 HCl 용액을 가했을 때는 다음 두 반응이 중요해진다.

(1) $A^- + H^+ \longrightarrow HA$

(2) $OH^- + H^+ \longrightarrow H_2O$

이 경우에도 가해준 H^+이 식 (2)에 의하여 OH^- 농도를 감소시키고 pH를 떨어뜨리는 효과보다 식 (1)에 따라 소모되어 pH에는 큰 영향을 못 미치게 된다.

예) CH_3COOH과 CH_3COONa의 혼합 용액에 소량의 염산을 가하거나 소량의 수산화 나트륨을 가할 때

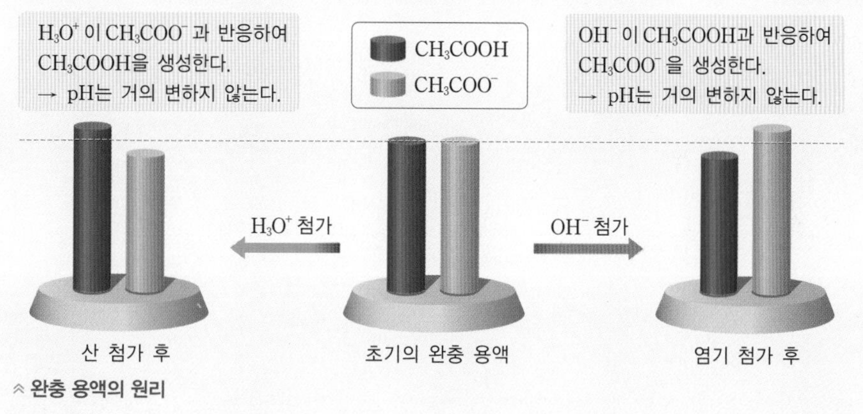

≈ **완충 용액의 원리**

이처럼 약산과 그 짝염기 또는 약염기와 그 짝산이 비슷한 농도로 들어 있는 용액에서는 약간의 강산 또는 강염기를 가하더라도 원래의 pH를 유지하는 완충 작용이 가능해진다. 완충 용액에는 CH_3COOH와 CH_3COONa가 섞여 있는 용액처럼 약한 산성에서 완충 작용을 나타내는 경우도 있고, NH_4OH와 NH_4Cl을 섞은 용액처럼 약한 염기성에서 완충 작용을 나타내는 경우도 있다.

확·인·하·기

아세트산(CH_3COOH)과 아세트산 이온(CH_3COO^-)이 1:1로 들어 있는 용액에 약간의 염산(HCl)을 가했을 때 가장 많이 일어나는 반응을 다음에서 고르시오.

(가) $CH_3COOH \longrightarrow CH_3COO^- + H^+$　　(나) $CH_3COO^- + H^+ \longrightarrow CH_3COOH$

(다) $H^+ + OH^- \longrightarrow H_2O$　　(라) $H_2O \longrightarrow H^+ + OH^-$

CH_3COO^- 농도가 OH^- 농도보다 높기 때문에 (나) 반응이 (다) 반응보다 우세하다.　답 (나)

| 완충 작용 |

완충 작용은 세포의 pH를 일정하게 유지하는 데 매우 중요하다. pH가 크게 변하면 특히 단백질의 구조가 바뀌어서 제 기능을 할 수 없기 때문이다. 인체에서는 탄산과 인산 등 약산과 이들의 짝염기가 완충 작용을 담당한다.

▼ 여러 가지 체액의 pH

체액	pH	체액	pH
이자액	8.0 ~ 8.9	눈물	7.0 ~ 7.4
담즙	7.4 ~ 8.0	침	6.4 ~ 7.0
혈액	7.37 ~ 7.43	땀	4.5 ~ 7.5
세포액	7.15 ~ 7.25	위액	0.9 ~ 2.0

완충 용액은 혈액이나 몸속의 여러 액체에서 pH를 일정하게 유지하는 역할을 하는 데 사용된다. 실제로 혈액의 pH는 호흡 결과 생기는 이산화 탄소가 혈액 중에 녹아 들어가 만들어지는 탄산과 대사의 결과로 생기는 H^+ 때문에 계속 달라질 수 있는 상황이지만 완충 작용 때문에 pH 7.37~7.43을 유지한다.

만약 혈액의 pH가 이 범위를 많이 벗어나면 조직에 대한 산소 공급량이 줄어들고, 혈액 중 전해질의 양이 조절되지 않아 생명의 위협까지 올 수 있다. 몸속에서 생성되어 혈액에 녹아든 이산화 탄소(CO_2)는 물(H_2O)과 반응하여 탄산(H_2CO_3)을 생성한다. 또한, 탄산(H_2CO_3)은 탄산수소 이온(HCO_3^-)과 평형을 이루고 있다.

운동을 할 때 몸속에 축적되는 젖산은 혈액 속의 H_3O^+ 농도를 증가시키는데, 이때 증가된 H_3O^+은 HCO_3^-과 반응하여 소모되므로 혈액의 pH는 거의 일정하게 유지된다.

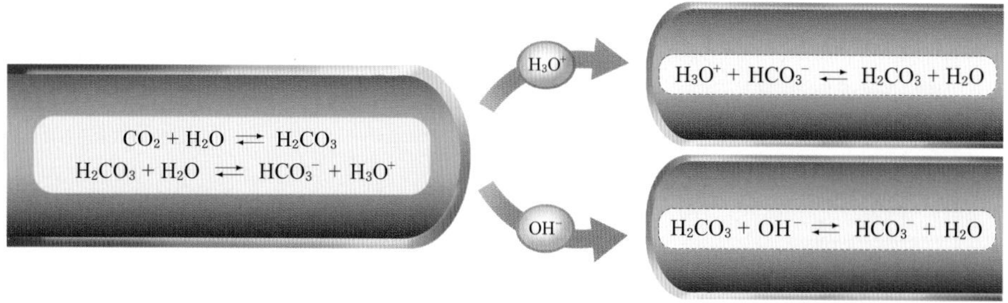

⩓ **혈액 내에서의 완충 작용**

반대로, 염기성 제제를 과량 섭취하거나 과호흡으로 인해 혈액 속에 OH^-의 농도가 증가하더라도 OH^-이 H_2CO_3과 중화 반응하여 소모되므로 혈액의 pH는 거의 일정하게 유지된다.

생체 내 완충계

생체 내에는 몇 가지 다음과 같은 완충계가 있어 여러 원인으로 체액의 pH에 변화가 생기면 완충계의 평형 이동을 통해 완충 작용이 이루어진다.

탄산계: $H_2CO_3 + H_2O \rightleftharpoons HCO_3^- + H_3O^+$

인산계: $H_2PO_4^- + H_2O \rightleftharpoons HPO_4^{2-} + H_3O^+$

암모니아계: $NH_4^+ + H_2O \rightleftharpoons NH_3 + H_3O^+$

헤모글로빈계: $HHbO_2 + H_2O \rightleftharpoons HbO_2^- + H_3O^+$

단백질계: $\text{H-protein}^+ + H_2O \rightleftharpoons \text{protein} + H_3O^+$

확·인·하·기

탄산(H_2CO_3)과 탄산수소 이온(HCO_3^-)으로 이루어진 완충 용액에 약간의 염기성 용액이 가해졌을 때 가장 많이 증가하는 화학종을 다음에서 골라 쓰시오.

(가) H_2CO_3	(나) HCO_3^-	(다) H^+	(라) OH^-

가해진 OH^-은 주로 H_2CO_3과 반응해서 HCO_3^-을 만든다. 답 (나)

연/습/문/제

핵심개념 확인하기

❶

(수소 이온, 전자)의 이동에 의해 산과 염기로 되는 한 쌍의 산과 염기를 짝산-짝염기라고 한다.

❷

산과 염기의 중화 반응에서 수소 이온과 수산화 이온이 결합하면 (물, 염)이 생성되고 산의 음이온과 염기의 양이온이 반응하여 (물, 염)을 생성한다.

❸

중화 반응에서 산이 내놓는 (H^+, OH^-)의 양(mol)과 염기가 내놓는 (H^+, OH^-)의 양(mol)이 같아지는 지점을 중화점이라고 한다.

❹

약산과 그 약산의 (짝산, 짝염기)이(가) 섞여 있는 수용액이나 약염기와 그 약염기의 (짝산, 짝염기)이(가) 섞여 있는 수용액은 적은 양의 산이나 염기를 넣어도 pH가 크게 변하지 않는다.

01 산-염기 평형에 관한 설명으로 옳은 것만을 **보기**에서 있는 대로 고르시오.

보기

ㄱ. 물도 일부가 이온화하여 수소 이온을 내놓는다.
ㄴ. 순수한 물에서는 H^+ 농도와 OH^- 농도가 같다.
ㄷ. 순수한 물의 pH는 7이다.
ㄹ. pH가 0.7인 용액의 H^+ 농도는 순수한 물에서 H^+ 농도의 10배이다.

02 아세트산(CH_3COOH)에 관한 설명으로 옳은 것만을 **보기**에서 있는 대로 고르시오.

보기

ㄱ. 아세트산에는 산소와 결합한 수소와, 탄소와 결합한 수소가 있다.
ㄴ. 아세트산에서는 탄소와 결합한 수소가 해리해서 산성을 띤다.
ㄷ. 아세트산은 약산이다.

03 암모니아와 염화 수소에 관한 설명으로 옳지 않은 것은?

① 암모니아는 수소가 질소에 의해 산화된 산화물이다.
② HCl는 수소가 염소에 의해 산화된 산화물이다.
③ H^+을 받아들이는 암모니아는 염기로 작용한다.
④ 질소와 염소는 전기음성도가 비슷하다.
⑤ 암모니아의 수소도 질소에 전자를 내주고 산으로 작용한다.

04 0.2 M 염산(HCl) 수용액 100 mL를 완전히 중화하는 데 필요한 0.1 M 수산화 바륨($Ba(OH)_2$) 수용액의 부피는 몇 mL인가?

정답 및 풀이 443쪽

05 다음은 아세트산과 암모니아가 물에 녹아 이온화되는 과정을 나타낸 것이다.

> (가) $CH_3COOH + H_2O \rightleftarrows CH_3COO^- + H_3O^+$
> (나) $NH_3 + H_2O \rightleftarrows NH_4^+ + OH^-$

이에 대한 설명으로 옳은 것만을 | 보기 |에서 있는 대로 고르시오.

| 보기 |
ㄱ. 아세트산은 아레니우스 산이다.
ㄴ. H_2O은 (가)에서는 염기로, (나)에서는 산으로 작용한다.
ㄷ. NH_3는 수소 이온을 받으므로 염기이다.

06 산 염기 적정에 관한 설명으로 옳지 않은 것은?

① 표준 용액은 뷰렛에 넣는다.
② 중화점을 알아내는 데 사용되는 지시약은 강산이다.
③ 중화점은 pH 미터를 사용해서 알아낼 수 있다.
④ 강산과 강염기 사이의 적정에서는 pH 7 주위에서 pH가 급격히 변한다.
⑤ 중화 적정에서는 농도를 정확히 알고 있는 표준 용액을 사용한다.

07 다음 물질을 물에 녹였을 때 산도를 예측하시오.

(1) CH_3COONa (2) NH_4Cl

08 0.1 M CH_3COOH 수용액 100 mL에 0.1 M NaOH 수용액 50 mL를 혼합하면 이 용액은 완충 용액이 되는지 설명하시오.

단원 종합 문제

01 석탄을 태우면 석탄에 들어 있는 황이 타서 이산화 황(SO_2)이 된다. 이산화 황은 산소와 반응하고 물에 녹으면 황산이 되어서 산성비의 원인이 된다. 다음 반응에서 산화되는 것은?

$$2SO_2 + O_2 + 2H_2O \longrightarrow 2H_2SO_4$$

① SO_2의 S ② SO_2의 O ③ O_2 ④ H_2O의 H ⑤ H_2O의 O

02 다음 반응에 대한 설명으로 옳은 것만을 | 보기 |에서 있는 대로 고르시오.

$$HA^- + H_2O \rightleftharpoons H_3O^+ + A^{2-}$$

| 보기 |

ㄱ. H_2O은 산으로 작용하였다.

ㄴ. HA^-은 염기로 작용하였다.

ㄷ. HA^-은 H_2O의 짝산이다.

ㄹ. H_3O^+은 H_2O의 짝산이다.

03 산화 환원에 관한 설명으로 옳은 것을 있는 대로 고르시오.

① 우주적으로 가장 많이 일어나는 $H + H \longrightarrow H_2$ 반응은 산화 환원 반응이다.

② $Cl_2 + H_2O \longrightarrow HCl + HClO$ 반응에서 산소의 산화수는 증가한다.

③ $2H_2O + 3S \longrightarrow SO_2 + 2H_2S$에서 S은 산화수가 변하지 않는다.

④ $H_2 + Cl_2 \longrightarrow 2HCl$의 반응에서 H는 산화되고 Cl은 환원된다.

⑤ $H^+ + OH^- \longrightarrow H_2O$의 중화 반응에서 H와 O의 산화수에는 변화가 없다.

04 다음 반응에 대한 설명으로 옳은 것만을 |보기|에서 있는 대로 고른 것은?

$$SO_2 + H_2O_2 \longrightarrow H_2SO_4$$

|보기|

ㄱ. SO_2의 S은 산화수가 증가한다.

ㄴ. H_2O_2의 O는 산화수가 증가한다.

ㄷ. SO_2 1몰이 반응할 때 이동한 전자의 몰수는 2몰이다.

① ㄱ ② ㄷ ③ ㄱ, ㄴ ④ ㄱ, ㄷ ⑤ ㄱ, ㄴ, ㄷ

05 일정한 온도에서 일정량의 물에 소금을 넣고 저었을 때 일부가 녹지 않고 그림과 같이 바닥에 가라앉았다. 이 상태에 대한 설명으로 옳은 것만을 있는 대로 고르시오.

(가) 이 상태는 가역 반응이 일어나고 있다.

(나) 이 상태에서는 반응이 완전히 멈춰 소금의 용해가 일어나지 않는다.

(다) 소금이 물에 용해되는 속도와 고체 소금이 결정화되는 속도가 같다.

06 암모니아 합성 반응이 다음과 같을 때 물음에 답하시오.

$$N_2 + 3H_2 \rightleftharpoons 2NH_3, \quad \Delta H = -92 \text{ kJ/mol}$$

(1) 온도를 낮추면 평형은 어느 반응 쪽으로 이동하는가?

(2) 압력을 낮추면 평형은 어느 반응 쪽으로 이동하는가?

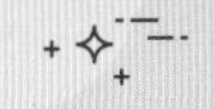

07 다음 반응이 평형에 있을 때 정반응 쪽으로 평형을 이동시킬 수 있는 조건을 | 보기 |에서 있는 대로 고르시오.

$$PCl_5(g) \rightleftharpoons PCl_3(g) + Cl_2(g),\ \Delta H = 88\ kJ$$

| 보기 |

ㄱ. 온도를 높인다.
ㄴ. 용기의 압력을 낮춘다.
ㄷ. PCl_5를 첨가한다.

08 다음은 25 ℃에서 0.1 M 아세트산 수용액과 0.1 M 암모니아 수용액의 이온화 반응식과 이온화 상수를 나타낸 것이다.

- $CH_3COOH + H_2O \rightleftharpoons CH_3COO^- + H_3O^+,\ K_a = 1.8\times10^{-5}$
- $NH_3 + H_2O \rightleftharpoons NH_4^+ + OH^-,\quad K_b = 1.8\times10^{-5}$

이에 대한 설명으로 옳은 것만을 | 보기 |에서 있는 대로 고른 것은?

| 보기 |

ㄱ. CH_3COO^-은 CH_3COOH의 짝염기이다.
ㄴ. 아세트산 용액에서 CH_3COO^-의 농도와 암모니아 용액에서 NH_4^+의 농도는 같다.
ㄷ. 아세트산 용액의 pH는 암모니아 용액의 pOH보다 작다.

① ㄱ ② ㄴ ③ ㄱ, ㄴ ④ ㄴ, ㄷ ⑤ ㄱ, ㄴ, ㄷ

09 그림은 묽은 염산에 같은 부피의 NaOH 수용액을 가했을 때 용액 속에 존재하는 이온의 모형이다.

이에 대한 설명으로 옳은 것만을 | 보기 |에서 있는 대로 고른 것은?

| 보기 |

ㄱ. 염산의 농도가 NaOH 수용액보다 크다.

ㄴ. Na^+이 가수 분해되어 H^+이 생성된 것이다.

ㄷ. 혼합 용액에 메틸오렌지 용액을 떨어뜨리면 붉은색으로 변한다.

① ㄱ ② ㄴ ③ ㄱ, ㄴ ④ ㄱ, ㄷ ⑤ ㄱ, ㄴ, ㄷ

10 혈액에서는 탄산(H_2CO_3)과 탄산수소 이온(HCO_3^-)이 평형을 이루면서 완충 작용을 한다.

(가) $H_2O + CO_2 \rightleftharpoons H_2CO_3$

(나) $H_2CO_3 + H_2O \rightleftharpoons H_3O^+ + HCO_3^-$

이에 대한 설명으로 옳은 것만을 | 보기 |에서 있는 대로 고른 것은?

| 보기 |

ㄱ. 혈액에 산성 물질이 들어오면 (가)의 정반응이 일어난다.

ㄴ. 혈액에 염기성 물질이 들어오면 (나)의 정반응이 일어나 HCO_3^- 농도가 증가한다.

ㄷ. 어떤 강염기와 그 강염기의 짝산이 비슷한 농도로 들어 있어도 완충 용액이 된다.

VI

열화학과 전기 화학

1. 열화학
2. 전기 화학

자연을 이해하는 데 가장 중요한 키워드 중 하나는 에너지이다. 138억 년 전에 빅뱅으로 우주가 시작될 때 일정한 양의 에너지가 주어지고, 이 에너지는 질량을 가진 에너지인 물질(matter)과 질량이 없는 에너지인 빛(radiation)으로 나누어진다.

원자핵과 전자가 원자를 만드는 데도, 원자들이 결합해서 분자를 만들 때에도, 분자들이 상호 작용하면서 액체, 기체, 고체 사이에 상변화가 일어날 때에도 에너지가 관련되어 있다. 원시인들이 불을 피워서 추위를 이겨내고 전 세계로 퍼져나갈 때에도, 철광석으로부터 철을 얻어서 철기 문명을 일으켰을 때에도 에너지라는 말이 없었지만 핵심에는 에너지의 전환이라는 원리가 들어 있다. 전기와 화석 연료에 의존하는 오늘날은 말할 필요가 없다. 이 단원에서는 특히 화학에 직결된 열과 전기 에너지에 관해 알아본다.

1 열화학

18세기 후반에 시작된 1차 산업 혁명에서 주된 에너지원은 석탄을 태워 얻은 열이었다. 열로 물을 끓이고 물의 열에너지를 증기기관을 통해 기계적 에너지로 바꾸었다. 후일 발전기가 발명된 후에는 석탄은 열에너지 – 기계적 에너지 – 전기 에너지의 에너지 전환을 이용하는 화력 발전의 주된 연료가 되었다. 한편, 물의 낙차를 이용하는 수력 발전에서는 물의 위치 에너지 – 기계적 에너지 – 전기 에너지의 에너지 전환을 따른다. 그렇다면 물이 높은 곳에서 낮은 곳으로 흐르면서 에너지를 내놓듯이 석탄 같은 연료의 연소에서도 연료 성분의 화학적 위치 에너지와 이러한 화학적 에너지의 변화를 생각할 수 있다. 이 단원에서는 엔탈피를 중심으로 열화학(thermochemistry)의 핵심 내용을 살펴본다.

1-1 반응 엔탈피와 열화학 반응식

핵심 개념 • 발열 반응 • 흡열 반응 • 엔탈피 • 반응 엔탈피

연료의 연소와 같은 산화 반응에서는 열이 나온다. 그리고 증기기관에서 볼 수 있듯이 열은 일로 바뀔 수 있다. 석탄의 성분 같은 화학 물질에서는 화학적 에너지가 어떤 방식으로 저장되어 있고, 어떻게 연소 과정에서 열로 나오는지 알아보자.

| 발열 반응과 흡열 반응 |

겨울철에 눈이 내리면 도로의 눈이 얼어붙지 않도록 염화 칼슘과 같은 제설제를 뿌린다. 염화 칼슘은 전해질로서 어는점 내림 효과를 일으킬 뿐만 아니라 녹으면서 열을 방출하기 때문에 도로 위의 눈은 쉽게 얼지 않고 녹게 된다. 이처럼 염화 칼슘이 녹는 것은 발열 과정이다. 대표적인 발열 반응으로는 연소 반응이 있으며, 식물의 대사 활동에서도 주위로 열이 방출된다. 또한, 산과 염기의 중화 반응이 일어날 때나 수산화 나트륨이 물에 용해될 때에도 주위로 열이 방출된다.

손목이나 발목이 부었을 때 붓기가 있는 상처에서 열이 발생하는데 이럴 때에는 응급 처치용으로 휴대용 냉각 팩을 사용 한다. 휴대용 냉각 팩 속에는 질산 암모늄이라는 고체 물질이 들어 있는 주머니와 물이 들어 있는 주머니가 있는데, 물이 들어 있는 주머니를 손으로 누르면 질산 암모늄과 물이 만나 녹으면서 주위의 열을 흡수하게 된다. 질산 암모늄이 녹는 것은 흡열 과정이기 때문이다.

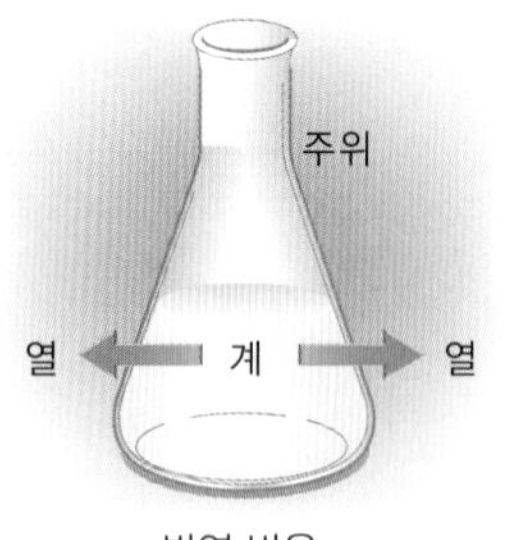

발열 반응

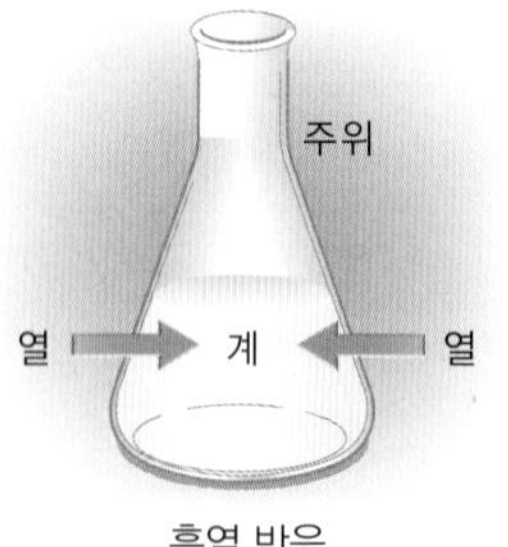

흡열 반응

▲ 반응계와 주위에서의 열의 출입

용어쏙

반응계 반응이 직접 일어나는 영역 또는 물질

주위 반응계를 제외한 외부의 모든 영역 또는 물질

탄산수소 나트륨의 열분해, 물의 전기 분해, 식물의 광합성 등과 같이 에너지를 소모하는 반응들은 흡열 반응이다. 열에너지뿐만 아니라, 빛에너지, 전기 에너지를 흡수하는 반응도 흡열 반응으로 분류한다.

화학 에너지가 높은 반응물이 화학 에너지가 낮은 생성물로 바뀌면서 그 에너지 차이가 열로 나온다. 따라서 발열 반응이 일어나면 온도가 높아진다. 화학 에너지가 낮은 반응물을 화학 에너지가 높은 생성물로 바꾸려면 외부에서 열을 공급해야 한다. 따라서 흡열 반응이 일어나면 온도가 낮아진다. 따라서 화학 반응이 일어날 때의 온도 변화로 발열 반응인지 흡열 반응인지를 판단할 수 있다.

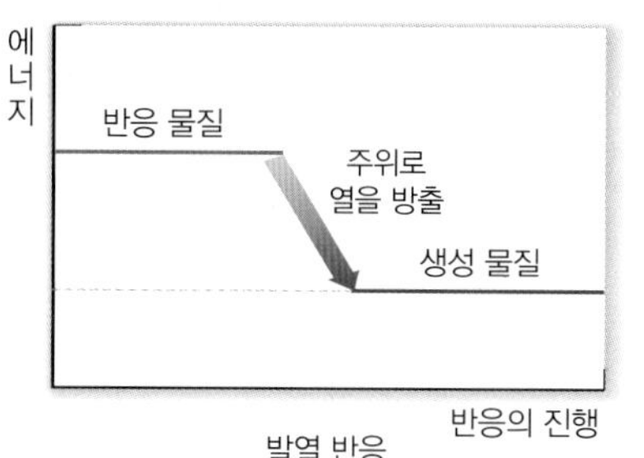

발열 반응

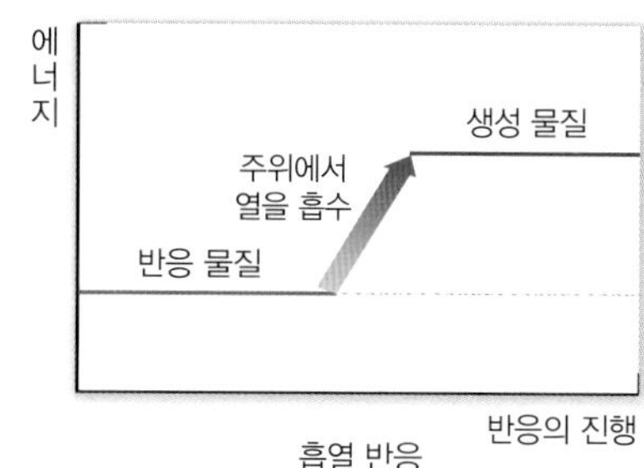

흡열 반응

⁂ **발열 반응과 흡열 반응에서의 열의 출입**

탐구 시그마 발열 반응과 흡열 반응 실험

자료

❶ 고체 수산화 바륨 20 g과 고체 질산 암모늄 80 g을 넣어 유리 막대로 저어 준 후 물을 바른 나무 판 위에 올려놓고 얼마 후에 삼각 플라스크를 들어 올려 보자.

❷ 물 100 g을 넣은 비커에 수산화 나트륨 2 g을 넣어 녹인 후 비커를 손으로 만져 보자.

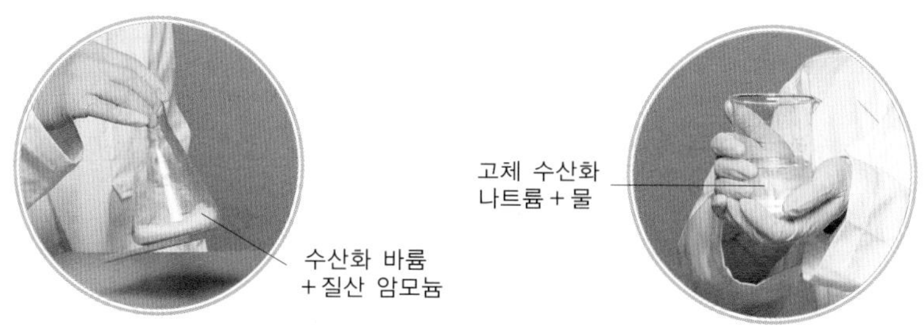

분석

• 삼각 플라스크에서 반응이 일어날 때 열이 흡수되어 주변의 온도가 낮아지므로 나무 판과 플라스크 사이의 물이 얼어붙는다.

• 수산화 나트륨이 물에 용해될 때 열이 방출되어 온도가 높아지기 때문에 비커가 따뜻해진다.

확·인·하·기

다음 중에서 에너지의 흐름에서 나머지와 크게 다른 경우는?

① 석탄의 연소 ② 핫 팩 ③ 냉각 팩 ④ 폭포에서 물의 흐름 ⑤ 철이 녹스는 것

냉각 팩은 에너지가 낮은 상태에서 높은 상태로 올라가면서 열을 흡수한다. 나머지는 높은 에너지 상태에서 낮은 에너지 상태로 바뀌는 경우이다.

답 ③

| 화학 반응에서 출입하는 열의 측정 |

화학 반응에서 발생하는 열의 크기, 즉 열량은 열량계를 사용하여 측정할 수 있다. 화학 반응에서 발생하는 열을 정확하게 측정할 때에는 단열이 잘 되도록 매우 정밀하게 만들어진 통열량계를 사용한다. 통열량계는 단열 용기와 젓개 막대, 온도계로 구성되어 있다. 통열량계는 젓개를 사용하여 통 안의 물이 일정한 온도를 유지하게 한다. 용기 안에는 액체 시료를 넣거나 비열을 알고 있는 액체와 함께 비열을 측정하고자 하는 고체 시료를 넣는다.

열량계와 외부 사이에 열의 출입이 없고, 열량계 자체가 흡수하는 열을 무시한다면 화학 반응에서 발생한 열량은 용액이 얻은 열량과 같다. 따라서 일정한 비열(c)을 갖는 물질의 질량(m)과 온도 변화(Δt)를 곱한 값을 열량(Q)이라고 한다. 물질 1 g의 온도를 1 ℃ 높이는 데 필요한 열량을 비열이라 하며, 물의 비열은 4.184 J/(g·℃)이다.

$$Q = c \times m \times \Delta t \text{ (단위: J)}$$

- 용액이 얻은 열량(Q)
- 용액의 비열(c)
- 용액의 질량(m)
- 용액의 온도 변화(Δt)

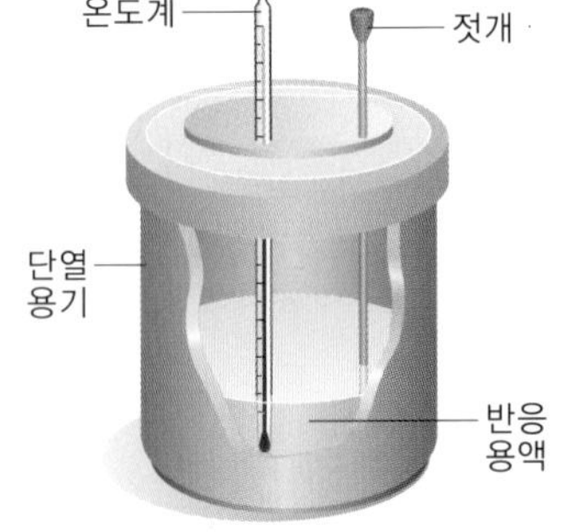

간이 열량계의 구조

한편, 열용량은 열량을 온도 변화로 나눠준 값, 즉 어떤 물질의 온도를 1 ℃ 올리는 데 필요한 열을 말한다. 즉, 열용량 = $Q/\Delta t$, 단위는 cal/℃ 또는 J/℃을 사용한다. 비열은 세기 성질로 물질의 특성이며, 열용량은 크기 성질로 물질의 종류와 양에 따라 달라진다.

화학 반응에서 출입하는 열량을 간이 열량계를 이용하여 계산해 보자.

간이 열량계를 이용한 열량 계산

간이 열량계 안에 25 ℃의 증류수 200 g을 넣고 염화 칼슘 10 g을 녹였더니 용액의 최고 온도가 31 ℃로 되었다. 이때 발생한 열의 양을 구해보자. (단, 열량계와 외부로 손실된 열은 무시하며, 물과 용액의 비열은 모두 4.2 J/(g · ℃)로 한다.)

알고 있는 것
용액의 질량 = 200 g(증류수) + 10 g(염화 칼슘) = 210 g 용액의 처음 온도 = 25 ℃, 용액의 나중 온도 = 31 ℃

풀이 증류수와 염화 칼슘의 질량 합은 200 + 10 = 210(g)이다.
염화 칼슘의 용해에 의한 온도 변화는 31 − 25 = 6(℃)이다.
∴ 발열량 $Q = c \times m \times \Delta t$ = 4.2 J/(g · ℃) × 210 g × 6 ℃ = 5292 J

확·인·하·기

위의 실험에서 190 g의 물에 20 g의 염화 칼슘을 녹였다면 최종 온도는 얼마일지 계산하시오.

발열량 = 5292 J × 2 = 10584 J

$$\Delta t = \frac{Q}{(c \times m)} = \frac{10584}{(4.2 \times 210)} = 12$$

25 ℃ + 12 ℃ = 37 ℃
발열량은 두 배인데 용액의 질량은 같으므로 온도 변화는 두 배가 된다. 답 37 ℃

| 엔탈피 |

석탄의 탄소가 산화되는 반응은 $C + O_2 \longrightarrow CO_2$로 쓸 수 있다. 이 과정에서 열이 나온다는 것은 C와 O_2가 따로 있을 때보다 CO_2로 결합하면 안정화된다는 뜻이다. 흐르는 물의 위치 에너지(potential energy)는 어느 지점의 고도로 나타낼 수 있는데, 원자나 분자의 화학 에너지도 화학적 퍼텐셜(chemical potential)로 나타낼 수 있다. 그런데 많은 화학 반응에서 에너지는 열로 나오기 때문에 어떤 화학종이 일정한 양의 열을 가지고 있다가 그 중 일부를 열로 내놓고 결과적으로 내부의 열이 감소한다고 생각하기 쉽다. 마치 예금의 일부를 현금으로 찾으면 은행 잔고가 줄어드는 것과 마찬가지이다. 물론 원자와 분자가 가지고 있는 내부 에너지는 열 자체는 아니고 분자의 구조나 전자의 상태 등에 의해 결정되는 양이다. 화학 반응이 일어나면 반응물과 생성물의 내부 에너지 차이가 열로 나오는 것이다.

20세기 초반에 이런 상황을 설명하기 위해 **엔탈피(enthalpy)**라는 용어가 태어났다.

엔탈피는 H로 표기하는데 반응열은 엔탈피의 차이에서 오기 때문에 실제로는 엔탈피의 차이를 나타내는 ΔH가 중요한 양이다. 물체의 위치 에너지가 상대적인 것과 마찬가지로 어떤 물질의 엔탈피도 절대적인 값을 정의할 수 없다.

용어 쏙 엔탈피

엔탈피의 엔(en-)은 in과 마찬가지로 내부라는 뜻이다. 19세기 중반에 사용되기 시작한 에너지(energy)의 엔(en-)도 마찬가지이다. 에너지의 erg는 일이라는 뜻이다. 그러니까 에너지는 내부적으로 가지고 있는, 일을 할 수 있는 잠재력이라는 뜻이다. 엔탈피의 'thal'은 thermal, thermometer 등에서 알 수 있듯이 열이라는 뜻이다. 그래서 엔탈피는 내부적 열, 즉 반응을 통해 밖으로 나올 수 있는 잠재적 열이라는 뜻이다.

화학 반응이 일어날 때 엔탈피의 변화에 따라 출입한 열을 엔탈피 변화 또는 반응 엔탈피라고 부르며 기호로는 ΔH로 표시한다. 반응 엔탈피(ΔH)는 생성물의 엔탈피 합과 반응물의 엔탈피 합의 차이에 해당한다.

$$\text{반응 엔탈피}(\Delta H) = \text{생성물의 엔탈피의 합} - \text{반응물의 엔탈피의 합}$$

엔탈피는 반응계 자체가 가지고 있는 화학 에너지의 양이다. 따라서 발열 반응에서는 열이 주위로 빠져나가기 때문에 반응계의 엔탈피는 감소하고, 흡열 반응에서는 열이 주위에서 들어오기 때문에 반응계의 엔탈피는 증가한다.

◘ 발열 반응과 반응 엔탈피

발열 반응에서는 반응물의 엔탈피가 생성물의 엔탈피보다 크므로 반응 엔탈피(ΔH)는 (−)값을 갖는다. 몇 가지 중요한 발열 반응을 살펴보자.

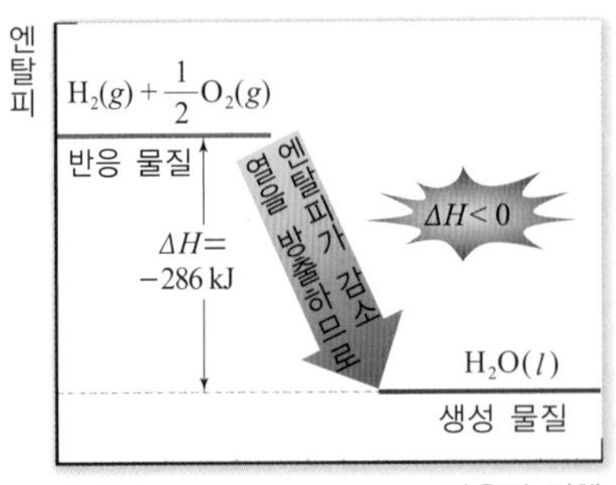

≈ **발열 반응의 엔탈피 변화**

수증기가 물이 되는 상태 변화를 살펴보자.

$$H_2O(g) \longrightarrow H_2O(l)$$

기체 상태에서 물 분자들은 먼 거리에서 자유롭게 운동한다. 그러나 액체 상태의 물 분자들은 수소 결합에 의해 안정화된다. 즉, 기체 상태에서 물 분자의 엔탈피보다 액체 상태에서 물 분자의 엔탈피가 상대적으로 낮다. 따라서 물의 액화는 발열 과정이다. 이때 물 1 mol당 44 kJ의 열이 나오므로 $\Delta H = -44$ kJ/mol이다. 수소와 산소로부터 액체 물 1 mol이 생기는 데 286 kJ의 열이 나오고, 1 mol의 물이 기체로부터 액화하는 데 44 kJ의 열이 나온다면 수소와 산소로부터 기체 상태의 물 1 mol이 생기는 데는 242 kJ의 열이 나오는 것을 알 수 있다.

탄소가 산화되어 이산화 탄소 기체를 생성하는 다음 반응은 발열량이 394 kJ/mol이다. 즉, $\Delta H = -394$ kJ/mol이다.

$$C(s) + O_2(g) \longrightarrow CO_2(g)$$

기체 상태의 물 분자 1 몰이 생길 때 242 kJ/mol의 열이 나오므로 수소의 연소와 탄소의 연소를 다음과 같이 같은 몰수의 산소와 반응하는, 즉 같은 몰수의 전자가 이동하는 식으로 써서 비교해 보자.

$$2H_2(g) + O_2(g) \longrightarrow 2H_2O(g) \qquad \Delta H = -484 \text{ kJ/mol}$$
$$C(s) + O_2(g) \longrightarrow CO_2(g) \qquad \Delta H = -394 \text{ kJ/mol}$$

위 식으로부터 산소가 탄소보다 전기음성도가 낮은 수소로부터 전자를 얻는 경우에 20 % 정도 더 많은 열이 발생하는 것을 알 수 있다. 게다가 수소는 탄소보다 가볍기 때문에 운반이 쉽다. 그래서 수소가 미래의 에너지원으로 기대를 받는 것이다.

암모니아 합성 반응에서 수소는 질소에 의해 산화되므로 발열 반응이다.

$$3H_2(g) + N_2(g) \rightleftharpoons 2NH_3(g)$$

그런데 이 반응의 발열량은 NH_3 1 mol당 46 kJ로 상당히 작다. N_2의 강한 3중 결합을 끊어야 하고, 만들어진 N−H 결합이 O−H 결합처럼 강하지 않기 때문이다. 따라서 온도가 높아지면 역반응이 우세해진다.

◘ 흡열 반응과 반응 엔탈피

지금까지 살펴본 대로 대부분의 중요한 반응은 산화 반응이고 발열 반응이다. 발열 반응의 역반응은 흡열 반응으로, 흡열 반응은 잘 일어나지 않는다. 흡열 반응에서는 생성물의 엔탈피가 반응물의 엔탈피보다 커서 ΔH는 (+)값을 가진다.

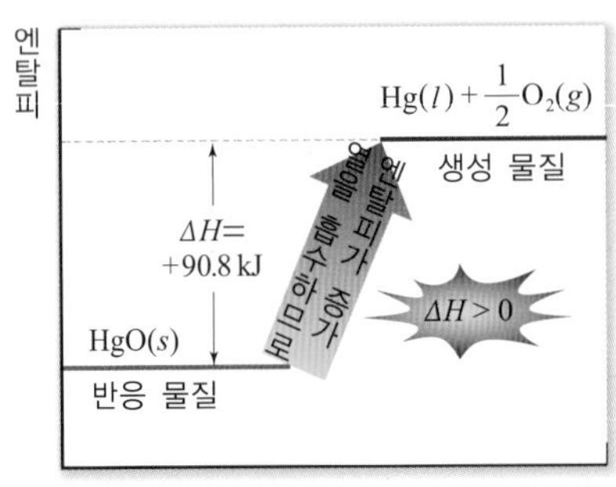

흡열 반응과 엔탈피 변화

흡열 반응의 예에는 공기 중의 질소와 산소로부터 일산화 질소(NO)가 만들어지는 $\frac{1}{2}N_2 + \frac{1}{2}O_2 \longrightarrow NO$ 반응이 있다. 이 반응에서도 N_2의 3중 결합을 끊어야 하고, N와 O의 전기음성도 차이가 크지 않기 때문에 암모니아 합성 반응처럼 발열 반응이라 하더라도 발열량이 크지는 않을 것으로 예상된다. 그런데 이 반응은 NO 1몰당 흡열량이 90 kJ 정도인 흡열 반응이다. 그 이유는 NO의 불안정한 구조에 있다.

$$\cdot\ddot{N} = \ddot{O}:$$

NO의 루이스 구조

N은 5개의 최외각 전자를 가지고 있는데 그 중 2개를 O와 2중 결합을 만드는 데 사용한다. 그래도 N에는 1개의 비공유 전자쌍과 1개의 홀전자가 남는다. 특히 이 홀전자 때문에 NO는 불안정하므로 이 반응은 흡열 반응이다. NO가 한 번 더 산화되어 얻어진 NO_2가 불안정한 것도 같은 이유 때문이다.

또 흡열 반응의 하나인 냉각 팩의 원리를 이해하는 데 유용한 다음 반응을 살펴보자.

$$Ba(OH)_2 \cdot 8H_2O + 2NH_4Cl \longrightarrow BaCl_2 + 2NH_3 + 10H_2O$$

비커에 고체 화합물인 수산화 바륨과 염화 암모늄을 넣고 섞으면 물이 나와서 비커의 내용물이 축축해지면서 암모니아 냄새가 난다. 동시에 비커가 차가와지면서 공기 중의 수증기가 비커 표면에 응축하고, 시간이 지나 반응이 많이 진행하면 비커 표면에 얼음이 덮인다. 주위의 온도가 낮아지므로 이 반응은 분명히 흡열 반응이다. 생성물의 엔탈피의 총합이 반응물의 엔탈피의 총합보다 크다는 것을 알 수 있다.

자료 쏙

» **흡열 반응과 엔트로피**

흡열 반응은 화학 에너지 면에서 안정한 반응물 쪽에서 불안정한 생성물 쪽으로 변화하는 것이다. 그런데 생성물이 불안정하다면 왜 그 방향으로 반응이 진행할까? 여기에는 엔트로피 증가라는 중요한 원리가 있다.

잘 정리된 방이 흐트러지는 것에서 볼 수 있듯이 자연에서는 규칙성이 증가하는 경우보다 불규칙성이 증가하는 경우가 압도적으로 많다. 그래서 불규칙성의 정도를 엔트로피(entropy)라고 한다. 엔탈피에서와 마찬가지로 엔(en-)은 내부에 들어 있다는 뜻이고, 트로피는 변형(transformation)을 뜻하는 trope라는 말에서 왔다. 엔트로피는 규칙적 상태에서 불규칙적 상태로 변형되고자 하는 내부 경향의 척도이다. 고체나 액체에 비해 기체에서 분자들은 넓은 공간에서 자유롭게 운동하기 때문에 엔트로피가 아주 높다. 엔탈피 면에서는 불리하지만 엔트로피가 증가하는 효과가 더 크게 작용해서 흡열 반응이 일어나는 경우가 있다. 얼음이 녹거나 물이 끓는 경우에는 엔탈피가 증가하고 엔트로피도 증가한다.

확·인·하·기

다음은 냉각 팩의 원리를 나타내는 반응이다.

$$Ba(OH)_2 \cdot 8H_2O + 2NH_4Cl \longrightarrow BaCl_2 + 2NH_3 + 10H_2O$$

이 반응에 관한 설명으로 옳은 것만을 | 보기 |에서 있는 대로 고르시오.

| 보기 |

ㄱ. 수산화 바륨의 수화물 $Ba(OH)_2 \cdot 8H_2O$에서 8몰의 물이 떨어져 나오면 엔탈피는 감소한다.
ㄴ. NH_4Cl은 안정한 이온 결합 물질이다.
ㄷ. 전체 반응에서 엔탈피는 증가한다.
ㄹ. 전체 반응에서 엔트로피는 증가한다.

$Ba(OH)_2 \cdot 8H_2O$에서 8몰의 물은 이 화합물을 안정하게 만든다. 물이 떨어져 나오는 과정은 NH_4Cl의 분해와 함께 엔탈피를 증가시켜서 이 반응을 흡열 반응으로 만드는 데 기여한다. 엔트로피 증가는 흡열 과정이 자발적으로 일어나게 한다.

답 ㄷ, ㄹ

| 열화학 반응식 |

화학 반응에서 출입하는 열에너지 변화, 즉 반응 엔탈피를 함께 나타낸 화학 반응식을 **열화학 반응식**이라고 한다. 열화학 반응식은 다음 몇 가지 규칙을 따라야 한다.

1	열화학 반응식에 나타낸 계수는 반응물과 생성물의 몰수를 나타낸다. $H_2(g) + \frac{1}{2}O_2(g) \longrightarrow H_2O(l) \qquad \Delta H = -286\ \text{kJ/mol}$ 수소 1몰과 산소 0.5몰이 반응하여 액체 물 1몰이 생성될 때 주위로 286 kJ의 열에너지가 방출된다.
2	반응물과 생성물이 가지는 엔탈피는 상태에 따라 달라지므로 반드시 물질의 상태, 즉 고체(s), 액체(l), 기체(g) 및 수용액(aq) 등을 화학식과 함께 표시한다. 예를 들면 수소 1몰과 산소 0.5몰이 반응하여 얼음과 물 및 수증기 각각 1몰이 생성될 때의 열화학 반응식은 다음과 같이 나타낼 수 있다. $H_2(g) + \frac{1}{2}O_2(g) \longrightarrow H_2O(s) \qquad \Delta H = -292\ \text{kJ/mol}$ $H_2(g) + \frac{1}{2}O_2(g) \longrightarrow H_2O(l) \qquad \Delta H = -286\ \text{kJ/mol}$ $H_2(g) + \frac{1}{2}O_2(g) \longrightarrow H_2O(g) \qquad \Delta H = -242\ \text{kJ/mol}$
3	엔탈피의 값은 온도와 압력에 따라 달라지므로 열화학 반응식을 쓸 때에는 온도와 압력 등 반응 조건을 표시해야 한다. 특별히 온도와 압력 조건이 주어지지 않으면, 일반적으로 표준 상태, 즉 25 ℃, 1기압에 해당한다.
4	반응 엔탈피(ΔH)는 물질의 몰수에 비례하므로, 열화학 반응식에서 몰수에 해당하는 계수가 달라지면 반응 엔탈피(ΔH)의 크기도 계수에 비례해서 달라진다. $H_2(g) + \frac{1}{2}O_2(g) \longrightarrow H_2O(l) \qquad \Delta H = -286\ \text{kJ/mol}$ $2H_2(g) + O_2(g) \longrightarrow 2H_2O(l) \qquad \Delta H = -572\ \text{kJ/mol}$

개념 쏙

» 물질의 상태와 반응 엔탈피

- 같은 종류의 물질이라도 고체 → 액체 → 기체로 될수록 엔탈피는 증가한다.
- 고체 → 액체의 과정과 액체 → 기체의 과정은 모두 흡열 과정이다.
- 흡열 과정이므로 반응 엔탈피는 $\Delta H > 0$이다.

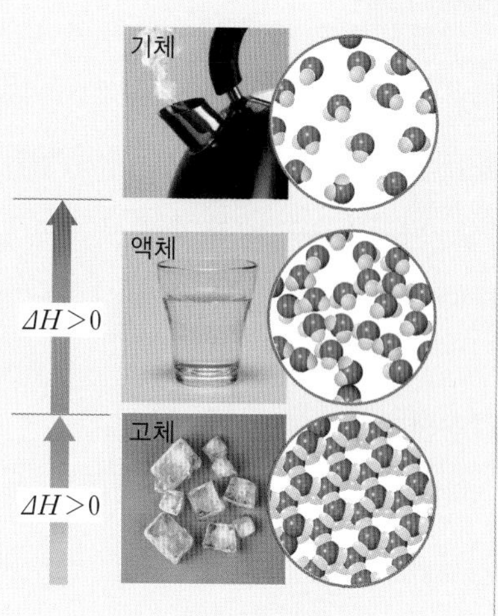

확·인·하·기

메테인 1몰이 완전 연소되어 이산화 탄소 기체와 물을 생성할 때 891 kJ의 열이 방출된다. ΔH를 사용해서 이 반응의 열화학 반응식을 나타내시오.

연소 반응은 열이 방출되는 발열 반응이므로 반응 엔탈피는 $\Delta H < 0$이다.

답 $CH_4(g) + 2O_2(g) \longrightarrow CO_2(g) + 2H_2O(l)$, $\Delta H = -891$ kJ/mol

| 반응 엔탈피의 종류 |

반응 엔탈피는 화학 반응의 종류에 따라 연소 엔탈피, 중화 엔탈피, 용해 엔탈피, 분해 엔탈피, 생성 엔탈피 등으로 나눌 수 있다. 단위는 kJ/mol을 사용한다. 엔탈피 대신 연소열 등의 용어를 사용하는 경우에는 엔탈피 변화의 절댓값을 의미한다.

◘ 연소 엔탈피

물질 1몰이 완전히 연소될 때의 반응 엔탈피를 **연소 엔탈피**라고 한다. 탄소나 수소가 완전 연소하여 안정한 이산화 탄소나 물을 생성하는 연소 반응은 항상 발열 반응이므로 ΔH는 모두 (−)값을 가진다. 예를 들어 메테인 1몰이 완전 연소될 때 891 kJ의 열이 방출되므로 메테인의 연소 엔탈피(ΔH)는 −891 kJ이다. 또는 메테인 1몰의 연소열은 891 kJ이다.

$$CH_4(g) + 2O_2(g) \longrightarrow CO_2(g) + 2H_2O(l),\ \Delta H = -891\ \text{kJ/mol}$$

◘ 중화 엔탈피

산과 염기가 중화 반응하여 물 1몰이 생성될 때의 반응 엔탈피를 **중화 엔탈피**라고 한다. 중화 엔탈피(ΔH)는 산과 염기의 종류에 관계없이 −56.2 kJ/mol로 비슷하다. 예를 들어 염산과 수산화 나트륨 수용액 각각 1몰이 반응하여 물 1몰이 생성될 때 56.2 kJ의 열이 방출되므로 염산과 수산화 나트륨의 중화 엔탈피(ΔH)는 −56.2 kJ/mol이다.

$$H^+(aq) + Cl^-(aq) + Na^+(aq) + OH^-(aq) \longrightarrow Na^+(aq) + Cl^-(aq) + H_2O(l),\ \Delta H = -56.2\ \text{kJ/mol}$$

◘ 용해 엔탈피

물질 1몰이 다량의 물 등 용매에 용해될 때의 반응 엔탈피를 **용해 엔탈피**라고 한다. 예를 들어 황산 1몰이 물에 용해될 때 79.8 kJ의 열이 방출되므로 황산의 용해 엔탈피(ΔH)는 −79.8 kJ/mol이다.

$$H_2SO_4(l) + H_2O(l) \longrightarrow H_2SO_4(aq),\ \Delta H = -79.8\ \text{kJ/mol}$$

▼ 고체 물질의 물에 대한 용해 엔탈피(25 ℃, 1 atm)

물질	용해 엔탈피(kJ/mol)	물질	용해 엔탈피(kJ/mol)
NaOH	−44.5	$CaCl_2$	−81.7
NaCl	+3.9	NH_4NO_3	+25.7
KCl	+17.2	NH_3	−30.5

용해 엔탈피는 양의 값을 가지는 경우도 있고 음의 값을 가지는 경우도 있다. 이온 결합으로 이루어진 고체 물질이 물에 녹으면 일단 양이온과 음이온으로 해리하고, 해리한 이온은 물 분자들에 둘러싸여 수화되면서 안정화된다. 그런데 예를 들어 NaOH 결정에서 Na^+과 OH^-을 떼어내는 데는 에너지가 필요하지만 Na^+과 OH^-이 수화될 때 많은 에너지가 나오기 때문에 전체적으로 NaOH의 용해 엔탈피는 음의 값을 가진다. Na^+처럼 이온이 작거나 Ca^{2+}처럼 전하가 클수록 수화되는 안정화 효과가 크다.

◘ 분해 엔탈피

화합물 1몰이 그 성분 원소의 가장 안정한 원소 물질로 분해될 때 반응 엔탈피를 **분해 엔탈피**라고 한다. 예를 들어 기체 상태의 물 분자 1몰이 수소 기체와 산소 기체로 분해될 때 242 kJ의 열이 흡수되므로 물의 분해 엔탈피(ΔH)는 +242 kJ/mol이다.

$$H_2O(g) \longrightarrow H_2(g) + \frac{1}{2}O_2(g),\ \Delta H = 242\ \text{kJ/mol}$$

◘ 생성 엔탈피

어떤 화합물 1몰이 가장 안정한 성분 원소로부터 생성될 때의 반응 엔탈피를 **생성 엔탈피**라고 한다. 특히 반응물과 생성물이 모두 표준 상태(1기압, 25 ℃)에 있을 때의 생성 엔탈피를 표준 생성 엔탈피라 하고 ΔH_f^o로 표시한다. 여기서 아래 첨자의 f는 'formation(생성)'을, 위 첨자의 o는 표준 상태를 뜻한다. 예컨대 표준 상태의 흑연 1몰과 표준 상태의 수소 기체 2몰로부터 표준 상태의 메테인 기체 1몰이 만들어질 때 반응 엔탈피는 −74.9 kJ/mol이다. 그런데 화합물과 달리 원소 상태 물질의 표준 생성 엔탈피는 0으로 정의한다. 따라서 C(흑연), $H_2(g)$, $O_2(g)$, 그리고 다른 원소의 ΔH_f^o 값은 정의에 따라 0이다.

다음 반응의 반응 엔탈피는 바로 메테인의 표준 생성 엔탈피가 된다.

$$C(s,\ \text{흑연}) + 2H_2(g) \longrightarrow CH_4(g) \quad \Delta H = -74.9\ \text{kJ/mol}$$

표준 생성 엔탈피는 화학에서 매우 중요한 개념이다. 여러 가지 화합물에 대하여 표준 생성 엔탈피를 조사하여 값을 알고 있다면 어떤 반응의 엔탈피 변화를 계산하여 그 반응이 발열 반응인지, 흡열 반응인지를 쉽게 알 수 있기 때문이다.

확·인·하·기

제철 과정에서 일어나는 $Fe_2O_3 + 3CO \longrightarrow 2Fe + 3CO_2$ 반응이 발열 반응인지 흡열 반응인지 다음 자료를 이용하여 판단하시오. (단, 반응물과 생성물은 모두 표준 상태에 있다.)

화합물	Fe_2O_3	CO	CO_2
표준 생성 엔탈피(kJ/mol)	−822	−111	−394

반응 엔탈피는 생성물의 엔탈피 합에서 반응물의 엔탈피 합을 뺀 값이므로 다음과 같이 식을 세울 수 있다.

ΔH = 2(Fe의 표준 생성 엔탈피) + 3(CO_2의 표준 생성 엔탈피)
− (Fe_2O_3의 표준 생성 엔탈피) − 3(CO의 표준 생성 엔탈피)
$= 2 \times 0 + 3 \times (-394) - (-822) - 3 \times (-111) = -27$ (kJ/mol)

엔탈피 변화가 음의 값이므로 발열 반응이고 쉽게 일어나리라 예상할 수 있다. 답 발열 반응

1-2 반응 엔탈피와 결합 에너지

핵심 개념 • 결합 에너지 • 헤스 법칙

발열 반응에서는 생성물의 엔탈피가 반응물의 엔탈피보다 낮아지고, 흡열 반응에서는 생성물의 엔탈피가 반응물의 엔탈피보다 높아진다. 이러한 엔탈피의 변화, 즉 반응 엔탈피(ΔH)는 반응물이나 생성물의 화학 결합과 어떤 관계가 있을까?

| 결합 에너지 |

두 원자가 결합하여 안정한 분자를 형성할 때에는 에너지를 방출하고, 반대로 분자를 이루고 있는 두 원자 사이의 결합이 끊어질 때에는 에너지를 흡수한다. 이때 기체 분자에서 공유 결합을 이루는 두 원자 사이의 결합 1몰을 끊는 데 필요한 에너지를 **결합 에너지(D)**라고 한다. 결합 에너지를 **결합 해리 에너지(bond dissociation energy,** D)라고도 한다.

예를 들어 수소 분자(H_2)를 생각해 보자. 수소 원자는 전자가 1개라서 불안정하다. 두 수소 원자가 옥텟 규칙을 만족시키면서 공유 결합을 통해 안정한 수소 분자를 만드는 반응은 발열 반응이다.

$$H(g) + H(g) \longrightarrow H_2(g)\ ,\ \Delta H = -436\ \text{kJ/mol}$$

따라서 수소 분자가 수소 원자로 되는 반응은 ΔH = 436 kJ/mol인 흡열 반응이다. 즉, H−H의 결합 에너지는 436 kJ/mol이며, 이것을 D(H−H)=436 kJ/mol로 나타내기도 한다.

$$H_2(g) \longrightarrow H(g) + H(g),\ \ \Delta H = 436\ \text{kJ/mol}$$

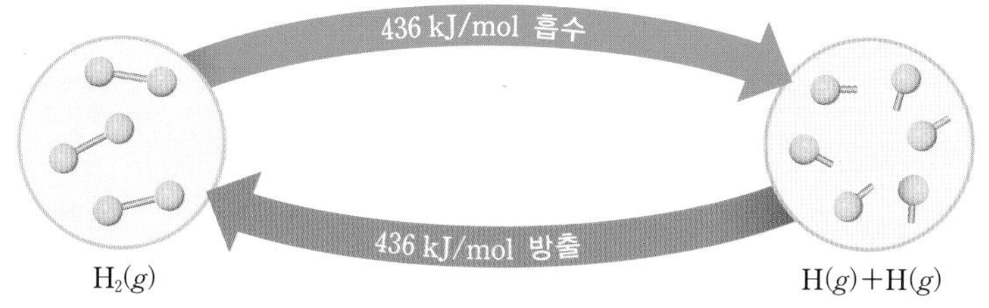

수소(H_2)의 결합 에너지

산소 분자(O_2)의 결합 에너지를 살펴보자. 산소 원자는 원자가 전자가 6개라서 옥텟 규칙을 만족시키려면 2개의 전자가 필요하다. 그래서 불안정한 산소 원자 둘이 만나 2중 결합을 통해 안정한 산소 분자를 만드는 반응은 발열 반응이다. 이때 $\Delta H = -498$ kJ/mol이다. 다시 말해서 O_2 분자의 2중 결합 에너지는 498 kJ/mol로 의외로 H_2 분자의 단일 결합 에너지인 436 kJ/mol보다 그리 크지 않다. 그래서 O_2 분자는 비교적 쉽게 원자로 분해되고, 호흡 작용 등 많은 산화 반응에 참여한다.

$$O(g) + O(g) \longrightarrow O_2(g),\quad \Delta H = -498 \text{ kJ/mol}$$
$$O_2(g) \longrightarrow O(g) + O(g),\quad \Delta H = 498 \text{ kJ/mol}$$

▼ 여러 가지 공유 결합의 결합 에너지

결합	결합 에너지 (kJ/mol)	결합	결합 에너지 (kJ/mol)	결합	결합 에너지 (kJ/mol)
H−H	436	H−F	570	F−F	159
O−H	463	H−Cl	431	Cl−Cl	243
O=O	498	H−Br	366	Br−Br	194
N≡N	945	H−I	298	I−I	152

| 결합 에너지와 반응 엔탈피의 관계 |

수소와 산소 기체로부터 수증기가 만들어지는 반응을 통해 결합 에너지(D)와 반응 엔탈피(ΔH)와의 관계를 알아보자.

$$2H_2(g) + O_2(g) \longrightarrow 2H_2O(g),\quad \Delta H = -484 \text{ kJ/mol}$$

이 반응의 반응물인 H_2와 O_2는 모두 안정한 분자이다. 그런데 이 반응에서는 기체 상태의 물 분자 1몰이 생길 때 242 kJ/mol의 열이 나온다. ΔH = −242 kJ/mol인 것이다. 이것은 H_2와 O_2도 안정하지만 생성물인 H_2O는 더 안정하다는 것을 뜻한다. 그 이유는 수소와 산소의 전기음성도 차이에 있다. O_2에서는 전기음성도가 높은 산소가 또 하나의 산소와 결합하고 있기 때문에 전자를 주고받지 못하고 높은 산소의 전기음성도를 만족시키지 못한다. 그러나 H_2O에서 산소는 양쪽의 수소로부터 전자를 끌어당겨서 만족한 상태가 된다. H_2와 O_2의 결합 에너지와 이 반응의 반응 엔탈피로부터 H_2O에서 O−H 결합 에너지를 구해보면 463 kJ/mol이 얻어진다.

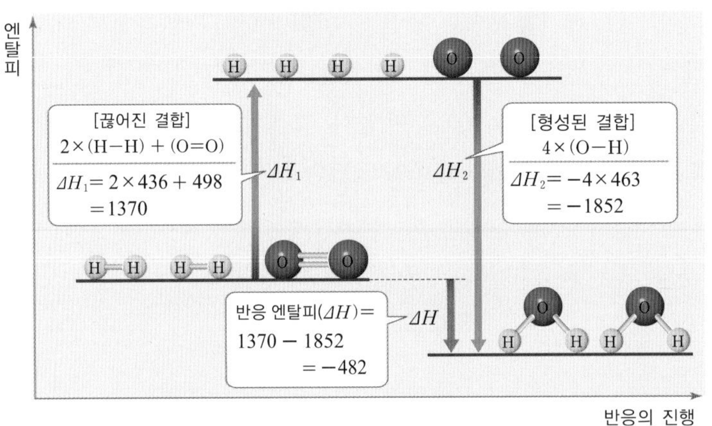

수소의 연소 반응에서의 반응 엔탈피와 결합 에너지 관계

$$H_2(g) + \frac{1}{2}O_2(g) \longrightarrow H_2O(g),\quad \Delta H = -242\ \text{kJ/mol}$$
$$H_2(g) \longrightarrow H(g) + H(g),\quad \Delta H = 436\ \text{kJ/mol}$$
$$O_2(g) \longrightarrow O(g) + O(g),\quad \Delta H = 498\ \text{kJ/mol}$$
$$2H(g) + O(g) \longrightarrow 2(\text{O−H 결합}) \longrightarrow H_2O(g)$$

H_2의 결합 에너지인 436 kJ/mol과 비교해 보면 전기음성도 차이의 효과를 볼 수 있다.

위의 반응식에 따라 1몰의 H_2가 원자로 분해될 때는 436 kJ을 흡수한다. 그리고 $\frac{1}{2}$몰의 O_2가 원자로 분해될 때는 $\frac{498}{2}$ = 249 kJ을 흡수한다. 그래서 총 436 + 249 = 685 kJ을 흡수한다. 그런데 1몰의 H 원자가 $\frac{1}{2}$몰의 O 원자와 결합해서 1몰의 H_2O가 될 때는 2몰의 O−H 결합이 만들어지기 때문에 2×463 = 926 kJ을 내놓는다. 결과적으로 이 반응에서는 ΔH = 685 − 926 = −241(kJ/mol)이다.

즉, 수소(H_2) 두 분자와 산소(O_2) 한 분자가 반응하면 물(H_2O) 두 분자가 생성되는데, 이때 2개의 H−H 결합과 하나의 O=O 결합이 끊어지고 새로운 4개의 O−H 결합이 형성된다. 따라서 수소의 연소 반응의 반응 엔탈피는 다음과 같다.

$$\Delta H = 2 \times D(\text{H–H}) + D(\text{O=O}) - 4 \times D(\text{O–H})$$
$$= 2 \times 436\ \text{kJ} + 498\ \text{kJ} - 4 \times 463\ \text{kJ} = -482\ \text{kJ}$$

화학 반응에서 반응물의 화학 결합을 끊으려면 에너지가 필요하므로 엔탈피가 증가하고 새로운 결합이 형성될 때는 에너지가 방출되므로 엔탈피가 감소한다. 따라서 결합 에너지(D)와 반응 엔탈피(ΔH)의 관계를 다음과 같이 정리할 수 있다.

ΔH = 반응물의 결합 에너지의 합 − 생성물의 결합 에너지의 합

확·인·하·기

H−H와 I−I의 결합 에너지가 각각 436 kJ/mol, 151 kJ/mol일 때 다음 반응을 참고하여 H−I 사이의 결합 에너지를 구하시오.

$$H_2(g) + I_2(g) \longrightarrow 2HI(g),\ \Delta H = -12\ \text{kJ}$$

반응 엔탈피 = (반응물의 결합 에너지의 합) − (생성물의 결합 에너지의 합)이므로

ΔH = (수소 1몰의 결합 에너지 + 아이오딘 1몰의 결합 에너지) − (아이오딘화 수소 2몰의 결합 에너지)

$= 436 + 151 - 2x$

$= -12$

$x = 299.5$ kJ/mol

답 299.5 kJ/mol

| 헤스 법칙 |

발열 반응이나 흡열 반응에서 발열량과 흡열량을 미리 계산해 보거나 측정값을 확인하려면 반응식에 나타나는 모든 반응물과 생성물에 대한 엔탈피 값의 정보를 가지고 있어야 할 것이다. 지금은 수백, 수천 가지 화학 물질에 대한 엔탈피 값이 정리되어 있어서 편하게 사용하지만 약 100년 전에는 하나하나의 물질에 대한 엔탈피 값을 구하는 것이 화학의 중요한 부분이었다.

반응의 엔탈피 변화를 조사하는 가장 직접적인 방법은 발생하는 열을 측정하는 것이다. 예컨대 $CH_4 + 2O_2 \longrightarrow CO_2 + 2H_2O$ 반응의 발열량을 측정하려면 일정한 질량의 메테인을 외부와 열의 출입이 차단된 열량계에 넣고 연소시키면서 열량계 내부의 온도가 얼마나 증가하는지 측정한다. 실제로는 열량계 내부에 일정한 양의 물을 넣고 물의 온도 변화를 측정한다. 이렇게 하면 1몰의 이산화 탄소와 2몰의 물의 엔탈피의 합이 1몰의 메테인과 2몰의 산소의 엔탈피의 합보다 얼마나 큰지 알 수 있다.

그런데 어떤 반응은 반응식을 쓰기는 쉽지만 실제로 반응을 일으키는 것은 불가능하다. 예컨대 위의 반응을 해석하려면 CH_4의 엔탈피 값을 알아야 한다. 그리고 CH_4의 엔탈피 값을 알려면 $C + 2H_2 \longrightarrow CH_4$ 반응의 발열량을 측정해야 한다. 그러나 탄소와 수소를 직접 반응시켜서 메테인을 만드는 것은 거의 불가능하다. 탄소와 수소는 산소보다 전기음성도가 낮으며 탄소의 전기음성도는 수소보다 약간 높다. 따라서 위 반응에서 수소는 탄소에 의해 산화된다고 볼 수 있다. 하지만 탄소와 수소의 전기음성도 차이가 작아서 이 반응의 발열량은 크지 않으리라 예상된다. 즉, 반응을 통한 안정화 효과가 크지 않아서 반응이 잘 일어나지 않는 것이다.

그렇다면 어떻게 CH_4의 엔탈피 값을 구할 수 있을까? 수소는 탄소와는 반응을 안 하지만 전기음성도가 높은 산소와는 쉽게 반응해서 연소된다. 탄소도 산소와 쉽게 반응한다. 수소와 탄소가 산소에 의해 산화되는 반응을 (I)과 같이 쓸 수 있다. 이 반응에서는 966 kJ의 열이 나온다. 즉, 반응 엔탈피(ΔH)는 −966 kJ이다. 한편, 엔탈피 정보가 필요한 메테인의 생성 반응을 (II)식으로, 메테인의 연소 반응은 (III)식으로 쓴다. 이 반응의 발열량은 891 kJ이다.

$$\text{(I)}\ C(s) + 2H_2(g) + 2O_2(g) \longrightarrow CO_2(g) + 2H_2O(l) \qquad \Delta H(\text{I}) = -966\ \text{kJ}$$

$$\text{(II)}\ C(s) + 2H_2(g) \longrightarrow CH_4(g) \qquad \Delta H(\text{II}) = x$$

$$\text{(III)}\ CH_4(g) + 2O_2(g) \longrightarrow CO_2(g) + 2H_2O(l) \qquad \Delta H(\text{III}) = -891\ \text{kJ}$$

이 세 반응을 살펴보면 (I)의 반응식은 (II)의 반응식과 (III)의 반응식의 합인 것을 알 수 있다. (I)은 탄소와 수소가 직접 이산화 탄소와 물로 산화되는 경우이고, (II)와 (III)의 합은 탄소와 수소가 먼저 메테인을 만들고 이 메테인이 이산화 탄소와 물로 산화되는 경우이다. 다시 말하면 탄소와 수소가 두 가지 다른 경로를 통해서 이산화 탄소와 물이 되는 것이다.

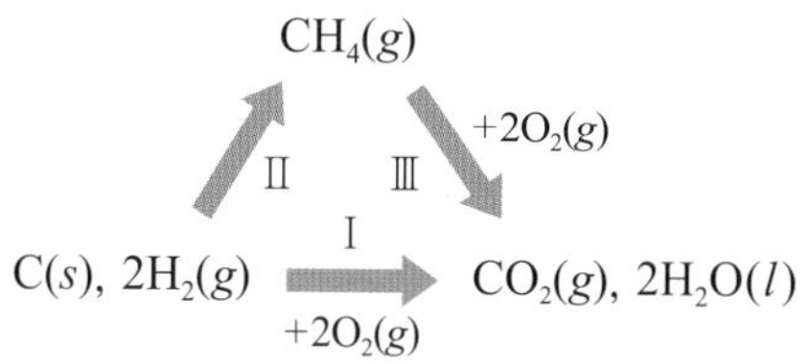

⌃두 가지 경로에 따른 반응

⌃경로가 다른 등산로

산을 등반하는 경우에 정상에 이르는 등산로는 여러 경로가 있어 어떤 등산로로 가느냐에 따라 걷는 거리는 달라지지만 정상까지의 고도차는 같다. 화학 반응의 경우에도 경로가 다르더라도 같은 생성물에 도달할 수 있다.

아직 에너지 또는 에너지 보존이라는 개념이 확립되기 전인 1840년에 러시아의 화학자 헤스(Hess, G. H., 1802~1850)는 여러 반응의 발열량을 정밀하게 측정하고, 다음과 같은 헤스 법칙을 발표하였다.

헤스 법칙

어떤 반응이 일어날 때 반응물의 종류와 상태, 그리고 생성물의 종류와 상태가 같으면, 반응이 한 단계로 진행되거나 여러 단계를 거쳐 진행되거나 반응 엔탈피의 총합은 같다.

헤스 법칙에 따르면 (I)의 반응 엔탈피와 (III)의 반응 엔탈피의 차이로부터 (II)의 반응 엔탈피를 구할 수 있다.

$$\Delta H(\mathrm{I}) = \Delta H(\mathrm{II}) + \Delta H(\mathrm{III})$$

$$x = \Delta H(\mathrm{II}) = \Delta H(\mathrm{I}) - \Delta H(\mathrm{III}) = -966\ \mathrm{kJ} - (-891\ \mathrm{kJ}) = -75\ \mathrm{kJ}$$

헤스 법칙은 어떤 지점의 고도는 어떤 경로를 통해 그 지점에 도달했는지에 상관이 없다는 사실과 일치한다. 예를 들면 액체 물의 엔탈피는 이 물이 과거에 어느 바다에서 증발해서 구름이 되었다가 어디에서 비가 되었는지 등과는 상관이 없고, 물 분자 내에서 O−H 결합 에너지, 결합각, 수소 결합의 세기 등 현재의 상태에 달려있다는 뜻이다. 헤스 법칙은 화학이 다루는 몇 가지 안 되는 중요한 법칙 중 하나이다.

탐구 시그마 반응 경로에 따른 엔탈피 변화

자료

다음은 도시가스의 주성분인 메테인(CH_4)이 연소하여 이산화 탄소(CO_2) 기체와 액체인 물(H_2O)을 생성하는 반응이 한 단계로 일어날 때와 두 단계로 일어날 때의 반응 엔탈피를 비교한 것이다.

[경로 1] 한 단계로 일어날 때

$CH_4(g) + 2O_2(g) \longrightarrow CO_2(g) + 2H_2O(l) \quad \Delta H = -891$ kJ …… ㉠

[경로 2] 두 단계로 일어날 때

$CH_4(g) + 2O_2(g) \longrightarrow CO_2(g) + 2H_2O(g) \quad \Delta H_1 = -803$ kJ …… ㉡

$2H_2O(g) \longrightarrow 2H_2O(l) \quad \Delta H_2 = -88$ kJ …… ㉢

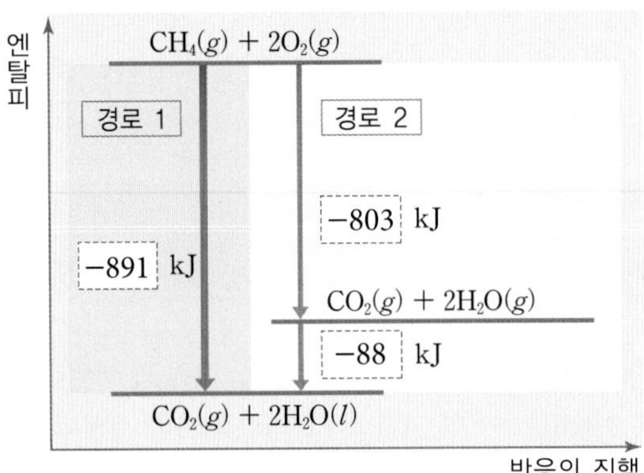

분석

- [경로 2]의 두 화학 반응식을 합하면 [경로 1]의 화학 반응식과 같다.
- [경로 1] 반응의 반응 엔탈피는 [경로 2]의 두 단계 반응의 반응 엔탈피 합과 같다.

확·인·하·기

일산화 탄소의 생성 엔탈피를 직접 재는 것은 어렵다. 탄소의 연소를 임의로 CO에서 중단할 수 없기 때문이다. 그러나 CO를 분리해서 연소 엔탈피를 측정하는 것은 가능하다. 다음 자료로부터 CO의 생성 엔탈피를 계산하시오.

$C(s) + O_2(g) \longrightarrow CO_2(g), \quad \Delta H = -394$ kJ/mol (1)

$CO(g) + \frac{1}{2}O_2(g) \longrightarrow CO_2(g), \quad \Delta H = -283$ kJ/mol (2)

(1)에서 (2)를 빼고 이항하면 $C(s) + \frac{1}{2}O_2(g) \longrightarrow CO(g)$, $-394-(-283) = -111$ 답 $\Delta H = -111$ kJ/mol

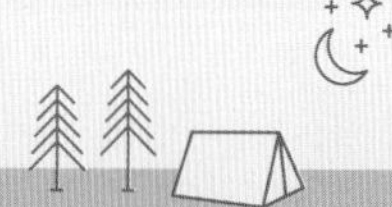

연/습/문/제

정답 및 풀이 446쪽

핵심개념 확인하기

❶

발열 반응이 일어나면 엔탈피가 (증가, 감소)하고, 흡열 반응이 일어나면 엔탈피가 (증가, 감소)한다.

❷

반응 엔탈피는 물질의 몰수에 (비례, 반비례)하므로 화학 반응식의 계수가 달라지면 반응 엔탈피의 크기도 달라진다.

❸

물질 1몰이 가장 안정한 성분 (원소, 화합물)로부터 생성될 때의 반응 엔탈피를 생성 엔탈피라고 한다.

❹

(헤스, 멘델레예프) 법칙은 화학 반응에서 반응의 처음 상태와 마지막 상태가 같으면 반응의 경로에 관계없이 출입한 반응 엔탈피의 총합은 같다는 것이다.

01 다음은 일산화 질소(NO)가 생성될 때의 열화학 반응식을 나타낸 것이다.

$$N_2(g) + O_2(g) \longrightarrow 2NO(g),\ \Delta H = 181\ \text{kJ}$$

이에 대한 설명으로 옳은 것만을 | 보기 |에서 있는 대로 고르시오.

| 보기 |

ㄱ. 반응이 진행되면 주위의 온도가 올라간다.
ㄴ. 질소가 산화되는 것이므로 발열 반응이다.
ㄷ. 반응물이 생성물보다 에너지 면에서 안정하다.

02 반응이 일어날 때 엔탈피가 증가하는 반응을 | 보기 |에서 있는 대로 고르시오.

| 보기 |

ㄱ. 물의 기화
ㄴ. 메테인의 연소 반응
ㄷ. NaOH(s)의 용해 반응
ㄹ. 수산화 바륨과 질산 암모늄의 반응

03 화학 반응식에서 반응 엔탈피(ΔH)에 대한 설명으로 옳은 것만을 | 보기 |에서 있는 대로 고르시오.

| 보기 |

ㄱ. $\Delta H > 0$이면 발열 반응이다.
ㄴ. $\Delta H < 0$이면 반응물보다 생성물이 더 안정하다.
ㄷ. ΔH는 반응물과 생성물의 상태 등에 따라 달라진다.
ㄹ. ΔH는 생성물의 엔탈피 합에서 반응물의 엔탈피 합을 뺀 값이다.

04 $H_2O(l)$의 생성 엔탈피(ΔH) = -286 kJ/mol일 때 $H_2O(l)$ 생성 반응의 열화학 반응식을 쓰시오.

05 다음 반응의 반응 엔탈피를 결합 에너지를 이용하여 구하시오. (단, 결합 에너지는 H–H가 436 kJ/mol, F–F가 159 kJ/mol, H–F가 565 kJ/mol이다.)

$$H_2(g) + F_2(g) \longrightarrow 2HF(g)$$

06 다음 반응을 참고하여 다이아몬드의 표준 생성 엔탈피를 구하시오.

$$C\ (s,\ \text{다이아몬드}) \longrightarrow C\ (s,\ \text{흑연}) \quad \Delta H^\circ = -1.895\ \text{kJ/mol}$$

07 그림은 탄소(C)가 연소하여 이산화 탄소(CO_2)로 되는 반응의 두 가지 반응 경로를 나타낸 것이다.

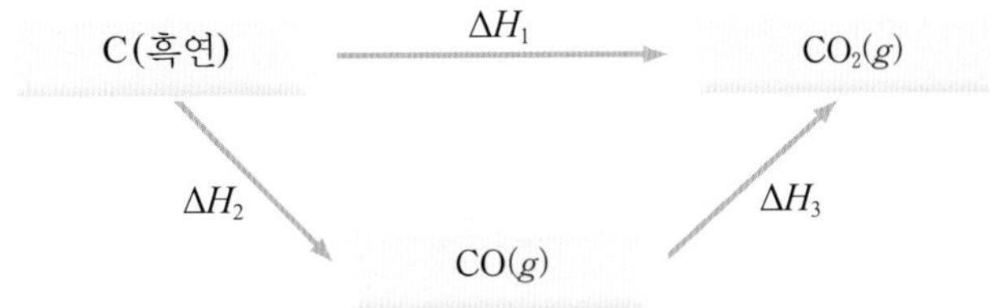

이에 대한 설명으로 옳은 것만을 |보기|에서 있는 대로 고르시오.

|보기|

ㄱ. ΔH_1의 값은 $\Delta H_2 + \Delta H_3$와 같다.

ㄴ. ΔH_3의 값은 $CO_2(g)$의 생성 엔탈피이다.

ㄷ. 처음 상태와 나중 상태가 같으면 엔탈피 변화가 같다.

2 전기 화학

화학의 발전 과정에서 19세기는 흥미로운 기간이었다. 19세기 초에 돌턴에 의해 원자론이 제안되었지만 원자의 실재가 증명되지 않은 채로 다양한 화합물을 합성하고 분석하였다. 그리고 전자가 발견되기 전에 원자와 이온 사이의 변환을 통해 전지를 발명하고 전지를 사용해서 나트륨, 마그네슘, 칼륨, 칼슘 등 1, 2족의 주요 원소들을 발견하여 주기율표의 기초를 놓았다. 패러데이가 전극, 양이온, 음이온 등의 용어를 사용한 것은 전자가 발견되기 전인 1834년 경이다.

한편, 패러데이는 1831년경에 전자기 유도 법칙을 발견하고 곧 이어서 최초의 발전기를 발명하였다. 그리고 1890년대 초에는 산업용 교류 발전기가 등장하였다. 역시 전자가 발견되기 전이다. 조명이나 산업용, 전자 제품의 전지 등에 사용되는 전기나 화학 반응의 핵심은 전자의 흐름이다. 이 단원에서는 전기와 화학의 떼놓을 수 없는 관계를 자세히 알아본다.

2-1 화학 전지

핵심 개념 • 이온화 경향 • 화학 전지 • 볼타 전지 • 다니엘 전지

원자 중심에는 양성자와 중성자로 이루어진 원자핵이 위치하고 바깥쪽에는 전자가 있어 전자를 통해 화학 결합이 일어난다. 그리고 다른 원소들이 결합해서 만들어진 분자에서는 전자가 전기음성도가 높은 쪽으로 끌려서 극성을 나타낸다. 그러나 분자 내에서 전자가 이동하는 것은 전류라고 부를 수 없다.

어떤 화학 장치에서 한 원자에서 나온 전자가 도선을 통해 공간적으로 다른 원자로 이동해야 전기 장치에 사용할 수 있는 전류가 얻어진다. 이처럼 우리는 화학 반응을 통해서 전기를 생산할 수도 있고, 반대로 전기를 사용해서 화학 반응을 일으킬 수도 있다. 이 둘을 합해서 전기 화학이라고 한다.

| 금속의 이온화 경향 |

H, C, N, O 등 비금속 원소가 서로 결합하면 H_2O, CO_2, NO_2, CH_4, NH_3 등의 공유 결합 화합물을 만든다. 이들 화합물 내에서 전자가 어느 방향으로 이동하는지는 H < C < N < O 식의 전기음성도 순서로부터 판단할 수 있다.

이때 전자의 이동은 부분적으로 일어나기 때문에 이들 화합물에서 모든 원자가 H^+, O^{2-} 등 이온으로 이온화한다고 말할 수 없다. 그런데 Na^+Cl^- 같은 이온 결합 물질에서 알 수 있듯이 Na처럼 H보다 전기음성도가 낮은 금속 원소의 경우에는 쉽게 전자를 완전히 내어주고 양이온이 되려는 경향이 강하다. 그래서 금속에서는 이러한 경향을 이온화 경향이라고 한다. 그리고 이온화 경향의 차이 때문에 전자의 이동이 일어나고 그 과정에서 전기 에너지가 발생한다.

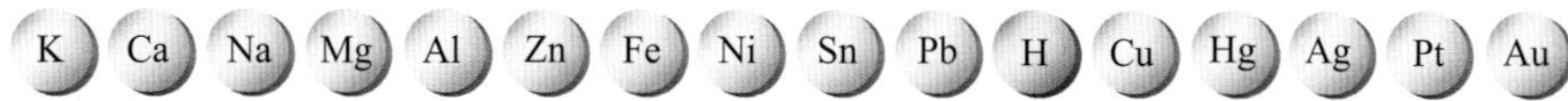

⁂ 금속의 이온화 경향

금(Au), 은(Ag), 구리(Cu), 철(Fe)의 순서에서 볼 수 있듯이 이온화 경향이 높을수록 산화가 잘 되고 녹이 잘 슨다. 그래서 금이나 은은 귀금속인 것이다. 이온화 경향, 또는 산화력, 환원력을 비교할 때는 비금속인 수소를 기준으로 삼는다. 나트륨(Na)이나 칼륨(K) 같이 이온화 경향이 아주 높은 원소는 공기 중에서 즉시 산소와 반응하기 때문에 기름에 담가 보관한다.

이온화 경향이 큰 금속일수록 전자를 잃고 산화되기 쉬우며, 반응성이 크다. 이온화 경향이 작은 금속의 이온이 들어 있는 수용액에 반응성이 더 큰 금속을 넣으면 산화 환원 반응이 일어난다. 그러나 반응성이 큰 금속의 이온이 들어 있는 수용액에 반응성이 더 작은 금속을 넣으면 반응이 일어나지 않는다.

황산 구리(II) 수용액에 금속 아연을 넣었을 때

$Zn(s) \longrightarrow Zn^{2+}(aq) + 2e^-$, $Cu^{2+}(aq) + 2e^- \longrightarrow Cu(s)$

- 반응이 일어나므로 금속의 반응성은 Zn > Cu이다.
- 황산 구리(II) 수용액의 푸른색이 점점 옅어진다.
- 금속 구리가 석출된다.

확·인·하·기

질산 은($AgNO_3$) 수용액에 아연판과 구리판을 각각 넣었을 때 반응이 일어나는 금속판을 다음에서 고르시오.

(가) 아연판	(나) 구리판	(다) 둘 다

은의 이온화 경향이 아연과 구리보다 작으므로 두 판 모두에서 반응이 일어나 은이 석출된다. 답 (다)

| 화학 전지 |

황산 구리(II) 수용액에 아연판을 담그면 아연판이 구리로 덮인다. 이 반응은 자발적으로 일어나는데, 아연은 용액 속으로 녹아들어 가고, 용액 속의 구리 이온은 아연 표면에서 금속 구리로 석출된다. 아연에서 구리 이온으로 전자가 이동하는 이 산화 환원 반응의 식은 다음과 같다.

$$Zn(s) + Cu^{2+}(aq) \longrightarrow Zn^{2+}(aq) + Cu(s)$$

환원 (Cu²⁺ → Cu), 산화 (Zn → Zn²⁺)

물질마다 전자를 잃거나 받아들이는 정도가 다르므로, 어떤 경우에는 전자가 한쪽에서 다른 쪽으로 자발적으로 이동하는 일이 생긴다. 전자의 흐름이 전류이기 때문에 화학적 성질의 차이로 전기 에너지를 만들 수 있는 것이다. 자발적으로 일어나는 산화 환원 반응을 이용하여 전류를 얻는 장치를 **화학 전지**라고 한다.

화학 전지는 2개의 전극과, 전극과 접촉하는 전해질로 이루어져 있다. 전극으로는 금속이나 도체가 많이 이용되고, 전해질은 수용액, 고분자 물질, 용융된 염 등 이온이 움직일 수 있는 것이면 다 이용될 수 있다. 전지의 한 전극에서는 전자를 잃고(산화), 다른 전극에서 각 전자를 받아들인다(환원). 화학 전지는 다음과 같이 표시할 수 있다.

산화 전극(−) | 전해질 | 환원 전극(+)

| 볼타 전지 |

전자가 발견되기 약 100년 전에 이탈리아의 갈바니(Galvani, L., 1737~1798)는 두 가지 다른 금속이 닿으면 전기가 발생하는 것을 관찰하였고, 1800년에 볼타(Volta, A. G. A. A., 1745~1827)는 처음으로 이온화 경향이 다른 두 원소를 사용해서 볼타 전지를 발명하였다. 어떤 원소의 조합이 실용적일까? 금이나 은은 너무 비싸다. 구리는 이온화 경향도 적당히 낮고 값도 싸다. 나트륨은 이온화 경향이 높지만 다루기가 힘들다. 아연은 이온화 경향도 적당히 높고 값도 싸다. 그래서 전지에는 구리와 아연이 자주 등장한다.

우선 묽은 황산에 아연판과 구리판을 따로 반 정도 담근 경우를 생각해 보자. 아연판에서는 수소 기체가 발생한다. 수소보다 이온화 경향이 높은 아연이 이온화하면서 용액에 녹아들고, 이때 전자가 나온다. 산성 용액에 들어 있던 수소 이온이 이 전자를 받으면 수소 원자가 되고, 수소 원자는 분자로 결합하면서 기체로 나오는 것이다. 한편, 구리판에서는 기체가 발생하지 않는다. 구리는 수소보다 이온화 경향이 낮아서 반응하지 않기 때문이다.

$$Zn(s) \longrightarrow Zn^{2+}(aq) + 2e^-$$
$$2H^+(aq) + 2e^- \longrightarrow H_2(g)$$

≈ 묽은 황산에 구리판과 아연판을 담갔을 때

용액의 위쪽, 즉 공기 중에서 아연판과 구리판을 도선으로 연결하면 아연판, 즉 아연 전극에서 나온 전자가 용액의 H^+을 환원시키는 대신 도선을 따라 구리판 쪽으로 이동한다. 이때 용액의 구리판 쪽에 구리 이온(Cu^{2+})이 있다면 Cu^{2+}이 전자를 받아 환원되어 구리로 석출될 것이다. 그런데 Cu^{2+}이 없는 경우에는 아연 전극에서 이동해 온 전자가 용액의 H^+과 결합해서 수소 기체(H_2)가 발생한다. 도선 때문에 수소 기체가 발생하는 전극이 바뀐 것이다.

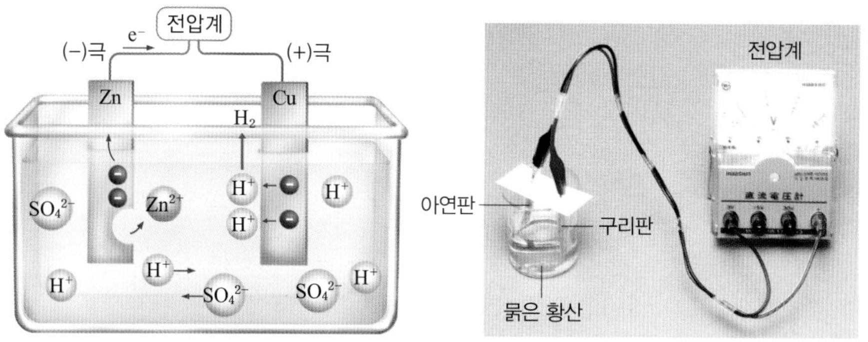

≈ 볼타 전지의 원리

용액에는 H^+, SO_4^{2-} 등이 있어서 전류를 통하고 전체적으로 회로가 형성된다. 그리고 전압계를 사용해서 전압을 측정하면 0.76 V 정도가 측정된다. 아연과 수소의 이온화 경향 차이가 0.76 V 정도인 것이다. 이때 산화 반응이 일어나 전자가 나와서 (−)전하가 몰리는 아연 전극을 (−)극 또는 **산화 전극**, 그리고 전자가 끌려가 환원 반응이 일어나는 구리 전극을 (+)극 또는 **환원 전극**이라고 한다. 화학 전지에서 전자는 (−)극에서 (+)극으로 흐른다.

> 산화 전극: (−)극, 산화 반응이 일어나는 전극, 이온화 경향이 큰 금속 사용
> 환원 전극: (+)극, 환원 반응이 일어나는 전극, 이온화 경향이 작은 금속 사용

볼타 전지는 구리판 표면에서 발생한 수소 기체가 구리판 주위에 남아 있어 용액 속의 H^+이 전자를 받는 것을 방해하므로 전류가 흐르기 시작한 후 전압이 급격히 떨어지는 분극 현상이 나타난다. 분극 현상을 없애기 위해서는 이산화 망가니즈(MnO_2), 과산화 수소(H_2O_2), 다이크로뮴산 칼륨($K_2Cr_2O_7$) 등의 소극제(감극제)를 사용하여 (+)극에서 발생하는 수소 기체를 산화시켜 물로 만든다.

전극 반응식

$$(-)\text{극: } Zn(s) \longrightarrow Zn^{2+}(aq) + 2e^- \text{ (산화)}$$
$$(+)\text{극: } 2H^+(aq) + 2e^- \longrightarrow H_2(g) \text{ (환원)}$$
$$\text{전체 반응: } Zn(s) + 2H^+(aq) \longrightarrow Zn^{2+}(aq) + H_2(g)$$

탐구 시그마 전지 원리 응용

자료

그림과 같이 아연판과 구리판의 윗부분을 접촉시킨 후 마분지에 끼워 묽은 황산이 들어 있는 비커에 담근다.

결과

아연판과 구리판에서 모두 기포가 발생하였다.

분석

- 구리판을 아연판과 접촉시키면 아연이 산화되면서 나오는 전자를 수소 이온이 직접 받아 아연판에서 수소 기체가 발생하기도 하고, 구리판으로 이동한 전자를 받아 구리판에서 수소 기체가 발생하기도 한다.
- 반응이 진행됨에 따라 아연판 주위에는 아연 이온 농도가 증가하여 수소 이온의 접근을 방해하므로 수소 기체는 구리판에서 더 많이 생성된다.

볼타는 1799년에 아연판과 구리판 사이를 소금물 같은 전해질로 적신 천이나 마분지로 연결한 초보적인 전지를 발명하였고, 1800년에는 이처럼 아연판–전해질–구리판 식으로 연결된 단위 전지를 여러 개 쌓아서 직렬로 연결한 소위 볼타 파일(Voltaic pile)을 개발해서 상당히 높은 전위차를 얻었다. 볼타는 전지가 나타내는 전압에 자신의 이름을 따서 볼트(V)라는 단위를 붙였다.

한편, 1820년에 네덜란드의 외르스테드(Oersted, H. C., 1777 ~ 1851)는 전류가 흐르는 도선 주위에 자기장이 생기는 것을 발견하였는데, 이때는 아직 다른 전지가 발명되기 전이니까 전류는 볼타 전지를 사용해서 얻었을 것이다. 그리고 약 10년 후 1832년에 영국의 패러데이(Faraday, M., 1791~1867)는 자석을 움직이면 도선에 전류가 흐르는 전자기 유도 현상을 발견해서 발전기의 기초를 놓았다. 19세기 말부터 본격적으로 발전이 시작되어 가정과 거리의 조명뿐만 아니라 전기가 산업적으로 사용되었고, 지금은 거의 전 세계가 전기의 혜택을 누리고 있다. 요즘 가정, 도시, 산업뿐만 아니라 휴대폰 등의 전지를 충전하는 데 사용하는 전기는 거의 모두가 수력, 화력, 원자력, 태양광 등을 이용한 발전을 통해 생산된다. 이 모든 전기의 혁명은 볼타 전지에서 출발하였다고 볼 수 있다.

확·인·하·기

(　　) 안에 알맞은 말을 순서대로 쓰시오.

볼타 전지의 전압을 측정해 보면 전류가 흐르기 시작한 후 전압이 급격하게 떨어지는 현상이 나타나는데, 이를 (　　) 현상이라고 한다. 이것은 구리판 표면에서 발생한 (　　) 기체가 구리판에 달라붙어 용액 속의 (　　)이 전자를 받아 환원되는 것을 방해하기 때문이다.

답 분극, 수소, 수소 이온

| 다니엘 전지 |

전지는 보통 산화 반응이 일어나는 부분과 환원 반응이 일어나는 부분으로 나누어지는데, 이를 각각 반쪽 전지라고 한다. 1836년에 영국의 과학자 다니엘(Daniell, J. F., 1790~1845)은 볼타 전지를 개량하여 다니엘 전지(Daniell cell)를 개발하였다. 다니엘 전지에서는 염다리를 통해 양이온과 음이온이 이동할 수 있으므로 양쪽 반쪽 전지에 전하의 균형을 유지할 수 있어 계속해서 전류가 흐른다. 다니엘 전지에서 아연 전극은 황산 아연 수용액에 담그고, 구리 전극은 황산 구리(Ⅱ) 수용액에 담근다. 두 전극은 도선으로 연결하고, 두 용액은 전해질이 들어 있는 염다리로 연결한 것이다. 회로를 형성하면 아연 전극에서는 이온화 경향이 높은 Zn이 Zn^{2+}으로 황산 아연 용액에 녹아들어 간다. 이때 나온 전자는 도선을 따라 구리 전극으로 이동하여 Cu^{2+}을 Cu로 환원시켜서 구리 전극에 석출시킨다. 다니엘 전지는 약 1.1 V의 전압을 얻을 수 있다.

> **» 염다리**
>
> 염다리는 보통 따뜻한 물 100 mL에 전해질 역할을 할 KCl 30 g과 한천 3 g을 넣어 녹인 후 투명해질 때까지 가열한 용액을 U자관에 부어 냉각시켜 굳혀서 만든다. 염다리 대신 초벌구이 사기그릇이나 다공성막을 통하여 이온을 이동시킬 수도 있다.

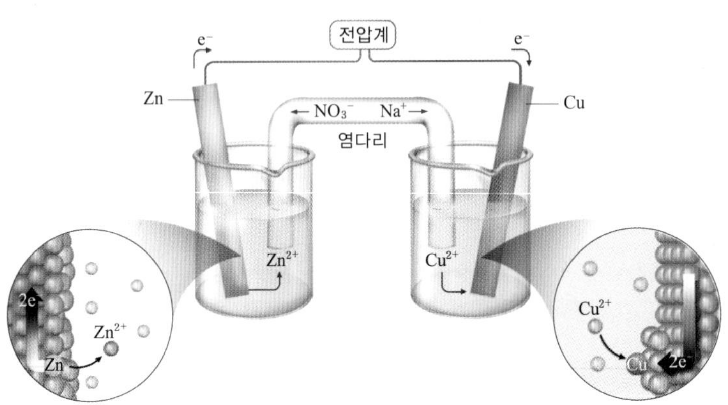

≈ **다니엘 전지의 원리**

다니엘 전지에서는 구리 전극에서 수소 기체가 발생하지 않는다. 수소보다 이온화 경향이 낮은 구리가 Cu^{2+} 상태로 구리 전극 주위에 있어 Cu^{2+}이 H^+보다 먼저 전자를 받아 환원되기 때문이다. 다니엘 전지에서 일어나는 반응은 다음과 같이 쓸 수 있다.

전극 반응식

$$(-)\text{극: } Zn(s) \longrightarrow Zn^{2+}(aq) + 2e^- \ (\text{산화})$$

$$(+)\text{극: } Cu^{2+}(aq) + 2e^- \longrightarrow Cu(s) \ (\text{환원})$$

$$\text{전체 반응: } Zn(s) + Cu^{2+}(aq) \longrightarrow Zn^{2+}(aq) + Cu(s)$$

다니엘 전지는 다음과 같이 표시할 수 있는데, 이때 ||는 염다리를 나타낸다.

$$Zn \mid Zn^{2+}(aq,\ 1\ M) \parallel Cu^{2+}(aq,\ 1\ M) \mid Cu$$

볼타 전지와 다니엘 전지의 공통점과 차이점은 다음과 같이 정리할 수 있다.

구분	볼타 전지		다니엘 전지	
전극	(+)극	(−)극	(+)극	(−)극
전해질	묽은 황산		황산 구리(II) 수용액	황산 아연 수용액
전극 물질	구리판	아연판	구리판	아연판
전극 반응	환원	산화	환원	산화
생성 물질	수소 기체	아연 이온	구리	아연 이온
이온화 경향의 차이	아연−수소		아연−구리	
전압(V)	0.76		1.1	

확·인·하·기

다음에서 다니엘 전지에 대한 설명으로 옳은 것만을 있는 대로 고르시오.

(가) 반응이 일어나면 황산 구리(Ⅱ) 수용액의 색깔이 옅어진다.
(나) 염다리가 없어도 전기는 통한다.
(다) (+)극에서는 아연이 아연 이온으로 산화된다.

(가) 구리 이온이 붉은색 구리로 석출되므로 황산 구리(II) 수용액의 색깔이 옅어진다. (나) 염다리가 전하의 균형을 맞추어 전류를 흐르게 하므로 염다리가 없으면 전기가 통하지 않는다. (다) (−)극에서 아연이 아연 이온으로 산화된다.
답 (가)

| 전지 전위 |

화학 전지에서 전류가 흐르는 이유는 회로의 두 점 사이에 전위차가 존재하기 때문이다. 이 전위차는 전지 전위라고도 하며, 외부에서 전압계를 연결하여 측정할 수 있다. 산화 환원 반응은 항상 동시에 일어나므로 어느 반쪽 전지만을 분리하여 그 표준 전위값을 측정할 수는 없다. 따라서 반쪽 전지들의 표준 전위값을 결정하기 위한 기준이 되는 반쪽 전지가 필요한데, 이를 **표준 수소 전극**이라고 한다. 표준 수소 전극은 25 ℃에서 H^+의 농도가 1 M인 용액에 백금 전극을 꽂고 이 백금 전극을 1기압의 수소 기체가 둘러싸고 있는 구조로 표준 전위값을 0 V로 정한 것이다.

표준 수소 전극

$$2H^+ \mid H_2(g) \mid Pt$$

$$2H^+(aq,\ 1\ M) + 2e^- \rightleftharpoons H_2(g,\ 1기압)$$

전해질 수용액의 농도를 1 M, 기체의 압력을 1기압, 온도를 25 ℃로 유지했을 때, 표준 수소 전극을 기준으로 측정한 반쪽 전지의 전위를 **표준 전극 전위**(E°)라고 한다. 이때 표준 수소 전극과 연결하여 측정한 표준 상태의 반쪽 전지의 전위를 환원 반응의 형태로 나타냈을 때의 전위를 **표준 환원 전위**라고 한다. 구리 반쪽 전지를 표준 수소 전극에 연결하여 전지를 구성하면 전지 전위가 +0.34 V로 측정된다.

$$Cu^{2+}(aq) + 2e^- \longrightarrow Cu(s),\ E^\circ = +0.34\ V$$

아연 반쪽 전지를 표준 수소 전극에 연결하여 전지를 구성하면 아연이 산화되는 반쪽 전지의 전위가 +0.76 V이므로, 아연 반쪽 전지의 환원 전위는 −0.76 V가 된다.

$$Zn^{2+}(aq) + 2e^- \longrightarrow Zn(s),\ E^\circ = -0.76\ V$$

앞의 두 식을 이용하여 다니엘 전지에서 일어나는 산화 환원 반응식을 만들려면 구리 이온의 환원 반응식에서 아연 이온의 환원 반응식을 빼야 한다. 이때 표준 환원 전위도 같은 방식으로 빼주면 다니엘 전지의 표준 전지 전위 1.1 V를 얻을 수 있다.

$$\begin{aligned} &Zn(s) + Cu^{2+}(aq) \longrightarrow Zn^{2+}(aq) + Cu(s), \\ &\Delta E^\circ = E^\circ(Cu^{2+}|Cu) - E^\circ(Zn^{2+}|Zn) \\ &\quad = +0.34\ V - (-0.76\ V) = 1.1\ V \end{aligned}$$

이때 전자가 2개 움직인다고 표준 환원 전위를 2배 해 주지 않는다는 데 주의한다. 표준 전지 전위($E^\circ_{전지}$)는 환원 반응이 일어나는 반쪽 전지의 표준 환원 전위에서 산화 반응이 일어나는 반쪽 전지의 표준 환원 전위를 뺀 값이다.

$$표준\ 전지\ 전위(E^\circ_{전지}) = E^\circ_{환원\ 전극} - E^\circ_{산화\ 전극}$$

▼ **몇 가지 물질의 표준 전극 전위**

환원 반응	E°(V)	환원 반응	E°(V)
$Li^+(aq) + e^- \longrightarrow Li(s)$	−3.040	$Cu^{2+}(aq) + 2e^- \longrightarrow Cu(s)$	+0.340
$Al^{3+}(aq) + 3e^- \longrightarrow Al(s)$	−1.676	$Ag^+(aq) + e^- \longrightarrow Ag(s)$	+0.800
$Zn^{2+}(aq) + 2e^- \longrightarrow Zn(s)$	−0.763	$Br_2(l) + 2e^- \longrightarrow 2Br^-(aq)$	+1.065
$Fe^{2+}(aq) + 2e^- \longrightarrow Fe(s)$	−0.440	$Cl_2(g) + 2e^- \longrightarrow 2Cl^-(aq)$	+1.358
$2H^+(aq) + 2e^- \longrightarrow H_2(g)$	0.000	$F_2(g) + 2e^- \longrightarrow 2F^-(aq)$	+2.866

표준 환원 전위가 (+)이면 수소보다 환원되기 쉽고 (−)값이면 수소보다 환원되기 어렵다. 표준 환원 전위가 클수록 환원 반응이 잘 일어난다.

| 실용 전지 |

볼타 전지와 다니엘 전지 모두 두 전극을 연결하기 위해서 전해질이 들어 있는 용액을 사용한다. 따라서 이들 전지는 운반에 어려움이 있었다. 그래서 용액이 필요 없는 알칼리 전지 같은 건전지(dry cell)가 개발되었고, 요즘에는 재충전이 가능한 2차 전지가 휴대폰과 휴대용 노트북 컴퓨터 등에 널리 사용된다. 소형 전자 제품의 사용이 급증하면서 원자 번호 3으로 가벼운 원소인 리튬을 사용하는 리튬 전지도 널리 쓰인다.

자료 쏙

» 여러 가지 실용 전지

1860년대에 발명된 건전지: 아연통 내부에 이산화 망가니즈(MnO_2), 염화 암모늄 등의 반죽을 넣고, 흑연 막대를 꽂은 형태로 되어 있다. 처음에는 전해질을 용액 그대로 사용했기 때문에 습전지라고 했으나 나중에는 전해질을 굳혀 마른 전지라고 불렀다. 건전지는 여기에서 유래하였다.

자동차의 배터리로 사용되는 납축전지: 납과 이산화 납을 묽은 황산에 담근 전지이다. 중금속인 납에 의한 환경오염 문제가 있다. 무거운데 비해 효율이 좋고 수명이 길어서 자동차나 비행기 시동을 거는 데 사용된다. 대표적인 2차 전지(충전지)로 충전과 방전될 때 반대의 화학 반응이 일어난다.

단추 모양의 수은 전지: 소형화된 전지로, (−)극에는 수은과 아연의 아말감, (+)극에는 산화 수은을 쓰고 전해질로 수산화 칼륨을 사용한다. 수은이 환경 오염 문제로 사용할 수 없게 되어 요즘에는 산화 수은 대신 산화 은을 사용한다.

니켈−카드뮴 전지: 니켈과 카드뮴을 쓰는 충전지로, 휴대용 전자기기와 장난감에 널리 사용된다.

리튬 이온 전지: 수명이 길고 충전 시간이 짧으며 환경 오염 물질이 없다.

확·인·하·기

다음은 다양한 전지에 사용되는 원소를 나타낸 것이다. 이 중에서 원자 번호가 가장 작은 것은?

① 아연 ② 구리 ③ 납 ④ 수은 ⑤ 리튬

리튬은 원자 번호가 3번이다. 아연과 구리는 전이 금속, 납과 수은은 중금속이다. 답 ⑤

2-2 전기 분해

핵심 개념　• 전기 분해　• 전기 도금

원소들의 이온화 경향 차이를 활용해서 전기 에너지를 생산하는 장치가 전지라면, 전지의 전기 에너지를 사용해서 화학 반응을 일으키는 것을 **전기 분해(electrolysis)**라고 한다. 1800년에 볼타 파일이 발표되고 불과 몇 주 후에 영국의 니콜슨(Nicholson, W., 1753~1815)과 칼라일(Carlisle, A., 1768~1840)은 볼타 파일을 사용해서 물을 분해하고 물이 원소가 아니라 화합물인 것을 확실히 증명하였다. 단위 볼타 전지의 전압은 0.76 V이지만 예컨대 Zn−전해질−Cu 단위를 6개 연결한 볼타 파일의 전압은 4.6 V 정도가 되어서 물의 전기 분해가 가능한 것이다.

| 전기 분해의 원리 |

전해질 수용액이나 용융액에 직류 전류를 흘려주면 전해질의 이온들이 각각 반대 전하를 띤 전극 쪽으로 이동하여 산화 환원 반응을 일으키게 된다. 즉, 음이온은 (+)극 쪽으로, 양이온은 (−)극 쪽으로 끌려가서 전하를 잃거나 얻어 중성의 물질로 된다.

	전해질(MX) $\rightleftharpoons M^+ + X^-$
(+)극	$X^- \longrightarrow X + e^-$
(−)극	$M^+ + e^- \longrightarrow M$

전해질 용융액에는 전해질의 양이온과 음이온만 존재하므로 (−)극에서는 양이온이 환원되고, (+)극에서는 음이온이 산화된다.

예를 들어 염화 나트륨 용융액은 나트륨 이온(Na^+)과 염화 이온(Cl^-)으로 이루어져 있다. 이 용융액에 전극을 넣고 직류 전류를 흘려주면 염화 이온은 (+)극에서 전자를 잃고 염소 기체로 산화되고, 나트륨 이온은 (−)극에서 전자를 받아 나트륨으로 환원된다.

반응식 (+)극: $2Cl^-(l) \longrightarrow Cl_2(g) + 2e^-$ (산화)

(−)극: $2Na^+(l) + 2e^- \longrightarrow 2Na(s)$ (환원)

전체 반응: $2Na^+(l) + 2Cl^-(l) \longrightarrow 2Na(s) + Cl_2(g)$

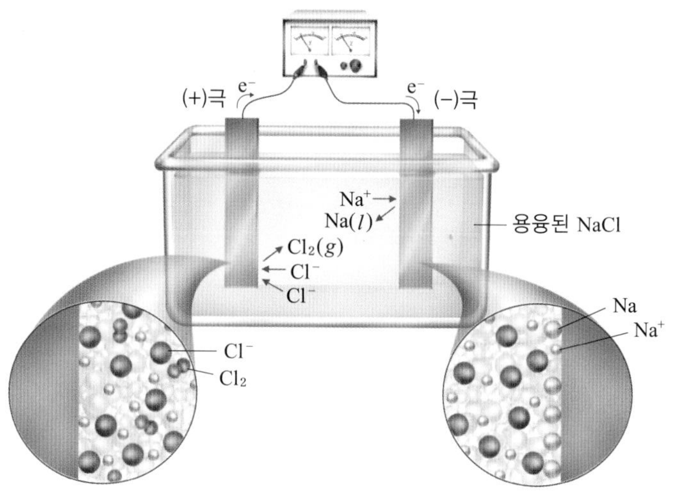

≈ **염화 나트륨(NaCl) 용융액의 전기 분해**

확·인·하·기

염화 구리(Ⅱ) 용융액을 전기 분해할 때 (+)극과 (−)극에서 생성되는 물질을 각각 쓰시오.

(+)극: $2Cl^-(l) \longrightarrow Cl_2(g) + 2e^-$, (−)극: $Cu^{2+}(l) + 2e^- \longrightarrow Cu(s)$

(+)극에서는 염화 이온이 산화되어 염소(Cl_2) 기체가 발생하고, (−)극에서는 구리 이온이 환원되어 붉은색의 금속 구리가 생성된다.

답 (+)극: 염소 기체, (−)극: 금속 구리

| 물의 전기 분해 |

물에 전기를 잘 통하도록 약간의 전해질을 넣고 볼타 파일의 양쪽 전극을 연결하였다고 하자. 이때 (−)극은 전자가 풍부한 전극이다. 그런데 물에는 물의 자동 이온화에 의해 약간의 H^+이 들어 있다. 그래서 (−)극에서는 H^+과 전자가 결합해서 수소 기체가 발생한다. (+)극에서 일어나는 반응은 (−)극에서처럼 단순하지 않다.

(+)극은 전자가 부족한 상황이기 때문에 전극 주위의 물 분자에서 부분 (−)전하를 띤 산소 쪽이 전극으로 끌린다. 산소의 전자가 (+)극으로 끌리다 보니 물 분자 내에서 산소가 수소로부터 전자를 빼앗아서 수소는 H^+으로 떨어져 나간다. 산소는 수소에서 얻

은 전자를 (+)극에 내주고 자신은 중성 원자가 되기 때문에 O_2 분자가 되어 기체로 나온다. 결국 전체 반응에서 물이 분해되는 것이다.

반응식

$$\text{(+)극: } 2H_2O(l) \longrightarrow 4H^+(aq) + 4e^- + O_2(g) \text{ (산화)}$$
$$\text{(−)극: } 4H^+(aq) + 4e^- \longrightarrow 2H_2(g) \text{ (환원)}$$
$$\text{전체 반응: } 2H_2O(l) \longrightarrow 2H_2(g) + O_2(g)$$

전지에서는 (−)극이 산화 전극이지만, 전기 분해에서는 (+)극이 산화 전극이다. 이것은 전지에서는 산화 환원 반응을 통해 전류가 생산되지만 전기 분해에서는 외부의 전지가 공급하는 전류를 사용해서 화학 반응이 일어나기 때문이다.

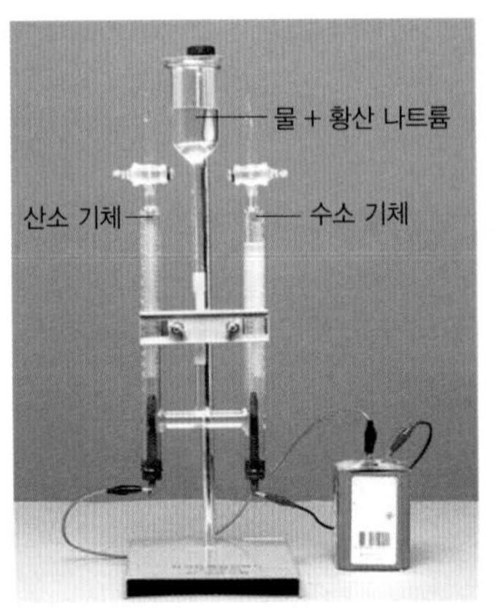

- 물에 황산 나트륨(Na_2SO_4)과 같은 전해질을 가하면 물이 쉽게 전기 분해된다.
- (−)극에서는 수소 기체가, (+)극에서는 산소 기체가 2 : 1의 부피비로 생성된다.

물의 전기 분해에 이어 영국의 데이비(Davy, H., 1778~1829)에 의하여 전기 분해 방법으로 1807년에는 칼륨과 나트륨이, 1808년에는 칼슘, 붕소, 바륨, 스트론튬, 마그네슘이 발견되었다.

확·인·하·기

물의 전기 분해에 관한 설명으로 옳지 <u>않은</u> 것은?

① 외부의 전지를 사용한다.
② 전지의 (+)극에서는 산소 기체가 발생한다.
③ 전지의 (−)극에서는 수소 기체가 발생한다.
④ 전지의 (−)극에서는 산화 반응이 일어난다.
⑤ 발생한 수소와 산소의 부피비는 2:1이다.

전지의 (−)극에는 전자가 풍부하므로 전자를 받아서 H^+이 H_2 기체로 바뀌는 환원 반응이 일어난다. 답 ④

» 전기 분해로 발견한 원소

금이나 은 같이 이온화 경향이 낮은 원소는 자연에서 원소 상태로 존재하기 때문에 발견자가 따로 없다. 그러나 칼륨, 나트륨 등 이온화 경향이 높고 반응성이 큰 원소는 비금속 원소와 결합해서 이온 결합 물질로 존재한다. 약 200년 전까지만 해도 소금에 들어 있는 나트륨이나 재에 들어 있는 칼륨의 존재를 알지 못하였다.

Na^+, K^+ 등 이온이 어떤 원소에 해당하는지를 알려면 외부에서 전자를 주어서 중성 원자로 바꾸어야 한다. 데이비의 발견에서 볼타 전지의 역할은 전자 제공이다. 볼타 전지의 (−)극에 K^+이 끌려가면 전자를 받아서 중성 K 원자가 되고 이들이 금속 결합으로 뭉쳐서 전극 표면에 금속 방울로 석출된다.

데이비가 전기 분해로 발견한 첫 번째 원소는 칼륨(kalium)이었다. 칼륨은 질소, 인과 함께 옛날부터 비료의 3대 요소 중 하나로 사용된 원소이다. 물론 데이비의 발견 이전에는 칼륨이라는 원소를 몰랐지만 풀이나 나뭇가지 등 식물을 태운 재(ash)를 퇴비 등 비료에 섞어주면 농사가 잘 되는 것은 경험적으로 알았다. 그런데 재는 물에서 알칼리성을 나타낸다.

알칼리(alkali)는 아라비아어에서 유래된 말인데, 알(al-)은 알코올(alcohol) 등에서 볼 수 있듯이 아라비아어의 일반적 접두사이고 칼리는 재를 뜻한다. 칼륨의 영어 이름은 포타슘(potassium)으로 pot ash에서 유래하였다. 항아리에 담긴 재라는 말이다.

데이비는 수산화 칼륨(KOH)에 전류를 통해 칼륨을 발견하였는데, 일단 KOH을 높은 온도에서 녹여야 하였다. KOH이 물에 녹아 있다면 물의 전기 분해가 먼저 일어난다. 그리고 고체 상태의 KOH에서는 K^+과 OH^-이 규칙적으로 배열되어 결정을 이루고 있기 때문에 K^+이 (−)극으로 끌려가서 전자를 받을 수 없다. 그런데 KOH의 녹는점은 360 ℃로 그다지 높지 않아서 데이비는 KOH을 녹인 후 전류를 통해서 칼륨을 발견할 수 있었다. 데이비는 이어서 나트륨, 칼슘, 붕소, 바륨, 스트론튬, 마그네슘을 발견하였는데, 멘델레예프의 주기율표가 나오기 약 60년 전이다.

| 염화 나트륨 수용액의 전기 분해 |

염화 나트륨(NaCl) 수용액에는 나트륨 이온(Na^+)과 염화 이온(Cl^-) 이외에 물(H_2O)이 존재한다. 염화 나트륨 수용액에 전류를 흘려 주면 (+)극에서는 Cl^-이 산화되어 Cl_2 기체가 발생하고, (−)극에서는 Na^+ 대신 H_2O이 환원되어 H_2 기체가 발생한다. 이때 수산화 이온(OH^-)이 함께 생성되므로 (−)극 주변 용액은 염기성을 나타낸다. 따라서 (−)극에 BTB 용액을 가해 주면 푸른색으로 변한다.

반응식 (+)극: $2Cl^-(aq) \longrightarrow Cl_2(g) + 2e^-$ (산화)

(−)극: $2H_2O(l) + 2e^- \longrightarrow H_2(g) + 2OH^-(aq)$ (환원)

전체 반응: $2Cl^-(aq) + 2H_2O(l) \longrightarrow Cl_2(g) + H_2(g) + 2OH^-(aq)$

일반적으로 Li^+, Na^+, K^+, Mg^{2+}, Ca^{2+}, Ba^{2+}, Al^{3+} 등은 수용액에서 물보다 환원이 되기 어려워 이러한 양이온이 들어 있는 수용액을 전기 분해하면 (−)극에서 물이 환원되어 수소 기체가 발생한다.

$$2H_2O(l) + 2e^- \longrightarrow H_2(g) + 2OH^-(aq)$$

마찬가지로 F^-, SO_4^{2-}, CO_3^{2-}, NO_3^-, PO_4^{3-} 등의 음이온은 물보다 산화되기 어려우므로 이 음이온이 들어 있는 수용액을 전기 분해하면 물이 대신 (+)극에서 산화되어 산소 기체가 발생한다.

$$2H_2O(l) \longrightarrow O_2(g) + 4H^+(aq) + 4e^-$$

확·인·하·기

황산 구리(Ⅱ)($CuSO_4$) 수용액을 전기 분해할 때에 대한 설명으로 옳은 것만을 |보기|에서 있는 대로 고르시오.

|보기|

ㄱ. (−)극에서는 구리가 석출된다.

ㄴ. 수용액의 푸른색은 점점 옅어진다.

ㄷ. 수용액의 pH는 증가한다.

ㄱ. (+)극에서는 SO_4^{2-}과 H_2O이 경쟁하여 산화되기 쉬운 H_2O이 산화되어 O_2를 발생하고, (−)극에서는 Cu^{2+}과 H_2O이 경쟁하여 환원되기 쉬운 Cu^{2+}이 환원되어 구리가 석출된다.

ㄴ. 전기 분해가 진행되면 푸른색을 띠는 Cu^{2+}의 수가 감소하므로 수용액의 푸른색이 옅어진다.

ㄷ. 전기 분해로 H^+이 생성되므로 수용액의 pH는 감소한다.

답 ㄱ, ㄴ

| 전기 분해의 이용 |

전기 분해를 이용하여 한 금속의 표면에 다른 금속 막을 얇게 입히는 것을 전기 도금이라고 한다. 전기 도금은 (+)극에는 표면에 입힐 금속 재료를, (−)극에는 도금할 물체를 연결한 다음, 표면에 입힐 금속의 양이온이 들어 있는 전해질 수용액에 넣고 직류 전원을 연결하여 반응이 일어나게 하는 것이다.

예를 들어 그림과 같이 열쇠에 은(Ag)을 도금하는 경우, 도금할 물체(열쇠)는 (−)극에, 은판은 (+)극에 연결하고 은이 포함된 수용액을 전해질로 이용한다.

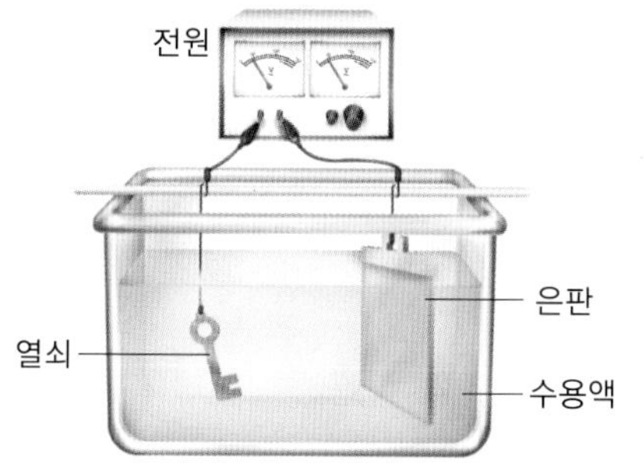

≈ 은 도금

(+)극: 은판(도금 재료)
(−)극: 도금할 물체
전해질: $AgNO_3$ 수용액 또는 $KAg(CN)_2$ 수용액

(+)극에서는 Ag이 Ag^+으로 산화되면서 녹아 들어가고 (−)극에서는 Ag^+이 환원되어 Ag으로 석출되어 열쇠에 도금된다. 반응은 다음과 같다.

$$(+)\text{극}: Ag(s) \longrightarrow Ag^+(aq) + e^-$$
$$(-)\text{극}: Ag^+(aq) + e^- \longrightarrow Ag(s)$$

또한 전기 분해는 구리 정제에도 사용되는데, 불순물이 소량 섞인 구리를 (+)극으로 하여 Cu^{2+}이 포함된 전해질 수용액에 넣어 전기 분해하면 (−)극에서 순수한 구리를 얻을 수 있다.

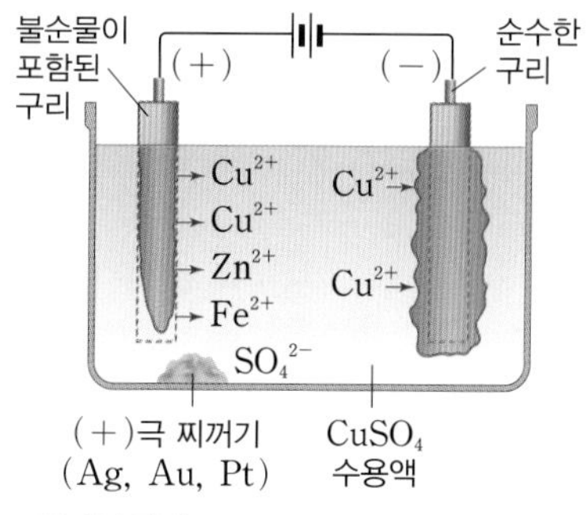

≈ 구리의 정제

(+)극: 불순물이 포함된 구리판
(−)극: 순수한 구리판
전해질: $CuSO_4$ 수용액

은이나 구리, 철, 아연과 같은 금속이 전해질 속 음이온보다 산화가 잘 되는 물질이기 때문에 불순물이 들어 있는 구리가 (+)극에서 직접 산화되어 용액 속에 이온으로

녹아 나온다. 반응성이 작은 Ag, Au, Pt은 산화되지 않고 (+)극 찌꺼기로 바닥에 떨어진다. 가장 환원되기 쉬운 Cu^{2+}은 전자를 얻어 금속 Cu로 석출되므로 전극의 질량이 증가한다.

현대 사회에서 가장 중요한 전기 분해의 응용은 알루미늄의 생산이다. 알루미늄은 가볍고 단단하며 표면에 얇은 산화 알루미늄(Al_2O_3) 막을 만들어서 더 이상 녹이 슬지 않기 때문에 매우 유용한 금속이다. 그런데 보크사이트라는 광물에 들어 있는 산화 알루미늄은 3가의 Al^{3+}과 2가의 O^{2-}이 강하게 결합하고 있는 이온 결합 화합물이어서 제철과 같은 비교적 단순한 산화 환원 반응으로 알루미늄을 얻는 것은 불가능하다. 그래서 알루미늄 생산에는 전류를 흘려서 전자를 제공하고 산화되어 있는 알루미늄을 환원시키는 전기 분해 방법을 사용한다. 요즘 전 세계의 연간 알루미늄 생산량은 5800만 톤인데 그 중 3100만 톤을 중국이 생산한다. 중국은 엄청난 양의 전기를 알루미늄 생산에 사용하는 것이다.

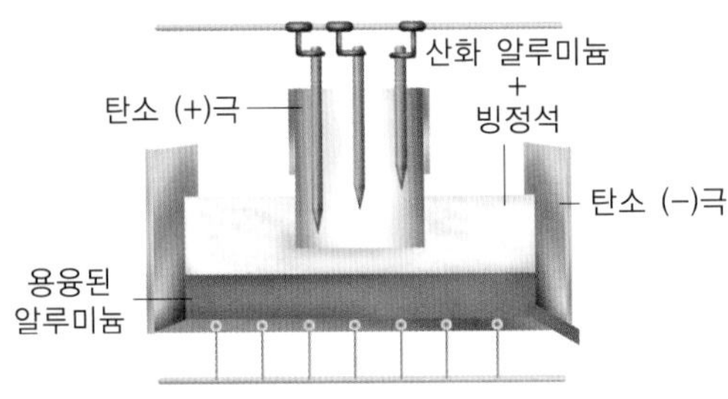

⌃ **산화 알루미늄의 전기 분해 장치**

용어 쏙 빙정석

순수한 빙정석(Na_3AlF_6)의 녹는점은 약 1000 ℃이지만 산화 알루미늄을 포함한 빙정석의 녹는점은 내려간다. 이에 산화 알루미늄은 전기 분해가 가능한 상태로 분해된다.

확·인·하·기

액세서리 등은 도금된 것이 많이 있다. 전기 분해를 이용하여 도금할 때 도금할 물체를 어떤 전극에 연결해야 하는가?

전기 분해를 이용하여 도금할 때는 (+)극에는 표면에 입힐 금속 재료를, (−)극에는 도금할 물체를 연결한 다음, 표면에 입힐 금속의 양이온이 들어 있는 전해질 수용액에 넣고 직류 전원을 연결하면 된다.

답 (−)극

2-3 전기 화학과 우리 생활

핵심 개념 • 수소 연료 전지 • 광분해

| 수소 연료 전지 |

지금까지 인류는 식량 문제를 해결하였고, 인터넷과 휴대폰을 발명해서 정보화 시대를 열었다. 앞으로 남은 가장 중요한 문제 중 하나는 지구 온난화에 관한 환경 문제이다. 지구 온난화를 최소화하려면 이산화 탄소의 배출을 줄여야 하는데 석탄이나 석유 같은 화석 연료를 사용하는 한 이산화 탄소의 배출은 불가피하다. 그런데 이산화 탄소를 배출하지 않는 청정 연료에는 수소가 있다.

1839년 영국의 물리학자인 그로브(Grove, W. R., 1811~1896)에 의해서 발명된 연료 전지는 화학 전지의 한 형태로, 연료와 산화제를 전기 화학적으로 반응시켜 에너지를 전류 형태로 발생시킨다. 일반적인 전지가 닫힌계에 화학적으로 전기 에너지를 저장하는 반면, 연료 전지는 전력을 생산하기 위해서 외부에서 계속 연료를 공급해 주어야 하기 때문에 일반적인 전지와는 다르다. 연료 전지에 필요한 연료와 산화제로는 여러 가지가 이용될 수 있다.

수소 연료 전지는 수소를 연료로, 공기 중의 산소를 산화제로 이용하고 산화 환원 반응을 통해서 물이 만들어지면서 전류를 생산하는 연료 전지로, 작동 온도와 내부 구성에 따라 여러 종류로 나뉜다. 수소 연료 전지의 (−)극에서는 수소(H_2) 기체가, (+)극에서는 산소 기체(O_2)가 공급된다. 일반적으로 수소 연료 전지의 각 전극에서의 반응은 다음과 같다.

전극 반응식 (−)극: $H_2(g) \longrightarrow 2H^+(aq) + 2e^-$ (산화)

(+)극: $\frac{1}{2}O_2(g) + 2H^+(aq) + 2e^- \longrightarrow H_2O(l)$ (환원)

수소 연료 전지에서 공급된 수소는 산화 전극에서 전자를 내놓고 H^+으로 산화된다. H^+은 산화 전극과 환원 전극 사이를 채우고 있는 전해질을 통해 환원 전극으로 이동하고, 전자는 외부 도선을 통해 환원 전극으로 흐르면서 전류를 발생한다. 환원 전극으로 공급된 공기 중의 산소는 H^+과 전자를 받아 물로 환원된다.

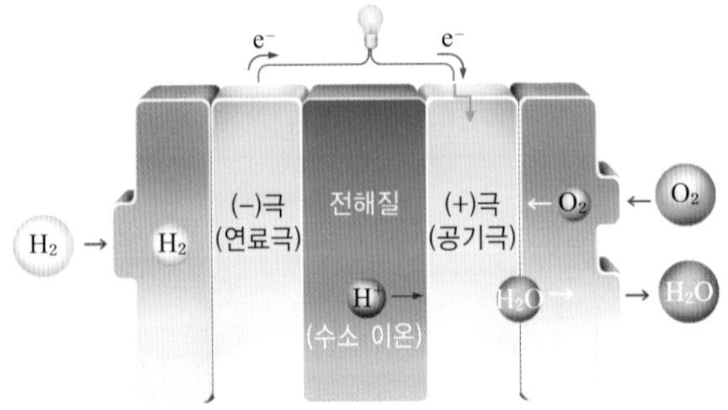

수소 연료 전지의 전기 발생 원리

우주 발사체 전원용 연료 전지는 금속 촉매를 주입한 다공성의 탄소 전극과 수산화칼륨(KOH) 수용액의 전해질로 이루어져 있다. 고분자 전해질 수소 연료 전지는 전극으로 백금 촉매를 사용하고 전해질로 수소 이온이 통과할 수 있는 고분자 전해질막(PEM, Proton Exchange Membrane) 또는 알칼리 수용액으로 구성된 전해질을 사용한다.

아직은 초보 단계이지만 앞으로 휘발유를 연료로 사용하는 내연 기관 자동차를 전기 자동차로 대체하려는 연구 개발이 활발히 진행 중이다. 주유소에서 휘발유를 주유받는 대신 자동차의 전지를 충전하게 될 것이다. 충전 받는 전기는 수력, 화력, 원자력 또는 태양광 발전소에서 발전한 전기를 충전소에 송전한 전기이다. 그런데 연료 전지를 장착하고 연료 전지를 사용하여 계속 전기를 생산하며 차를 굴리는 경우도 전기 자동차라 할 수 있다.

수소는 가장 가벼운 기체이기 때문에 수소를 연료로 사용해서 장거리를 주행하려면 다량의 수소를 저장하고 운반하는 수단이 필요하다. 수소를 표면적이 넓은 금속 화합물의 분말에 흡착시키고 필요에 따라 분리하여 사용하는 방법을 생각할 수 있으나 수소 운반체의 무게가 수소 자체의 무게를 크게 초과할 우려가 있다. 수소를 고압으로 압축해서 실린더에 저장하고 조금씩 연료 전지로 공급하는 방법이 채택되고 있다. 초기에는 수소가 공기 중의 산소와 폭발적으로 반응할 가능성이 우려되었으나 수소는 공기와 적당한 비율로 섞이지 않으면 폭발할 우려가 없고, 연료 전지 자체의 효율이 많이 개선되어 전기 화학적 원리를 활용하는 전기 자동차가 실용화될 것으로 기대된다.

수소 연료 전지의 특징

- 물을 전기 분해하면 (−)극에서 물이 환원되어 수소가 발생한다.
- 수소는 가벼운 기체이나 끓는점이 매우 낮아(−253 ℃) 보관이나 운반을 하기 위해 저온에서 압축하여 액화시켜 저장해야 하는 문제점이 있다. 이를 해결하기 위해 수소 저장 합금과 같이 안전하게 저장하고 운반할 수 있는 방법이 연구되고 있다.
- 수소를 연소시키면 물만 생성되므로 환경오염을 유발하지 않는다.

| 물의 광분해 |

수소 연료 전지에서 남은 문제는 수소를 경제적으로 공급하는 일이다. 우리 주위의 대부분 수소는 이미 물로 산화되어 있기 때문에 물을 전기 분해해서 수소를 얻으려면 전기 에너지가 필요하다. 가장 이상적인 방법은 태양 에너지를 사용해서 물을 분해하는 것이다. 이것을 **물의 광분해**라고 한다. 광합성에서 식물은 이런 방법으로 수소를 얻어서 이산화 탄소의 탄소를 환원시킨다. 앞으로 인간이 적절한 촉매와 장치를 개발해서 식물이 하는 광합성을 모방하여 물로부터 수소를 효율적으로 얻을 수 있다면 인류의 에너지 문제와 환경 문제가 동시에 해결될 것이다.

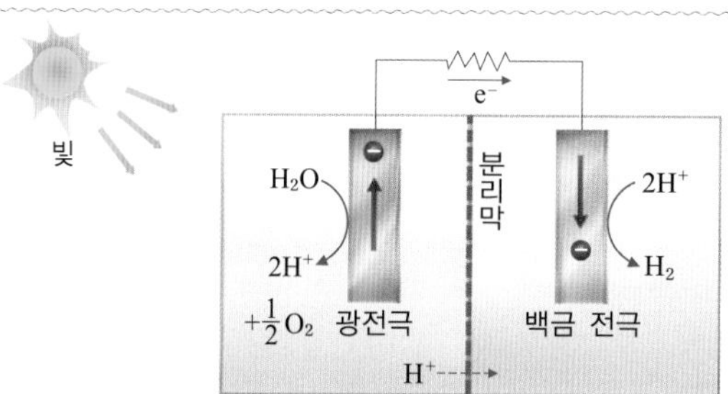

- (+)극에서는 광촉매나 반도체성 광전극에 빛이 흡수되면서 물이 산화되어 산소 기체와 수소 이온으로 분해된다.
- (−)극에서는 수소 이온이 환원되어 수소 기체를 얻는다.

≈ 물의 광분해

확·인·하·기

광합성과 인공적인 물 광분해의 공통점이 아닌 것은?

① 물이 수소와 산소로 분해된다. ② 단백질이 사용된다.
③ 물은 거의 무한한 자원이다. ④ 햇빛은 거의 무한한 자원이다.
⑤ 산화 환원 반응이다.

식물의 광합성 작용에는 여러 가지 단백질이 핵심 역할을 한다. 그러나 인공 광분해에서는 단백질 대신 합성 촉매가 사용되리라 예상된다.

답 ②

연/습/문/제

핵심개념 확인하기

❶

볼타 전지에서 (아연판, 구리판)은 전자를 잃고 (아연, 구리) 이온이 되어 용액 속으로 녹아들어가므로 질량이 (증가, 감소)하고 (아연판, 구리판)에서는 수소 기체가 발생한다.

❷

전지에서는 (+, −)극이 산화 전극이지만 전기 분해에서는 (+, −)극이 산화 전극이다.

❸

Li^+, Na^+, Ca^{2+} 등이 포함된 수용액을 전기 분해할 때 이 양이온들은 (산화, 환원)되기 어려우므로 물이 대신 (산화, 환원)되어 (−)극에서 (산소, 수소) 기체가 발생한다.

❹

수소 연료 전지에서는 (수소, 산소) 기체가 공급되는 전극에서 산화 반응이 일어난다.

01 다음은 다니엘 전지에 관한 내용이다. 옳은 것은 ○표, 옳지 <u>않은</u> 것은 ×표를 하시오.

(1) $Zn \longrightarrow Zn^{2+} + 2e^-$ 반응은 산화 반응이며, 이 반응이 일어나는 전극을 산화 전극이라고 한다. ( )

(2) $Cu^{2+} + 2e^- \longrightarrow Cu$ 반응이 일어나는 전극은 도선을 통해 전자가 흘러들어오는 (+)극이다. ( )

(3) 아연 전극의 질량은 감소하고 구리 전극의 질량은 그대로이다. ( )

02 그림과 같이 금속판 A, B를 묽은 황산에 담그고 두 금속을 도선으로 전구와 연결하였더니, 전구에 불이 켜지면서 금속 B 주위에서 기체가 발생하였다. 이 전지에 대한 설명으로 옳은 것만을 |보기|에서 있는 대로 고르시오.

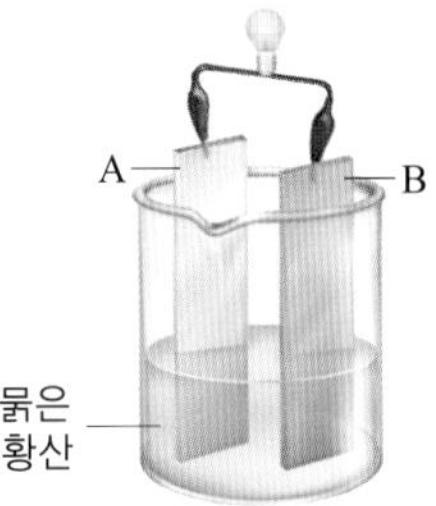

|보기|

ㄱ. 금속 A는 금속 B보다 이온화 경향이 크다.

ㄴ. 전자는 도선을 따라 금속 A에서 B로 이동한다.

ㄷ. 발생하는 기체는 수소이다.

03 표는 몇 가지 반쪽 반응의 표준 환원 전위를 나타낸 것이다. 이에 대한 설명으로 옳은 것만을 |보기|에서 있는 대로 고른 것은?

반쪽 반응식	$E°$(V)	반쪽 반응식	$E°$(V)
$Zn^{2+}(aq) + 2e^- \longrightarrow Zn(s)$	−0.76	$Cu^{2+}(aq) + 2e^- \longrightarrow Cu(s)$	+0.34
$Fe^{2+}(aq) + 2e^- \longrightarrow Fe(s)$	−0.44	$Ag^+(aq) + e^- \longrightarrow Ag(s)$	+0.80

보기
ㄱ. 위 금속 중 환원이 가장 잘 되는 금속은 아연이다. ㄴ. $Fe + Cu^{2+} \longrightarrow Fe^{2+} + Cu$의 반응은 자발적이다. ㄷ. 금속 Zn과 Ag을 두 전극으로 사용한 전지에서 전자는 도선을 따라 금속 Zn에서 금속 Ag으로 이동한다.

① ㄴ　② ㄱ, ㄴ　③ ㄱ, ㄷ　④ ㄴ, ㄷ　⑤ ㄱ, ㄴ, ㄷ

04 다음은 전기 분해에 관한 내용이다. 옳은 것은 ○표, 옳지 <u>않은</u> 것은 ×표를 하시오.

(1) 전기 분해는 은 도금에 이용되는데, 은 도금에서 $Ag^{+} + e^{-} \longrightarrow Ag$ 반응은 (+)극에서 일어난다. (　)

(2) 은 도금에서 도금할 물체는 (−)극에 연결한다. (　)

(3) 불순물이 소량 섞인 구리를 (+)극으로 하여 Cu^{2+}이 포함된 전해질 수용액을 전기 분해하면 (−)극에서 순수한 구리를 얻을 수 있다. (　)

05 다음은 수소 산소 연료 전지의 반응식을 나타낸 것이다.

- $2H_2(g) + 4OH^{-}(aq) \longrightarrow 4H_2O(l) + 4e^{-}$
- $O_2(g) + 2H_2O(l) + 4e^{-} \longrightarrow 4OH^{-}(aq)$

이에 대한 설명으로 옳은 것만을 **보기**에서 있는 대로 고르시오.

보기
ㄱ. H_2 기체가 (+)극에 공급된다. ㄴ. 전체 반응식은 수소의 연소 반응식과 같다. ㄷ. 최종 생성물은 환경오염을 일으키지 않는다.

단원 종합 문제

01 결합 에너지에 대한 설명으로 옳은 것만을 **보기**에서 있는 대로 고르시오.

보기

ㄱ. 결합이 생성될 때 에너지를 흡수한다.
ㄴ. C=C 결합이 C−C 결합보다 결합 에너지가 크다.
ㄷ. H−F 결합이 H−Cl 결합보다 강하다.

02 다음은 질소와 산소가 반응하여 일산화 질소가 생성되는 반응의 열화학 반응식을 나타낸 것이다.

$$N_2(g) + O_2(g) \longrightarrow 2NO(g),\ \Delta H = +180.6\ \text{kJ}$$

이에 대한 설명으로 옳은 것만을 **보기**에서 있는 대로 고르시오.

보기

ㄱ. 이 반응은 흡열 반응으로 주위의 온도가 내려간다.
ㄴ. 생성물이 반응물보다 안정하다.
ㄷ. 이 반응식으로부터 반응물과 생성물 각각의 절대적인 에너지 크기를 알 수 있다.

03 에탄올(C_2H_5OH)의 표준 생성 엔탈피는 $\Delta H_f^\circ = -277.7$ kJ이다. 에탄올 생성에 대한 열화학 반응식을 ΔH를 이용하여 나타내시오.

04 $Fe_2O_3 + 3CO \longrightarrow 2Fe + 3CO_2$의 반응 엔탈피($\Delta H$)는 −27 kJ/mol이다. CO를 사용하여 Al_2O_3의 알루미늄을 환원시키는 것이 가능할지 다음 표를 이용하여 $Al_2O_3 + 3CO \longrightarrow 2Al + 3CO_2$의 반응 엔탈피를 계산하여 답하시오.

화합물	Al_2O_3	CO	CO_2
표준 생성 엔탈피(kJ/mol)	−1670	−111	−394

정답 및 풀이 447쪽

05 얼음의 융해열과 물의 기화열에 관한 설명으로 옳지 <u>않은</u> 것은? (단, 융해열이나 기화열은 엔탈피 변화의 절댓값에 해당한다.)

① 융해열이 기화열보다 크다.
② 얼음과 물 모두에서 물 분자 사이에는 수소 결합이 작용한다.
③ 얼음이나 물에서 물 분자 사이의 거리보다 수증기에서 물 분자 사이의 거리가 크다.
④ 융해열도 기화열도 물에서 O−H 결합을 깨는 데 필요한 에너지보다는 작다.
⑤ 수증기에서는 대부분 물 분자들 사이에 수소 결합이 작용하지 않는다.

06 그림과 같은 다니엘 전지에 대한 설명으로 옳은 것을 있는 대로 고르시오.

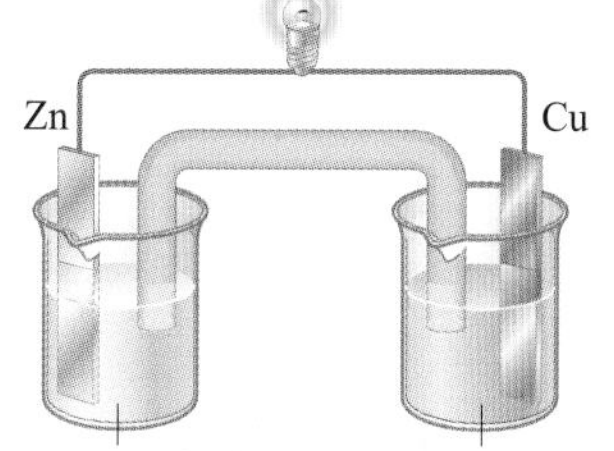

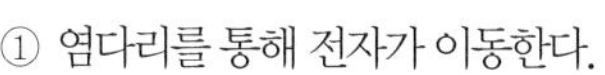
① 염다리를 통해 전자가 이동한다.
② 아연판에서 산화 반응이, 구리판에서는 환원 반응이 일어난다.
③ 황산 구리(II) 수용액의 색이 점점 옅어진다.
④ 아연판의 질량은 감소하고 구리판의 질량은 증가한다.
⑤ 구리판의 표면에서는 H^+이 환원되어 H_2로 된다.

07 Ag^+이 들어 있는 수용액과 은판을 사용하여 열쇠에 은 도금을 하려고 한다. 이에 대한 설명으로 옳은 것만을 보기에서 있는 대로 고르시오.

보기
ㄱ. 은판은 산화되어 질량이 감소한다.
ㄴ. 용액 속의 Ag^+의 수는 감소한다.
ㄷ. $AgNO_3$ 수용액 또는 $KAg(CN)_2$ 수용액을 사용할 수 있다.

VII

반응 속도와 촉매

1. 반응 속도
2. 촉매와 우리 생활

화학은 분자 수준에서 하나의 물질이 다른 물질로 바뀌는 화학적 변화를 다룬다는 면에서 물리학과 구별되고, 생명체뿐 아니라 무생물에서 일어나는 화학적 변화까지를 모두 다룬다는 면에서 생물학과도 구분된다. 그런데 화학 변화를 고려할 때 중요한 두 가지 측면이 있다. 하나는 어떤 반응이 우리가 원하는 방향으로 얼마나 진행되는지 반응 정도에 관한 문제이고, 다른 하나는 어떤 반응이 적절한 속도로 진행되는지 반응 속도에 관한 문제이다. 앞에서 평형의 상태로 나타내는 반응의 정도는 주로 엔탈피 변화의 크기에 달려있다는 것을 보았다. 이 단원에서는 반응의 속도에 영향을 미치는 요인들에 대해 알아본다.

1 반응 속도

화학은 한편으로는 생물과 무생물을 포함해서 자연에서 일어나는 화학 반응을 다루고, 다른 한편으로는 화학 실험실이나 화학 관련 산업체에서 인공적으로 이루어지는 반응을 다룬다. 요즘은 환경 문제의 해결에 대해서도 화학이 많은 관심을 가진다. 좀 더 관심의 범위를 넓혀서 우주적으로 화학 원소들이 언제 어떻게 만들어지고, 어떤 화합물들이 우주 공간과 별들 사이에 분포되어 있는지를 조사하는 우주화학(cosmochemistry)이라는 분야도 생겼다. 그런데 흥미롭게도 우주적으로 어떤 화합물들이 풍부한지를 조사하면 반응 속도에 관한 중요한 원리를 파악할 수 있다.

1-1 반응 속도

핵심 개념 • 반응 속도

운동하는 물체의 속도를 측정하기 위해서는 시간과 거리를 동시에 측정해야 한다. 물체의 운동에서는 물체의 위치만 바뀌고 물체의 본질 자체는 변하지 않는다. 집의 기둥에 박힌 못이 몇 년 사이에 녹이 스는 것 같은 화학 반응에서는 물체의 위치는 그대로라도 물질은 철에서 산화 철로 바뀐다. 그런데 같은 산화라도 어떤 산화는 느리고, 어떤 산화는 아주 빠르다.

1937년 5월 6일 당시 최고 호화 비행선이었던 독일 제펠린(Zeppelin) 소속 힌덴부르크(Hindenburg)는 미국 뉴저지 주 레이크허스트에 착륙하기 직전에 화재가 발생하여 1분 만에 파괴되었고 36명의 사망자를 내었다. 그 1분 사이에 얼마나 많은 수소가 산소와 반응했을까? 이처럼 반응 속도(reaction rate)는 일정한 시간 내에 얼마만큼의 원자나 분자가 반응하였는가를 의미한다.

| 반응 속도의 측정 |

화학 반응도 물체 운동의 결과로 일어난다. 이때의 물체는 시간에 따라 위치를 측정할 수 있는 거시적인 물체가 아니라 원자와 분자이다. 원자와 분자의 운동 결과로 충돌이 일어나고 충돌의 결과로 반응이 일어나는 것이다.

우리 주변에서 일어나는 화학 반응에는 빠른 것도 있고 느린 것도 있다. 수소나 나무의 연소 반응은 매우 빠르다. 수소 기체는 일단 불을 붙이면 폭발적으로 반응한다. 염산과 질산 은 수용액이 반응하여 앙금이 생성되는 반응도 매우 빠르게 일어난다.

빠른 반응의 예

• 연소 반응: 연료가 급격히 빛과 열을 내며 산소와 반응하는 연소 반응

$$C(s) + O_2(g) \longrightarrow CO_2(g)$$

• 앙금 생성 반응: 질산 은($AgNO_3$)과 묽은 염산(HCl)의 반응

$$Ag^+(aq) + Cl^-(aq) \longrightarrow AgCl(s) \text{ (흰색 앙금)}$$

• 중화 반응: 묽은 염산(HCl)과 수산화 나트륨 수용액(NaOH)의 반응

$$H^+(aq) + OH^-(aq) \longrightarrow H_2O(l)$$

• 금속과 산이 반응하여 수소 기체가 발생하는 반응: 마그네슘과 묽은 염산의 반응

$$Mg(s) + 2HCl(aq) \longrightarrow MgCl_2(aq) + H_2(g)$$

그러나 철이 녹스는 과정, 석회 동굴이 만들어지는 과정, 암석의 침식과 퇴적은 매우 오랜 시간이 걸리는 느린 반응이다.

화학 반응 속도는 원자와 분자의 단순한 위치 변화가 아니라 반응물의 소비량이나 생성물의 생산량을 시간과 동시에 측정하여 결정된다. 따라서 화학에서는 시간에 따라 반응물이나 생성물의 양을 분석하는 것이 필수적이다.

반응이 빠르다거나 느리다는 것은 상대적인데, 화학 반응에서 반응 속도는 어떻게 측정할 수 있을까? 화학 반응이 일어나면 반응이 진행됨에 따라 반응물의 양은 점점 줄어들고 생성물의 양은 점점 늘어나므로, 반응 속도는 일정 시간 동안에 변화된 반응물의 양이나 생성물의 양으로 나타낼 수 있다.

예를 들어, 반응물이나 생성물이 기체이면 부피나 압력 변화를 측정하며, 고체이면 질량 변화를 측정한다. 그러나 반응물과 생성물이 몇 가지 물질이 섞인 혼합물이면 성분 물질 각각의 질량이나 부피를 측정하기가 어렵다. 혼합물 상태에서 각 성분의 양에 비례하는 값은 농도이다. 따라서 반응 속도를 측정할 때에는 주로 몰 농도를 사용한다.

$$\text{반응 속도} = \frac{\text{반응물의 농도 감소량}}{\text{반응 시간}} = \frac{\text{생성물의 농도 증가량}}{\text{반응 시간}}$$

여러 가지 농도 중에서 몰 농도는 반응물과 생성물의 분자 수에 비례하므로 화학 반응 속도를 나타내기에 가장 적합하다. 따라서 반응 속도는 변화된 물질의 몰 농도를 측정한 시간으로 나누어 계산할 수 있다. 단위는 M/s, M/min 등으로 나타낸다.

» 반응 속도 측정법

- 앙금이 생성되는 반응: ×표시를 한 흰 종이 위에 삼각 플라스크를 올려놓고 흰 종이의 ×표시가 보이지 않을 때까지 걸린 시간을 측정

  예 싸이오황산 나트륨($Na_2S_2O_3$) 수용액과 묽은 염산(HCl)을 삼각 플라스크에 넣고 반응시키면 다음과 같은 반응으로 고체 상태인 황이 생성된다.

  $Na_2S_2O_3 + 2HCl \longrightarrow 2NaCl + H_2O + SO_2 + S\downarrow$

- 기체가 발생하는 반응: 일정 시간 간격으로 눈금 실린더에 포집된 기체의 부피 변화를 측정하여 반응 속도를 결정할 수 있다. 압력이 일정할 때 기체의 양은 부피에 비례하기 때문이다. 물에 용해도가 큰 염화 수소나 암모니아 등의 기체가 발생하는 반응에서는 사용할 수 없다. 또는 생성물인 기체를 반응 용기에서 빠져나가도록 하면서 일정 시간 간격으로 반응 용기 전체의 질량을 측정할 수도 있다. 이때 반응 용기의 질량이 시간이 지날수록 줄어든다.

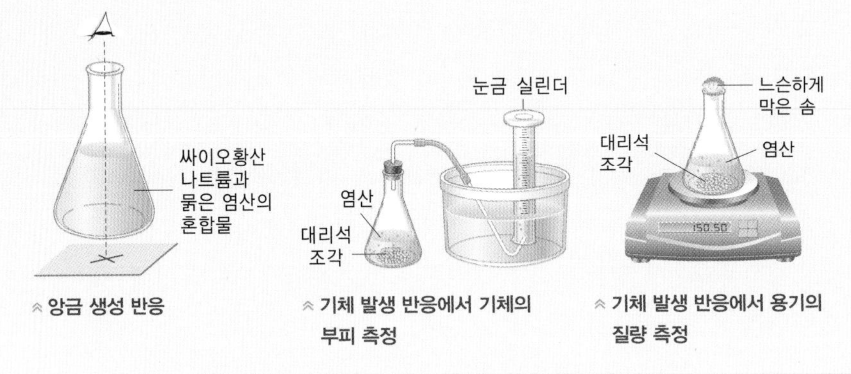

앙금 생성 반응 | 기체 발생 반응에서 기체의 부피 측정 | 기체 발생 반응에서 용기의 질량 측정

확·인·하·기

포도주가 시어지는 반응의 속도를 구하려면 시간에 따라 어떤 양의 변화를 측정하는 것이 좋을까?

① 부피 ② 색 ③ 질량 ④ 발생하는 기체의 부피 ⑤ 수소 이온 농도

시어지는 것은 에탄올이 아세트산으로 바뀌기 때문이다. 이 과정에서 공기 중의 산소와 결합해서 질량이 약간 증가하지만 측정하기는 어렵다. 신맛을 느낄 정도이면 수소 이온 농도는 크게 변한다. 따라서 pH 미터를 사용하면 쉽게 반응 속도를 구할 수 있다. 답 ⑤

| 반응 속도 표현 |

A → B인 반응이 일어날 때 시간에 따른 반응물과 생성물의 양을 비교해 보자.

시간(s)	0	10	20	30	40
반응 모형					

A
B

A의 농도를 [A]로 나타낼 때 시간 t_1에서의 농도는 $[A]_1$, 시간 t_2에서의 농도는 $[A]_2$가 된다. 시간 t_1과 t_2 사이에 A의 농도가 감소하는 속도(v)는 다음과 같이 나타낼 수 있다.

$$v = -\frac{[A]_2 - [A]_1}{t_2 - t_1} = -\frac{\Delta[A]}{\Delta t}$$

시간이 지남에 따라 Δt는 (+)값을 가지게 되고, 반응물의 농도는 감소해서 농도 변화, 즉 $\Delta[A]$는 (−)값을 가지게 된다. 그런데 반응 속도는 항상 (+)값으로 나타내므로 $\frac{\Delta[A]}{\Delta t}$ 앞에 (−)를 붙여서 나타낸다. 이와 같이 정의한 반응 속도는 주어진 시간 동안의 반응 속도로 평균 반응 속도라고 한다. 일반적으로 시간이 지남에 따라 반응물의 농도가 감소하므로 반응 속도는 줄어든다.

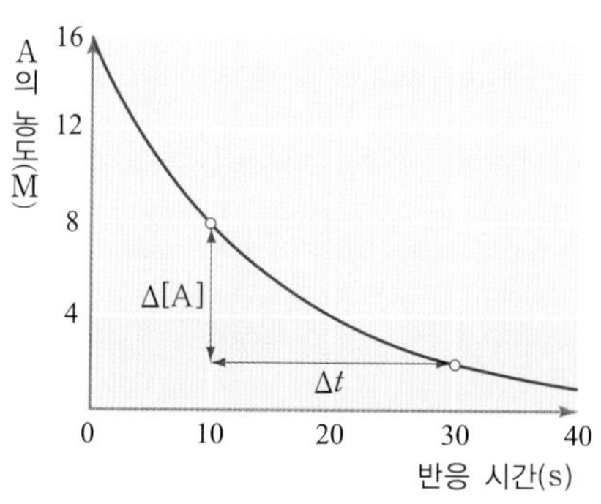

반응물의 농도 변화와 반응 속도

B의 농도(M)
16
12
8
4
b
a
Δ[B]
Δt
0
10
20
30
40
반응 시간(s)

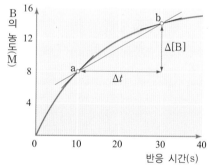

생성물의 농도 변화와 반응 속도

이때 반응이 일어나는 시간의 간격(Δt)을 거의 0이 될 정도로 작게 하면 평균 반응 속도는 시간 t에서의 순간 반응 속도가 된다. 이것은 시간−농도 그래프에서 시간 t에서의 접선의 기울기로 표시된다. 따라서 시간−농도 그래프에서 기울기를 비교하면 일정 시점에서의 반응 속도를 비교할 수 있다.

다음 그림은 암모니아 생성 반응에서 시간에 따른 반응물과 생성물의 농도 변화를 나타낸 것이다.

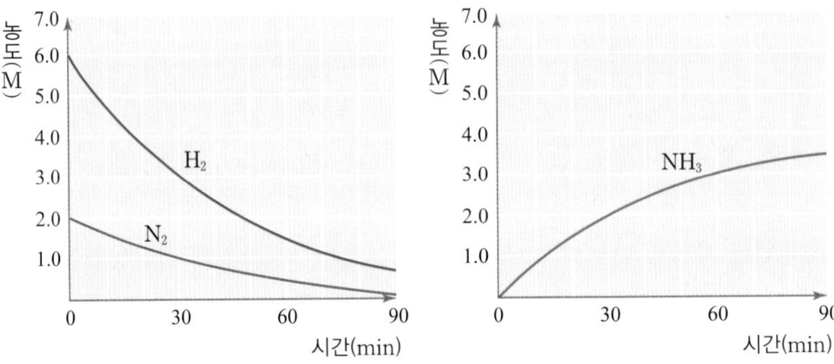

반응이 진행됨에 따라 반응 용기 속의 N_2와 H_2의 농도는 감소하고 NH_3의 농도는 증가한다. 그런데 화학 반응식에서 기체의 경우, 계수의 비는 반응하거나 생성되는 물질의 몰수비와 같다. 따라서 위 반응에서 수소의 감소 속도는 질소의 감소 속도의 3배이고, 암모니아의 증가 속도는 질소의 감소 속도의 2배가 된다.

따라서 반응 속도는 $v = -\dfrac{\Delta[N_2]}{\Delta t} = -\dfrac{1}{3}\dfrac{\Delta[H_2]}{\Delta t} = +\dfrac{1}{2}\dfrac{\Delta[NH_3]}{\Delta t}$로 나타낼 수 있다.

화학 반응식의 계수비가 1이 아니면 각 반응물과 생성물의 농도 변화율로 표시된 반응 속도는 서로 다른 값을 가진다. 그러나 주어진 반응의 반응 속도는 어느 물질을 기준으로 하여도 같은 값을 가지도록 표현해야 한다. 따라서 반응 속도는 시간에 따른 반응물의 농도 변화율로 정의하되, 화학 반응식의 계수로 각각을 나누어 준다. 즉, 반응 속도는 반응물의 소모 속도와 생성물의 생성 속도를 계수로 나눈 값으로 정의한다.

$$aA + bB \longrightarrow cC + dD \text{ 에서}$$

$$\text{반응 속도} = -\frac{1}{a}\frac{\Delta[A]}{\Delta t} = -\frac{1}{b}\frac{\Delta[B]}{\Delta t} = +\frac{1}{c}\frac{\Delta[C]}{\Delta t} = +\frac{1}{d}\frac{\Delta[D]}{\Delta t}$$

확·인·하·기

$H_2(g) + I_2(g) \longrightarrow 2HI(g)$ 반응의 반응 속도를 반응물과 생성물의 농도 변화로 표현하시오.

답 반응 속도 $= -\dfrac{\Delta[H_2]}{\Delta t} = -\dfrac{\Delta[I_2]}{\Delta t} = +\dfrac{1}{2}\cdot\dfrac{\Delta[HI]}{\Delta t}$

1-2 반응 속도식

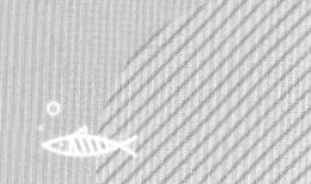

핵심 개념 • 반응 속도식 • 반응 차수 • 반감기

| 반응 속도식의 표현 |

138억 년 전 빅뱅 우주에서 수소와 헬륨이 만들어지고, 나중에 별에서 그보다 무거운 원소들이 만들어지는 과정이 몇 차례 사이클을 거치면서 우주의 원소 분포가 결정되었다. 스펙트럼을 통해 관찰된 우주에 풍부한 원소의 순서는 원자의 개수 면에서 다음과 같다.

$$H > He \gg O > C > N \approx Ne \approx Fe$$

수소는 우주에서 압도적으로 풍부한 원소이다. 수소와 헬륨의 질량비가 3 : 1 정도이므로 개수의 비는 12 : 1 정도이다. 수소와 헬륨은 우주 전체 원자 개수의 약 99 %를 차지한다. 산소는 우주에서 세 번째로 풍부하다.

위에서 반응성이 없는 He과 Ne을 제외하고 나머지 원소들은 결합해서 분자를 만든다. 우주에서 관찰되는 몇 가지 중요한 분자들의 풍부한 순서는 다음과 같다.

$$H_2 \gg CO > N_2 > H_2O > HCN > CO_2 > NH_3 > CH_4$$

우주가 식으면서 처음으로 원자들이 결합해서 만든 분자는 H_2이다. 이때는 아직 별이 태어나기 전이고, 따라서 산소, 탄소, 질소 등이 별의 내부에서 만들어지기 전이다. 우주 공간에서 H_2가 만들어지는 반응은 $H + H \longrightarrow H_2$ 식으로 간단히 적을 수 있다. 전자가 하나인 수소 원자 둘이 만나면 즉시 전자를 공유하면서 결합하기 때문이다. 그리고 단위 시간당 $[H_2]$, 즉 H_2의 농도가 증가하는 비율은 다음의 반응 속도식으로 나타낼 수 있다. 이때 k는 **반응 속도 상수(reaction rate constant)**라고 한다.

$$\frac{\Delta[H_2]}{\Delta t} = k[H]^2$$

이 식은 반응 속도가 반응물의 농도, 즉 [H]와 밀접한 관계가 있는 것을 보여 준다. 반응물의 농도가 높으면 충돌 확률이 높아져서 반응 속도가 증가하는 것이다. 그런데 이 반응에서 반응 속도는 $[H]^2$의 제곱에 비례한다. 이때 [H]의 지수 2를 **반응 차수(order)** 라 하고, 이 반응은 [H]에 대하여 2차 반응(second order reaction)이라고 한다. [H]가 10배가 되면 H_2가 생기는 속도는 10^2배, 즉 100배가 된다는 뜻이다. 그 이유는 수소 원자가 혼자 분자가 되는 것이 아니라 둘이 충돌해서 분자가 되기 때문이다. 다시 말하면 [H]가 10배가 되면 일단 충돌에 참여하는 수소 원자의 개수가 10배가 되는데, 각각의 수소 원자가 충돌하는 상대방 원자의 개수도 10배가 되어서 결과적으로 수소 분자가 만들어질 가능성은 100배가 되는 것이다.

CO는 $C + O \longrightarrow CO$ 식으로 C 원자와 O 원자의 충돌로 만들어지니까 기본적으로 H_2가 만들어지는 반응과 다를 것이 없다. 그래서 반응식은 다음과 같이 쓸 수 있다. 물론 속도 상수는 다르다.

$$\frac{\Delta[CO]}{\Delta t} = k[C][O]$$

이때 반응 속도는 C와 O 각각의 농도에 비례한다. 즉, 이 반응은 C와 O 각각에 대해서 1차이다. 그런데 C와 O의 농도는 H의 농도에 비해 훨씬 낮기 때문에 CO의 생성 속도는 상대적으로 느리고, 우주에는 H_2가 CO보다 풍부하다.

한편, $N + N \longrightarrow N_2$ 반응에서 N는 C나 O보다는 덜 풍부하기 때문에 CO가 N_2보다 풍부하다. CO는 우주에서 가장 풍부한 화합물인 동시에 강한 스펙트럼을 나타낸다. 그래서 우주 공간에 존재하는 다양한 화합물들의 상대적인 비율을 조사할 때는 CO가 기준으로 사용된다.

반응이 진행될수록 반응물의 농도가 변하므로 반응 속도는 달라진다. CO와 N_2는 H_2 다음으로 풍부한데, 거기에는 O, C, N가 우주에 풍부하다는 것 이외에 또 다른 이유가 있다. CO와 N_2는 3중 결합으로 이루어진 분자이기 때문에 분해가 어려운 것이다. 성간 물질들은 중력 때문에 별 가까이에 많은데, 별에 너무 가까이 가서 온도가 높아지면 결합이 깨지고 분자는 원자로 분해된다. 단일 결합으로 이루어진 H_2는 비교적 쉽게 분해되지만 CO와 N_2는 잘 분해되지 않아서 오래 살아남는다. 따라서 반응 속도를 제대로 파악하려면 생성 속도와 함께 분해 속도도 고려해야 하는 것이다.

1864년 노르웨이의 두 화학자 굴드베르그(Guldberg, C. M., 1836~1902)와 보게(Waag, P., 1833~1900)는 실험을 통해 '일반적으로 온도가 일정할 때 반응 속도는 반응물의 농도의 곱에 비례한다.'는 법칙을 발견하였다. 이 법칙에 따르면 $aA + bB \longrightarrow cC + dD$와 같은 일반적인 화학 반응의 반응 속도식을 $v = k[A]^m[B]^n$으로 나타낸다.

$$aA + bB \longrightarrow cC + dD\text{에서}\quad v = k[A]^m[B]^n\ (k\text{는 속도 상수})$$

이와 같이 반응 속도와 반응물의 농도 사이의 관계를 나타낸 식을 반응 속도식 또는 반응 속도 법칙이라고 한다. 반응 속도 상수 k는 비례 상수로, 반응물의 농도에 관계없고 온도에 따라 변한다. 온도가 높아지면 반응물의 운동이 빨라지고 충돌이 잦아져서 반응 속도가 커지는 것은 온도에 따른 반응 속도 상수의 변화로 나타난다.

반응 속도식에서 농도의 지수인 m과 n은 각각 A와 B에 대한 반응 차수이다. $m = 1$이면 이 반응은 A에 대하여 1차 반응, $n = 2$이면 B에 대하여 2차 반응이라고 한다. A에 대한 반응 차수 m과 B에 대한 반응 차수 n의 합인 $(m + n)$을 이 반응의 **전체 반응 차수**라고 한다. 반응 차수는 실험에 의해서만 결정되며, 일반적으로 화학 반응식으로부터 예측하는 것이 어렵다. 반응 차수는 반응 속도가 반응물의 농도에 어떻게 의존하는지를 보여 준다.

탐구 시그마 반응 차수 구하기

자료

$2NO(g) + O_2(g) \longrightarrow 2NO_2(g)$ 반응이 있다. 일정 온도에서 $NO(g)$와 $O_2(g)$의 초기 농도를 변화시키면서 반응 속도를 측정하여 아래 표와 같은 결과를 얻었다.

실험	[NO](mol/L)	$[O_2]$(mol/L)	초기 반응 속도(mol/L·s)
1	1.0×10^{-4}	1.0×10^{-4}	2.8×10^{-6}
2	1.0×10^{-4}	3.0×10^{-4}	8.4×10^{-6}
3	2.0×10^{-4}	3.0×10^{-4}	3.4×10^{-5}

분석

- 실험 1, 2에서 [NO]가 일정하고 $[O_2]$가 3배 증가할 때 반응 속도는 3배 증가한다. 따라서 $[O_2]$에 대해 1차 반응이다.
- 실험 2, 3에서 $[O_2]$가 일정하고 [NO]가 2배 증가할 때 반응 속도는 약 4배 증가한다. 따라서 [NO]에 대해 2차 반응이다.
- 반응 속도$(v) = k[NO]^2[O_2]$로 나타낼 수 있으며 전체 반응 차수는 3차이다.
- 실험 1의 값을 반응 속도식에 대입하면

$$k = \frac{v}{[NO]^2[O_2]} = \frac{2.8\times10^{-6}\ \text{mol/L·s}}{(1.0\times10^{-4}\ \text{mol/L})^2 \times (1.0\times10^{-4}\ \text{mol/L})}\text{이다.}$$
$$= 2.8\times10^{6}\ \text{L}^2/\text{mol}^2\text{·s}$$

» 1차 반응 그래프

1차 반응에서 반응 속도는 반응물의 농도에 비례하며, 그림과 같이 그래프로 나타내었을 때 직선의 기울기는 반응 속도 상수 k이다.

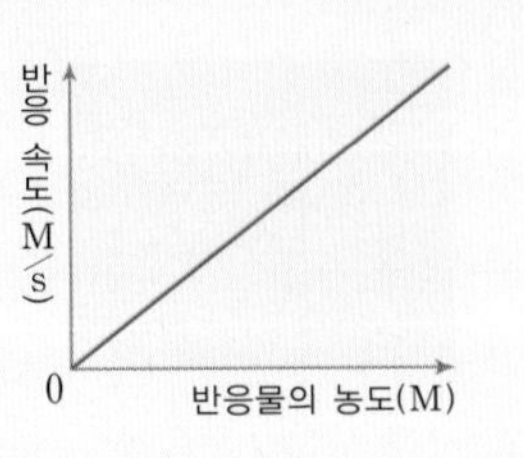

확·인·하·기

우주 공간에 H_2가 CO, N_2, H_2O에 비해 훨씬 많은 가장 중요한 이유는?

① H_2는 단일 결합으로 이루어진 분자이다.
② CO와 N_2는 3중 결합으로 이루어진 분자이다.
③ H_2는 무극성 분자이다.
④ 수소 원자는 탄소, 질소, 산소 원자에 비해 훨씬 풍부하다.
⑤ H_2O의 단일 결합은 자외선에 의해 쉽게 깨어진다.

풍부한 수소 원자 둘이 한번 충돌하면 수소 분자가 된다. 별 주위에서 H_2는 CO와 N_2에 비해 쉽게 분해되지만 생성 속도는 CO, N_2가 느리다.

답 ④

| 반감기 |

반응 속도식에서 우리가 알고자 하는 것은 시간에 따라 반응물과 생성물의 농도가 어떻게 변화하는가이다. 시간에 따라 반응물이나 생성물의 농도가 변화하는 경향은 반응 차수에 따라 다르다. 반응물의 농도가 반으로 줄어들 때까지 걸리는 시간을 **반감기($t_{\frac{1}{2}}$)**라고 하는데, 반감기는 반응 차수에 따라 다른 특성을 나타낸다.

그림은 1차 반응인 과산화 수소의 분해 반응에서 시간에 따른 과산화 수소의 농도 변화를 나타낸 것이다.

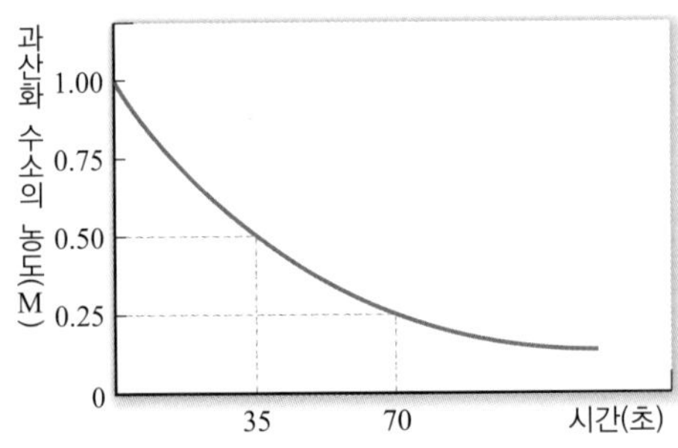

⩓ 1차 반응에서 시간에 따른 농도 변화

반응물의 초기 농도($[A]_0$)가 절반($\frac{[A]_0}{2}$)으로 줄어드는 데 걸리는 시간($t_{\frac{1}{2}}$), 즉 반감기는 $\frac{[A]_0}{2}$에서 $\frac{[A]_0}{4}$로 되는 데 걸리는 시간, $\frac{[A]_0}{4}$에서 $\frac{[A]_0}{8}$로 되는 데 걸리는 시간과 모두 같다. 이처럼 1차 반응은 매 시점에서의 농도와 상관없이 반감기가 항상 일정하다는 특징이 있고, 반응 속도가 클수록 반감기가 짧다. 1차 반응은 주위 환경이나 외부 조건에는 영향을 받지 않는다.

1차 반응의 반감기
초기 농도에 상관없이 항상 일정하다.

1차 반응의 대표적 예로 방사성 동위원소의 붕괴 반응이 있다. 우라늄을 핵연료로 사용하는 원자로에서 핵반응의 결과로 만들어지는 부산물에는 원자 번호가 94, 질량수가 239인 플루토늄($^{239}_{94}Pu$)의 동위원소, Pu−239가 있다. 그런데 Pu−239는 매 순간 그 순간에 존재하는 플루토늄 중에서 일정한 퍼센트가 붕괴한다. 이 붕괴 과정은 Pu−239 원자핵에서 일어나기 때문에 주위에 다른 원자핵이 몇 개나 있는지, 그리고 온도나 화학적 환경에는 무관하다. 이러한 방사성 동위원소의 붕괴 반응은 1차 반응이다. 일정한 양의 Pu−239가 붕괴를 할 때 24100년이 지나면 양이 반으로 줄어든다. 다시 24100년이 지나면 양이 다시 반으로 줄어든다. 즉, Pu−239의 반감기는 24100년이다.

개념 쏙

» 0차 반응의 반감기

0차 반응은 $v = k[A]^0 = k$이므로 반응 속도(v)가 농도에 관계없이 항상 일정하다. 즉, 반응 속도가 반응물의 농도와 무관하므로 반응물의 농도가 줄어도 속도에는 변화가 없다. 탄산 칼슘을 단위 시간당 일정한 열을 가하면서 가열하면 이산화 탄소가 날아가면서 산화 칼슘이 남는다. 이와 같은 금속 탄산염의 열분해 반응은 대표적인 0차 반응이다.

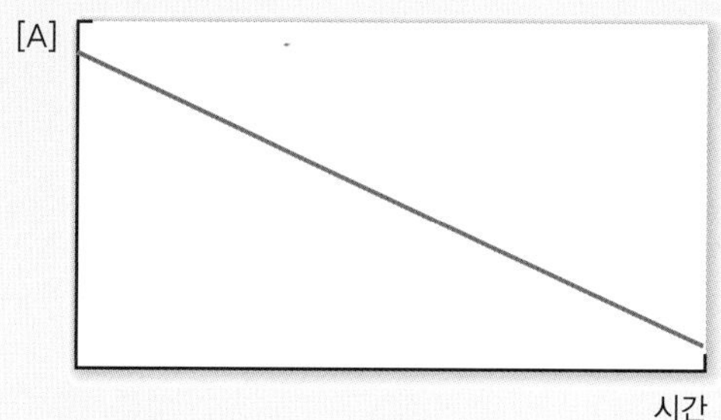

⁂ 0차 반응에서 농도−시간 그래프

방사성 동위원소의 반감기를 이용하여 암석의 나이를 구할 수 있다. 즉, 방사성 동위원소의 양이 처음 양의 반으로 붕괴되는 데 걸리는 시간은 원소의 양과 환경에 관계없이 항상 일정하다는 것을 이용하여 암석의 생성 연대를 구한다. 붕괴하는 데 오랜 시간이 걸리는 탄소-14를 이용하여 고대 이집트 미라가 얼마나 오래되었는지, 고대의 죽은 동물, 얼음 속에 보존된 고대의 공기 등에서 그 안에 들어 있는 동위원소의 비율을 이용해 해당 시료의 연대를 추정할 수 있다. 모든 생물은 살아 있는 동안 공기 중에 일정 비율로 존재하는 탄소-14를 흡수한다. 이 과정은 생물이 죽으면서 멈추고, 그 순간부터 탄소-14는 붕괴하기 시작한다. 과학자들은 탄소-14의 반감기가 5700년이라는 사실을 알고 있으므로 생물의 몸에 남아 있는 탄소 동위원소의 비율로 그 생물이 얼마나 오래 전에 죽었는가를 결정한다.

≈ 고대 이집트 미라

확·인·하·기

0차 반응과 1차 반응에 관한 설명으로 옳지 않은 것은?

① 0차 반응은 한 달 용돈 20만원을 받은 후 매일 만원씩 사용하는 경우와 유사하다.
② 1차 반응은 한 달 용돈 20만원을 받은 후 첫날은 10만원, 둘째 날은 5만원, 셋째 날은 2만 5천원 식으로 용돈을 사용하는 경우와 유사하다.
③ 0차 반응과 1차 반응에서는 아무리 오래 반응이 진행해도 반응물이 다 없어지지 않는다.
④ 1차 반응에서는 매 순간 남아있는 반응물 중에서 일정한 %가 반응한다.
⑤ 1차 반응에서는 반응이 진행되어도 반감기가 일정하다.

0차 반응에서는 얼마 후에 반응물이 다 없어진다. 그러나 1차 반응에서도 아무리 오래 반응이 진행되어도 반응물이 다 없어지지 않는다.

답 ③

1-3 화학 반응의 조건

핵심 개념 • 유효 충돌 • 활성화 에너지

| 유효 충돌 |

화학 반응이 일어나기 위해서는 반드시 반응물 입자들 간의 충돌이 일어나야 한다. 그러나 충돌이 일어났다고 해서 반응이 일어나는 것은 아니다. 반응이 일어날 수 있는 방향으로 입자들이 충돌해야만 화학 반응이 일어나는데, 이때의 충돌을 **유효 충돌**이라고 한다. 입자들이 적합한 방향과 빠른 속도로 유효 충돌하면 반응물의 결합이 끊어지고 재배열되어 생성물이 만들어진다.

유효 충돌 조건

- 반응을 일으키기 위해서는 충돌 시 충분한 에너지가 필요하다.
- 반응물의 상대적 배향은 새로운 결합이 형성될 수 있는 방향으로 되어 있어야 생성물이 생성된다.

탐구 시그마 충돌에 따른 반응

| 자료

그림은 일산화 탄소(CO)와 이산화 질소(NO_2)의 반응에서 반응물 입자의 충돌에 따른 반응 여부를 모형으로 나타낸 것이다.

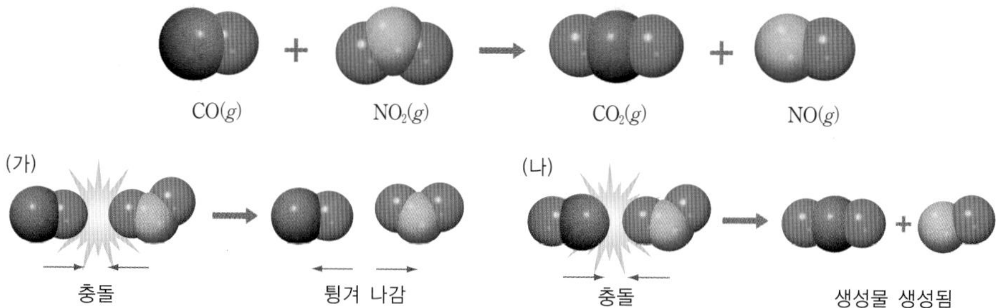

VII 반응 속도와 촉매

분석

- (가) CO의 O와 NO_2에서 O가 충돌하므로 반응이 일어나기 어렵다.
- (나) CO의 C와 NO_2에서 O가 충분히 빠른 속도로 충돌하므로 반응이 일어난다.
- 반응이 일어나기 위해서는 반응하는 입자들이 적절한 방향으로 충분히 빠른 속도로 충돌해야 한다.

| 활성화 에너지 |

수소와 산소는 안정한 분자이므로 상온에서 이 두 물질을 섞었다고 해서 저절로 반응이 진행되지는 않는다. 그러나 이 혼합 기체에 성냥이나 전기 불꽃 등으로 불을 붙여 주면 폭발적으로 반응한다. 천연가스나 석유의 연소 반응도 외부에서 에너지를 공급하지 않으면 시작되지 않는다. 이것은 화학 반응이 일어나기 위해서 넘어야 하는 일종의 에너지 장벽을 의미한다. 이때 반응물과 생성물 사이에 넘어야 하는 에너지 장벽, 즉 화학 반응에서 반응이 일어나기 위해 필요한 최소한의 에너지를 **활성화 에너지** (E_a)라고 한다.

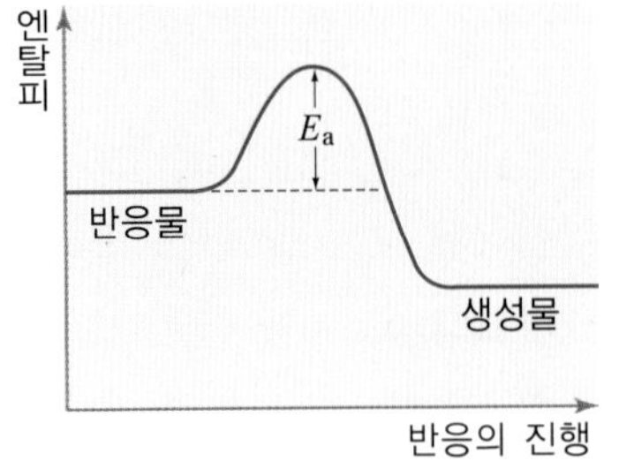

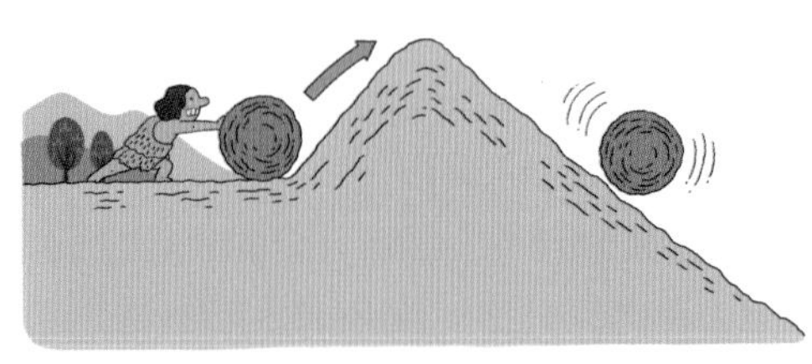

활성화 에너지 바윗덩어리가 비탈 앞에 놓인 언덕을 넘어야 저절로 굴러 내려갈 수 있는 것처럼, 반응물이 생성물로 되기 위해서는 활성화 에너지 이상의 에너지가 필요하다.

화학 반응은 반응물에서 생성물로 바뀌는 과정인데, 이 과정에서 분자의 구조는 처음 반응물을 닮은 구조에서 나중에는 생성물을 닮은 구조로 서서히 바뀌어 나갈 것이다. 따라서 이러한 반응이 진행되고 있는 중간 단계의 화합물은 반응물도 아니고 생성물도 아닌 매우 불안정한 상태가 되는데, 이를 **활성화 상태**라고 한다. 활성화 상태에 있는 불안정한 화합물을 활성화물(activated complex)이라고 한다. 활성화 상태는 불안정하므로 활성화물은 다시 반응물로 되거나 생성물로 변화한다.

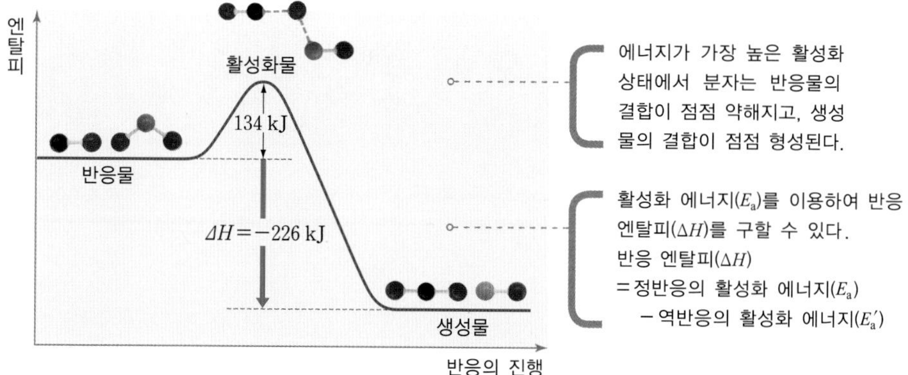
엔탈피
활성화물
134 kJ
반응물
ΔH = −226 kJ
생성물
반응의 진행
에너지가 가장 높은 활성화 상태에서 분자는 반응물의 결합이 점점 약해지고, 생성물의 결합이 점점 형성된다.
활성화 에너지(E_a)를 이용하여 반응 엔탈피(ΔH)를 구할 수 있다.
반응 엔탈피(ΔH)
= 정반응의 활성화 에너지(E_a)
− 역반응의 활성화 에너지(E_a')
반응의 진행에 따른 엔탈피 변화 정반응의 활성화 에너지(E_a)는 134 kJ이다.

수소와 메테인의 연소처럼 반응 엔탈피가 큰 발열 반응의 경우에는 처음에만 활성화 에너지가 필요하다. 일단 활성화 에너지 장벽을 넘어 연소 반응이 시작되면 폭발적으로 반응하는데, 그 이유는 연소 반응에서 나온 열이 주위의 반응물이 에너지 장벽을 넘는 데 사용되어서 도미노처럼 반응이 이어지기 때문이다.

반면, 흡열 반응의 경우에는 반응이 일어나기 위해서는 지속적으로 에너지를 가해 주어야 하므로 자발적으로 진행되기 어렵다. 활성화 에너지가 큰 반응은 주어진 온도에서 에너지 장벽을 넘기 어렵고, 활성화 에너지가 작은 반응은 쉽게 에너지 장벽을 넘을 수 있다. 따라서 활성화 에너지는 화학 반응 속도를 결정하는 중요한 요인이 된다.

일반적으로 다른 조건이 같다면 화학 반응의 활성화 에너지가 클수록 반응 속도가 느리고, 활성화 에너지가 작을수록 반응 속도는 빠르다.

확·인·하·기

활성화 에너지에 관한 설명으로 옳지 않은 것은?

① 정반응과 역반응의 활성화 에너지는 같다.
② 정반응과 역반응의 속도는 일반적으로 다르다.
③ 반응물과 생성물 사이의 엔탈피 차이는 활성화 에너지와는 다르다.
④ 활성화 에너지의 크기는 반응 속도와 밀접한 관계가 있다.
⑤ 체온에서 다양한 생화학적 반응이 일어나는 것을 보면 우리 몸에는 활성화 에너지를 낮추어 주는 어떤 물질이 있는 것이 틀림없다.

정반응과 역반응의 활성화 에너지는 일반적으로 다르다. 정반응이 발열 반응이면 역반응의 활성화 에너지가 정반응의 활성화 에너지보다 클 것이다.

답 ①

1-4 농도, 온도와 반응 속도

핵심 개념 •농도와 충돌 횟수 •온도와 활성화 에너지

| 농도와 반응 속도 |

촛불은 공기 중에서보다 순수한 산소 속에서 더 밝게 타오른다. 이것은 공기 중의 산소보다는 순수한 산소일 경우 산소의 농도가 더 진하기 때문이다. 이 경우에 산소는 반응물의 하나인데 이처럼 반응물의 농도가 달라지면 반응 속도가 변한다. 반응물의 농도가 증가하면 단위 부피 속의 분자 수가 증가하여 일정 시간 동안에 보다 많은 충돌이 일어나서 그만큼 반응 속도가 빨라진다.

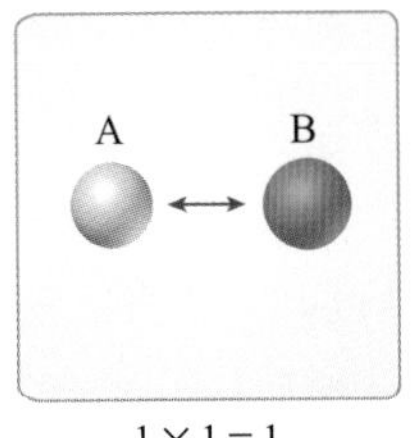

1×1=1

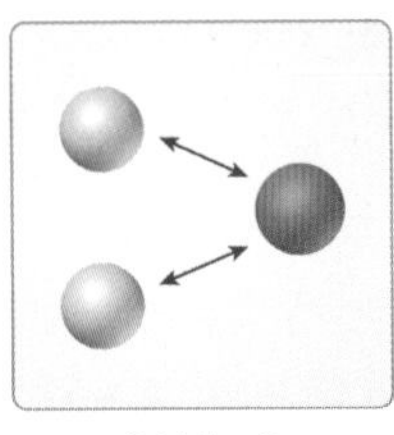
2×1=2

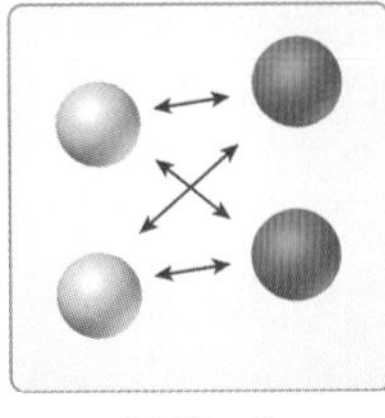
2×2=4

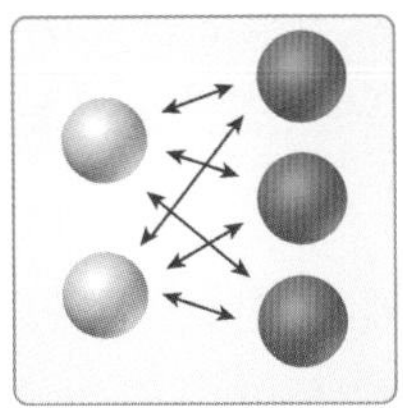
2×3=6

반응물의 농도와 충돌 횟수

반응물이 기체인 경우, 일정 온도에서 기체의 압력을 크게 하면 반응 속도가 빨라진다. 일정량의 기체에 압력을 가하면 기체의 부피가 감소하여 단위 부피당 입자 수가 증가하므로 기체의 농도는 진해진다. 즉, 기체의 농도는 각 기체의 압력에 비례하므로, 기체의 압력이 증가하면 농도 증가와 같은 효과를 나타내기 때문에 반응 속도가 빨라진다.

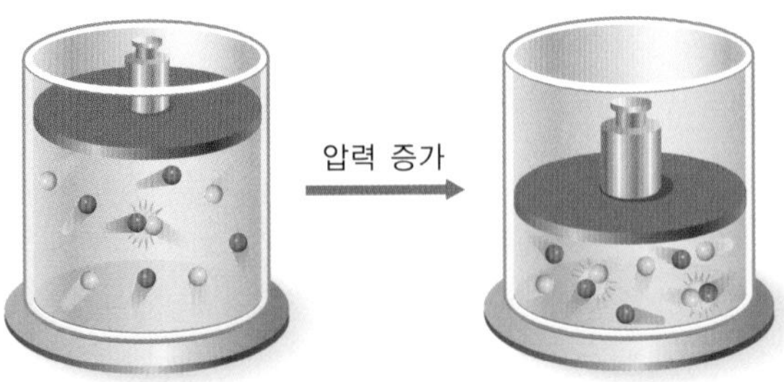

기체의 압력에 따른 충돌 횟수 증가

기체의 압력 증가 → 단위 부피 속의 기체의 분자 수 증가 → 반응 속도 증가

농도가 반응 속도에 영향을 미치는 예로는 다음과 같은 것들이 있다.

- 강철솜의 연소는 공기 중에서보다 산소가 든 집기병 속에서 더 활발하다.
- 꺼져 가는 향불을 산소가 든 집기병에 넣으면 다시 불이 타오른다.
- 산성비에 의해 대리석 건물이나 조각상이 부식되는 현상은 느리지만, 염산에 대리석 조각을 넣으면 매우 빠르게 반응하여 이산화 탄소가 발생한다.
- 대장간에서는 풀무질로 공기를 불어 넣어 산소의 압력을 크게 하여 불길을 세게 한다.

한편, 반응물이 고체인 경우 고체 물질의 표면적이 커지면 반응물 간의 접촉 면적이 커지게 되고, 접촉 면적이 커지면 반응물 입자 간의 충돌 횟수가 증가하므로 반응 속도가 빨라진다.

표면적 증가 → 접촉 면적 증가 → 충돌 횟수 증가 → 반응 속도 증가

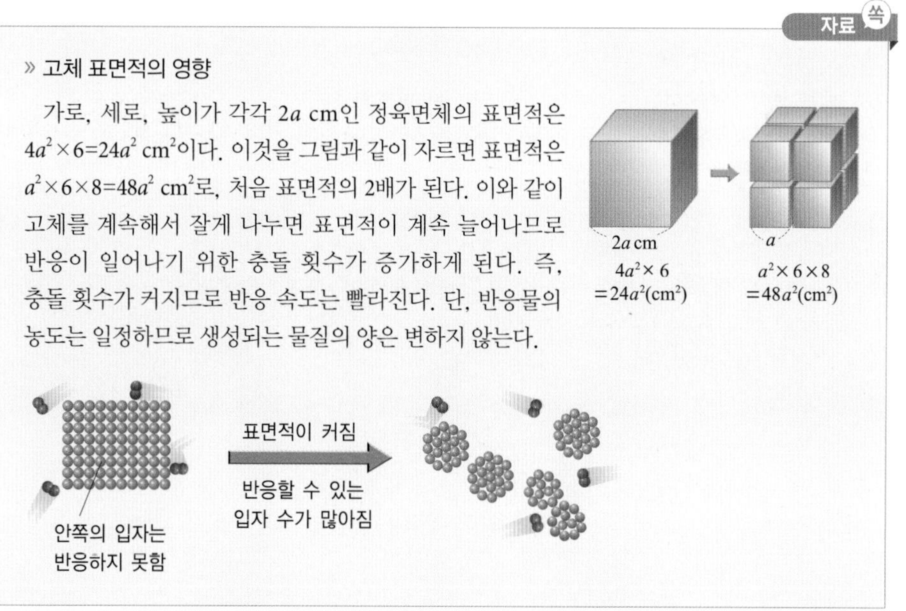

자료 쏙

» 고체 표면적의 영향

가로, 세로, 높이가 각각 $2a$ cm인 정육면체의 표면적은 $4a^2 \times 6 = 24a^2$ cm^2이다. 이것을 그림과 같이 자르면 표면적은 $a^2 \times 6 \times 8 = 48a^2$ cm^2로, 처음 표면적의 2배가 된다. 이와 같이 고체를 계속해서 잘게 나누면 표면적이 계속 늘어나므로 반응이 일어나기 위한 충돌 횟수가 증가하게 된다. 즉, 충돌 횟수가 커지므로 반응 속도는 빨라진다. 단, 반응물의 농도는 일정하므로 생성되는 물질의 양은 변하지 않는다.

표면적이 반응 속도에 영향을 미치는 예로는 다음과 같은 것들이 있다.

- 분진 폭발과 같이 작은 입자들이 공중에 흩어 뿌려졌을 때 작은 불씨가 큰 폭발을 일으킬 수 있다.
- 석탄은 덩어리 상태에서는 연소 속도가 느리지만 탄광 내부에서는 석탄 가루가 날릴 경우 작은 불씨에도 폭발 사고가 일어난다.
- 알약보다는 가루로 된 약이 표면적이 커서 위나 장에서 녹는 데 걸리는 시간을 단축할 수 있어 흡수가 빠르다.
- 소장의 내벽은 작은 융털로 덮여 있는데 실제 표면적은 약 200 m^2로 영양소 흡수를 빠르게 한다.
- 폐 속의 폐포 표면적은 사람 체표 면적의 약 40배에 해당하여 기체 교환이 효율적으로 일어나게 한다.

자료 쏙

» **펜테인의 표면적**

펜테인(C_5H_{12})은 끓는점이 36 ℃로 비교적 낮은 유기 용매이다. 그래서 페인트를 펜테인에 녹여 벽에 바르면 펜테인이 쉽게 날아가고 페인트가 마르는 장점이 있다. 반면 펜테인을 잘못 다루면 화재의 위험이 있다. 1 cm^3 부피의 액체 펜테인이 모두 기체로 바뀌면 표면적은 대략 몇 배가 될까?

액체 펜테인은 한 변의 길이가 1 cm인 정육면체로, 펜테인 분자는 한 변의 길이가 2 Å, 즉 2×10^{-10} m인 정육면체로 가정하여 표면적을 비교해 보자.

액체 펜테인의 표면적 $= (1 \times 10^{-2}\ m)^2 \times 6 = 6 \times 10^{-4}\ m^2$

펜테인 분자 1개의 표면적 $= (2 \times 10^{-10}\ m)^2 \times 6 = 2.4 \times 10^{-19}\ m^2$

액체 펜테인의 부피 $= (1 \times 10^{-2}\ m)^3 = 1 \times 10^{-6}\ m^3$

펜테인 분자 1개의 부피 $= (2 \times 10^{-10}\ m)^3 = 8 \times 10^{-30}\ m^3$

액체 펜테인에 들어 있는 펜테인 분자의 개수 $= (1 \times 10^{-6}\ m^3) \div (8 \times 10^{-30}\ m^3) \fallingdotseq 1.3 \times 10^{23}$

펜테인 분자 전체의 표면적 $= (2.4 \times 10^{-19}\ m^2)(1.3 \times 10^{23}) \fallingdotseq 3.1 \times 10^4\ m^2$

$$\frac{\text{펜테인 분자 전체의 표면적}}{\text{액체 펜테인의 표면적}} = \frac{(3.1 \times 10^4\ m^2)}{(6 \times 10^{-4}\ m^2)} \fallingdotseq 5 \times 10^7$$

표면적이 5천만 배 증가하는 셈이다. 따라서 산소와 접촉할 수 있는 면적도, 화재의 위험성도 그만큼 증가한다.

확·인·하·기

다음 중 표면적을 조절하여 반응 속도를 빠르게 하는 예와 가장 관계가 먼 것은?

① 각설탕보다 가루 설탕이 물에 더 잘 용해된다.
② 통나무를 쪼개 장작을 만들어 태우면 더 잘 탄다.
③ 가루약은 알약보다 체내에서 흡수되는 속도가 빠르다.
④ 꺼져가는 불씨를 산소가 든 집기병에 넣으면 다시 활활 타오른다.
⑤ 폐에는 많은 폐포가 있어 기체 교환이 효율적으로 일어난다.

④는 농도가 반응 속도에 미치는 영향이다. 답 ④

| 온도와 반응 속도 |

반응물의 농도를 높여서 단위 시간당 충돌 횟수를 증가시켜 반응을 빠르게 할 수 있다면, 반응물의 농도가 일정할 때 온도를 높이면 충돌 횟수를 증가시켜서 반응 속도를 증가시킬 수 있을 것이다. 온도가 높아지면 반응물 원자나 분자의 운동 에너지가 높아져서 원자나 분자의 속력이 증가하기 때문에 자주 충돌하게 된다.

하버의 암모니아 합성에서도 온도의 영향이 결정적으로 중요하다. 암모니아 합성은 발열 반응이기 때문에 암모니아의 수율을 높이기 위해 온도를 낮추어야 한다. 그러나 낮은 온도에서는 수율이 높지만 반응 속도가 너무 낮아 실용적으로 암모니아를 생산할 수 없다. 그래서 하버법에서는 수율을 어느 정도 희생하더라도 온도를 450 ℃ 정도로 높여서 적당한 속도로 반응이 진행되게 한다.

반응 속도에 대한 온도의 영향은 생물에서도 잘 볼 수 있다. 추운 겨울이 지나고 봄이 오면 새싹이 돋고 꽃이 핀다. 이것은 수십, 수백 가지 대사에 관련된 생체 반응의 결과이다. 그리고 이러한 반응들은 온도가 낮으면 너무 느려진다. 우리 몸도 체온을 유지해야 생명을 유지할 수 있다.

그런데 높은 온도에서 반응이 빨라지는 것은 단순히 반응물의 운동 속도가 빨라져서가 아니라 보다 더 중요한 이유가 있다. 비록 발열 반응이어서 생성물의 엔탈피가 반응물의 엔탈피보다 낮더라도 대부분의 경우에 반응물과 생성물 사이에는 에너지 장벽, 즉 활성화 에너지가 있다. 그래서 반응물이 외부에서 에너지를 얻어 활성화 에너지를 넘어야 생성물이 될 수 있다.

주어진 온도에서 분자들의 에너지는 특정한 분포를 나타내는데, 온도가 높으면 높은 에너지를 가진 분자가 많아지고 온도가 낮으면 낮은 에너지를 가진 분자가 많아진다.

따라서 높은 온도에서는 에너지 장벽을 넘을 수 있는 반응물의 분자가 많아지므로 반응 속도가 증가한다.

온도 증가 → 분자들의 평균 운동 에너지 증가
→ 활성화 에너지 이상의 에너지를 가진 분자 수 증가 → 반응 속도 증가

흡열 반응에서는 에너지 장벽이 높으므로 높은 온도에서 반응 속도가 증가하는 효과가 크다.

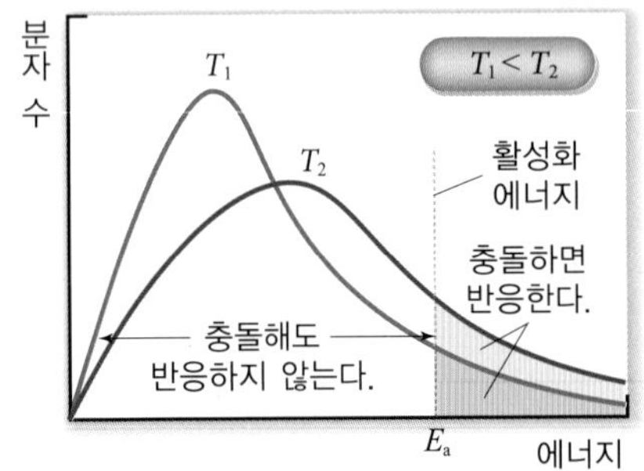

온도	$T_1 < T_2$
평균 운동 에너지	$T_1 < T_2$
E_a 이상의 에너지를 가지는 분자 수	$T_1 < T_2$
반응이 가능한 분자 수	$T_1 < T_2$
반응 속도	$T_1 < T_2$
전체 분자 수	$T_1 = T_2$

≈ **온도와 반응 속도** 높은 온도에서는 활성화 에너지 E_a보다 높은 에너지를 가지는 분자 수가 많아져 반응 속도가 증가한다.

일반적으로 온도가 10 ℃ 올라가면 반응 속도는 2배 정도 증가한다. 반대로 25 ℃에서 냉장고 온도인 5 ℃ 정도로 내려가면 반응은 4배 느려진다. 그래서 냉장고에서는 음식이 덜 상하는 것이다. 겨울에 동면하는 동물도 대사가 느려지니까 활동은 못하지만 최소한 에너지로 생명을 유지한다.

온도가 반응 속도에 영향을 미치는 예로는 다음과 같은 것이 있다.

- 겨울철보다 여름철에 음식물이 빨리 상한다.
- 비닐하우스에서 식물을 키우면 식물 생장에 적절한 온도를 유지시켜 줄 수 있어 계절에 관계없이 과일과 채소를 먹을 수 있다.
- 생선 가게에서 생선이 덜 상하게 하기 위해 생선을 얼음 위에 올려놓는다.
- 압력 밥솥에 밥을 지으면 물의 끓는 온도가 높아져 밥이 빨리 된다.

연/습/문/제

정답 및 풀이 449쪽

핵심개념 확인하기

❶

충돌 중에서 반응이 일어날 수 있는 방향으로 충돌하는 것을 (탄성, 유효) 충돌이라고 한다.

❷

반응 속도 상수는 반응 속도식에서의 비례 상수를 의미하며, (농도, 온도)와 활성화 에너지 등에 의존하는 값이다.

❸

반응물의 양이 반으로 줄어드는 데 걸리는 시간을 반감기라고 하는데, 모든 (0, 1)차 반응에서는 반응이 진행되는 모든 시점에서 반감기가 같다.

❹

활성화 에너지는 반응물과 생성물 사이의 에너지 장벽으로, 반응이 일어나기 위해 필요한 (최소한, 최대한)의 에너지를 말한다.

01 발열 반응에서는 정반응과 역반응 중에서 어느 쪽이 활성화 에너지가 큰가?

02 어떤 온도에서 다음 반응의 반응 속도가 [HI]에 따라 표와 같았다.

$$2HI(g) \longrightarrow H_2(g) + I_2(g)$$

실험	1	2	3
[HI] (mol L^{-1})	0.005	0.010	0.020
반응 속도(mol L^{-1} s^{-1})	7.5×10^{-4}	3.0×10^{-3}	1.2×10^{-2}

(1) 이 반응의 차수를 결정하고 속도식을 나타내시오.

(2) 속도 상수를 계산하고 단위를 나타내시오.

03 1차 반응에서 두 번의 반감기가 지났을 때 남은 양은 처음 양의 몇 배인가?

04 반응물 농도가 증가할수록 반응 속도가 빨라지는 이유를 가장 바르게 설명한 것은?

① 압력이 증가하기 때문이다.
② 입자의 충돌 횟수가 증가하기 때문이다.
③ 온도가 높아지기 때문이다.
④ 활성화 에너지가 낮아지기 때문이다.
⑤ 활성화 에너지 이상의 에너지를 갖는 입자 수가 많아지기 때문이다.

05 두 분자 간의 충돌이 화학 반응으로 진행될지의 여부를 결정하는 인자는 무엇인가?

06 그림은 시간에 따른 과산화 수소의 농도 변화를 나타낸 것이다. 이에 대한 설명으로 옳은 것만을 **보기**에서 있는 대로 고르시오.

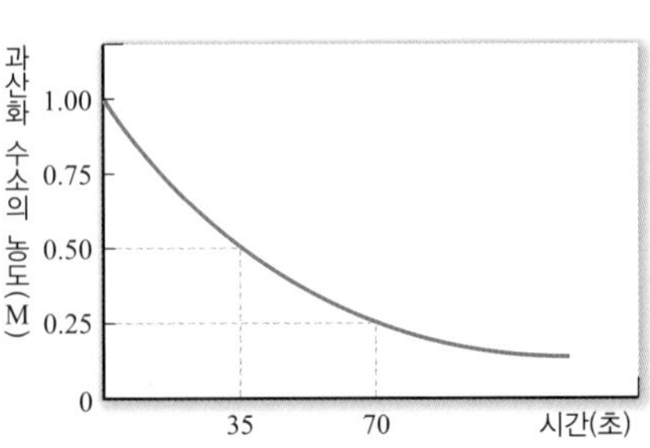

보기

ㄱ. 반감기는 농도에 따라 점점 감소한다.

ㄴ. 반응 속도식은 $v = k[H_2O_2]^2$로 나타낼 수 있다.

ㄷ. 과산화 수소의 농도가 1.00 M에서 0.50 M로 될 때 걸리는 시간과 0.50 M에서 0.25 M로 될 때까지 걸리는 시간이 같다.

07 그림은 일정한 양의 기체의 온도에 따른 분자 운동 에너지 분포 곡선이다. 이에 대한 설명으로 옳은 것만을 **보기**에서 있는 대로 고르시오.

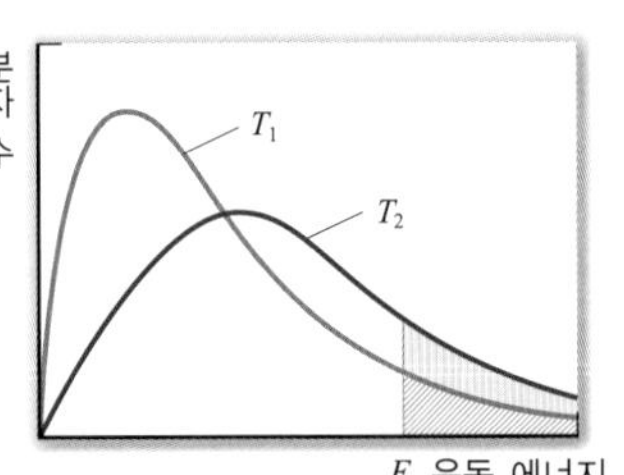

보기

ㄱ. 온도는 $T_1 > T_2$이다.

ㄴ. 평균 분자 운동 에너지의 크기는 T_2일 때가 T_1일 때보다 크다.

ㄷ. T_1에서보다 T_2에서 충돌 횟수가 더 크다.

08 반응 속도식이 $v = k[A]^2[B]$인 반응이 있다. 같은 조건에서 A와 B의 농도를 각각 2배로 하면 반응 속도는 처음의 몇 배가 되는가?

2 촉매와 우리 생활

19세기는 생물과 무생물의 경계를 허무는 시기였다. 1828년에 독일의 뵐러(Wöhler, F., 1800~1882)는 생체에서만 만들어진다고 생각했던 유기물인 요소를 무기물로부터 합성하였다. 1836년에 스웨덴의 베르셀리우스(Berzelius, J. J., 1779~1848)는 촉매 작용(catalysis)이라는 말을 처음 사용하였고, 1838년에는 단백질(protein)이라는 용어도 사용하였다. 그리고 1878년에는 독일의 퀴네(Kuhne, W., 1837~1900)는 효모에서 발효 작용을 일으키는 물질을 발견하고 효소(enzyme)라고 불렀다. 나아가서 뷰흐너(Buchner, E., 1860~1917)는 생명체가 아닌 효소의 즙이 효소 작용을 나타내는 것을 발견하였다. 이어서 효소－단백질－아미노산의 관계가 확립되었다. 20세기에 들어와서 1902년에 오스트발트(Ostwald, F., 1853~1932)는 촉매(catalyst)라는 용어를 처음 사용하였고, 반응 속도와 촉매 작용의 연구로 1907년 노벨 화학상을 수상하였다. 오늘날도 촉매의 연구는 화학의 중요한 부분을 차지한다. 이 단원에서는 이처럼 긴 역사를 지닌 촉매에 대해 알아본다.

2-1 촉매와 반응 속도

핵심 개념 • 촉매 • 효소 • 기질 특이성

| 촉매 |

수소와 산소는 매우 반응성이 큰 기체이다. 그러나 두 물질을 섞어 놓는다고 해서 바로 반응이 일어나는 것은 아니다. 두 물질이 반응할 수 있는 조건에 도달했을 때 비로소 많은 열을 방출하며 수소의 연소 반응이 일어날 수 있는 것이다. 반응이 일어날 수 있도록 촉진하는 조력자 역할을 하는 물질이 촉매이다. 예를 들면 소독약으로 쓰이는 과산화 수소(H_2O_2)는 실온에서는 매우 느리게 물(H_2O)과 산소(O_2)로 분해된다.

$$2H_2O_2(aq) \longrightarrow 2H_2O(l) + O_2(g)$$

과산화 수소를 상처가 없는 피부에 바르면 아무런 변화가 일어나지 않지만 상처가 난 부위에 바르면 기포가 발생한다. 이 기포는 산소 기체로, 혈액에 있는 효소가 작용하면 과산화 수소의 분해 속도가 빨라진다. 과산화 수소에 KI 수용액을 넣어 주거나 감자 조각을 넣어 주어도 과산화 수소의 분해 속도가 빨라진다. 이와 같이 화학 반응에 참여하지만 자신은 변하지 않으면서 반응 속도를 변화시키는 물질을 촉매라고 한다. 촉매에는 반응 속도를 빠르게 하는 정촉매와 반응 속도를 느리게 하는 부촉매가 있다.

감자를 넣었을 때 과산화 수소의 분해가 빨라지는 것은 감자에 들어 있는 카탈레이스(catalase)라는 효소 때문이다. 효소는 일종의 촉매이다. 촉매를 사용하면 반응 경로가 달라짐에 따라 활성화 에너지의 크기가 달라진다. 즉, 정촉매를 사용하면 활성화 에너지가 작아져서 같은 온도에서 반응할 수 있는 분자의 수가 그만큼 많아지므로 반응 속도가 빨라진다.

정촉매 사용 → 활성화 에너지 감소 → 반응 속도 증가 반대로, 부촉매를 사용하면 활성화 에너지가 커져서 그만큼 반응할 수 있는 분자의 수가 적어지므로 반응 속도가 느려진다. 예를 들면 과산화 수소에 인산을 넣으면 과산화 수소의 분해 속도가 느려진다.

부촉매 사용 → 활성화 에너지 증가 → 반응 속도 감소

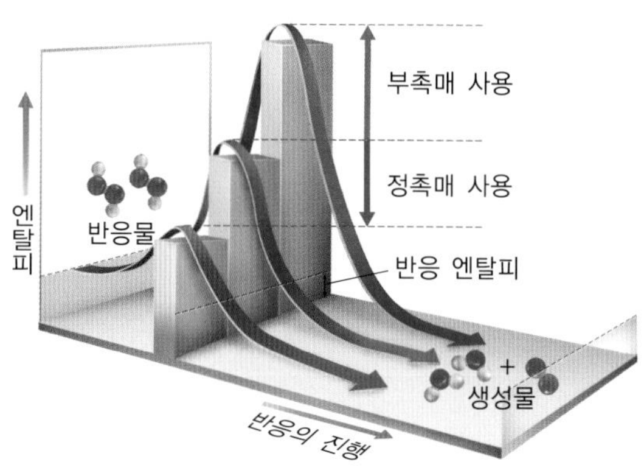

- 촉매를 사용하면 활성화 에너지는 변한다.
- 촉매를 사용해도 반응물이나 생성물의 에너지는 변하지 않으므로 반응 엔탈피는 일정하다.

촉매 사용에 따른 활성화 에너지 변화

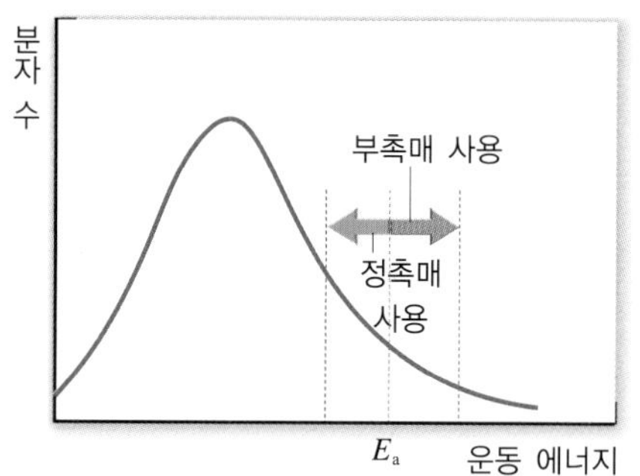

촉매 사용에 따른 반응할 수 있는 분자 수 변화

촉매가 반응 속도에 영향을 미치는 예로는 다음과 같은 것이 있다.

- 에틸렌에 수소를 첨가하여 에테인을 만들 때 백금 촉매를 넣어 주면 반응이 빠르게 일어난다.
- 과산화 수소의 분해 반응은 이산화 망가니즈(MnO_2)나 카탈레이스(생간이나 감자 등에 존재하는 효소)에 의해 반응이 빠르게 진행되고 인산을 넣으면 분해가 거의 일어나지 않는다.

VII 반응 속도와 촉매

• 촉매 변환기에는 백금이나 로듐과 같은 촉매가 들어 있어 유해한 질소 산화물을 쉽게 산소와 질소로 분해한다.
• 수소와 산소의 혼합 기체에 백금을 넣어 주면 폭발적으로 반응한다.

촉매에는 주로 생체 내에 존재하는 천연 촉매도 있고, 화학자들이 개발한 인공 촉매도 있다. 그리고 균일 촉매와 불균일 촉매로 나눌 수도 있다. 균일 촉매는 알코올 발효 효소처럼 반응물과 촉매가 골고루 섞여 있는 경우이고, 불균일 촉매는 암모니아 합성에서 기체인 반응물과 고체인 철 촉매가 구분되는 것과 같은 경우이다. 일반적으로 촉매라고 하면 우리가 원하는 반응이 빠르게 일어나도록 하는 정촉매를 의미하는 경우가 많다.

확·인·하·기

촉매에 대한 설명 중 옳은 것은 ○표, 옳지 않은 것은 ×표 하시오.

(1) 정촉매를 사용하면 활성화 에너지의 크기가 증가한다. ( )
(2) 부촉매를 사용하면 반응 엔탈피가 증가한다. ( )
(3) 과산화 수소에 인산을 넣으면 분해가 거의 일어나지 않는 것은 인산이 부촉매로 작용하기 때문이다. ( )

반응 엔탈피는 촉매에 의해 변하지 않는다. 답 (1) × (2) × (3) ○

| 생체 촉매 |

우리 몸에서는 다양한 생화학적 반응이 일어난다. 이것은 낮은 온도에서 반응이 적절한 속도로 일어날 수 있도록 촉매가 필요한 대표적인 경우이다. 예컨대 우리가 먹는 음식은 아밀레이스, 펩신 등이 없이는 체온에서 전혀 분해되지 않는다. 이러한 생체 촉매를 효소(enzyme)라고 한다. 우리 몸에서 일어나는 모든 생체 반응은 효소의 도움으로 일어난다.

효소를 뜻하는 enzyme에서 en은 엔탈피에서 보았듯이 내부라는 뜻이고, zyme은 알코올 발효를 일으키는 효모(yeast)를 뜻한다. 19세기 말까지만 해도 생물과 무생물은 엄격히 구분되었고, 생명 현상에는 일종의 생명력이 작용한다고 생각하였다. 그런데 살아있는 효모가 없어도 생명 현상이라고 생각되었던 효모의 알코올 발효가 일어나는 것이 발견되었다. 효모를 파괴해서 얻은 즙에 발효를 일으키는 성분이 있는 것이 확인되고, 효모 안에 있다는 뜻에서 엔자임이라고 불리게 된 것이다. 인간뿐만 아니라 단세포 생물부터 모든 동식물에 이르기까지 모든 생명 활동은 효소의 작용에 의존한다.

효소는 기본적으로 단백질이고, 단백질은 20가지의 아미노산이 특정한 순서에 따라 결합한 고분자 화합물이다. 어떤 생명체가 어떤 단백질을 만들어 사용할지에 대한 정보는 DNA에 들어 있는데, DNA로부터 단백질이 만들어지는 과정에도 여러 종류의 효소가 참여하고, DNA가 복제되어 유전되는 과정에도 효소가 관여한다.

효소는 특별한 반응에만 작용한다. 단백질로 구성된 효소는 각 효소마다 독특한 활성 부위가 있는데, 이 부분이 특정한 분자와 반응하기에 적합한 3차원 구조를 하고 있다. 반응물은 적절한 효소의 활성 부위와 선택적으로 결합하여 반응에 적합한 형태로 전환되어 보다 빠르게 생성물로 변화한다.

생성물은 효소의 활성 부위에서 분리되어 용액 중으로 빠져 나온다. 효소는 이 과정에서 활성화 에너지를 감소시키고 반응 속도를 빠르게 한다.

일반적으로 하나의 효소는 특정 기질에만 결합하여 하나의 반응만을 촉매한다. 이때 효소가 특정 기질하고만 반응하는 것은 열쇠와 자물쇠처럼 그 입체 구조가 꼭 들어맞기 때문인데, 효소의 이러한 특성을 기질 특이성이라고 한다. 즉, 락테이스는 젖당은 분해하지만 설탕이나 엿당은 분해하지 못한다.

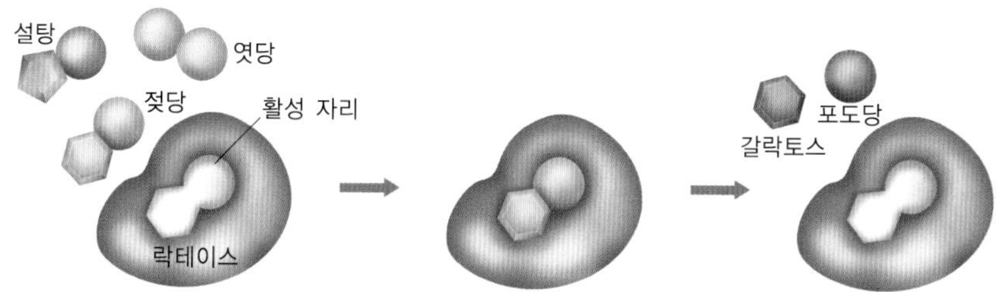

효소 반응의 모식도 기질이 활성 부위에 결합된 후 촉매 작용으로 반응이 진행된 다음 생성물이 분리된다.

또한 과산화 수소수가 물과 산소로 분해되는 반응은 카탈레이스에 의해 촉진되고, 유레아(urea, 요소)가 분해되는 반응은 유레이스(urease)에 의해 촉진된다. 이처럼 효소는 특정 기질에만 작용하는 기질 특이성을 보인다.

효소는 기질과 결합할 수 있는 특정한 입체 구조의 활성 자리를 가지고 있다.	➡	효소는 기질과 단단히 결합하여 효소 · 기질 복합체를 형성한다.	➡	생성물은 밖으로 빠져나가고 효소는 다시 새로운 기질과 결합한다.

효소 촉매 반응의 원리

» 활성 자리와 기질

활성 자리는 유연성을 갖는 경우가 많아 일부 효소의 활성 부위는 기질 분자와 결합하면서 더욱 적합한 구조로 변하기도 한다. 이것은 악수나 팔씨름을 할 때 서로 손을 잡은 후 꽉 쥐는 것과 같다. 기질과 활성 자리가 결합할 때 쌍극자-쌍극자 힘, 수소 결합, 분산력 등이 작용한다. 기질이 활성 자리로 들어가면 활성화되어 반응이 매우 빠르게 일어날 수도 있고, 기질이 활성 자리로 들어가는 과정에서 기질의 모양이 변형됨으로써 활성이 더욱 커지기도 한다. 반응이 일어난 후, 생성물은 활성 자리를 이탈함으로써 다른 기질 분자가 그 자리에 다시 들어갈 수 있게 한다.

대부분의 효소는 일정 범위 내에서는 온도가 높아질수록 반응 속도가 빨라져 35~40 ℃에서 가장 높은 활성을 나타낸다. 이처럼 반응 속도가 최대일 때의 온도를 **최적 온도**라고 한다. 그러나 그 이상의 온도에서는 효소의 주성분인 단백질의 구조가 변하여 기질과 잘 결합하지 못하기 때문에 효소의 촉매 기능이 떨어져 반응 속도가 느려진다.

또한 효소는 주성분이 단백질이기 때문에 pH에 따라서도 활성이 변한다. 효소의 활성이 가장 높아서 반응 속도가 가장 빠를 때의 pH를 **최적 pH**라고 한다. 대부분의 효소는 최적 pH가 중성인 7이지만, 어떤 효소는 pH가 산성인 2이거나 염기성인 8도 있다. 최적 pH를 벗어나면 효소의 활성 부위의 구조가 변하여 기질과 잘 결합할 수 없게 된다.

탐구 시그마 효소의 활성에 영향을 미치는 요인

자료

그림은 효소의 온도와 pH에 따른 반응 속도를 나타낸 것이다.

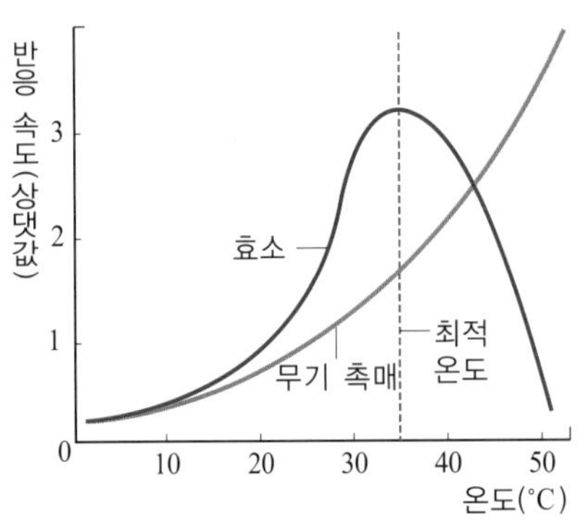

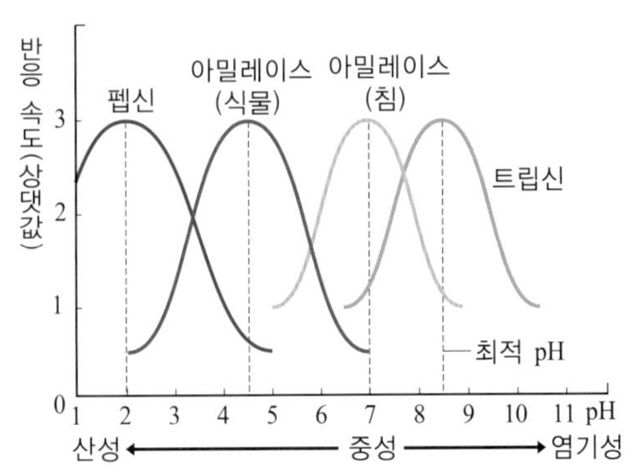

분석

- 무기 촉매는 온도가 높을수록 반응 속도를 증가시킨다.
- 효소는 무기 촉매와 달리 35 ℃ 부근에서 가장 높은 활성을 나타낸다.
- 펩신은 산성에서, 트립신은 염기성에서 반응 속도가 빠르며 효소마다 최적 pH가 다르다.

효소는 음식물로부터 에너지를 얻기 위한 소화와 흡수 과정, 물질대사 과정에서 생긴 노폐물을 배출하는 과정 등 생명 현상과 관련된 많은 화학 반응의 촉매로 작용한다. 이 과정에서 효소는 활성화 에너지를 낮추어 반응 속도를 빠르게 한다.

예를 들어, 혈액 내에서 완충 작용이 일어날 때 이산화 탄소와 물의 반응을 촉진하는 탄산 무수화 효소(carbonic anhydrase)는 이 반응의 속도를 약 10^6배 증가시킨다.

탄산 무수화 효소의 작용

$$CO_2(aq) + H_2O(l) \rightleftharpoons H^+(aq) + HCO_3^-(aq)$$

정반응은 조직에서 혈액이 CO_2를 흡수할 때 발생하고, 역반응은 폐에서 혈액이 CO_2를 방출할 때 발생한다. 탄산 무수화 효소는 이 반응에 촉매로 작용하여 반응 속도를 매우 빠르게 한다.

확·인·하·기

펩신에 관한 설명으로 옳지 않은 것은?

① 단백질의 일종이다.
② 20종류의 아미노산이 연결되어 만들어진다.
③ 단백질을 분해하는 효소의 일종이다.
④ 산성 조건에서 가장 효율적으로 작용한다.
⑤ 음식과 함께 섭취한다.

펩신은 세포 내에서 DNA의 유전 정보로부터 만들어진다. 음식물로 섭취한 단백질은 산성 조건에서 변성되어 쉽게 분해된다. 따라서 펩신은 산성에서 작용할 수 있도록 특이한 구조를 가진다. 답 ⑤

2-2 생활 속의 촉매

핵심 개념 • 하버법 • 광촉매 • 유기 촉매 • 표면 촉매 • 나노 촉매

오늘날 석유화학 등 산업체에서 대규모로 진행되는 많은 화학 반응에서는 각각 고유한 촉매가 사용된다.

| 하버법의 촉매 |

암모니아 합성에서는 200기압의 높은 압력을 사용해서 반응물의 밀도를 높이고, 암모니아가 합성되는 방향으로 평형이 치우치게 한다. 그리고 암모니아 수율 면에서는 낮은 온도가 유리하지만 적당한 반응 속도를 얻기 위해 450 ℃ 정도의 온도를 사용한다. 그러나 그 정도의 온도에서는 반응이 충분히 빠르지 않아서 하버는 수백 번의 실험을 통해서 적절한 촉매를 개발하였다. 지금도 암모니아 합성에서 널리 사용되는 촉매의 주성분은 철이다. 따라서 철 표면에서 질소와 수소가 반응해서 암모니아를 만드는 메커니즘을 파악하는 것이 촉매 작용을 이해하는 길이다.

질소와 수소가 반응하려면 일단 질소와 수소의 결합이 깨어져서 원자 상태로 바뀌어야 한다. 그런데 질소는 3중 결합, 수소는 단일 결합으로 이루어져 있기 때문에 질소의 결합을 깨는 것이 가장 높은 에너지 장벽을 넘는 일이다. 따라서 철 촉매는 질소 분자와 수소 분자의 결합을 끊고 질소 원자와 수소 원자가 만나 암모니아를 만들 수 있도록 해주는 것이다.

기체 상태의 질소 분자가 철 표면에 접근하는 상황을 생각해 보자. 질소는 전기음성도가 3.0으로 비교적 높은 비금속 원소인데, N≡N에서는 어느 원자도 상대방에게서 전자를 받지 못한다. 그런데 철은 전기음성도가 1.8로 낮은 금속이다. 그래서 N≡N의 한 N 원자가 철 원자에 접근하면 한편으로는 전자를 잘 내어주는 철로부터 전자를 받고, 다른 한편으로는 상대방 질소와 공유했던 전자를 되찾는다. 그리고 이 두 전자를 사용해서 철과 공유 결합을 만든다. 결과적으로 3중 결합은 2중 결합으로 바뀌어서 N=N−Fe 식의 구조가 된다. 이런 식으로 질소가 철 표면에서 계속 전자를 공급받으면 질소-질소 사이는 단일 결합이 되었다가 결국은 결합이 분해되어 질소 원자가 철 표면에 화학적으로 결합해서 흡착된다. 이 과정을 화학 흡착(chemisorption)이라고 한다.

질소에 이어 수소도 흡착하면 결국은 질소와 수소가 원자 상태로 철 표면에 존재하게 되는데, 이들 원자는 한 위치에 고정되지 않고 한 원자에서 다른 원자로 자리를 바꾸며 표면에서 돌아다닌다. 그러다가 수소가 질소를 만나면 결합이 단계적으로 일어나서 N-H, NH_2를 거쳐 NH_3가 되면 기체 상태로 철 표면을 빠져나오게 된다. 결국 기체 상태의 질소와 수소가 철 촉매의 도움으로 암모니아 기체가 되는 것이다. 그리고 철 표면은 원래 상태로 돌아가서 촉매 작용을 계속한다.

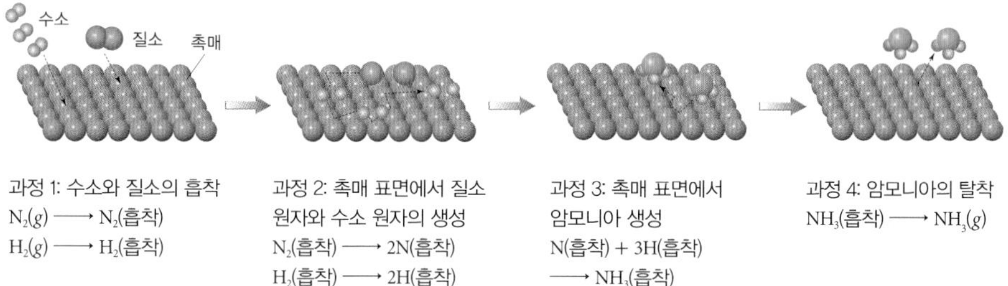

과정 1: 수소와 질소의 흡착
$N_2(g) \longrightarrow N_2$(흡착)
$H_2(g) \longrightarrow H_2$(흡착)

과정 2: 촉매 표면에서 질소 원자와 수소 원자의 생성
N_2(흡착) $\longrightarrow$ 2N(흡착)
H_2(흡착) $\longrightarrow$ 2H(흡착)

과정 3: 촉매 표면에서 암모니아 생성
N(흡착) + 3H(흡착) $\longrightarrow$ NH_3(흡착)

과정 4: 암모니아의 탈착
NH_3(흡착) $\longrightarrow NH_3(g)$

하버-보슈 공정에서 촉매 작용의 모형

하버가 암모니아 합성에 성공을 거둔지 약 100년 후에 하버 연구소의 에르틀(Ertl, G., 1936~)은 이러한 촉매 작용의 세부적인 메커니즘을 연구해서 2007년 노벨 화학상을 수상하였다. 암모니아 합성에 관하여 1918년에는 하버, 1931년에는 보슈(Bosch, C., 1874~1940), 그리고 2007년에는 에르틀이 노벨상을 수상한 것이다.

확·인·하·기

하버-보슈 공정에 관한 설명으로 옳은 것은?

① 암모니아 합성의 속도 면에서는 낮은 온도가 유리하다.
② 너무 낮은 온도에서는 암모니아의 분해가 일어난다.
③ 암모니아 합성에서 가장 높은 에너지 장벽은 질소의 3중 결합이다.
④ 철은 수소보다 전기음성도가 높다.
⑤ 철 촉매의 가장 중요한 역할은 기체 상태에서 수소와 질소가 결합하도록 돕는 것이다.

높은 온도에서는 암모니아의 분해가 일어나서 합성에 불리하다. 낮은 온도에서는 암모니아의 수율은 높지만 반응 속도가 너무 느리다. 450 ℃ 정도의 온도에서 적당한 촉매를 사용하면 적당한 속도와 수율로 암모니아를 합성할 수 있다. 이때 가장 어려운 일은 질소의 3중 결합을 깨는 것이다. 전기음성도가 낮은 철은 질소나 수소에 전자를 제공해서 결합을 깨고 철 표면에 화학 흡착이 일어나게 한다. 그리고 철 표면에서 수소 원자와 질소 원자가 결합하여 암모니아가 만들어진다. 답 ③

| 산업에서 촉매의 이용 |

우리 생활에서 많이 이용되는 플라스틱을 만들 때에도 촉매가 사용된다. 예를 들어, 에틸렌(C_2H_4) 기체를 중합하여 폴리에틸렌(PE)계 플라스틱을 만들 때 촉매가 없으면 매우 높은 온도와 압력에서 반응을 시켜야 하지만, 촉매를 사용하면 훨씬 더 낮은 온도와 압력에서 반응이 진행된다.

> **용어 쏙 중합**
> 단위체라고 하는 간단한 분자들이 화학 반응을 통해 연속적으로 결합하여 분자량이 큰 고분자 화합물을 생성하는 반응이다.

$$C_2H_4(g) + H_2(g) \xrightarrow{\text{Ni(Pt, Pd)}} C_2H_6(g)$$

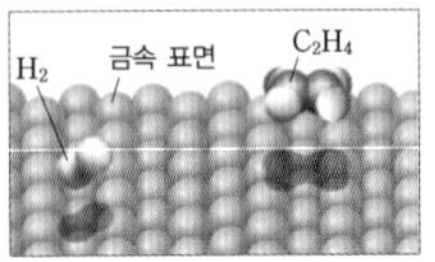

과정 1: 수소(H_2)와 에틸렌(C_2H_4)이 금속 촉매 표면에 흡착됨

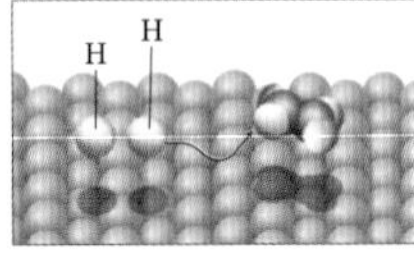

과정 2: 수소 분자의 결합이 끊어지고 수소 원자가 생성됨

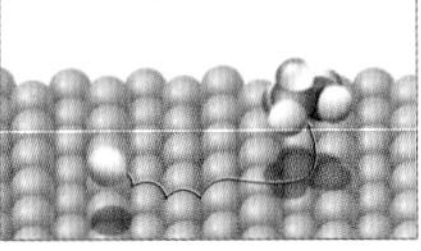
과정 3: 수소 원자가 에틸렌의 탄소 원자와 결합을 형성함

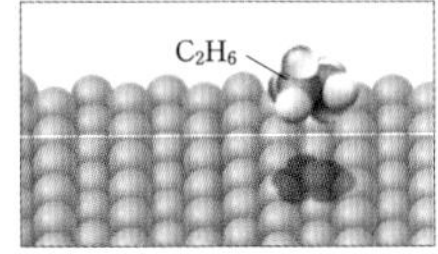

과정 4: 생성된 에테인(C_2H_6) 분자가 표면에서 떨어져 나옴

에틸렌의 수소 첨가 반응에서 표면 촉매 작용의 모형

니켈, 철, 은 등 금속의 표면은 오래 전부터 알려진 전형적인 불균일 촉매이다. 이 물질들은 기체 상태에서는 잘 일어나지 않는 기체 사이의 반응을 금속 표면에서 가속시켜 반응이 일어나게 한다. 예를 들면 일산화 탄소(CO)는 철 표면에서 구성 원소인 탄소와 산소로 쪼개지고 에테인(C_2H_6)은 백금(Pt) 표면에서 탄소와 수소로 완전히 쪼개져서 새로운 결합을 만든다.

금속 촉매	반응
Ni	수소 + 불포화 식물성 기름 → 포화 식물성 기름
Fe	질소 + 수소 → 암모니아
Ag	에틸렌 + 산소 → 산화 에틸렌

석유 산업에서 분해 공정이나 개질 공정은 원유로부터 휘발유를 되도록 많이 얻고, 옥테인가가 높은 양질의 휘발유를 생산하기 위해 필요한 공정이다. 분해 공정은 긴 탄화수소의 탄소-탄소 사슬을 잘라 짧게 만드는 과정이다. 정유 공장에서는 이 과정을 통해 원유의 오일 가스나 정유하고 남은 찌꺼기로부터 액화석유가스(LPG)나 휘발유 등을 생산한다. 분해 공정의 속도와 최종 산물은 온도나 사용한 촉매에 따라 크게 달라진다. 초기에는 활성도가 낮은 알루미나 촉매를 사용하였다가 최근에는 활성도가 큰

제올라이트계 촉매를 사용한다. 목적하는 생성물에 따라 스팀 분해 공정, 열분해 공정, 수소 첨가 분해 공정 등 다양한 분해 공정이 개발되어 있다.

용어쏙 **옥테인가(octane number)**

가솔린이 연소할 때 이상 폭발을 일으키지 않는 정도를 나타내는 수치로, 옥테인가가 높은 가솔린일수록 부드럽게 연소하는 고효율 연료이다.

촉매는 오염 물질을 제거하는 과정에도 사용되는데, 자동차에 장착된 촉매 변환기는 대기로 배출되는 오염 물질의 양을 줄여 주는 역할을 한다.

개념쏙

» **자동차의 촉매 변환기**

백금(Pt)과 로듐(Rh), 팔라듐(Pd)이 들어 있는 촉매 변환기 내에서 탄화수소(C_xH_y), 일산화 탄소(CO), 질소 산화물(NO_x)과 같은 배기가스는 이산화 탄소(CO_2), 수증기(H_2O), 질소(N_2)와 같은 무해한 기체로 변환된다.

촉매는 산업에서 다양한 제품을 만들 때 유용하게 쓰인다. 일반적으로 많이 사용되는 촉매에는 고체 표면에서 반응이 일어나는 표면 촉매, 빛을 이용하여 반응이 일어나는 광촉매, 탄소, 수소, 질소, 산소 등과 같은 비금속 원소들로 만들어진 유기 촉매, 그리고 나노 크기의 입자로 이루어진 나노 촉매 등이 있다.

공업적 암모니아 생성 과정의 철 촉매, 폴리에틸렌 제조 과정의 백금, 팔라듐 촉매, 자동차의 촉매 변환기에 이용되는 금속 촉매는 모두 표면 촉매이다.

광촉매는 이산화 타이타늄(TiO_2)의 나노 입자가 표면에 부착된 반도체 물질로서, 빛을 받으면 표면에서 전자가 튀어나오는 특징이 있다. 이 전자가 물과 산소와 만나 화학 반응을 일으키면서 유기물을 분해하고 활성 산소를 환원시킨다. 광촉매는 물을 광분해하여 수소와 산소를 만들 수 있어 에너지 문제도 해결하는 데 사용할 수 있다. 또한 살균, 냄새 제거, 공기 및 수질 정화 기능이 있어 새집 증후군을 없애는 데도 효과가 있다.

유기 촉매는 금속 촉매보다 물이나 산소에 대하여 안정하고, 반응물인 유기물들과 동일한 상에서 촉매 작용을 한다. 간단한 아미노산인 프롤린을 비롯한 여러 아미노산들이 의약품 개발 과정에서 선택적인 분자 합성에 사용되고 있다. 유기 촉매는 금속 촉매보다 인체에 유해성이 적고 환경 친화적이며, 효소 촉매보다 사용 가능한 온도나 용매의 범위가 넓기 때문에, 최근에는 기존 촉매들을 대체할 수 있는 유기 촉매의 개발이 활발하게 이루어지고 있다.

나노 입자는 반응물과 접촉할 수 있는 표면적이 매우 커서 반응성이 크고, 선택적으로 반응할 수 있다. 그중 탄소 나노 튜브 촉매는 나노 크기의 미세한 구멍에 금속 나노 입자를 가지고 있기 때문에 전기가 잘 통하며, 다양한 물질을 쉽게 환원시키는 성질이 있다. 따라서 연료 전지의 전극으로 사용되어 전지의 효율을 높이는 데 사용되고 있다.

| 효소의 이용 |

효소가 반응 속도를 빠르게 하는 작용은 실생활에서 많이 이용된다. 우리 조상들은 예로부터 김치나 된장, 고추장, 식혜 등과 같은 발효 식품을 만드는 데 효소를 이용하였다. 맥주나 막걸리, 와인과 같은 술 역시 발효 식품으로, 제조 과정에서 다양한 종류의 효소가 작용한다. 포도주를 만들 때는 포도껍질에 있는 곰팡이의 효소 작용을 이용한다. 또한, 효소는 세제와 화장품 제조 및 병을 진단하고 치료하는 데에도 이용된다.

인체에서는 입안에서 소화를 돕는 아밀레이스, 단백질의 분해를 돕는 펩신, 트립신, 펩티데이스, 지방의 분해를 돕는 라이페이스 등 다양한 소화 효소가 분비된다. 뿐만 아니라 유전 정보 전달에 핵심이 되는 DNA 복제에도 효소가 작용한다.

확·인·하·기

효소가 이용된 사례를 | 보기 |에서 있는 대로 고르시오.

| 보기 |

ㄱ. 된장, 김치, 간장 등은 발효를 통해 만든 것이다.
ㄴ. 효소 세제는 일반 화학 세제보다 때를 빼는 작용이 우수하다.
ㄷ. 배추를 소금물에 담가 두면 뻣뻣하던 배추가 부드러워진다.
ㄹ. 고기를 잴 때 배나 키위를 갈아서 넣어 주면 질긴 고기가 부드러워진다.

배추를 소금물에 담갔을 때 부드러워지는 것은 배추에 들어 있던 수분이 삼투에 의해 빠져 나오기 때문이다.

답 ㄱ, ㄴ, ㄹ

연/습/문/제

정답 및 풀이 449쪽

핵심개념 확인하기

❶

(정촉매, 부촉매)는 활성화 에너지를 낮추어 반응 속도를 증가시키고, (정촉매, 부촉매)는 활성화 에너지를 증가시켜 반응 속도를 감소시킨다.

❷

효소가 작용하기 위해서는 효소의 입체 구조가 기질의 입체 구조와 잘 맞아야 한다. 이처럼 효소가 특정 기질에만 결합하여 작용하는 성질을 (효소-기질, 열쇠-자물쇠) 특이성이라고 한다.

❸

촉매에는 고체 표면에서 작용하는 (균일, 불균일) 촉매와 용액에서 작용하는 (균일, 불균일) 촉매가 있다.

01 다음 중 촉매가 작용하는 경우가 아닌 것은?

① 암모니아의 합성
② 자동차 배기가스 처리
③ 세포 내에서 DNA의 복제
④ 전기 분해를 통한 알루미늄 생산
⑤ 광합성에서의 물 분해

02 그림은 어떤 온도에서 촉매를 사용하지 않을 때의 $A(g) \longrightarrow B(g)$ 반응의 진행에 따른 엔탈피를 나타낸 것이다.

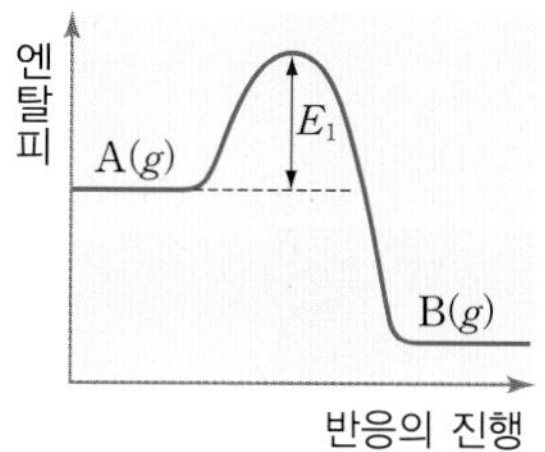

이에 대한 설명으로 옳은 것만을 보기에서 있는 대로 고르시오.

보기
ㄱ. E_1은 반응 엔탈피를 나타낸다.
ㄴ. 정촉매를 사용하면 E_1이 작아진다.
ㄷ. 정촉매를 사용하면 $B(g)$가 더 많이 생성된다.

03 일반적인 촉매와는 달리 효소는 특정한 반응에만 촉매 작용을 한다. 그 이유를 쓰시오.

04 다음 중 촉매에 관한 설명으로 옳은 것만을 있는 대로 고르시오.

① 모든 촉매는 단백질이다.
② 모든 촉매는 반응 속도를 빠르게 한다.
③ 과산화 수소수에 감자 조각을 넣으면 감자의 카탈레이스가 과산화 수소의 분해 속도를 빠르게 한다.
④ 대부분의 촉매는 원하는 방향으로 평형을 이동시키는 역할을 한다.
⑤ 효소는 생체 촉매로 주성분이 단백질이기 때문에 pH에 따라 활성이 변한다.

05 그림은 암모니아 합성 반응에서 반응 속도를 빠르게 하는 촉매의 작용을 모형으로 나타낸 것이다.

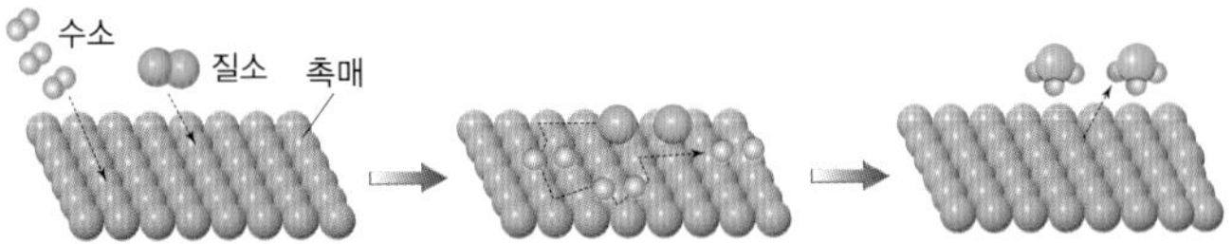

이에 대한 설명으로 옳은 것만을 **보기**에서 있는 대로 고른 것은?

보기

ㄱ. 촉매는 수소의 단일 결합과 질소의 3중 결합을 약하게 한다.
ㄴ. 촉매는 반응 전후에 질량 변화가 없다.
ㄷ. 암모니아 합성 반응에 사용되는 촉매는 광촉매이다.

① ㄱ ② ㄴ ③ ㄱ, ㄴ
④ ㄱ, ㄷ ⑤ ㄴ, ㄷ

정답 및 풀이 450쪽

01 그림과 같이 장치한 후 묽은 염산의 농도를 표와 같이 달리하면서 1 g의 대리석 조각을 넣었다. 이 실험에 대한 설명으로 옳은 것만을 |보기|에서 있는 대로 고르시오.

실험	5 % 염산의 부피(mL)	증류수의 부피(mL)
1	10	20
2	20	10
3	30	0

|보기|

ㄱ. 실험 3의 반응 속도가 가장 빠를 것이다.
ㄴ. 초기에 발생하는 기체의 양은 염산의 농도와 상관이 없다.
ㄷ. 각 실험에서 시간이 지남에 따라 발생하는 기체의 양은 줄어든다.
ㄹ. 염산의 양은 대리석 조각이 모두 반응하기에 충분해야 한다.

02 그림은 $a\text{A} \longrightarrow b\text{B}$ 반응의 농도에 따른 반응 속도와 시간에 따른 반응물의 농도 변화를 나타낸 것이다. 이에 대한 설명으로 옳은 것만을 |보기|에서 있는 대로 고르시오.

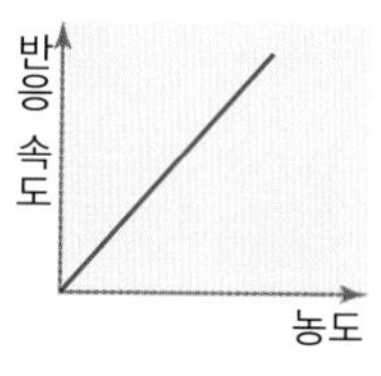

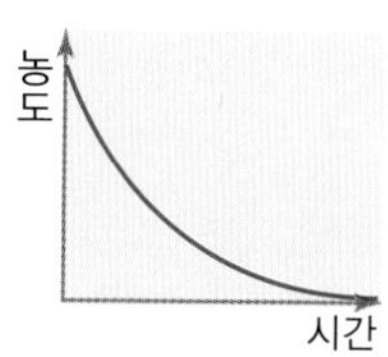

|보기|

ㄱ. 반응 속도는 반응물의 농도에 비례한다.
ㄴ. 1차 반응을 나타내므로 반응 속도식은 $v = k[\text{A}]$로 표시할 수 있다.
ㄷ. 반감기는 농도에 따라 감소한다.

03 활성화 에너지는 변화하지 않고 반응 속도가 빨라지는 경우를 |보기|에서 있는 대로 고르시오.

|보기|
ㄱ. 같은 양의 마그네슘 조각보다 마그네슘 가루가 묽은 염산에 빨리 녹는다.
ㄴ. 과산화 수소에 MnO_2를 가하면 산소가 빨리 발생한다.
ㄷ. 겨울철보다 여름철에 음식물이 빨리 상한다.

04 반응 속도에 영향을 주는 요인과 현상에 대한 설명으로 옳은 것만을 |보기|에서 있는 대로 고르시오.

|보기|
ㄱ. 통나무보다 잔가지에 불이 잘 붙는 것은 농도와 관련이 있다.
ㄴ. 냉장고에 음식물을 넣어 보관하는 것은 온도를 낮추어 음식의 부패 속도를 느리게 하는 것이다.
ㄷ. 수소와 산소의 혼합 기체에 백금을 넣어주면 폭발적으로 반응하는 것은 백금이 촉매로 작용하기 때문이다.

05 촉매에 관한 설명으로 옳지 않은 것은?

① 아미노산은 생체 촉매를 만드는 데 필요하다.
② 촉매는 반응 엔탈피 값을 변화시키지는 않는다.
③ 하버법에 의한 암모니아 합성에서 촉매는 필수적이다.
④ 촉매는 반응 속도를 변화시킨다.
⑤ 촉매는 생성물의 일부로 끼어들어 간다.

06 효소에 관한 설명으로 옳은 것만을 | 보기 |에서 있는 대로 고르시오.

| 보기 |

ㄱ. 효소는 생체 내의 화학 반응에 대해 촉매 작용을 한다.
ㄴ. 효소는 적정 온도와 적정 pH에서 작용한다.
ㄷ. 생체 촉매는 활성화 에너지를 높여 준다.

07 그림은 온도에 따른 분자의 운동 에너지 분포 곡선이다.

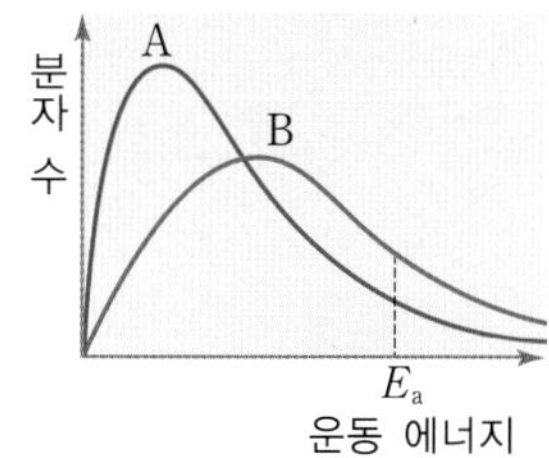

이에 대한 설명으로 옳은 것만을 | 보기 |에서 있는 대로 고르시오.

| 보기 |

ㄱ. 온도는 A가 B보다 높다.
ㄴ. 온도를 높이면 활성화 에너지가 감소하여 반응 속도가 빨라진다.
ㄷ. 활성화 에너지 이상의 에너지를 가진 분자 수는 B가 A보다 많다.

08 광촉매에 대한 설명으로 옳은 것만을 | 보기 |에서 있는 대로 고르시오.

| 보기 |

ㄱ. TiO_2는 대표적인 광촉매 물질이다.
ㄴ. 광촉매는 빛을 받으면 표면에서 활성 산소가 튀어나온다.
ㄷ. 광촉매는 각종 악취 정화에 탁월하고, 박테리아를 살균하는 데도 사용된다.

정답 및 해설

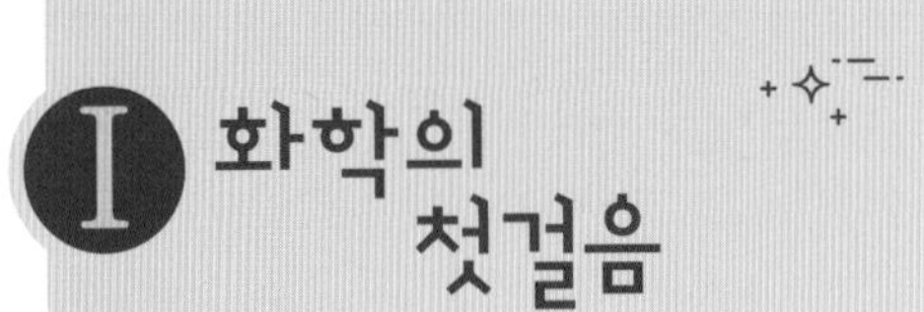

I 화학의 첫걸음

1 생활 속의 화학

핵심개념 확인하기 19쪽

❶ 질소 ❷ 나일론 ❸ 탄소
❹ 탄소와 수소

❶ 암모니아의 화학식은 NH_3이다.

❷ 나일론은 미국 듀퐁 연구소의 캐러더스가 1930년에 합성하였다.

❸ 탄소 화합물은 탄소를 기본 골격으로 한다.

❹ 메테인의 화학식은 CH_4로 산소가 없다.

연/습/문/제 19쪽

01 (1) (가) (2) (다) (3) (마)		**02** 탄소
03 ①	**04** ②	**05** ①
06 ①	**07** ⑤	**08** ②
09 ㄴ, ㄹ	**10** ②	

01 (1) 물에는 수소와 산소가 들어 있고, 메테인에는 수소와 탄소가 들어 있다. 수소는 포도당에도 들어 있다.

(2) 단백질의 펩타이드 결합에는 질소가 들어 있으나 탄수화물에는 없다.

(3) DNA의 당-인산 골격에는 인이 들어 있으나 아미노산에는 없다.

02 탄소는 공기 중의 이산화 탄소로부터 공급되기 때문에 비료의 요소는 아니다.

03 시멘트의 주성분은 규소, 알루미늄, 칼슘, 철 등의 산화물이다.

04 수소는 메테인에 들어 있지만 수소 자체가 도시 가스의 주성분은 아니다.

05 글리신은 카복실기에서 탄소와 산소 사이에 2중 결합이 있고, 아데닌은 탄소-탄소, 탄소-질소 사이에 2중 결합을 가진다. 에틸렌은 탄소-탄소 사이에 2중 결합을, 아세틸렌은 3중 결합을 가진다.

06 수소는 원자가가 1로 단일 결합 밖에 만들지 못한다.

07 아세틸렌은 $HC \equiv CH$이다.

08 탄소는 최대 4개의 원자와 결합할 수 있다.

09 합성 섬유는 천연 섬유보다 가벼우며, 열에 약하고 흡습성이 떨어진다.

10 탄소의 원자가는 항상 4이다. 결합한 원자 수가 2, 3, 4로 증가할수록 결합각은 180°, 120°, 109.5°로 줄어든다.

2 화학의 언어

핵심개념 확인하기 50쪽

❶ 원자량 ❷ 1몰 ❸ 부피
❹ 0.5

❶ 원자 번호는 핵에 들어 있는 양성자의 수이다.

❷ 분자량은 분자 질량의 상대적인 값이지만 1몰은 구체적인 양이다.

❸ 기체에서는 아보가드로 법칙이 적용된다.

❹ 원자량이 12인 탄소는 12 g이 1몰이다.

연/습/문/제

50쪽

01 ④	**02** (다), (마)	**03** (1) (라) (2) (라)
04 ③	**05** ⑤	**06** ⑤
07 ②	**08** ④	**09** ③
10 (1) (라) (2) (나)		**11** ⑤
12 ⑤	**13** ②	**14** ④
15 (가)	**16** (1) 0.5몰 (2) 5.6 L	
17 ②		

01 데모크리토스는 나눌 수 없다는 a-tom 식의 표현을 사용하였다.

02 돌턴의 원자설이 나오고 3년 후에 아보가드로의 분자설이 나왔다.

03 질량 보존 법칙과 일정 성분비 법칙은 원자설의 배경이 되었고, 배수 비례 법칙은 원자설을 확인하였다.

04 원자가를 뜻하는 valence의 어원은 가치, 힘을 뜻한다. 결합을 가장 많이 하는 탄소는 많은 가치와 힘을 지닌 셈이다.

05 원자들이 결합해서 분자를 만든다면, 원소들이 결합해서 화합물을 만든다.

06 비활성 기체인 네온은 원자 자체가 분자이다.

07 산소는 이원자 분자, 오존은 삼원자 분자이다.

08 물은 산소 원자 1개에 수소 원자 2개가 결합한 삼원자 분자이다.

09 정사면체의 4개 꼭짓점에 원자가 위치한 인 분자에서 모든 원자는 3의 원자가를 만족한다.

10 1770년을 전후해서 수소, 산소, 질소, 이산화 탄소, 암모니아, 메테인 등 여러 기체가 발견되었다.

11 수소 원자는 1 g, 수소 분자는 2 g, 산소 원자는 16 g, 산소 분자는 32 g이 1몰이다. 수소는 원자 번호와 원자량이 같지만, 중성자를 가진 산소는 원자량이 원자 번호의 2배이다.

12 페랑이 아보가드로수를 결정한 것은 아보가드로의 분자설이 나오고 거의 100년 후의 일이다.

13 물의 분자량은 18이고, 3개의 원자로 이루어졌으니까 평균 원자량은 6이라고 볼 수 있다. 60 kg을 6 g으로 나누면 만(10000) 몰이 얻어진다.

14 ① 18 ② 44 ③ 36.5 ④ 53.5 ⑤ 40

15 물 분자 1몰(18 g)에 총 3몰의 원자가 들어 있으므로 물 9 g에는 총 1.5몰의 원자가 들어 있다. (나)는 0.5몰, (다)는 0.5몰, (라)는 1.5몰이다.

16 (1) 메테인 4 g은 0.25몰이다. 메테인 0.25몰이 완전 연소하기 위해서는 산소 0.5몰이 필요하다.

(2) 생성된 이산화 탄소는 0.25몰이고, 표준 상태에서 기체 1몰의 부피는 22.4 L이다. 따라서 $22.4 \times 0.25 = 5.6$ (L)이다.

17 반응식에서 3몰의 수소 분자는 수소 6 g에 해당한다. 따라서 수소 12 g은 수소 분자 6몰이고, 질소 분자 2몰인 56 g과 반응한다. 암모니아는 4몰이 생성되고, 표준 상태에서 89.6 L의 부피를 차지한다. 암모니아 분자는 2.4×10^{24}개가 된다. 반응에서 기체 분자 수는 반으로 줄었다.

단원 종합 문제

54쪽

01 ⑤	**02** ①	**03** ①
04 ⑤	**05** ㄷ	**06** ㄱ
07 해설 참조	**08** ⑤	**09** ㄱ, ㄴ, ㄹ
10 0.88 g	**11** ㄱ, ㄷ	**12** ㄱ, ㄷ
13 ㄱ, ㄷ	**14** 해설 참조	**15** ③

01 만들어진 순서는 쿼크 → 양성자/중성자 → 수소 원자 → 수소 분자이다.

02 수소는 모든 원소 중에서 질량비로 우주의 $\frac{3}{4}$을 차지한다.

03 프라우트가 가설을 제안한 1815년에는 헬륨, 전자, 양성자, 중성자는 알려지지 않았다. 그러나 수소가 모든 기체 중에서 밀도가 가장 낮다는 것은 알려졌다.

04 온도, 밀도 등 도로 끝나는 것은 어떤 정도를 나타내는 것으로 세기 성질이다.

05 수소나 산소 분자는 화합물이 아니다. NaCl 등 이온 결합 화합물은 개개의 분자를 만들지는 않는다. 물은 수소와 산소의 화합물이고, 오존은 산소만으로 이루어진 원소 물질이다.

06 암모니아는 독성이 높은 기체이기 때문에 고체인 요소나 질산 암모늄(NH_4NO_3) 등으로 바꾸어 비료로 사용한다. 암모니아는 수소와 질소의 화합물이다.

07 (1) 알코올은 –OH를 가지고 있다.

(2) 아세트산은 물에 녹아 H^+을 내놓는다.

(3) 메테인에서 정사면체 중심에 탄소 원자가 위치한다.

(4) 메탄올을 완전 연소시키면 물과 이산화 탄소가 생성된다.

08 ① 산소 원자 1개의 질량은 16 g을 아보가드로수로 나눈 값이다.

② 원자량이나 분자량은 단위가 없으므로 산소(O_2)의 분자량은 32이다.

③ 산소 원자 1몰의 질량은 16 g, 탄소 원자 1몰의 질량은 12 g이다.

④ 산소 원자 1개의 질량과 탄소 원자 1개의 질량은 다르다. 원자량이 큰 산소 원자 1개의 질량이 더 크다.

⑤ 이산화 탄소(CO_2)의 분자량은 44, 산소(O_2)의 분자량은 32이므로 이산화 탄소의 분자량이 더 크다.

09 분자설을 제창한 사람은 아보가드로이다.

10 탄산 칼슘의 화학식량이 100이므로 탄산 칼슘 2.0 g은 0.02 mol이고, 반응하는 탄산 칼슘과 생성되는 이산화 탄소의 몰비는 1:1이므로 생성되는 이산화 탄소는 0.02 mol × 44 g/mol = 0.88 g이다.

11 ㄱ, ㄷ. 0 ℃, 1기압에서 부피가 5.6 L이므로 X_2는 0.25몰이다. 0.25몰의 질량이 16 g이므로 기체의 분자량은 64이다.

ㄴ. X_2가 0.25몰이므로 X 원자의 몰수는 0.5몰로 3.0×10^{23}개이다.

12 뷰테인 5.6 L는 0.25몰이고, 뷰테인 1몰에 들어 있는 탄소 원자는 4몰이므로 뷰테인 5.6 L에 들어 있는 탄소 원자는 1몰이다.

ㄱ. 표준 상태에서 수소 기체 11.2 L는 0.5몰의 수소 분자이므로 수소 원자는 1몰이다.

ㄴ. 질소 분자 2.8 g은 0.1몰이므로 질소 원자는 $2 \times 0.1 = 0.2$몰이다.

ㄷ. 암모니아 분자(NH_3) 1몰에 들어 있는 질소 원자는 1몰이다.

ㄹ. 이산화 탄소 22 g은 0.5몰의 이산화 탄소 분자이고, 이산화 탄소 한 분자에는 탄소 원자가 1개 들어 있다. 따라서 0.5몰의 이산화 탄소에 들어 있는 탄소 원자는 0.5몰이다.

13 CO 22.4 L는 1몰이므로 완전히 연소시키려면 O_2 0.5몰, 즉 16 g이 필요하다. CO 분자 6.02×10^{23}개는 1몰이고, CO 1몰을 연소시키면 이산화 탄소 1몰이 생성된다.

14 물질의 상태는 괄호 안에 기호로 표시한다. 고체: solid(*s*), 액체: liquid(*l*), 기체: gas(*g*), 수용액: aqueous solution(*aq*)

(가) $H_2SO_4(aq) + 2NaOH(aq) \longrightarrow 2H_2O(l) + Na_2SO_4(aq)$

(나) $AgNO_3(aq) + KCl(aq) \longrightarrow AgCl(s) + KNO_3(aq)$

15 주어진 화학 반응식에서 계수비가 반응에 참여한 몰수 비이다. 구리는 산소와 2 : 1의 몰수 비로 반응한다. 구리 32 g은 0.5몰이므로 산소 분자 0.25몰, 즉 8 g과 반응한다.

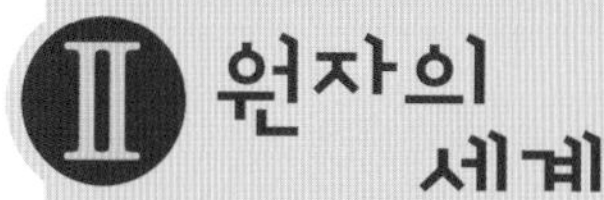

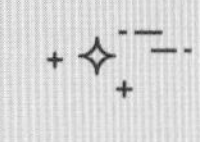

1 원자의 구조

핵심개념 확인하기 77쪽

❶ 알파 입자, 작고, 높은, 원자핵
❷ 양성자, 중성자 ❸ ^{63}Cu

❶ 러더퍼드가 1911년에 원자핵을 발견한 내용으로, 양성자가 발견되기 전이다.

❷ 원소의 종류는 양성자 수에 의해 결정되며, 중성자는 전기적으로 반발하는 양성자들을 붙잡아주는 2차적 역할을 한다.

❸ 평균 원자량이 65보다 63에 더 가까우므로 동위원소 ^{63}Cu가 더 많이 존재한다.

연/습/문/제 77쪽

01 ④	02 ④	03 ⑤
04 ③	05 ②	06 ③
07 ⑤	08 ③	09 ③
10 ⑤	11 ③	12 ⑤
13 ③	14 ⑤	15 ③
16 ①	17 ④	18 ①, ②
19 ④	20 ㄱ, ㄴ	

01 원자핵은 1911년, 전자는 1897년, 방사능은 1896년, X-선은 1895년, 양성자는 1919년에 발견되었다.

02 퀴리는 라듐, 러더퍼드는 원자핵과 양성자, 뢴트겐은 X-선, 베크렐은 방사능, 톰슨은 전자를 처음 발견하였다.

03 가장 간단한 수소 원자의 지름이 10^{-10} m(1 Å) 정도이고, 수소의 원자핵인 양성자의 지름은 10^{-15} m 정도이므로 원자의 크기는 원자핵 크기의 $\frac{10^{-10}\text{ m}}{10^{-15}\text{ m}} = 10^5$배이다.

04 수소 원자 질량 = 양성자 질량 + 전자 질량
수소 원자 질량 ÷ 전자 질량 = $\frac{(1836 + 1)}{1} ≒ 2000$

05 쿼크는 1963년, 전자는 1897년, 양성자는 1919년, 중성자는 1932년, 중수소는 1931년에 발견되었다.

06 크룩스-크룩스 관, 골트슈타인-양극선, 톰슨-전자, 러더퍼드-원자핵, 양성자, 채드윅-중성자

07 밀리컨이 전자의 전하를 측정하였다.

08 X-선, 방사능은 간접적 증거이다.

09 수소 원자에서 전자가 떨어져 나간, 양전하를 띤 입자는 양성자이다.

10 금 원자핵의 전하는 +79로, 알파 입자의 +2와 반발이 크다.

11 러더퍼드는 자신이 발견하고 명명한 알파 입자를 사용해서 원자핵과 양성자를 발견하였다.

12 1911년에는 아직 원자 번호와 양성자가 알려지지 않았다. 따라서 수소 원자에 전자가 1개 들어 있는지는 확실하지 않았다. 핵에서 가까운 궤도와 먼 궤도의 개념은 1913년에 보어 모형과 함께 등장하였다.

13 전자를 발견한 톰슨의 모형에서 양전하는 배경에 퍼져 있다.

14 아래 첨자의 합이 보존되려면 8 + 1 − 7 = 2. 핵반응을 일으키려면 헬륨 원자핵인 알파 입자이어야 한다.

15 주기율표에서 같은 위치에 있으려면 양성자 수는 같아야 한다.

16 원자량은 질량수에 가깝다.

17 원자량의 기준은 수소, 산소를 거쳐 탄소-12 동위원소로 결정되었다.

18 러더퍼드가 α 입자 산란 실험으로 발견한 것은 원자핵이다. 러더퍼드는 톰슨의 원자 모형을 확인하기 위해 α 입자 산란 실험을 하였으며, 실험 전 대부분의 α 입자는 직진할 것이라고 예상하였다. 수소(^{1}H)는 중성자를 가지고 있지 않다.

19 중성자 질량은 전자 질량과 양성자 질량의 합보다 약간 크다. $E = mc^2$에 따르면 질량은 에너지와 대등하다. 따라서 중성자는 양성자보다 높은 에너지를 가진다.

20 (가)는 중수소 원자핵, (나)는 3중 수소 원자핵, (다)는 He−3, (라)는 He−4 원자핵이다.

2 원자 모형과 전자 배치

핵심개념 확인하기 105쪽

❶ 불연속, 선 ❷ 슈뢰딩거 방정식
❸ 2, 반대 ❹ $1s^22s^22p^4$, 2

❶ 원자에서 전자 에너지는 양자화되어 있고, 그에 따라 선 스펙트럼이 방출된다.

❷ 보어 모형에서는 전자가 특정한 궤도를 따라 운동한다.

❸ 한 오비탈에는 스핀이 반대인 전자가 2개까지 들어갈 수 있다.

❹ 산소는 원자 번호가 8이고, 중성 원자에는 8개의 전자가 들어 있다. 4개의 $2p$ 전자 중에서 2개는 같은 오비탈에 쌍으로 들어가고, 2개는 홀전자로 남아있다.

연/습/문/제

105쪽

01 ① **02** (1) 분젠과 키르히호프 (2) 발머 (3) 보어 (4) 드브로이 (5) 디랙 (6) 파울리 (7) 훈트 **03** ①
04 (라) **05** ③ **06** ⑤
07 빛의 입자성 **08** ③ **09** ②
10 ③ **11** ㄴ, ㄹ **12** ⑤
13 (나), (다) **14** (가) ㄷ, (나) ㄱ

04 에너지의 양자화는 도출된 결론이다.

05 n이 1인 에너지 준위로 떨어지는 경우는 자외선이 방출된다. n이 2인 에너지 준위로 떨어지면 가시광선이 방출되는데, $n=3$에서 $n=2$로 떨어지는 경우에 에너지 차이가 가장 작아서 빨간색 선이 나타난다.

06 보어 모형이 발표된 1913년에 소디가 방사능 붕괴 현상으로부터 동위원소를 제안하였다. 그러나 보어 모형은 동위원소와는 직접적 관련이 없다.

07 광전 효과에서 빛은 입자로 작용해서 입자인 전자와 충돌하여 전자를 떼어낸다.

08 슈뢰딩거 방정식을 풀면 3개의 양자수가 얻어진다. 스핀 자기 양자수는 디랙이 추가적으로 도입하였다.

09 $1s$에 2개의 전자가, $2s$에 2개의 전자가 들어가니까 총 7개의 전자를 가진 질소이다.

10 첫 번째 전이 원소는 스칸듐이다.

11 수소 원자의 스펙트럼은 선 스펙트럼이며 백열전구의 빛은 연속 스펙트럼이다.

12 (가)는 톰슨 모형, (나)는 러더퍼드 모형, (다)는 보어 모형, (라)는 현대 원자 모형이다. (가)는 α 입자 산란 실험을 설명할 수 없지만 (나)는 설명할 수 있다. 보어 모형과 현대 모형은 전자가 불연속적인 에너지를 가지는 것으로, 수소 원자의 선 스펙트럼을 설명할 수 있다.

13 (가) 오비탈의 모양은 n, l, m_l 3개의 양자수에 의해 결정된다.

(나) M 껍질은 $n=3$인 전자 껍질로, $3s$, $3p$, $3d$ 오비탈의 세 종류가 존재한다.

(다) $2p$ 오비탈에는 모양이 같고 방향이 다른 세 가지 오비탈이 존재하며, 세 가지 오비탈의 에너지 준위는 같다.

14 $_{7}$N: $1s$ [↑↓] $2s$ [↑↓] $2p$ [↑ | ↑ | ↑]
원자가 전자 수 5, 홀전자 수 3

$_{12}$Mg: $1s$ [↑↓] $2s$ [↑↓] $2p$ [↑↓ | ↑↓ | ↑↓] $3s$ [↑↓]
원자가 전자 수 2, 홀전자 수 0

$_{17}$Cl: $1s$ [↑↓] $2s$ [↑↓] $2p$ [↑↓ | ↑↓ | ↑↓] $3s$ [↑↓] $3p$ [↑↓ | ↑↓ | ↑]
원자가 전자 수 7, 홀전자 수 1

$_{19}$K: $1s$ [↑↓] $2s$ [↑↓] $2p$ [↑↓ | ↑↓ | ↑↓] $3s$ [↑↓] $3p$ [↑↓ | ↑↓ | ↑↓] $4s$ [↑]
원자가 전자 수 1, 홀전자 수 1

원자가 전자 수는 염소가 가장 많고, 홀전자 수는 질소가 가장 많다.

3 원소의 주기율

핵심개념 확인하기

132쪽

❶ 원자 번호 ❷ 원자가 전자 ❸ ns^1, 알칼리 금속 ❹ 감소, 감소 ❺ F

❶ 1913년에 모즐리는 여러 원소의 핵전하가 기본 값의 정수배인 것을 발견하였고, 이 정수가 원자 번호가 되었다. 원자 번호라는 말은 1913년부터 사용되었다. 그러나 원자 번호가 양성자 수인 것은 1919년에 양성자가 발견되고 나서 밝혀졌다.

❷ 예컨대 탄소, 산소, 네온처럼 2주기에 속하는 원소는 $n=1$, $n=2$인 2개의 전자 껍질에 전자가 들어간다. 그러나 탄소와 규소는 전자 껍질 수는 2와 3으로 다르지만 원자가 전자 수는 4로 같다.

❸ 알칼리 금속에 속하는 리튬은 $2s^1$, 나트륨은 $3s^1$, 칼륨은 $4s^1$로 수소와 비슷한 원자가 전자의 전자 배치를 가진다. 알칼리 토금속인 베릴륨은 $2s^2$, 마그네슘은 $3s^2$, 칼슘은 $4s^2$의 원자가 전자의 전자 배치를 가진다.

❹ Mg 원자의 전자 배치는 $1s^2 2s^2 2p^6 3s^2$이고, Mg^{2+}의 전자 배치는 $1s^2 2s^2 2p^6$이다.

❺ 전자를 1개 얻으면 옥텟이 만족되는 F이 전자가 2개 필요한 O에 비해 이온화 에너지가 크고, 전기음성도도 높다.

연/습/문/제

132쪽

01 ⑤	**02** (1) 되베라이너 (2) 뉴랜즈	
03 아이오딘	**04** ④	**05** Ca
06 Rn	**07** K	**08** O
09 Ra	**10** B	**11** ③
12 ④	**13** ④	**14** ⑤
15 ⑤	**16** ⑤	**17** ⑤
18 ④	**19** ①	**20** ③
21 (1) Na (2) Cl (3) F		
22 Li < Na < K		**23** ②
24 ⑤	**25** ⑤	

01 아르곤은 1894년에 공기 중 질소의 밀도를 측정하다가 발견되었고, 분광기를 통해 새로운 원소로 확인되었다.

03 멘델레예프는 갈륨, 스칸듐, 저마늄의 존재를 예상하였고, 후일 발견되었다. 아르곤 등의 비활성 기체는 예상하지도 못하였다.

04 1족의 수소는 비금속 원소이다.

05 칼슘은 알칼리 토금속이다. 알칼리 금속에는 Cs(세슘)이 포함된다.

06 라듐(Ra)은 바륨 아래에 위치하는 알칼리 토금속이다. 라돈(Rn)은 비활성 기체로 18족 원소이다.

07 칼륨이 이온화 에너지가 가장 작고 반응성이 높다.

08 산소는 플루오린 바로 앞에 있어서 플루오린 다음으로 전기음성도가 높다.

09 라듐은 비활성 기체가 아니고 알칼리 토금속으로 2족 원소이다. 라듐이 알파 붕괴하면 비활성 기체인 라돈이 된다.

10 붕소는 최외각 전자가 3개라서 3개 결합을 해도 옥텟의 8을 맞추지 못한다.

11 안쪽 궤도의 전자가 가려막기 효과가 크다.

12 2주기 원소들은 전자가 두 번째 궤도에 들어 있지만 유효 핵전하가 크기 때문에 수소에 비해 약간 크다.

13 헬륨의 유효 핵전하는 +1보다 크고 +2보다 작다. 그래서 헬륨의 반지름은 수소의 반지름보다 작다.

14 C와 O는 원자 반지름이 비슷해서 효과적으로 전자 구름의 중첩이 일어나고 2중 결합을 만든다. Si와 O는 원자 반지름의 차이가 커서 효과적으로 전자 구름의 중첩이 일어나지 못하고 2중 결합을 만들지 못한다.

15 모두 네온의 전자 배치를 가진다. 핵전하가 클수록 이온 반지름이 작다.

16 Li의 최외각 전자는 두 번째 궤도에 들어 있어서 H보다 전자를 떼어 내기 쉽다. He은 H보다 핵전하가 커서 전자가 핵에 강하게 끌린다.

17 이온화 에너지가 클수록 산화가 잘 되지 않는다.

18 H, C, N, O는 원자 번호 순서이고, 3주기인 Na은 수소보다 전기음성도가 낮다.

19 수소는 양성자가 1개이므로 중성자 없이도 존재할 수 있다.

20 산소는 전자를 받아서 음이온이 되려는 경향이 강하다.

21 (1) 원자 반지름은 전자 껍질 수, 유효 핵전하, 전자 수에 의해 결정된다. 따라서 원자 반지름은 전자 껍질 수가 큰 3주기 원소 중 유효 핵전하가 가장 작은 Na이 가장 크다.

(2) 이온화 에너지는 원자가 전자를 떼어 낼 때 필요한 에너지로, 같은 주기에서는 유효 핵전하가 클수록 커진다. 3주기에서 유효 핵전하가 큰 Cl가 가장 크다.

(3) 전기음성도는 플루오린(F)이 가장 높다.

22 Li, Na, K은 각각 2주기, 3주기, 4주기 원소이다. 원자 반지름은 같은 족에서 원자 번호가 커질수록 증가한다.

23 A는 수소, B는 헬륨, C는 플루오린, D는 나트륨이다. A와 B는 전자 껍질 수가 같은 1주기 원소이다. 원소의 화학적 성질은 원자가 전자에 의해 결정된다. C는 비금속 원소로 전자를 얻어 음이온이 되기 쉽다.

24 주어진 원소의 전자 배치를 볼 때 Na의 전자 배치이다. 전자 껍질 수가 3개이므로 3주기 원소이고, 가장 바깥쪽 전자 껍질에 존재하는 전자 수가 1개이므로 원자가 전자는 1개이다. Na은 물과 반응하여 수소 기체를 발생한다.

25 A는 붕소, B는 질소, C는 네온, D는 나트륨, E는 알루미늄이다. C에서 D로 갈 때 이온화 에너지가 크게 감소하는 것은 전자 껍질 수가 증가하여 핵으로부터 원자가 전자가 멀어지기 때문이다. 따라서 A~C는 2주기, D, E는 3주기 원소이다. A와 E는 같은 족 원소로 원자 반지름은 3주기 원소인 E가 더 크다.

단원 종합 문제

138쪽

01 ㄱ, ㄴ, ㄹ	**02** ③	**03** (다)
04 ㄴ, ㄷ	**05** ㄴ, ㄷ	**06** ⑤
07 ①, ④, ⑤	**08** 해설 참조	**09** ②
10 ㄱ, ㄴ, ㄷ		

01 원자 번호는 원자의 양성자 수와 같다.

02 α 입자 대부분이 직진한 것으로 보아 원자 대부분은 빈 공간이고, 중심에 (+)전하를 띤 부분이 밀집되어 있다는 것을 알 수 있다. 이 결과만으로는 중성자의 존재를 알 수 없다.

03 질량수는 양성자 수와 중성자 수의 합이다.

04 수소 원자의 에너지는 준위는 주 양자수에 의해서만 결정되므로 에너지 준위는 $1s < 2s$이다.

05 수소 원자는 특정한 에너지를 갖는 궤도상에서만 운동하며, 따라서 불연속적인 에너지 준위를 갖는다. 핵에서 먼 전자 껍질일수록 에너지가 높다. $n=2$에서 $n=3$으로 전이할 때 에너지를 흡수한다.

06 다전자 원자에서 s 오비탈이 p 오비탈보다 에너지 준위가 낮다.

07 주 양자수가 n인 전자 껍질에는 총 n^2개의 오비탈이 존재한다. 예를 들어 $n=2$이면 $2s$ 오비탈 1개, $2p$ 오비탈 3개로 총 4개의 오비탈이 존재한다. 그런데 하나의 오비탈에는 전자가 2개까지 들어가므로 $n=2$인 두 번째 껍질에는 전자가 8개까지 들어가서 안정한 네온의 전자 배치가 된다. 수소 원자의 오비탈에서 에너지는 주 양자수에 의해서만 결정된다. 따라서 오비탈의 에너지 준위는 $3s=3p=3d$이다.

08 (가) F, Cl, Br, I 중에서 전자 친화도가 가장 큰 원소는 Cl이다.

(나) Mg^{2+}의 이온 반지름은 Mg 원자 반지름

보다 작다.

(다) Li, Na, K, Rb 중에서 이온화 에너지가 가장 큰 원소는 Li이다.

09 A의 순차 이온화 에너지의 크기는 $E_1 \ll E_2$이고, B의 경우에는 $E_2 \ll E_3$이다. 즉 A는 1족 원소인 나트륨이고, B는 2족 원소인 마그네슘이다. 수소를 제외한 1족 원소는 물과 반응하여 수소 기체를 발생시키고, 알칼리를 생성한다. 마그네슘은 이온화 에너지가 커서 상온에서 물과 반응하지 않는다. 원자가 전자는 A는 1개, B는 2개이다. B가 안정한 이온이 되기 위해 필요한 에너지는 738 + 1450 = 2188 kJ/mol이다.

10 같은 주기에서는 원자 번호가 증가할수록 원자 반지름은 감소한다. 따라서 A~C 중 원자 반지름은 A가 가장 크다. C는 전자 1개를 받기 쉽고, D는 전자 1개를 잃기 쉬워 안정한 이온은 둘 다 네온(Ne)의 전자 배치를 가진다. A는 리튬, B는 질소, C는 플루오린, D는 나트륨이다.

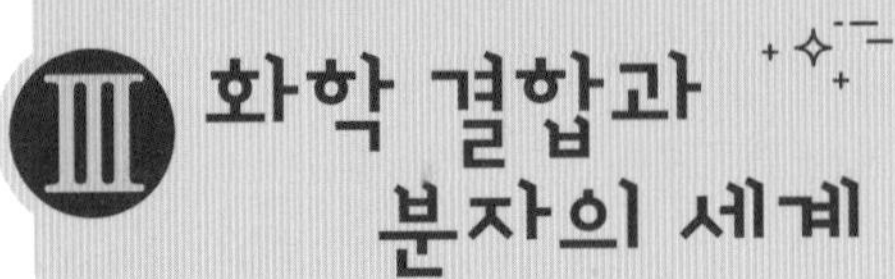

III 화학 결합과 분자의 세계

1 화학 결합

핵심개념 확인하기 166쪽

❶ 전자 ❷ 옥텟 규칙 ❸ 가까울, 클
❹ 전자쌍 ❺ 금속, 금속 양이온

❶ 전기는 전자의 흐름이다. 전기를 통할 때 결합이 깨어지고 화합물이 원소로 분해되는 것으로 보아 결합에 전자가 관여하는 것을 알 수 있다.

❸ 정전기적 힘인 쿨롱의 힘은 전하 사이의 거리가 가까울수록, 전하가 클수록 크다.

❹ 공유 결합에서는 원자가 전자를 내놓고 공유하여 옥텟 규칙을 만족한다.

❺ 최외각 전자가 여러 개인 비금속 원소는 전자를 공유하여 결합하지만, 최외각 전자 수가 작은 금속 원소는 전자를 내놓고, 이들 자유 전자를 결합에 사용한다.

연/습/문/제 166쪽

01 ① **02** ⑤ **03** ⑤
04 ② **05** (1) H_2O(2, 2) (2) O_2(2, 4) (3) N_2(3, 2) (4) Cl_2 (1, 6) (5) NH_3 (3, 1) (6) CO_2(4, 4) **06** ④ **07** ⑤
08 ④ **09** ③ **10** ②
11 각각 모두 8개이다. **12** ⑤
13 해설 참조 **14** ② **15** ④
16 ㄷ, ㄹ **17** ㄴ, ㄷ **18** ㄱ, ㄷ
19 ⑤

01 공유 결합도, 전자쌍 사이의 반발도 전기적 힘이다.

02 염소는 최외각 전자가 7개라서 전자를 받아서 옥텟을 이루려 한다.

03 물은 공유 결합 물질이다.

04 양쪽의 양성자 사이에 전자쌍이 위치한다.

05 (1) 물에는 2개의 O–H 공유 결합이 있고, 산소는 2개의 비공유 전자쌍을 가진다.

(2) 산소 분자에는 O=O 2중 결합이 있다. 각각의 산소 원자는 2개의 비공유 전자쌍이 있다. 따라서 산소 분자는 4개의 비공유 전자쌍을 가진다.

(3) 질소 분자에는 N≡N 3중 결합이 있고, 각각의 질소 원자는 1개의 비공유 전자쌍을 가진다.

(4) 염소 분자에는 1개의 Cl–Cl 공유 결합이 있고, 각각의 염소 원자는 3개의 비공유 전자쌍을 가진다.

(5) 암모니아에는 3개의 N–H 공유 결합이 있고, 질소는 1개의 비공유 전자쌍을 가진다.

(6) 이산화 탄소에는 2개의 C=O 2중 결합이 있으므로 전체적으로 공유 전자쌍이 4개 있고, 각각의 산소 원자는 2개의 비공유 전자쌍을 가진다.

06 최외각 전자 수와 수소 원자 수의 합은 CH_4에서는 4+4, NH_3에서는 5+3, H_2O에서는 6+2, HF에서는 7+1로 모두 8이다.

07 K은 1개의 최외각 전자를 내주어 Ar의 전자 배치가 되고, I은 1개의 전자를 받아 Xe의 전자 배치가 된다.

08 Na은 H보다 전기음성도가 낮아서 Na과 Cl의 전기음성도 차이가 H와 Cl의 전기음성도 차이보다 크다.

09 Na 원자의 최외각 전자 수는 1이지만, 금속에서는 최외각 전자가 자유 전자로 떨어져 나가기 때문에 Ne의 전자 배치를 가진다.

10 Be 원자의 최외각 전자 수는 2이지만 F와 2개의 공유 결합을 만들면 최외각 전자 수는 4가 된다.

11 Na^+과 F^-은 Ne처럼 8개, K^+과 Cl^-은 Ar처럼 8개이다.

12 B는 최외각 전자가 3개이다. 따라서 이들이 모두 F와 전자를 공유해도 최외각 전자는 6개밖에 안 된다. 이런 경우는 매우 예외적이다.

13 (1) 공유 결합 물질은 이온 결합 물질보다 대체로 녹는점과 끓는점이 낮다.
극성 분자라 하더라도 부분 전하가 이온 결합 물질에서의 +1, +2, −1, −2 등보다 작기 때문이다.

(2) 이온 결합 물질은 액체 상태에서 전기 전도성이 있다.
고체 상태에서는 이온들의 위치가 고정되어 있어서 전기를 통하지 않는다.

(3) 이온 결정은 단단하나 부스러지기 쉽다.
이온들의 위치가 바뀌어 양이온과 양이온이, 음이온과 음이온이 마주치면 반발해서 부스러진다.

(4) 이온 결합 물질은 이온 간 거리가 짧을수록 녹는점이 높다.
이온 간 거리가 짧으면 쿨롱의 힘이 강하게 작용한다.

14 Fe과 같은 금속의 성질에 대한 설명이다. O_2와 BF_3는 공유 결합, LiCl과 NaCl은 이온 결합 물질이다.

15 전기 분해가 되는 것으로 보아 두 물질은 원소 간 결합에 전자가 관여함을 알 수 있다. 이온성 물질인 KCl은 액체와 수용액 상태에서 전기 전도성이 있다. 물과 KCl의 전기 전도성이 다르므로 전자의 결합 방법이 다름을 알 수 있다.

16 A, B, C, D는 각각 H, C, N, Na이다. H_2는

정답 및 해설

공유 결합 물질로 전기가 통하지 않는다. N_2는 3중 결합이고, CH_4은 공유 결합으로 이루어진 기체, Na은 금속 결합 물질이다.

17 ㄱ. (가)는 금속 양이온이고 (나)는 자유 전자이다. 금속이 자유 전자를 잃으면서 옥텟을 이룬다.

ㄴ. 금속은 자유 전자가 있어 고체와 액체 상태에서 전기 전도성이 있다.

ㄷ. 이온 결정에서는 이온의 위치가 바뀌면 같은 전하의 이온이 만나 반발할 수 있다.

18 N 원자의 전자 배치는 $1s^2 2s^2 2p^3$로 $2p$ 오비탈의 3개 전자는 각각 다른 오비탈에 들어 있는 홀전자이다.

19 두 이온 사이의 정전기적 인력과 반발력이 같은 지점은 에너지가 가장 낮아 NaCl(g)이 형성된 곳이다. a점에서의 힘은 반발력이 인력보다 크다. $Na^+(g)$, $Cl^-(g)$의 에너지 합이 Na(g), Cl(g)의 에너지 합보다 큰 것으로 보아 Na의 이온화 에너지는 Cl의 전자 친화도보다 큰 것을 알 수 있다. $Na^+(g)$는 Ne의 전자 배치를, $Cl^-(g)$은 Ar의 전자 배치를 하여 최외각 전자 수가 8로 같다.

2 분자의 구조와 성질

핵심개념 확인하기 183쪽

❶ 반발력 ❷ 크다 ❸ 104.5°, 굽은
❹ 높다

❶ 전자쌍은 음전하를 가진다.

❷ 공유 전자쌍은 두 원자 사이에 분포하기 때문에 원래 속한 원자의 핵에서 약간 멀어지지만, 비공유 전자쌍은 그렇지 않기 때문에 비공유 전자쌍 사이의 반발이 더 크다.

❸ 산소에 비공유 전자쌍이 없다면 직선형일 것이다.

❹ 메테인은 무극성 분자이지만 암모니아는 극성 분자이다. 암모니아에서는 수소 결합도 작용한다.

연/습/문/제 183쪽

01 ④ **02** ② **03** (1) F (2) N (3) O (4) C **04** ① **05** (나), (다) **06** ㄱ, ㄴ, ㄷ **07** (1) CO_2 (2) CCl_4 **08** BHF_2 **09** 해설 참조 **10** ㄴ **11** ㄱ, ㄴ

01 쌍극자 모멘트가 1 D인 분자에는 HCl가 있고, 물의 쌍극자 모멘트는 1.85 D이다.

02 HCl 분자는 중성이다. 부분 양전하와 부분 음전하의 합은 0이어야 한다. HF에서 H의 부분 전하는 +0.2보다 크다.

03 전기음성도가 큰 원자가 부분 (−)전하를 띠고, 전기음성도가 작은 원자가 부분 (+)전하를 띤다.

04 두 원자의 전기음성도 차가 클수록 결합의 극성이 크다.

05 메테인의 결합각은 109.5°이다. 메테인은 중심 원자인 탄소에 4개의 수소가 결합하는 정사면체 입체 구조이다.

06 2주기 수소 화합물이므로 (가)는 H_2O, (나)는 NH_3, (다)는 CH_4이다. H_2O의 모양은 굽은형으로 원자들은 동일한 평면상에 존재한다. NH_3는 삼각뿔 모양이다. 결합각은 H_2O는 104.5°, NH_3는 107°, CH_4은 109.5°이다.

07 (1) H_2는 무극성 공유 결합인 무극성 분자이고 CO_2는 극성 공유 결합이면서 대칭 구

조로 무극성 분자이다.

(2) 정사면체 구조인 사염화 탄소(CCl_4)에서는 4개의 C−Cl 쌍극자 모멘트가 상쇄되어 CCl_4는 무극성 분자이다.

08 BHF_2는 삼각형 구조인데 H와 F의 전기음성도 차이 때문에 극성 분자이다.

09 (가) CH_4은 정사면체의 입체 구조이다. ➡ CH_4은 입체 구조를 갖는다.

(나) BCl_3는 평면 삼각형의 평면 구조이다. ➡ BCl_3는 평면 구조를 갖는다.

(다) BeF_2은 결합각이 180°인 선형이고 H_2O은 104.5°인 굽은형이다. ➡ BeF_2은 H_2O보다 중심 원자의 결합각이 크다.

(라) CO_2는 극성 공유 결합이지만 선형 구조로, 쌍극자 모멘트의 합이 0인 무극성 분자이다. ➡ CO_2는 선형 구조이며, 무극성을 나타낸다.

10 ㄱ. 분자의 모양은 중심 원자 주위의 전자쌍의 총 수와 종류에 의해 결정된다. 즉 전자쌍이 4개일지라도 모두 공유 전자쌍이면 정사면체형, 공유 전자쌍 3개, 비공유 전자쌍 1개이면 삼각뿔형이 된다.

ㄷ. 암모니아는 질소(N) 원자 주변에 공유 전자쌍 3개와 비공유 전자쌍 1개가 있으므로 분자 구조는 삼각뿔형이다.

11 대전체의 부호와 관계없이 극성 분자인 물줄기에 대전체를 갖다 대면 물줄기가 대전체 쪽으로 끌리면서 휘어진다. 물에는 부분 (−)전하를 가지는 산소와 부분 (+)전하를 가지는 수소가 있기 때문이다.

단원 종합 문제

186쪽

01 ⑤ **02** (1) ○ (2) × (3) ○
03 ㄱ, ㄴ, ㄷ **04** ㄱ **05** ㄱ, ㄷ
06 4가지 **07** ㄱ, ㄴ, ㄷ
A는 수소, B는 헬륨, C는 플루오린, D는 나트륨, E는 마그네슘이다. **08** ④
09 ③ **10** ㄴ, ㄷ, ㄹ **11** ㄴ

01 ① H_2O에서 H의 전자 배치는 $1s^2$로 He과 같다.

② Na^+, F^-에서 두 이온의 전자 배치는 $1s^22s^22p^6$로 Ne의 전자 배치와 같다.

③ CH_4은 C와 H 사이에 전자쌍을 1개씩 공유하는 단일 결합으로 되어 있다.

④ Mg은 금속 결합을 이루며, 자유 전자로 인해 전기 전도성을 가진다.

⑤ N의 원자가 전자가 5개이므로 NH_3의 루이스 전자점식에서 비공유 전자쌍은 1개 있다.

02 (1) (가)는 직선형으로 결합각이 180°, (나)는 평면 삼각형으로 결합각이 120°, (다)는 정사면체형으로 결합각이 109.5°이다.

(2) (가)는 직선형, (나)는 평면 삼각형 구조로 평면 구조이지만, (다)는 정사면체의 입체 구조이다.

(3) 모두 극성 공유 결합으로 되어 있으나 분자 구조가 대칭이어서 쌍극자 모멘트의 합이 0이므로 무극성 분자이다.

03 ㄱ. r_0는 결합이 형성되는 거리로 양이온 반지름과 음이온 반지름의 합이다.

ㄴ. 이온 반지름이 Mg < Ca이므로 r_0의 크기는 MgO보다 CaO에서 더 크다.

ㄷ. E는 이온의 전하량의 곱에 비례하고 이온 사이의 거리의 제곱에 반비례한다. 따라서 전하량이 크고 이온 간 거리가 짧은

MgO이 NaCl보다 크다.

04 (가)는 금속 결정, (나)는 이온 결정을 나타낸 것이다.

ㄱ. 금속은 자유 전자들 때문에 열에너지가 빠르게 전달될 수 있어 열전도성이 높다.

ㄴ. (나)는 외부에서 힘을 가하면 같은 전하를 띠는 이온들이 만나게 되어 반발력이 작용하므로 쪼개지거나 부서진다.

ㄷ. 고체와 액체 상태에서 전기 전도성을 가지는 것은 금속 결정인 (가)이다. (나)는 고체 상태에서는 이온이 이동하지 않는다.

05 ㄱ. 설탕물에는 이온이 존재하지 않으므로 전류가 흐르지 않는다. 물 자체의 이온화에 의해 약간의 이온이 존재하나 전류가 흐를 정도는 아니다.

ㄴ. 소금은 양이온인 나트륨 이온과 음이온인 염화 이온으로 이루어져 있으며, 물에 녹으면 나트륨 이온과 염화 이온으로 해리되어 자유로운 이동이 가능하므로 전류가 흐른다. 하지만 고체 상태에서는 나트륨 이온과 염화 이온이 이동할 수 없어 전류가 흐르지 않는다.

ㄷ. 고체와 수용액 상태에서 전기 전도성이 다른 것으로 보아 설탕과 소금은 원자 간 전자의 결합 방식이 다르다고 추론할 수 있다.

06 모두 옳다.

07 A는 수소, B는 헬륨, C는 플루오린, D는 나트륨, E는 마그네슘이다. HF에서 H는 헬륨의 전자 배치를 한다. C와 D는 이온 결합을 하며 나트륨과 마그네슘은 금속으로 자유 전자가 있다.

08 N_2는 선형, NH_3는 삼각뿔형, H_2O은 굽은형이다. 따라서 NH_3는 입체 구조이다.

09 모두 쌍극자 모멘트의 합이 0인 무극성 분자이다. 중심 원자와 결합하는 원자가 서로 다르므로 극성 공유 결합을 하고 있다. BCl_3의 B는 옥텟 규칙을 만족하지 않고도 안정한 구조를 이룬다.

10 A는 베릴륨(Be), B는 붕소(B), C는 질소(N), D는 산소(O), E는 플루오린(F)이다.

ㄱ. AE_2는 BeF_2로 극성 공유 결합으로 된 분자이지만 대칭 구조로 무극성 분자이다.

ㄴ. BE_3는 BF_3로 평면 삼각형 구조이다.

ㄷ. C의 수소 화합물은 암모니아(NH_3)로 삼각뿔형의 입체 구조이며 극성 분자이다.

ㄹ. D의 수소 화합물은 H_2O로 결합각은 104.5°이다.

11 물은 극성 분자이므로 대전체에 끌리지만 기름은 무극성 분자로 끌리지 않는다. 물의 수소와 산소의 전기음성도는 다르다. 대전체가 (−)전하로 대전되어도 부분 (+)전하를 띠는 수소와 인력이 작용하여 물줄기는 끌려온다.

Ⅳ 기체, 액체, 고체와 용액

1 기체, 액체, 고체

핵심개념 확인하기 240쪽

❶ 유도 ❷ 반비례 ❸ 몰 분율
❹ 수소, 감소 ❺ 분자, 이온

❶ 공기 중의 질소, 산소, 아르곤 모두 유도 쌍극자 사이의 힘이 약해서 상온에서 기체로 존재한다.

❷ 압력을 2배로 하면 기체의 부피는 반으로 감소한다.

❸ 순수한 이상 기체에서 부피는 몰수에 비례한다. 혼합 기체에서는 각 성분에 대해 같은 원리가 적용되어 각 기체의 부분 압력은 각 기체의 몰 분율, 또는 몰수에 비례한다.

❺ 드라이아이스에서는 하나하나의 이산화 탄소 분자를 구별할 수 있지만, NaCl 결정에서는 독립적인 NaCl 분자를 생각할 수 없다.

연/습/문/제 240쪽

01 ⑤ **02** 쌍극자-쌍극자 힘
03 분산력 **04** ② **05** ④
06 (1) CH_4, HCl, 아세톤 (2) H_2O (3) 아세톤
07 ④ **08** ⑤ **09** ③
10 ① **11** ③ **12** ③
13 ⑤ **14** ④

01 결합 에너지는 분자 내에서 원자들이 결합하는 세기의 척도이지 분자 간 상호 작용의 척도는 아니다.

02 HCl은 1 D의 쌍극자 모멘트를 가지기 때문에 분산력보다 강한 쌍극자-쌍극자 힘이 작용한다. 그러나 수소 결합은 작용하지 않는다.

03 산소와 질소는 무극성 분자로 분산력만이 작용한다.

04 헬륨은 수소 분자보다 작아서 분산력도 작다.

05 분자가 크고 비공유 전자쌍이 많은 아이오딘은 분산력의 작용이 커서 끓는점이 184 ℃로 물보다 끓는점이 높다. 물은 상온에서 액체, 아이오딘은 고체로 존재한다.

06 (1) CH_4, HCl, 아세톤에서는 수소 결합이 없다.
(2) 하나의 분자가 주위의 4개의 분자와 수소 결합을 이루는 경우는 물 밖에 없다.
(3) 아세톤은 쌍극자 모멘트가 2.9 D로 물보다 크다. 그러나 아세톤은 수소 결합을 만들지는 않는다.

07 암모니아는 수소 결합을 이룬다.

08 절대 영도에서 기체의 부피는 0으로 수렴할 것이다.

09 표면에서는 분자 간 상호 작용이 안쪽으로만 작용한다. 따라서 표면에서는 내부에서보다 인력이 약하다.

10 얼음에서는 물 분자들 사이에 빈 공간이 약간 증가해서 밀도가 낮아진다.

11 에테르처럼 증기압이 높은 물질은 낮은 온도에서 증기압이 1기압에 도달해서 끓는다.

12 이온 결정은 금속과 달리 자유 전자가 없고, 이온들의 위치가 고정되어서 전기를 통하지 않는다.

13 NaCl은 이온 결정이다.

14 25 ℃, 100기압에서 이산화 탄소는 액체로 존재한다.

2 용액

핵심개념 확인하기 256쪽

❶ 용액, 용매 ❷ 용매, 용질 ❸ 몰랄 농도 ❹ 삼투

❶ 몰 농도를 알면 일정한 부피의 용액에 들어 있는 용질의 몰수를 알 수 있어 편리하다. 몰랄 농도는 어는점 내림 같은 총괄성을 다룰 때 필요하다.

❷ 순수한 물질은 용매 또는 용질인데 증기압을 나타내는 것은 용매이다. 용질이 많아지면 증기압 내림이 커진다.

❹ 모세관 현상에서는 막을 투과하는 일은 일어나지 않는다.

연/습/문/제 256쪽

01 에탄올(C_2H_5OH), 염화 칼륨(KCl)		
02 ④	**03** 6.6 mM	
04 ②	**05** ④	**06** ④
07 ②	**08** ③	**09** ⑤

01 브로민과 메테인은 무극성 물질이다.

02 질량 퍼센트는 용액 100 g 속에 녹아 있는 용질의 질량(g)을 나타내고, ppm은 용액 10^6 g 속에 녹아 있는 용질의 질량(g)을 나타낸다.

$0.04\ \% \Rightarrow \frac{0.04}{100} = \frac{4}{10000} = \frac{400}{10^6} \quad \therefore 400\ \text{ppm}$

03 120 mg / 100 mL = 1.2 g / L이다. 포도당 1.2 g은 1.2÷180 ≒ 6.6(mmol)이다. 따라서 몰 농도는 6.6 mM이다.

04 물은 $\frac{500}{18} \fallingdotseq 28$(mol)이다.

에탄올은 $\frac{500}{46} \fallingdotseq 11$(mol)이다.

따라서 에탄올의 몰 분율은 $\frac{11}{(28+11)} \fallingdotseq 0.28$이다.

05 화학 반응에서는 용액을 주로 다루기 때문에 일정한 부피에 들어 있는 용질의 몰수를 아는 것이 좋다.

06 물 18 g에 18 g을 녹인 것이므로 물 1 kg에 녹아있는 용질은 1 kg이다. 끓는점 오름이 1.5 ℃이므로 몰랄 농도는 약 3 m이다. 1 kg이 약 3몰에 해당하므로 분자량은 약 340이다.

07 끓는점보다는 어는점 측정이 쉽고, 어는점 내림 상수가 끓는점 오름 상수보다 커서 유리하다.

08 Na^+, Cl^- 자체는 물 분자보다 작지만 수화(hydrate)되면 커져서 반투막을 통과하지 못한다.

09 네덜란드의 반트호프가 수상하였다.

단원 종합 문제 258쪽

01 ⑤	**02** ②	**03** ③
04 ⑤	**05** ⑤	**06** ①
07 4기압	**08** ④	**09** ④, ⑤
10 ②	**11** (나), (다), (라)	
12 ⑤	**13** ②	**14** 0.5 m
15 ㄱ, ㄹ	**16** ㄴ, ㄷ	**17** ②, ④

01 물의 끓는점이 가장 높다.

02 수소 양쪽에 O, N, F 등 전기음성도가 높은 원소가 위치한다.

03 DNA의 수소 결합에서는 암모니아에서와 마찬가지로 수소와 결합한 질소가 부분 (−)전하를, 수소가 부분 (+)전하를 가져서 수소 결합이 이루어진다.

04 물은 분자 하나당 수소 결합의 개수 면에서 유리하다. HF에서 F의 부분 (−)전하는 NH_3에서 N의 부분 (−)전하보다 커서 HF의 수소 결합이 강하다.

05 무극성 분자 중에서는 분자량이 큰 쪽이 분산력이 강하다.

06 이산화 탄소는 무극성 분자로 쌍극자 모멘트가 0이다.

07 콕을 열었을 때 두 기체가 차지하는 전체 부피는 3 L가 된다. 보일 법칙($P_1V_1 = P_2V_2$)을 적용하면 질소와 산소의 부분 압력을 구할 수 있다.

$$6 \times 1 = P_{N_2} \times 3,\ P_{N_2} = 2\text{기압}$$

$$3 \times 2 = P_{O_2} \times 3,\ P_{O_2} = 2\text{기압}$$

전체 압력은 부분 압력의 합과 같으므로 4기압이다.

08 유리관이 가늘면 물이 높이 올라간다.

09 얼음은 분자 결정이다. 철 원자 사이에는 공유 결합이 없고, 금속 결합이 작용한다.

10 잘 부서지는 것은 이온 결정이다.

11 캡사이신은 무극성 부분이 많아서 우유의 지방질과 잘 섞인다.

12 에탄올은 극성 분자이다. 이산화 탄소는 무극성 분자이지만 탄소는 (+), 산소는 (−)전하를 가져서 물과 상호 작용을 한다. 분산력은 산소가 수소보다 크다.

13 포도당 90 g은 0.5몰이다.
$0.5\ \text{mol} \div 0.1\ \text{L} = 5\ \text{mol/L}$

14 $\Delta T_b = T_b' - T_b = 100.26\ ^\circ\text{C} - 100\ ^\circ\text{C} = 0.26\ ^\circ\text{C}$
$\Delta T_b = K_b \cdot m \rightarrow 0.26 = 0.52 \times m \quad \therefore m = 0.5$

15 일정한 부피에서 온도가 높아지면 기체 분자들의 평균 운동 에너지가 증가하므로 충돌 횟수가 증가한다. 부피가 일정하므로 밀도는 그대로이다. 또한, 기체 분자의 몰수도 그대로이다.

16 ㄱ. 얼음의 밀도는 물보다 작으므로 일정 질량의 얼음이 녹아 물이 되면 부피가 감소한다.

ㄴ. 물이 얼면 부피가 증가하므로 추운 겨울날 수도관이 터질 수 있다.

ㄷ. 물의 밀도는 4 °C에서 가장 크므로 강이나 호숫물은 대류가 일어나지 않아 수면 위에서부터 얼기 시작한다. 얼음의 밀도가 높다면 얼음이 바닥에 쌓일 것이다.

17 같은 부피 속에 용질은 몰랄 농도가 클수록 더 많다. 따라서 0.1 *m* 포도당 수용액이 용질의 몰수가 더 많으므로 증기압은 더 내려가고, 끓는점은 더 올라가고, 어는점은 더 내려간다. 삼투압의 경우 몰 농도로 비교해야 하지만 10배 이상 농도 차이가 나므로 삼투압 역시 0.1 *m* 수용액에서 더 크게 측정된다.

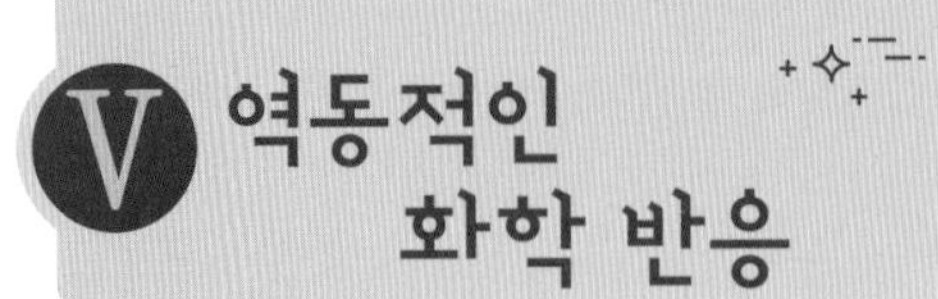

V 역동적인 화학 반응

1 산화 환원 반응

핵심개념 확인하기 278쪽

❶ +1, −1 ❷ 잃, 증가, 얻, 감소 ❸ 환원, 환원제, 산화, 산화제 ❹ 잃은, 얻은

❶ 수소가 자신보다 전기음성도가 높은 산소와 결합하면 전자를 내주고 산화수는 +1이 된다. 자신보다 전기음성도가 낮은 나트륨과 결합하면 반대가 된다.

❸ 자신이 산화되면 다른 물질을 환원시키는 환원제로 작용한다.

❹ 산화에서는 전자를 잃고, 환원에서는 전자를 얻는다. 산화 환원 반응은 동시에 일어나므로 관련된 전자 수는 같다.

연/습/문/제 278쪽

01 ② **02** ⑤ **03** ㄷ
04 ② **05** ③ **06** ④
07 ③ **08** ⑤
09 (1) $Mg + H_2SO_4 \longrightarrow MgSO_4 + H_2$
(2) 산화제: H_2SO_4, 환원제: Mg **10** ㄴ, ㄷ, ㄹ
11 3, 3

01 물에서도, 수증기에서도 분자는 H_2O로 같다.

02 HCl에서 H는 Cl에 의해 산화되었다.

03 물의 수소는 산소를 잃어 환원되고, 물의 산소는 수소를 잃어 산화된다. 이 산소는 CO의 C를 추가적으로 산화하여 CO_2로 바꾼다.

04 MnO_4^-에서 Mn의 산화수는 +7이다. 반응 후 Mn^{2+}으로 되어 산화수가 감소하였으므로 환원되었다.

05 OF_2에서 전기음성도가 높은 F의 산화수가 −1이고, O의 산화수는 +2이다.

06 수소의 산화수는 0에서 +1로 증가하였다.

07 질소는 수소로부터 전자를 얻어 환원되었다.

08 이산화 탄소에서 산화수가 +4인 탄소는 포도당에서는 산화수가 0으로 환원된다.

09 묽은 황산에 마그네슘 리본을 넣어 주면 수소 기체가 발생하며, 화학 반응식은 다음과 같다.

$$Mg + H_2SO_4 \longrightarrow MgSO_4 + H_2$$

마그네슘은 전자를 잃고 산화되며, 수소 이온은 전자를 얻어 환원된다. 따라서 마그네슘은 환원제, 황산은 산화제로 작용한다.

10 코크스가 CO_2로 완전 연소하였다면 CO_2가 철광석으로부터 산소를 떼어내지 못한다.

11 Sn의 산화수는 +2 → +4로 증가하였고, Cr의 산화수는 +6 → +3으로 감소하였다. 증가한 산화수와 감소한 산화수가 같으려면 Cr과 Sn이 2 : 3으로 반응해야 한다. 따라서 알짜 이온 반응식은 $Cr_2O_7^{2-} + 3Sn^{2+} + 14H^+ \longrightarrow 2Cr^{3+} + 3Sn^{4+} + 7H_2O$이다.

2 화학 평형

핵심개념 확인하기 297쪽

❶ 정반응, 역반응 ❷ 용해, 석출
❸ $K = \frac{[NO]^2}{[N_2][O_2]}$ ❹ 증가, 감소

❶ → 방향이 정반응이고, ← 방향은 역반응이다.

❷ 고체에서 용액으로 녹아들어가는 것은 용해이고, 반대는 석출이다.

❸ 평형 상수는 정반응이 얼마나 진행하는가라는 관점에서 쓰기 때문에 반응물이 분모에, 생성물이 분자에 들어간다.

❹ 온도를 증가시켜서 열을 가하면 열을 소모하는 흡열 반응이 증가한다.

연/습/문/제 297쪽

01 ㄱ	**02** (1) X (2) O (3) X	
03 정반응	**04** ②	**05** ㄱ, ㄴ
06 해설 참조	**07** (1) 정반응 (2) 역반응	
08 발열 반응	**09** ㄷ	

01 ㄱ. 정반응이 흡열 반응이므로 온도를 높이면 정반응 쪽으로 평형이 이동한다.

ㄴ. 정반응이 흡열 반응이므로 온도를 낮추면 역반응 쪽으로 평형이 이동하므로 평형 상수는 작아진다.

ㄷ. 반응물과 생성물의 기체의 몰수가 같으므로 용기의 부피를 반으로 줄여도 평형은 이동하지 않는다.

02 (1) 열과 함께 수소 기체가 발생하는 반응은 가역적이 아니다.

(2) 화학 평형도 상평형과 마찬가지로 동적 평형이다.

(3) 평형에서 같은 것은 양방향의 속도이다.

03 반응 지수 $Q = \frac{(3^2)}{(2^3 \times 5)} = \frac{9}{40} < 1.2$이므로 정반응 쪽으로 진행한다.

04 $\Delta H < 0$이므로 발열 반응이다.

05 암모니아를 제거하면 암모니아를 생성하기 위해 정반응이 일어나면서 질소와 수소가 소모되는 것이지 제거되는 것은 아니다.

06 $N_2O_4(g) \rightleftharpoons 2NO_2(g)$의 반응에서 압력을 높이면 단위 부피당 분자 수가 감소하는 방향, 즉 역방향으로 평형이 이동한다. 암모니아 합성에서도 압력이 높아지면 분자 수가 감소하는 정반응 쪽으로 평형이 이동하여 암모니아의 수율이 증가한다.

07 (1) 온도를 낮추면 얼음이 더 생기는 발열 반응이 더 진행하는 정반응 쪽으로 평형이 이동한다.

(2) 온도를 높이면 얼음이 녹는 흡열 반응이 더 진행하는 역반응 쪽으로 평형이 이동한다.

08 높은 온도에서 역반응이 우세해지는 것을 보면 정반응은 발열 반응이다.

09 ㄱ, ㄹ. 반응물과 생성물의 기체의 몰수의 합이 같으므로 압력에 의한 평형 이동은 일어나지 않는다. 부피 증가는 압력 감소와 같은 효과가 있다.

ㄴ. 메테인의 연소 반응은 발열 반응으로 온도가 증가하면 역반응 쪽으로 평형이 이동한다.

ㄷ. 반응물이 증가하면 반응물이 소모되는 정반응 쪽으로 반응이 진행되어 CO_2의 몰수가 증가한다.

3 산-염기 평형

핵심개념 확인하기 330쪽

❶ 수소 이온 ❷ 물, 염 ❸ H^+, OH^-
❹ 짝염기, 짝산

❶ $NH_4^+ + H_2O \rightleftharpoons NH_3 + H_3O^+$의 예에서 볼 수 있듯이 짝산-짝염기에서 이동하는 것은 수소 이온이다.

❷ 중화 반응에서는 물과 염이 생성된다. 대부분 경우에 염은 물에 녹아있지만, 물이 증발하면 고체 상태의 염이 얻어진다.

❸ 산은 H^+을, 염기는 OH^-을 내놓는다.

❹ 외부 영향에 의해 pH가 크게 변하지 않는 것이 완충 용액의 장점이다.

연/습/문/제 330쪽

01 ㄱ, ㄴ, ㄷ	**02** ㄱ, ㄷ	**03** ⑤
04 100 mL	**05** ㄱ, ㄴ, ㄷ	**06** ②
07 (1) 염기성, (2) 산성	**08** 해설 참조	

01 순수한 물의 pH는 7이다. pH가 1 감소하면 수소 이온 농도는 10배 증가한다. 0.7은 7에 비해 매우 낮은 pH이다.

02 아세트산에서는 산소와 결합한 수소가 해리해서 산성을 띤다.

03 암모니아의 수소는 부분 전하가 너무 작아서 산으로 해리하지 않는다.

04 HCl의 가수는 1이고, $Ba(OH)_2$의 가수는 2이다. 반응에 참여하는 H^+과 OH^-의 몰수가 같아야 하므로 $nMV = n'M'V'$이다.

$1 \times 0.2\ M \times 100\ mL = 2 \times 0.1\ M \times V\ mL$

$\therefore V = 100$

따라서 수산화 바륨 수용액은 100 mL가 필요하다.

05 H_2O은 수소 이온을 받을 때는 염기로 작용하고, 수소 이온을 낼 때는 산으로 작용한다.

06 지시약은 그 자체가 약산 또는 약염기로 H^+이 붙어 있을 때와 떨어져 있을 때 분자의 색이 다른 물질이다.

07 (1) NaOH은 강염기이므로 Na^+은 가수 분해하지 않고, CH_3COOH은 약산이므로 CH_3COO^-은 가수 분해한다. 따라서 CH_3COONa 수용액은 가수 분해하여 염기성을 나타낸다.

(2) NH_4OH은 약염기이므로 NH_4^+은 가수 분해하고, HCl은 강산이므로 Cl^-은 가수 분해하지 않는다. 따라서 NH_4Cl은 가수 분해하여 산성을 나타낸다.

08 0.1 M CH_3COOH 수용액 100 mL에 0.1 M NaOH 수용액 50 mL를 혼합하면 0.1 M CH_3COOH 수용액 50 mL만 중화되어 짝염기가 생성된다. 그 결과 혼합 용액은 약산과 그 짝염기가 약 1 : 1의 몰수 비로 들어 있으므로 완충 용액이다.

단원 종합 문제 332쪽

01 ①	**02** ㄹ	**03** ④, ⑤
04 ④	**05** (가), (다)	
06 (1) 정반응 (2) 역반응		**07** ㄱ, ㄴ, ㄷ
08 ③	**09** ④	**10** ㄴ

01 SO_2에서 S의 산화수는 +4인데, H_2SO_4에서 S의 산화수는 +6으로 산화된다.

02 ㄱ, ㄴ. H_2O은 HA^-으로부터 H^+을 받는 염기로 작용하였다. HA^-은 H^+을 내놓는 산으로 작용하였다.

ㄷ. HA^-은 A^{2-}의 짝산이다.

ㄹ. H_3O^+은 A^{2-}에게 H^+을 내놓고 H_2O이 되므로 H_3O^+(짝산)−H_2O(짝염기) 관계가 있다.

03 ① 같은 원소 사이의 반응은 산화 환원 반응이 아니다.

② 산소의 산화수는 반응 전후 −2로 같고, Cl_2가 HCl로 될 때는 환원되고, HClO로 될 때는 산화되므로 Cl_2는 산화제이면서 환원제이다.

③ 3개의 S 원자 중 1개는 SO_2으로 산화되고, 2개는 H_2S로 환원되므로 S은 산화수가 증가하기도 하고 감소하기도 하였다.

04 H_2O_2에서 O는 산화수는 −1이며, H_2SO_4에서 O의 산화수는 −2이다. 따라서 O의 산화수는 감소한다. SO_2에서 S의 산화수는 +4이며, H_2SO_4에서 S의 산화수는 +6이다. 따라서 이동하는 전자는 2몰이다.

05 소금의 용해 평형이 이루어진 상태로, 이 반응은 가역 반응이고 동적 평형 상태이다.

06 암모니아 합성은 발열 반응이기 때문에 온도를 낮추면 암모니아가 더 합성된다. 암모니아 합성 반응은 몰수가 감소하는 반응이므로 압력을 낮추면 암모니아가 분해된다.

07 ㄱ. 온도를 높이면 온도가 낮아지는 흡열 반응 방향인 정반응 쪽으로 평형이 이동한다.

ㄴ. 압력을 낮추면 기체의 몰수가 증가하는 정반응 쪽으로 평형이 이동한다.

ㄷ. PCl_5을 첨가하면 PCl_5의 농도가 감소하는 정반응 쪽으로 평형이 이동한다.

08 ㄱ. CH_3COO^-은 H^+을 받으므로 CH_3COOH의 짝염기이다.

ㄴ. CH_3COOH의 이온화 상수와 NH_3의 이온화 상수가 같고, 몰 농도도 같으므로 CH_3COO^-의 농도와 NH_4^+의 농도는 같다.

ㄷ. 아세트산 용액의 H_3O^+ 농도는 암모니아 용액의 OH^- 농도와 같다. 따라서 아세트산 용액의 pH와 암모니아 용액의 pOH는 같다.

09 반응이 모두 끝난 후 H^+이 남아 있고 Cl^-이 Na^+보다 많은 것으로 보아 같은 부피 속에 들어 있는 HCl의 몰수가 더 크다. 또, H^+이 녹아 있는 산성 용액이므로 메틸오렌지 용액은 붉은색을 나타낸다. 강산과 강염기의 중화 반응에서는 가수 분해가 일어나지 않는다.

10 ㄱ. 혈액에 산성 물질이 들어오면 H_3O^+의 농도가 증가하므로 (나)의 평형이 역반응 쪽으로 이동하여 H_2CO_3의 농도가 증가한다. 따라서 (가)의 평형이 역반응 쪽으로 이동하여 CO_2의 생성이 촉진된다.

ㄴ. 혈액에 염기성 물질이 들어오면 H_3O^+의 농도가 감소하므로 (나)의 평형이 정반응 쪽으로 이동하여 HCO_3^-의 농도가 증가한다.

ㄷ. 어떤 약산과 그 약산의 짝염기 또는 약염기와 그 약염기의 짝산이 비슷한 농도로 들어 있을 때 완충 용액이 된다.

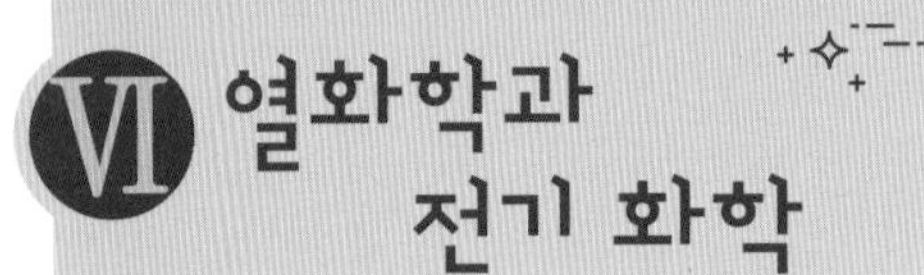

1 열화학

핵심개념 확인하기 357쪽

❶ 감소, 증가 ❷ 비례 ❸ 원소
❹ 헤스

❶ 전자의 에너지가 높은 궤도에서 낮은 궤도로 떨어질 때 빛이 나오는 것과 같이 엔탈피가 감소하면 열이 나온다.

❹ 헤스는 멘델레예프와 함께 기억할 만한 19세기 러시아의 화학자이다.

연/습/문/제 357쪽

01 ㄷ **02** ㄱ, ㄹ **03** ㄴ, ㄷ, ㄹ
04 $H_2(g) + \frac{1}{2}O_2(g) \longrightarrow H_2O(l)$
$\Delta H = -286$ kJ/mol
05 −535 kJ/mol **06** +1.895 kJ/mol
07 ㄱ, ㄷ

01 ㄱ, ㄴ. $\Delta H > 0$이므로 흡열 반응이다. 따라서 반응이 진행되면 주위에서 열을 흡수하므로 주위의 온도가 내려간다.

ㄷ. 에너지를 흡수하는 흡열 반응이므로 반응물이 생성물보다 에너지를 적게 가지고 있다. 따라서 반응물이 생성물보다 안정하다.

02 ㄱ. 엔탈피가 증가하는 반응은 흡열 반응이다. 물의 기화는 흡열 과정이다.

ㄴ. 연소 반응은 발열 반응이다.

ㄷ. 대부분의 고체가 물에 녹을 때는 흡열 반응이지만 수산화 나트륨, 수산화 칼륨, 산화 칼슘 등의 용해는 발열 반응이다.

ㄹ. 수산화 바륨과 질산 암모늄의 반응은 흡열 반응으로 냉각 팩의 원리에 이용되는 반응이다.

03 ㄱ. $\Delta H > 0$이면 흡열 반응이다.

ㄴ. $\Delta H < 0$이면 발열 반응이므로 반응물보다 생성물이 더 안정하다.

ㄷ. ΔH는 반응물과 생성물의 몰수, 상태 등에 의해 달라진다.

04 생성 엔탈피는 가장 안정한 성분 원소로부터 어떤 물질 1몰이 생성될 때의 반응 엔탈피이다.

$$H_2(g) + \frac{1}{2}O_2(g) \longrightarrow H_2O(l)$$

$$\Delta H = -286 \text{ kJ/mol}$$

05 ΔH = (반응물의 결합 에너지의 합) − (생성물의 결합 에너지의 합)이므로

$$\Delta H = 436 + 159 - (2 \times 565) = -535(\text{kJ/mol})$$

즉, 반응 엔탈피는 −535 kJ/mol이다.

06 같은 원소 상태의 탄소라도 엔탈피에 차이가 있으면 가장 낮은 쪽을 표준 상태로 잡아야 한다. 탄소의 경우에는 흑연이 표준 상태이다. 그리고 다이아몬드의 표준 생성 엔탈피는 +1.895 kJ/mol이다.

07 ㄱ. 헤스 법칙에 따라 ΔH_1의 값은 $\Delta H_2 + \Delta H_3$과 같다.

ㄴ. $CO_2(g)$의 생성 엔탈피는 C(s, 흑연)가 완전 연소할 때 방출하는 반응 엔탈피로 ΔH_1이다.

ㄷ. 헤스 법칙은 반응물의 종류와 상태 및 생성물의 종류와 상태가 같으면 반응 경로에 관계없이 출입하는 열량의 총합은 일정하다는 것으로, 처음 상태와 나중 상태가 같으면 엔탈피 변화는 같다.

2 전기 화학

핵심개념 확인하기 380쪽

❶ 아연판, 아연, 감소, 구리판 ❷ −, +
❸ 환원, 환원, 수소 ❹ 수소

❶ 이온화 경향이 높은 아연이 이온이 되어 용액으로 녹아들어가 아연판의 질량이 감소하고, 이온화 경향이 낮은 구리판에서는 수소 기체가 발생한다.

❷ 화학 반응을 통해 전기를 발생하는 전지에서는 아연처럼 이온화 경향이 높은 금속이 산화되면서 전자를 내놓는다. 따라서 전자가 풍부한 산화 전극은 (−)극이다. 전기 분해에서는 (−)극에 외부의 전지로부터 전자가 공급되어 환원이 일어나고, (+)극에서는 산화가 일어난다.

❸ 수소보다 이온화 경향이 높은 원소의 양이온은 환원되지 않고 이온으로 남아있고, 대신 물에서 나온 수소 이온이 환원되어 수소 기체가 발생한다.

❹ 수소는 수소 이온으로 산화되면서 전자를 내놓는다. 이 전자는 도선을 따라 환원 전극으로 흘러가서 산소를 환원시킨다.

연/습/문/제 

01 (1) O (2) O (3) X **02** ㄱ, ㄴ, ㄷ
03 ④ **04** (1) X (2) O (3) O
05 ㄴ, ㄷ

01 (1) 산화 전극은 전자 밀도가 높아지므로 (−)극이다.

(2) 다니엘 전지의 (+)극은 환원 전극이다.

(3) (+)극인 구리판에서는 용액 속의 Cu^{2+}이 환원되어 석출되기 때문에 질량이 증가한다.

02 수용액 속의 H^+이 환원되어 수소 기체가 발생하는 B가 환원 전극(+극)이다. A는 금속 B보다 이온화 경향이 커서 산화되고 전자를 내놓는다. 이 전자는 금속 A에서 B로 이동한다.

03 ㄱ. 표준 환원 전위가 가장 큰 Ag이 환원되기 가장 쉽고, 표준 환원 전위가 (−)값이 클수록 산화되기 쉽다.

ㄴ. $E^\circ_{전지} = E^\circ_{(+)극} - E^\circ_{(-)극} = +0.34\ V - (-0.44\ V) = +0.78\ V$로 자발적으로 일어난다.

ㄷ. Zn에서 Ag으로 전자가 이동한다.

04 (1) 외부의 전지로부터 전자를 공급 받는 전극은 (−)극이다.

(2) (−)극에서 전자를 공급 받아 $Ag^+ + e^- \longrightarrow Ag$ 반응이 일어난다.

(3) (+)극에서는 불순물을 남겨두고 Cu가 Cu^{2+}으로 녹아들어가고, (−)극에서는 순수한 Cu가 석출된다.

05 (−)극에서 수소 기체가 산화되고 (+)극에서 산소 기체가 환원된다.
전체 반응식은 $2H_2 + O_2 \longrightarrow 2H_2O$로 수소의 연소 반응식과 같다. 최종 생성물은 물이므로 환경오염을 일으키지 않는다.

단원 종합 문제 382쪽

01 ㄴ, ㄷ **02** ㄱ **03** 해설 참조
04 821 kJ/mol로 큰 흡열 반응이라 알루미늄을 환원시키기 어렵다. **05** ①
06 ②, ③, ④ **07** ㄱ, ㄷ

01 ㄱ. 결합이 끊어질 때 에너지를 흡수하고, 결합이 생성될 때 에너지를 방출한다.

ㄴ. C=C 결합 에너지는 612 kJ/mol, C−C는 348 kJ/mol이다. 같은 원자 사이의 2중 결합은 단일 결합보다 강하다.

ㄹ. H−F 결합 에너지는 565 kJ/mol, H−Cl은 427 kJ/mol이다. 전기음성도 차이가 크고 원자 반지름이 비슷한 H−F 결합 에너지는 단일 결합 중에서 가장 크다.

02 ㄱ. $\Delta H > 0$이므로 흡열 반응이다.

ㄴ. 흡열 반응에서는 반응물이 생성물보다 안정하다.

ㄷ. 열화학 반응식으로 반응물과 생성물의 종류, 상태, 엔탈피 차이, 흡수 또는 방출하는 열량은 알 수 있지만, 반응물과 생성물 각각의 에너지 크기는 알 수 없다.

03 $2C(s, \text{흑연}) + 3H_2(g) + \frac{1}{2}O_2(g)$

$\longrightarrow C_2H_5OH(l),\ \Delta H_f^\circ = -277.7\ \text{kJ}$

04 ΔH = 2(Al의 표준 생성 엔탈피) + 3(CO_2의 표준 생성 엔탈피) − (Al_2O_3의 표준 생성 엔탈피) − 3(CO의 표준 생성 엔탈피)

$= 2(0) + 3(-394) - (-1670) - 3(-111)$

$= 821\ \text{kJ/mol}$

엔탈피 변화가 큰 양의 값인 흡열 반응이므로 반응이 일어나지 않을 것이다.

05 얼음에서는 모든 물 분자들이 주위의 물 분자들과 일정한 거리와 각도를 가지고 수소 결합을 하고 있다. 얼음이 녹으면 이러한 수소 결합들이 깨어지면서 비교적 자유로워진 물 분자들은 상대를 바꾸어가면서 수소 결합을 만든다. 얼음이 녹을 때는 약간의 에너지가 필요하다. 그러나 물이 수증기로 바뀌려면 모든 수소 결합을 끊어야 한다. 그래서 얼음이 녹을 때보다 많은 에너지가 필요하다. 수증기에서 자유롭게 운동하던 물 분자들 사이에 수소 결합이 작용하면 액체 물방울로 응축한다.

06 염다리를 통해서는 양이온과 음이온이 이동하여 전하 균형을 유지하게 된다. 구리판에서는 Cu^{2+}이 환원되어 Cu로 석출되어 구리판의 질량은 증가하고 전자는 도선을 따라 아연판에서 구리판으로 이동한다.

07 ㄴ. (−)극에서 환원되는 Ag^+의 수만큼 (+)극에서 Ag이 산화되어 Ag^+으로 수용액에 녹아들어 가므로 수용액 속의 Ag^+의 수는 변하지 않는다.

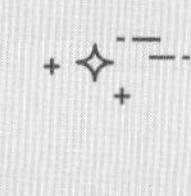

VII 반응 속도와 촉매

1 반응 속도

핵심개념 확인하기 405쪽

❶ 유효 ❷ 온도 ❸ 1 ❹ 최소한

❶ 탄성 충돌은 반응하지 않고 튕겨나가는 물리적 충돌이다.

❷ 농도는 반응 속도식에 변수로 들어간다.

연/습/문/제 405쪽

01 역반응 **02** (1) $v = k[HI]^2$ (2) $k = 30\ L\ mol^{-1}s^{-1}$ **03** $\frac{1}{4}$ **04** ② **05** 유효 충돌인지와 에너지 장벽을 극복하기에 충분한 에너지를 가지는지 여부 **06** ㄷ **07** ㄴ, ㄷ **08** 8배

01 발열 반응에서는 반응물보다 생성물의 엔탈피가 낮기 때문에 역반응의 에너지 장벽이 더 높다.

02 (1) 농도가 2배로 증가할 때 반응 속도가 4배 증가하므로 [HI]에 대해 2차 반응이다. 따라서 속도식은 $v = k[HI]^2$이다.

(2) 속도식에 임의의 실험 결과를 대입하여 속도 상수 k를 계산할 수 있다.
실험 2의 값을 대입하면
$3.0\times10^{-3}\ mol\ L^{-1}\ s^{-1} = k(0.010\ mol\ L^{-1})^2$
이고, k에 대해서 풀면 $k = 30\ L\ mol^{-1}\ s^{-1}$이다.

03 반응물의 양이 반으로 줄어드는 데 걸리는 시간이 반감기이므로 반감기가 두 번 지나면 $\frac{1}{2}\times\frac{1}{2}=\frac{1}{4}$이 남는다.

04 단위 부피당 반응물의 입자 수가 증가하면 충돌 횟수가 증가한다.

05 충돌이 유효 충돌인가, 에너지 장벽을 극복하기에 충분한 에너지를 가지고 있는가에 의해 반응 진행이 결정된다.

06 그래프로 볼 때 1차 반응이므로 반응 속도식은 $v = k[H_2O_2]$이다. 반감기는 35초로 시간이나 농도에 관계없이 일정하다.

07 온도가 증가하면 기체 분자의 평균 속도, 평균 운동 에너지가 증가하므로 활성화 에너지 이상의 에너지를 가진 분자 수가 증가하고 충돌 횟수가 증가하여 반응 속도가 빨라진다.

08 $(2^2)(2) = 8$배가 된다.

2 촉매와 우리 생활

핵심개념 확인하기 419쪽

❶ 정촉매, 부촉매 ❷ 효소-기질 ❸ 불균일, 균일

❷ 1902년 노벨 화학상을 수상한 피셔(Fischer, E., 1852~1919)는 효소-기질 특이성을 열쇠-자물쇠 모형으로 설명하였다.

❸ 용액은 전체적으로 균일하고, 고체 표면은 불균일한 전체 시스템 중 일부이다.

연/습/문/제 419쪽

01 ④ **02** ㄴ **03** 해설 참조 **04** ③, ⑤ **05** ③

정답 및 해설

01 전기 분해에서는 촉매를 사용하지 않고 많은 전류를 통해 산소를 떼어낸다.

02 ㄱ. E_1은 활성화 에너지에 해당한다.

ㄴ. 정촉매를 사용하면 활성화 에너지가 감소한다.

ㄷ. 촉매를 사용하더라도 반응물의 양이 일정하면 생성물의 양이 더 늘어나거나 줄지는 않고 반응 속도만 달라진다.

03 효소의 활성화 자리는 특정한 기질(분자)에 적합한 입체 구조와 특정 분자와 상호 작용이 가능한 작용기로 이루어져 있기 때문에 다른 분자와는 효소-기질 복합체를 만들지 못해 촉매 작용을 하지 못한다.

04 하버-보슈 공정의 철 촉매처럼 단백질이 아닌 촉매도 많다. 부촉매는 반응 속도를 느리게 한다. 촉매는 반응 속도를 바꾸지만 평형에는 영향을 미치지 못한다.

05 ㄱ. 촉매 표면에 수소 분자와 질소 분자가 흡착되면서 원자 사이의 공유 결합이 약화되거나 끊어진다.

ㄴ. 촉매에 수소 분자와 질소 분자가 흡착되었다가 암모니아 분자를 생성하여 빠져나가므로 반응 전후에 촉매의 질량은 변하지 않는다.

ㄷ. 암모니아 합성 반응은 촉매의 표면에서 반응이 일어나므로 표면 촉매이다. 광촉매는 빛을 이용하여 반응을 일으킨다.

단원 종합 문제

421쪽

01 ㄱ, ㄷ, ㄹ	02 ㄱ, ㄴ	03 ㄱ, ㄷ
04 ㄴ, ㄷ	05 ⑤	06 ㄱ, ㄴ
07 ㄷ	08 ㄱ, ㄷ	

01 ㄴ. 염산의 농도가 진할수록 초기에 발생하는 기체의 양이 많다. 농도가 클수록 반응 속도가 빠르다.

02 반응물의 농도와 반응 속도가 비례하는 1차 반응을 나타내는 그래프이다. 1차 반응에서는 반감기가 농도에 상관없이 일정하다.

03 ㄱ. 가루는 조각보다 표면적이 커서 충돌 횟수가 증가하여 반응 속도가 빨라진다.

ㄴ. MnO_2은 과산화 수소 분해 반응의 정촉매로, 활성화 에너지를 낮춰 반응 속도를 빨라지게 한다.

ㄷ. 여름은 겨울보다 온도가 높아 활성화 에너지 이상의 에너지를 가진 입자 수가 증가하므로 반응 속도가 빨라진다.

04 잔가지는 통나무보다 표면적이 커서 충돌 횟수가 커 반응 속도가 빨라진다.

05 촉매는 생성물의 일부가 되지 않고, 같은 작업을 반복한다.

06 생체 촉매는 활성화 에너지를 낮추어 반응 속도를 체온에서도 빠르게 한다.

07 온도는 활성화 에너지 이상의 에너지를 가진 분자 수가 많은 B가 더 높다. 활성화 에너지는 온도에 의해 변하지 않는다.

08 이산화 타이타늄은 대표적인 광촉매로 빛을 받아 표면에서 전자가 튀어나온다. 이 전자가 산소나 물과 반응하여 활성 산소를 만드는데, 활성 산소는 반응성이 커서 유해 물질을 분해할 수 있다.